今すぐ使えるかんたん

Imasugu Tsukaeru Kantan Series
iPad Kanzen Guidebook

iPad

iPadOS 16 対応版

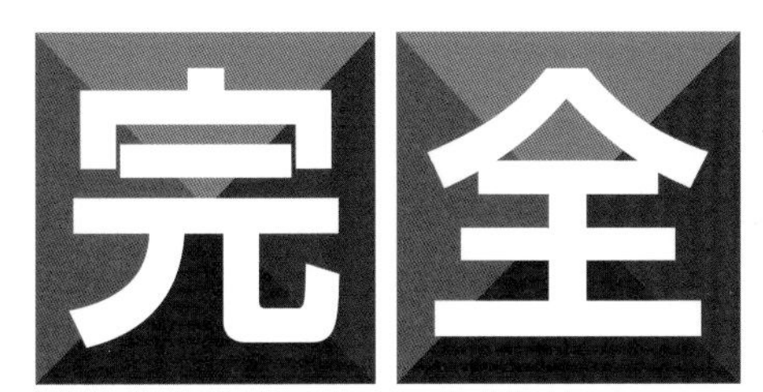

ガイドブック

困った解決＆便利技

リンクアップ 著

技術評論社

本書の見方

- 本書は、iPad の操作に関する質問に、Q&A 方式で回答しています。
- 目次やインデックスの分類を参考にして、知りたい操作のページに進んでください。
- 画面を使った操作の手順を追うだけで、iPad の操作がわかるようになっています。

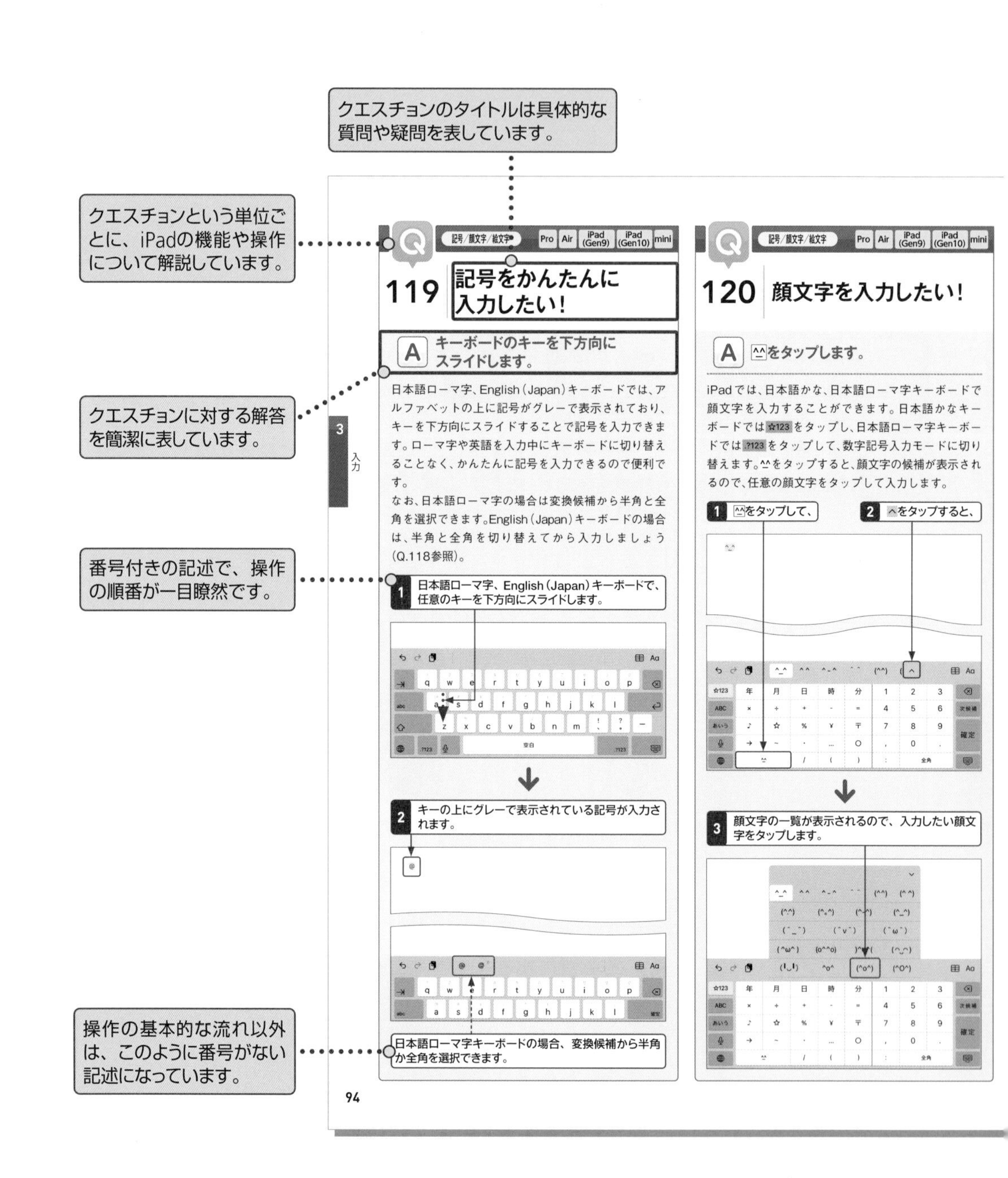

薄くてやわらかい
上質な紙を使っているので、
開いたら閉じにくい書籍に
なっています！

クエスチョンの分類を示しています。

対応するiPadの機種がひと目でわかります。

どの章を見ているかすぐわかるように、ページの両側にインデックス（見出し）を表示しています。

質問は、読者の方から実際に寄せられたものを参考に作成されています！

該当箇所がよくわかるようになっています。

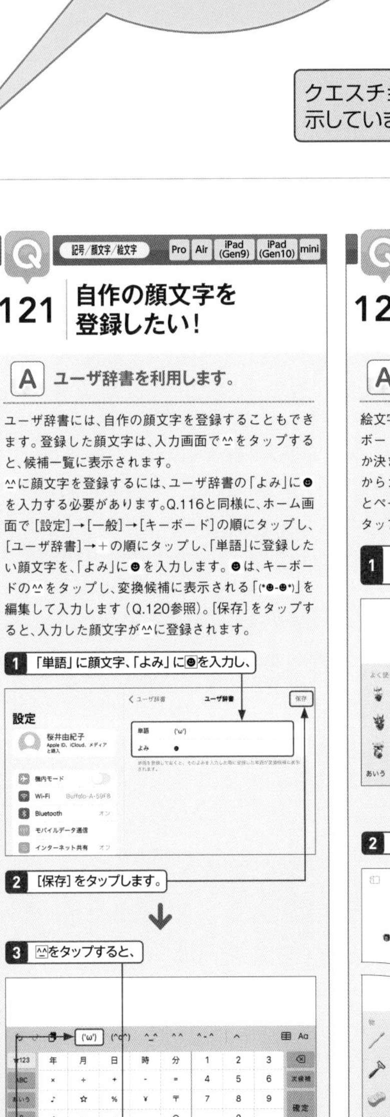

Contents

第1章 iPadの基本の「こんなときどうする?」

iPadとは

通信

利用準備

Apple ID

第2章 基本操作と設定の「こんなときどうする?」

Contents

Contents

第4章 インターネットとSafariの「こんなときどうする?」

Wi-Fi

Safari

Contents

第6章 音楽や写真・動画の「こんなときどうする?」

Contents

Apple Music

便利技

第7章 アプリの「こんなときどうする?」

アプリ

リマインダー

Contents

カレンダー

マップ

ファイル

電子書籍

Apple Pay

時計

Siri

AirDrop

その他

第8章 使いこなしの「こんなときどうする?」

スクリーンショット

マルチタスク

ジェスチャー

ピクチャインピクチャ

Split View

Slide Over

ステージマネージャ

リファレンスモード

ショートカット

Spotlight

設定

セキュリティ

Contents

第9章 | iCloudの「こんなときどうする?」

ご注意：ご購入・ご利用の前に必ずお読みください

- 本書に記載された内容は、情報提供のみを目的としています。したがって、本書を用いた運用は、必ずお客様自身の責任と判断によって行ってください。これらの情報の運用の結果について、技術評論社および著者はいかなる責任も負いません。

- ソフトウェアに関する記述は、特に断りのないかぎり、2023年3月現在での最新バージョンをもとにしています。ソフトウェアはバージョンアップされる場合があり、本書の説明とは機能内容や画面図などが異なってしまうこともあり得ます。あらかじめご了承ください。

- インターネットの情報については、URLや画面などが変更されている可能性があります。ご注意ください。

- 本書記載の金額や料金は特に断りのないかぎり、2023年3月現在の消費税10%での税込表記です。

- 本書は以下の環境で動作を確認しています。ご利用時には、一部内容が異なることがあります。あらかじめご了承ください。
  端末：iPad Pro 11インチ（第3世代）Wi-Fi + Cellularモデル
  端末のOS：iPadOS 16.4
  iTunesのバージョン：12.12.7.1

以上の注意事項をご承諾いただいた上で、本書をご利用願います。これらの注意事項をお読みいただかずに、お問い合わせいただいても、技術評論社および著者は対処しかねます。あらかじめご承知おきください。

第1章

iPadの基本の「こんなときどうする?」

Q iPadとは Pro Air iPad (Gen9) iPad (Gen10) mini

001 iPadで何ができるの？

A メール、音楽やゲームなど、いろいろなことができます。

iPadの特徴は、なんといってもその薄さと軽さ、多機能さでしょう。インターネットはもちろん、音楽や動画の視聴をはじめ、「メール」ではGmailやiCloudといった複数のメールサービスのアカウントを使い分けることができます。また、ハイクオリティな写真や動画も撮影でき、コンテンツをTwitterやFacebookで共有したり、iPadやiPhoneと「AirDrop」でコンテンツを交換したりすることも可能です。そのほか「Safari」でキーワードを検索したり、「リマインダー」でスケジュール管理したりすることもできます。さらにApp Storeから、ゲームや本、180万以上の日々増え続ける新しいアプリの中から好きなものをインストールして、気軽に持ち運べる点も大きな魅力です。

Pro Air iPad (Gen9) iPad (Gen10) mini

002 iPadにはどんな種類があるの？

4つの機種と2つのモデルがあります。

2023年3月時点で日本で発売されているiPadの機種は、「iPad」「iPad Pro」「iPad Air」「iPad mini」の4つがあります。モデルはインターネットがWi-Fi経由で利用できる「Wi-Fiモデル」と、Wi-Fiに加え携帯電話ネットワークに接続することができる「Wi-Fi + Cellularモデル」から選ぶことができます。
機種やモデルによってデザインや機能、価格などがそれぞれ異なるため、利用目的や予算に合ったものを選ぶようにしましょう。
なお、本書ではiPad Pro 11インチ（第3世代）のWi-Fi + Cellularモデルを使用して解説します。

iPad

2022年秋に、第10世代となる最新機種が発売されました。必要最低限の機能と性能が備わっており、価格も安価なため、初めてタブレットを持つ方におすすめです。

iPad Pro

2022年秋に、第4世代となる11インチ、第6世代となる12.9インチが発売されました。4つの機種の中でもっとも高性能で、容量も最大2TBを選択できるため、パソコン代わりにも利用できます。スペックを重視する方におすすめです。

iPad Air

2022年春に、第5世代となる機種が発売されました。本体の薄さと軽さが最大の特徴で、カラーバリエーションも豊富なため、デザイン性を求める方におすすめです。

iPad mini

2021年秋に、第6世代となる機種が発売されました。4つの機種の中でもっとも小さいサイズのため、携帯性を重視される方におすすめです。

iPadとは　Pro Air iPad (Gen9) iPad (Gen10) mini

003 各iPadの違いは何？

A 画面の大きさ、搭載チップ、周辺機器の対応などです。

各iPadの違いは、画面の大きさ、デザイン、機能、容量、コネクタ、対応している周辺機器など、さまざまな違いがあります。また、使用されているチップも機種によって異なり、2023年3月時点の最新機種であるiPad Proには、もっとも高スペックなApple M2チップが搭載されています。

機種	iPad		iPad Pro		iPad Air	iPad mini
	第10世代	第9世代	第6世代	第4世代	第5世代	第6世代
画面の大きさ	10.9インチ	10.2インチ	12.9インチ	11インチ	10.9インチ	8.3インチ
搭載チップ	A14 Bionic チップ	A13 Bionic チップ	Apple M2 チップ	Apple M2 チップ	Apple M1 チップ	A15 Bionic チップ
Apple Pencil	Apple Pencil（第1世代）	Apple Pencil（第1世代）	Apple Pencil（第2世代）	Apple Pencil（第2世代）	Apple Pencil（第2世代）	Apple Pencil（第2世代）

iPadとは　Pro Air iPad (Gen9) iPad (Gen10) mini

004 Wi-Fi + CellularモデルとWi-Fiモデルはどう違う？

A インターネット接続方法やGPS機能などが違います。

Wi-FiモデルのiPadでは、自宅のWi-Fiルーターや公衆無線LANサービスが提供するWi-Fiネットワークに接続することで、インターネットを利用できます。一方、Wi-Fi + Cellularモデルでは、携帯電話ネットワークでインターネットを利用することも可能です。SIMカードは一般的なNano-SIMのほか、端末内部の基盤に搭載されたeSIMを利用することができます（Q.011参照）。また、Wi-Fiモデルには現在位置を測定するGPS機能が搭載されておらず、Wi-Fiの位置情報しか利用できません。

Wi-Fi + Cellularモデルなら、幅広いエリアでインターネットが利用できますが、携帯電話会社との契約で、月ごとの利用料金が発生します。モバイルWi-Fiルーターなどをすでに持っている場合や、無線LAN環境のある自宅などでの利用が主な場合はWi-Fiモデル、外出先などどこでも快適にインターネットを楽しみたい場合や、GPS機能を利用したい場合はWi-Fi + Cellularモデルがおすすめです。

Wi-Fi + Cellular モデルと Wi-Fi モデルの違い

機種	Wi-Fi + Cellularモデル	Wi-Fiモデル
インターネット接続方法	・Wi-Fi接続 ・携帯電話ネットワーク	・Wi-Fi接続
位置情報	・Wi-Fi ・デジタルコンパス ・iBeaconマイクロロケーション ・GPS／GNSS ・携帯電話ネットワーク	・Wi-Fi ・デジタルコンパス ・iBeaconマイクロロケーション
SIMカードスロット	あり	なし

Wi-Fi+Cellularモデルには通信のためのアンテナがあり、背面上部にラインが入っています。

iPadとは　Pro　Air　iPad (Gen9)　iPad (Gen10)　mini

005 容量はどれくらい必要？

A 利用目的によって必要な容量が異なります。

iPadを含むApple製の端末には、所定の容量のストレージがあります。端末のストレージ容量が多いほど、端末内に保存しておける写真やアプリなどのコンテンツ量も増えます。機種によっていくつかの容量が用意されており、2023年3月時点で発売されている機種では、iPad、iPad Air、iPad miniの64GBが最小容量で、iPad Proの2TBが最大容量となります。iPadのストレージ容量は基本的にはあとから増やすことができないため、自分の利用目的に合った容量のiPadを選ぶようにしましょう。

現在使用しているiPadの容量を確認するには、ホーム画面で［設定］→名前→［iCloud］の順にタップします。なお、iPadでは、オンラインストレージのiCloudを利用できます。iCloudについては、第9章を参照してください。

各機種の容量の違い

機種	iPad	iPad Pro	iPad Air	iPad mini
容量	64GB 256GB	128GB 256GB 512GB 1TB 2TB	64GB 256GB	64GB 256GB

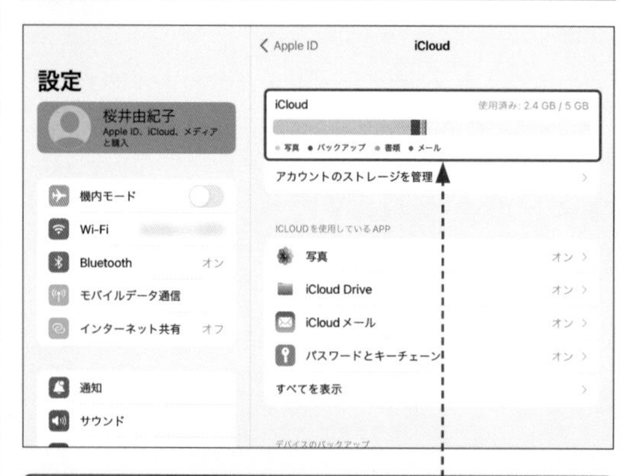

ホーム画面で［設定］をタップし、名前→［iCloud］の順にタップすると、iPadの容量と使用状況が確認できます。

iPadとは　Pro　Air　iPad (Gen9)　iPad (Gen10)　mini

006 iPadを利用するのに必要なものは？

A iPadに同梱されている付属品のみで利用できます。

iPadには、USB-C充電ケーブル（またはLightning-USB-Cケーブル）とUSB-C電源アダプタが同梱されています。基本的にはこの2つと、インターネットに接続可能な環境があれば、iPadを利用できます。

ケーブルは、パソコンとiPadを接続して、データをやりとりしたり、パソコンから充電したりするときにも使用します（必要に応じて変換アダプタを使用）。パソコンのiTunesで購入したコンテンツをiPadに同期する際に利用しましょう。USB-C電源アダプタは、家庭用コンセントを使ってiPadを充電するもので、パソコンと接続するより早くバッテリーを充電することができます。

iPad の同梱品

USB-C充電ケーブル／Lightning-USB-Cケーブル

※ Lightning-USB-C ケーブルは iPad 第9世代のみ

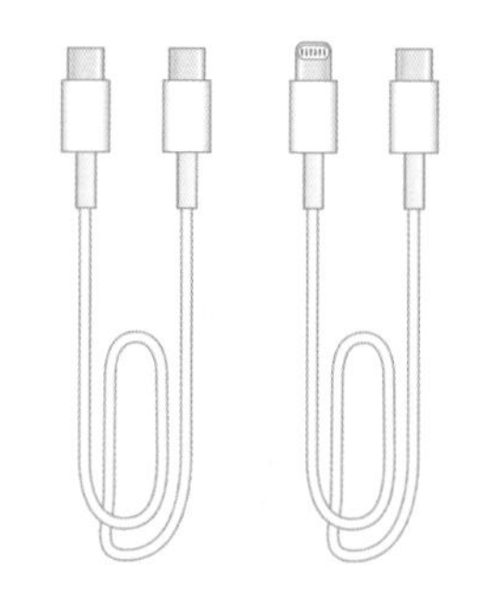

USB-C電源アダプタ

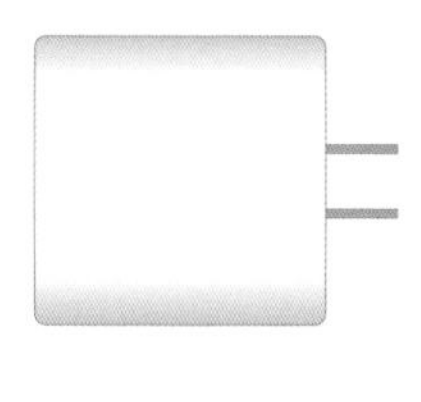

説明書

SIM取り出しツール

※ Wi-Fi + Cellular モデルのみ

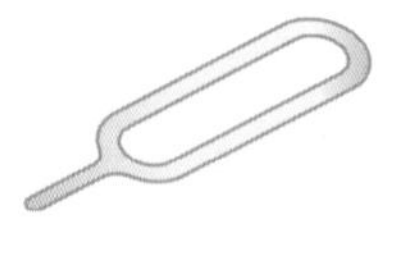

007 iPadOSって何？

A iPad用のOSです。

パソコンやスマートフォン、携帯電話には、システム全体を管理するOS（オペレーティングシステム）という基本ソフトが搭載されています。代表的なOSには、パソコンでは、WindowsやMacのmacOS Sierraなどがあり、iPadにはAppleが開発した「iPadOS」が搭載されています。2023年3月時点の最新のiPadOSは16.4です。なお、iPhoneに搭載されているのはiOSで、こちらもAppleが開発したOSではありますが、iPadOSとは異なります。

最新のiPadOSでは、Apple Music内の曲に合わせてカラオケのように歌うことができる「Apple Music Sing」（Q.323参照）、100人まで共同編集が可能なホワイトボード機能の「フリーボード」（Q.420～422参照）、アプリ画面のサイズ変更や複数のアプリ画面を一度に表示できるマルチタスク機能の「ステージマネージャ」（Q.448～451参照）などが利用できるようになりました。

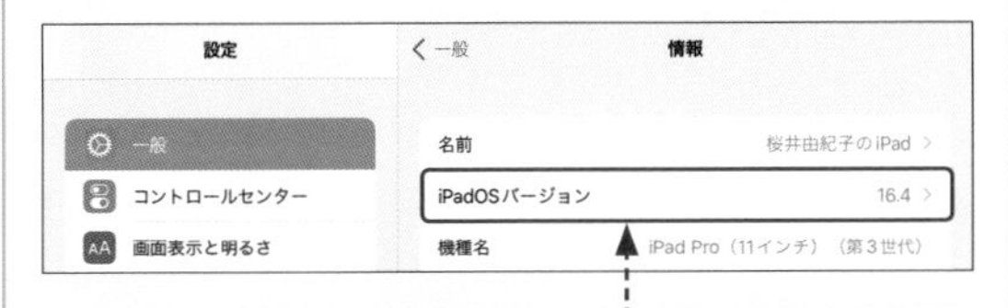

2023年3月時点での最新のiPadOSは「16.4」です。iPadOSの確認方法はQ.088、バージョンアップ方法はQ.089を参照してください。

最新のiPadOSの概要は「https://www.apple.com/jp/ipados/」から確認できます。

008 Wi-Fiモデルは料金がかからないの？

 モバイルWi-Fiルーターなどを利用する場合、別途料金がかかります。

iPadのWi-Fiモデルの場合は、本体購入費だけでiPadを利用できます。携帯電話会社との直接契約は必要ありません。使用するときは、自宅や外出先のWi-Fiネットワークを利用し、インターネットに接続します。自宅にWi-Fiルーターがない場合や、公衆無線LANサービスのない場所でもインターネットを利用したい場合は、モバイルWi-Fiルーターなどの利用が必要になり、その分、別途料金が発生します。テザリング機能を搭載したスマートフォン、モバイルWi-Fiルーターをすでに持っている場合は、Wi-Fiモデルの購入費用だけで、広い範囲でインターネットを利用できるようになるので出費を抑えられます。

WiMAXなどのモバイルWi-Fiルーターを利用すれば、Wi-Fiモデルでも外出先でインターネットを利用できます。

テザリングとは

テザリングとは、スマートフォンをWi-Fiルーターとして使用し、携携帯電話ネットワークを利用して、ノートパソコンやタブレット端末などをインターネットに接続することです。ドコモ、au、ソフトバンク、格安SIM各社が、テザリングに対応したiPhoneやAndroid端末を提供しています。

Q 通信 Pro Air iPad (Gen9) iPad (Gen10) mini

009 Wi-Fi + Cellularモデルを利用するのにかかる料金は？

A iPadの購入費用と、データ通信サービス料が必要になります。

新しいiPad（第10世代）のWi-Fi + Cellularモデルを購入する場合、本体の購入価格は92,800円（税込、64GBの場合）となり、Wi-Fiモデルの68,800円（税込、64GBの場合）よりも高価になります（2023年3月時点）。さらに、携帯電話ネットワークを利用するためには、携帯電話会社のデータ通信サービス料金が別途必要になります。

料金プランは、それぞれの携帯電話会社で、毎月一定料金で使い放題の定額制のプランが用意されています。スマートフォンや固定電話などとセットで利用するとお得になるプランなどもあるため、各携帯電話会社のホームページを確認しましょう。

ドコモの料金プラン

https://www.docomo.ne.jp/charge/simulation/gigaho_gigalite/

au の料金プラン

https://www.au.com/ipad/charge/

ソフトバンクの料金プラン

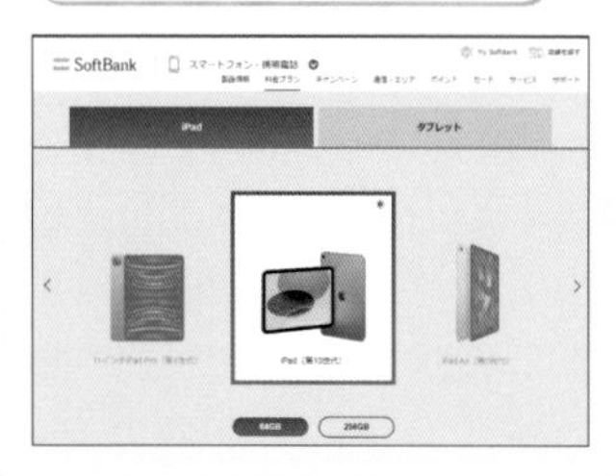

http://www.softbank.jp/mobile/price_plan/ipad/

Q 通信 Pro Air iPad (Gen9) iPad (Gen10) mini

010 SIMカードって何？

A 電話番号や契約者の情報が記録されているICカードです。

SIMカードとは、携帯電話事業者との契約時に発行されるICカードのことで、電話番号や契約者の情報が記録されています。Wi-Fi + CellularモデルなどでSIMカードをiPadに装着することで、携帯電話ネットワークでインターネットを利用できます。第5世代以降のiPad、すべてのモデルのiPad Pro、iPad Air、iPad miniではNano-SIMカードを使用します。SIMカードを交換する場合は、同梱されているSIM取出しツールや、クリップなどを使用します。SIMカードを取り付けるトレイは、Wi-Fi+Cellularモデルのみに用意されています。なお、一部の機種のiPadでは、eSIMを利用できます（Q.011参照）。

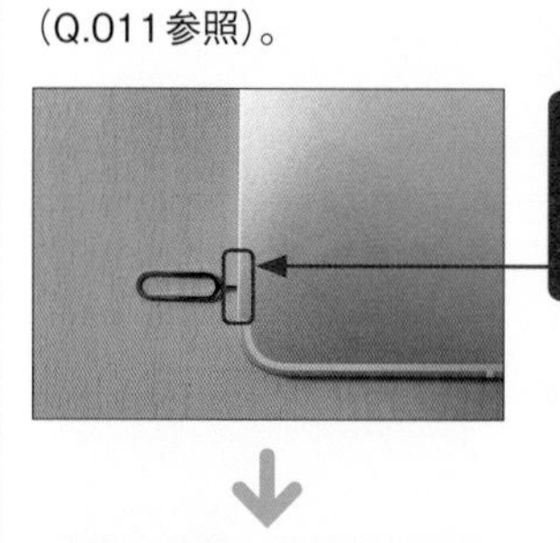

1 本体側面にある、スロット横の穴をSIM取り出しツールで押します。

2 トレイを取り出し、SIMカードをトレイに取り付けます。

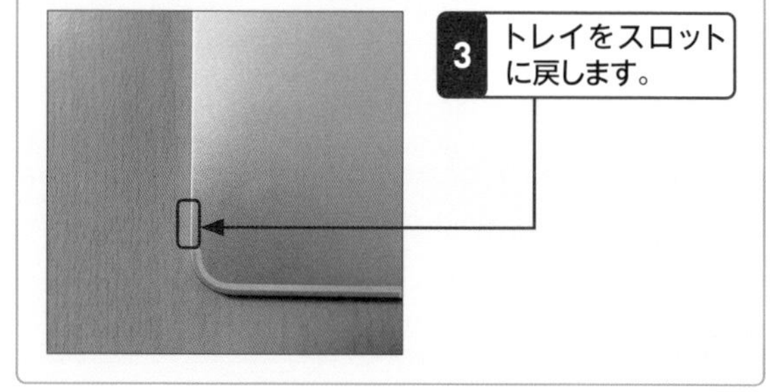

3 トレイをスロットに戻します。

通信 Pro Air iPad (Gen9) iPad (Gen10) mini

011 eSIMって何？

A 端末に組み込まれた電子SIMです。

eSIMとは、端末に組み込まれた本体一体型SIMのことで、ネットワーク経由で電話番号などの情報が書き込まれます。カード型のSIMと違って、利用に際して端末への抜き差しが不要で、よりかんたんに通信サービスを利用できるようになります。カード型のSIMが物理SIMであるのに対し、eSIMは電子SIMであると考えるとよいでしょう。

2023年3月時点では、iPad（第7世代以降）、iPad Proの11インチ（第1世代以降）、12.9インチ（第3世代以降）、iPad Air（第3世代以降）、iPad mini（第5世代、第6世代）がeSIMに対応しています。iPadでeSIMを利用するには、通信事業者に申し込みを行い、アクティベーションを行う必要があります。

eSIMは世界標準のSIM規格で、世界的に見ると対応している通信事業者が多くあります。そのため、海外に行った際に現地の通信事業者と契約し、eSIMのプロファイルを書き換えるだけで、すぐに通信を利用できるようになります。

Nano-SIM

一般的なNano-SIMは、プラスチックのSIMカードを端末本体に挿入する必要があります。多くの携帯電話会社が対応していますが、破損や紛失のリスクもあります。

eSIM

eSIMは、デジタルSIMが本体に組み込まれています。破損や紛失のリスクがなく、契約や機種変更の手続きがスムーズに行えます。また、海外での利用にも便利です。

通信 Pro Air iPad (Gen9) iPad (Gen10) mini

012 データ通信契約番号って何？

A いわゆる「電話番号」のことです。

Wi-Fi + CellularモデルのiPad（利用しているSIM）には、「データ通信契約番号」という11桁の番号が割り振られています。この番号は、いわば携帯電話の電話番号と同じ役割を果たしており、携帯電話の回線でデータ通信を行うために必要となります。

「docomo ID」「au ID」「My SoftBank」などの携帯電話会社固有サービスを利用する際にデータ通信契約番号が必要となる場合もあります。データ通信契約番号は、ホーム画面で［設定］→［一般］→［情報］の順にタップすると、「データ通信契約番号」欄で確認することができます。「不明」や「空欄」と表示されている場合は、iPadの電源を入れ直してみましょう。なお、Wi-Fiモデルでは「データ通信契約番号」の欄は表示されません。

1 ホーム画面で［設定］→［一般］の順にタップし、

2 ［情報］をタップすると、

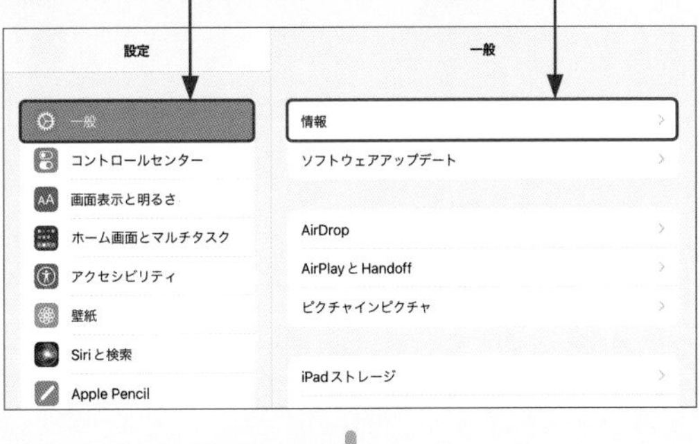

3 データ通信契約番号を確認できます。

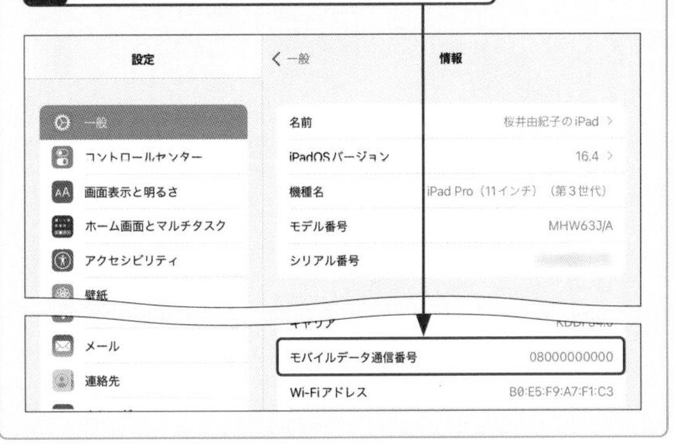

通信 Pro Air iPad (Gen9) iPad (Gen10) mini

013 iPadで電話はできないの？

A iPadで電話はできませんが、アプリを利用して音声通話やビデオ通話ができます。

iPadはWi-Fi + CellularモデルとWi-Fiモデルのどちらも、電話をすることができません。Wi-Fi + Cellularモデルは携帯電話ネットワークを使用できますが、利用できるのはデータ通信のみです。ただし、FaceTime（Q.395～407参照）を利用してビデオ通話をしたり、Skypeなどの無料アプリを利用してチャットや音声通話をしたりすることはできます（Wi-Fi接続時、あるいはパケット定額契約の場合）。FaceTimeはWi-Fi接続や携帯電話ネットワークを利用したビデオ通話サービスです。iPad、iPhone、iPod touchなど、対応デバイス間でビデオ通話を楽しむことができます。

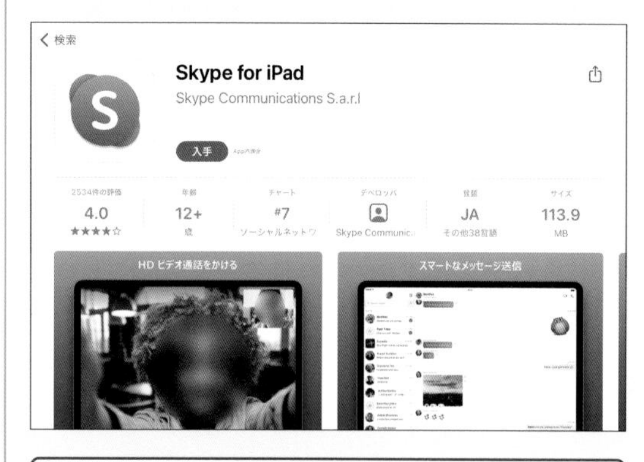

Skypeはユーザー間であれば、無料で音声通話やチャット、ビデオ通話を利用できます。グループ通話や固定電話への発信も有料で利用できます。

FaceTimeはAppleが提供するビデオ通信サービスです。FaceTimeの詳しい操作方法はQ.395～407で紹介しています。

014 iPadは外国でも使える？

A iPadは外国でもそのまま使えます。

iPadは特別な契約や設定をしなくても、外国でそのまま使用することができます。Wi-Fiモデルの場合、現地の無料Wi-Fiスポットを事前に調べてから渡航すると便利です。Wi-Fi + Cellularモデルの場合、知らない間にデータの通信をして高額な通信料を請求されることのないよう、データローミングをオフにするなどの注意が必要です。なお、eSIMの場合は必要な設定が異なります（Q.011参照）。

Wi-Fi+Cellularモデルでは、携帯電話会社の海外サービスが利用できます。ドコモでは、「パケットパック海外オプション」や「海外パケ・ホーダイ」、auでは「海外ダブル定額」、ソフトバンクでは「海外パケットし放題」といったサービスを提供しています。それぞれ、使用できる国と地域に制限があります。これらのサービスには、必要なネットワークの設定や定額対象事業者への手動設定をサポートしてくれる専用のアプリもあります。

データローミングをオフにする

1 ホーム画面で［設定］をタップします。

2 ［モバイルデータ通信］→［通信のオプション］の順にタップし、

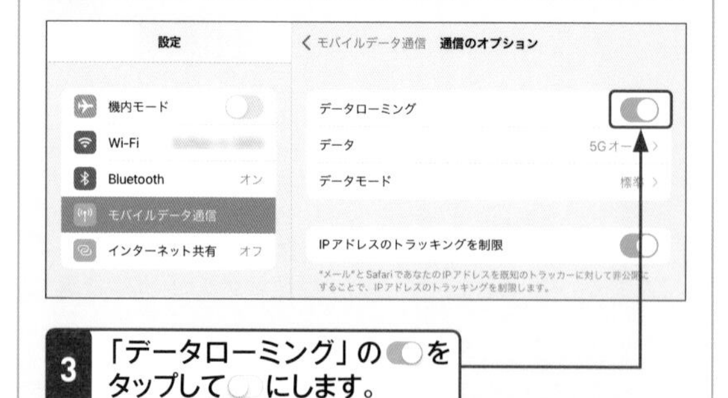

3 「データローミング」の ◯ をタップして ◯ にします。

利用準備 Pro Air iPad (Gen9) iPad (Gen10) mini

015 iPadで利用できる周辺機器は？

Apple PencilやKeyboard、AirPodsなどがあります。

iPadは同梱品が限られていますが（Q.006参照）、Apple Storeからさまざまな周辺機器を購入して利用することができます。本書では、Bluetoothでペアリングして利用するタッチペンの「Apple Pencil」（Q.488～490参照）、マグネットで端末に取り付けられるiPad専用キーボードの「Keyboard」（Q.491、492参照）を紹介します。

Apple Pencil

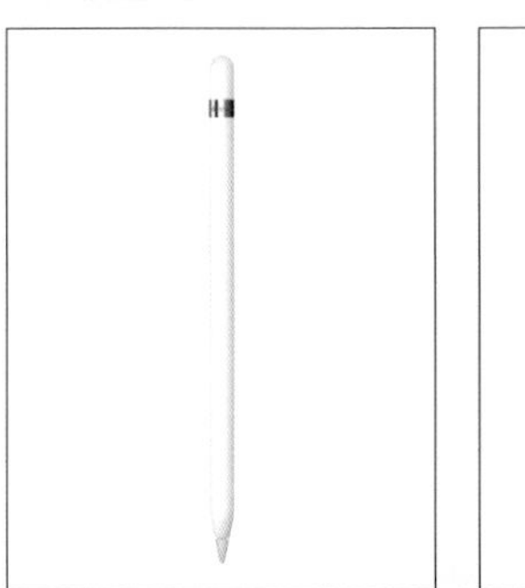

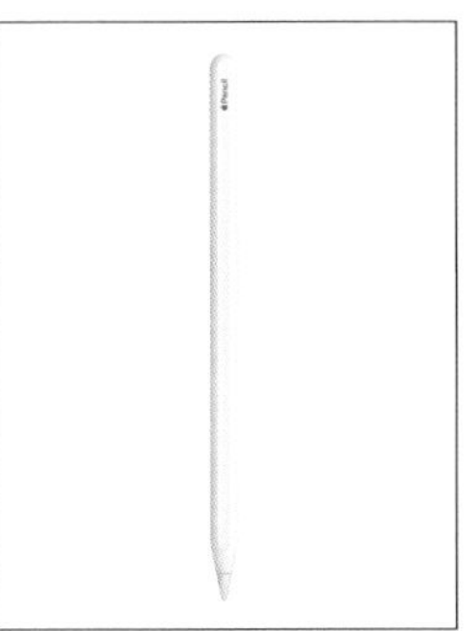

Apple Pencilは、Bluetoothを利用してiPadとペアリング（接続）し、通常のペンを使うようにiPadに描画することができるタッチペンです。

Keyboard

Keyboardは、iPadに取り付けて利用する専用キーボードです。Keyboardには「Magic Keyboard」「Magic Keyboard Folio」「Smart Keyboard」「Smart Keyboard Folio」といった種類があり、大きさやキーボードの構造、価格などが異なります。

利用準備 Pro Air iPad (Gen9) iPad (Gen10) mini

016 iPadを利用するのに用意すると便利なものは？

パソコン、iTunes、Wi-Fiルーターがあると便利です。

iPadは、パソコンがなくても使用できます。しかし、パソコンがあればiPadを充電したり、いつも楽しんでいる音楽やビデオなどのデータをiPadに転送したりすることができます。パソコンとiPadを連携させるときに欠かせないのが、iTunes（Q.018～021参照）です。iTunesは、音楽やビデオ、アプリなどのコンテンツを再生・管理するソフトウェアです。パソコン内のコンテンツデータを管理・鑑賞できるほか、iTunes Storeというコンテンツ配信サービスで、音楽や映画、本などを購入することも可能です。iTunesで管理しているコンテンツは「同期」というしくみで、iPadに転送させることができます。

そのほかにも用意しておきたいのが、インターネット環境とWi-Fiルーターです。iPadのWi-Fiモデルでは、そもそもWi-Fiルーターや公衆無線LANがなければインターネットが利用できません。

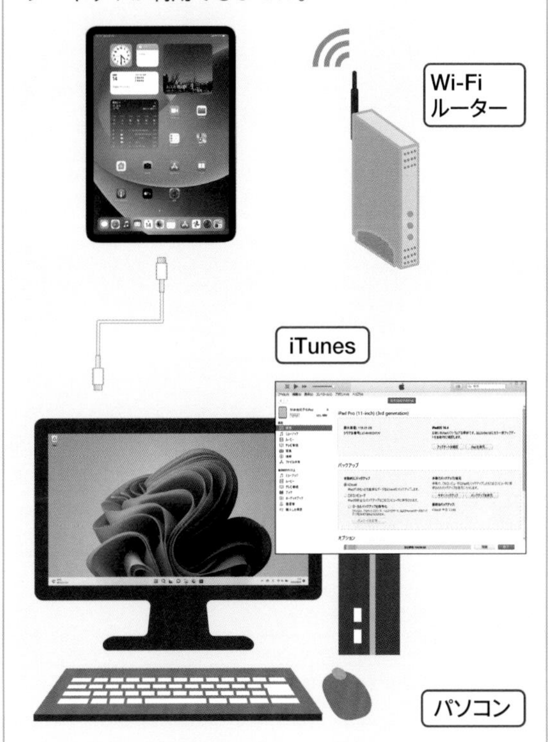

利用準備 Pro Air iPad (Gen9) iPad (Gen10) mini

Q 017 アクティベーションって何？

A iPadを利用できる状態にすることです。

アクティベーションとは、iPadを利用できる状態にすることを指します。初期設定として必ず行わなければならないので、iPadをリセットした際は、下記の通り操作しましょう。

1 画面下部を上方向にスワイプし、［日本語］→［日本］の順にタップします。

2 「クイックスタート」画面で［手動で設定］をタップします。

3 「文字入力および音声入力の言語」画面で［続ける］をタップします。

4 使用するネットワークを選択し、必要に応じてパスワードを入力します。

5 「データとプライバシー」画面で［続ける］をタップし、「Face ID」画面で［あとで“設定”でセットアップ］をタップします。

6 「パスワードを作成」画面で［パスコードオプション］をタップし、［パスコードを使用しない］を2回タップします（パスコードを設定する場合はQ.468参照）。

7 「Appとデータ」画面で［Appとデータを転送しない］をタップします（バックアップから復元する場合はQ.523参照）。

8 「Apple ID」画面で［パスワードをお忘れかApple IDをお持ちでない場合］をタップし、［あとで“設定”でセットアップ］→［使用しない］の順にタップします（Apple IDを持っている場合はログインし、アクティベーション後に作成する場合はQ.023参照）。

9 利用規約を確認し、［同意する］をタップします。

10 ［続ける］を2回タップし、「Siri」画面と「スクリーンタイム」画面で［あとで“設定”でセットアップ］をタップします。

11 「App解析」画面で［Appデベロッパと共有］をタップし、「True Toneディスプレイ」画面と「外観モード」画面で［続ける］をタップします。

12 「ようこそiPadへ」画面で［さあ、はじめよう！］をタップします。

利用準備 Pro Air iPad (Gen9) iPad (Gen10) mini

Q 018 iTunesって何？

A パソコンで音楽などの再生や購入ができるソフトウェアです。

iTunesとは、Appleが提供する楽曲などの再生・管理ソフトウェアです。Windows版は、AppleのWebサイトから無料でダウンロードできます（Q.019参照）。2022年12月には、最新版のiTunes 12.12.7.1がリリースされました。
iTunesでは、音楽CDから取り込んだ楽曲や、iTunes Storeから購入した楽曲を一括管理できます。このほか映画、ポッドキャスト（デジタルオーディオプレーヤーで再生できる番組配信コンテンツ）、オーディオブック（本を音声で再生するデータ）、などを購入したり、インターネットラジオやテレビ番組も視聴可能です。さらにそうしたコンテンツは、iTunesを起動させたパソコンとiPadをUSB-C充電ケーブル、またはLightning-USB-Cケーブルでつなぐ（必要に応じて変換アダプタを使用）だけで、iPadに転送することができます。

iTunesはWindowsで無料でインストールできます。

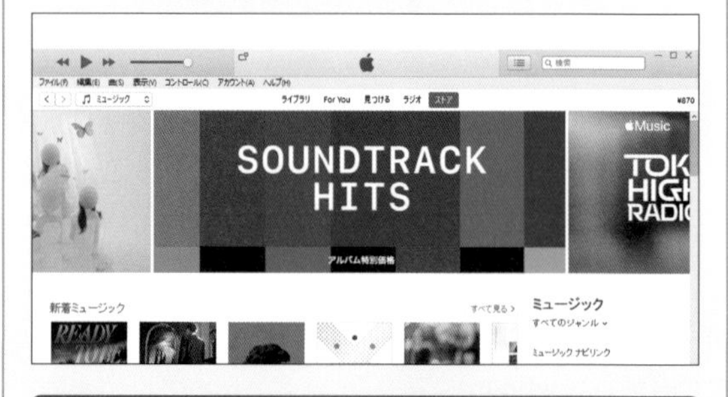

iTunes Storeでは、楽曲や映画などの購入、インターネットラジオの視聴など、さまざまなコンテンツを楽しめます。

利用準備 Pro Air iPad (Gen9) iPad (Gen10) mini

019 パソコンにiTunesをインストールしたい！

A Appleのホームページからダウンロードします。

Windowsでは、AppleのWebサイト（https://www.apple.com/jp/itunes/）からダウンロードして、パソコンにインストールします。インストール後は、デスクトップやスタート画面などのアイコンからiTunesを起動できます。
なお、2019年10月以降に発売されたMacでは、iTunesのメディアライブラリが「Apple Music」「Apple TV」「Apple Books」「Apple Podcast」の4つの専用アプリに分割され、iTunesを利用することができなくなりました。iPad、iPhone、iPod touchのコンテンツの同期や管理は、Finderから行えます。

1 パソコンのブラウザで「https://www.apple.com/jp/itunes/」にアクセスし、[Get it from Microsoft]をクリックして、「Microsoft Store」を表示します。

2 [インストール]をクリックし、インストールが完了したら[開く]→[同意する]→[同意します]の順にクリックします。

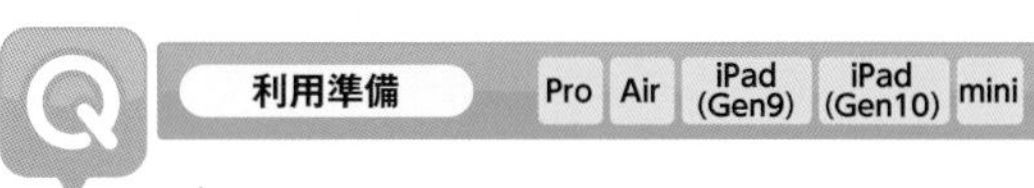

利用準備 Pro Air iPad (Gen9) iPad (Gen10) mini

020 パソコンのiTunesにiPadを登録したい！

A iPadをパソコンに接続しましょう。

Windowsパソコンでは、付属のUSB-C充電ケーブル、またはLightning-USB-Cケーブルを使ってiPadをパソコンに接続（必要に応じて変換アダプタを使用）し、iTunesを起動します。初めて利用する際は、画面の指示に従って新しいiPadとして設定するか、バックアップからデータを復元するかを選択します。登録完了後、連絡先やカレンダー、アプリ、楽曲などをパソコンと同期させることができます。

1 iPadをパソコンに接続し、iTunesを起動します。

2 →[続ける]→[開始]の順にクリックします。

3 データのバックアップ先を選択したあと、

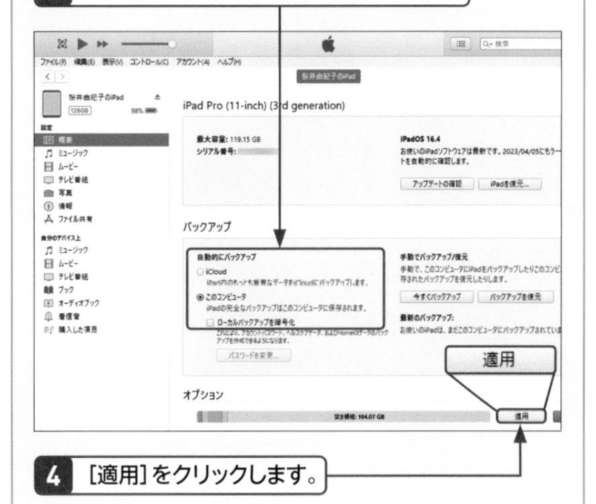

4 [適用]をクリックします。

Q 利用準備 Pro Air iPad (Gen9) iPad (Gen10) mini

021 iPadとパソコンの接続を解除したい!

A 接続解除後、ケーブルをパソコンから取り外します。

iPadとWindowsパソコンの接続を解除したいときは、iTunesの画面で「○○のiPad」の横にある⏏をクリックし、iPadの表示が消えたあと、ケーブルをパソコンから取り外します。

また、「ライブラリ」画面を表示しているときに「デバイス」欄の「○○のiPad」の横にある⏏をクリックするか、デバイス名を右クリックして[取り出す]をクリックすることでも、接続を解除できます。

1 ⏏をクリックして、

2 iPadの表示が消えたら、ケーブルを抜いてiPadとパソコンの接続を解除します。

022 Apple IDって何?

A Appleのサービスを利用するために必要なアカウントです。

iTunes StoreやApp Store、Apple Music、iCloud、FaceTime、iMessage、iBook Store、探すなどのAppleが提供するサービスを利用するには、Apple IDを取得して、iPadからサインインする必要があります。

Apple IDはAppleのWebサイトやiTunes、iPadなどから無料で作成できます。1つあれば、Appleが提供するすべてのサービスを利用できるようになります。

パソコンのブラウザから利用する「iCloud.com」でも、Apple IDが必要です。

023 Apple IDを作りたい!

A iPadから無料で作成することができます。

Apple IDはAppleの公式Webサイトのほか、iTunesやiPadから無料で作成できます。1つあればiCloudをはじめとするApple提供のサービスをすべて利用できるようになるので、ぜひ取得しておきましょう。ここでは、iPadから新規のメールアドレスでApple IDを作成する方法を説明します。

1 ホーム画面で[設定]をタップし、[iPadにサインイン]をタップします。

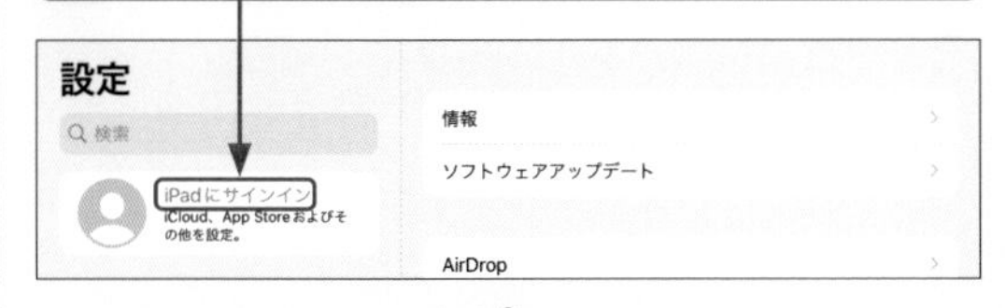

2 [Apple IDをお持ちでないか忘れた場合]→[Apple IDを作成]の順にタップします。

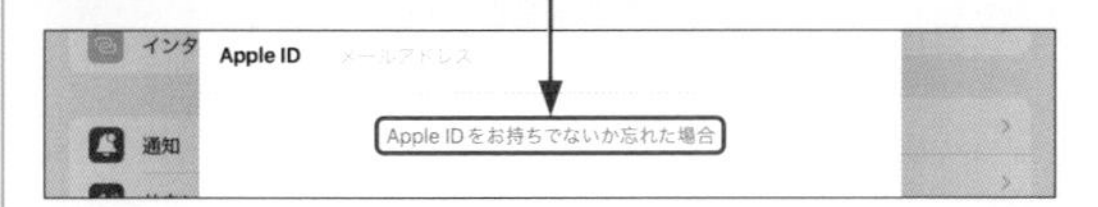

3 「姓」「名」を入力し、

4 生年月日を設定したら、

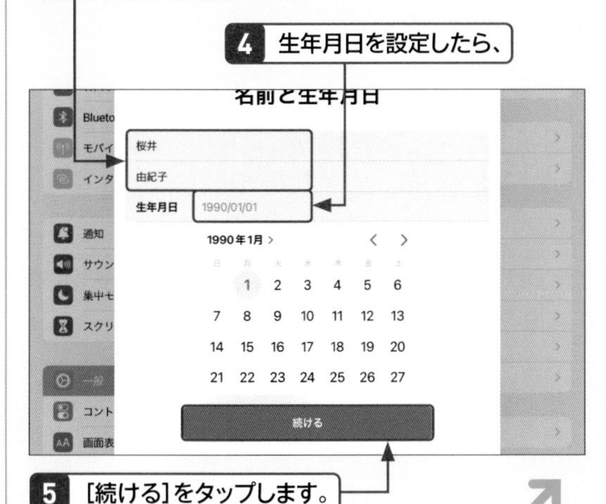

5 [続ける]をタップします。

6 [メールアドレスを持っていない場合]→[iCloudメールアドレスを入手する]の順にタップします。

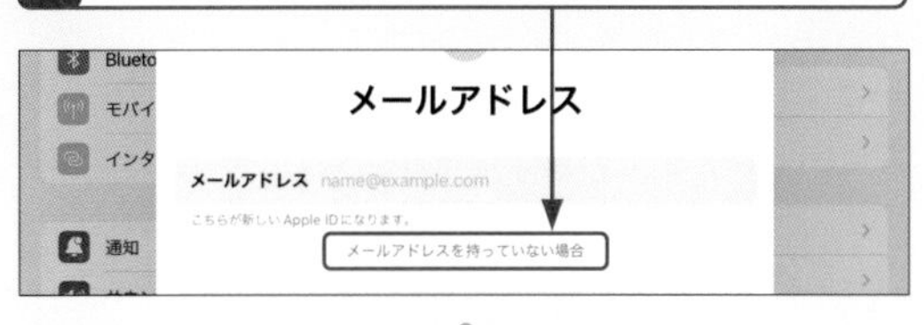

7 Apple IDとして使用するiCloudメールアドレスを入力し、

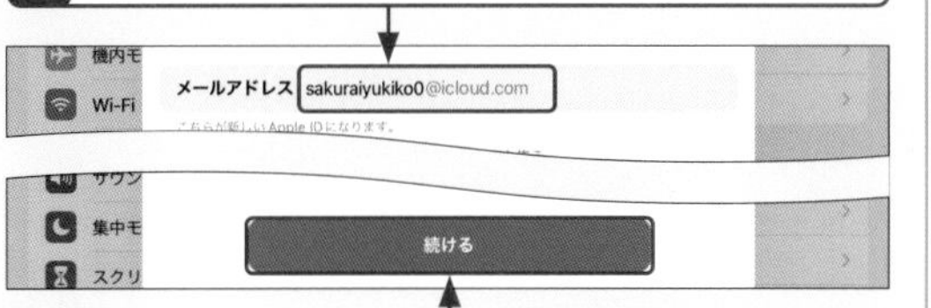

8 [続ける]→[メールアドレスを作成]の順にタップします。

9 Apple IDに使用したいパスワードを2回入力し、

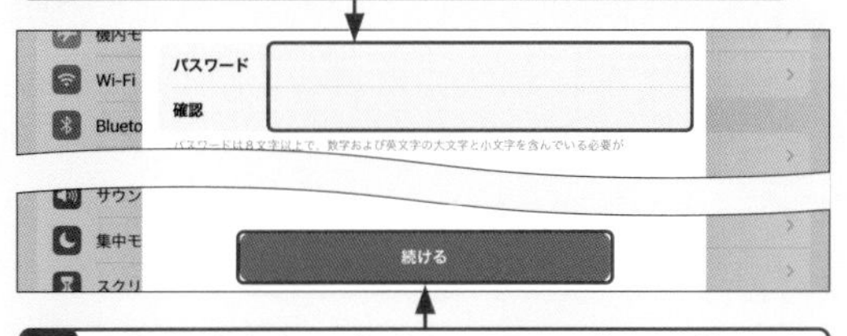

10 [続ける]をタップしたら、画面の指示に従って電話番号認証を進めます。

11 利用規約を確認し、[同意する]をタップすると、Apple IDが作成されます。

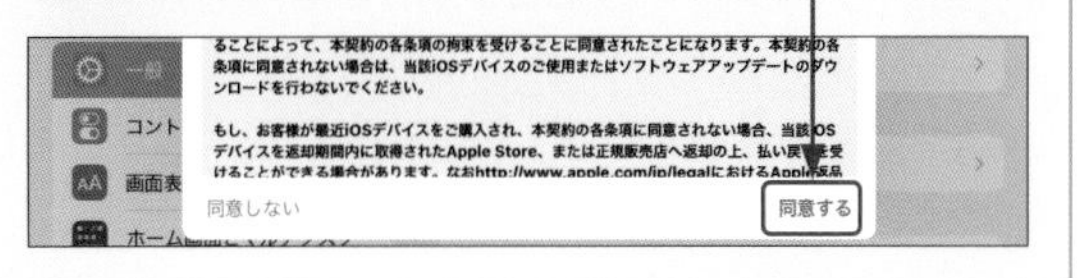

Apple ID

Pro Air iPad (Gen9) iPad (Gen10) mini

024 Apple IDのパスワードを忘れた！

A パスワードを再設定しましょう。

Apple IDにサインインする際にパスワードがわからなくなってしまった場合は、パスワードを再設定しましょう。ホーム画面で［設定］をタップし、［iPad にサインイン］→［Apple IDをお持ちでないか忘れた場合］→［Apple IDを忘れた場合］の順にタップします。「パスワードをお忘れですか？」画面でApple IDを入力し、［次へ］をタップしたら、電話番号認証に進みます。続けて「メールアドレスを確認」画面が表示されたら［コードを送信］をタップし、認証を行います。「新しいApple IDパスワード」画面で新しく設定したいパスワードを2回入力し、［次へ］をタップすると、パスワードが変更されます。

なお、ここで紹介した方法は、iPhoneやパソコンなどでApple IDにサインインしており、確認コードを受信できるメールアドレスや電話番号が利用できる前提の操作です。Apple IDに紐付いている情報が利用できない場合、家族や友人、Appleの実店舗からApple製の端末を借りて操作を行う必要があります（https://support.apple.com/ja-jp/HT201487）。

1 Q.023手順**2**の画面で［iPad にサインイン］→［Apple IDをお持ちでないか忘れた場合］→［Apple IDを忘れた場合］の順にタップします。

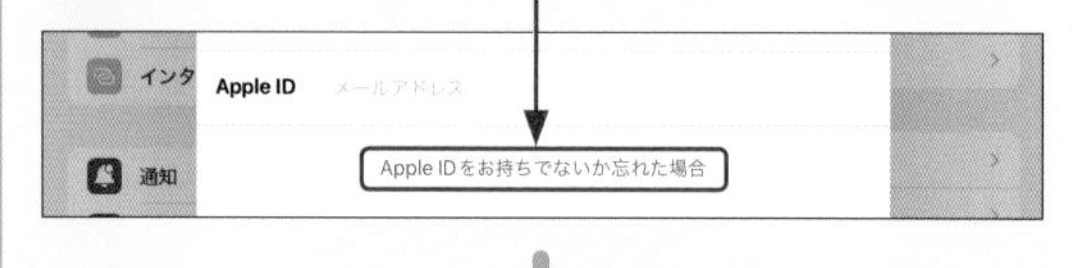

2 Apple IDを入力し、

3 ［次へ］をタップしたら、画面の指示に従って電話番号認証を進めます。

4 「メールアドレスを確認」画面で［コードを送信］をタップし、Apple IDにサインインしている端末でメールを受信したら、確認コードを入力します。

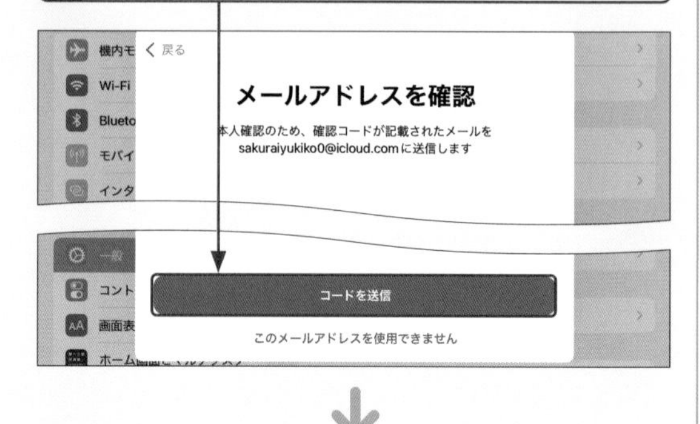

5 新しく設定したいパスワードを2回入力し、

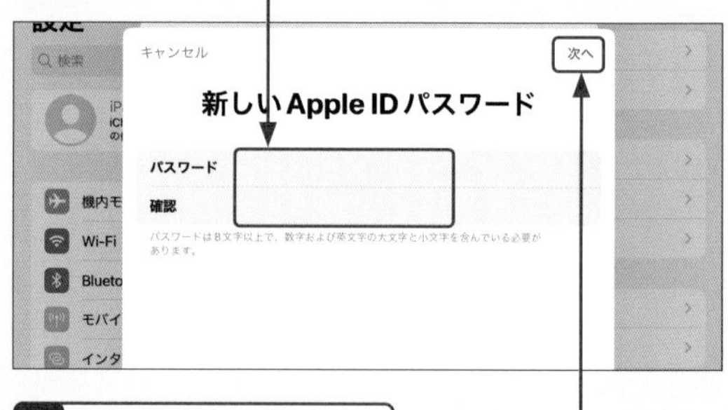

6 ［次へ］をタップします。

7 パスワードが変更されます。［完了］をタップします。

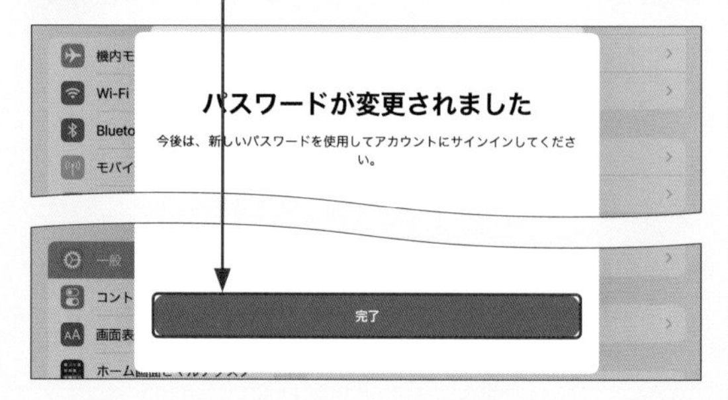

Apple ID　Pro　Air　iPad (Gen9)　iPad (Gen10)　mini

Q 025 Apple IDに登録した個人情報を変更したい!

A 「設定」から変更します。

Apple IDを作成する際に登録した名前やメールアドレスなどの個人情報は、「設定」アプリからいつでも変更できます。Apple IDにサインインしている状態でホーム画面で［設定］→名前の順にタップします。［名前、電話番号、メール］をタップし、Apple IDのパスワードを入力して［OK］をタップすると、個人情報を変更できます。

1 ホーム画面で［設定］をタップし、名前をタップして、

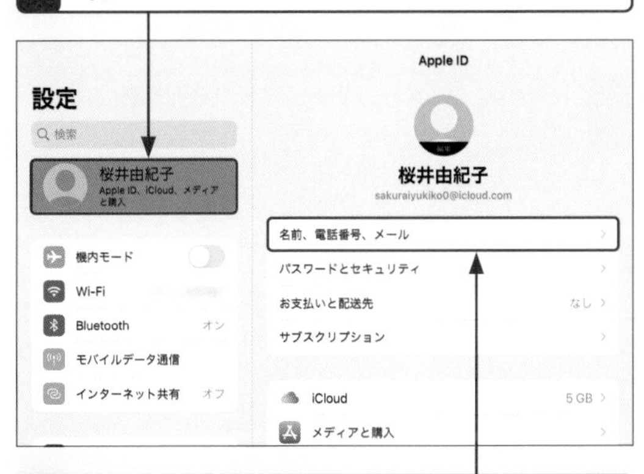

2 ［名前、電話番号、メール］をタップします。Apple IDのパスワードを入力し、［OK］をタップします。

3 「名前」の表示名をタップすると「姓」「名」を変更でき、「連絡先」の［編集］をタップすると「メールアドレス」「電話番号」を削除または追加できます。

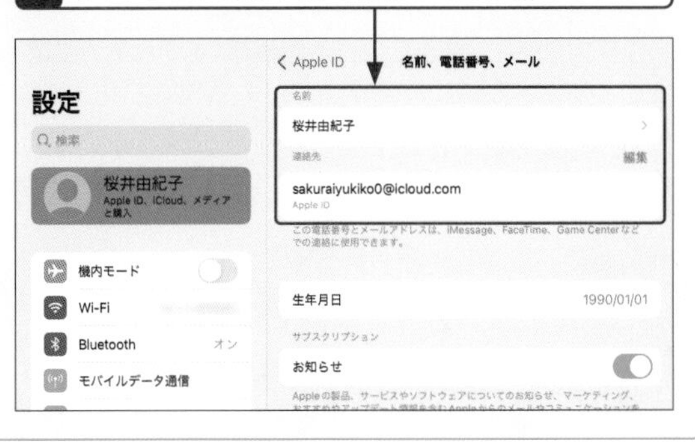

Apple ID　Pro　Air　iPad (Gen9)　iPad (Gen10)　mini

Q 026 Apple IDに支払い情報を登録したい!

A 「設定」から設定します。

Q.023の方法でApple IDを設定したあと、ホーム画面で［設定］→名前の順にタップします。［お支払いと配送先］をタップし、カード情報や住所などを入力して［完了］をタップすると、支払い情報が登録されます。また、登録後は「支払いと配送先」画面で［編集］をタップしてカード情報を削除したり、［お支払い方法を追加］をタップして新しい支払い方法を登録したりできます。

1 ホーム画面で［設定］をタップし、名前をタップして、

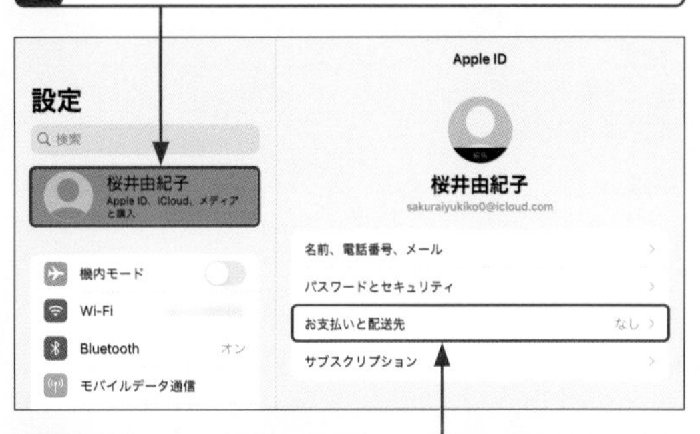

2 ［お支払いと配送先］をタップします。Apple IDのパスワードを入力し、［OK］をタップします。

3 カード情報や住所などを入力し、

4 ［完了］をタップします。

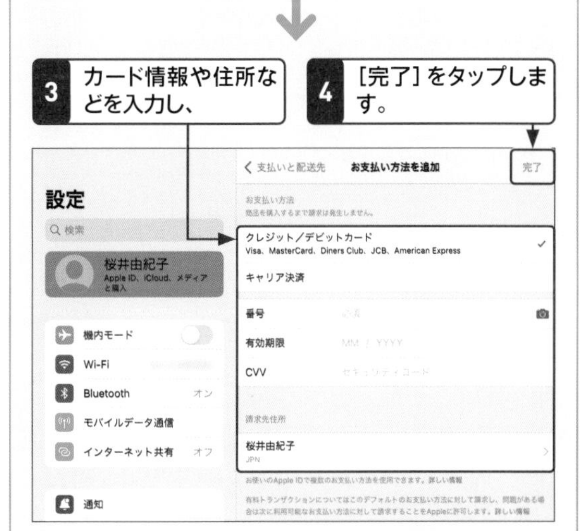

Q Apple ID

Pro Air iPad (Gen9) iPad (Gen10) mini

027 子供用のアカウントを作りたい！

A 「ファミリー共有」から子供用のアカウントを作成します。

13歳未満の子供は、保護者の許可や同意がない場合、Apple IDを作成することができません。子供用にApple IDを作成するには、保護者が「ファミリー共有」からアカウント作成を行う必要があります。子供用のApple IDでは、年齢に応じた設定を行ったり、利用するサービスを制限したりできます。なお、子供用のApple IDを作成する保護者は、成人の証明として自身のApple IDに支払い情報の登録が必要です（Q.026参照）。

1 ホーム画面で［設定］をタップし、名前をタップして、

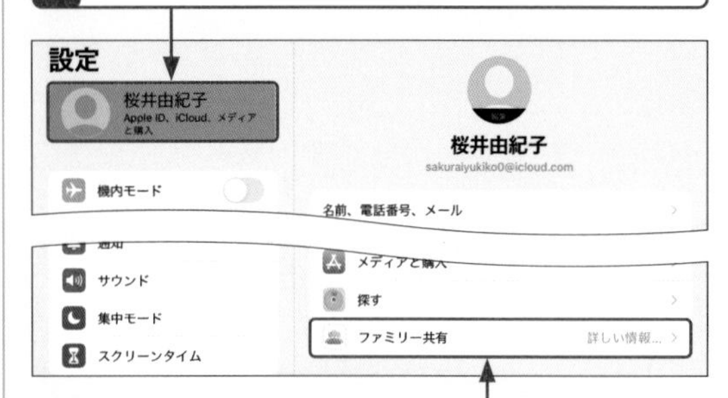

2 ［ファミリー共有］→［続ける］の順にタップします。

3 ［お子様用アカウントを作成］をタップし、子供の「姓」「名」を入力して、「生年月日」を設定したら、［あなたが成人であることを確認］をタップします。「保護者の同意」画面で保護者のApple IDに登録しているカードのセキュリティコードを入力し、［完了］をタップします。

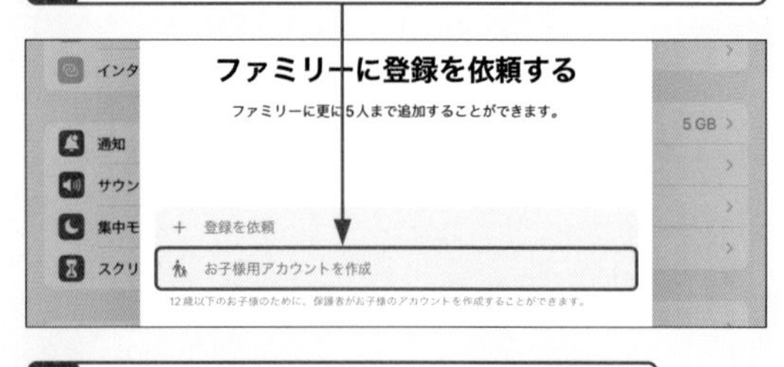

4 続けて「家族のプライバシー開示」画面と「利用規約」画面のそれぞれで［同意する］をタップします。

5 ［メールアドレスを持っていない場合］→［iCloudメールアドレスを入手する］の順にタップし、子供が使用するメールアドレスを入力したら、

6 ［続ける］→［メールアドレスを作成］の順にタップします。

7 Apple IDに使用したいパスワードを2回入力し、

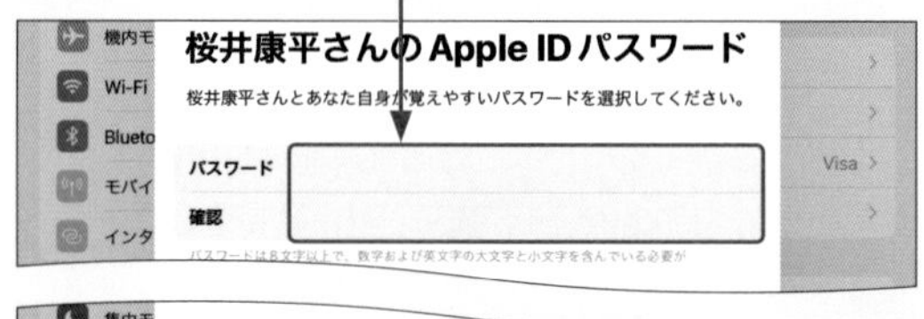

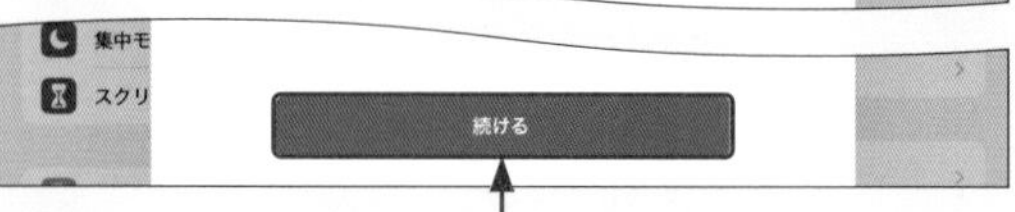

8 ［続ける］をタップしたら、画面の指示に従って電話番号認証を進めます。

9 「スクリーンタイム」と「位置情報」をそれぞれ設定し、［完了］をタップすると、子供用のアカウントが作成されます。

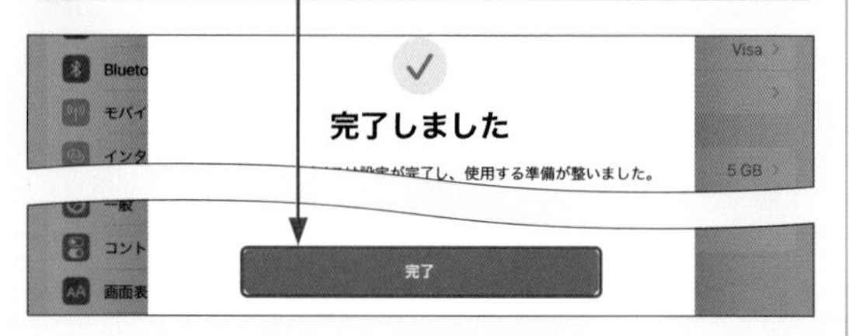

第2章

基本操作と設定の「こんなときどうする?」

028 iPadの基本操作を知りたい！

A 画面に直接触れて操作します。

iPadは画面を指などでタッチして操作します。アイコンを触ってアプリを起動したり、指をずらして画面を左右にスライドさせたり、2本の指を使って拡大・縮小表示したりと、さまざまな操作方法があります。そのときどきの状況に応じて使い分けましょう。
なお、ホームボタンのあるiPad（第9世代）では、ホームボタンを利用した操作もできますが、本書で紹介するホームボタンのない機種での操作は、iPad（第9世代）でも可能です。

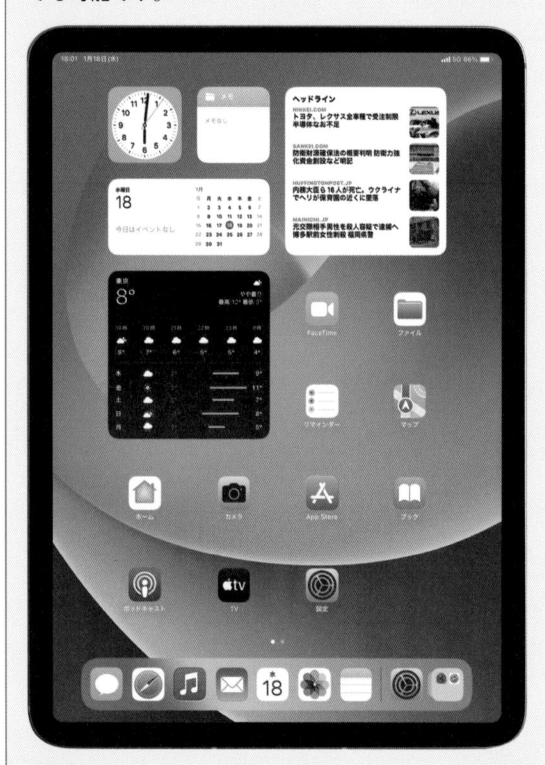

iPadは、マルチタッチ画面に直接触れて操作を行います。

タップ

画面を軽く叩くように触れてすぐに離すことを「タップ」といいます。

ダブルタップ

「タップ」の操作を2回くり返すことを「ダブルタップ」といいます。

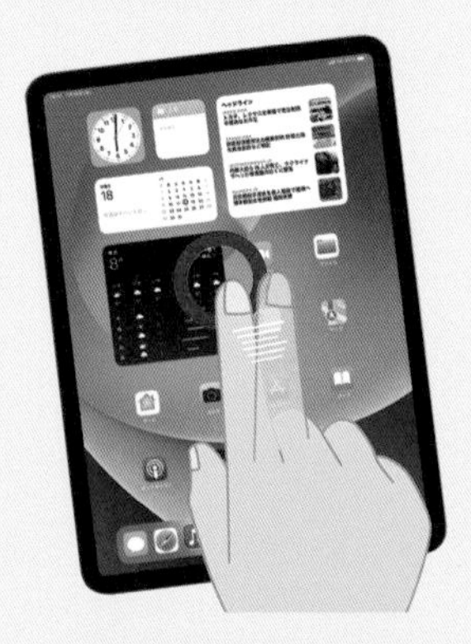

スワイプ／フリック

画面の上を1本の指ですばやく移動するような動作を「スワイプ」といいます。

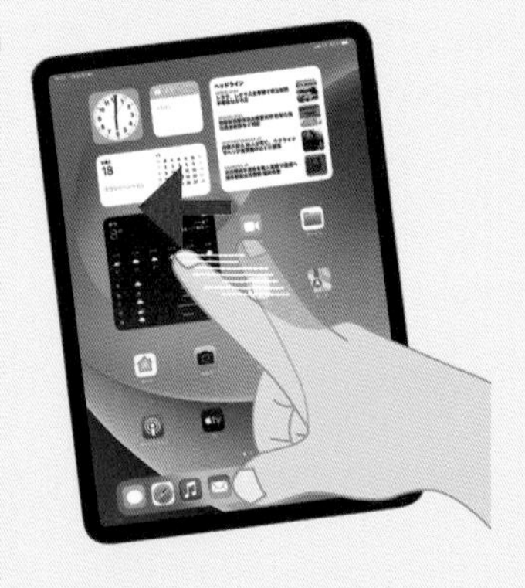

スクロール（ドラッグ）

アイコンなどに触れたまま、特定の位置までなぞることを「スクロール」または「ドラッグ」といいます。

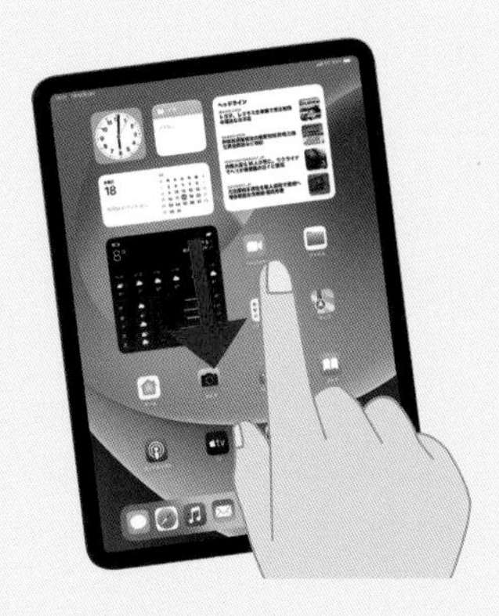

タッチ

画面に触れたままの状態を保つことを「タッチ」といいます。

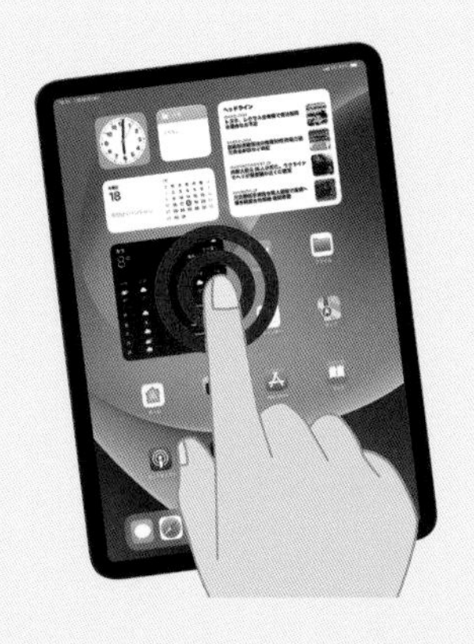

ズーム（ピンチアウト）

2本の指を画面に触れたまま指を広げることを「ピンチアウト」といいます。

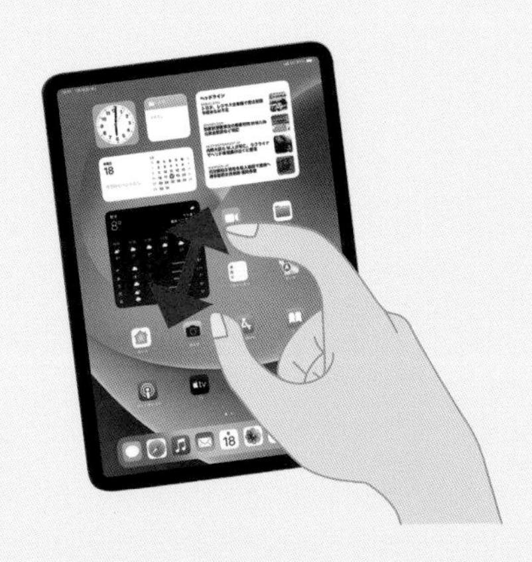

ズーム（ピンチイン）

2本の指を画面に触れたまま指を狭めることを「ピンチイン」といいます。

ホームボタンでもできる操作

操作	ホームボタンなし	ホームボタンあり
ロックを解除	画面下端から上方向にスワイプします。	ホームボタンを押します。
ホーム画面を表示	画面下端から上方向に大きくスワイプします。	ホームボタンを押します。
Appスイッチャーの表示	画面下端から上方向に小さくスワイプします。	ホームボタンを2回押します。
スクリーンショットを撮影	トップボタンと音量ボタンの上下どちらかを同時に押します。	トップボタンとホームボタンを同時に押します。

029 iPadの各部名称が知りたい!

A 各部の名称と基本的な役割を理解しておきましょう。

iPadには、さまざまなボタンやコネクタが搭載されています。iPadを使用する前に、各部の名称と基本的な役割を理解しておきましょう。なお、機種によってはホームボタンがあったり、コネクタがLightning-USB-Cだったりするなど、デザインや名称が一部異なります。下図はiPad Pro 11インチ（第3世代）のWi-Fi ＋ Cellularモデルです。

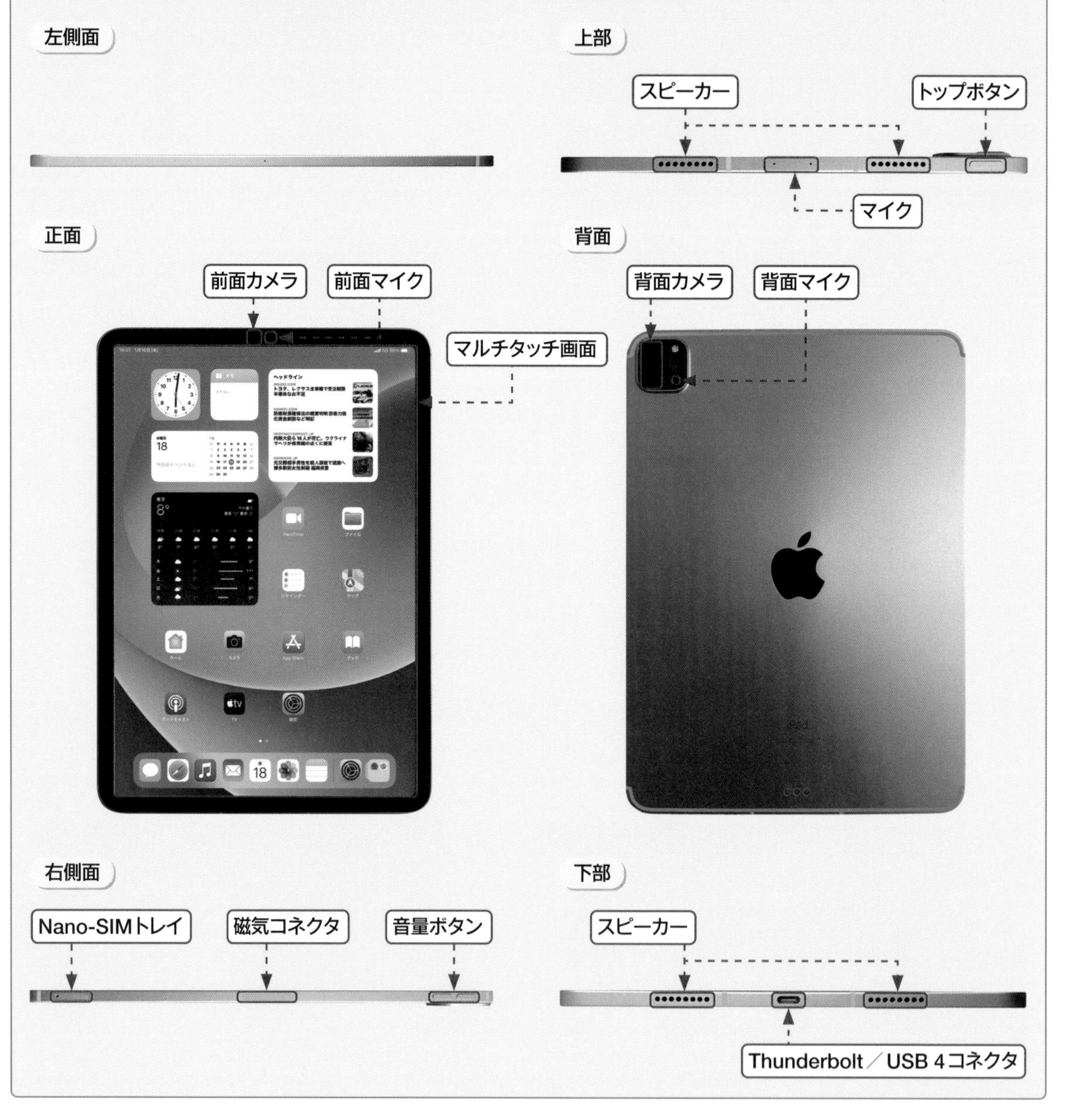

初期設定　Pro　Air　iPad (Gen9)　iPad (Gen10)　mini

030 初期設定は必要？

A アクティベーションが済んでいれば、初期設定は必要ありません。

基本的に、iPadに初期設定は必要ありません。厳密にいうとアクティベーションという設定を行わなければなりませんが（Q.017参照）、ほとんどの場合は販売店スタッフが代行してくれます。購入後に本体を起動してからApple IDを取得し、表示される手順に沿ってユーザー情報を入力していけば、iPadを利用できるようになります。

ただ、アプリなどをインストールできる「App Store」や複数のアカウントを併用できる「メール」のように、初めての利用に際して、自身の設定が必要なものもあります。

Apple IDは、ホーム画面で［設定］をタップし、［iPadにサインイン］→［Apple IDをお持ちでないか忘れた場合］→［Apple IDを作成］の順にタップして作成します（Q.023参照）。

メールを利用する場合は、サービスごとにアカウントを取得する必要があります。

電源　Pro　Air　iPad (Gen9)　iPad (Gen10)　mini

031 iPadの電源をオフにするには？

A トップボタンと音量ボタンを同時に長押しします。

iPadを利用中にトップボタンと音量ボタンの上または下を同時に押し続けます。「スライドで電源オフ」が表示されたら、を右側にスライドすることで電源が切れます。「キャンセル」の×をタップすると、もとの画面に戻ります。iPadの電源をオンにする場合は、トップボタンを長押しします。

1 本体上部のトップボタンと本体側部の音量ボタンの上または下を同時に長押しします。

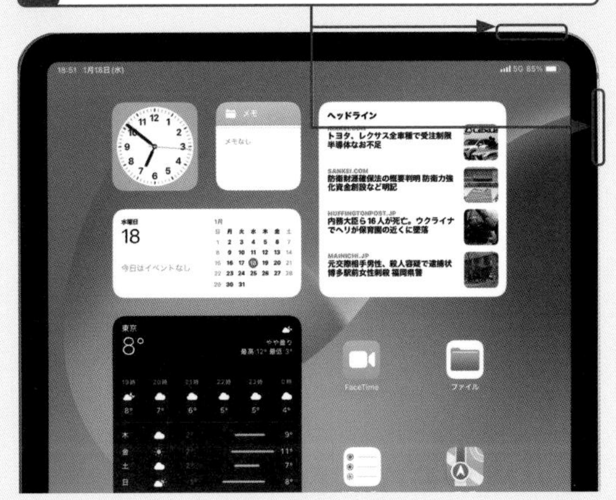

2 「スライドで電源をオフ」が表示されたら、を右側にスライドすると、電源がオフになります。

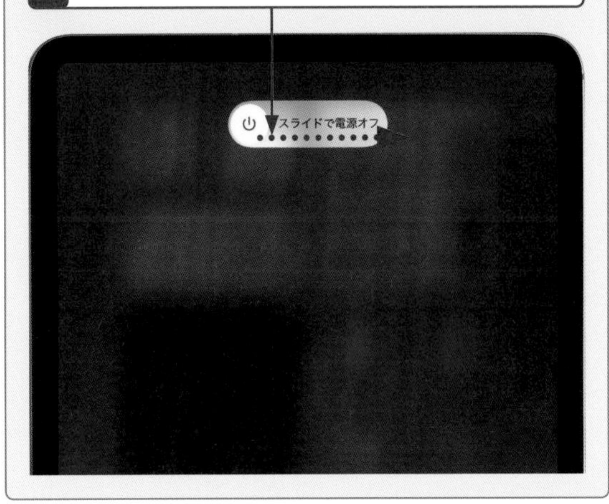

032 iPadを充電したい！

A パソコンか家庭用コンセントに接続して充電します。

iPadは購入時に同梱されているUSB-C充電ケーブル（iPad第9世代のみLightning-USB-Cケーブル）でパソコンと接続（必要に応じて変換アダプタを使用）するか、USB-C電源アダプタで家庭用コンセントと接続して充電することができます。充電中はバッテリーのインジケーターが画面に表示されます。

パソコンに接続して充電する

1 USB-C充電ケーブルをiPadのUSB-Cコネクタに接続します。

2 USB-C充電ケーブルの反対側のコネクタを、電源が入っているパソコンのUSBコネクタに変換アダプタなどを使用して接続すると、充電が始まります。

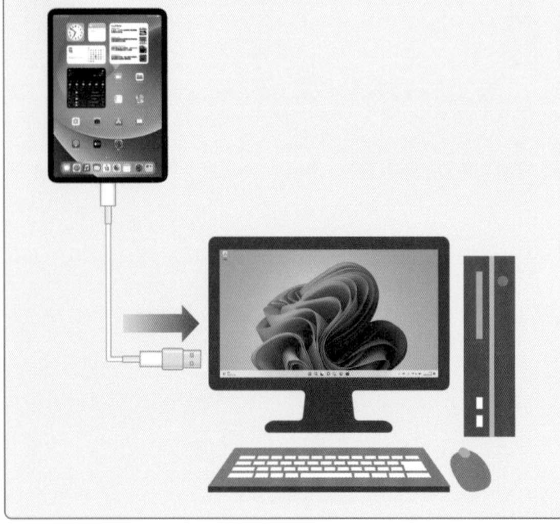

家庭用コンセントに接続して充電する

1 USB-C充電ケーブルをiPadのUSB-Cコネクタに接続します。

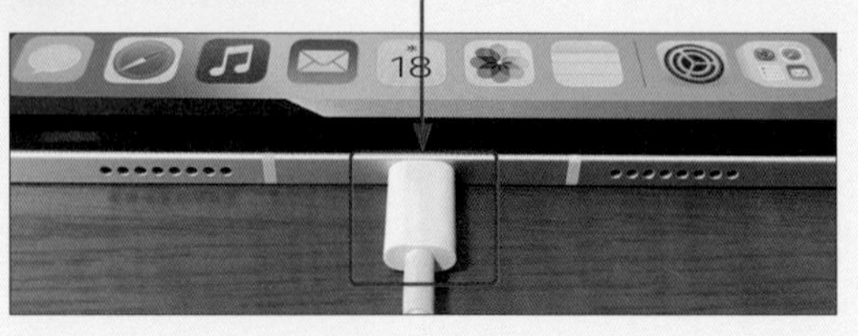

2 USB-C充電ケーブルのもう一方のコネクタを、USB-C電源アダプタに接続します。

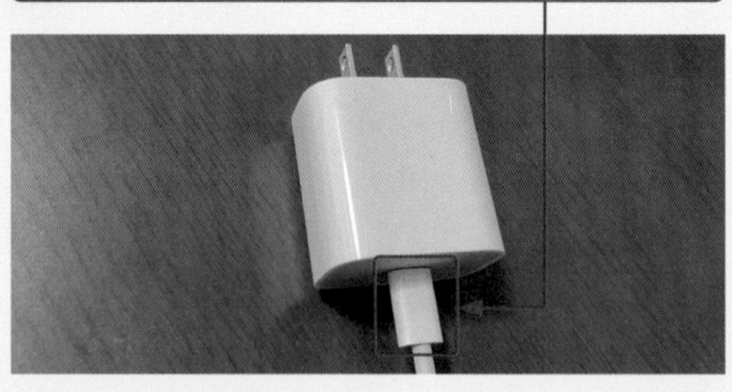

3 USB-C電源アダプタを家庭用コンセントに接続すると、充電が始まります。

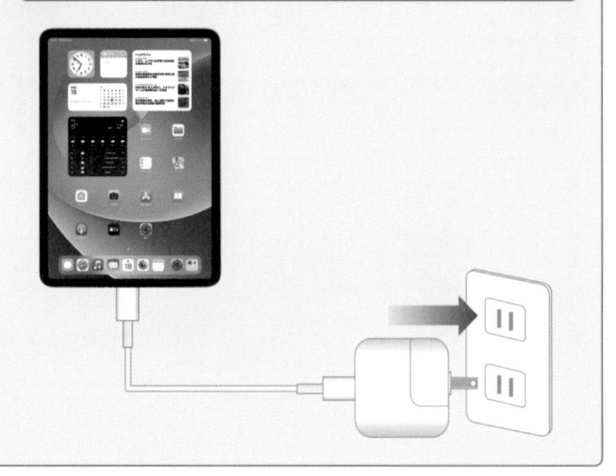

033 バッテリーの残量を確認したい!

A ステータスバーのアイコンから確認します。

バッテリーの残量は、基本的にはステータスバーにパーセンテージまたはバッテリーのアイコンで表示されています。ステータスバーにパーセンテージが表示されていない場合、コントロールセンターからも確認が可能です（Q.071参照）。パーセンテージを常に表示させたい場合は、ホーム画面で［設定］→［バッテリー］の順にタップし、「バッテリー残量（%）」の をタップして に切り替えます。

1 ホーム画面で［設定］をタップし、

2 ［バッテリー］をタップします。

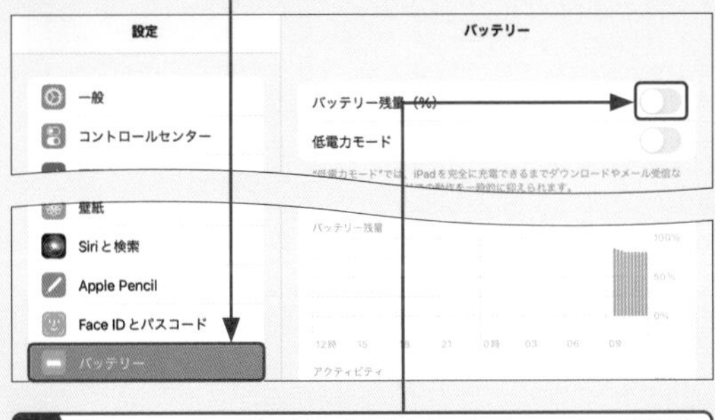

3 「バッテリー残量（%）」がオフになっている場合は、 をタップして にします。

4 バッテリー残量のパーセンテージが表示されます。

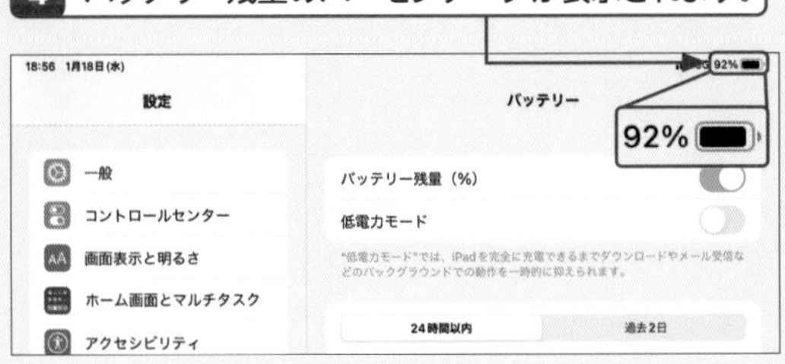

034 バッテリーを節約したい!

A 「低電力モード」を利用します。

iPadのバッテリーの残量が少なくなってきたとき、「低電力モード」に切り替えることで消費電力量を抑えられます。低電力モードに切り替えるには、ホーム画面で［設定］→［バッテリー］の順にタップし、「低電力モード」の をタップして にします。

低電力モードが有効になると、充電が必要になるまで自動ロックや画面の明るさなどが制限され、iPadを使い続けられる時間が長くなります。なお、一部の機能の動きが遅くなったり、一定のバッテリー残量がないと実行できない処理があったりします。

低電力モードが有効の間は、画面右上のバッテリーのアイコンは黄色に変更されます。充電量が80%以上になると低電力モードは自動的にオフになり、機能の制限やアイコンの色ももとに戻ります。

1 Q.033手順**2**の画面で、「低電力モード」の をタップして にします。

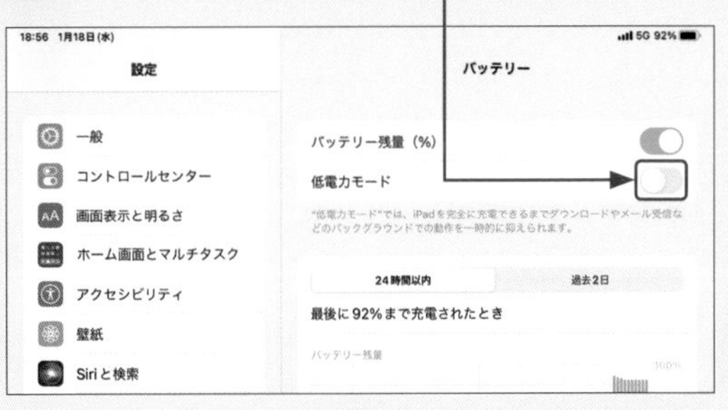

2 画面右上のバッテリーのアイコンが黄色に変わり、低電力モードが有効になります。

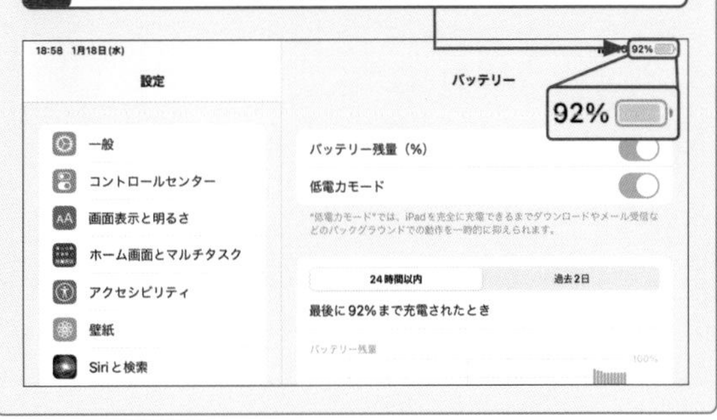

ロック

Pro Air iPad (Gen9) iPad (Gen10) mini

035 スリープモードにしたい!

A トップボタンを押します。

iPadをスリープモードにしたい場合は、トップボタンを押すか、一定時間iPadの操作を中断します。後者は通常2分間でスリープモードに切り替わりますが、切り替わる時間は自分で変更することができます(Q.465参照)。スリープモード中は、タッチ操作ができません。

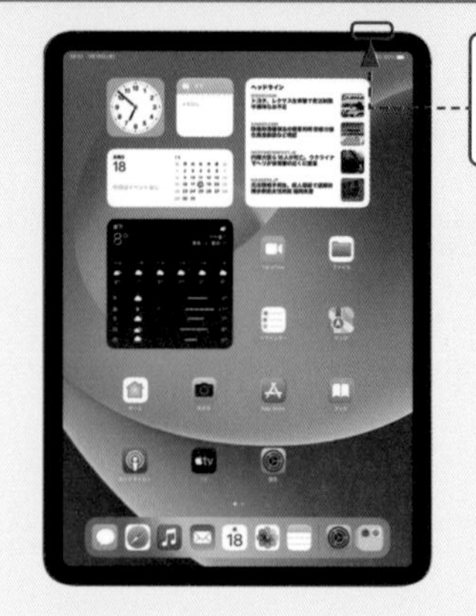

本体上部のトップボタンを押すと、スリープモードになります。

ロック

Pro Air iPad (Gen9) iPad (Gen10) mini

036 「スリープ」状態のときiPadはどうなってるの?

A 画面の表示は消えていますが、電源はオンで稼働中です。

スリープモードにすると画面の表示は消えますが、電源は入ったままなので、音楽を再生していた場合は引き続き聴くことができます。そのほか受信したメッセージやリマインダーなどの通知が自動的に表示されます。スリープモードを解除するには、トップボタンを押すか、iPad第9世代以外は、画面をタップします。

1 トップボタンを押すと、スリープモードになります。

2 スリープモード中は電源がオンのまま、待機状態となります。

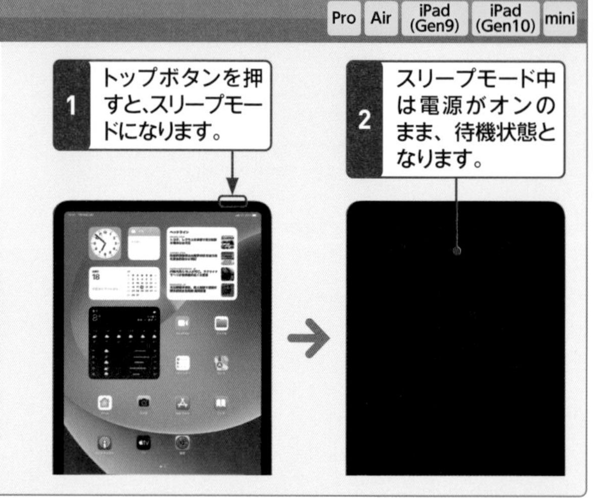

ロック

Pro Air iPad (Gen9) iPad (Gen10) mini

037 ロック画面を解除したい!

A 画面下端から上方向にスワイプします。

スリープモードになると、iPadは自動的にロックがかかります。iPadを利用したい場合は、スリープモード解除後にロック画面で画面下端から上方向にスワイプします(ホームボタンがある機種の場合はホームボタンを押すことでも解除できます)。ロック画面が解除されると、iPadが利用できるようになります。

1 画面下端から上方向にスワイプします。

2 ロックが解除され、iPadが利用できる状態となります。

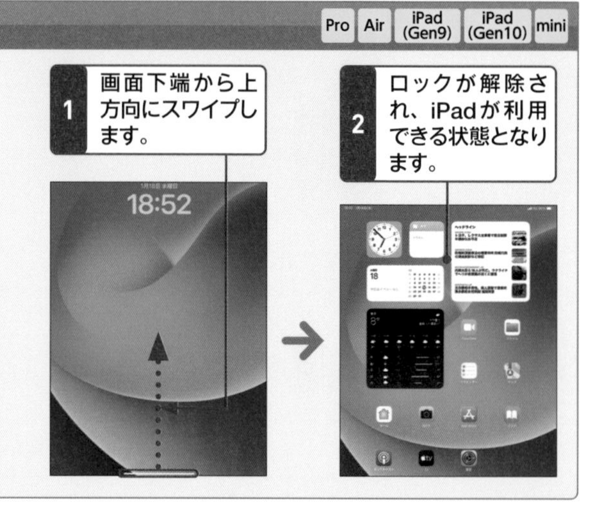

038 ホーム画面って何？

A iPadの基本となる画面で、ここからアプリを起動できます。

ホーム画面はiPadの基本となる画面で、ロック画面を解除することで表示できます（Q.037参照）。ホーム画面に配置されているアイコンをタップすると、アプリが起動します。ホーム画面に表示されるアイコンは、アプリなどをインストールすることで追加されます。アイコンが1画面に表示しきれなくなると、自動的に新しいページが右側に作成されます。ほかのページを見るときは、画面を左方向または右方向にスワイプします。なお、最初のホーム画面で右方向にスワイプすると、「今日の表示」のウィジェットが表示されます（Q.067参照）。

ホーム画面のアイコンの配置は、自由にカスタマイズすることができます。もしもインストールしたはずのアプリのアイコンが見つからない場合は、ホーム画面を中央部から下方向へスワイプすると表示される「Spotlight」という検索画面で、iPadに保存されているアプリを検索することができます（Q.456参照）。

ホーム画面の一番下の段は「Dock」と呼ばれている部分で、ホーム画面を左右に切り替えても常に表示されるため、普段よく使うアイコンを配置しておくと便利です。ホーム画面のどのページを表示しているかは、Dockの上にある ••• で確認できます。白く表示されている円が、現在表示しているページです。

iPadの基本となる画面で、ここからアプリを起動できます。

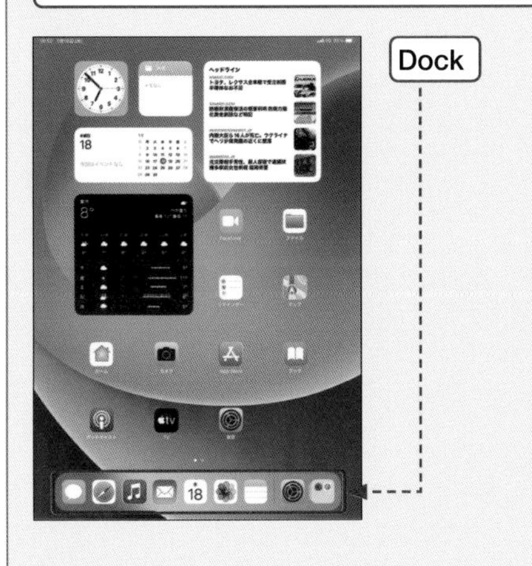

039 ホーム画面を表示したい！

A 画面下端から上方向に大きくスワイプします。

どのアプリを利用していても、画面下端から上方向にスワイプする（ホームボタンがある機種ではホームボタンを押す）と、ホーム画面に戻ることができます。ホーム画面にはデフォルトで「設定」や「メモ」、「App Store」などといったアイコンがあり、タップすればアプリを起動することができます。アプリの使用中に別のアプリを使いたいときは、いったんホーム画面に戻ってアプリを起動しましょう。または、画面下端から上方向にスワイプして中央で止め、指を離すと表示されるAppスイッチャー（起動中のアプリ一覧）からも切り替えられます（Q.054参照）。本書で紹介する手順は、ほとんどがホーム画面を起点としているので、この操作方法は必ず覚えておきましょう。

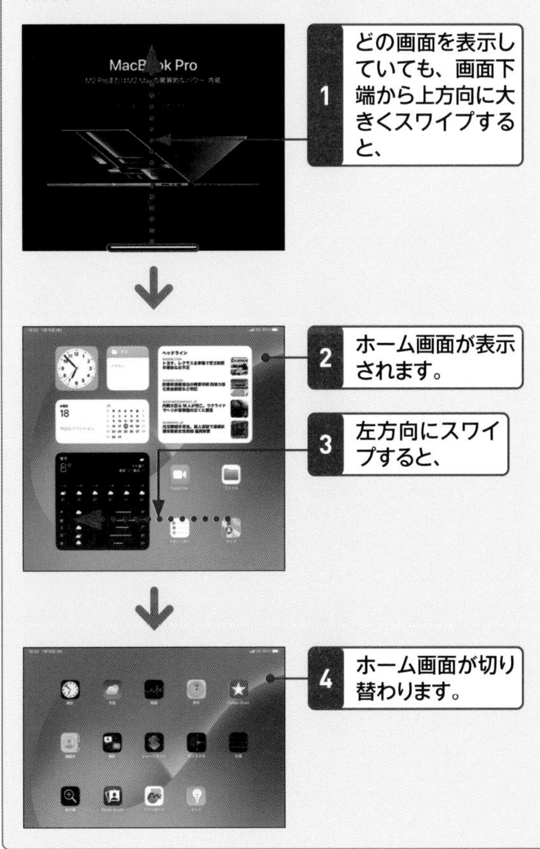

040 ホーム画面の構成や操作を知りたい!

A アイコンをタップしたり、画面をスワイプしたりして操作します。

ホーム画面は、ステータスバー、ウィジェット、アプリのアイコン、Dockなどで構成されており、アイコンをタップしてアプリを起動したり（Q.052参照）、ホーム画面を左右に切り替えたりすることができます（Q.039参照）。また、ショートカットのようにアプリを表示できるウィジェット（Q.067参照）、アプリが自動分類されるAppライブラリ（Q.041参照）も利用可能です。さらにホーム画面の操作によって、さまざまな機能にすぐアクセスできるコントロールセンター（Q.071参照）、対話型ツールのSiriからの提案（Q.457参照）、Appスイッチャー（Q.054参照）などが、表示・利用できます。

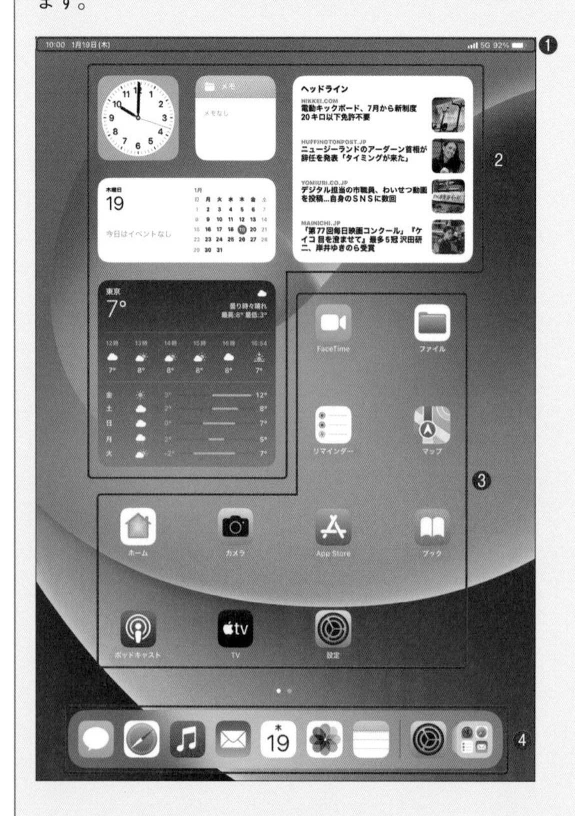

ホーム画面の構成

名称	内容
❶ ステータスバー	日付や時間、通知、接続環境、バッテリー残量など、iPadの状況が表示されます。
❷ ウィジェット	さまざまなアプリの情報を表示できるミニアプリです。
❸ アイコン	インストール済みのアプリや作成したショートカットなどのアイコンです。
❹ Dock	よく使うアプリのアイコンを配置できます。ホーム画面を切り替えても常時表示されます。

ホーム画面の操作

目的	操作
ホーム画面の切り替え	画面を左右にスワイプします（Q.039参照）。
アプリの起動	アイコンをタップします（Q.052参照）。
「今日の表示」のウィジェットの表示	左端のホーム画面で、画面を右方向にスワイプします（Q.069参照）。
Appライブラリの表示	右端のホーム画面で、画面を左方向にスワイプします（Q.041参照）。
コントロールセンターの表示	画面右上隅から下方向にスワイプします（Q.071参照）。
Siriからの提案	画面を下方向にスワイプします（Q.457参照）。
Appスイッチャーの表示	画面下端から上方向にスワイプして中央で止め、指を離します（Q.054）。

041 Appライブラリって何？

A アプリの自動分類機能です。

右端のホーム画面で、画面を左方向にスワイプするか、Dockの一番右のフォルダをタップすることで、「Appライブラリ」画面が表示されます。Appライブラリでは、iPadにインストールされているすべてのアプリがカテゴリごとに自動分類されています。各カテゴリにはよく使うアプリが大きいアイコンで表示され、タップして起動できます。複数の小さなアプリアイコンが表示されている場合は、そのアプリアイコンをタップすることでカテゴリが展開されます。なお、表示されるカテゴリを並べ替えることはできません。カテゴリの表示順は、基本的にアプリの利用状況によって変動します。

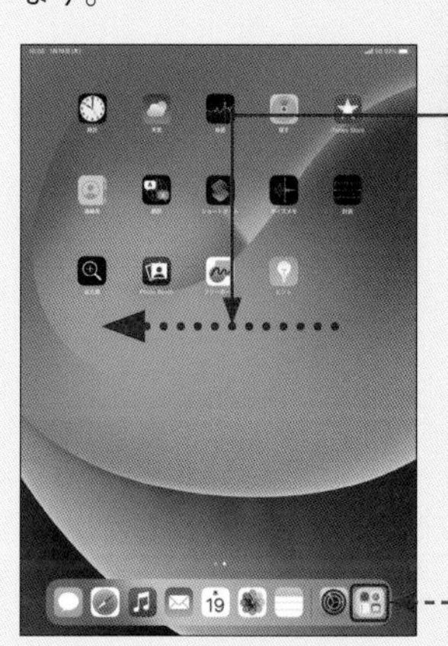

1 右端のホーム画面で、画面を左方向にスワイプすると、

Dockの一番右のフォルダをタップすることでも、手順2の画面を表示できます。

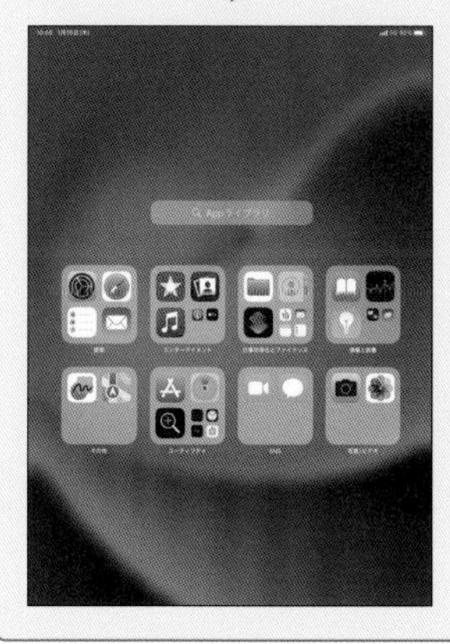

2 「Appライブラリ」画面が表示されます。

検索

「Appライブラリ」画面上部の検索欄にアプリ名を入力すると、iPadにインストールされているすべてのアプリを検索できます。

提案

「提案」には、すべてのアプリの中でもっともよく利用するアプリが表示されます。

最近追加した項目

「最近追加した項目」には、直近にインストールしたアプリが表示されます。

ホーム画面 Pro Air iPad (Gen9) iPad (Gen10) mini

Q 042 ホーム画面のアイコン配置を変えるには？

A アイコンをドラッグして配置を変えることができます。

ホーム画面は、任意のアイコンをドラッグすることで編集できます。ホーム画面上で何もない部分をタッチし、アイコンが波打ち始めたら、配置を変えたいアイコンをドラッグして動かします。アイコンを画面の端までドラッグして別のホーム画面に移動したり、画面下部のDockに移動したりすることもできます。配置が決定したら画面右上の［完了］をタップし、並べ替え後の順序を確定させます。

ホーム画面のアイコンの位置を移動したいときは、アイコンをほかのアイコンの間へ割り込ませるように配置しましょう。アイコン同士を重ね合わせるとフォルダが作成され、アイコンがその中に格納されます（Q.046参照）。

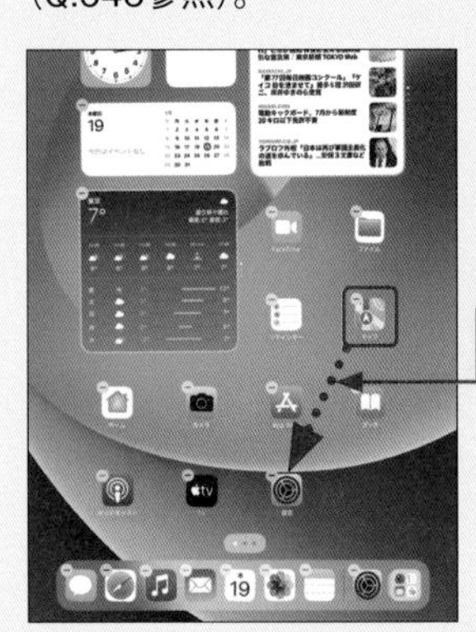

1 ホーム画面の何もない部分をタッチし、

2 任意のアイコンを配置したい場所までドラッグします。

3 画面右上の［完了］をタップと、アイコンの配置が決定します。

ホーム画面 Pro Air iPad (Gen9) iPad (Gen10) mini

Q 043 Dockのアプリを変更したい！

A Dock上のアプリをタッチして移動します。

Dockの左側に表示されるアプリは、自由に変更することができます。ホーム画面の何もない部分をタッチしたあと、Dockのアイコンをドラッグしてホーム画面に移動させ、別のアプリと置き換えます。Dockはすべてのホーム画面に表示されるので、よく利用するアプリを配置しましょう。

1 ホーム画面の何もない部分をタッチし、

2 Dock上の任意のアイコンをホーム画面に移動させます。

3 任意のアプリをドラッグし、

4 Dockに配置して、

5 画面右上の［完了］をタップします。

ホーム画面 Pro Air iPad (Gen9) iPad (Gen10) mini

Q 044 ホーム画面のページを追加したい！

A アイコンを移動してページを追加します。

初期状態ではホーム画面は2ページとなっていますが、新しくページを増やすこともできます。Q.042を参考に任意のアイコンをホーム画面の一番右のページ（「Appライブラリ」画面の1つ前のページ）までドラッグすると、新しいホーム画面のページが作成されます。ホーム画面を削除したい場合は、そのページに配置されているアイコンを別のページに移動させましょう。ページにアイコンが何もない状態になると、自動的にそのページは削除されます。また、Q.045の操作でもページを削除できます。

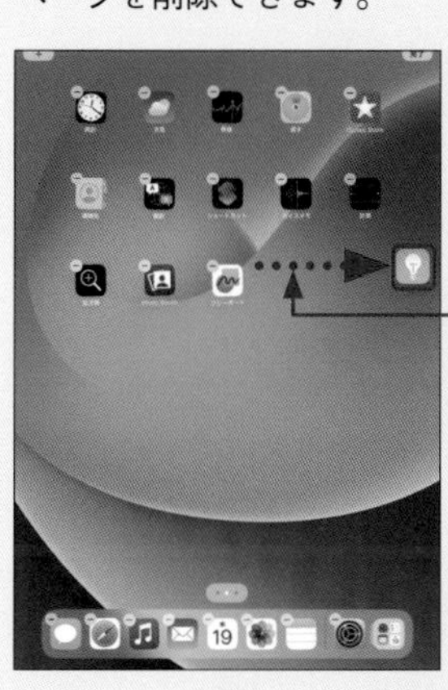

1 ホーム画面の何もない部分をタッチし、

2 任意のアイコンを一番右のページまでドラッグします。

3 アイコンが別のページに配置されます。

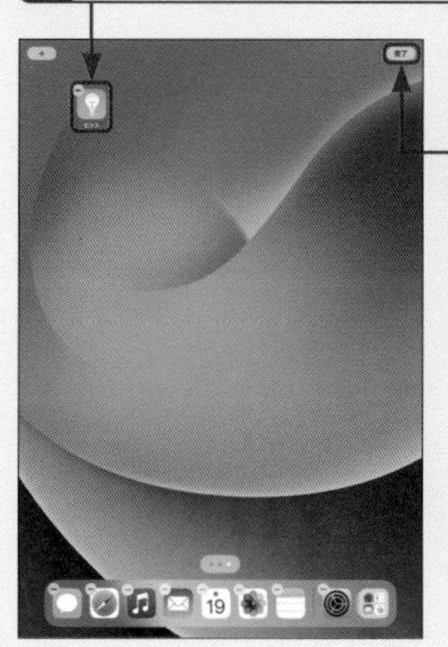

4 画面右上の[完了]をタップすると、ホーム画面のページが追加されます。

ホーム画面のページを削除するには、削除したいページにあるアイコンを別のページに移動させます。

ホーム画面 Pro Air iPad (Gen9) iPad (Gen10) mini

Q 045 ホーム画面のページを並べ替えたい！

A ドラッグしてページを入れ替えます。

ホーム画面のページは、自由に順番を入れ替えることができます。ホーム画面の何もない部分をタッチし、▭をタップすると、ホーム画面のページ一覧が表示されます。任意のページをドラッグして順番を入れ替え、[完了]をタップすると、ホーム画面のページが並べ替えられます。また、ホーム画面のページは削除したり隠したりすることもできます。

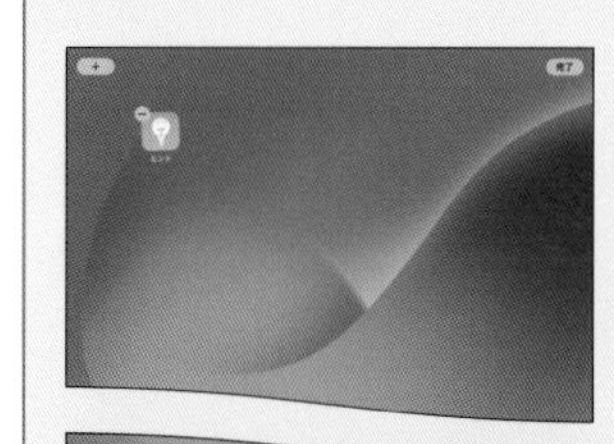

1 ホーム画面の何もない部分をタッチし、

2 ▭をタップします。

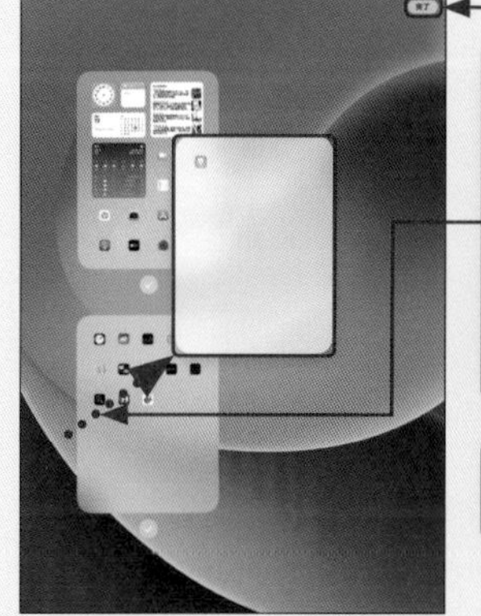

3 ホーム画面のページ一覧が表示されます。任意のページをドラッグし、順番を入れ替えたら、

4 画面右上の[完了]をタップします。

ページの下部に表示されている✓をタップしてチェックを外すと、そのページを隠すことができます。また、チェックを外したときに左上に表示される⊖をタップして[削除]をタップすると、そのページが完全に削除されます。

ホーム画面 Pro Air iPad (Gen9) iPad (Gen10) mini

Q 046 ホーム画面にフォルダを作りたい！

A アイコンを重ねると、フォルダを作成できます。

ホーム画面のアイコンは、フォルダごとにまとめることができます。ホーム画面の何もない部分をタッチし、フォルダにまとめたいいずれかのアイコンをタッチします。そのアイコンをドラッグして同じフォルダに入れたいアイコンの上に重ねると、フォルダが作成されます。

フォルダ名はアイコンに関連する名前が自動的に付けられ、あとから好きな名前に変更することも可能です(Q.048参照)。なお、完全にアイコン同士を重ね合わせないと、フォルダが作成されず、アイコンの配置が変わるだけなので注意しましょう(Q.042参照)。

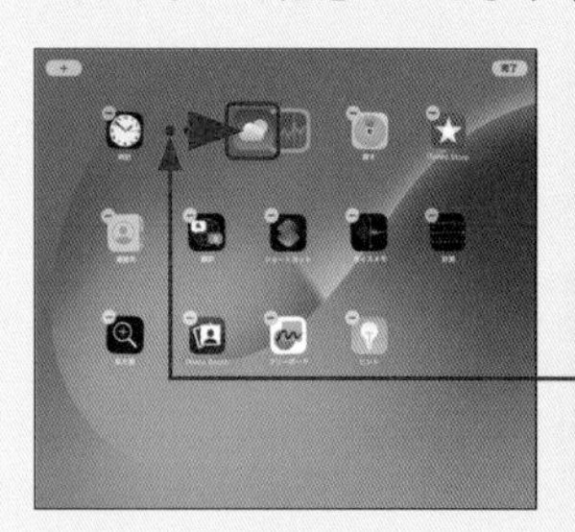

1 ホーム画面の何もない部分をタッチし、

2 フォルダに格納したいアイコンを別のアイコンの上に重ねます。

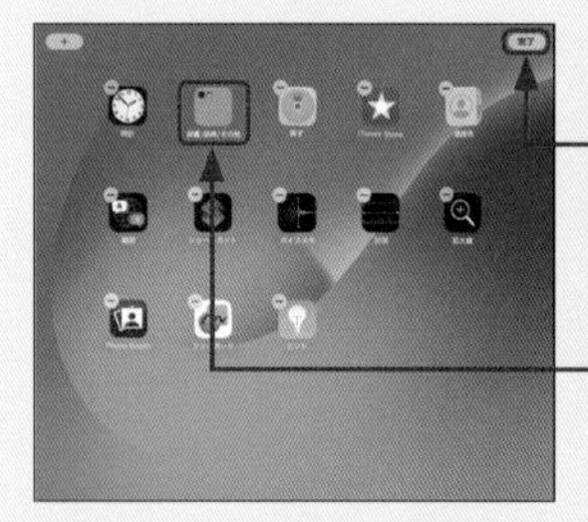

3 フォルダが作成されたら、画面右上の［完了］をタップします。

4 作成されたフォルダをタップすると、

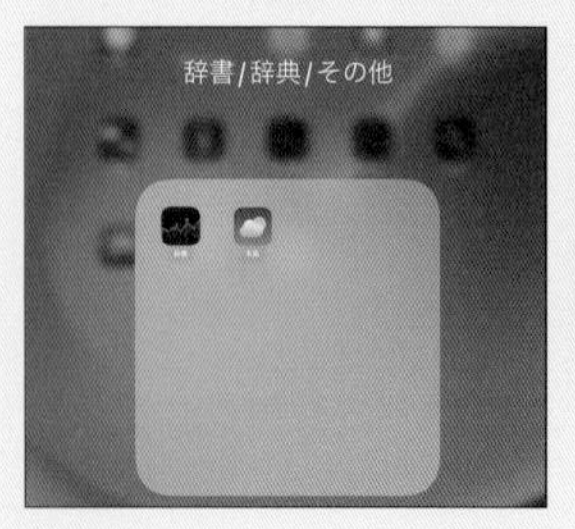

5 格納されているアイコンが確認できます。フォルダ以外の部分をタップすると、フォルダが閉じます。

ホーム画面 Pro Air iPad (Gen9) iPad (Gen10) mini

Q 047 フォルダ内にアイコンを追加したい！

A アイコンをフォルダまで移動させれば、フォルダに追加できます。

ホーム画面の何もない部分をタッチして、ホーム画面を編集できる状態にします。ホーム画面のアイコンをフォルダ上にドラッグすると、そのフォルダにアイコンが格納されます。フォルダからアイコンを取り除きたい場合は、ホーム画面を編集できる状態でフォルダをタップして開き、取り除きたいアイコンをフォルダ外にドラッグします。フォルダからすべてのアイコンを取り除くと、そのフォルダは自動的に削除されます。

アイコンをフォルダに追加する

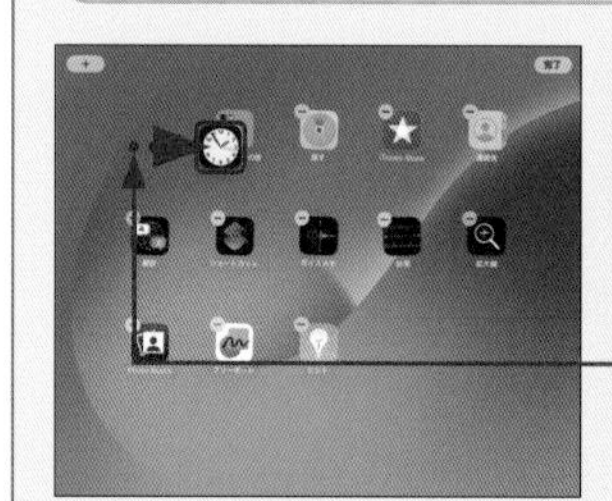

1 ホーム画面の何もない部分をタッチし、

2 アイコンをフォルダの上までドラッグします。

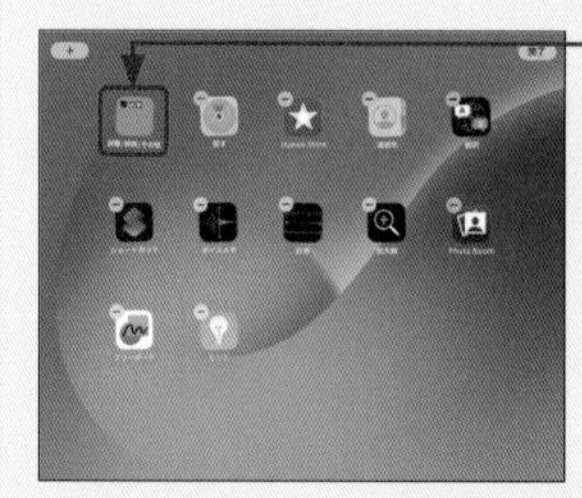

3 アイコンがフォルダに格納されます。

アイコンをフォルダから取り除く

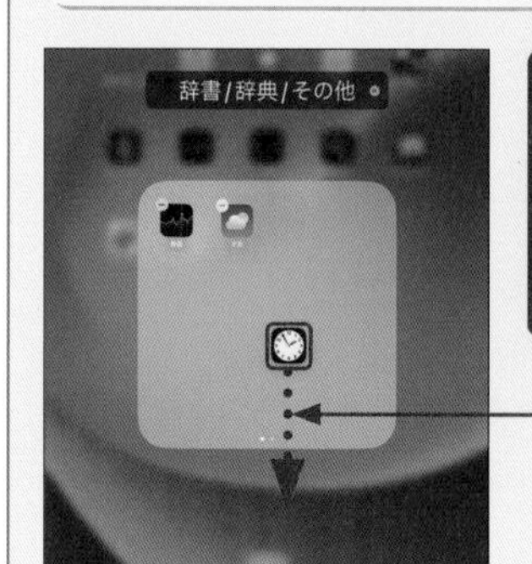

1 ホーム画面を編集できる状態でフォルダをタップし、任意のアイコンをフォルダ外にドラッグします。

ホーム画面 Pro Air iPad (Gen9) iPad (Gen10) mini

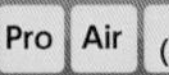

048 フォルダ名は変更できるの？

A フォルダ名は好きな名前に変更できます。

フォルダ名はフォルダを作成した段階で自動的に付けられますが、あとで変更することも可能です。ホーム画面を編集できる状態で名前を変更したいフォルダをタップし、名前の入力フィールドをタップして、任意の名称を入力します。この際、絵文字や顔文字を入力することも可能です。文字数の制限はありませんが、日本語で8文字以上の長い名前を付けるとホーム画面では省略表示されてしまうので、できるだけその範囲に収まる名称を付けるとよいでしょう。

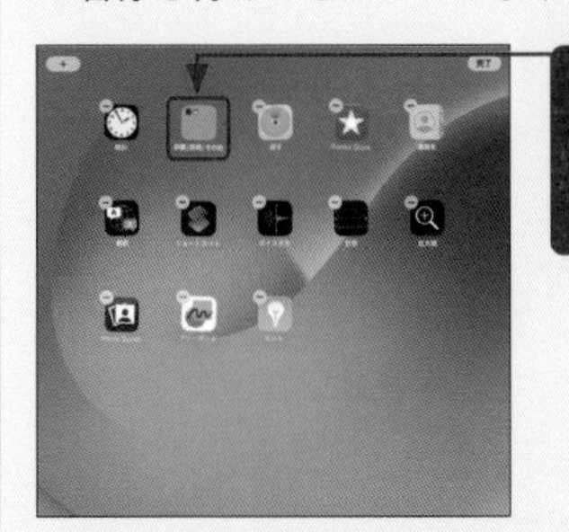

1 ホーム画面を編集できる状態でフォルダをタップします。

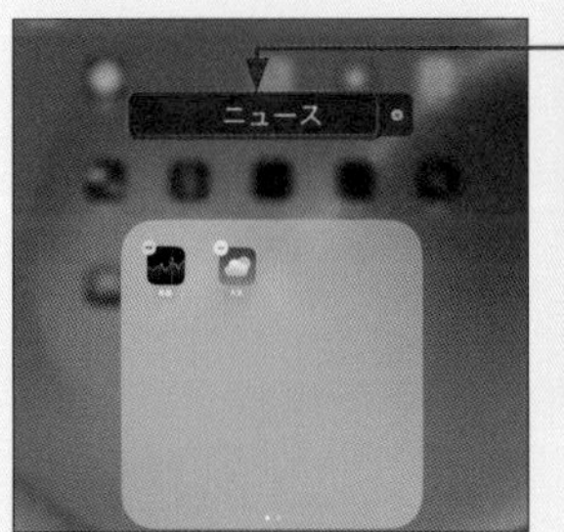

2 名前の入力フィールドをタップし、変更したい名前を入力したら、

3 フォルダ以外の部分をタップします。

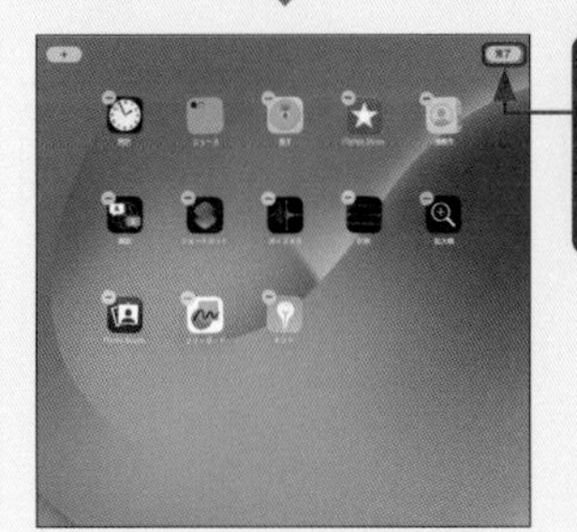

4 画面右上の[完了]をタップすると、フォルダ名の変更が完了します。

ホーム画面 Pro Air iPad (Gen9) iPad (Gen10) mini

049 ホーム画面にはアイコンをいくつ配置できるの？

A 1ページに最大30個のアイコンを配置できます。

iPadでは、画面下部に表示されているDockに配置されるアイコンを含め、ホーム画面に最大44個のアイコンを配置することができます。そのうちDockには最大14個のアイコンを配置できるため、各ページで自由に配置できるのは実質30個になります。

すでにホーム画面に30個のアイコンが配置されている状態でアイコンが追加されると、自動的に作成された新しいページにそのアイコンが配置されます。ページはアイコンを移動させる際（Q.042参照）、画面右にドラッグして作り出すことも可能です（Q.044参照）。ホーム画面は最大15ページまで増やせます。何度もスワイプする手間を省くため、頻繁に使用するアプリはなるべく前のページに配置するとよいでしょう。

ホーム画面は1ページに最大30個のアイコンと、Dockに最大14個のアイコンを配置できます。

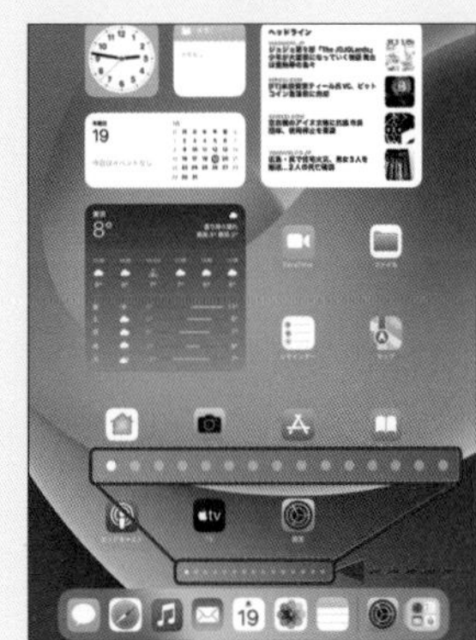

ホーム画面は最大15ページまで増やせます。

050 編集したホーム画面をもとに戻したい！

A ホーム画面のレイアウトをリセットします。

ホーム画面のレイアウトを購入時の状態に戻したいときは、ホーム画面で［設定］→［一般］→［転送またはiPadをリセット］の順にタップし、［リセット］→［ホーム画面のレイアウトをリセット］→［リセット］の順にタップします。なお、作成したフォルダはすべて削除されてしまうため注意しましょう。また、この操作でリセットできるのはホーム画面のレイアウトのみです。ホーム画面の背景（壁紙）を設定している場合（Q.051参照）、初期状態のデザインにリセットされることはありません。

1 ホーム画面で［設定］をタップし、

2 ［一般］をタップして、

3 ［転送またはiPadをリセット］をタップします。

4 ［リセット］をタップし、

5 ［ホーム画面のレイアウトをリセット］をタップして、

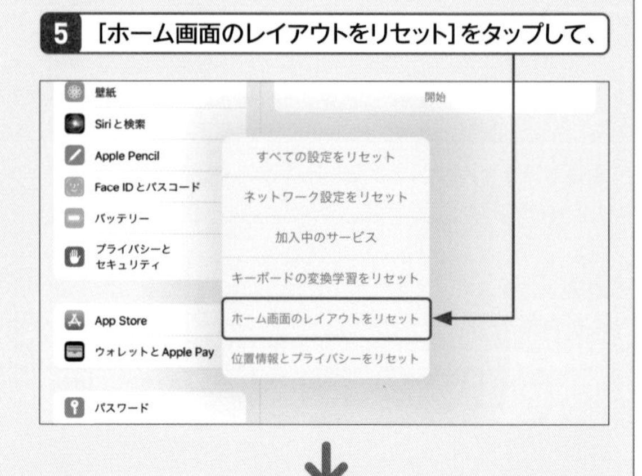

6 ［リセット］をタップします。

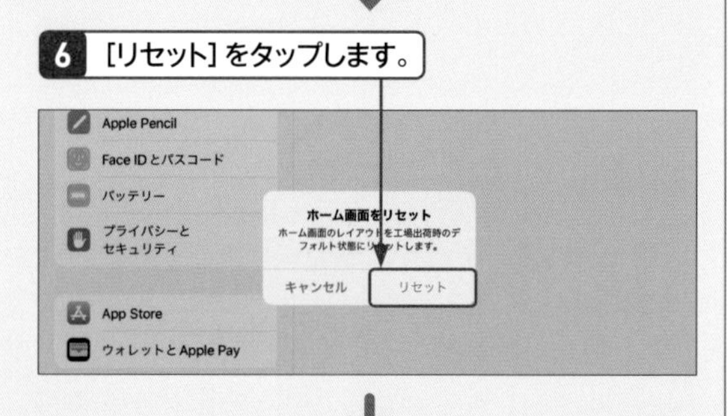

7 ホーム画面のレイアウトがリセットされます。

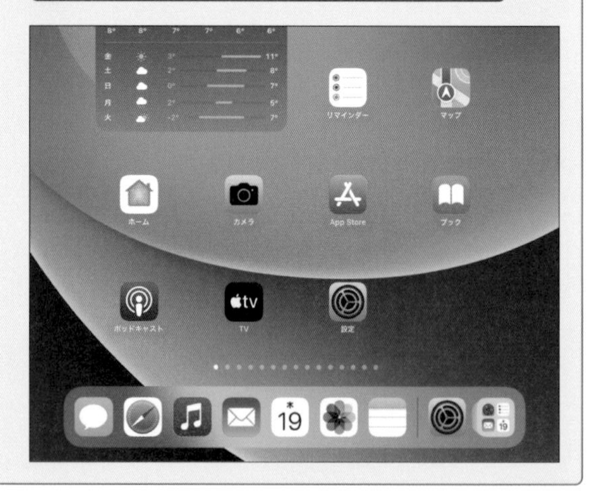

ホーム画面

Pro Air iPad (Gen9) iPad (Gen10) mini

051 ホーム画面の背景を変更したい!

A 登録されているデザインや好きな画像に変更できます。

iPadで用意されているデザインや「写真」アプリに保存されている画像を、ホーム画面の背景(壁紙)に設定することができます。ホーム画面の背景を変更するには、ホーム画面で[設定]→[壁紙]の順にタップし、[壁紙を選択]をタップします。[ダイナミック][静止画][すべての写真]のいずれかをタップし、任意のデザインを選択して、[設定]→[ホーム画面に設定]の順にタップすると、ホーム画面の背景が変更されます。

1 ホーム画面で[設定]→[壁紙]の順にタップし、

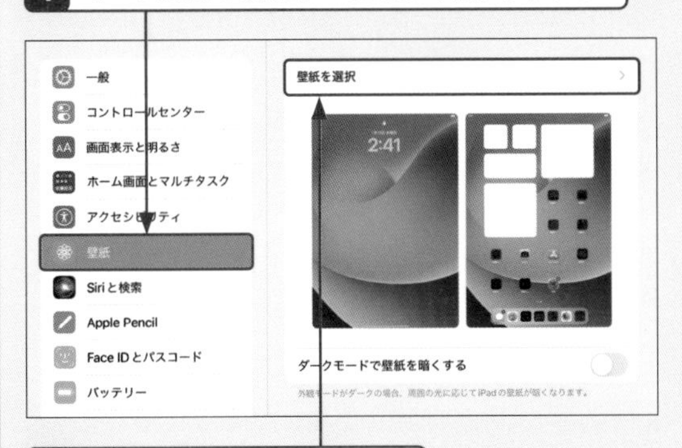

2 [壁紙を選択]をタップします。

3 ここでは[静止画]をタップし、

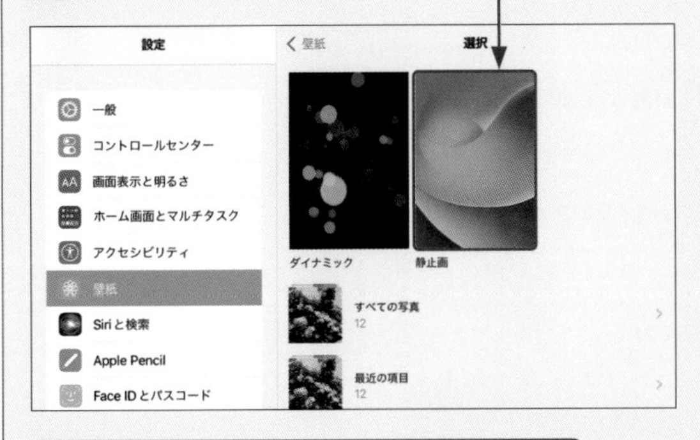

「写真」アプリに保存されている画像を設定したい場合は、[すべての写真](または任意のフォルダ)をタップし、画像を選択します。

4 任意のデザインをタップします。

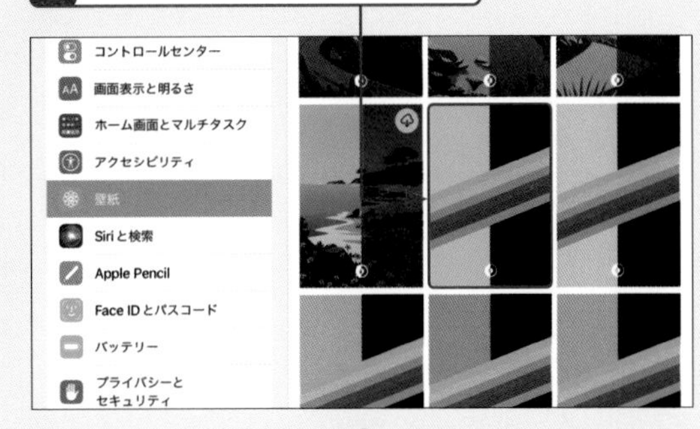

5 [設定]をタップし、

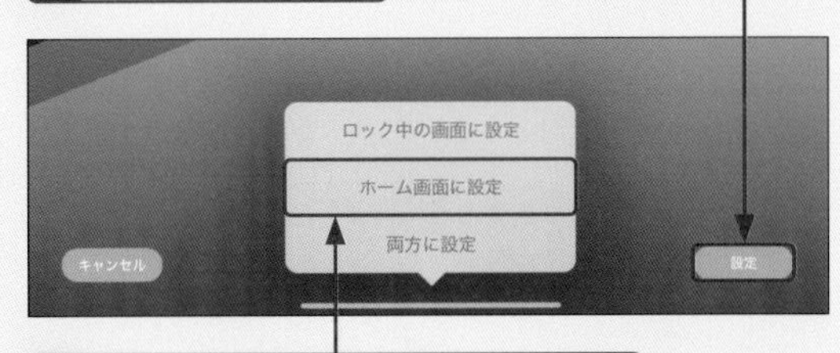

6 [ホーム画面に設定]をタップします。

[ロック中の画面に設定]をタップするとロック画面の背景が変更され、[両方に設定]をタップするとホーム画面とロック画面の両方の背景が変更されます。

7 ホーム画面の背景が変更されます。

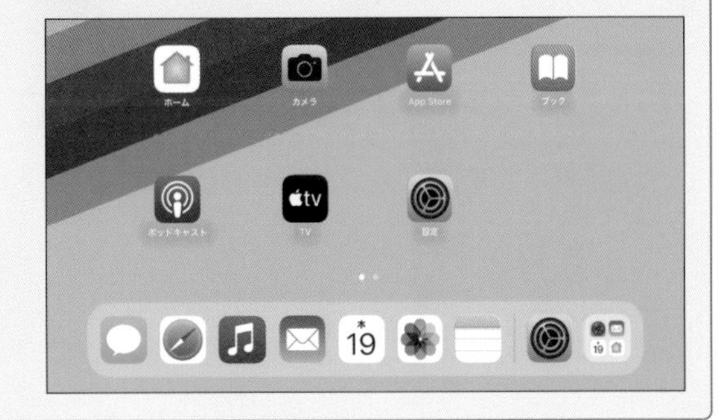

基本操作 Pro Air iPad (Gen9) iPad (Gen10) mini

Q 052 アプリを起動／終了するには？

A アイコンをタップして起動し、画面を上方向にスワイプして終了します。

iPadの各アプリは、ホーム画面やDockにあるアイコンをタップすることで起動できます。アプリを終了するには、画面下端から上方向にスワイプしてホーム画面に戻ります。同じアプリのアイコンをタップすると、再度アプリが起動します。

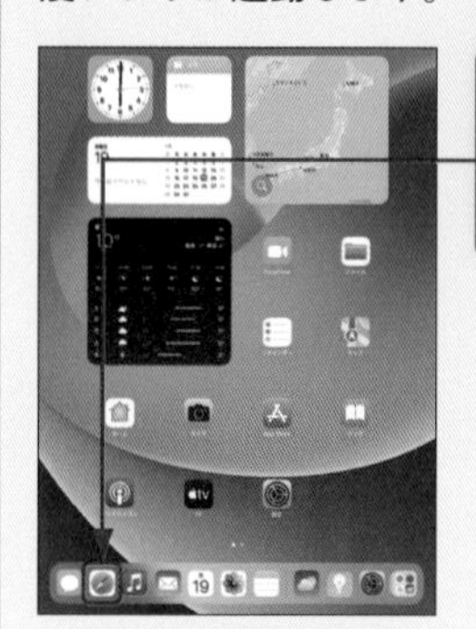

1 ホーム画面やDockから、起動したいアプリのアイコンをタップします。

2 アプリが起動します。

3 画面下端から上方向に大きくスワイプすると、

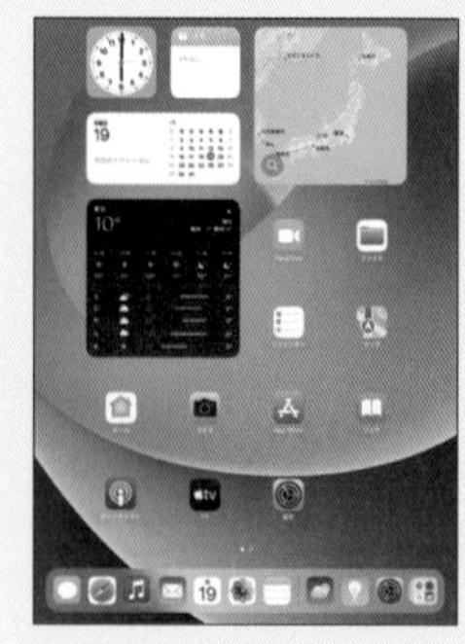

4 アプリが終了し、ホーム画面に戻ります。

基本操作 Pro Air iPad (Gen9) iPad (Gen10) mini

Q 053 アプリを完全に終了するには？

A Appスイッチャー（起動中のアプリ一覧）から終了します。

Q.052で説明したアプリの終了方法は、一時的にアプリを非表示にしているだけで、バックグラウンドでアプリは起動し続けています。そのため、ホーム画面で再度同じアプリのアイコンをタップすると、アプリを終了した時点の画面から再開することができます。アプリを完全に終了するには、Appスイッチャー（起動中のアプリ一覧）を表示し、目的のアプリを一覧から削除する必要があります。

1 ホーム画面やアプリ起動中に画面下端から上方向にスワイプして中央で止め、指を離します。

2 Appスイッチャー（起動中のアプリ一覧）が表示されます。

3 終了したいアプリを上方向にスワイプすると、

4 アプリがAppスイッチャーから削除され、アプリが完全に終了します。

054 アプリを切り替えるには？

A AppスイッチャーやDockから切り替えます。

アプリを切り替えるには、Appスイッチャー（起動中のアプリ一覧）にあるアプリ、またはDockにあるアイコンをタップします。AppスイッチャーやDockに切り替えたいアプリがない場合は、Dockの一番右のAppライブラリのフォルダをタップするか（Q.041参照）、一度ホーム画面に戻って目的のアプリを起動しましょう（Q.052参照）。また、指を4本または5本使って操作するマルチタッチジェスチャーでかんたんにアプリを切り替えることも可能です（Q.058参照）。

Appスイッチャーから切り替える

1 Q.053を参考にAppスイッチャー（起動中のアプリ一覧）を表示します。

2 切り替えたいアプリをタップします。

3 アプリが切り替わります。

Dockから切り替える

1 アプリ画面でDockが表示されていない場合、画面下端から、Dockが表示されるまで、上方向にスワイプします（Q.055参照）。

2 Dockから切り替えたいアプリのアイコンをタップします。ここでは、一番右にあるAppライブラリのフォルダをタップします。

3 「Appライブラリ」画面が表示されます。切り替えたいアプリをタップします。

4 アプリが切り替わります。

基本操作 Pro Air iPad (Gen9) iPad (Gen10) mini

055 アプリ利用中にDockを表示したい!

A 画面下端から上方向にスワイプします。

アプリの起動中に画面下端から上方向に軽くスワイプすることでも、Dockを表示できます。もちろんこの方法で表示したDockからでも、アプリの切り替えが可能です。表示したDockを非表示にしたいときは、画面を下方向にスワイプします。

1 アプリの起動中に、画面下端から上方向に軽くスワイプします。

2 Dockが表示されます。

3 画面を下方向にスワイプすると、

4 Dockが非表示になります。

基本操作 Pro Air iPad (Gen9) iPad (Gen10) mini

056 Dockに最近使ったアプリを表示したくない!

A 「最近使用したAppをDockに表示」をオフにします。

Dockの右側には、最近使用したアプリやおすすめアプリのアイコンが表示されるようになっています。直前まで操作していた画面にすぐに戻ることができる便利さはありますが、アプリの履歴を見られたくない、Dockを圧迫したくない、という人もいるでしょう。そのような場合は、ホーム画面で[設定]→[ホーム画面とマルチタスク]の順にタップし、「おすすめApp/最近使用したAppをDockに表示」をオフにすることで、アイコンを非表示にできます。

1 ホーム画面で[設定]をタップし、

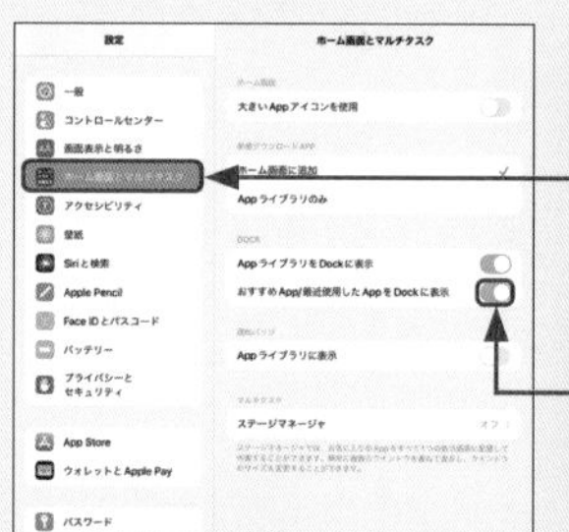

2 [ホーム画面とマルチタスク]をタップして、

3 「おすすめApp/最近使用したAppをDockに表示」の をタップして にします。

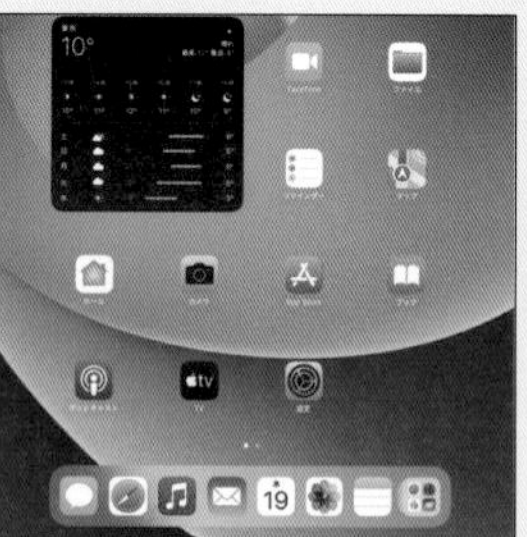

4 ホーム画面に戻ると、最近使用したアプリが非表示になっていることが確認できます。

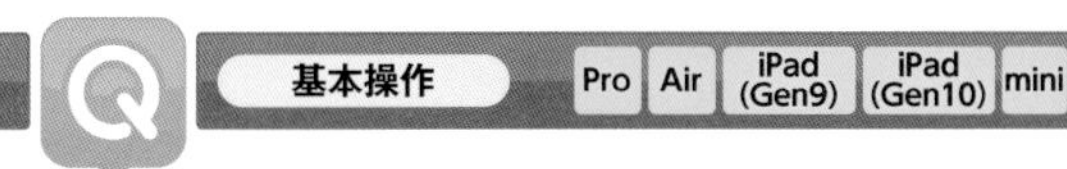

057 かんたんにホーム画面を表示したい！

A 画面を上方向にスワイプするか、複数の指ですばやくピンチします。

ホーム画面を表示させるには、画面下端から上方向にスワイプすることが基本ですが（Q.039参照）、4本または5本の指を使うマルチタッチジェスチャーでも、かんたんにホーム画面を表示できます。アプリの起動中に4本または5本の指で画面をすばやくつまむようにピンチインすると、一瞬でホーム画面に戻ります。

1 アプリの起動中に画面を4本または5本の指で画面をすばやくつまむようにピンチインすると、

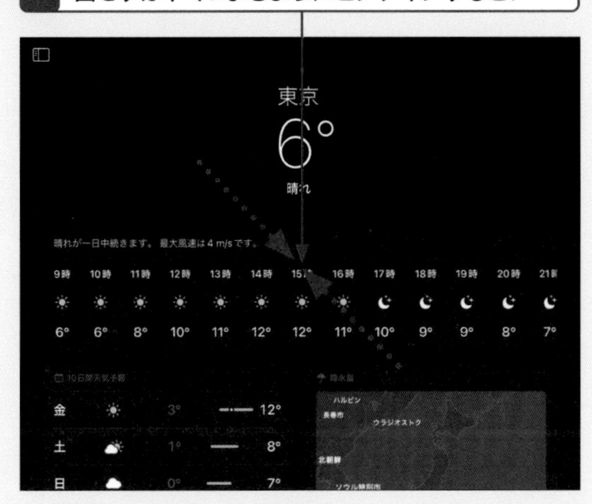

2 ホーム画面が表示されます。

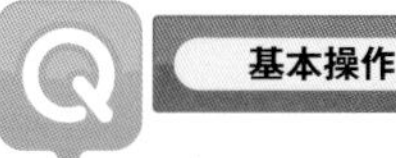

Pro Air iPad (Gen9) iPad (Gen10) mini

058 かんたんにアプリを切り替えたい！

A 複数の指でゆっくりピンチするか、画面下端を左右にスワイプします。

アプリの切り替え方法はさまざまありますが（Q.054参照）、ここでは2つのかんたんな操作を説明します。まず1つ目はマルチタッチジェスチャーの操作で、4本または5本の指で画面をゆっくりつまむようにピンチインします。App スイッチャー（起動中のアプリ一覧）が表示されるので、Q.054を参考に目的のアプリに切り替えます。2つ目は1本の指の操作で、画面下端を左右にスワイプし、前後のアプリを切り替えます。

App スイッチャーから切り替える

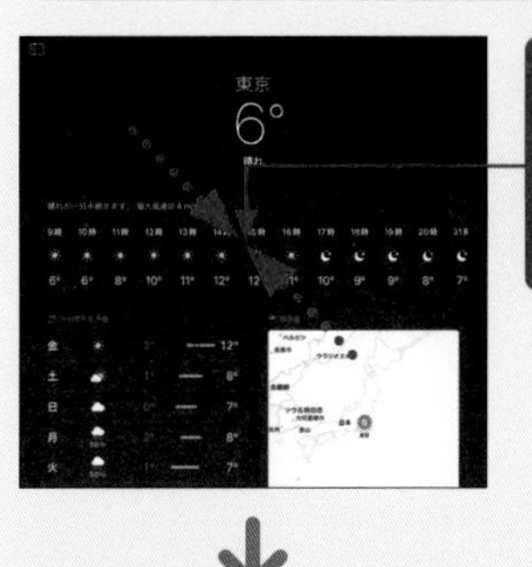

1 画面を4本または5本の指で画面をゆっくりつまむようにピンチインすると、

2 App スイッチャーが表示されるので、任意のアプリに切り替えます（Q.054参照）。

前後のアプリから切り替える

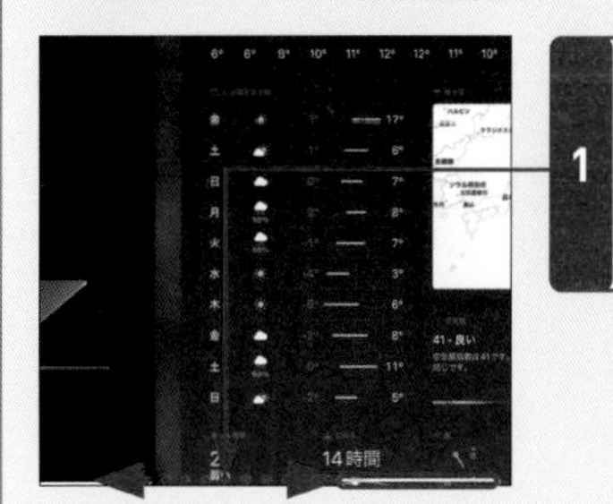

1 画面下端を左右どちらかにスワイプすると、前後のアプリを切り替えることができます。

059 iPadの画面の向きは変えられる？

A iPadを横向きにすると、画面も自動的に横向きに変わります。

iPadには加速度センサーが搭載されているため、iPadを横向きにすると、画面も自動的に横向きに変わります。これにより撮影した写真をワイドに表示したり、Webサイトを横画面で閲覧したりすることができます。縦画面に戻したいときは、iPadを縦向きに持つだけです。ただし、一部のアプリでは、向きに合わせた回転が行われない場合もあります。

iPadが縦向きの場合は、画面も縦向きになります。

iPadを横向きにすると、画面も横向きになります。iPadを縦にすれば、画面が縦向きに戻ります。

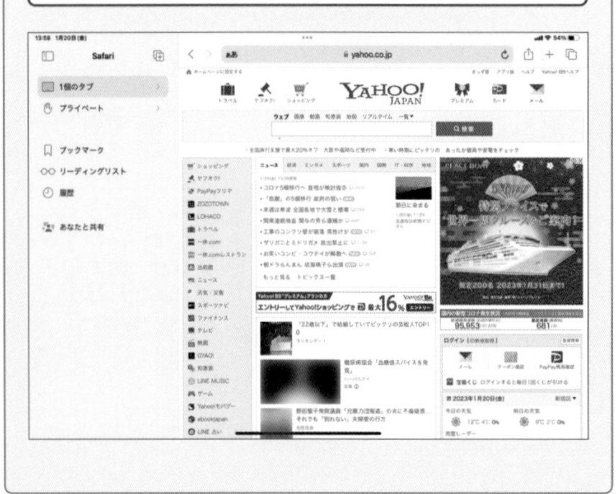

060 iPadを回転しても画面を固定したい！

A 画面の向きを固定できます。

iPadを横向きにすると、一部のアプリでは画面が自動的に横向きに変わりますが、縦画面のまま向きを固定することもできます。
画面の右上隅から下方向にスワイプすると、画面右側にコントロールセンターが表示されます（Q.071参照）。コントロールセンターのをタップするとに切り替わり、画面の向きが現在の状態にロックされます。コントロールセンター以外の部分をタップするとホーム画面に戻るので、ステータスバーにが表示されているかを確認してください。なお、横向きに画面を固定することも可能です。

1 コントロールセンターを表示し（Q.071参照）、をタップします。

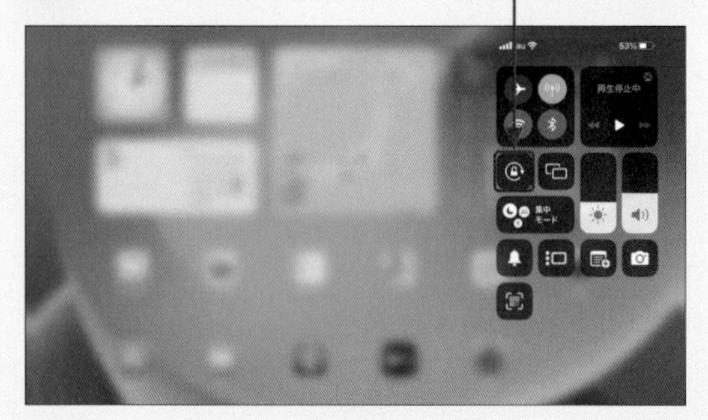

2 コントロールセンター以外の部分をタップしてホーム画面に戻ると、ステータスバーにが表示され、画面が固定されます。

2 基本操作と設定

061 画面の明るさを変更したい！

A 「画面表示と明るさ」から手動で調節します。

iPadには輝度センサーが搭載されており、周囲の明るさに応じて画面の明るさが自動的に調節されます。ただし、照明の点灯や消灯などによって、周囲の明るさが急激に変わった場合などは、画面の明るさを適切に調節できないことがあります。そのような場合は、いったんiPadをスリープモード→解除(Q.037参照)してみてください。

また、明るさを手動で調節することもできます。ホーム画面で［設定］→［画面表示と明るさ］の順にタップし、「明るさ」のスライダーを左右にドラッグして調節します。コントロールセンターからすばやく調節することも可能です(Q.071参照)。

1 ホーム画面で［設定］をタップし、

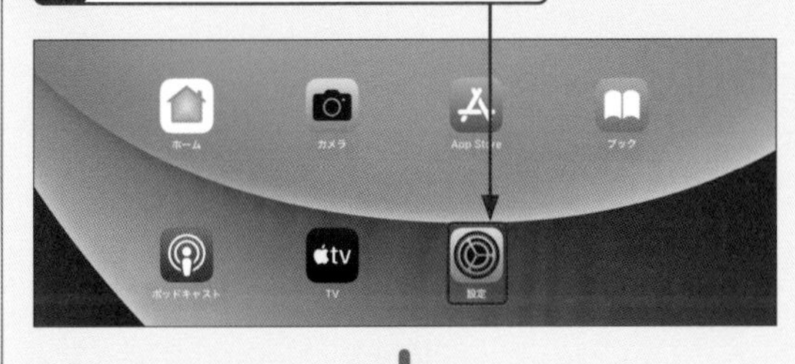

2 ［画面表示と明るさ］をタップします。

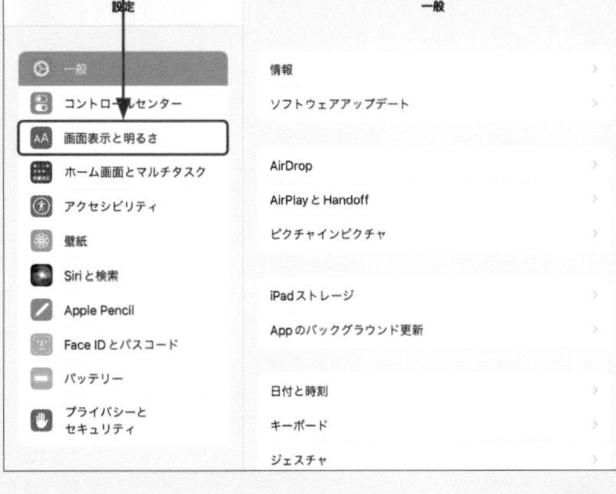

3 スライダーを左方向にドラッグすると、

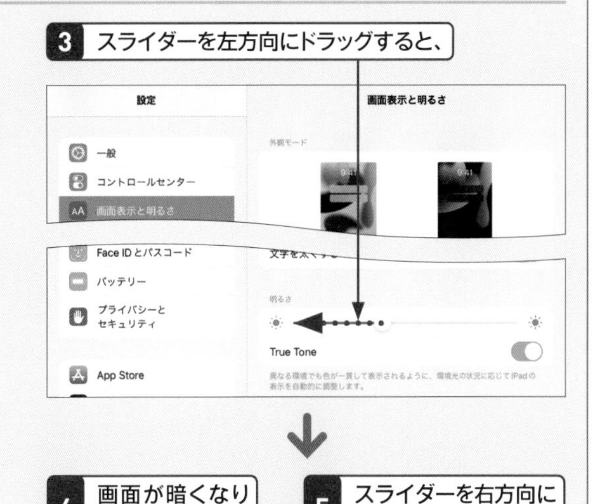

4 画面が暗くなります。

5 スライダーを右方向にドラッグすると、

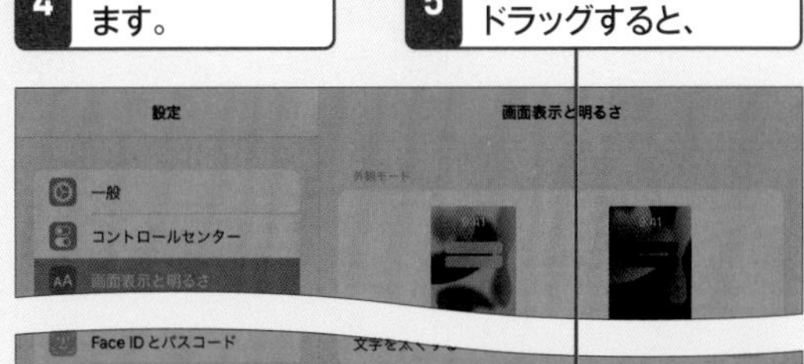

6 画面が明るくなります。

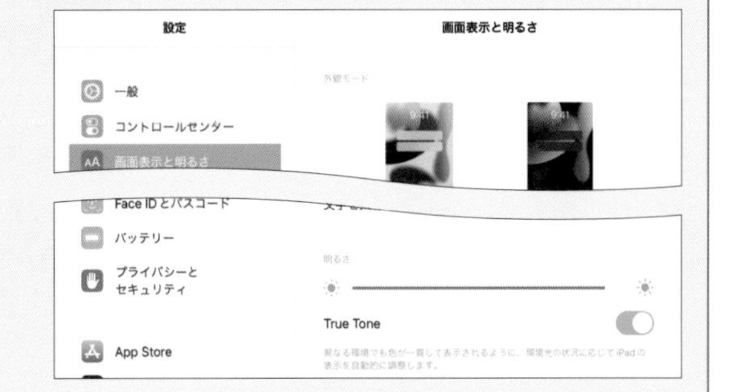

画面表示　Pro　Air　iPad (Gen9)　iPad (Gen10)　mini

062 夜は目に優しい表示にしたい！

A Night Shift機能を利用します。

iPadでは、目の負担になるブルーライトを軽減する、「Night Shift」機能を利用できます。ホーム画面で［設定］→［画面表示と明るさ］→［Night Shift］の順にタップします。［時間指定］の をタップして にし、［開始 終了］をタップすると、Night Shiftを有効にする時間を設定できます。［手動で明日まで有効にする］の をタップして にすると、その時点から一晩のみ有効になります。

1 ホーム画面で［設定］→［画面表示と明るさ］の順にタップし、

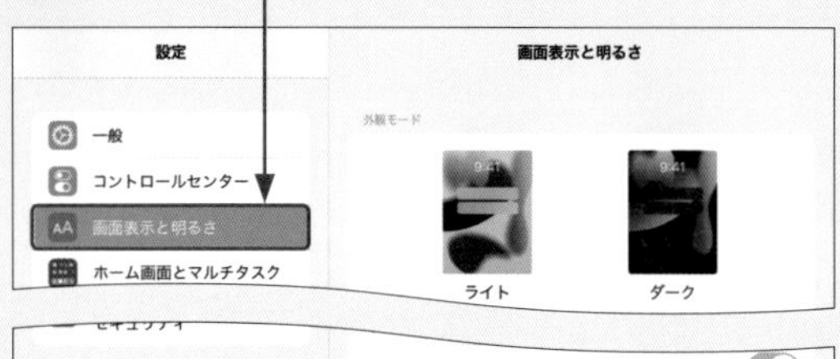

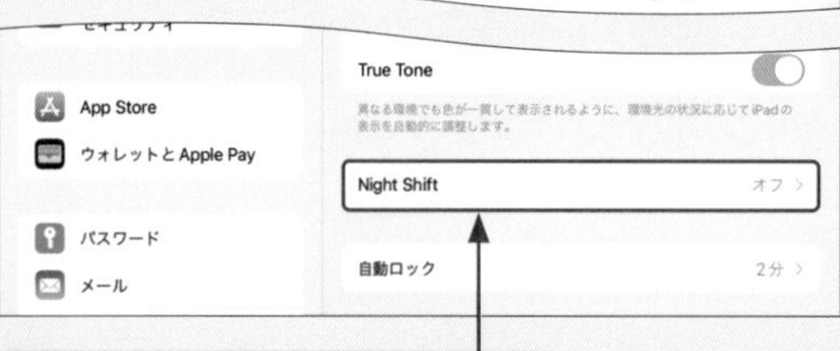

2 ［Night Shift］をタップします。

3 「時間指定」の をタップし、

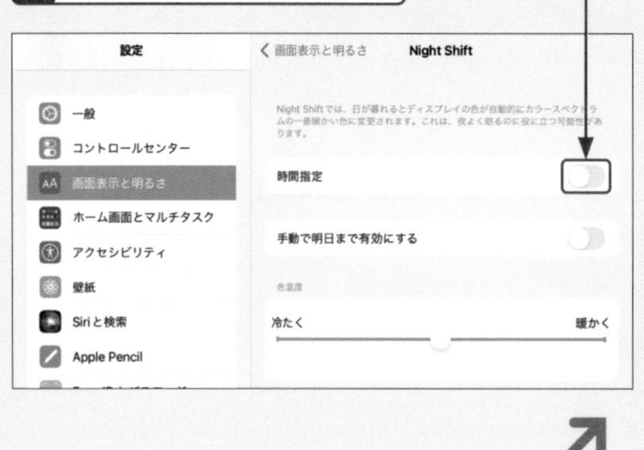

4 ［開始 終了］をタップします。

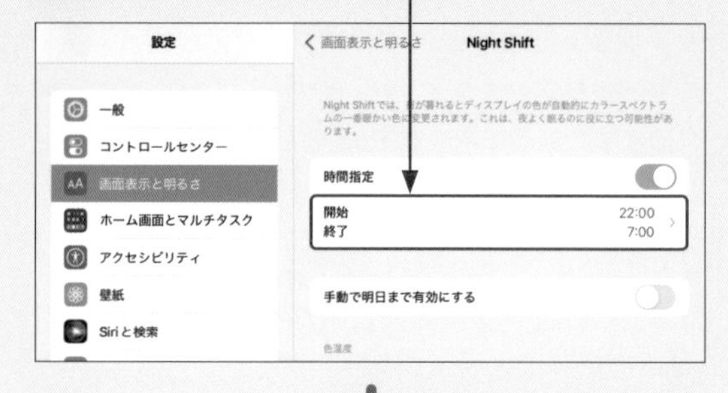

5 Night Shiftを有効にする時間を手動で設定できます。

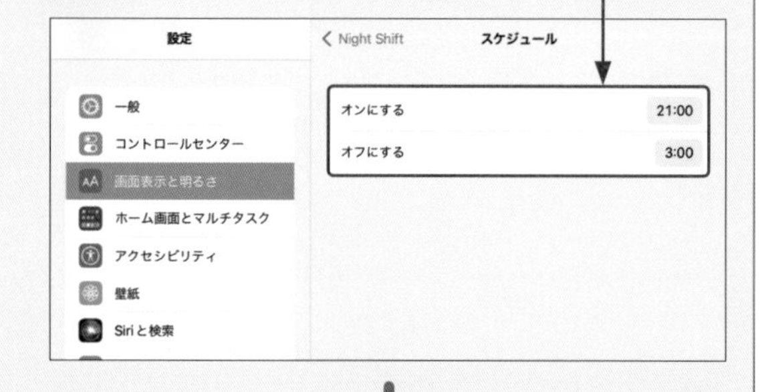

6 ［手動で明日まで有効にする］の をタップして にすると、その時点から翌朝7時までNight Shiftが有効になります。

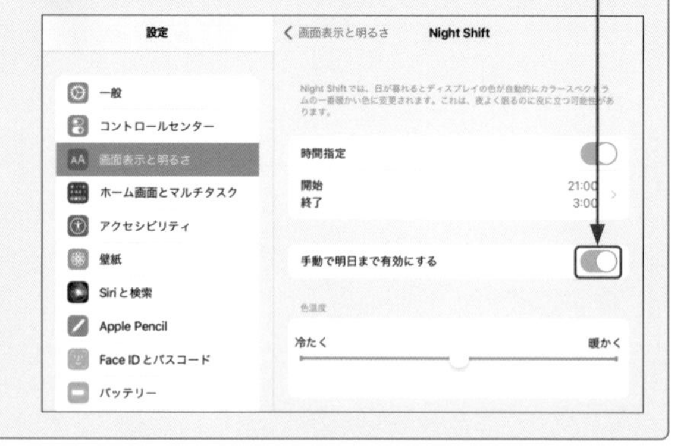

063 ダークモードって何？

A 暗い色を基調とした画面配色のことです。

iPadでは、「ダークモード」を利用できます。ダークモード状態では、iPadの画面が白基調から黒基調の色に変わり、暗い場所にいるときでも画面が見やすくなるほか、バッテリーの消費も抑えられます。ダークモードを有効にするには、ホーム画面で［設定］→［画面表示と明るさ］の順にタップし、「ダーク」にチェックを付けます。もとの白基調に戻すには、「ライト」にチェックを付けます。なお、時間を設定して自動でダークモードとライトモードを切り替えることもできます。

1 ホーム画面で［設定］→［画面表示と明るさ］の順にタップし、

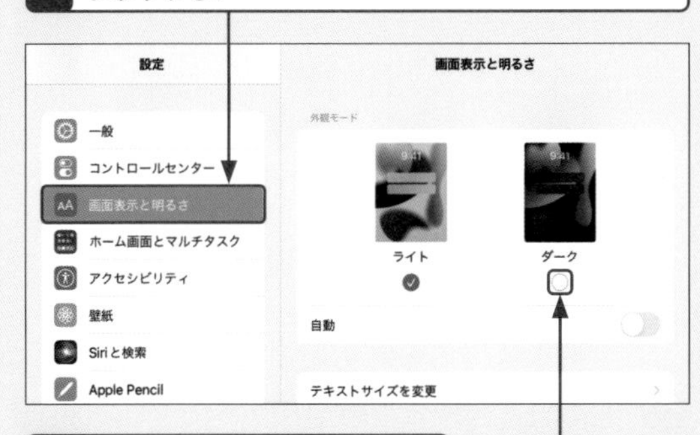

2 「ダーク」の○をタップします。

3 画面がダークモードに切り替わります。

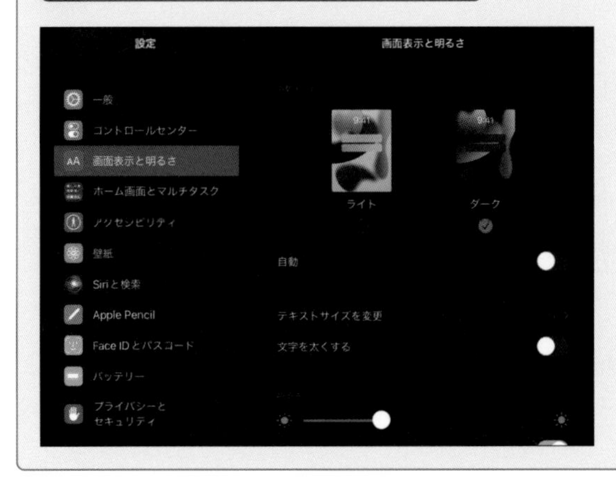

設定した時間に自動でモードを切り替える

1 「自動」の をタップして にし、

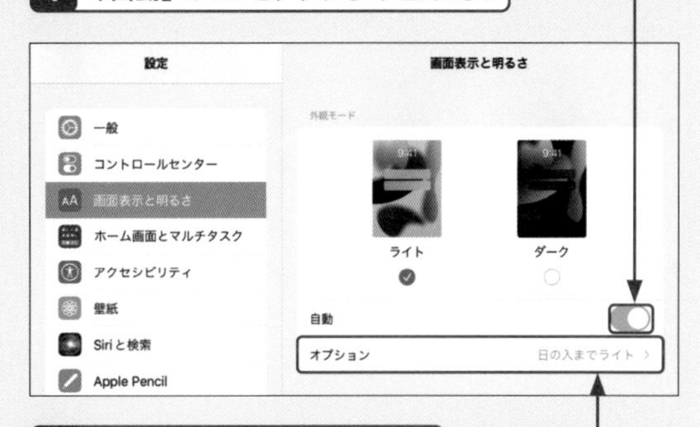

2 ［オプション］をタップします。

3 ［カスタムスケジュール］をタップし、

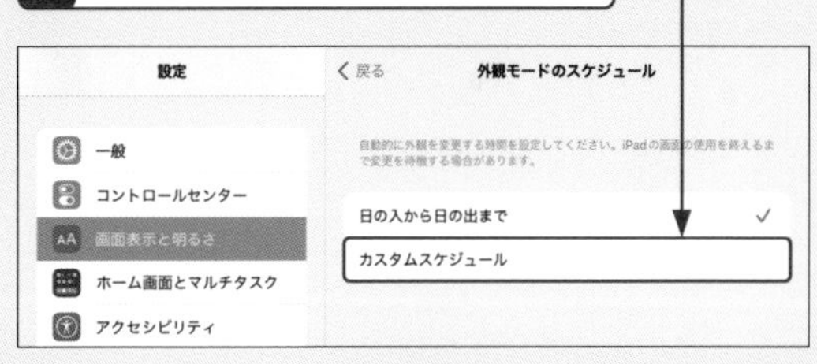

4 「ライト」と「ダーク」の時間をそれぞれタップして変更すると、設定した時間にモードが自動で切り替わります。

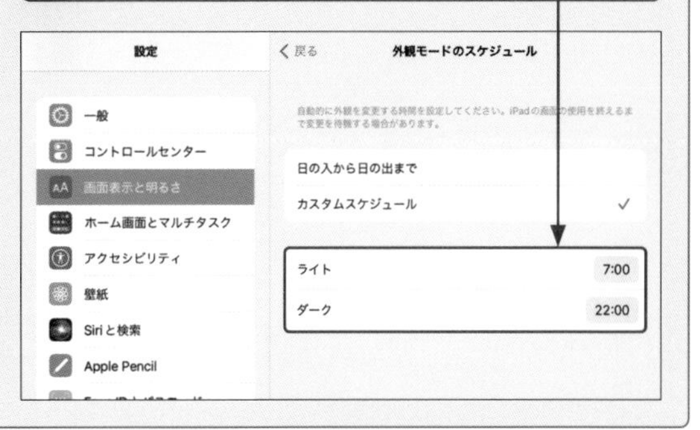

画面表示 Pro Air iPad (Gen9) iPad (Gen10) mini

Q 064 文字を大きく表示したい！

A 「画面表示と明るさ」から文字の大きさを変更します。

iPadに表示される文字が小さくて見づらいという場合は、文字の表示を大きく設定することができます。ホーム画面で［設定］→［画面表示と明るさ］→［テキストサイズを変更］の順にタップし、スライダーを右方向にドラッグして文字の大きさを変更します。なお、この変更はすべてのアプリに適用されます。また、「アクセシビリティ」からさらに大きなサイズに変更することも可能です（Q.066参照）。

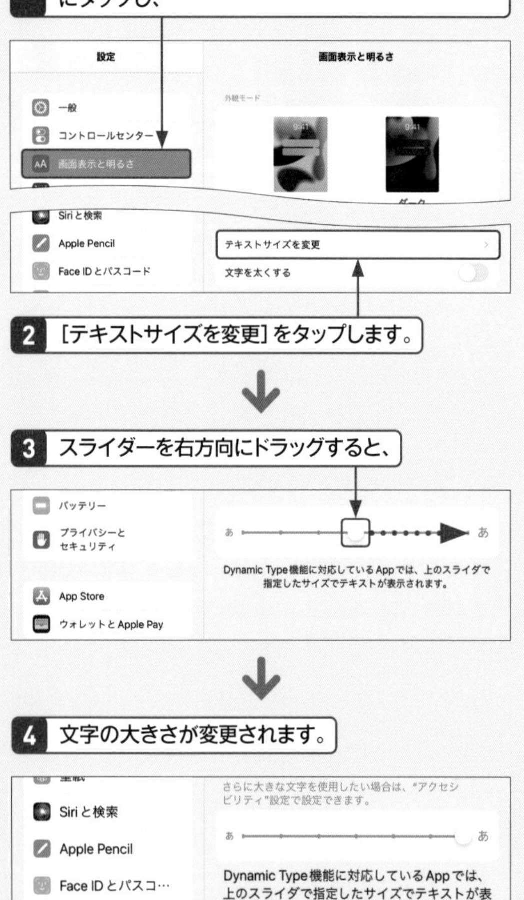

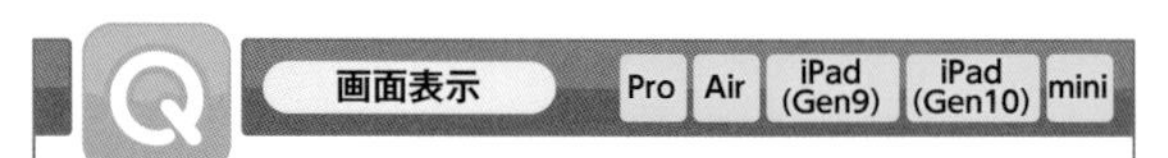

Q 065 文字を太く表示したい！

A 「画面表示と明るさ」から文字の太さを変更します。

Q.064では文字の大きさを変更する方法を説明しましたが、それでもまだ文字が見づらいという場合は、文字の表示を太く設定することができます。ホーム画面で［設定］→［画面表示と明るさ］の順にタップし、「文字を太くする」の をタップして にすることで、文字が太く表示されます。なお、この変更はすべてのアプリに適用されます。

1 ホーム画面で［設定］→［画面表示と明るさ］の順にタップし、

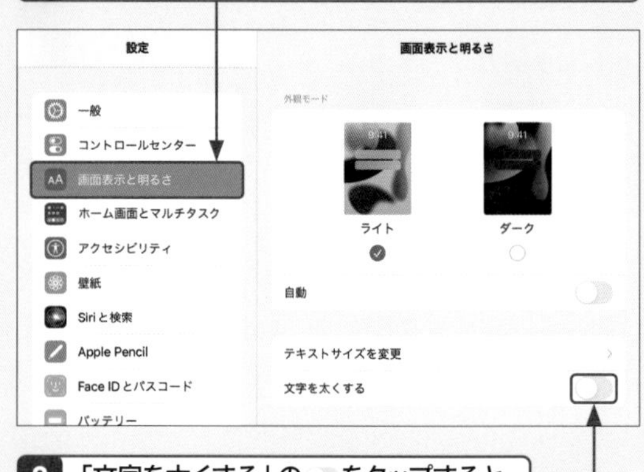

2 「文字を太くする」の をタップすると、

3 文字の太さが変更されます。

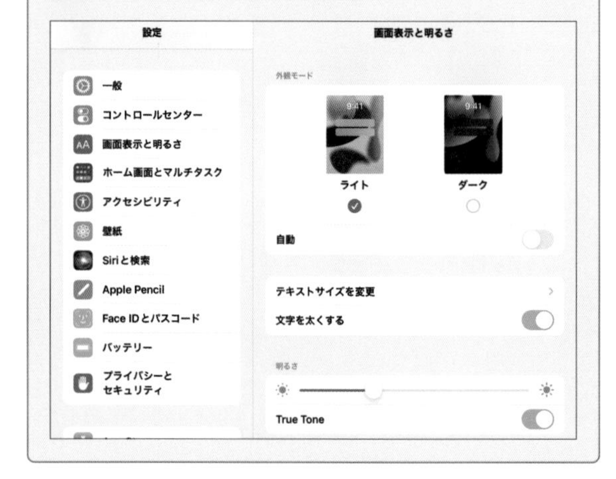

066 アプリごとに文字の大きさや表示を変えたい!

A 「アクセシビリティ」からアプリごとに文字の大きさや表示を変更します。

iPadには多くの「アクセシビリティ」機能が備わっており、視覚、身体機能および操作、聴覚などをサポートしてくれる項目があります。ここでは、アプリごとに画面の文字の大きさや太さ、色など変更する方法を説明します。文字が見づらいと感じるアプリに活用しましょう。

1 ホーム画面で[設定]→[アクセシビリティ]の順にタップし、

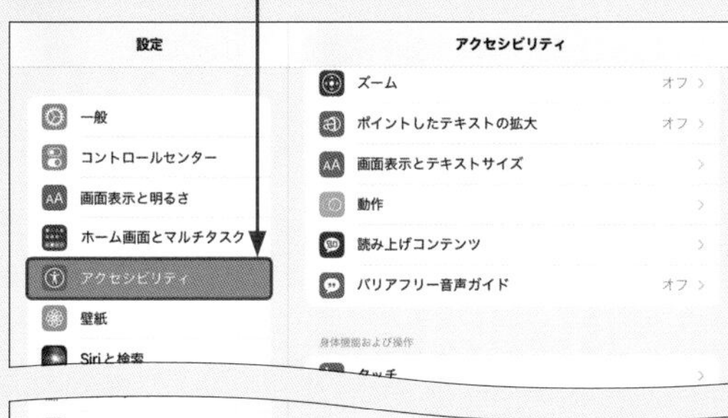

2 [Appごとの設定]をタップします。

3 [Appを追加]をタップし、

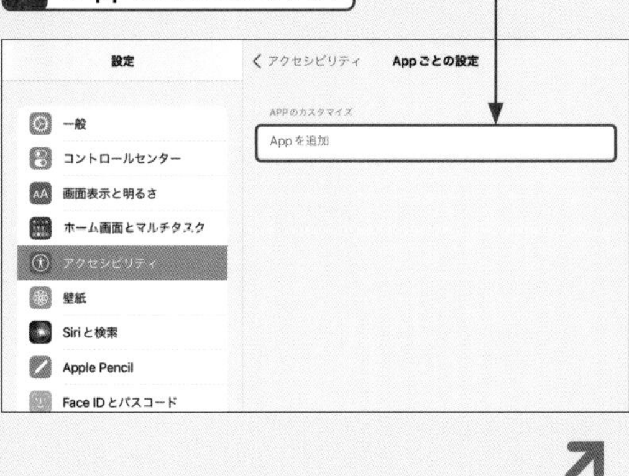

4 文字の表示を変更したいアプリ(ここでは[メッセージ])をタップします。

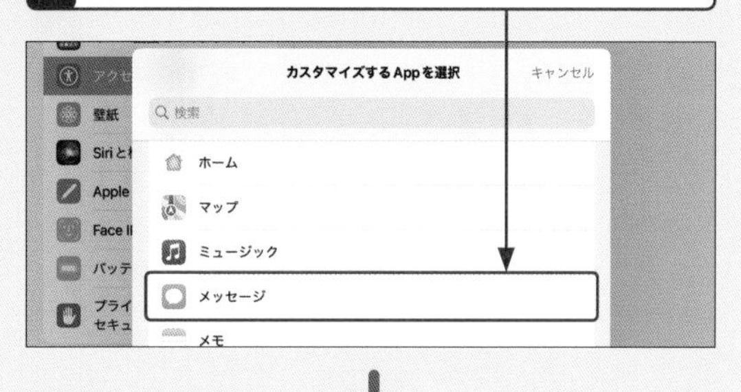

5 手順3の画面に戻るので、[メッセージ]をタップします。

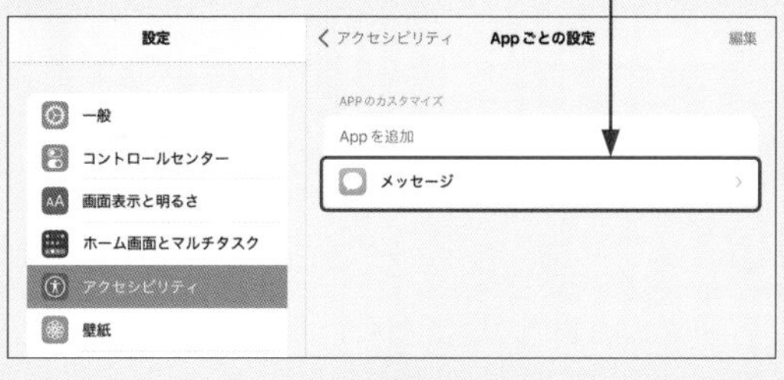

6 文字の太さや大きさ、色などを設定できます。

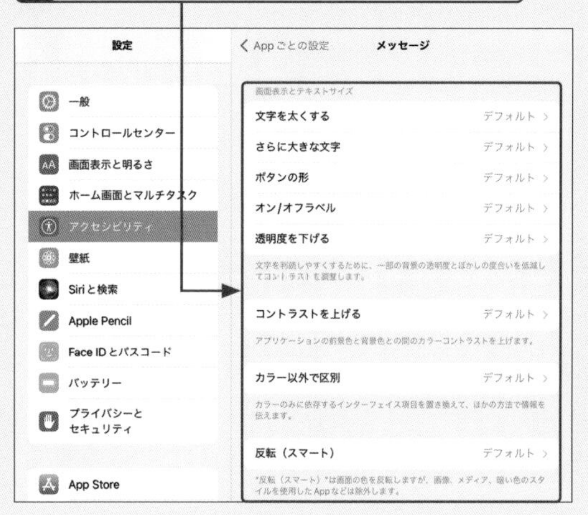

067 ウィジェットって何？

A さまざまなカテゴリの情報をすぐに確認できる機能です。

ニュースや天気など、カレンダーのイベントなど、さまざまなカテゴリの情報を「ウィジェット」で確認することができます。ウィジェットは新しく追加したり順番を入れ替えたりすることができるので、好みに合わせて設定しましょう。自由にカスタマイズすることで、各アプリを起動せずに必要な情報を一目でチェックできるようになります。

ウィジェットはホーム画面（Q.068参照）と、左端のホーム画面を右方向にスワイプした「今日の表示」（Q.069参照）から確認できます。なお、初期状態ではどちらの画面にも複数のウィジェットが配置されています。

1 ホーム画面の上部にウィジェットが配置されています。

2 画面を右方向に何回かスワイプすると、

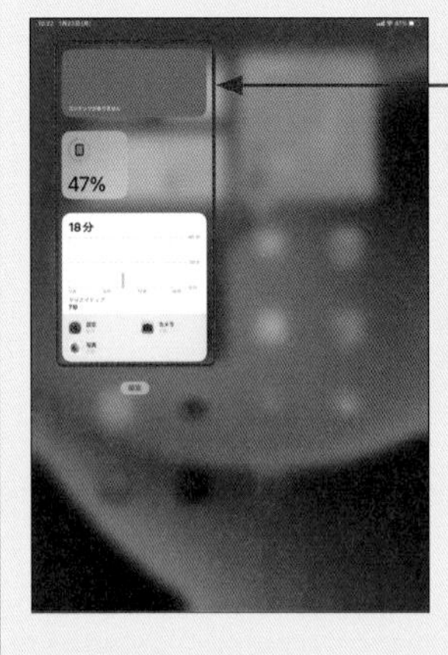

3 「今日の表示」のウィジェットが表示されます。

4 画面を上下にスクロールすると、すべてのウィジェットが確認できます。

ホーム画面のウィジェット

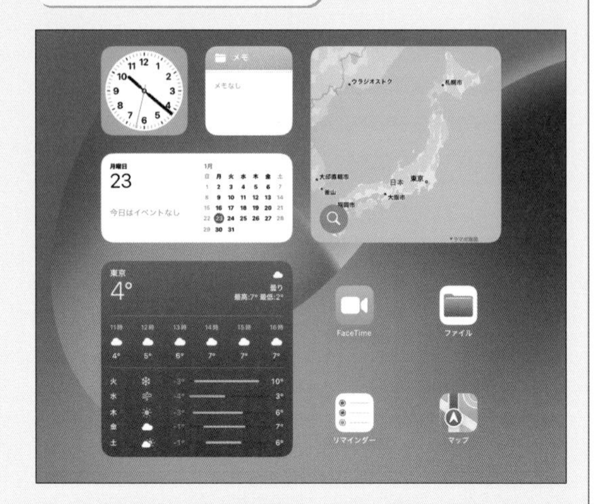

ホーム画面の上部に配置されているウィジェットです。初期状態では「時計」「メモ」「カレンダー」「天気」「スマートスタック」のウィジェットが配置されています。

「今日の表示」のウィジェット

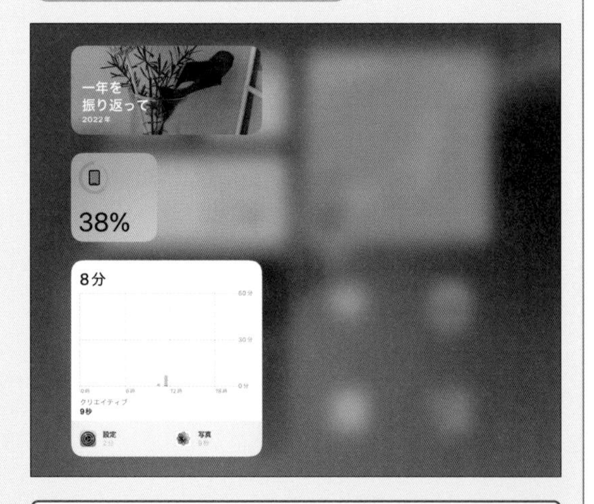

ホーム画面を右方向にスワイプすると表示される「今日の表示」のウィジェットです。初期状態では「スマートスタック」（Q.070参照）「バッテリー」「スクリーンタイム」のウィジェットが配置されています。

068 ウィジェットをホーム画面に追加したい！

A ホーム画面をタッチしてウィジェットを追加します。

ホーム画面にウィジェットを追加するには、ホーム画面の何もない部分をタッチし、画面左上のをタップして、アプリ一覧から目的のウィジェットを選択します。ウィジェットの大きさはアプリごとに設定が可能で、3～6種類から好みの大きさを選択できます。

なお、初期状態では「時計」「メモ」「カレンダー」「天気」「スマートスタック」のウィジェットが配置されています。ウィジェットはアプリのアイコンのようにあとから移動、変更、削除できるので（Q.042参照）、よく使うアプリを追加して自由にカスタマイズしてみましょう。

1 ホーム画面の何もない部分をタッチし、

2 画面左上のをタップします。

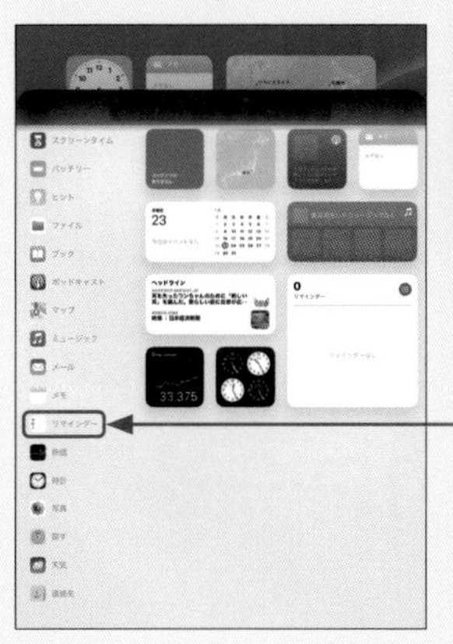

3 画面左のアプリ一覧から追加したいアプリ（ここでは［リマインダー］）をタップします。

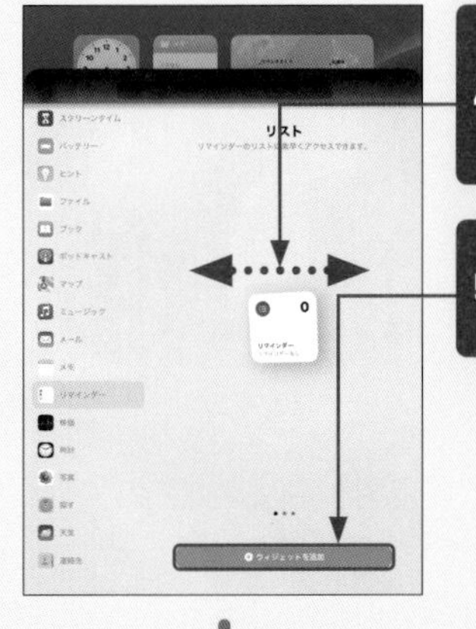

4 画面を左右にスワイプしてウィジェットの大きさを選択し、

5 ［ウィジェットを追加］をタップします。

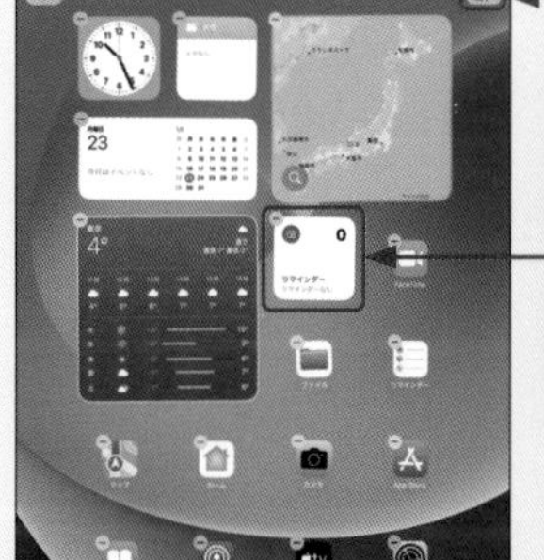

6 ホーム画面にウィジェットが追加されます。位置を変更する場合はウィジェットをドラッグします。

7 画面右上の［完了］をタップします。

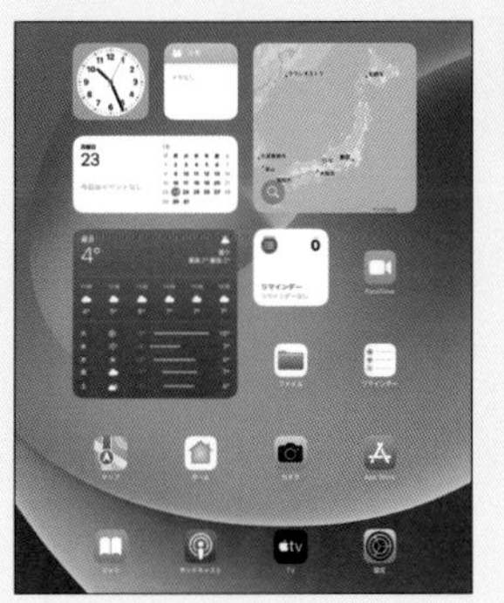

8 ウィジェットの追加が完了します。

069 ウィジェットを「今日の表示」に追加したい！

A 「今日の表示」画面の「編集」からウィジェットを追加します。

ホーム画面を右方向にスワイプし続けると、画面左半分に「今日の表示」のウィジェットが表示されます。「今日の表示」にウィジェットを追加するには、「今日の表示」画面下部の［編集］をタップするか、何もない部分をタッチして画面左上の［＋］をタップして、アプリ一覧から目的のウィジェットを選択します。ホーム画面と同様にウィジェットの大きさはアプリごとに設定が可能で、3～6種類から好みの大きさを選択できます。なお、初期状態では「スマートスタック」（Q.070参照）「バッテリー」「スクリーンタイム」のウィジェットが配置されています。「今日の表示」のウィジェットも、アプリのアイコンのようにあとから移動、変更、削除が可能です（Q.042参照）。なお、ロック画面を右方向にスワイプすることでも「今日の表示」のウィジェットを表示できます。

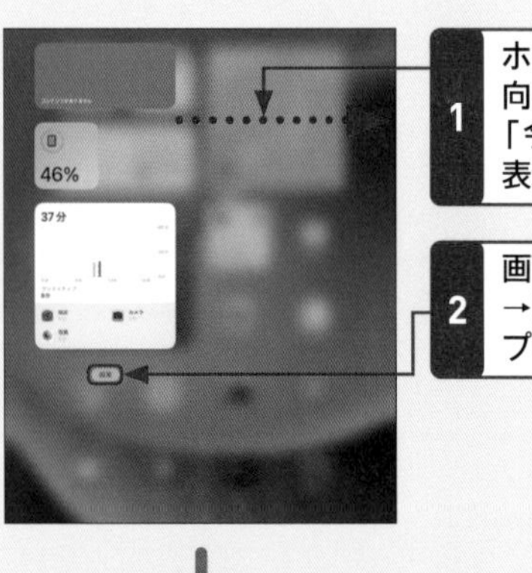

1 ホーム画面を右方向にスワイプして「今日の表示」を表示し、

2 画面下部の［編集］→［＋］の順にタップします。

3 画面左のアプリ一覧から追加したいアプリ（ここでは［リマインダー］）をタップします。

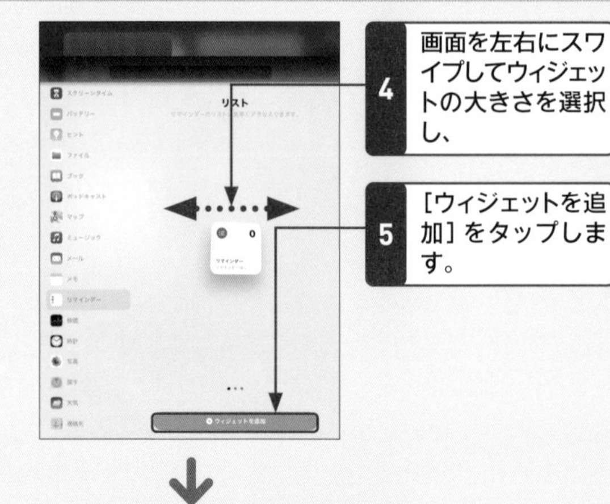

4 画面を左右にスワイプしてウィジェットの大きさを選択し、

5 ［ウィジェットを追加］をタップします。

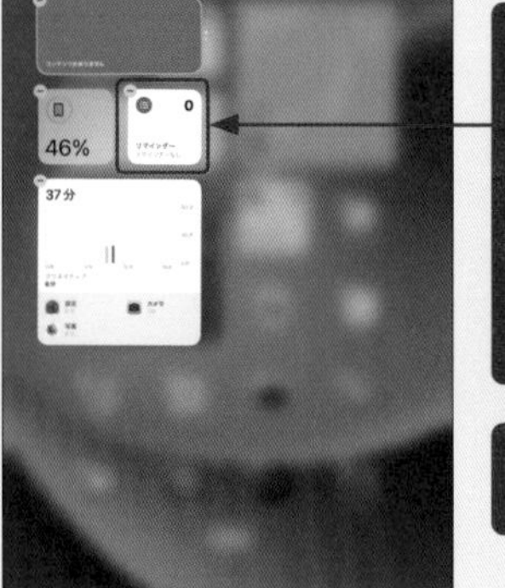

6 「今日の表示」にウィジェットが追加されます。位置を変更する場合はウィジェットをドラッグします。

7 画面右上の［完了］をタップします。

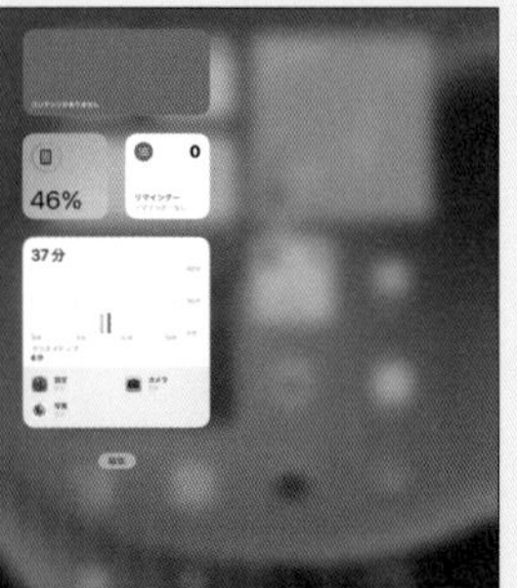

8 ウィジェットの追加が完了します。

070 ウィジェットを便利に使いたい！

A 「スマートスタック」や「ウィジェットスタック」を利用しましょう。

ウィジェットをより便利に使うには、複数のウィジェットを1つにまとめることができる「スマートスタック」や「ウィジェットスタック」を追加しましょう。スマートスタックとは、現在地や時間、アクティビティなどの情報に基づき、ユーザーにとって適切なタイミングで関連性の高いウィジェットを表示してくれる機能です。ホーム画面や「今日の表示」のウィジェット追加画面で［スマートスタック］を選択して追加でき、スタック内の上下のスワイプで表示するウィジェットを切り替えることも可能です。

スマートスタックでは表示されるウィジェットが決められていますが、自分でよく使うウィジェットをまとめたいのであれば、「ウィジェットスタック」を作成してみましょう。ウィジェットスタックもスマートスタックと同様、スタック内を上下にスワイプすることでウィジェットを切り替えられます。なお、ウィジェットは最大10個まで追加できます。

スマートスタックとウィジェットスタックは、ホーム画面と「今日の表示」のどちらにも追加が可能です。「ウィジェットをたくさん使いたいけど、画面を圧迫してしまうのが気になる」という場合に活用してみましょう。

スマートスタックを追加する

1 Q.068、069を参考にウィジェットの追加画面を表示します。

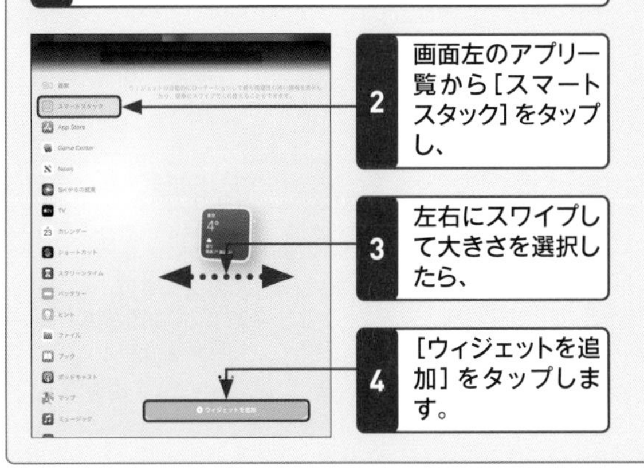

2 画面左のアプリ一覧から［スマートスタック］をタップし、

3 左右にスワイプして大きさを選択したら、

4 ［ウィジェットを追加］をタップします。

ウィジェットスタックを作成する

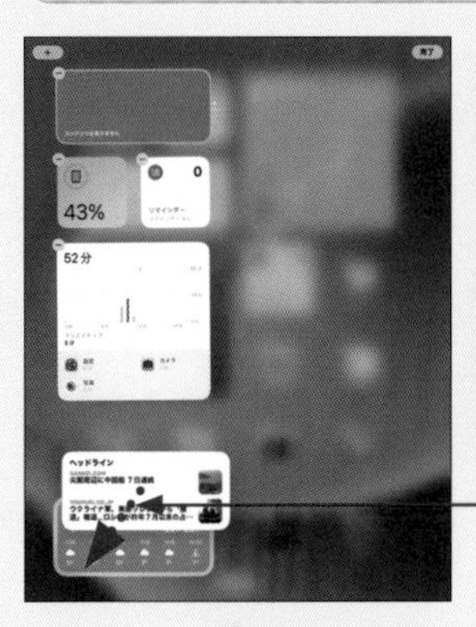

1 Q.068、069を参考にウィジェットの編集画面を表示し、

2 スタックにまとめたいウィジェットを別のウィジェットの上にドラッグします。

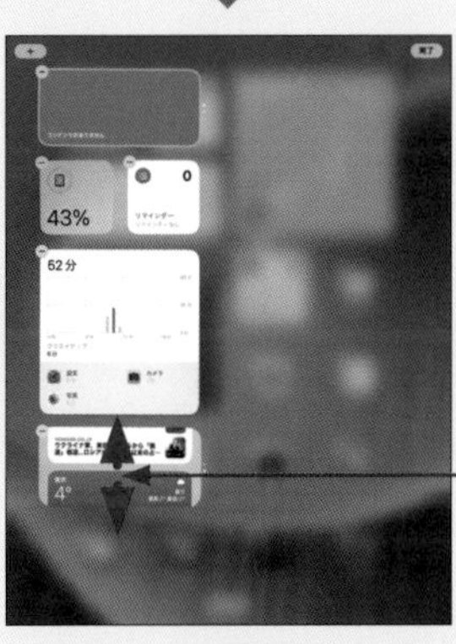

3 ウィジェットスタックが作成されます。

4 スタック内を上下にスワイプすると、ウィジェットが切り替わります。

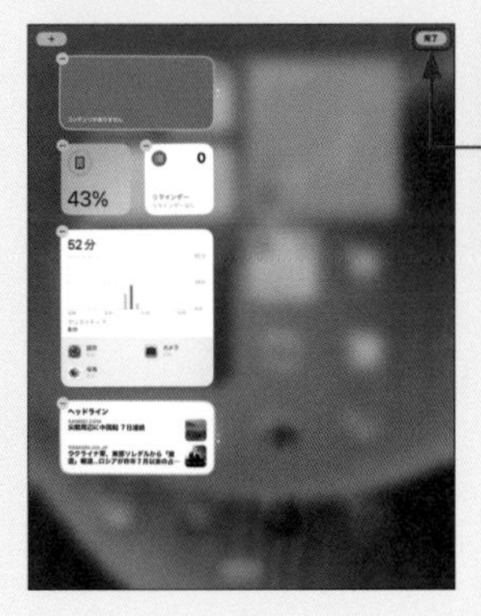

5 画面右上の［完了］をタップすると、ウィジェットスタックの追加が完了します。

071 コントロールセンターって何？

A よく使われる機能や設定が集約された場所です。

コントロールセンターには、カメラ、タイマー、オーディオコントロール、画面の明るさなど、よく使う機能や設定が集約されています。コントロールセンターを表示するには、画面右上隅を下方向にスワイプします。なお、ロック画面やアプリの起動中でも表示が可能です。

コントロールセンターは、アイコンをタップすることでその機能にすばやくアクセスでき、アイコンをタッチすることでオプションが利用できる機能もあります。たとえば機内モードなどのアイコンがあるグループをタッチすると、AirDropやインターネット共有の機能が表示されます。また、カメラのアイコンをタッチすると撮影モードのメニューが表示され、目的の機能を瞬時に選択できます。

1 画面右上隅から下方向にスワイプすると、

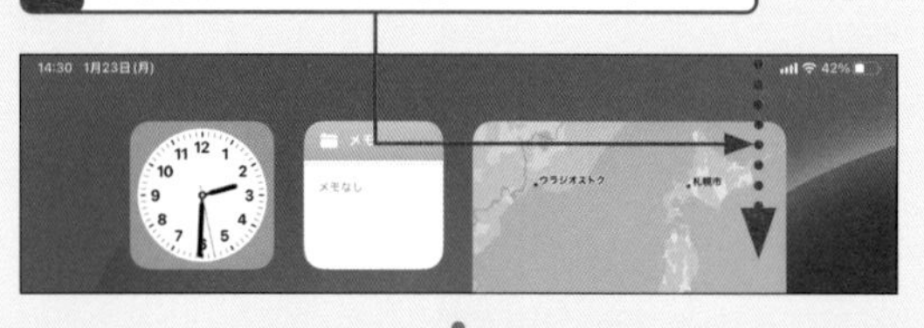

2 コントロールセンターが表示されます。

3 アイコンをタッチすると、オプションが表示される機能や設定もあります。

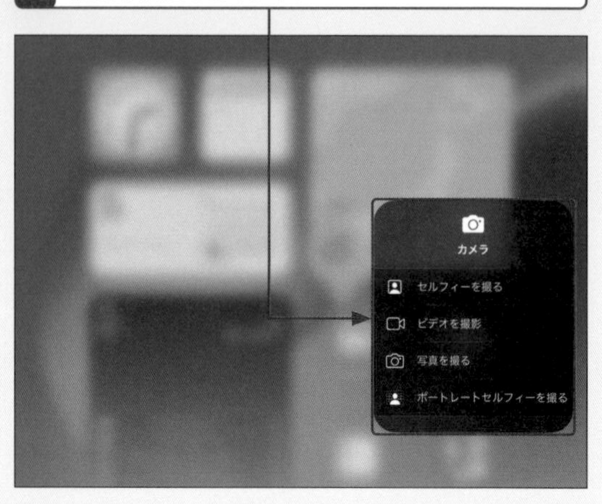

❶	機内モードのオン／オフを切り替えます。
❷	モバイルデータ通信のオン／オフを切り替えます。Wi-Fiモデルでは、AirDropのアイコンが表示されます。
❸	Wi-Fiのオン／オフを切り替えます（Q.144参照）。
❹	Bluetoothのオン／オフを切り替えます（Q.484参照）。
❺	「ミュージック」アプリに保存されている音楽を再生します（Q.311参照）。
❻	画面の向きの固定のオン／オフを切り替えます（Q.060参照）。
❼	音楽や動画をAirPlay対応機器で再生します。
❽	集中モードを設定します（Q.467参照）。
❾	画面の明るさを調節します（Q.061参照）。
❿	音量を調節します（Q.082参照）。
⓫	消音モードにします（Q.084参照）。
⓬	ステージマネージャのオン／オフを切り替えます（Q.448参照）。
⓭	「メモ」アプリが起動します（Q.408～417参照）。
⓮	「カメラ」アプリが起動します（Q.264～270、272～275参照）。タッチすると撮影モードを選択できます。
⓯	コードスキャナーが起動し、QRコードなどを読み取ることができます（Q.271参照）。

Q 072 コントロールセンターをカスタマイズしたい！

A 機能の追加や削除、並べ替えができます。

コントロールセンターには、初期状態ではQ.071の機能が設定されていますが、自分がよく使う機能を追加することも可能です。不要な機能の削除や並べ替えもできるので、使いやすくカスタマイズしましょう。
なお、コントロールセンターはアプリの起動中でも表示できるよう設定されていますが、表示をオフにすることもできます。ホーム画面で［設定］→［コントロールセンター］の順にタップし、「App使用中のアクセス」のをタップしてにしましょう。

1 ホーム画面で［設定］→［コントロールセンター］の順にタップします。

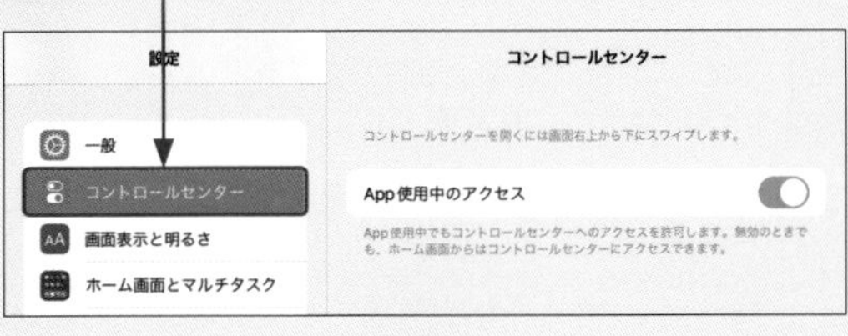

2 「コントロールを追加」から追加したい機能のをタップすると、

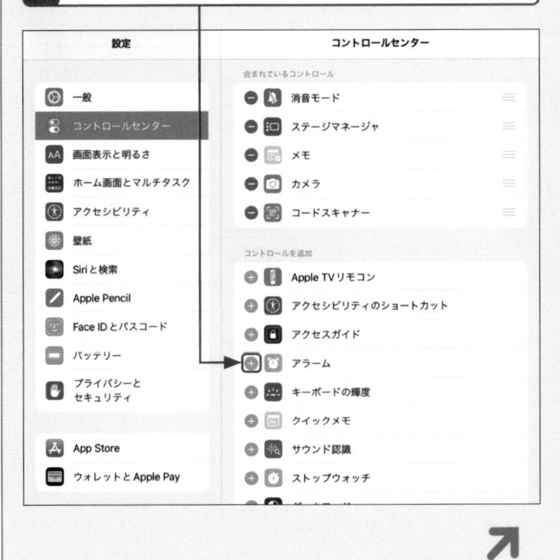

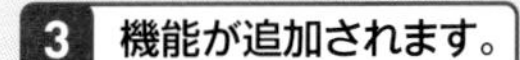

3 機能が追加されます。

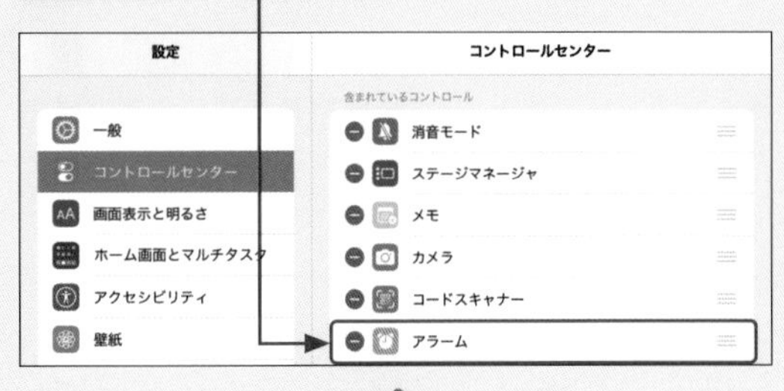

4 機能を削除する場合は、「含まれているコントロール」から削除したい機能のをタップし、

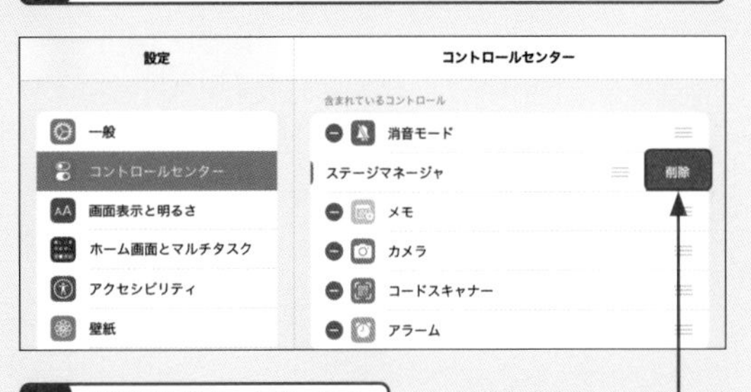

5 ［削除］をタップします。

6 機能の表示順を変更する場合は、並べ替えたい機能のをタッチしてドラッグします。

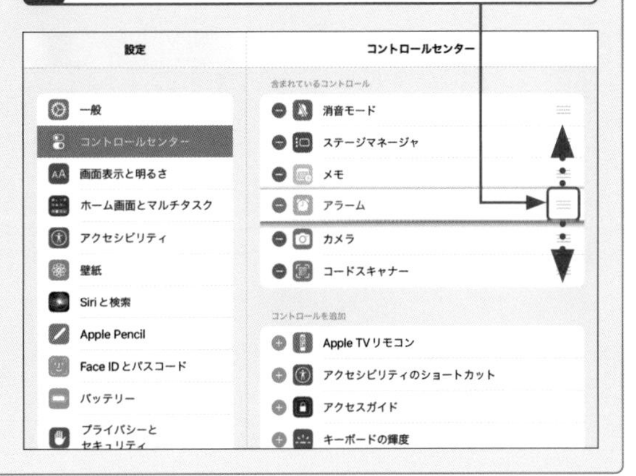

通知 Pro Air iPad (Gen9) iPad (Gen10) mini

Q 073 アイコンの右上に出てくる数字は何？

A 「バッジ」といい、各アプリの新着情報の数を表します。

ホーム画面のアイコンの右上に表示される通知を「バッジ」といいます。メールの新着メッセージやアプリのお知らせなど、新しい項目がいくつ待機しているかの数字が表示されたり、何か問題が発生すると感嘆符（！）が表示されたりします。メッセージやお知らせを確認したり問題が解消されたりすると、バッジは自動的に削除されます。

バッジを非表示にしたいときは、ホーム画面で［設定］→［通知］の順にタップし、目的のアプリをタップしたら、「Appアイコンにバッジを表示」の をタップして にします。

1 アプリに新着情報などがあると、アイコンの右上に数字（バッジ）が表示されます。

2 バッジの付いたアイコンをタップし、通知内容を確認してホーム画面に戻ると、

3 バッジの数字が自動的に削除されます。

通知 Pro Air iPad (Gen9) iPad (Gen10) mini

Q 074 ホーム画面の上に表示されるお知らせは何？

A さまざまな情報の通知です。

iPadを利用中に新しいメッセージを受信したり、リマインダーの設定時刻になったりすると、その内容がダイアログや画面上部のバナーに表示されます（ポップアップ通知）。これらの通知はロック中やWebページを閲覧している最中でも表示され、しばらくすると消えます。通知が消えてしまった場合でも、画面上端の中央を下方向にスワイプすれば、通知センターが表示され、内容を確認することができます。ダイアログの場合は、確認操作を行うまでダイアログボックスが消えることはないので、重要な連絡やイベントを見逃さずに済みます。

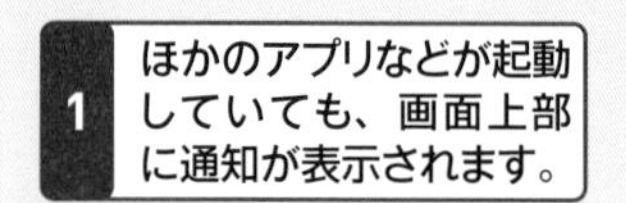

1 ほかのアプリなどが起動していても、画面上部に通知が表示されます。

2 通知をタップすると、

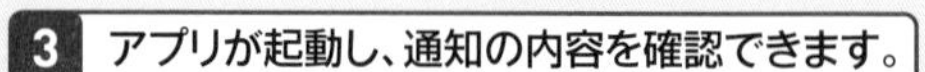

3 アプリが起動し、通知の内容を確認できます。

Q 075 通知を確認するには？

A 通知センターを表示します。

iPadを利用中に画面上端の中央を下方向にスワイプすると、通知センターが表示され、通知を一覧で確認することができます。通知をタップすると、アプリが起動します（Face IDやパスコードを設定している場合は解除が必要）。

1 ホーム画面やアプリの起動中に、画面上端の中央を下方向にスワイプします。

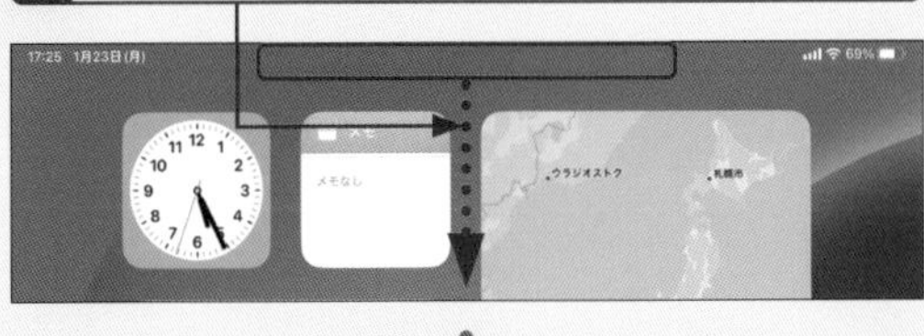

2 通知センターが表示され、iPadに届いている通知を確認できます。

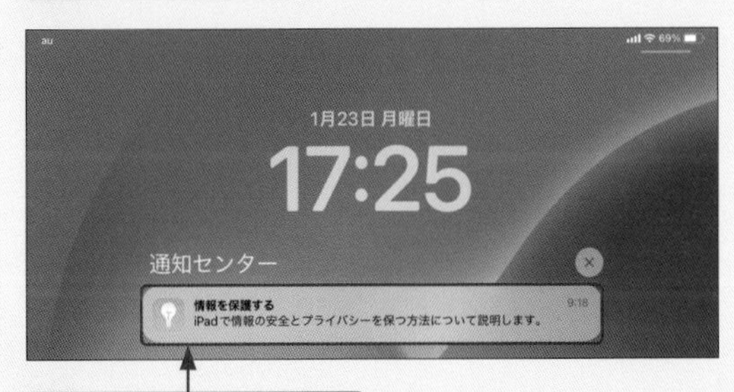

3 通知をタップすると、

4 アプリが起動します（Face IDやパスコードを設定している場合は解除が必要）。

Q 076 ロックを解除しないで通知を確認するには？

A ロック画面を上方向にスワイプします。

スリープモード中にトップボタンを押すと、ロック画面が表示されます。このロック画面の中央を上方向にスワイプすると、通知センターを表示することができます。通知をタップするとアプリの起動（Face IDやパスコードを設定している場合は解除が必要）、左方向にスワイプすると、通知の消去や通知内容の表示が可能です（Q.077参照）。

1 ロック画面を表示中に、画面の中央を上方向にスワイプします。

2 通知が表示されます。通知を左方向にスワイプすることで、通知を操作できます（Q.077参照）。

Q 通知 Pro Air iPad (Gen9) iPad (Gen10) mini

077 通知を操作するには？

A 通知をタップしたり左方向にスワイプしたりします。

ロック画面に表示される通知は、タップすることで通知を配信したアプリを表示できます（Face IDやパスコードを設定している場合は解除が必要）。また、通知を左方向にスワイプすると、「オプション」と「消去」の項目が表示されます。[オプション]をタップすると通知のスヌーズや停止などのメニューを選択でき、[消去]をタップすると通知を削除できます。なお、オプションはアプリによって表示されるメニューが異なります。

1 通知を左方向にスワイプします。

2 [消去]をタップすると、通知が削除されます。

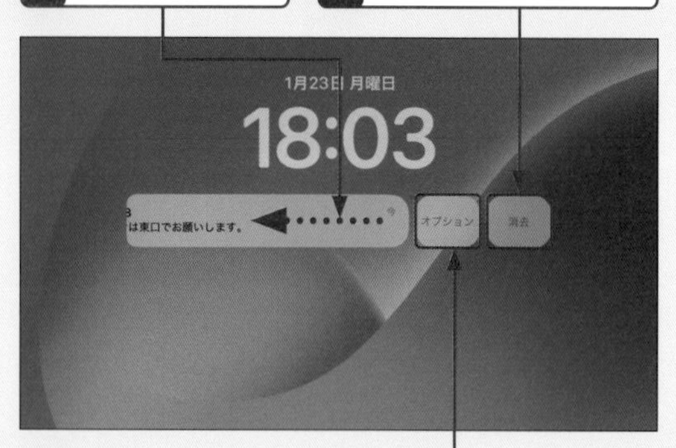

3 [オプション]をタップすると、

4 通知に関するさまざまなメニューが表示されるので、タップして選択します。

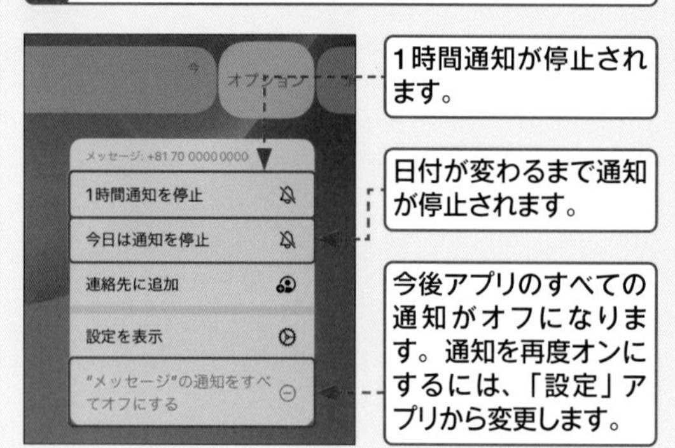

1時間通知が停止されます。

日付が変わるまで通知が停止されます。

今後アプリのすべての通知がオフになります。通知を再度オンにするには、「設定」アプリから変更します。

078 アプリごとに通知の表示形式を変更したい!

A 「通知」から変更します。

iPadでは、アプリごとに通知の表示形式を変更できます。たとえば通知が表示される場所を変更したり、バナーの表示時間を持続的にしたり、バッジを非表示にしたり、ポップアップ通知に表示されるプレビューを非表示にしたりと、さまざまな設定が可能です。

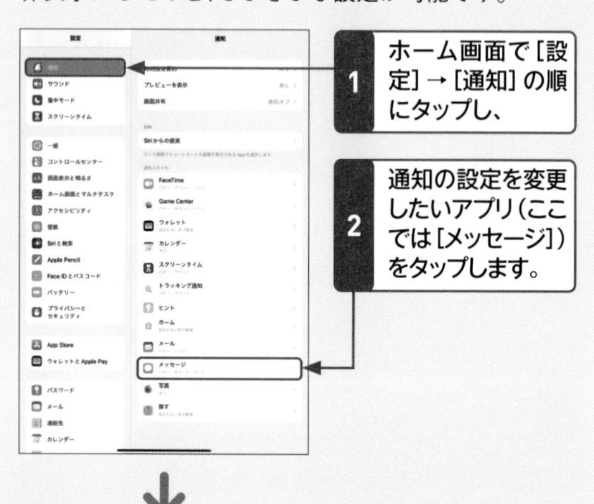

1 ホーム画面で[設定]→[通知]の順にタップし、

2 通知の設定を変更したいアプリ（ここでは[メッセージ]）をタップします。

3 通知に関するさまざまな項目が表示されるので、タップして設定します。

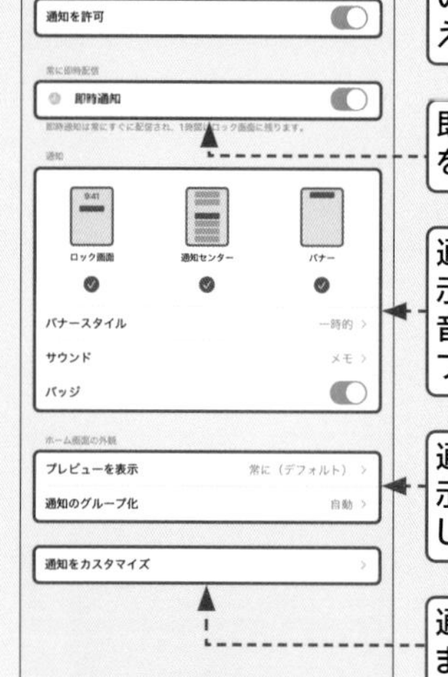

アプリのすべての通知のオン／オフを切り替えます。

即時通知のオン／オフを切り替えます。

通知場所、バナーの表示時間、着信音・通知音、バッジのオン／オフを設定します。

通知のプレビュー表示、グループ化を設定します。

通知をカスタマイズします。

Q 通知 Pro Air iPad (Gen9) iPad (Gen10) mini

079 通知のグループ化を解除するには?

A 通知をタップして展開します。

iPadでは、同じアプリからの通知は自動でグループ化されるようになっています。グループ化した通知をタップすると、通知が展開されて1つずつ内容を確認できます。展開した通知をもとに戻すには、[表示を減らす]をタップします。
また、通知がグループ化しないように設定したい場合は、ホーム画面で[設定]→[通知]の順にタップし、目的のアプリをタップして、[通知のグループ化]→[オフ]の順にタップします。

1 グループ化された通知をタップすると、

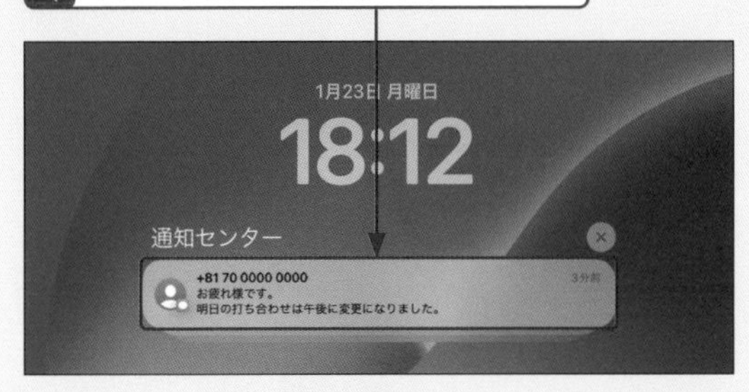

2 通知が展開されて個別に内容を確認できます。

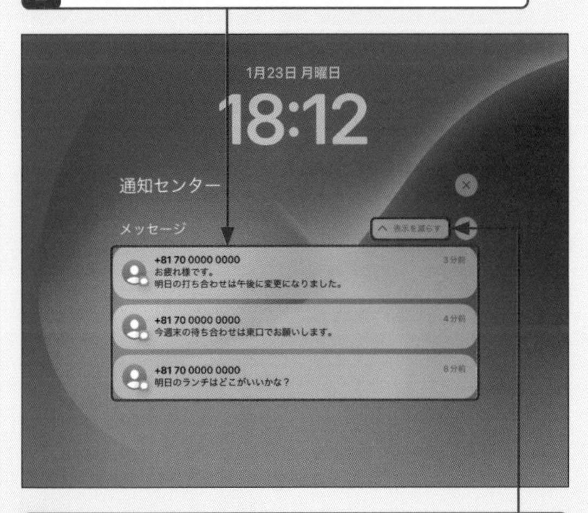

3 [表示を減らす]をタップすると、通知が再度グループ化されます。

Q 通知 Pro Air iPad (Gen9) iPad (Gen10) mini

080 通知をまとめて確認したい!

A 通知を要約します。

iPadには、通知を指定した時間にまとめて受け取る「通知要約」という機能があります。この機能を利用すると、忙しい昼間などは通知を受け取らず、夕方から夜に通知をまとめて受け取るなどの設定が可能です。ホーム画面で[設定]→[通知]→[時刻指定要約]の順にタップし、「時刻指定要約」の をタップすると、要約したいアプリとスケジュールを設定できます。

1 ホーム画面で[設定]→[通知]の順にタップし、

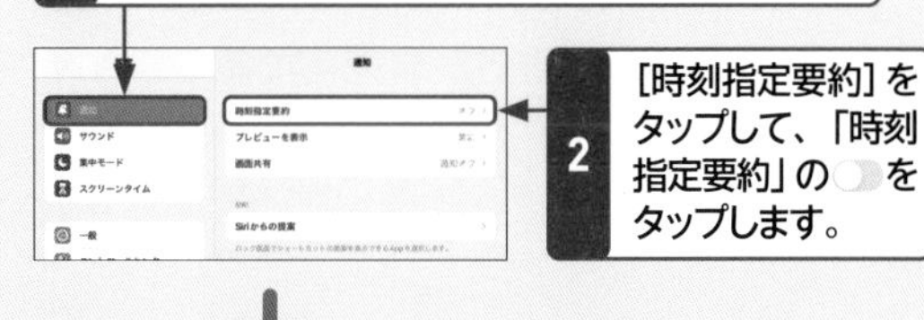

2 [時刻指定要約]をタップして、「時刻指定要約」の をタップします。

3 「通知の要約」の説明画面が表示された場合は[続ける]をタップし、通知を要約したいアプリの○をタップして、

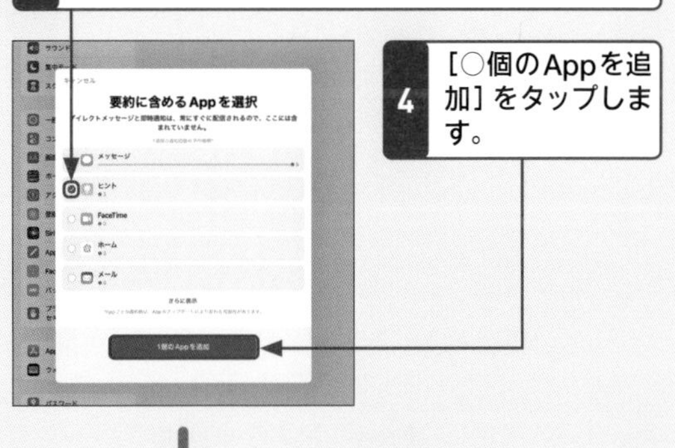

4 [○個のAppを追加]をタップします。

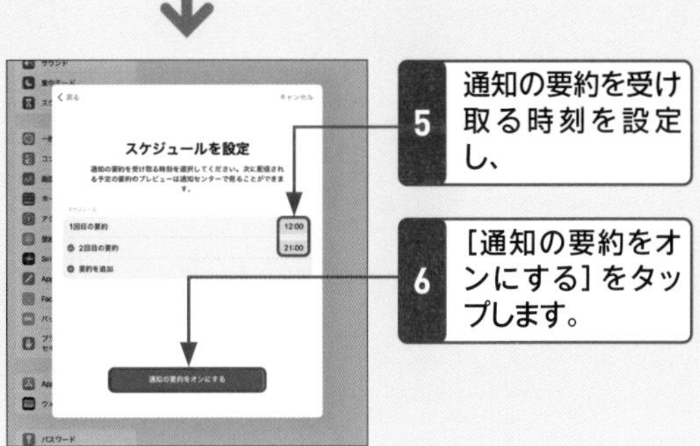

5 通知の要約を受け取る時刻を設定し、

6 [通知の要約をオンにする]をタップします。

通知 Pro Air iPad (Gen9) iPad (Gen10) mini

Q 081 ロック画面の通知を非表示にするには？

A アプリごとにロック画面の通知を非表示に設定できます。

ロック画面には通知が表示されますが、アプリごと個別に通知を表示しないように設定することも可能です。ホーム画面で［設定］→［通知］の順にタップし、通知の設定を変更したいアプリをタップします。「ロック画面」の✓をタップすると、ロック画面に通知が表示されなくなります。

1 ホーム画面で［設定］→［通知］の順にタップし、

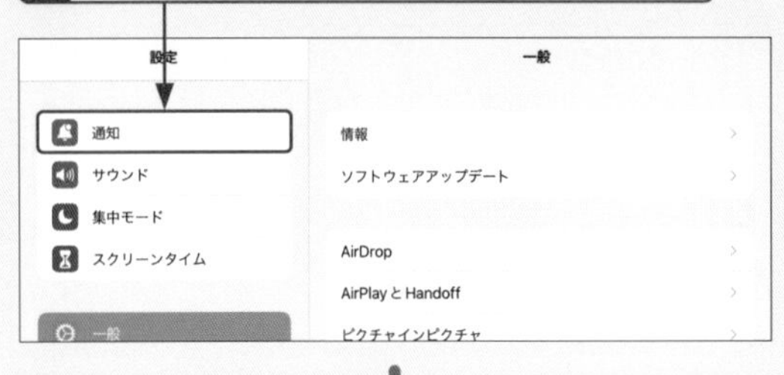

2 設定を変更するアプリ（ここでは［メッセージ］）をタップします。

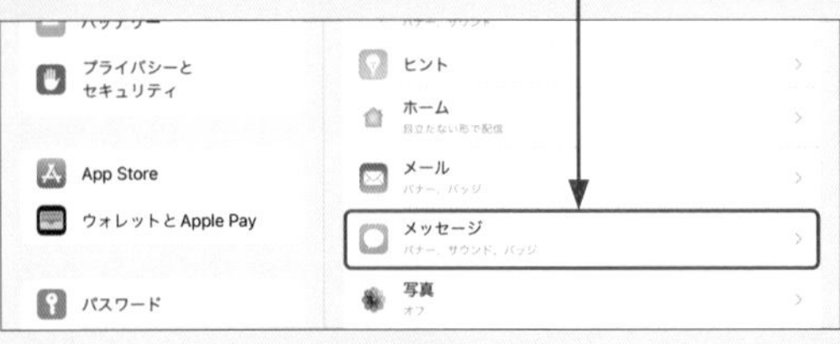

3 「ロック画面」の✓をタップして○にします。

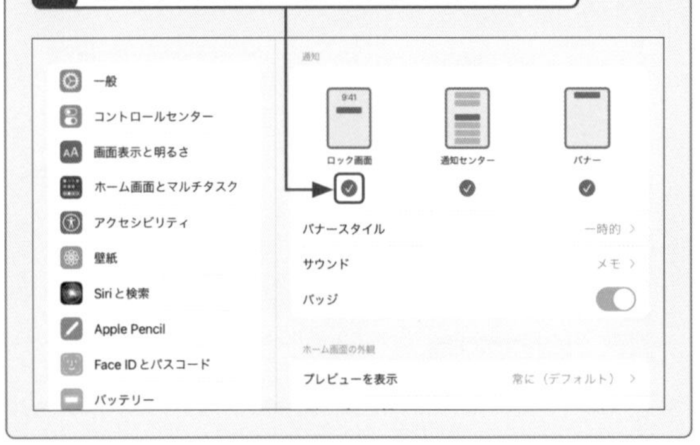

サウンド Pro Air iPad (Gen9) iPad (Gen10) mini

Q 082 音量を上げたい／下げたい！

A 音量ボタン、コントロールセンター、「設定」から調節します。

本体右側部や上部にある音量ボタンを押すことで、音量を調節できます。音量ボタンの上を押せば音量が上がり、音量ボタンの下を押せば音量が下がります。また、コントロールセンターの音量バー（Q.071参照）や、「設定」アプリからの調節も可能です。

音量ボタンから調節する

1 本体右側部や上部にある音量ボタンを押すと、

2 音量を調節できます。

コントロールセンターから調節する

1 コントロールセンターを表示し、

2 音量バーを上下にドラッグして、音量を調節します。

「設定」アプリから調節する

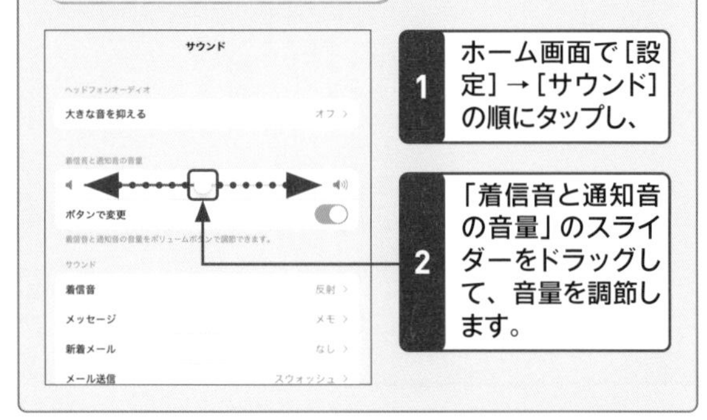

1 ホーム画面で［設定］→［サウンド］の順にタップし、

2 「着信音と通知音の音量」のスライダーをドラッグして、音量を調節します。

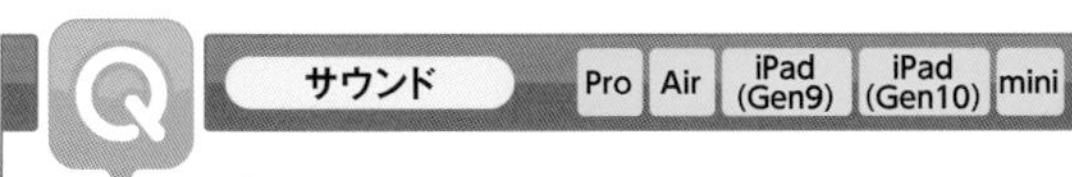

083 音量ボタンで着信音や通知音も調節したい！

A 「ボタンで変更」を有効にします。

本体右側部や上部にある音量ボタンを押すことで調整できるのは、音楽や動画といった音の出るアプリの音量が対象です。アプリの着信音や通知音も音量ボタンで調節できるようにしたい場合は、ホーム画面で［設定］→［サウンド］の順にタップし、「ボタンで変更」の をタップして にします。

1 ホーム画面で［設定］→［サウンド］の順にタップし、

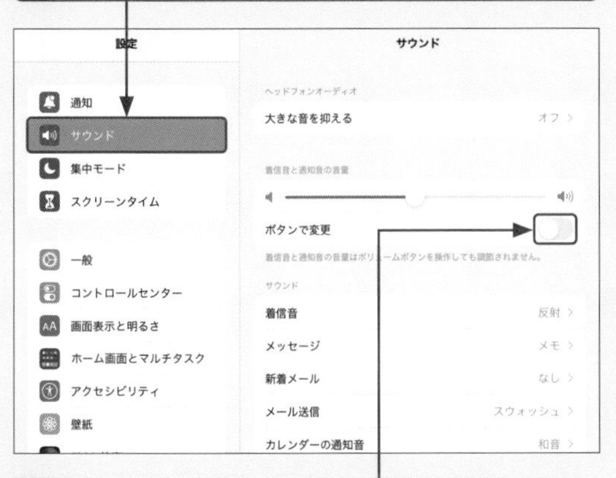

2 「ボタンで変更」の  をタップして にします。

3 本体右側部や上部にある音量ボタンを押すと、

4 着信音や通知音の調節ができるようになります。

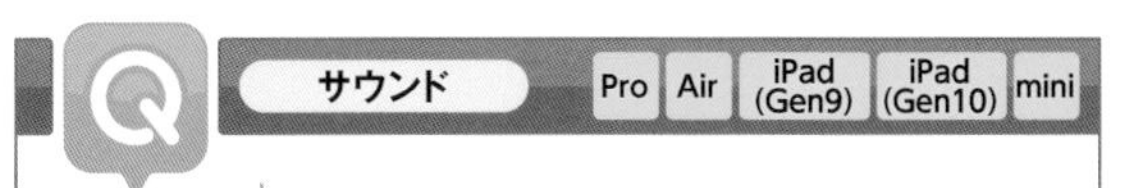

084 マナーモードにしたい！

A コントロールセンターから設定します。

「アプリなどの通知は受け取りたいけど、通知音は鳴らしたくない」という場合は、コントロールセンター（Q.071参照）から消音モード（マナーモード）を設定します。消音モードにすると、設定されている音量に関係なくすべての通知音やアラートが鳴らなくなります。静かな場所で一時的に着信音が鳴らないようにしたいときなどに利用しましょう。

1 コントロールセンターを表示し（Q.071参照）、

2 をタップすると、

3 消音モードに設定されます。

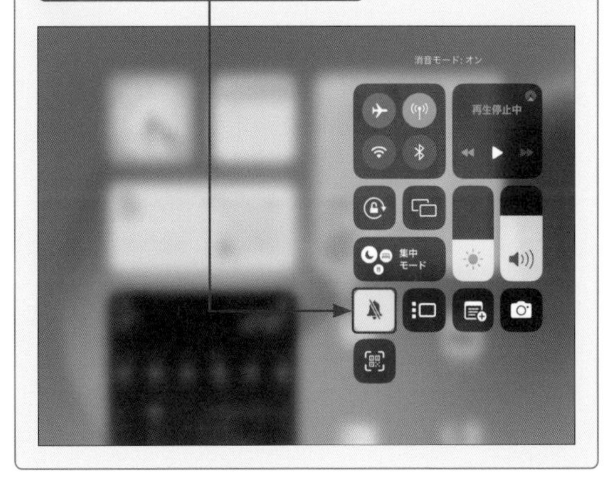

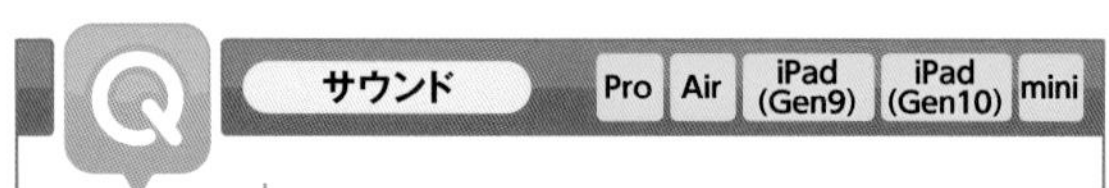

085 通知音を変更したい!

A 「サウンド」から変更します。

アプリの通知音は自由に変更することができます。ホーム画面で［設定］→［通知］の順にタップし、通知音を変更したいアプリをタップして、［サウンド］をタップしたら、「通知音」から設定したいサウンドを選択します。また、サウンドの選択画面上部の「ストア」から［着信音 / 通知音ストア］をタップすると、「iTunes Store」アプリが起動し、任意のサウンドを購入して通知音に設定することができます。

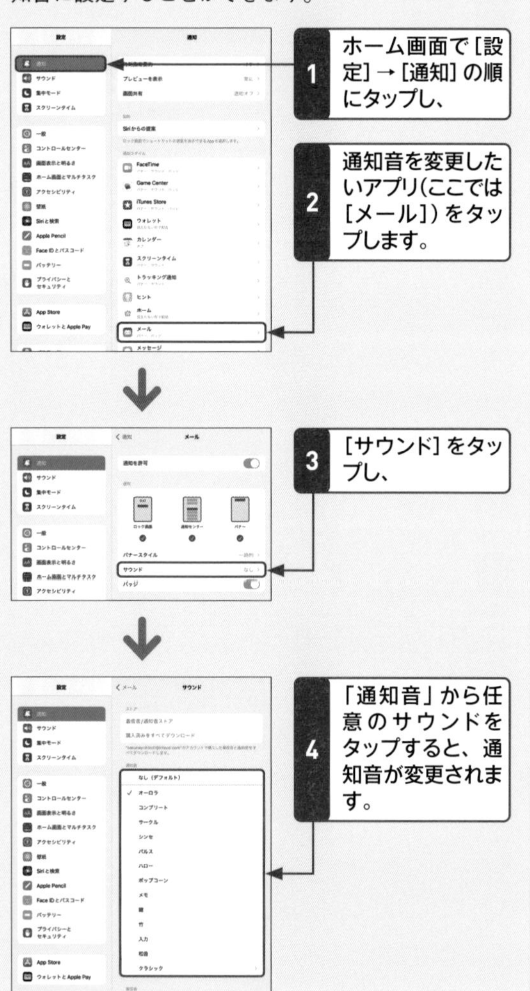

1 ホーム画面で［設定］→［通知］の順にタップし、

2 通知音を変更したいアプリ(ここでは［メール］)をタップします。

3 ［サウンド］をタップし、

4 「通知音」から任意のサウンドをタップすると、通知音が変更されます。

086 タップやロック時の音を消したい!

A 「サウンド」からオフにします。

キーボードの入力時とトップボタンを押してロックした際に鳴る音は、「サウンド」画面の設定で消すことができます。ホーム画面で［設定］→［サウンド］の順にタップし、「キーボードのクリック」や「ロック時の音」の をタップして に切り替えましょう。なお、カメラのシャッター音などは、消すことができません。

1 ホーム画面で［設定］→［サウンド］の順にタップし、

2 「キーボードのクリック」や「ロック時の音」の をタップして に設定すると、音を消すことができます。

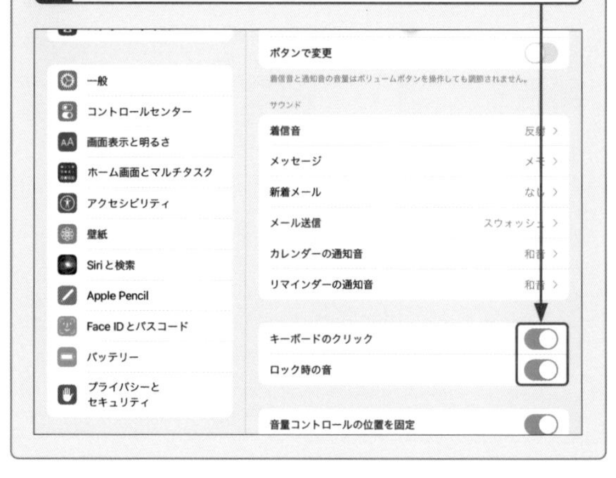

Q 087 日付と時刻を設定したい！

A iPadが自動で設定します。

iPadの日付と時刻は通常、自動で合わせるように設定されていますが、任意の日付と時刻に変更することもできます。

ホーム画面で［設定］→［一般］→［日付と時刻］の順にタップし、「自動設定」の をタップして に切り替えます。そのあと日付と時間の表示されている部分をタップすると、日付と時刻をそれぞれ設定できます。設定完了後は、着信履歴や写真の撮影日時などにも変更した日付と時刻が適用されるので注意しましょう。

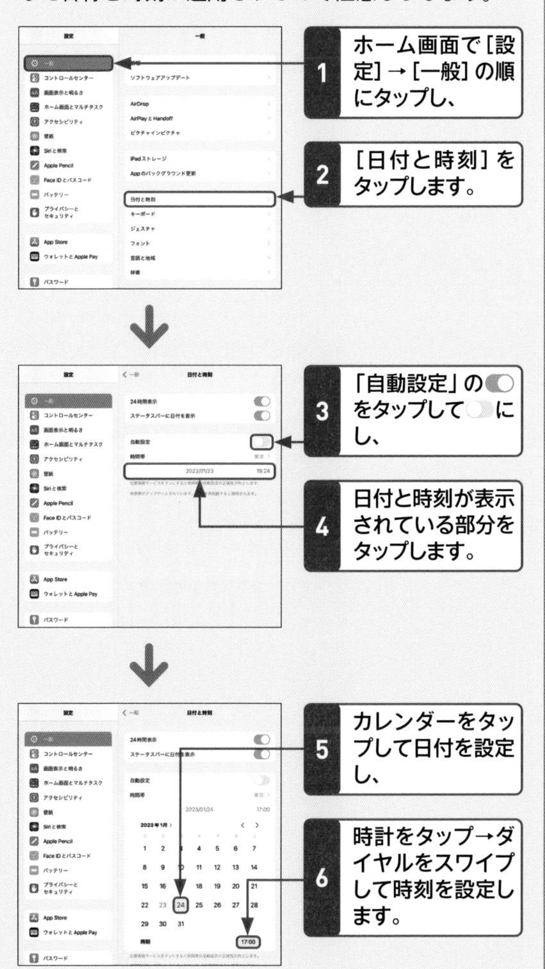

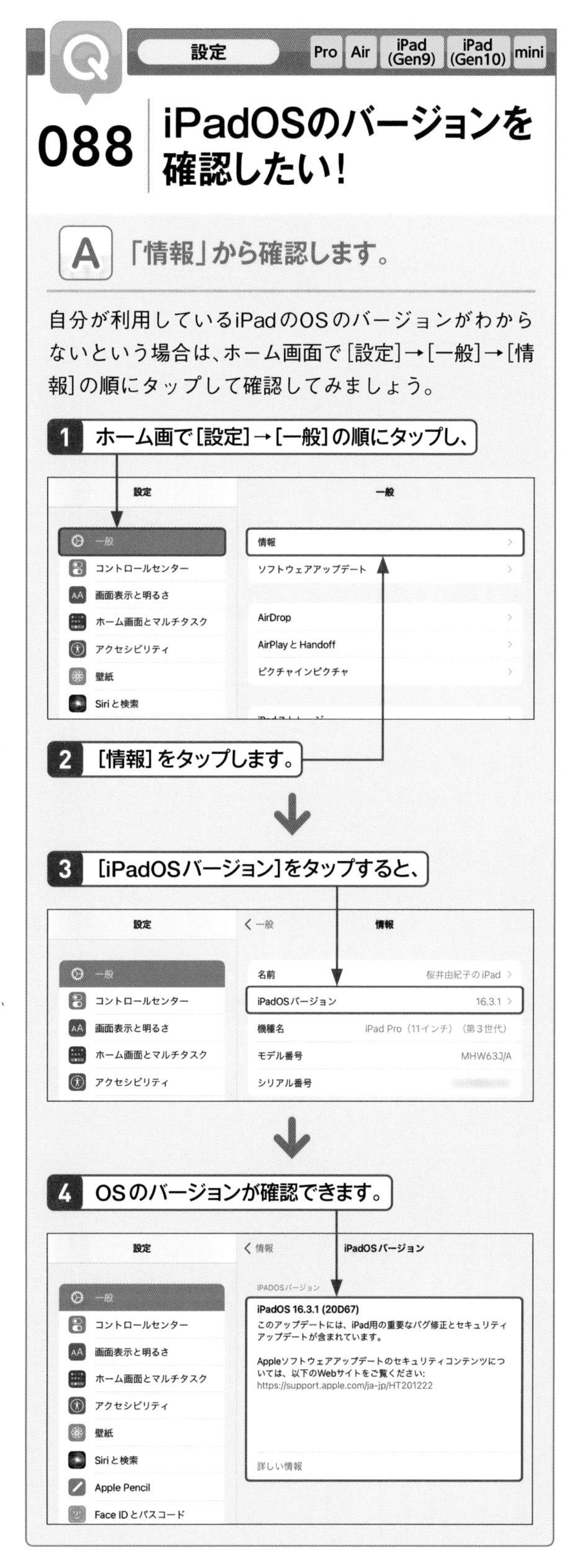

Q 088 iPadOSのバージョンを確認したい！

A 「情報」から確認します。

自分が利用しているiPadのOSのバージョンがわからないという場合は、ホーム画面で［設定］→［一般］→［情報］の順にタップして確認してみましょう。

設定

Pro Air iPad (Gen9) iPad (Gen10) mini

089 最新のiPadOSにバージョンアップしたい！

A 最新のOSをダウンロード・インストールします。

OSのバージョンアップが配信されると、標準では夜間iPadが充電中でWi-Fiに接続されているときに、自動でダウンロードとインストールが行われます。手動でバージョンアップする場合は、まずホーム画面で［設定］→［一般］→［ソフトウェアアップデート］の順にタップし、最新のバージョン情報があるかを確認します。最新のバージョンがある場合は、［ダウンロードしてインストール］をタップし、［同意する］→［同意する］の順にタップして、［今すぐインストール］をタップすると、アップデートが開始されます。

1 ホーム画面で［設定］→［一般］の順にタップし、

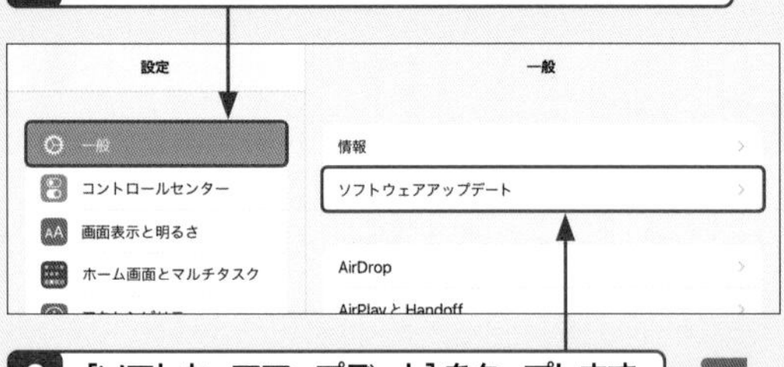

2 ［ソフトウェアアップデート］をタップします。

3 最新のバージョンが表示された場合は［ダウンロードしてインストール］をタップし、

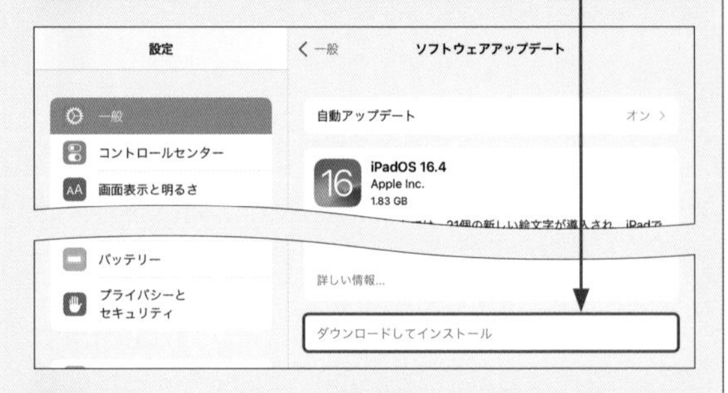

4 利用規約を確認して［同意する］→［同意する］の順にタップします。

5 ［今すぐインストール］をタップすると、アップデートが開始されます。

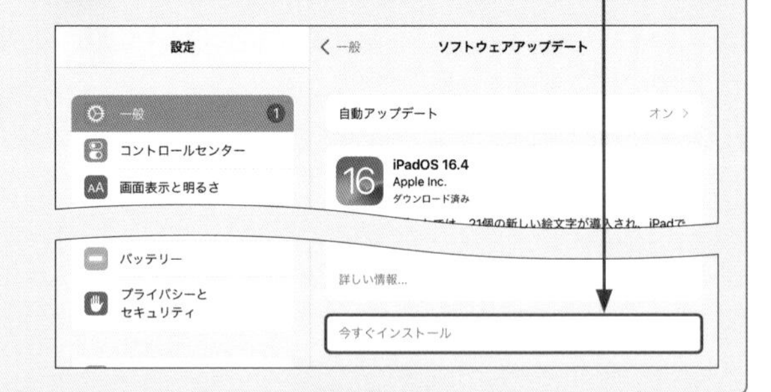

設定

Pro Air iPad (Gen9) iPad (Gen10) mini

090 自動でバージョンアップしないようにしたい！

A 「自動アップデート」をオフにします。

ホーム画面で［設定］→［一般］→［ソフトウェアアップデート］の順にタップしたとき、「自動アップデート」がオンになっている場合は、夜間に自動で最新OSにアップデートされます。自動でアップデートしないようにする場合は、［自動アップデート］をタップし、「iPadOSアップデートをダウンロード」の をタップして にします。また、インストールのみをオフにすることもできます。

1 ホーム画面で［設定］→［一般］→［ソフトウェアアップデート］の順にタップし、［自動アップデート］をタップします。

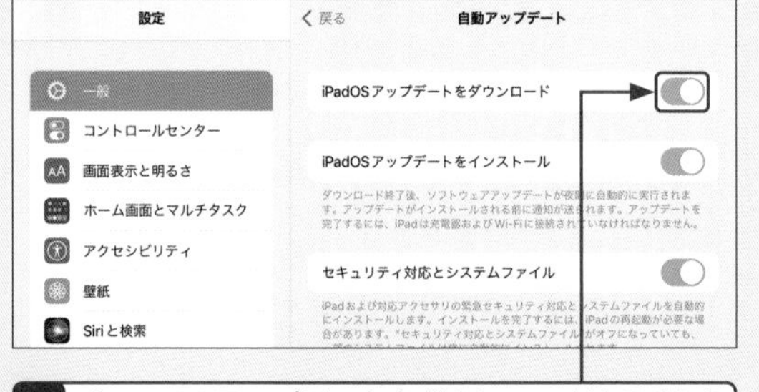

2 「iPadOSアップデートをダウンロード」の をタップして にすると、自動アップデートがオフになります。

第3章

入力の「こんなときどうする?」

キーボード　Pro　Air　iPad (Gen9)　iPad (Gen10)　mini

091 キーボードを隠したい！

A キーボードのをタップすると隠すことができます。

iPadは検索画面を表示したり、文字入力フィールドをタップすると自動的にキーボードが表示されます。文章の全体を確認する際には、キーボードを隠すことも可能です。キーボードの右下のタップすると、キーボードが一時的に非表示となります。キーボードが邪魔になってすべての文章が閲覧できないときに、覚えておくと便利な操作です。再度キーボードを表示したいときは、文字入力フィールドをタップします。

2 キーボードが隠れます。

3 文字の入力フィールドをタップします。

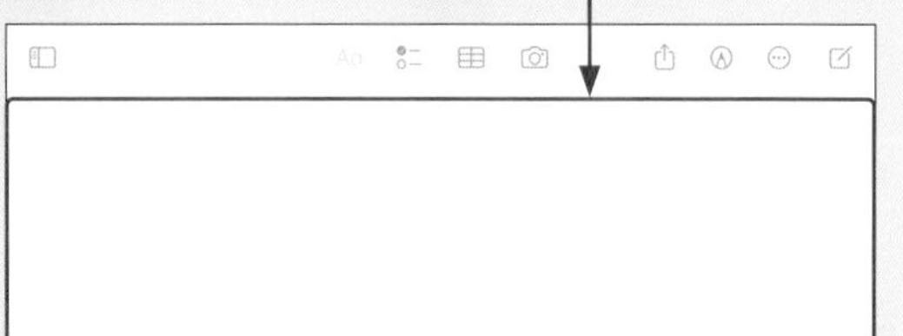

4 キーボードが再び表示されます。

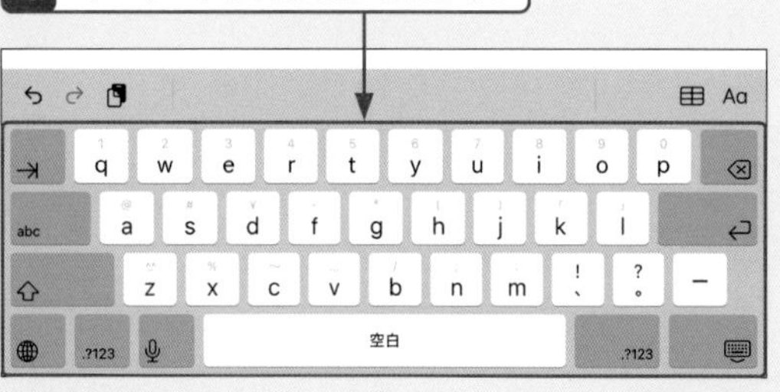

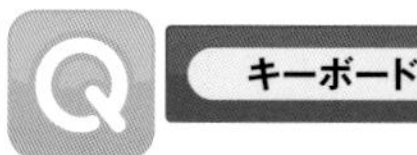

キーボード　Pro　Air　iPad (Gen9)　iPad (Gen10)　mini

092 iPadで使えるキーボードの種類は？

A 日本語ローマ字、English(Japan)、絵文字が使えます。

初期状態では、「日本語ローマ字」「English(Japan)」「絵文字」という3種類のキーボードを利用できます。さらに別言語のキーボードを追加したり削除したりすることも可能です（Q.126～128参照）。とくに「日本語かな」はひらがなが五十音順に配置されており、見たまま入力できるキーボードなので、追加することをおすすめします（Q.126参照）。なお、本書では「日本語かな」キーボードを追加した前提での操作を解説します。

日本語ローマ字

パソコンのキーボードと同じキー配列で、日本語を入力できるキーボードです（Q.102参照）。

English（Japan）

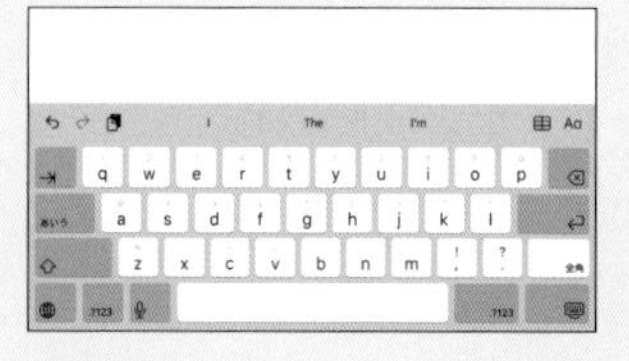

パソコンのキーボードと同じキー配列で、英語を入力できるキーボードです。

絵文字

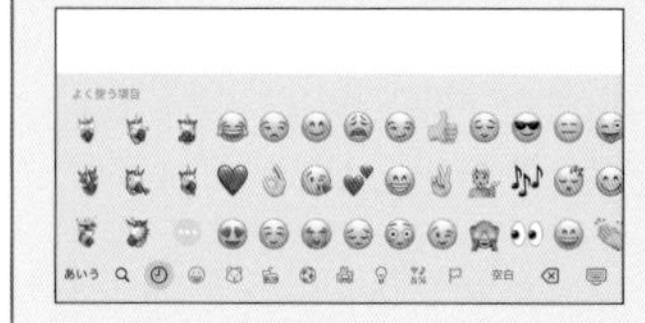

絵文字を入力できるキーボードです（Q.122参照）。

日本語かな

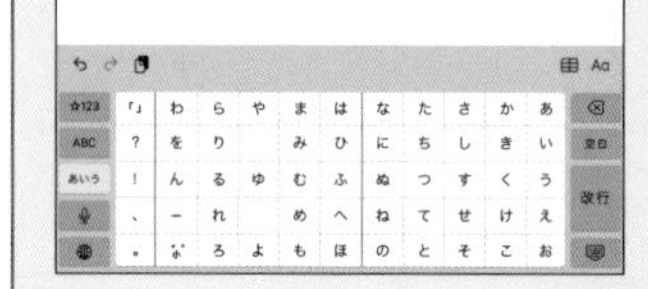

ひらがなが五十音順に配置されるキーボードです（Q.100参照）。利用するには設定が必要です。

093 キーボードの種類を切り替えたい！

A 🌐をタップして切り替えます（絵文字の場合は あいう または ABC ）。

キーボードの🌐をタップするたびに、設定したキーボードが切り替わります（絵文字の場合は あいう または ABC をタップ）。

日本語ローマ字

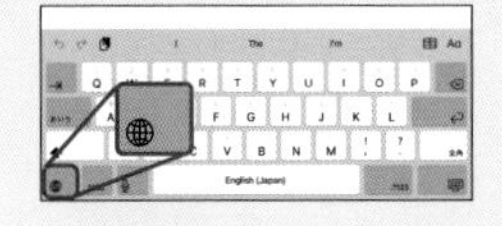

English（Japan）

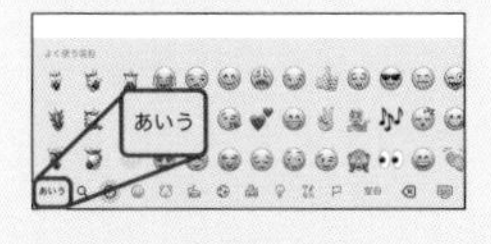

絵文字

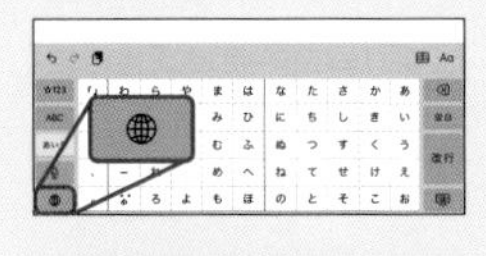

日本語かな

A iPadを横向きにします。

iPadを横向きにすると、自動的に横画面になります。画面を横向きにしてもキーボードは切り替わりませんが、縦向きのときと配列は同じまま大きく表示されるので、キーをタップしやすくなります。

画面の幅が広いため、横画面のキーボードは縦画面のキーボードよりもキーが大きくなります。

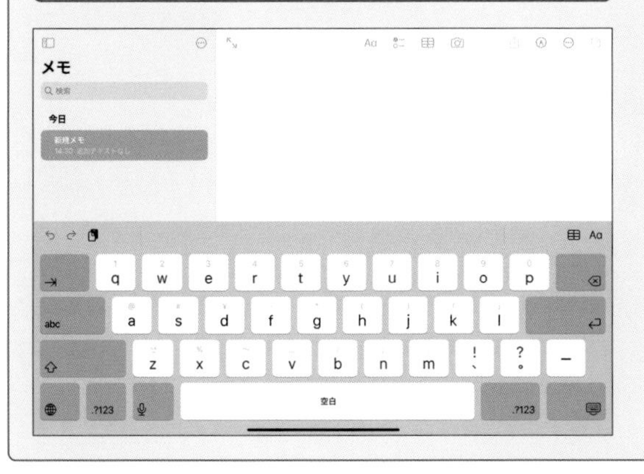

A 🌐をタッチして選択します。

キーボードの🌐をタッチすると、キーボードリストが表示されます。使いたいキーボードをタップすると、キーボードが切り替わります。キーボード名が表示されるので、キーボードを追加している場合（Q.126、127参照）はとくに使いやすい機能です。

1 🌐をタッチして、

2 任意のキーボード名をタップします。

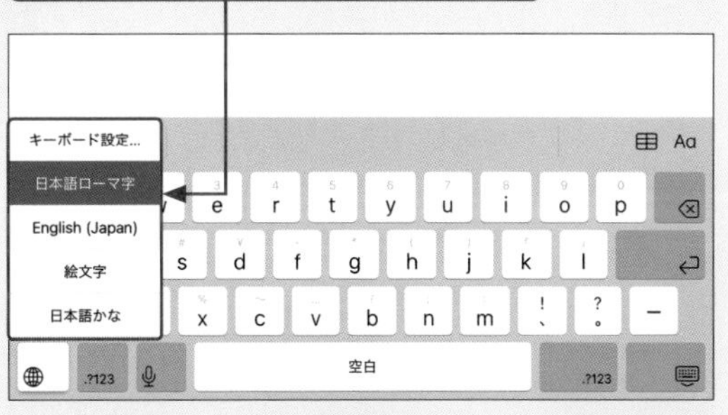

3 キーボードの種類が切り替わります。

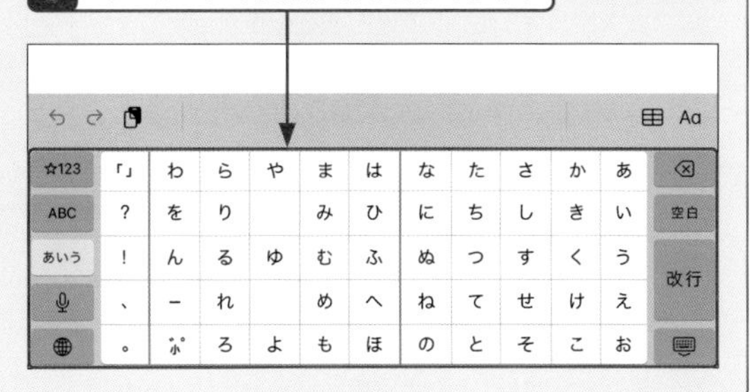

キーボード　Pro　Air　iPad (Gen9)　iPad (Gen10)　mini

Q 094 キーボードの位置を変更したい！

A をタッチします。

キーボードが表示されている画面を遮って文章を入力しづらいと感じたときは、キーボードの位置を移動させましょう。キーボード右下のをタッチしたまま、[固定解除]に指をスライドして離したあと、を上下にドラッグすると、キーボードの位置を自由に変更できます。もとの位置に戻したいときは再度をタッチしたまま、[固定]に指をスライドして離します。
なお、この操作が行えるのは第9世代iPadとiPad miniのみです。それ以外の機種では、キーボードを小さくした状態のみで移動が可能です（Q.098参照）。

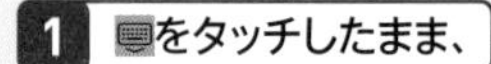
1 をタッチしたまま、

2 [固定解除] に指をスライドして離します。

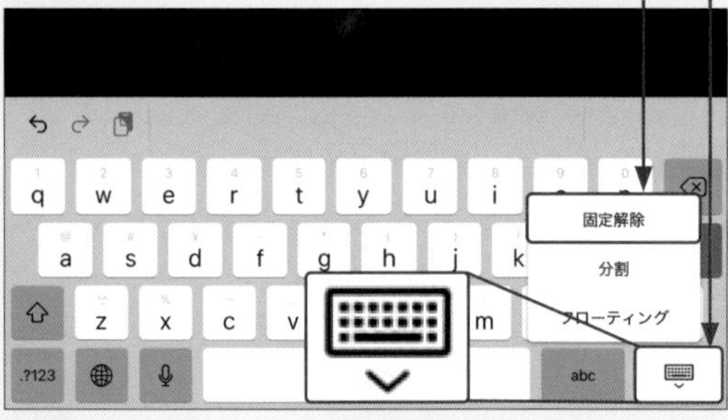

3 を上下にドラッグして位置を変更できます。

キーボード　Pro　Air　iPad (Gen9)　iPad (Gen10)　mini

Q 095 キーボードを分割したい！

A キーボードを左右にピンチアウトします。

iPadはiPhoneに比べ画面が大きいため、中央のキーを押しづらく感じるかもしれません。両手で持って親指で文字を入力するときなどに便利なのが、キーボードの分割表示機能です。日本語ローマ字、English(Japan)キーボードでは、キーボードを左右に向かってピンチアウトすることで、キーボードを分割して表示させることができます。これにより、手の小さな人でも両手で文字を入力しやすくなります。絵文字、日本語かなキーボードでキーボードを分割したいときは、をタッチしたまま、[分割]に指をスライドして離します。
なお、キーボードを分割できるのは第9世代iPadとiPad miniのみです。それ以外の機種で文字を入力しやすくしたい場合は、キーボードを小さくしましょう（Q.098参照）。

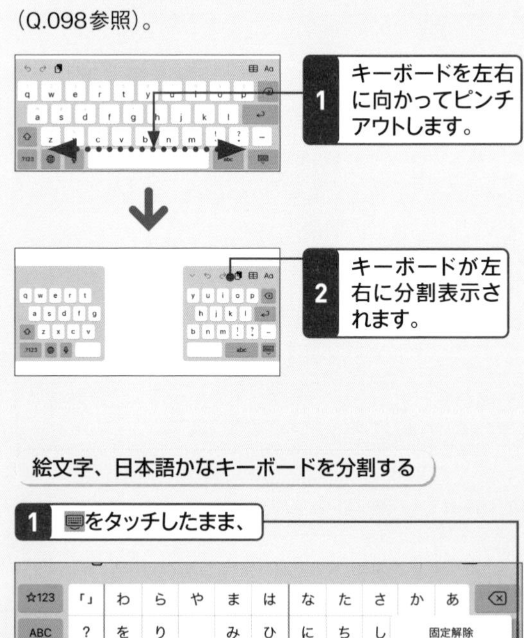

絵文字、日本語かなキーボードを分割する

1 をタッチしたまま、

2 [分割] に指をスライドして離します。

096 キーボードの分割を解除したい！

A 分割されたキーボードを中央に向かってピンチインします。

日本語ローマ字、English（Japan）キーボードの分割を解除したいときは、左右のキーボードを中央に向かってピンチインします。絵文字、日本語かなキーボードでキーボードの分割を解除したいときは、⌨をタッチしたまま、[結合]に指をスライドして離します。[固定して分割解除]は、キーボードが画面の最下部に移動し、分割が解除されます。

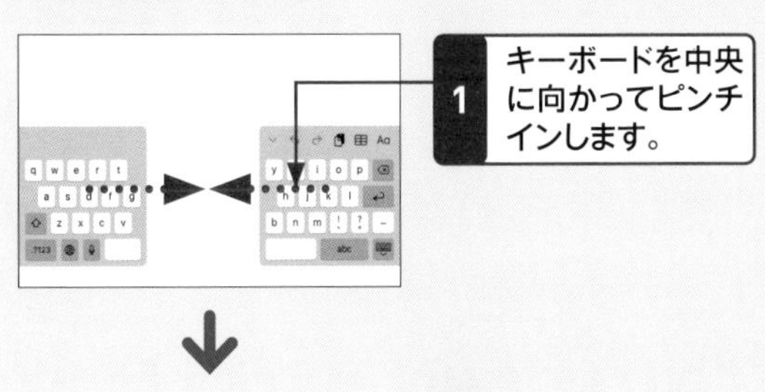

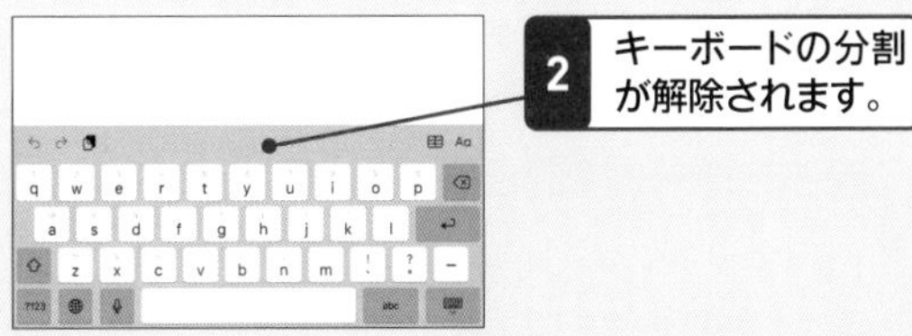

絵文字、日本語かなキーボードの分割を解除する

1 ⌨をタッチしたまま、

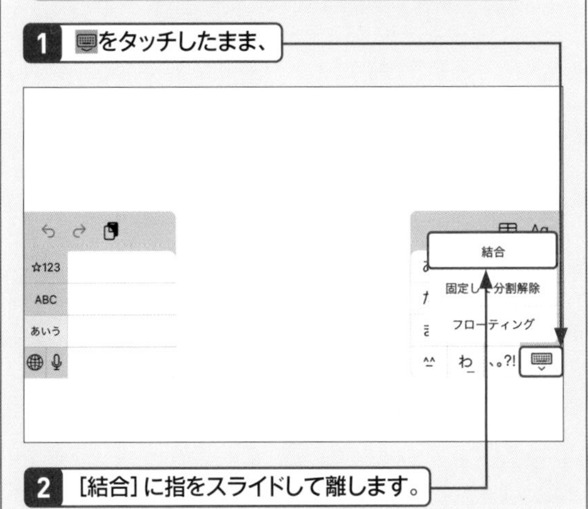

2 [結合]に指をスライドして離します。

097 キーボードが分割されないようにしたい！

A 「キーボードを分割」をオフに設定します。

iPadでキーボードの位置を移動すると、キーボードが自動で分割されることがあります。このキーボードの分割機能が必要ないときは、機能自体をオフに設定することもできます。ホーム画面で[設定]→[一般]→[キーボード]の順にタップし、「キーボードを分割」のをタップしてに切り替えます。以降は、キーボードの分割が行われなくなります。ただし、「キーボードを分割」をオフに設定すると、キーボードの移動機能（Q.094参照）も利用できなくなります。

1 ホーム画面で[設定]→[一般]の順にタップし、

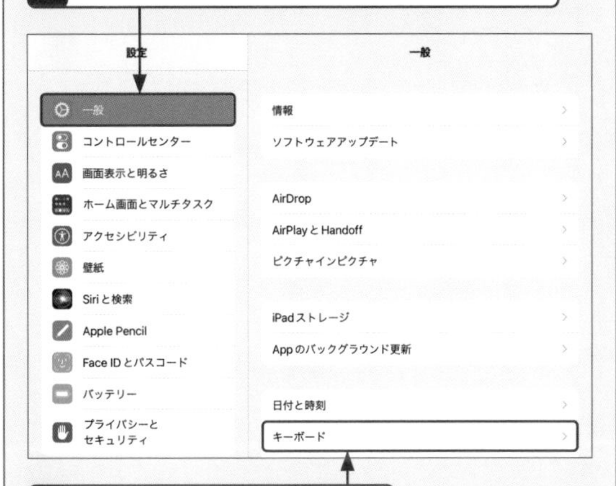

2 [キーボード]をタップします。

3 「キーボードを分割」のをタップしてにします。

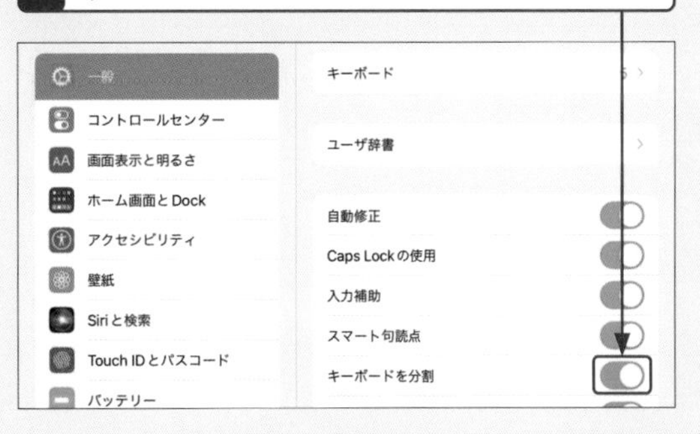

キーボード　Pro　Air　iPad (Gen9)　iPad (Gen10)　mini

Q 098 キーボードを小さくしたい！

A ［フローティング］を選択します。

キーボードが大きく使いづらい場合は、キーボードを小さくしましょう。キーボード右下の⌨をタッチしたまま、［フローティング］に指をスライドして離すと、キーボードが小さくなります。小さくなったキーボードで日本語かなキーボードに切り替えると、iPhoneのようなフリック入力も行えるようになります（Q.101参照）。

なお、Q.094で説明したキーボードの位置の変更が行えるのは第9世代iPadとiPad miniのみですが、小さくしたキーボードであれば、それ以外の機種でも位置の変更が可能です。

1 ⌨をタッチしたまま、

2 ［フローティング］に指をスライドして離します。

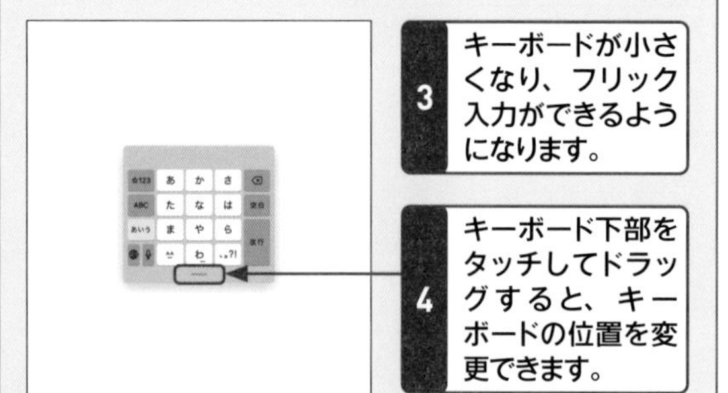

キーボード　Pro　Air　iPad (Gen9)　iPad (Gen10)　mini

Q 099 キーボードをもとの大きさに戻したい！

A ピンチアウトまたはドラッグでもとに戻します。

小さくしたキーボードをもとに戻すには、キーボードを左右に広げるようにピンチアウトするか、キーボードの下部を画面下端へドラッグします。もとの大きさに戻したキーボードは、自動的にデフォルトの位置に移動します。

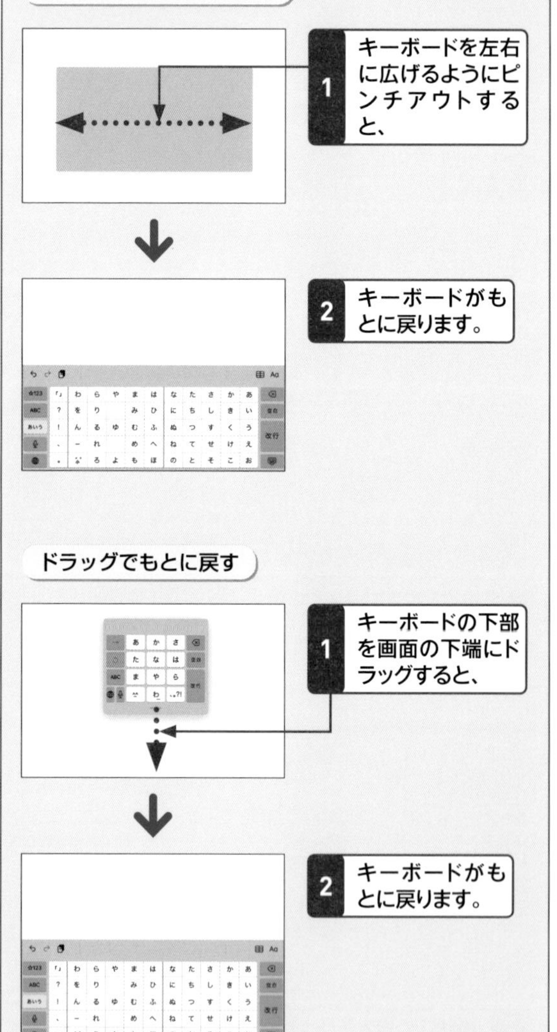

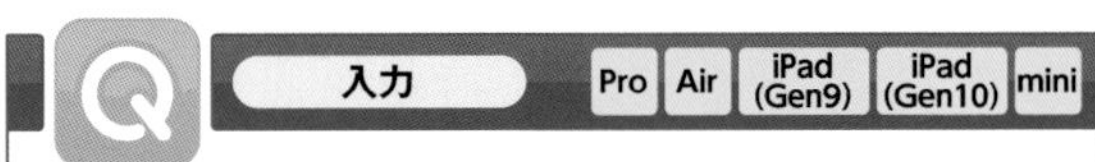

100 日本語かな入力で日本語を入力したい！

A 日本語かなキーボードで入力します。

iPadに用意されている日本語かなキーボードは、五十音順に文字が表示されている特殊なキー配列となっています。日本語かなを利用するには、Q.126を参考にキーボードを追加します。入力したい文字をタップすると、選択した文字が入力されます。「濁音」「半濁音」「拗音」を入力したいときは、清音を入力し、゛゜小をタップします。なお、初期状態では「あ行」がキーボード右側に配置されています。キーボード左側に「あ」行を配置したいときは、ホーム画面で［設定］→［一般］→［キーボード］の順にタップし、「かな入力」の「あ行が左」で をタップして にしましょう。

1 え→い→かとタップし、最後の文字のあとに゛゜小をタップすると、「えいが」と入力されます。

えいが

入力する文字の種類を切り替えるには、ABC もしくは ☆123 をタップします。ABC をタップするとアルファベットが、☆123 をタップすると記号と数字を入力することができます。

1 ☆123 をタップすると、記号入力に切り替わります。

2 ABC をタップすると、英数字入力に切り替わります。

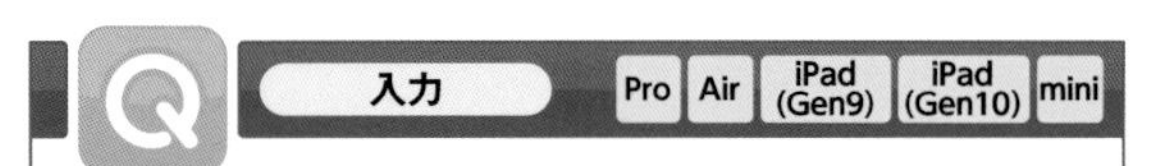

101 フリック入力がしたい！

A 日本語かなキーボードを分割するとフリック入力が使えます。

フリック入力とは、タップしたキーを前後左右にスライドして文字を入力する方法のことです。
iPadの日本語かなキーボードは、濁音などをフリックで入力することができます。iPhoneのようにフリック入力を利用したい場合は、日本語かなキーボードを分割するか（Q.095参照）、Q.097手順**3**の画面最下部にある「フリックのみ」の をタップして にし、キーボードを小さくして、日本語かな入力にします（Q.098参照）。

1 キーをタッチして、上下左右にスライドします。

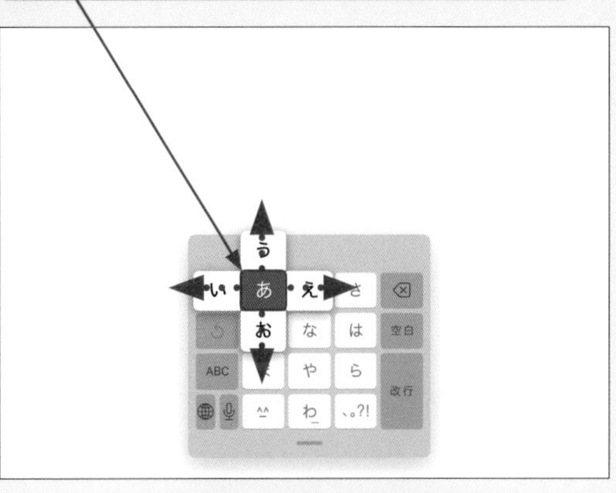

2 キーをタッチせずに、上下左右にスライドして入力することも可能です。

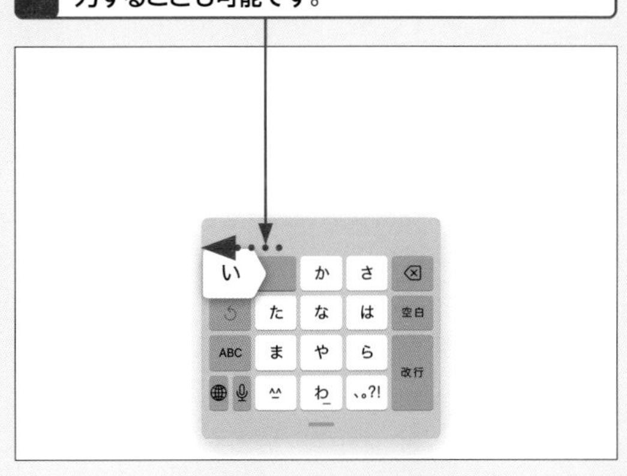

入力 Pro Air iPad (Gen9) iPad (Gen10) mini

102 日本語ローマ字入力で日本語を入力したい！

A 日本語ローマ字キーボードで入力します。

ローマ字で日本語を入力する場合は、日本語ローマ字キーボードを使用します。パソコンと同じキー配列となっているので、パソコンの操作に慣れた人はすぐに使いこなすことができるでしょう。アルファベットを入力したいときは、入力したいキーをタッチして、バルーンを表示します。そのままバルーンの方向にスライドすると、アルファベットが確定入力されます。大文字を入力したいときは、変換候補から大文字のアルファベットをタップしましょう。

日本語を入力する

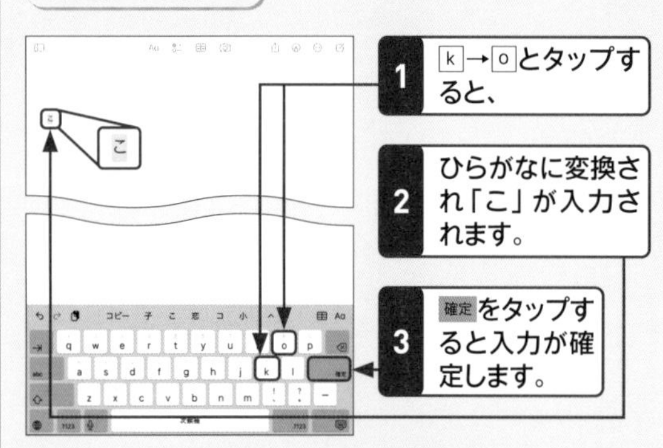

アルファベットを入力する

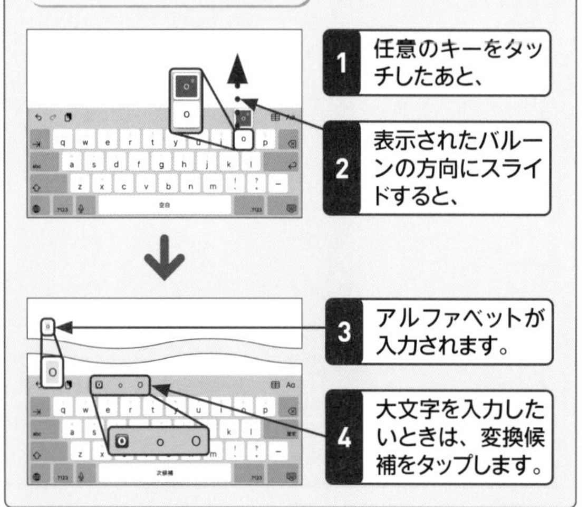

入力 Pro Air iPad (Gen9) iPad (Gen10) mini

103 文字を削除したい！

A ⌫をタップします。

文字を確定する前でも確定したあとでも、⌫をタップすると、カーソルの左側の文字が削除されます。⌫をタップし続けると、連続で文字が削除されます。また、削除する範囲を指定（Q.107参照）して⌫をタップすると、指定した範囲の文字をまとめて削除することができます。

文字を削除する

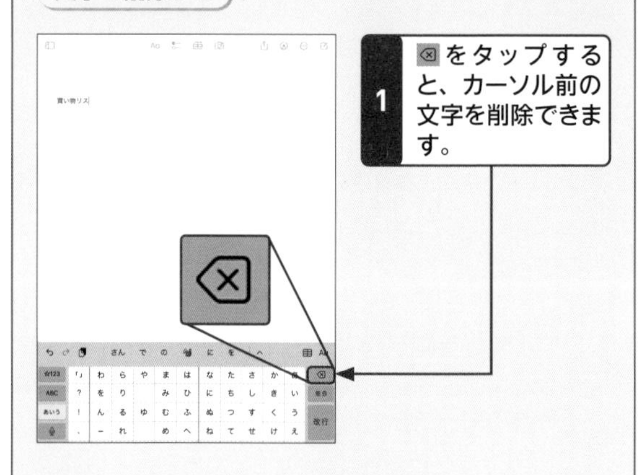

指定した範囲の文字をまとめて削除する

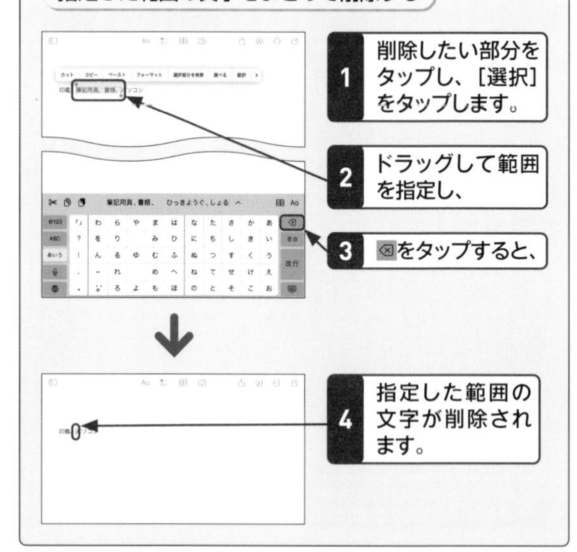

入力　Pro Air iPad (Gen9) iPad (Gen10) mini

104 漢字に変換したい！

A 変換候補から選択します。

日本語かなキーボードまたは日本語ローマ字キーボードでひらがなを入力すると、カタカナやアルファベット、漢字の変換候補が複数表示されます。変換候補が表示されているバーを左右にスワイプして、入力したい候補を探し、タップすると文字が入力されます。変換候補は直近の入力順に表示されます。

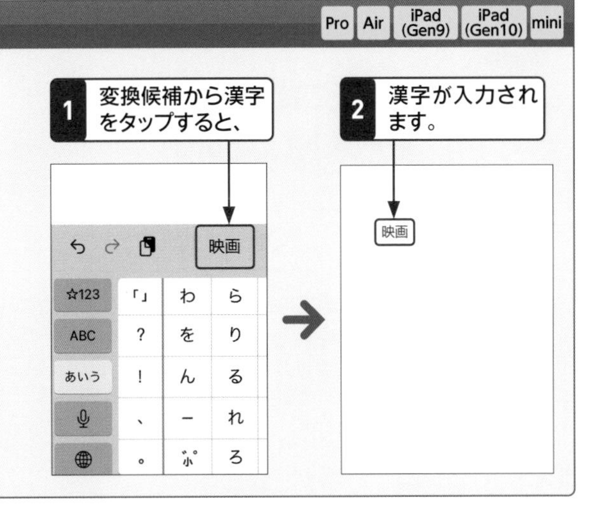

入力　Pro Air iPad (Gen9) iPad (Gen10) mini

105 変換候補に目的の文字が見つからない！

A 変換候補を一覧表示しましょう。

キーボード上に変換候補が表示された際、画面右側の ^ をタップすると、より多くの候補が一覧で表示されます。[読み]や[部首]をタップして検索範囲を絞り込むことができるので、なかなか目的の文字が見つからないときに活用しましょう。v をタップすれば、もとの入力画面に戻ります。

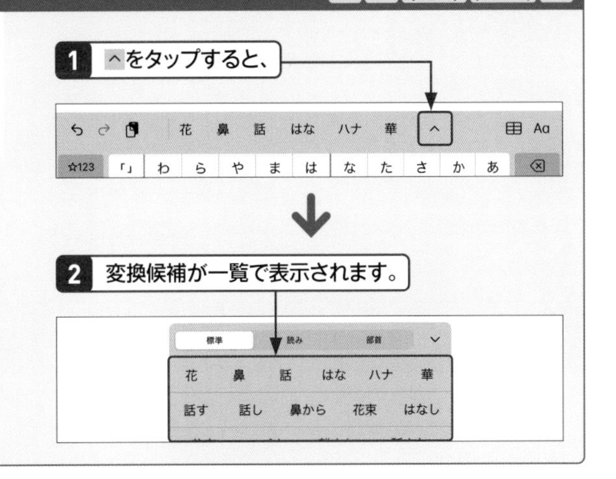

入力　Pro Air iPad (Gen9) iPad (Gen10) mini

106 変換候補の表示は消せる？

A 消せません。

変換候補の表示を消すことはできません。ただ、変換候補の学習状態を購入時の状態に戻すことはできます。ホーム画面で［設定］→［一般］→［転送またはiPadをリセット］→［リセット］の順にタップし、［キーボードの変換学習をリセット］→［リセット］の順にタップすると、変換学習がリセットされます。

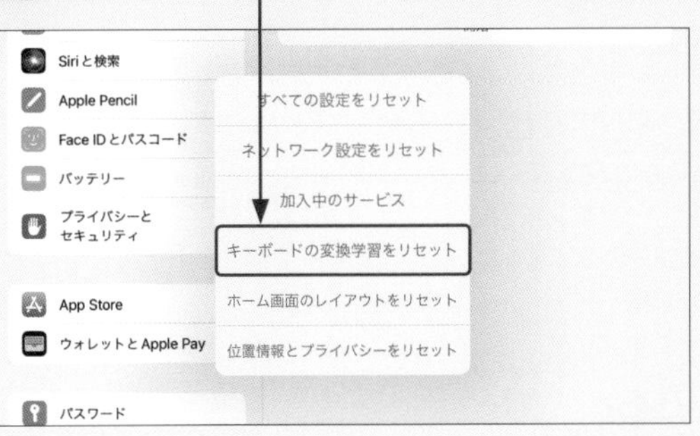

入力　Pro　Air　iPad (Gen9)　iPad (Gen10)　mini

Q 107 文章をコピー&ペーストしたい！

A オプションメニューを利用します。

オプションメニューを使うと、指定した範囲の文章をコピーすることができます。コピーした文章はiPadに記憶されるので、同じファイルだけではなく、別の文字入力画面やアプリでペーストすることもできます。コピーした文章をペーストしたいときは、文章をタッチしてペーストしたい位置にカーソルを移動し、[ペースト]をタップします。また、キーボードのアイコンからもコピーやペーストを行えます。

文章をコピーする

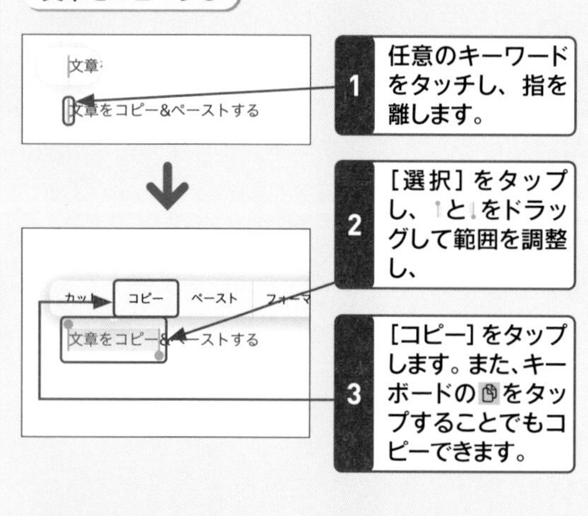

1 任意のキーワードをタッチし、指を離します。

2 [選択]をタップし、↑と↓をドラッグして範囲を調整し、

3 [コピー]をタップします。また、キーボードの📋をタップすることでもコピーできます。

文章をペーストする

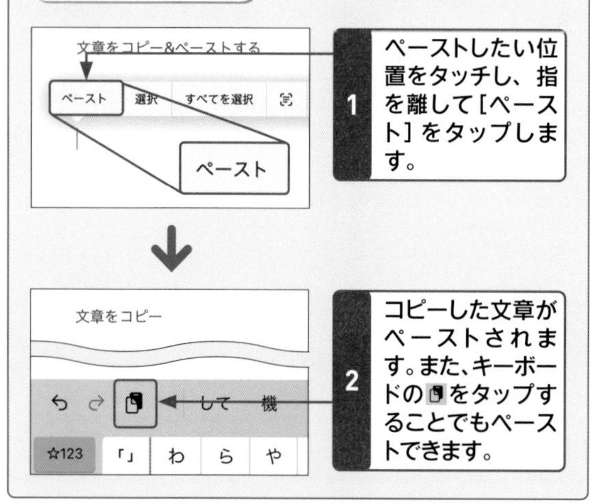

1 ペーストしたい位置をタッチし、指を離して[ペースト]をタップします。

2 コピーした文章がペーストされます。また、キーボードの📋をタップすることでもペーストできます。

入力　Pro　Air　iPad (Gen9)　iPad (Gen10)　mini

Q 108 物に書かれた文字を入力したい！

A オプションメニューを利用します。

文字入力画面で任意の箇所をタッチして指を離すと表示されるオプションメニューから⊡をタップすると、画面下部にカメラが起動します。カメラでメモや名刺、雑誌などに書かれている文字列を写して[入力]をタップすると、文字入力画面にその文字列が入力されます。また、カメラの右下に表示されている⊡をタップすれば、入力する文字の範囲選択も可能です。

1 任意の箇所をタッチしてから指を離し、

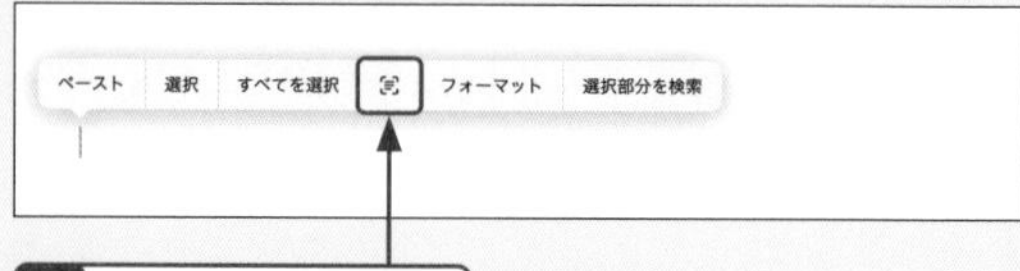

2 ⊡をタップします。

3 画面下部にカメラが表示されるので、入力したい文字を黄色の枠内に写し、

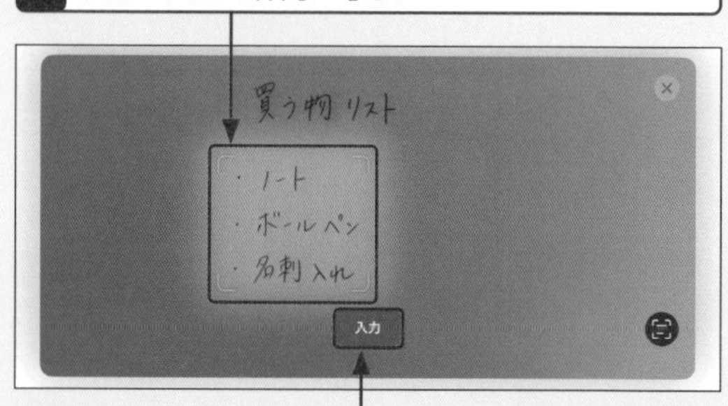

4 [入力]をタップします。

5 写した文字が入力されます。

・ノート
・ボールペン
・名刺入れ

入力　Pro　Air　iPad (Gen9)　iPad (Gen10)　mini

109 長い文章をまとめて選択したい！

A オプションメニューを利用します。

入力画面で任意の箇所をタッチしてから指を離すと、「ペースト」「選択」「すべてを選択」「ペーストして検索」などのオプションメニューが表示されます。そのうちの［すべてを選択］をタップすると、すべての文章を選択することができます。

1 任意の箇所をタッチしてから指を離し、

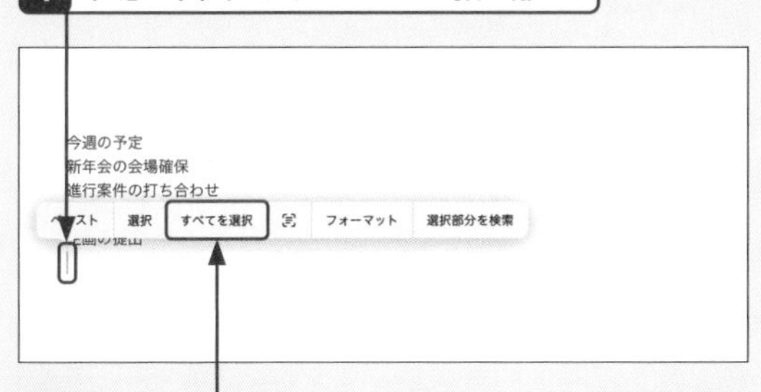

2 ［すべてを選択］をタップすると、すべての文章が選択できます。

A 文章をトリプルタップします。

文章をトリプルタップ（3連続でタップ）すると、タップした段落の文章が選択されます。範囲がずれている場合は、╿と╿をドラッグして調整します（Q.107参照）。

1 文章をトリプルタップすると、段落全体を選択できます。

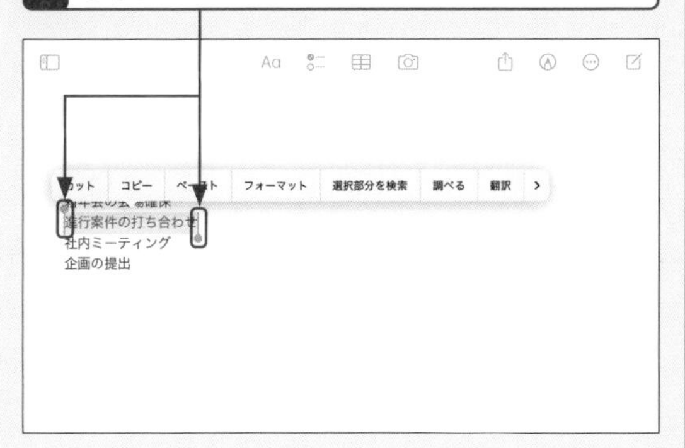

入力　Pro　Air　iPad (Gen9)　iPad (Gen10)　mini

110 目的の場所に文字を挿入したい！

A 拡大鏡を利用します。

カーソルは画面をタップして移動できますが、思い通りの場所に移動できないことがあります。その場合は、拡大鏡を使って拡大表示し、カーソルを目的の場所に確実に移動させます。画面をタッチすると拡大鏡が表示され、タッチしている辺りが拡大表示されます。拡大鏡の中にはカーソルが表示されています。そのままドラッグすると、拡大鏡とカーソルが移動して、目的の場所までカーソルを移動できます。指を離すと拡大鏡が消え、オプションメニューが表示されます。

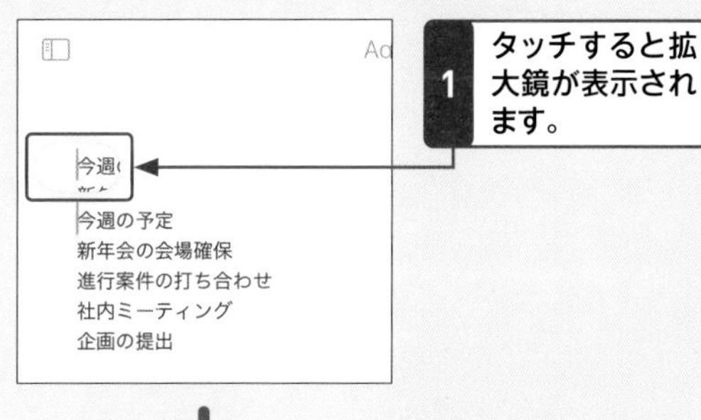

1 タッチすると拡大鏡が表示されます。

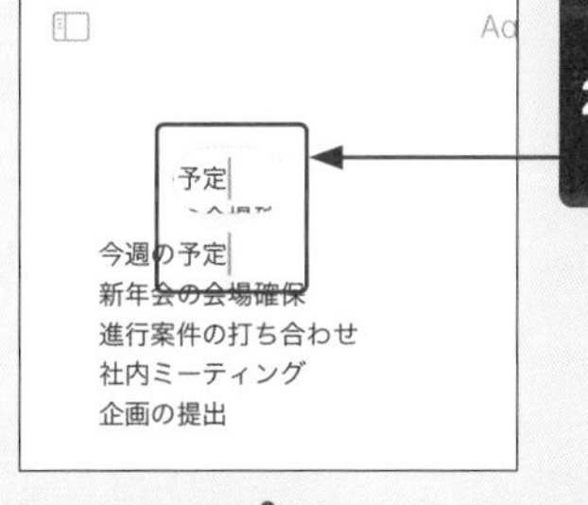

2 そのままドラッグすると、拡大鏡とカーソルも移動します。

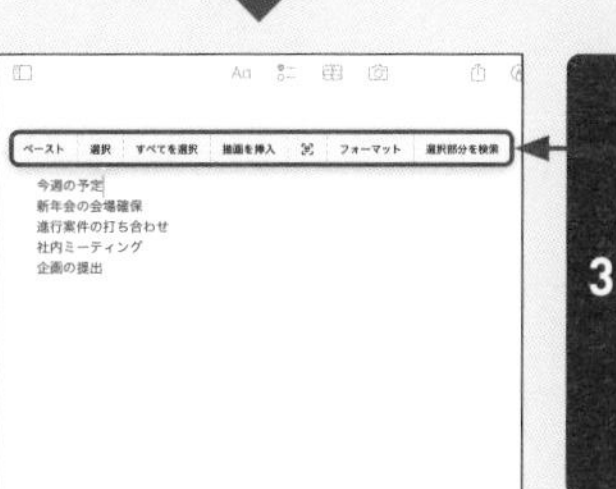

3 指を離すと拡大鏡が消え、オプションメニューが表示されます。オプションメニューが表示されない場合は、任意の場所をタップします。

入力 Pro Air iPad (Gen9) iPad (Gen10) mini

Q 111 「ば」「ぱ」「ゃ」「っ」などを入力したい！

A ゛゜小をタップします。

日本語かなキーボードでひらがなを入力して、゛゜小をタップすると、「濁音」「半濁音」「拗音」「促音」を入力できます。たとえば、「は」を入力してから゛゜小をタップすると、「ば」に切り替わります。゛゜小をもう一度タップすると「ぱ」に切り替わり、もう一度タップすると「は」に戻ります。「つ」の場合は、「っ」→「づ」→「つ」の順に切り替わります。

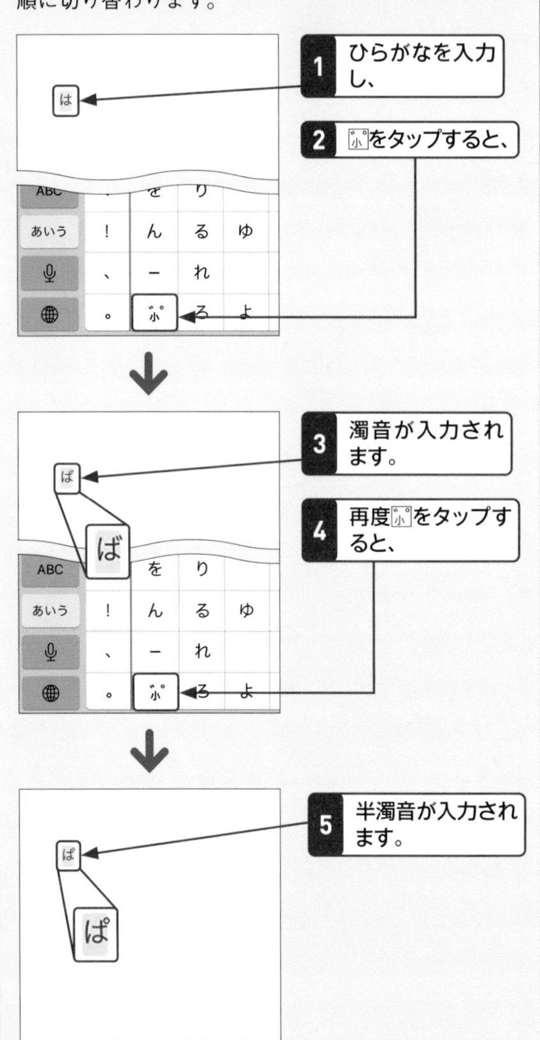

入力 Pro Air iPad (Gen9) iPad (Gen10) mini

Q 112 アルファベットの大文字を入力したい！

A ⇧をタップします。

⇧はパソコンのキーボードでいう Shift に相当します。⇧をタップすると表示が⬆に切り替わり、大文字と小文字のキーボードを使い分けることができます。英語入力の場合、文頭にカーソルがあるときは⬆が表示され、自動的に大文字が入力できるようになっていますが、設定から変更することもできます（Q.129参照）。

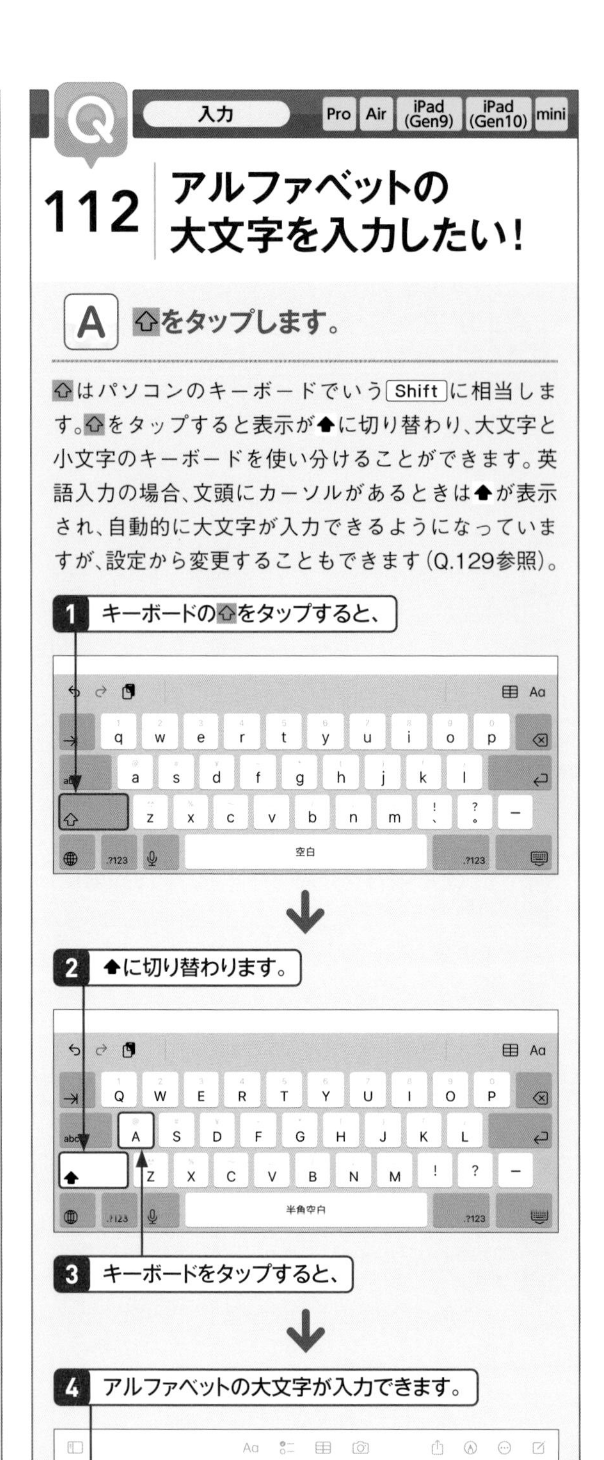

113 大文字を連続で入力したい！

A ⇧をダブルタップします。

⇧のダブルタップは、パソコンのキーボードのCaps Lockに相当します。Caps Lockは、入力したアルファベットを大文字に固定する機能です。⇧をダブルタップすると表示が⬆に切り替わり、大文字のアルファベットを連続で入力できるようになります。Caps Lockを解除するには、もう一度⬆をタップします。

1 ⇧をダブルタップすると、

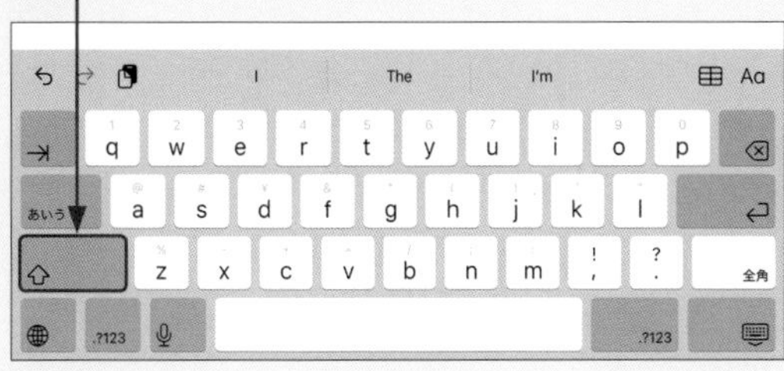

2 ⬆に切り替わります。

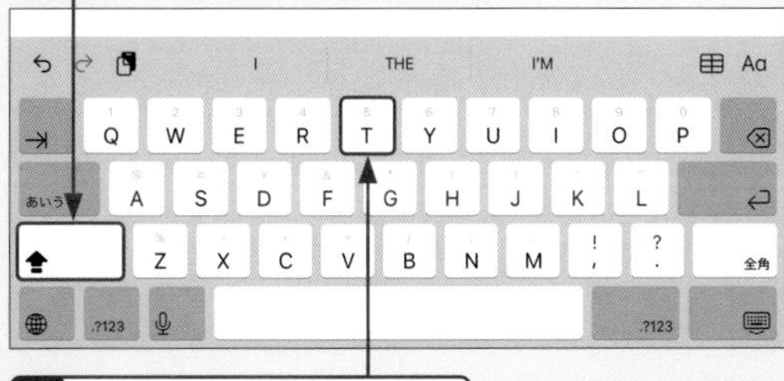

3 キーボードをタップすると、

4 アルファベットの大文字を連続で入力できます。

114 誤って入力した英単語を修正したい！

A 自動修正や、オプションメニューを利用します。

English（Japan）キーボード使用時にスペルが誤って入力されていた場合、入力した文字列に近い、正しい単語が変換候補に表示されます。強調された変換候補をタップすると、正しい英単語が入力されます。また、スペルが誤って入力された文字を確定させると、赤い点線の下線が表示されます。その文字列をタップすると、正しいスペルの候補が表示されます。

1 スペルが間違っていると、正しいスペルの英単語が変換候補に表示されます。

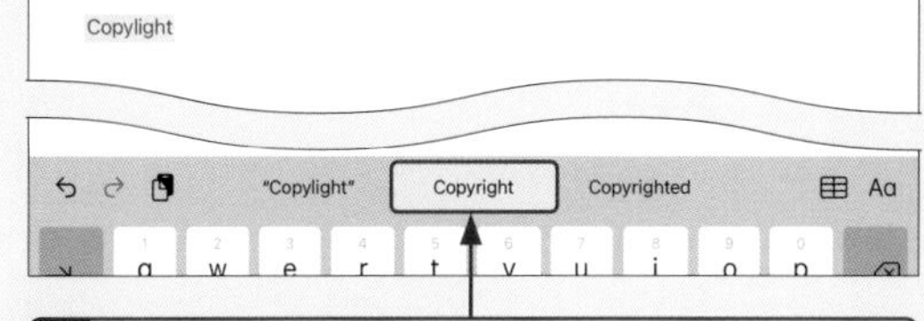

2 強調された変換候補をタップすると、正しい英単語に置き換えられます。

オプションメニューを表示して修正する

1 スペルが間違っている状態で文字を確定すると、赤い点線の下線が表示されます。その文字列をタップすると、

2 正しい変換候補が表示されます。任意の変換候補をタップすると、正しい英単語に置き換えられます。

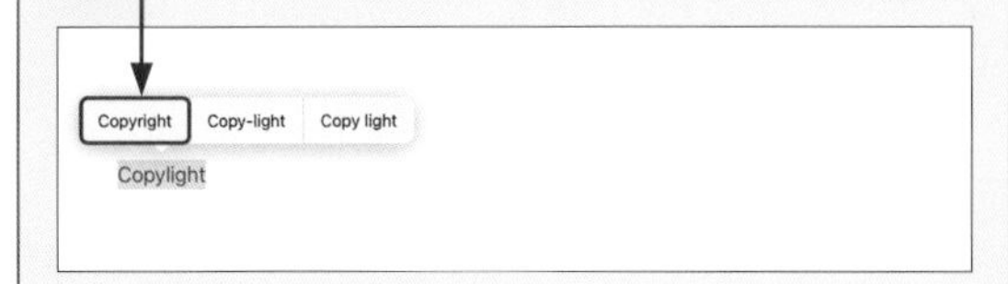

入力 Pro Air iPad (Gen9) iPad (Gen10) mini

Q 115 直前の入力操作をキャンセルしたい！

A ⟲をタップするか、画面を左方向にスワイプします。

誤って入力した文字を削除してしまった場合など、直前の操作をキャンセルしたいときには、キーボードの⟲をタップします。また、3本の指で画面をダブルタップするか、左方向にスワイプすることでも、直前の操作のキャンセルが可能です。

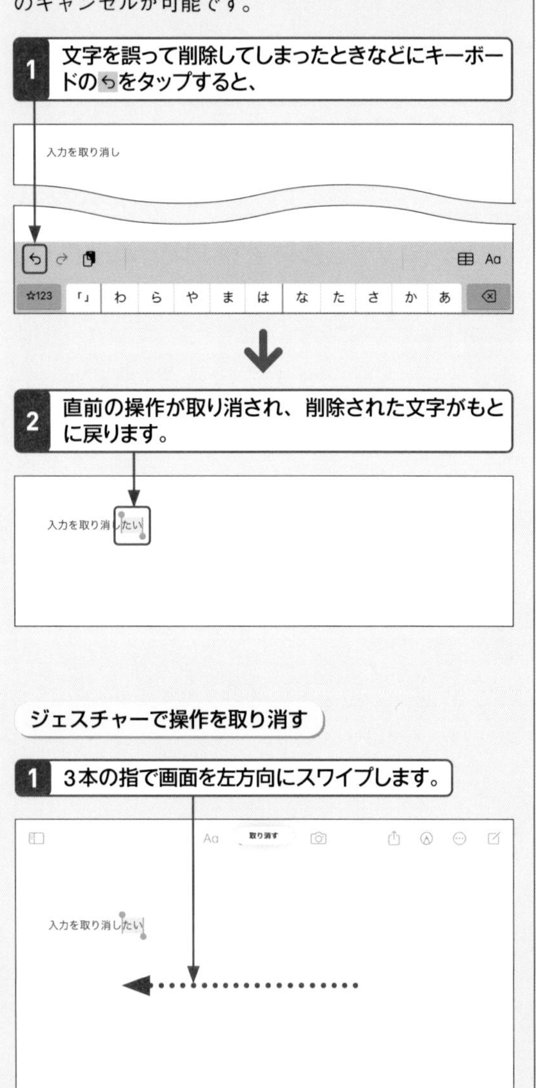

入力 Pro Air iPad (Gen9) iPad (Gen10) mini

Q 116 よく使う単語をかんたんに入力したい！

A ユーザ辞書に登録します。

よく使う単語や、通常変換されないような単語をユーザ辞書に登録すると、登録したよみを入力するだけで、変換候補にその単語が表示されるようになります。これにより入力の手間を省略することができます。たとえば、「いつもお世話になっています。」という単語を、「いつも」というよみで登録した場合、文字入力画面で「いつも」と入力すると、変換候補に「いつもお世話になっています。」が表示されます。

ユーザ辞書に単語を登録するには、ホーム画面で［設定］→［一般］→［キーボード］の順にタップし、［ユーザ辞書］→＋の順にタップし、変換する「単語」と単語を表示する「よみ」を入力します。［保存］をタップすると、単語がユーザ辞書に登録されます。

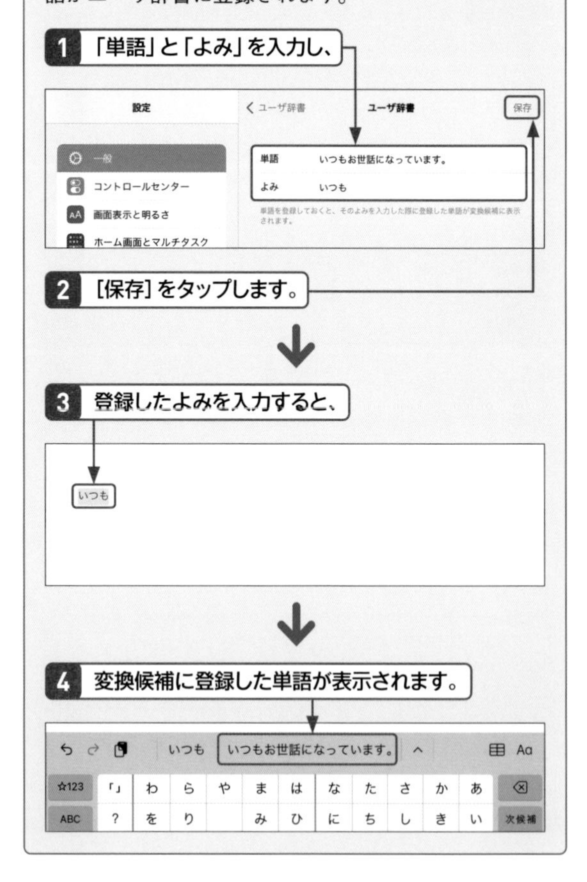

記号/顔文字/絵文字 Pro Air iPad (Gen9) iPad (Gen10) mini

117 数字や記号を入力したい！

A 数字入力モードで入力します。

キーボードを数字入力モードにすると、数字や記号を入力することができます。日本語かな入力の場合は、☆123をタップすると、数字入力モードに切り替わります。各キーに数字や記号が割り当てられているので、目的のキーをタップして数字や記号を入力します。日本語ローマ字キーボードやEnglish（Japan）キーボードの場合は、.?123をタップすると、数字入力モードに切り替わります。#+=／123をタップして、数字キーボードと記号キーボードを切り替えることができます。「きごう」と入力し、変換候補から記号を入力することも可能です。

日本語かなキーボードの場合

☆123をタップすると、各キーに数字や記号が割り当てられています。

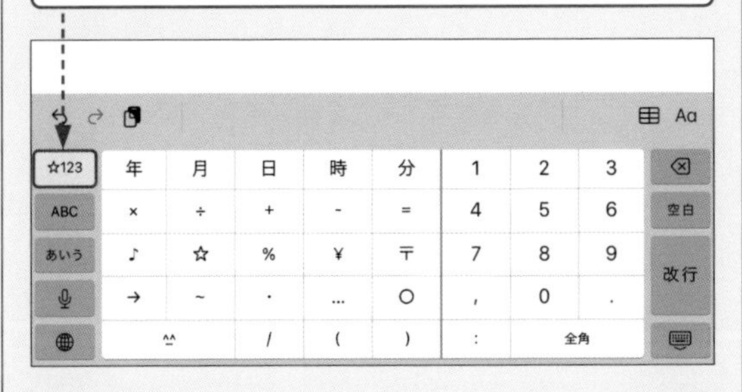

日本語ローマ字、English（Japan）キーボードの場合

#+=／123をタップすると、数字キーボードと記号キーボードが切り替わります。

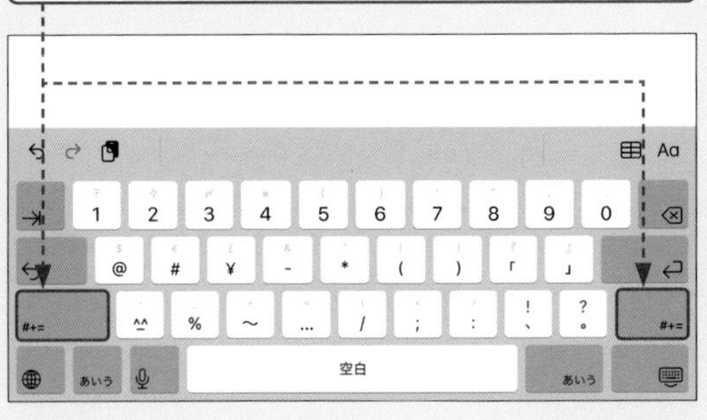

記号/顔文字/絵文字 Pro Air iPad (Gen9) iPad (Gen10) mini

118 記号を全角で入力したい！

A 全角をタップしてから記号を入力します。

キーボードで記号を入力すると、日本語かなキーボードの場合でも半角で入力されます。全角の記号を入力するには、英字入力モードもしくは数字記号入力モードを表示し、全角をタップします。このあと、英数字や記号のキーをタップすると、文字が全角で入力されるようになります。なお、日本語ローマ字キーボードの場合は、入力したい記号のキーをタッチしてバルーンを表示し、「全」の方向にスライドすると、全角で入力できます。

1 全角をタップすると、

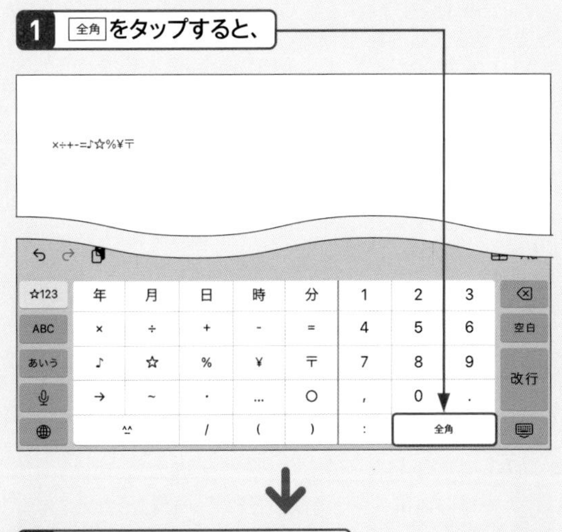

2 記号が全角で入力できます。

記号/顔文字/絵文字 Pro Air iPad (Gen9) iPad (Gen10) mini

Q 119 記号をかんたんに入力したい！

A キーボードのキーを下方向にスライドします。

日本語ローマ字、English（Japan）キーボードでは、アルファベットの上に記号がグレーで表示されており、キーを下方向にスライドすることで記号を入力できます。ローマ字や英語を入力中にキーボードに切り替えることなく、かんたんに記号を入力できるので便利です。

なお、日本語ローマ字の場合は変換候補から半角と全角を選択できます。English（Japan）キーボードの場合は、半角と全角を切り替えてから入力しましょう（Q.118参照）。

1 日本語ローマ字、English（Japan）キーボードで、任意のキーを下方向にスライドします。

2 キーの上にグレーで表示されている記号が入力されます。

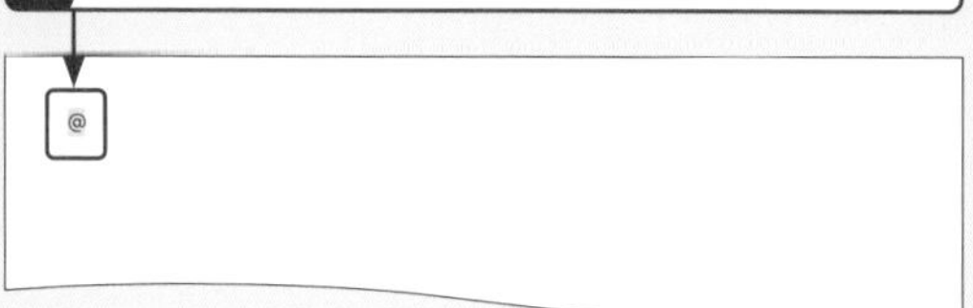

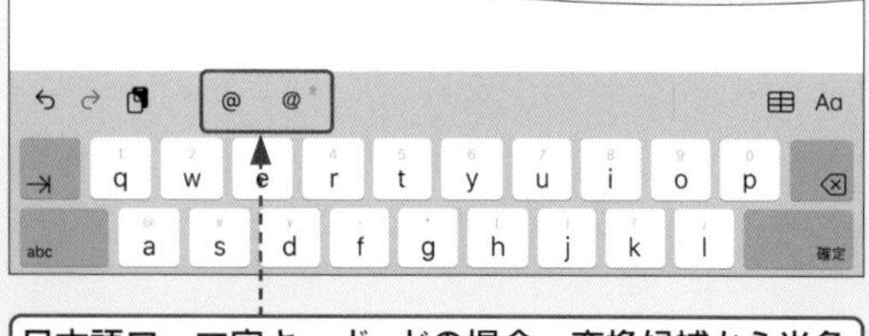

日本語ローマ字キーボードの場合、変換候補から半角か全角を選択できます。

記号/顔文字/絵文字 Pro Air iPad (Gen9) iPad (Gen10) mini

Q 120 顔文字を入力したい！

A ^^をタップします。

iPadでは、日本語かな、日本語ローマ字キーボードで顔文字を入力することができます。日本語かなキーボードでは☆123をタップし、日本語ローマ字キーボードでは.?123をタップして、数字記号入力モードに切り替えます。^^をタップすると、顔文字の候補が表示されるので、任意の顔文字をタップして入力します。

1 ^^をタップして、

2 ^をタップすると、

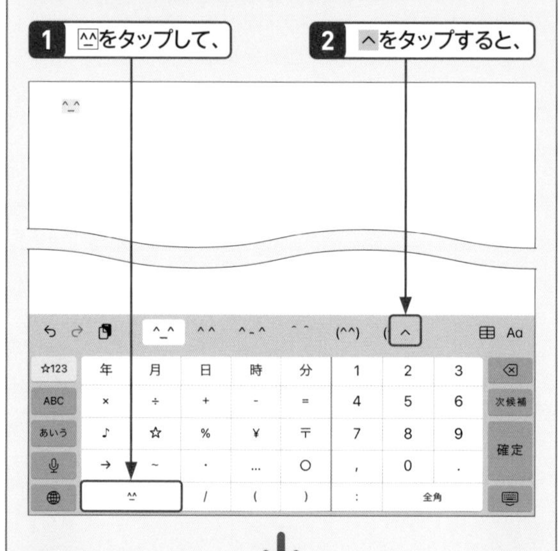

3 顔文字の一覧が表示されるので、入力したい顔文字をタップします。

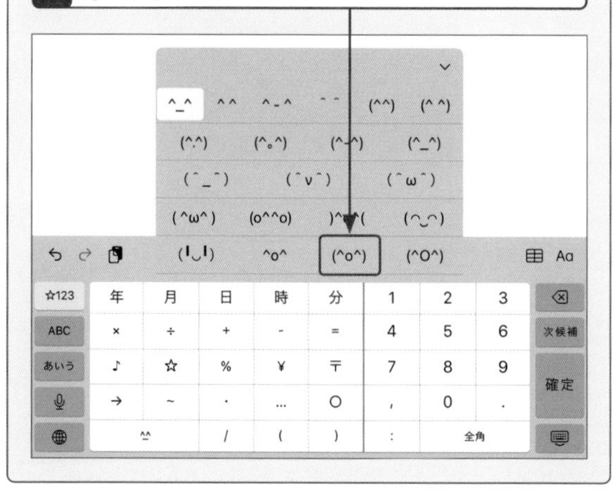

Q 121 自作の顔文字を登録したい！

A ユーザ辞書を利用します。

ユーザ辞書には、自作の顔文字を登録することもできます。登録した顔文字は、入力画面で^^をタップすると、候補一覧に表示されます。

^^に顔文字を登録するには、ユーザ辞書の「よみ」に☻を入力する必要があります。Q.116と同様に、ホーム画面で［設定］→［一般］→［キーボード］の順にタップし、［ユーザ辞書］→＋の順にタップして、「単語」に登録したい顔文字を「よみ」に☻を入力します。☻は、キーボードの^^をタップし、変換候補に表示される「(*☻-☻*)」を編集して入力します（Q.120参照）。［保存］をタップすると、入力した顔文字が^^に登録されます。

1 「単語」に顔文字、「よみ」に☻を入力し、

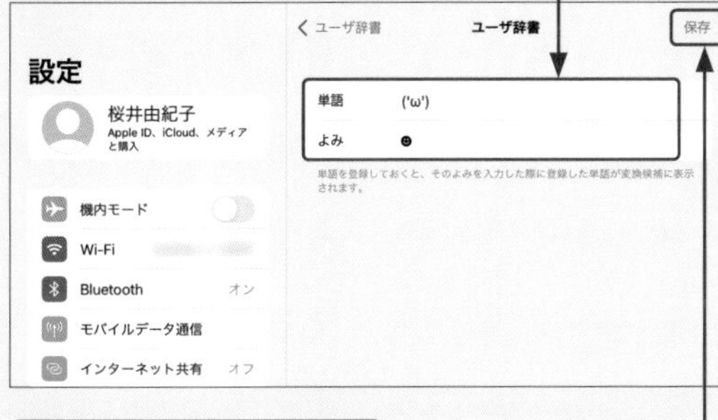

3 ^^をタップすると、

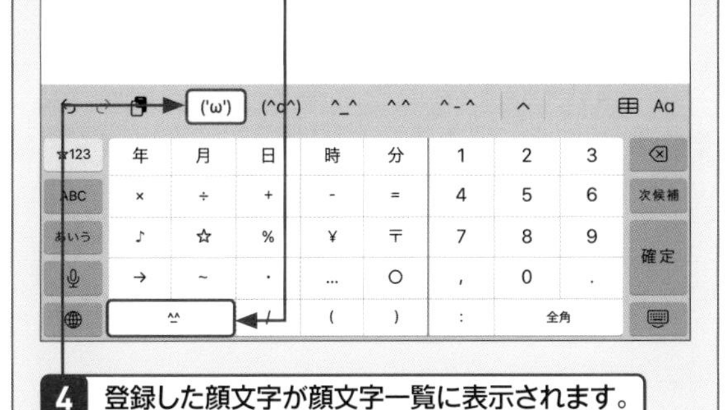

4 登録した顔文字が顔文字一覧に表示されます。

Q 122 絵文字を入力したい！

A 絵文字キーボードを利用します。

絵文字を入力したいときは、🌐をタップし、絵文字キーボードに切り替えます。どのようなものを入力したいか決まっている場合は、画面下部のカテゴリアイコンからカテゴリを選択しましょう。左右にスワイプするとページが切り替わります。そのあと、任意の絵文字をタップすると、選択した絵文字が入力されます。

1 カテゴリアイコンのいずれかをタップしてカテゴリを切り替え、

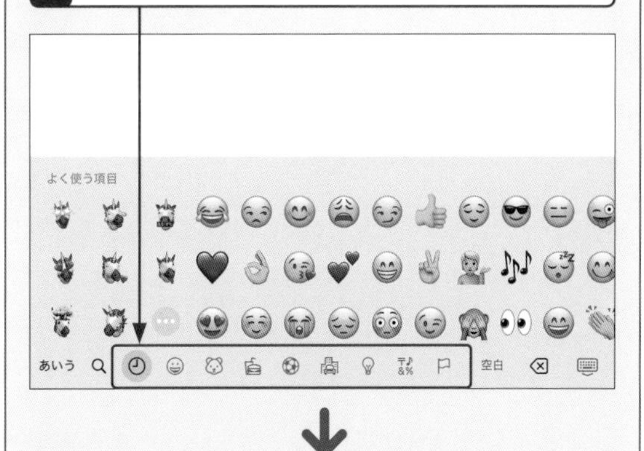

2 入力したい絵文字をタップします。

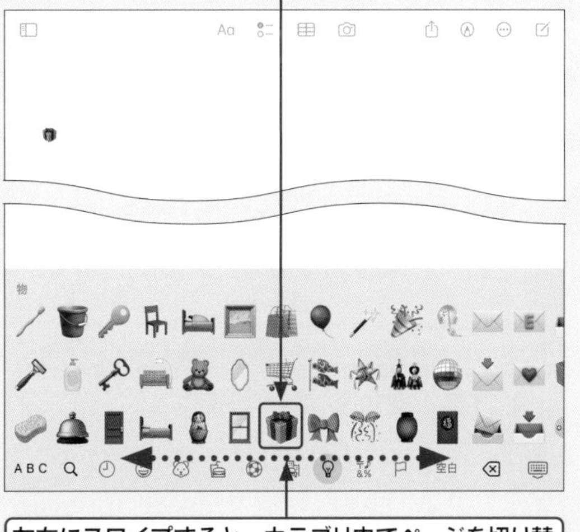

左右にスワイプすると、カテゴリ内でページを切り替えることができます。

Q 123 音声で文章を入力できる?

A 🎙をタップします。

文字入力画面で🎙をタップし、初回は［音声入力を有効にする］をタップすると、音声で文字を入力することができます。🎙をタップし、「ピッ」と音が鳴ったら、マイクに向かって入力したい文字を話します。話した内容は自動的に漢字に変換されて入力されます。漢字が多い文章の入力時などに利用しましょう。

1 文字入力画面で🎙をタップします。

2 マイクに向かって入力したい内容を話すと、文字が入力されます。

3 ⌨をタップすると音声入力が終了し、キーボードに戻ります。

4 音声入力を起動しても音の波形が表示されない場合は、入力後表示されるオプションメニューの🎙、またはキーボードの🎙をタップして、音声入力を終了します。

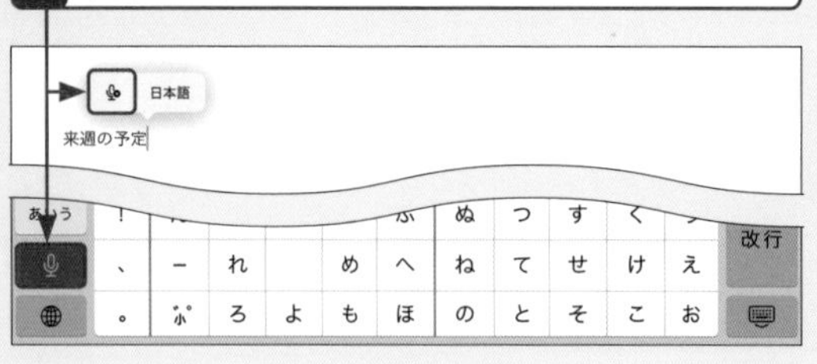

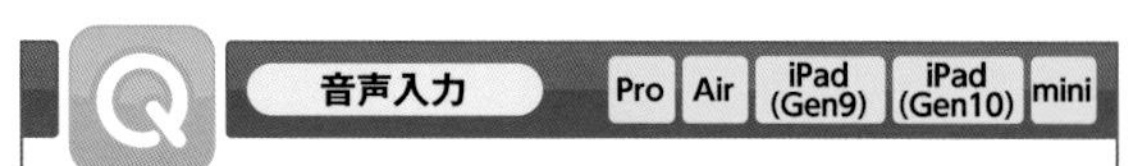

Q 124 音声入力で改行したい!

A 「改行」と話しかけます。

iPadでは、改行や⏎をタップすることで次行に文字を入力することができます。そのほか音声入力を利用する方法もあります。キーボード下の🎙をタップし、「改行(かいぎょう)」と話しかけます。

1 文字入力画面で🎙をタップします。

2 「改行」と話しかけると、

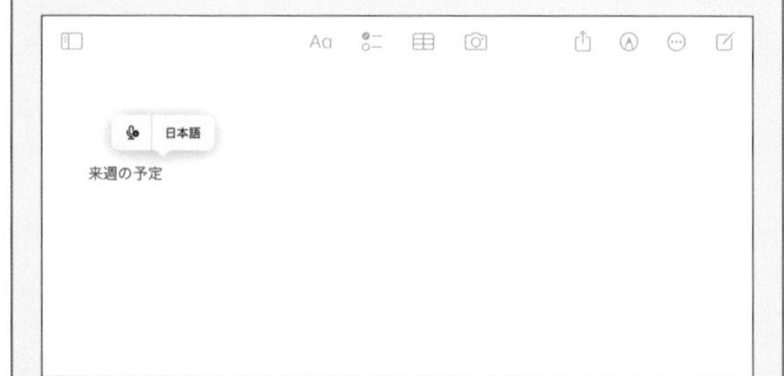

3 文章が改行されます。

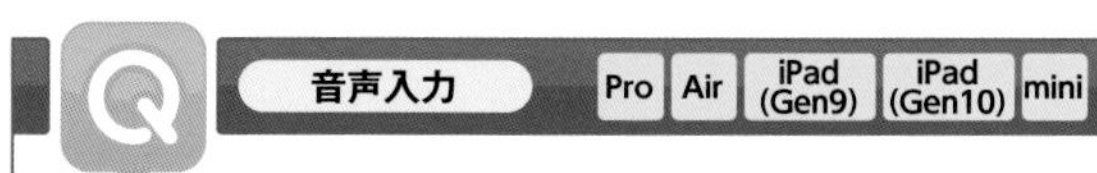

125 音声入力で句読点や「」()を入力したい！

A 句読点やカッコの名称を話しかけます。

音声入力で句読点や「」()を入力する場合は、キーボード下部のをタップし、iPadに向かって以下の名称を話しかけます。

、	とうてん	)	かっことじる
。	まる	「	かぎかっこ
(	かっこ	」	かぎかっことじる

1 文字入力画面で🎙をタップします。

2 「かぎかっこ」「かぎかっことじる」と話しかけると、

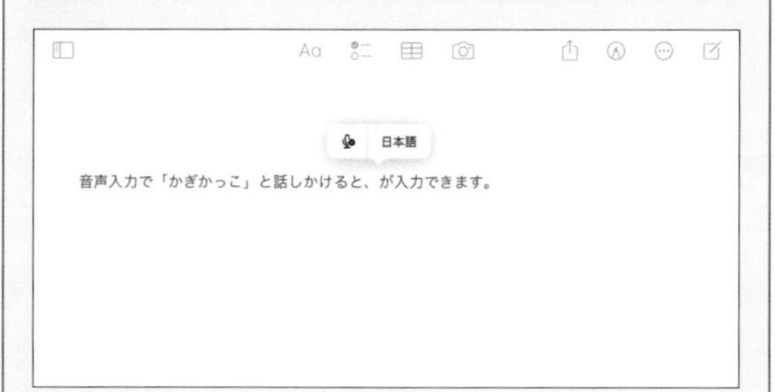

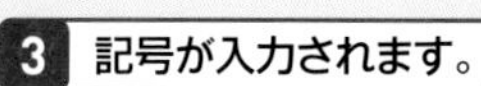

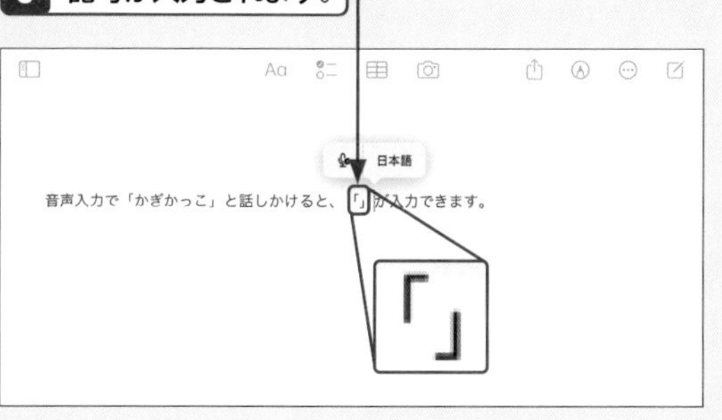

126 キーボードを追加したい！

A 「設定」からキーボードを追加します。

iPadでは、初期状態で設定されているキーボードとは別のキーボードを追加し、文字入力画面で使用することができます。ホーム画面で［設定］→［一般］→［キーボード］→［キーボード］→［新しいキーボードを追加…］の順にタップし、任意のキーボードをタップして追加します。文字入力画面で🌐をタップすると、追加した言語のキーボードに切り替えられます（Q.093参照）。また、日本語以外の言語のキーボードを追加することも可能です。

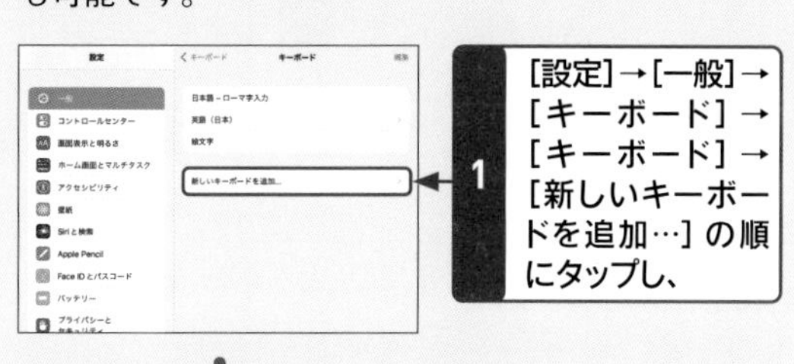

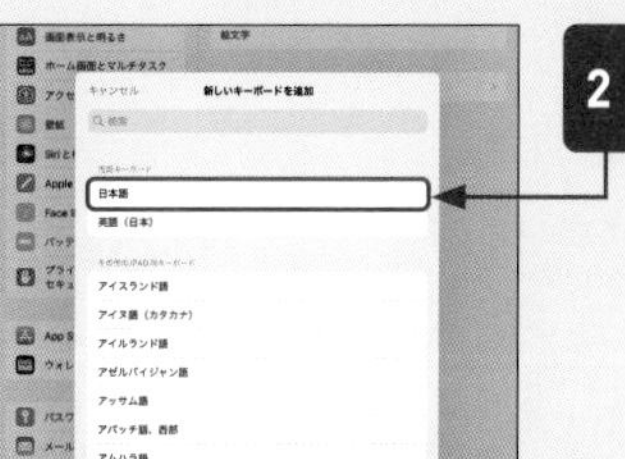

3 ［かな入力］をタップしてチェックを入れます。

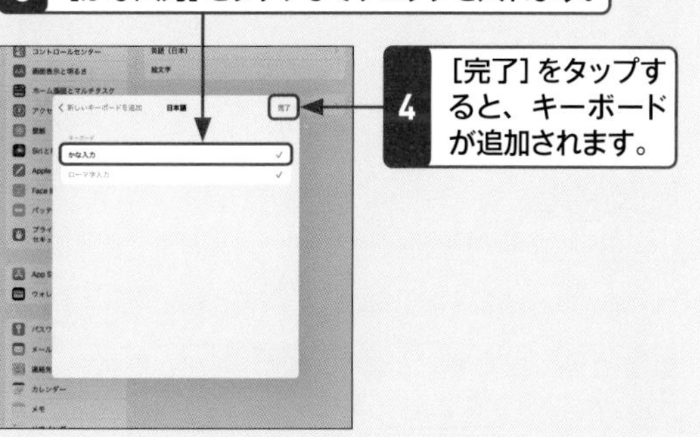

3 入力

127 日本語入力で別のアプリを使いたい!

A サードパーティ製キーボードをインストールします。

「App Store」では、iPad用のサードパーティ製キーボードを購入でき、新しいキーボードとして設定することが可能です。自分に合ったサードパーティ製キーボードを探して、文字の入力操作をより快適に行いましょう。

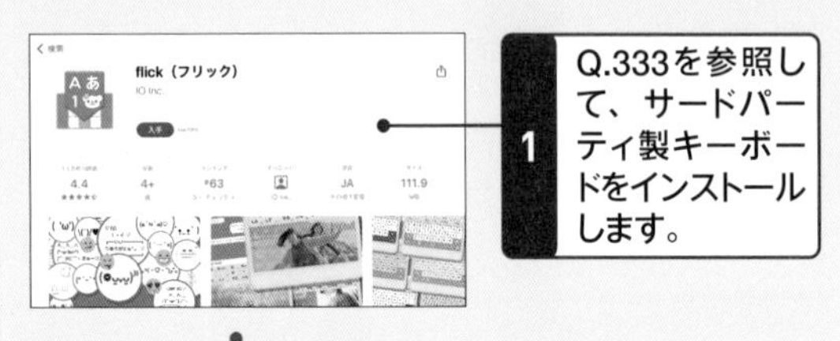

1 Q.333を参照して、サードパーティ製キーボードをインストールします。

2 Q.126を参照して「新しいキーボードを追加」画面を表示し、

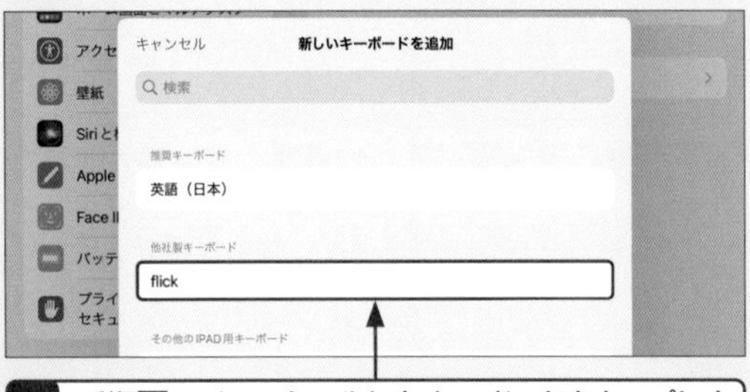

3 手順**1**でインストールしたキーボードをタップします。

4 「キーボード」画面で追加したキーボードをタップし、「フルアクセスを許可」の◯→［許可］の順にタップしたあと、

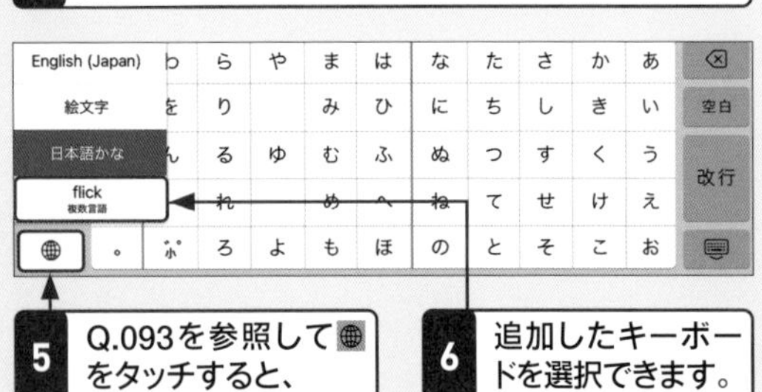

5 Q.093を参照して🌐をタッチすると、

6 追加したキーボードを選択できます。

128 不要なキーボードを削除したい!

A 「設定」からキーボードを削除します。

ホーム画面で［設定］→［一般］→［キーボード］の順にタップし、［キーボード］→［編集］の順にタップします。削除したいキーボードの⊖をタップし、［削除］をタップして、［完了］をタップすると、キーボードが削除されます。

1 削除したいキーボードの⊖をタップし、

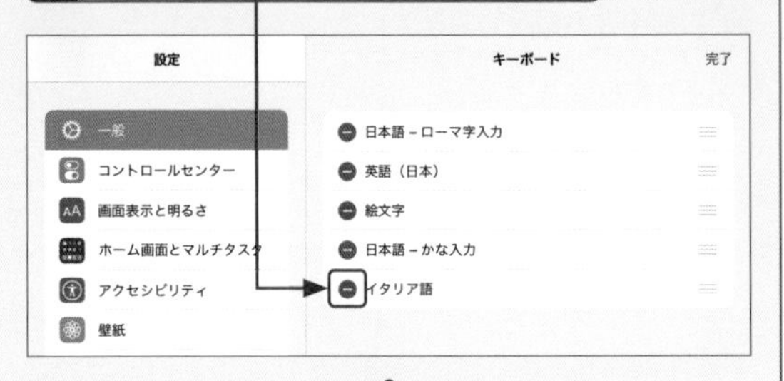

2 ［削除］をタップします。

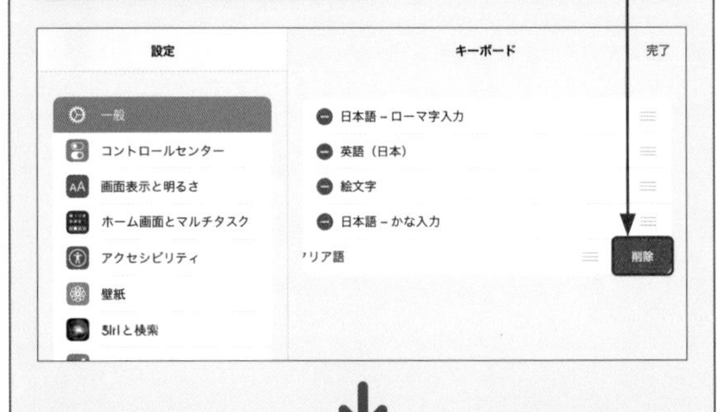

3 ［完了］をタップすると、キーボードが削除できます。

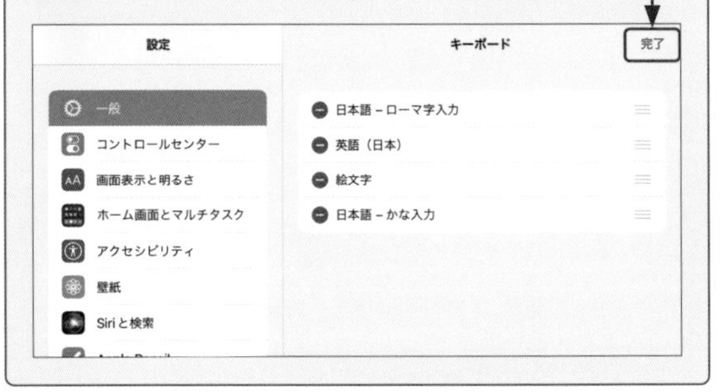

129 大文字が勝手に入力されるのを止めたい！

A 「自動大文字入力」をオフにします。

ホーム画面で［設定］→［一般］→［キーボード］の順にタップし、「自動大文字入力」の をタップして にすると、文字入力中に をタップしない限り、大文字アルファベットを入力しなくなります。

初期状態では、English（Japan）キーボードでメールの本文を入力したときなどに、文頭のアルファベットが大文字で入力されます。

1 「自動大文字入力」の をタップして にすると、

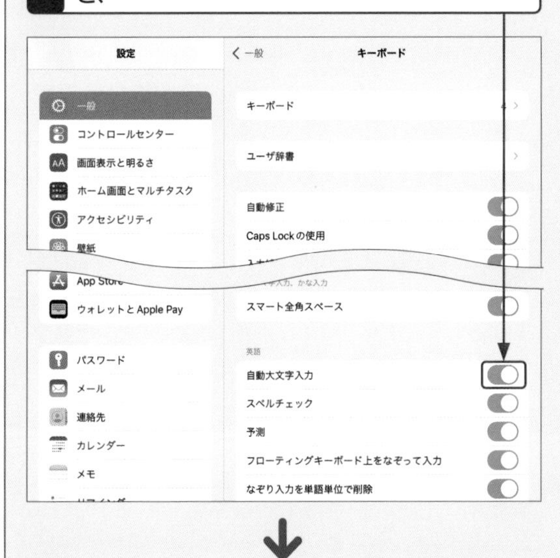

2 自動で大文字が入力されないようになります。

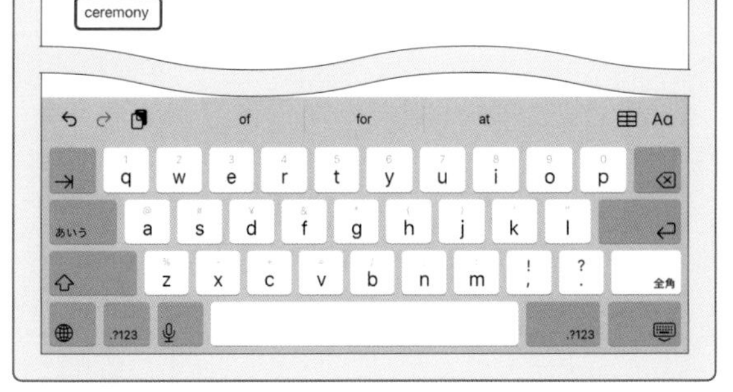

130 かんたんにピリオドとスペースを入力したい！

A スペースキーをダブルタップします。

iPadのEnglish（Japan）キーボードでは、スペースキーをタップして文章を区切ることができます。文章を入力したあと、スペースキーをダブルタップしましょう。文末にピリオドが打たれ、同時にスペースが入力されます。メモやメールで長文を作成するときなどに、活用するとよいでしょう。

1 文章を入力したあと、スペースキーをダブルタップすると、

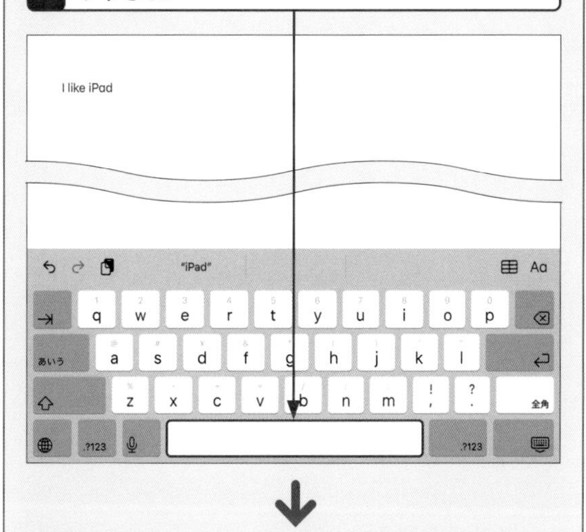

2 ピリオドとスペースが連続で入力されます。

3 入力

便利技 Pro Air iPad (Gen9) iPad (Gen10) mini

131 「.co.jp」や「.com」をかんたんに入力したい!

A .をロングタッチします。

メールの宛先アドレスやSafariのURLを入力する際に「.co.jp」や「.com」の入力をかんたんに行いたいときは、.をロングタッチしましょう。バルーンが表示されるので、その中に含まれている「.co.jp」や「.com」、「.jp」などの入力したい文字に指をスライドすると、画面に表示されます。誤入力を防ぐうえでも、重宝する機能です。

1 .をロングタッチすると、

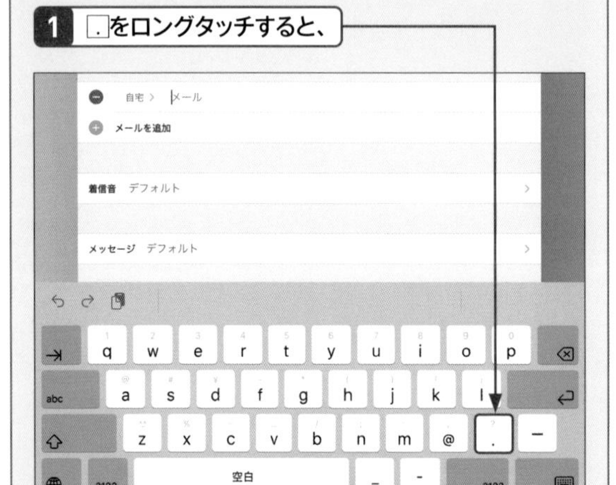

2 バルーンが表示されるので、スライドして文字を選択します。

132 トラックパッドのように使いたい!

A キーボードのスペースをタッチします。

ノートパソコンや別売りのMagic Keyboard(Q.491、492参照)などでは、指でなぞるとカーソルを動かしたりクリックしたりできる「トラックパッド」が搭載されていますが、iPadでもキーボードをトラックパッドのように利用することが可能です。日本語ローマ字またはEnglish (Japan)キーボードでスペースキーをタッチすると、キーボードがグレーに変わります。その状態でキーボード上をドラッグすると、カーソルが移動します。文字列を選択するには、別の指でキーボードをタッチし、最初の指をキーボード上で動かして選択範囲を調整します。

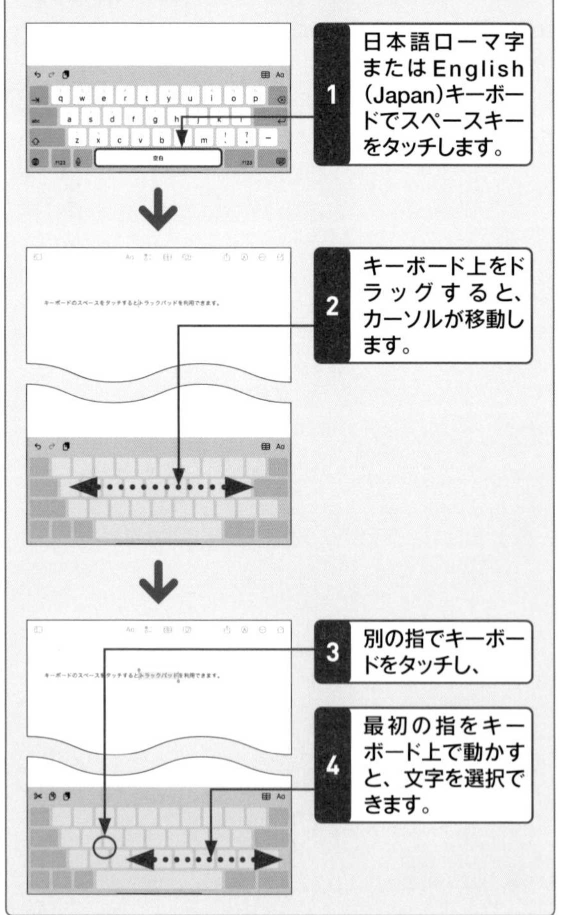

第4章

インターネットとSafariの「こんなときどうする?」

Q Wi-Fi Pro Air iPad (Gen9) iPad (Gen10) mini

133 無線LANやWi-Fiって何？

A 電波を使ったネットワークと規格の名称のことです。

通常のネットワーク（LAN）では、ルーターやパソコンをケーブルでつないで、データ通信をします（有線接続）。無線LANとは、さまざまな機器をケーブルの代わりに電波を使ってネットワークにつなぐためのしくみです。ケーブルの取りまわしを気にせず、複数の機器をネットワークに接続することができます。無線LANと同じ意味で使われる単語として、「Wi-Fi」が挙げられます。Wi-Fiとは「Wi-Fi Alliance」という業界団体が策定したプログラムをクリアして、相互接続性が認定された無線LAN機器の名称です。対応した機器同士であれば、問題なく接続されることが保証されています。

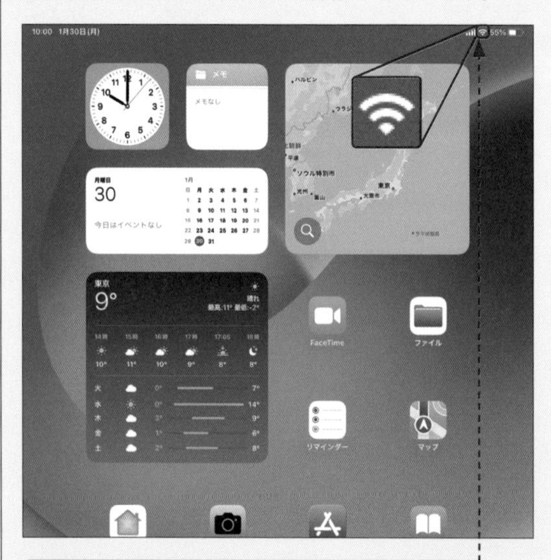

無線LAN接続時は画面左上に📶が表示されます。

Wi-Fiとして認定された機器は、「https://www.wi-fi.org/ja」で確認することができます。

Q Wi-Fi Pro Air iPad (Gen9) iPad (Gen10) mini

134 Wi-Fiを使うには何が必要？

A 「SSID」「セキュリティの種類」「パスワード」が必要です。

iPadで自宅などのWi-Fiに接続したい場合は、「SSID」「セキュリティの種類」「パスワード」の3つが必要になります。SSIDとは、いわばネットワークの名前です。Wi-Fiは電波でデータを送受信するため、電波が届く範囲内にあるどのネットワークにつなぐのか、名前を指定する必要があります。一般的にSSIDは、ルーター購入時に同梱されているシールや書面に記載されていることが多いようです。

iPadをWi-Fiに接続するには、任意のSSIDをタップし、必要であればセキュリティの種類（暗号化方式）を選択して（Q.135参照）、パスワードを入力します。パスワードはセキュリティキーとも呼ばれ、ルーターの購入後に自身でパソコンから設定するか、接続先ネットワークのWebサイト上で確認できます。

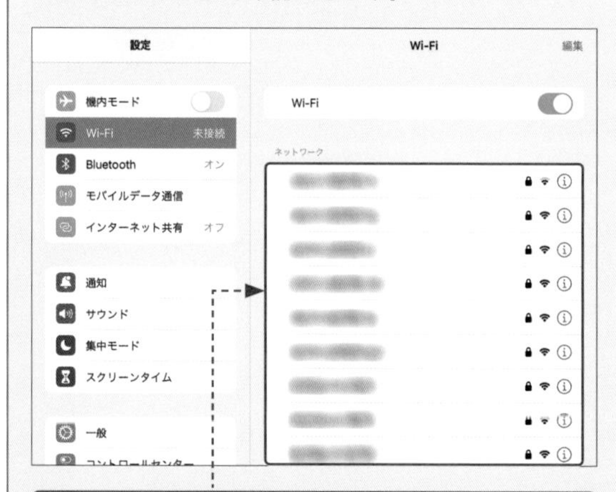

Wi-Fiに接続する際、「ネットワークを選択」欄に接続するSSIDの候補が表示されます。

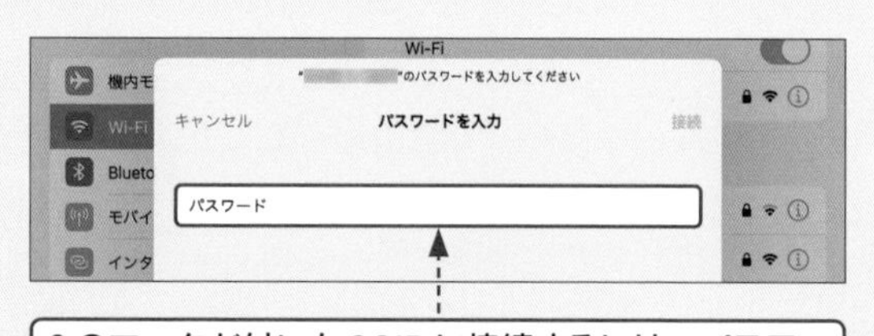

🔒のマークが付いたSSIDに接続するには、パスワードが必要になります。

Wi-Fi Pro Air iPad (Gen9) iPad (Gen10) mini

135 暗号化方式って何？

A Wi-Fiの通信内容を守るための設定です。

Wi-Fiには、何者かが電波を拾い通信をのぞき見る危険性があります。そのため、通信内容を暗号化し、第三者が見てもわからないようにします。暗号化方式とは、どのような手順で暗号化するのかを定めたものです。一般的に利用されている暗号化方式には、「WPA」「WPA2」などがあります。

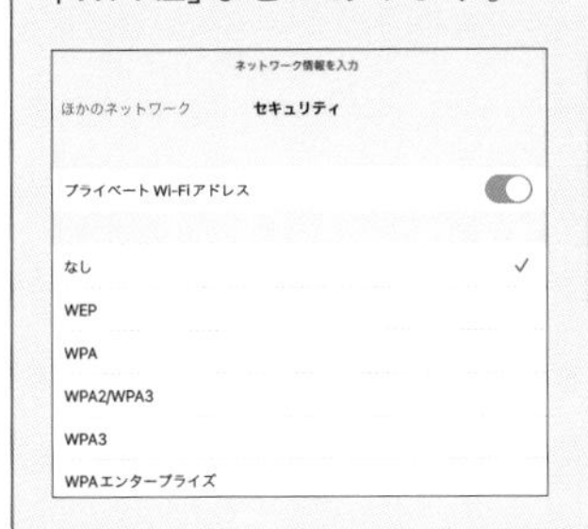

直接SSIDとパスワードを入力（Q.138参照）する場合、暗号化方式を選択する必要があります。

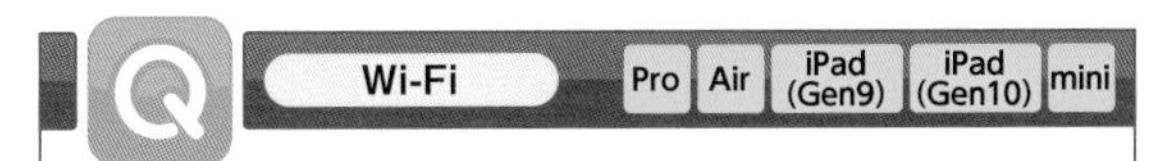

136 通信速度って何？

A 1秒間に送受信できるデータ量のことです。

通信速度とは、1秒間にどれくらいのデータを送受信できるかを指し、「bps」という単位で表します。数字が大きいほど速度は速くなります。最新のiPad Wi-Fi + Cellularモデルは5Gという通信方式に対応し、携帯電話通信網でおよそ10Gbpsという高速データ通信が利用できます。ただし、ネットワーク機器や回線の状況にも影響を受けるので、実際に利用できる速度は変動します。

通信の上り・下りとは

- 「上り」とはファイルの送信やサーバーへの保存といった「アップロード」を指す
- 「下り」とはWebページの閲覧、アプリのインストールなどの「ダウンロード」を指す

137 Wi-Fiに接続したい！

A 「設定」からネットワークを選択して接続します。

「設定」アプリの「Wi-Fi」画面には、接続できるネットワーク名（SSID）が表示されます。利用したいネットワークを選択し、ネットワーク名に🔒が表示されている場合はパスワードを入力して、Wi-Fiに接続できます。ネットワーク名（SSID）を隠している（ステルス化）場合は、ネットワーク名とセキュリティの種類（暗号化方式）、パスワードを手動で入力する必要があります（Q.138参照）。

1 ホーム画面で［設定］→［Wi-Fi］の順にタップし、

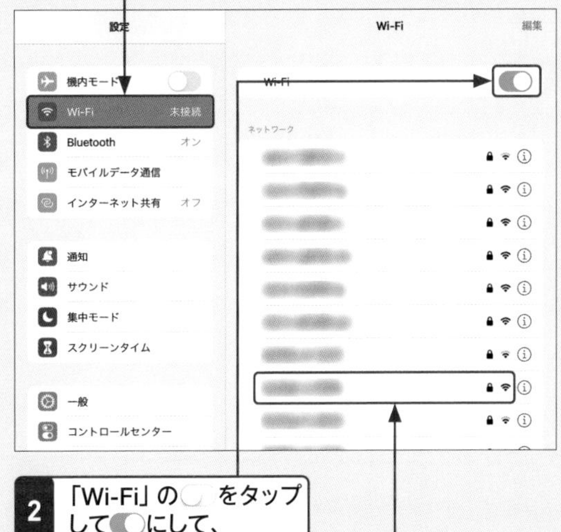

2 「Wi-Fi」の⚪をタップして🔘にして、

3 接続したいネットワーク名をタップします。

4 パスワードを入力して、

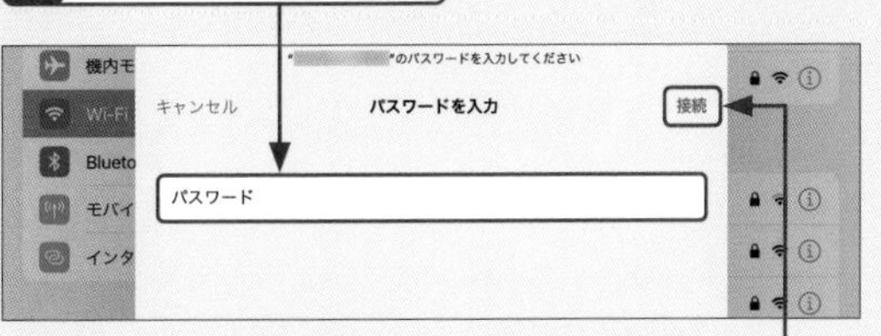

5 ［接続］をタップすると、Wi-Fiに接続されます。

Wi-Fi Pro Air iPad (Gen9) iPad (Gen10) mini

Q 138 「ネットワークを選択」画面にSSIDが出てこない！

A 直接ネットワーク名とパスワードを入力します。

セキュリティ対策でSSIDがステルス化（隠れている）されている場合、直接ネットワーク名とセキュリティの種類（暗号化方式）、パスワードを手動で入力する必要があります。自宅のWi-Fiなどであれば、ネットワーク名やパスワードを確認しましょう。ホーム画面で［設定］→［Wi-Fi］→［その他…］の順にタップし、ネットワーク名（SSID）やセキュリティの種類（暗号化方式）、パスワードを入力します。［接続］をタップすると、選択したネットワークに接続できます。SSIDやパスワードがわからない場合は、Q.134や購入したルーターのWebサイトなどを参考に確認しましょう。

1 Q.137手順**3**の画面で［その他…］をタップし、

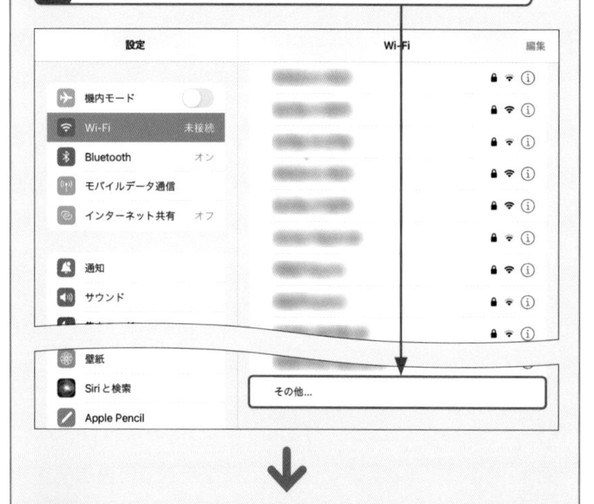

2 ネットワーク名を入力し、セキュリティの種類を選択して、パスワードを入力します。

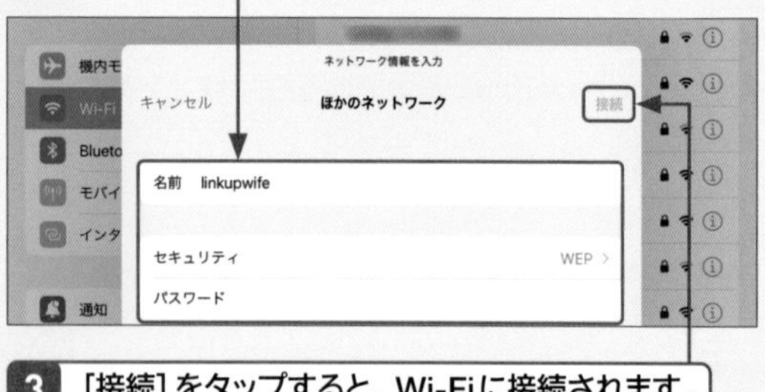

3 ［接続］をタップすると、Wi-Fiに接続されます。

Wi-Fi Pro Air iPad (Gen9) iPad (Gen10) mini

Q 139 毎回Wi-Fiに接続する作業が必要なの？

A 一度接続したWi-Fiには自動的に接続できます。

iPadには、一度接続したことのあるネットワークに自動で接続する機能があります。ネットワークに自動で接続できない場合の対応は、ホーム画面で［設定］→［Wi-Fi］→［接続を確認］の順にタップして選択できます。［オフ］をタップすると、自動接続できなかった場合に手動でネットワークを選択する必要があります。［通知］をタップすると、自動接続できなかった場合にそのほかの接続可能なネットワークが通知されます。［確認］をタップすると、自動接続できなかった場合に確認メッセージが表示されてから新しいネットワークに接続されます。

1 ［接続を確認］をタップし、

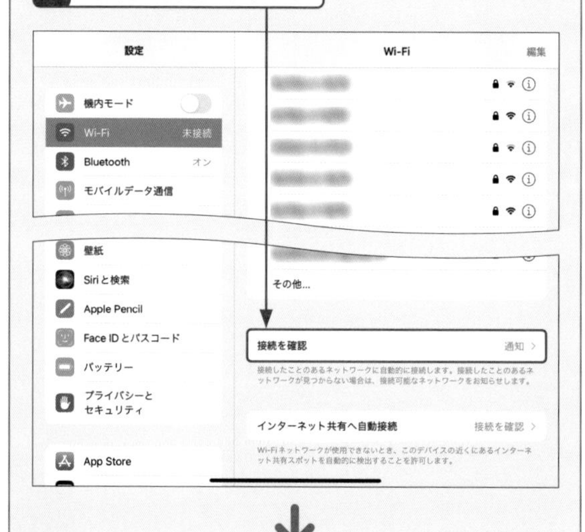

2 ［オフ］［通知］［確認］のいずれかをタップして選択します。

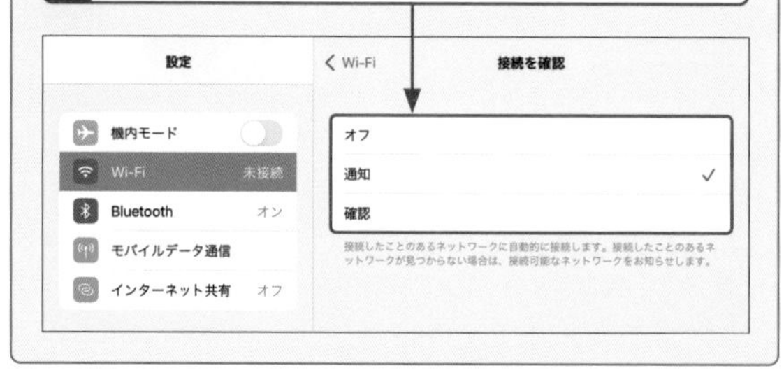

Wi-Fi　Pro　Air　iPad (Gen9)　iPad (Gen10)　mini

140 携帯電話会社以外の公衆無線LANサービスを利用したい!

A ほかにもさまざまな公衆無線LANのサービスがあります。

公衆無線LANには、携帯電話会社が提供する「d Wi-Fi」「au Wi-Fi SPOT」「ソフトバンクWi-Fiスポット」以外にも、多種多様なサービスがあります。大手コンビニエンスストアのLAWSONが提供している「LAWSON Free Wi-Fi」はメールアドレスの登録が必要ですが、無線LANを無料で1回60分、1日5回まで利用可能です。一度メールアドレスを登録すると、1年間は再登録なしで利用できます。

また、有料で街中にあるアクセスポイントを利用できる公衆無線LANサービス「Wi2 300」もおすすめです。Webサイト(https://wi2.co.jp/jp/personal/300/)や専用アプリで利用可能なアクセスポイントを検索することができます。初期費用や入会金がかからず、月々398円(税込)の月額固定プランや、24時間800円(税込)、1週間2,000円(税込)のように短期間プランも用意されているため、出張や旅行中など、用途に合わせて利用できる点も魅力的です。

LAWSON Free Wi-Fi

LAWSON Free Wi-Fiは、「LAWSON_Free_Wi-Fi」という名前のアクセスポイントに接続し、起動したSafariでメールアドレスを登録して利用します。

Wi2 300

「Wi2 300」では、全国に多くあるアクセスポイントのWi-Fiを安価で利用できます。

Wi-Fi　Pro　Air　iPad (Gen9)　iPad (Gen10)　mini

141 アクセスポイントに自動的に接続したくない!

A 「自動接続」をオフにします。

iPadは、外出先で利用可能な公衆無線LANや、一度接続したことがあるWi-Fiに自動的に接続される設定になっています。自動的に接続されたくない場合は、ホーム画面で[設定]→[Wi-Fi]→接続したくないネットワークのⓘの順にタップし、「自動接続」のをタップしてにします。

なお、すべてのWi-Fiに自動的に接続されたくないのであれば、「設定」アプリやコントロールセンターからWi-Fiをオフにしましょう(Q.143、144参照)。また、アクセスポイントを削除して接続済みの情報をリセットすれば(Q.142参照)、再度接続が必要になるため、自動的に接続されることがなくなります。

1 ホーム画面で[設定]→[Wi-Fi]の順にタップし、

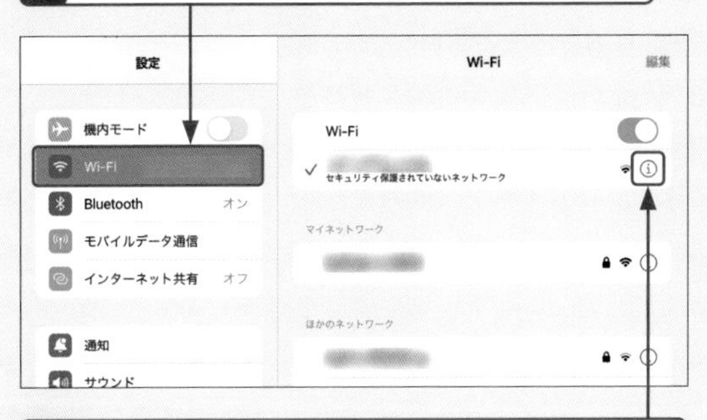

2 自動的に接続したくないネットワークのⓘをタップします。

3 「自動接続」のをタップしてにすると、自動接続がオフになります。

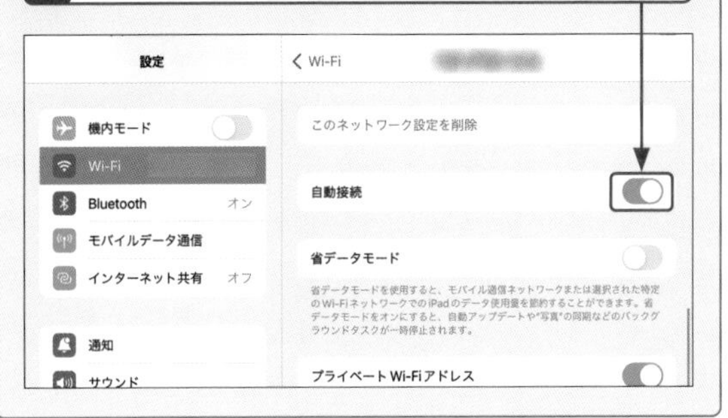

4 インターネットとSafari

Wi-Fi Pro Air iPad (Gen9) iPad (Gen10) mini

142 アクセスポイントを削除したい！

A ネットワーク設定を削除します。

一度接続したWi-Fiの情報は、iPad内に記憶されます。情報を削除したい場合は、ホーム画面で［設定］→［Wi-Fi］→削除したいネットワークのⓘの順にタップし、［このネットワーク設定を削除］→［削除］の順にタップします。再度同じWi-Fiに接続したいときには、Q.137を参考に設定を行いましょう。
また、ホーム画面で［設定］→［一般］→［転送またはiPadをリセット］→［リセット］→［ネットワーク設定をリセット］→［リセット］の順にタップすると、特定のネットワークではなくすべてのWi-Fi情報を削除できます。

特定のネットワーク情報を削除する

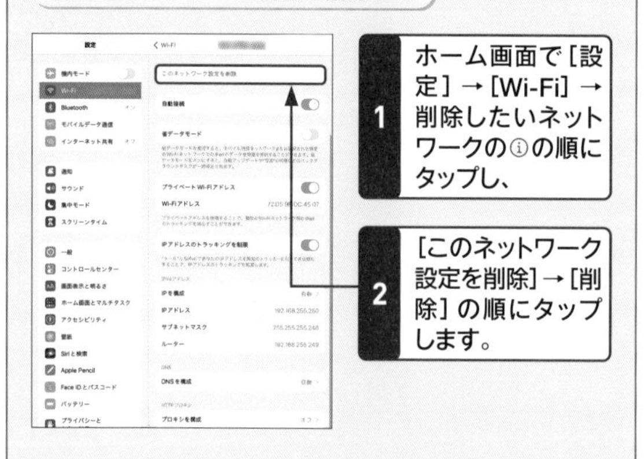

すべてのネットワーク情報を削除する

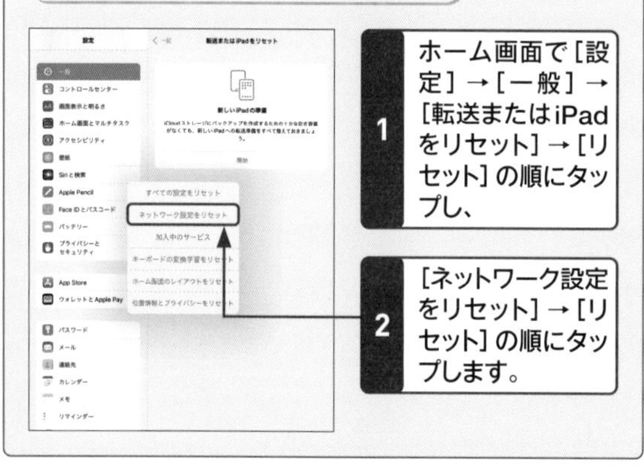

143 Wi-Fiを切断したい！

A 「設定」から「Wi-Fi」をオフにします。

Wi-Fi接続を切断したいときは、ホーム画面で［設定］→［Wi-Fi］の順にタップし、「Wi-Fi」のをタップしてにします。接続が切断されると、Wi-Fi + Cellularモデルの場合は4Gまたは5G回線に切り替わります。iPadでは、Wi-Fiに接続しているときは、ステータスバーにが表示されます。Wi-Fi + Cellularモデルの場合、Wi-Fi接続を切断して、4Gまたは5G回線に切り替えると、ステータスバーには「4G」または「5G」と表示されます。「設定」アプリから一度接続をオフにすると、再度オンにするまで、Wi-Fiに自動で接続することはありません。

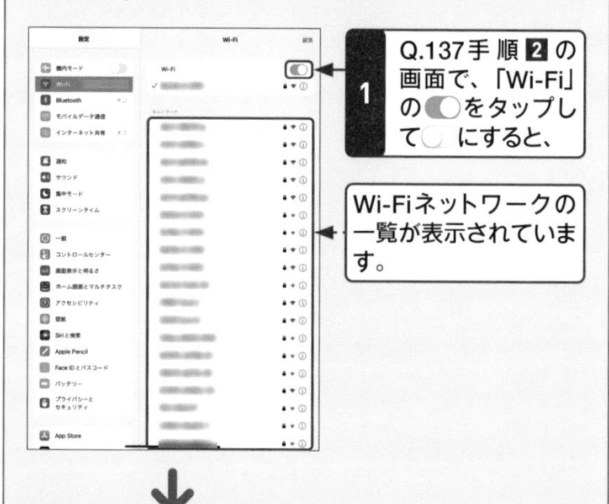

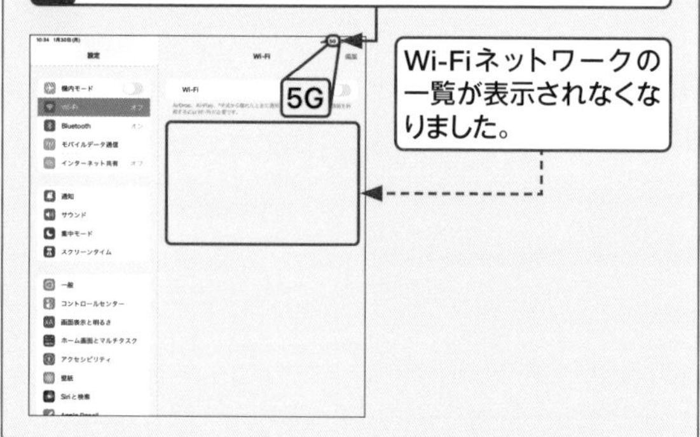

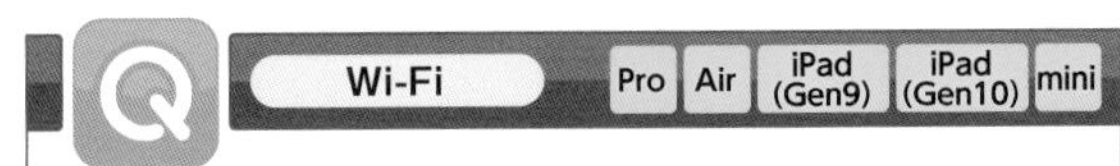

Q 144 Wi-Fiを一時的に切断したい!

A コントロールセンターからWi-Fi接続を無効にします。

Wi-Fiを一時的に切断したいときは、コントロールセンターからWi-Fiをオフにしましょう。Q.071を参考にコントロールセンターを表示し、■をタップして■にすると、ネットワークへの接続が翌日の午前5時まで無効になります。すぐにWi-Fiに再接続したいときは、コントロールセンターで■をタップして■にします。

また、コントロールセンターの■のあるグループのアイコン以外の部分をタッチし、再度■をタッチすると、接続できるネットワークの候補が表示され、[Wi-Fi設定…]をタップすると「設定」アプリの「Wi-Fi」画面が表示されます。

1 Q.071を参考にコントロールセンターを表示し、

2 ■をタップします。

3 Wi-Fi接続が一時的に無効になります。

Wi-Fi Pro Air iPad (Gen9) iPad (Gen10) mini

Q 145 MACアドレスを固定したい!

A MACアドレスを無効にします。

iPadでは、プライバシー保護のため、標準で各Wi-Fiネットワークでランダムに割り振られた個別のWi-Fi MACアドレス(プライベートWi-Fiアドレス)が使用されます。プライベートWi-Fiアドレスが利用できないアクセスポイントや家電製品に接続する場合は、MACアドレスを、iPad本体のMACアドレスにすることができます。ホーム画面で[設定]→[Wi-Fi]→任意のネットワーク名のⓘの順にタップし、「プライベートWi-Fiアドレス」の■→[続ける]の順にタップすると、本体のMACアドレスに固定することができます。

1 ホーム画面で[設定]→[Wi-Fi]→削除したいネットワークのⓘの順にタップします。

2 「プライベートWi-Fiアドレス」の■をタップし、

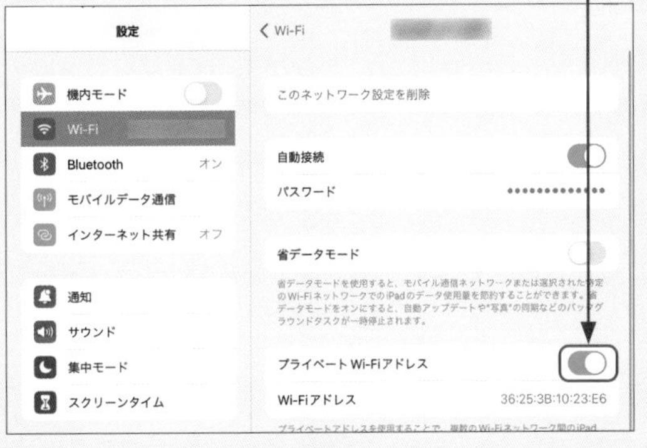

3 [続ける]をタップすると、設定が無効になり、iPad本体のMACアドレスに固定されます。

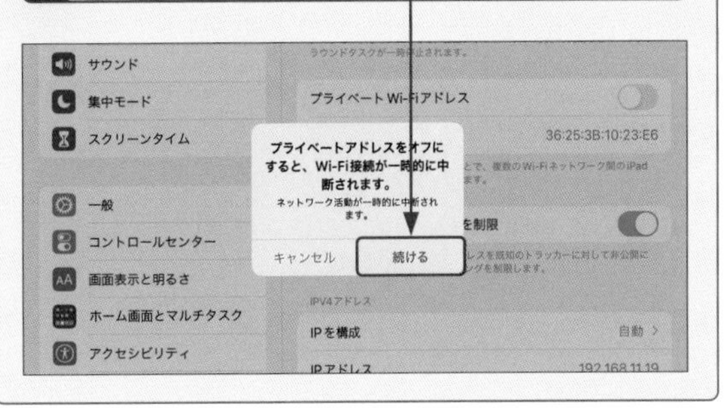

Wi-Fi

Pro Air iPad (Gen9) iPad (Gen10) mini

146 機内モードって何？

A 飛行機の離着陸時に端末の無線通信を制限する機能です。

飛行機の搭乗時には、スマートフォンやタブレットなどの端末を機内モードに設定するようアナウンスされます。機内モードは携帯電話網でのデータ通信、Wi-Fi、GPSを一括で制限する機能で、一部の航空会社では、機内モードであればiPadの電源を入れておくことが許可されています。

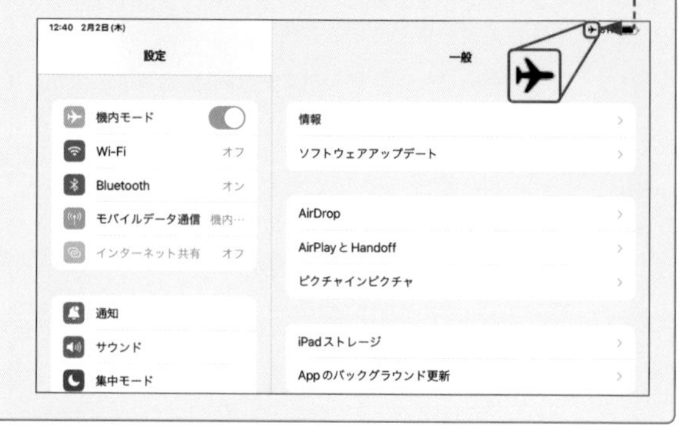

Wi-Fi

Pro Air iPad (Gen9) iPad (Gen10) mini

147 機内モードにしたい！

A コントロールセンターから機内モードをオンにします。

機内モードを利用するには、Q.071を参考にコントロールセンターを表示し、をタップしてにします。機内モードが有効になると、コントロールセンターに（ステータスバーでは✈）が表示されます。また、ホーム画面で［設定］をタップし、「機内モード」のをタップしてにすることでも、機内モードを有効にできます。

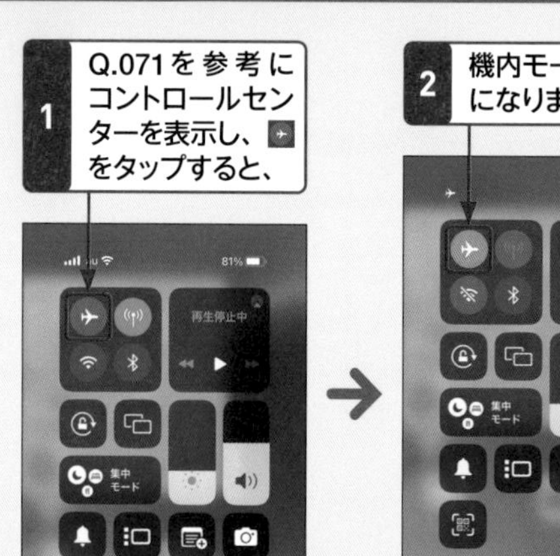

Wi-Fi

Pro Air iPad (Gen9) iPad (Gen10) mini

148 機内モードでもWi-Fiを使いたい！

A コントロールセンターからWi-Fi接続をオンにします。

航空会社で許可されている場合、機内モードでもWi-Fiを利用できます。機内モードが有効の状態（Q.147参照）でコントロールセンターを表示し、をタップしてにします。一度有効にすると無効しない限りは、次回の機内モード利用時にもWi-Fiが有効になります。

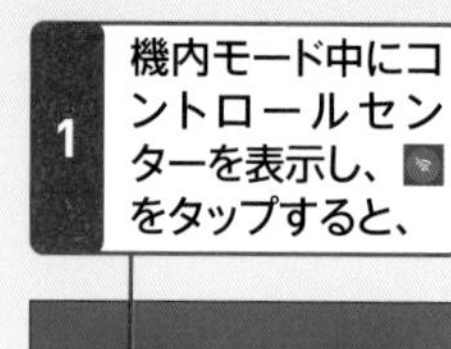

Q 149 Safariって何？

A iPadに搭載されているWebブラウザです。

Safariは、iPadやiPhone、パソコンなどで利用できるWebブラウザです。iPadに搭載されているSafariでは、パソコンにはない、iPad独自の機能が用意されています。たとえば、タッチ操作の最適化、端末の向きに合わせて画面の向きを変更する機能（Q.059参照）などがあります。

Safariを使ってさまざまなWebページを閲覧するときは、WebサイトのURLを直接入力したり、ブックマークや履歴、Googleなどの検索エンジンを利用します。iPadには、Safariのアプリがはじめからインストールされており、ホーム画面にあるアイコンをタップするとSafariが起動します。

1 ホーム画面で［Safari］をタップすると、

2 Safariが起動します。

なお、Safariの初回起動時にはスタートページが表示されます（Q.151参照）。

Q 150 SafariでWebページを見たい！

A 検索フィールドにURLを入力しましょう。

iPadでWebページを閲覧したいときは、ホーム画面でSafariをタップして起動し、画面上部の検索フィールドに閲覧したいWebページのURLを直接入力します。⏎をタップすると、Webページが表示されます。URLを入力するとブックマークしているWebページや履歴に残っているWebページが候補に表示されるので、候補名をタップして、Webページを表示することも可能です。

1 ホーム画面でSafariをタップして起動し、URLを入力すると、

Webページの候補が表示されます。

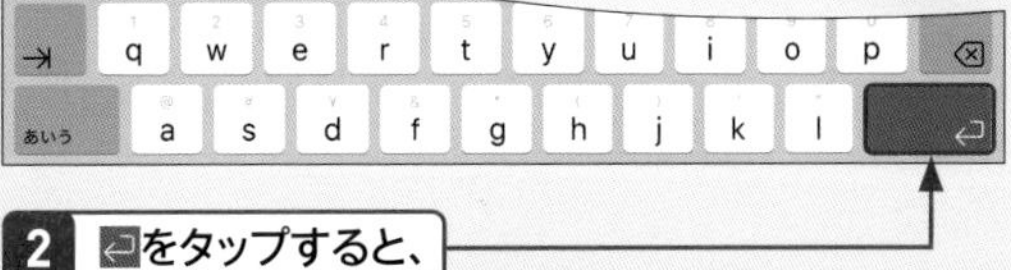

2 ⏎をタップすると、

3 Webページが表示されます。

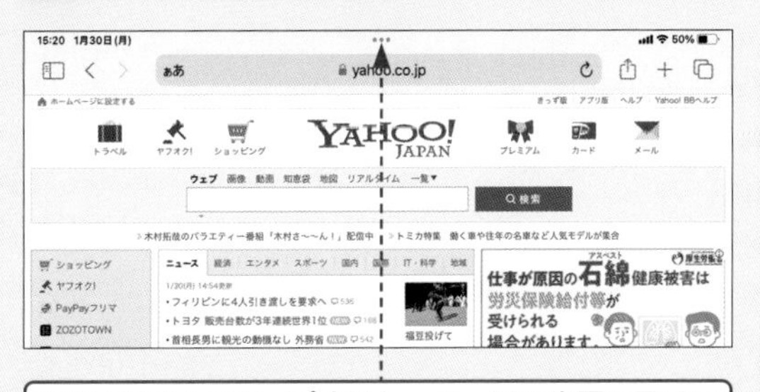

画面上端を2回タップすると、ページの先頭に戻ることができます。

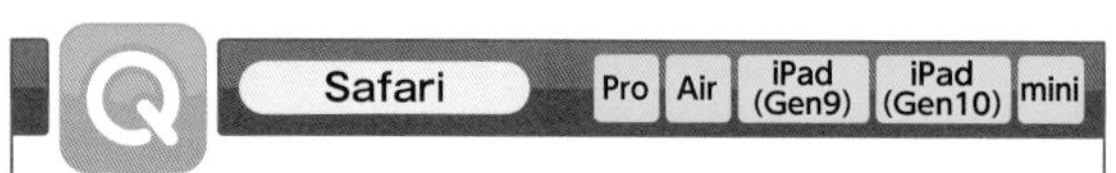

151 スタートページって何？

A 新規タブを開いたときに表示されるページです。

iPadで初めてSafariを起動したときや新規タブを開いたとき（Q.158参照）には、スタートページが表示されます。スタートページとは、ブックマークの「お気に入り」に登録したWebサイト、よく閲覧するサイト、プライバシーレポート、リーディングリストなどが表示される、Safariの起点となるページです。

Safari の初回起動時

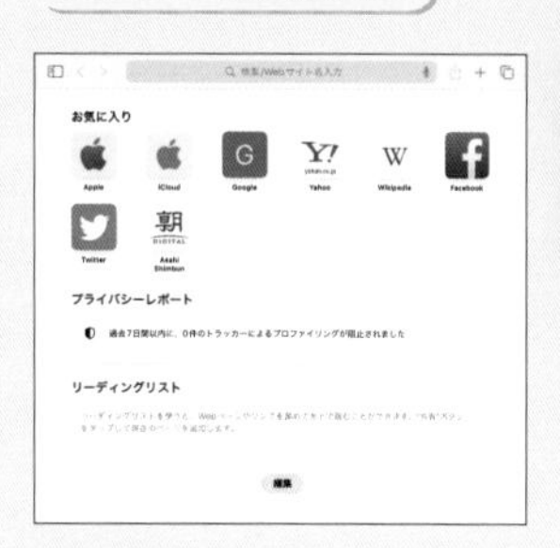

1 初めてSafariを起動すると、スタートページが表示されます。

新規タブの表示時

1 画面右上の＋をタップすると、

2 新規タブが開き、スタートページが表示されます。

152 スタートページをカスタマイズしたい！

A スタートページ下部の［編集］をタップします。

スタートページに表示される項目や背景画像は、自由にカスタマイズすることができます。Q.151を参考にスタートページを表示し、画面下部の［編集］をタップします。表示項目は をタップして変更したり、 をドラッグして並べ替えたりできます。また、スタートページの背景をiPadで用意されているデザインや好きな写真に設定することもできます。

1 Q.151を参考にスタートページを表示し、

2 画面下部の［編集］をタップします。

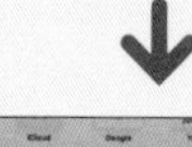

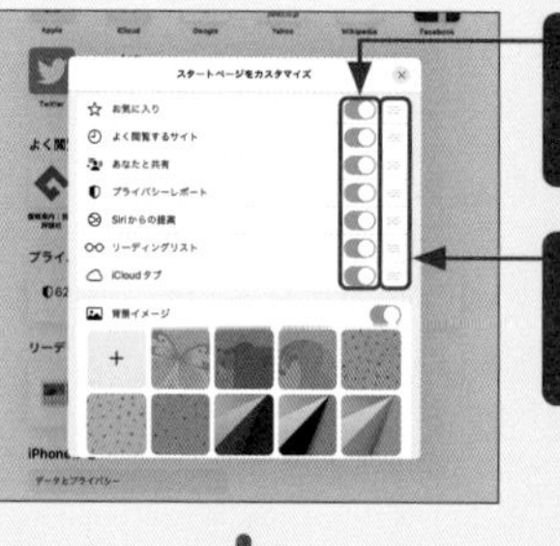

3 表示項目は をタップして変更したり、

4 をドラッグして並べ替えたりできます。

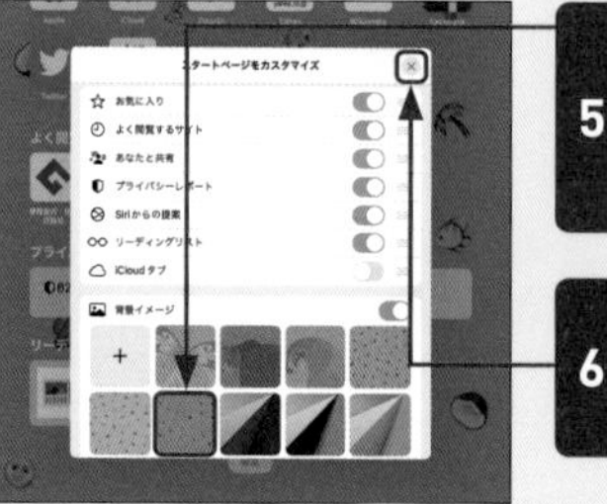

5 任意のデザインをタップすると、背景イメージを変更できます。

6 カスタマイズが完了したら、×をタップします。

Safari　Pro　Air　iPad (Gen9)　iPad (Gen10)　mini

153 Webページの操作を知りたい！

A 画面やアイコンをタップしてさまざまな操作が行えます。

Safariで表示されるWebページでは、さまざまな操作が行えます。Webページを閲覧している最中、文字が小さくて見づらいと感じたら、ピンチアウトすると画面が拡大表示されます。もとの表示に戻したいときは、画面をピンチインします。ページの移動もかんたんで、1つ前のWebページに戻りたいときは画面左上の＜をタップし、戻る前のWebページに進みたいときは＞をタップします。Webページ上に［戻る］や［前のページ］のようなボタンがある場合は、そこをタップしても前のWebページに戻ることができます。ニュースの速報などは短時間に何度も新しい情報が追加されていくため、Webページを最新の状態にしたいときは、検索フィールド内に表示されている↻をタップして更新します。

Webページを拡大／縮小する

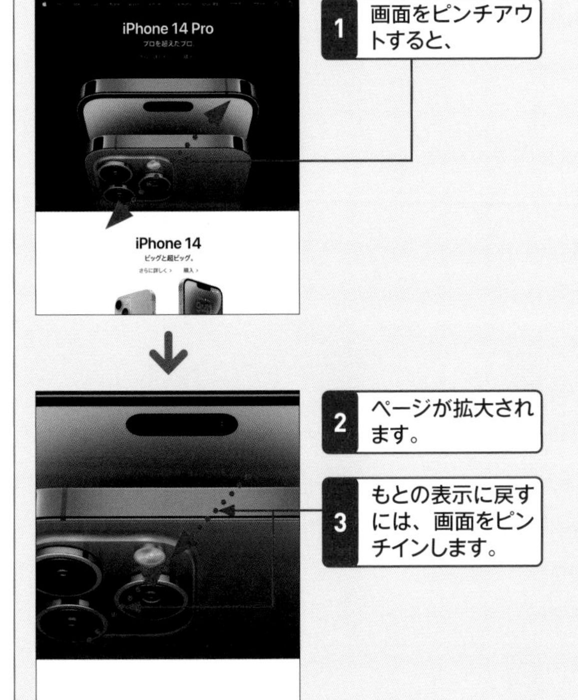

1 画面をピンチアウトすると、

2 ページが拡大されます。

3 もとの表示に戻すには、画面をピンチインします。

Webページを移動する

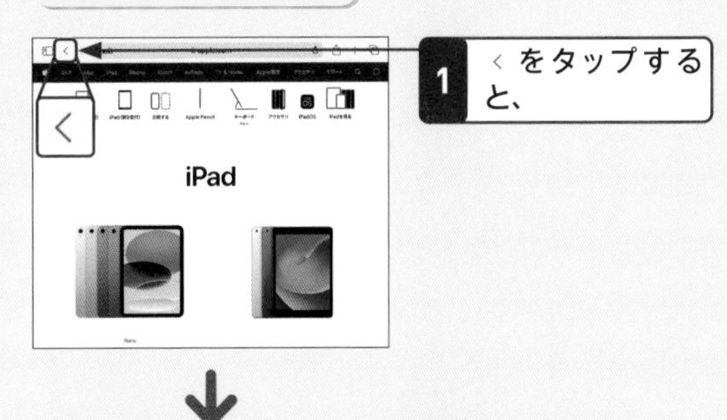

1 ＜をタップすると、

2 前のWebページが表示されます。

3 ＞をタップすると、戻る前のページに進みます。

Webページを更新する

1 ↻をタップすると、

2 Webページが更新されます。

Safari Pro Air iPad (Gen9) iPad (Gen10) mini

Q 154 URLをすばやく入力したい！

A ドメインなどを省略して入力してみましょう。

SafariでURLを入力してWebページを表示（Q.150参照）するときに、閲覧したいWebページのURLをすべて入力するのは手間がかかります。iPadでは、検索フィールドにURLを指定してWebページを閲覧するとき、「http://」や「.com」などのURLの一部の入力を省略することができます。さらに、URLの一部を入力すれば、Webページの候補が検索フィールド下部に自動表示されます。一覧から目的のURLをタップすると、すばやくWebページを表示できます。

URLの入力をうまく省略して、検索フィールドの下に表示される予測候補を利用しながら、Webページにアクセスしましょう。

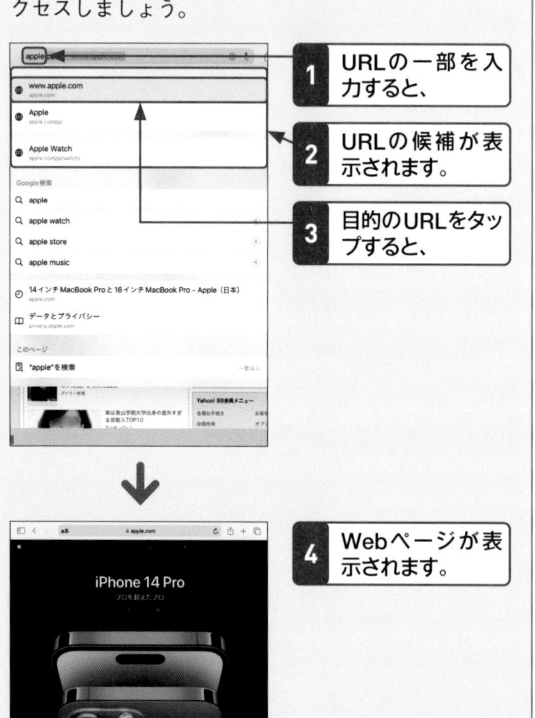

1 URLの一部を入力すると、

2 URLの候補が表示されます。

3 目的のURLをタップすると、

4 Webページが表示されます。

Q 155 Webページの文章だけを読みたい！

A 検索フィールドに表示されるリーダーを利用しましょう。

Safariでニュース記事などのWebページを閲覧しているとき、広告やメニューなどのコンテンツをなくして、文章だけをじっくり読みたいときがあります。そんなときは、検索フィールド内に表示されているぁあ→［リーダーを表示］の順にタップすると、リーダー表示へ移行し、Webページの文章のみを見ることができます。ただし、リーダー機能はすべてのWebページで利用できるわけではありません。Webページを開いた際に検索フィールドに「リーダーを使用できます」と表示されたり、ぁあをタップして「リーダーを表示」が黒く表示されたりする場合のみ、リーダー機能が利用できます。ニュース記事やコラムなど、文章をじっくり読むようなWebページは、リーダー機能が利用できることが多いので、ぜひ利用してみましょう。

1 ぁあをタップし、

2 ［リーダーを表示］をタップすると、

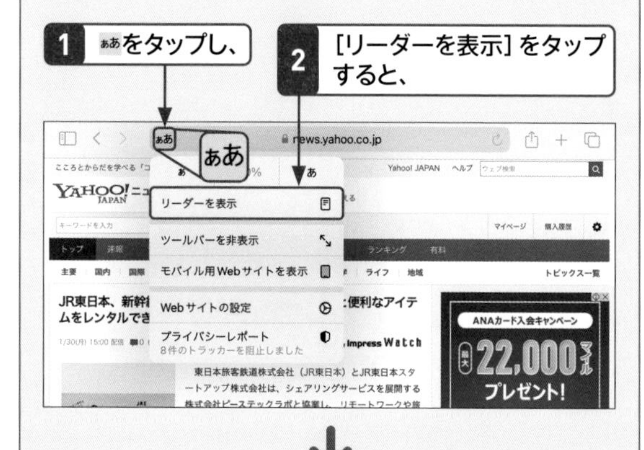

3 Webページの文章のみが表示されます。

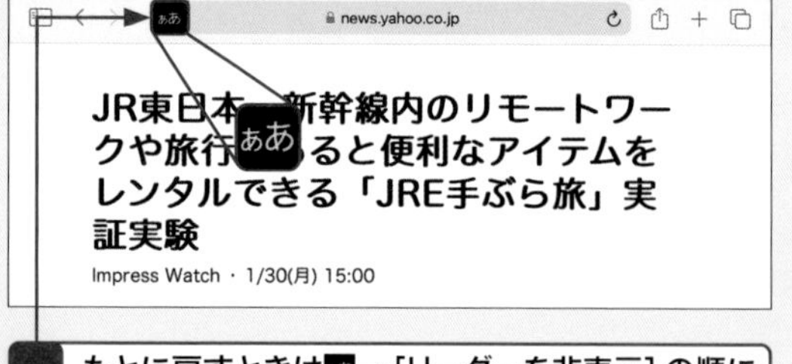

4 もとに戻すときはぁあ→［リーダーを非表示］の順にタップします。

156 リンク先を新しいタブで開きたい！

A 開きたいリンクをタッチします。

Safariでは、現在のWebページを表示しながら、新しいタブでリンク先のWebページを開くことができます。開きたいリンクをタッチして［バックグラウンドで開く］をタップすると、新しいタブにリンク先のWebページが表示されます。
また、［新規ウインドウで開く］をタップするとリンク先のWebページともとのWebページが分割されて表示され、見比べたりすることができます。

1 リンクをタッチして、

2 ［バックグラウンドで開く］をタップすると、新しいタブでリンク先のWebページが開きます。

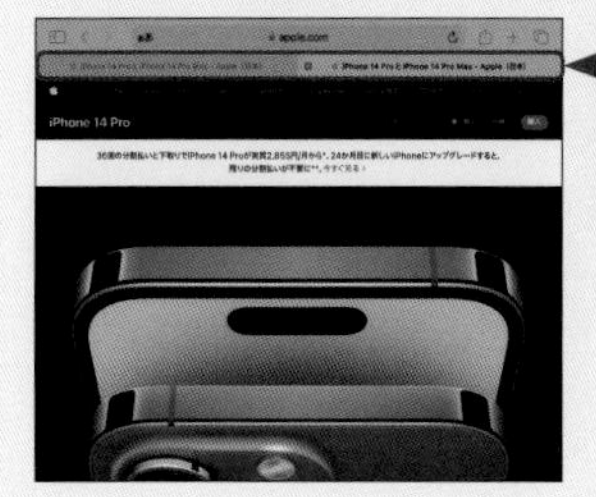

3 タブをタップすると、Webページを切り替えられます。

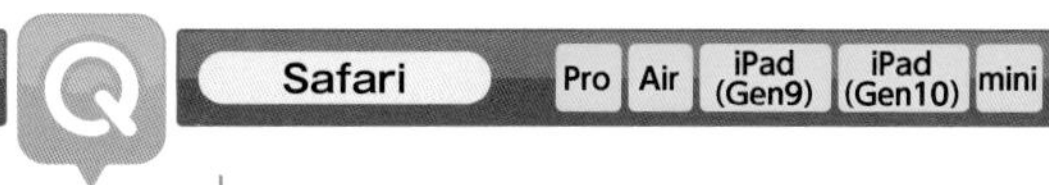

157 リンク先のページをかんたんに確認したい！

A 確認したいリンクをタッチします。

Webページを閲覧中にリンクをタッチすると、リンク先のページを開くことなくプレビュー表示することができます。［プレビューを非表示］をタップするとプレビューが非表示に、［タップしてプレビューを表示］をタップするとプレビューが表示されます。プレビューの外側をタッチすると、もとの画面に戻ります。
なお、プレビューで確認できるのはページの一部のみです。プレビューの画面をタップすると、リンク先のWebページが開きます。

1 任意のリンクをタッチすると、

2 プレビューが表示されます。

3 ［プレビューを非表示］をタップすると、

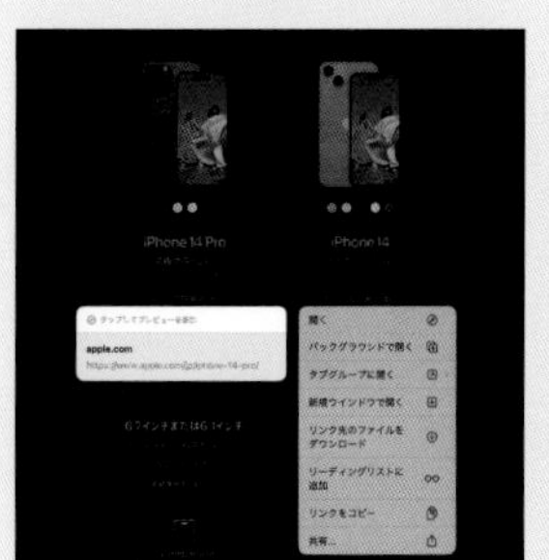

4 プレビューが非表示になります。

5 プレビューをタップするとリンク先のページが開き、プレビューの外側をタップすると、プレビューが閉じます。

Safari　Pro　Air　iPad (Gen9)　iPad (Gen10)　mini

158 新しくタブを開きたい！

A ＋をタップして新しいタブを開きます。

Safariで現在のWebページを開いたまま、ほかのことを調べたい場合や、同時に2つの検索エンジンを利用したいときなどは、新しくタブを開きましょう。画面右上の＋をタップすると、新しくタブが追加されます。すべてのタブを閲覧したいときは、□をタップすると一覧表示されます（Q.159参照）。

1 画面右上の＋をタップすると、

2 新しいタブでスタートページ（Q.151参照）が表示されます。

Safari　Pro　Air　iPad (Gen9)　iPad (Gen10)　mini

159 別のタブに切り替えたい！

A □をタップしてタブを切り替えます。

複数のタブでWebページを開いていて、別のWebページを表示したいときは、目的のWebページを開いているタブをタップします（Q.156参照）。開いているタブ数が多い場合、画面右上の□をタップすると、開いているWebページ一覧を表示できます。

1 タブの数が多いときは画面右上の□をタップし、

2 一覧から見たいWebページのタブをタップすると、

3 目的のWebページを開くことができます。

Safari Pro Air iPad (Gen9) iPad (Gen10) mini

160 タブをまとめて管理したい！

A タブグループを作成します。

Safariで複数のWebページを表示してタブが増えると、目的のタブを見つけづらくなってしまいます。Webページの内容がある程度まとまったジャンルの場合、タブをグループでまとめると便利です。

複数のタブを開いている状態で画面右上の□をタップし、[○個のタブ]→[○個のタブから新規タブグループを作成]の順にタップします。タブグループ名を入力して［保存］をタップすると、タブグループが作成されます。[空の新規タブグループ］をタップすると、スタートページのみのタブグループが作成されます。

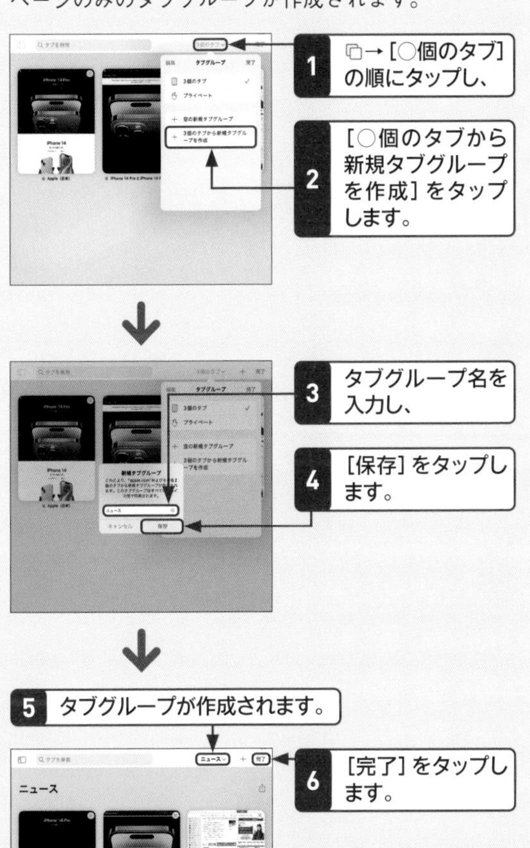

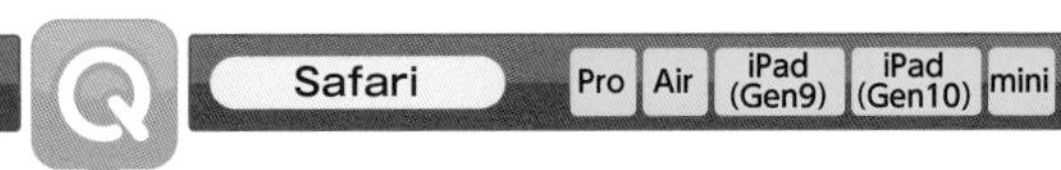

Safari Pro Air iPad (Gen9) iPad (Gen10) mini

161 タブグループを編集したい！

A タブを並べ替えたり固定したりできます。

作成したタブグループでは、タブを並べ替えたり、特定のタブを固定表示したりすることができます。タブを並べ替えるには、タブグループで任意のタブをタッチし、[タブの表示順序]をタップして、[タブをタイトル順に並べ替える]か［タブをWebサイト順に並べ替える]のどちらかをタップします。また、任意のタブをドラッグして移動させることで並べ替えることも可能です。タブを固定するには、タブグループで任意のタブをタッチし、[タブを固定]をタップします。固定されたタブはタブグループの画面上部に表示され、Webページを開いたときも常に先頭のタブに固定されます。

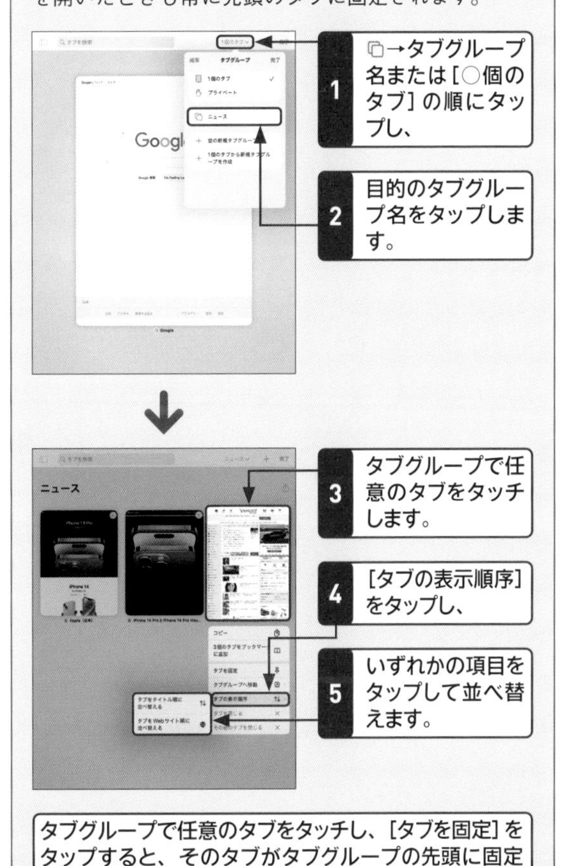

タブグループで任意のタブをタッチし、［タブを固定］をタップすると、そのタブがタブグループの先頭に固定されます。

Safari　Pro　Air　iPad (Gen9)　iPad (Gen10)　mini

162 タブを閉じたい！

A タブ上の☒または×をタップしてタブを閉じます。

タブを複数開いているときに、不要なタブを閉じるときは、タブの左端にある☒をタップします。また、Q.159手順**2**の一覧画面で不要なタブの右端にある×をタップしても、タブを閉じることができます。画面に表示していたWebページのタブを閉じた場合は、別のWebページが自動表示されます。

タブの左端にある☒をタップすると、タブが閉じます。

一覧画面でタブの右端にある×をタップすると、タブが閉じます。

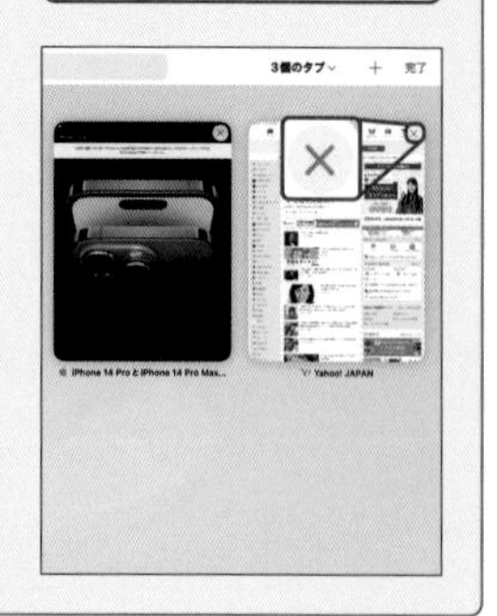

Safari　Pro　Air　iPad (Gen9)　iPad (Gen10)　mini

163 タブグループを削除したい！

A タブグループの編集画面から削除します。

作成したタブグループは、タブグループを表示し、タブグループ名または［○個のタブ］→［編集］の順にタップして表示される画面から削除できます。削除したいタブグループ名の⊖をタップし、［削除］をタップすると、タブグループが削除されます。削除が完了したら、［完了］をタップして戻ります。

1 タブグループを表示し、タブグループ名または［○個のタブ］をタップして、

2 ［編集］をタップします。

3 削除したいタブグループ名の⊖をタップし、

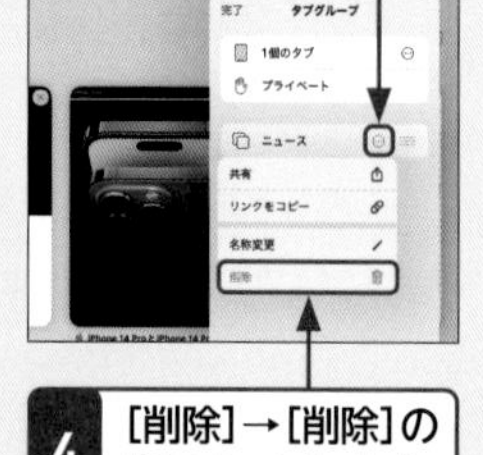

4 ［削除］→［削除］の順にタップします。

Safari　Pro　Air　iPad (Gen9)　iPad (Gen10)　mini

164 前のWebページに一気に戻りたい！

A ＜をタッチします。

表示しているWebページを戻す際、何度も＜をタップするのは面倒です。そのようなときは、＜をタッチして、閲覧したWebページの履歴を表示し、一気に前のWebページに戻りましょう。同じWebサイトで複数のWebページを開いている場合は、各サイトごとに閲覧したWebページの履歴が表示されます。

1 ＜をタッチすると、

2 Webページの履歴が表示されます。

Q Safari Pro Air iPad (Gen9) iPad (Gen10) mini

165 以前見たWebページをもう一度見たい!

A 「履歴」を利用します。

過去にアクセスしたWebページを表示したいときは、画面左上の□をタップし、[履歴]をタップしましょう。その日から9日前までの閲覧履歴が表示され、閲覧したいページ名をタップすると、Webページが開きます。履歴は直近分と日付ごとのフォルダで表示されます。

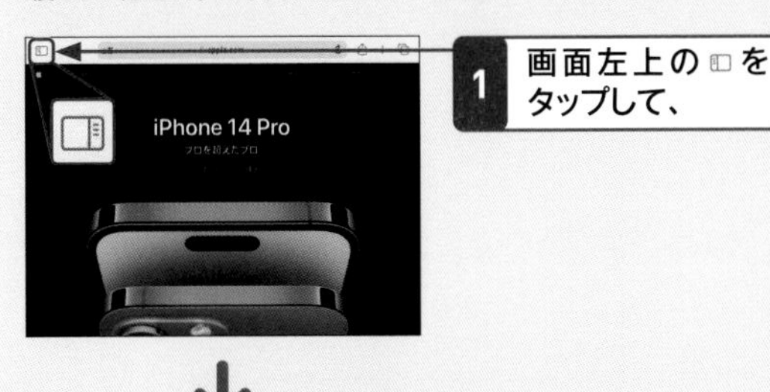

1 画面左上の□をタップして、

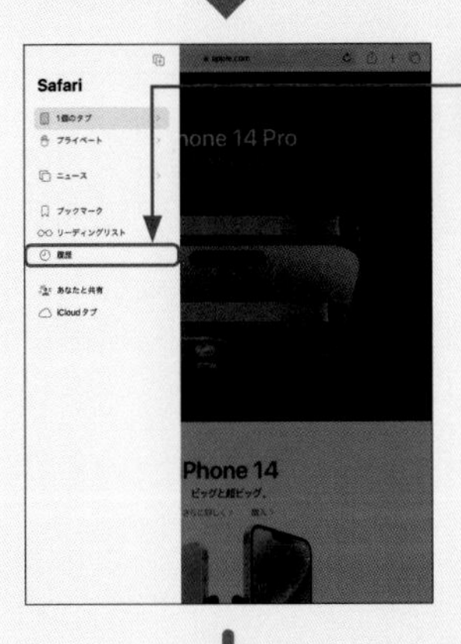

2 [履歴]をタップすると、

3 閲覧したWebページの履歴が表示されます。

タップするとWebページが表示されます。

履歴は曜日や日付ごとに分類されています。

Q Safari Pro Air iPad (Gen9) iPad (Gen10) mini

166 開いているタブを一度に全部閉じたい!

A □または[完了]をタッチします。

開いているタブをまとめて一度に閉じる場合は、Safariで画面右上の□をタッチし、[○個のタブをすべて閉じる]→[○個のタブをすべて閉じる]の順にタップします。すべてのタブを閉じると、スタートページが表示されます(Q.151参照)。また、□をタップして[完了]をタッチしても、同じ項目が表示されます。

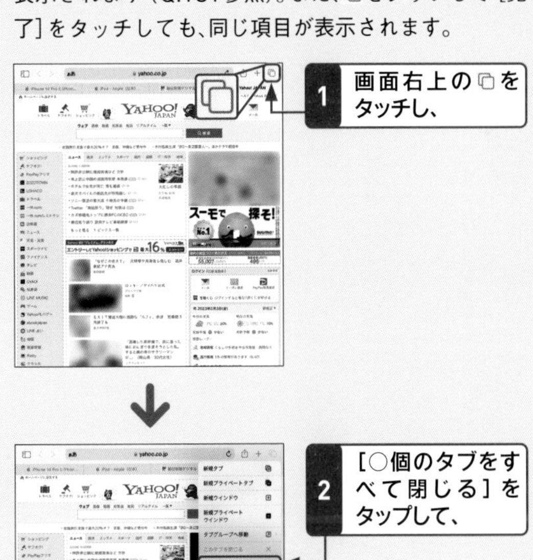

1 画面右上の□をタッチし、

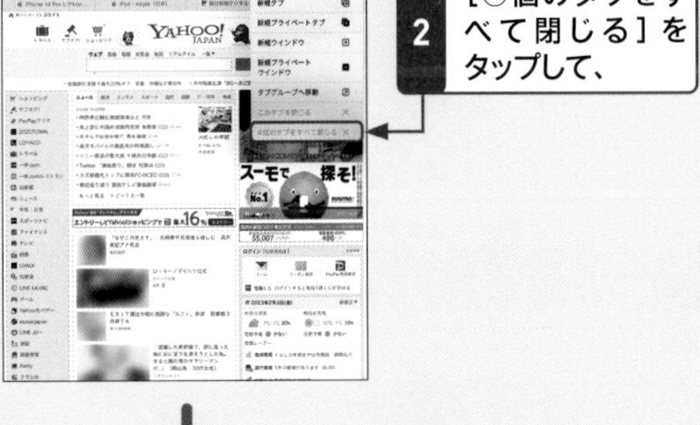

2 [○個のタブをすべて閉じる]をタップして、

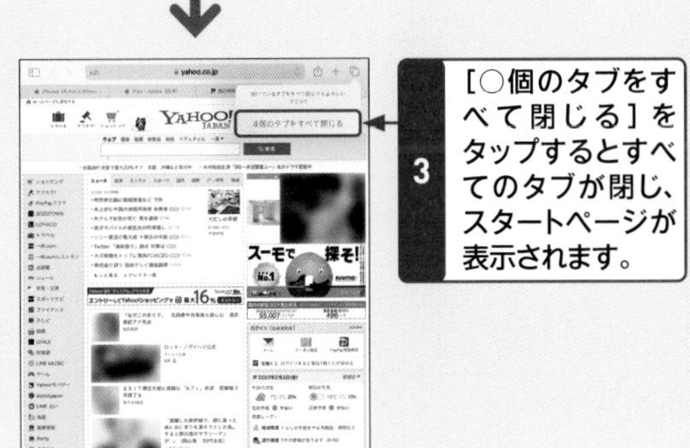

3 [○個のタブをすべて閉じる]をタップするとすべてのタブが閉じ、スタートページが表示されます。

Safari Pro Air iPad (Gen9) iPad (Gen10) mini

167 タブグループを共有したい!

A から共有します。

作成したタブグループは、「メッセージ」アプリや「メール」アプリなどでほかの人に共有することができます。Safariで任意のタブグループを表示し、画面右上のをタップすると、共有できるアプリが表示されます。利用したいアプリをタップすると、タブグループのリンクが付いた状態でアプリが起動するので、宛先や本文を入力して、タブグループを共有します。共有したタブグループは、全員で編集や更新をすることができます。

1 共有したいタブグループを表示し、をタップします。

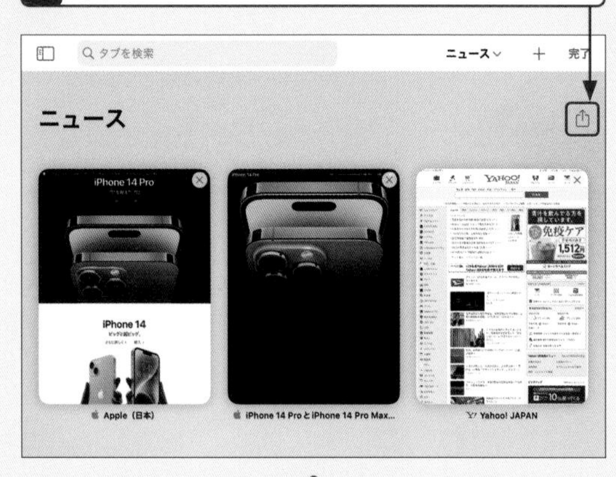

2 共有できるアプリが表示されます。任意のアプリをタップし、タブグループを共有します。

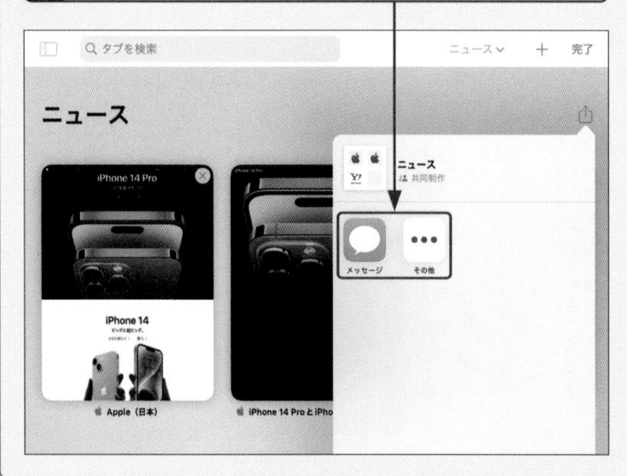

168 Webページの画像を保存したい!

A 保存したい画像をタッチします。

SafariでWebページを閲覧しているときに、ページ内でiPadに保存したい画像を見つけたら、画像をタッチしましょう。表示されるメニューで［"写真"に保存］をタップすると、カメラロール内に画像を保存されます。［コピー］をタップすると、メールなどに画像をペーストできます。

1 画像をタッチして、

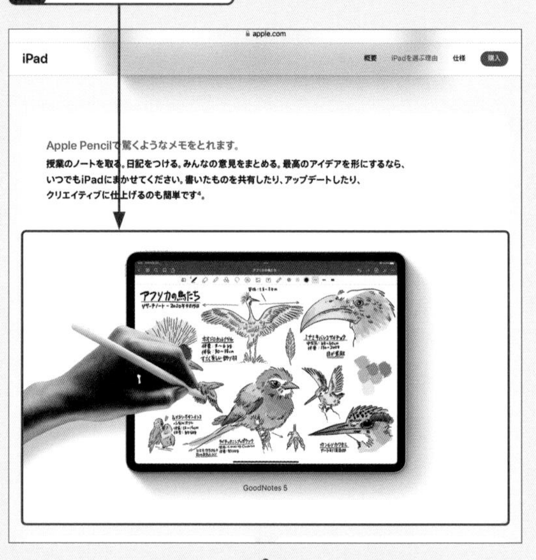

2 ［"写真"に保存］をタップします。

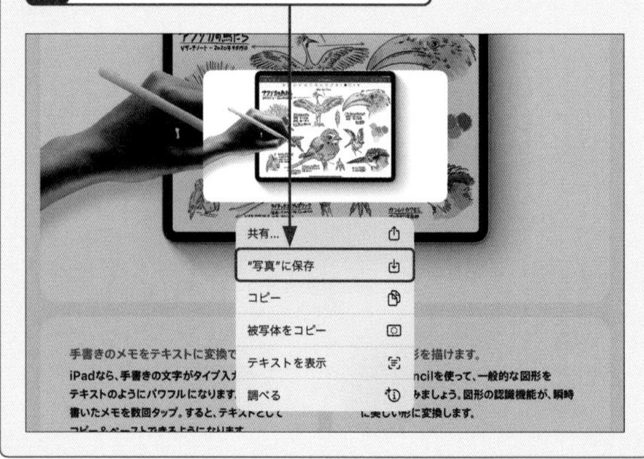

4 インターネットとSafari

Safari　Pro　Air　iPad (Gen9)　iPad (Gen10)　mini

169 閲覧履歴と検索履歴を消したい！

A 「履歴」から削除します。

閲覧したWebページや検索の履歴は、かんたんに消去することができます。Safariで画面左上の→[履歴]の順にタップし、画面右下の［消去］をタップします。いずれかの項目をタップすると、履歴が消去されます。履歴を残さずにWebページを閲覧したい場合は、プライベートブラウズモードを利用するとよいでしょう(Q.171参照)。閲覧履歴、検索履歴、Cookieをすべて一括で削除したい場合は、[すべて]をタップするか、Q.185を参考に「設定」アプリから操作しましょう。

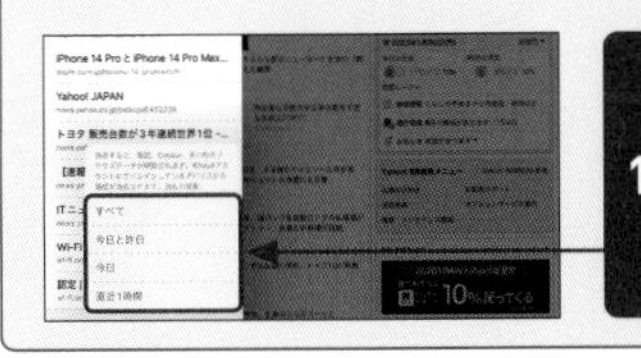

1 →［履歴］→［消去］の順にタップし、いずれかの項目をタップします。

Safari　Pro　Air　iPad (Gen9)　iPad (Gen10)　mini

170 Safariでパソコン版のWebページを表示したい！

A 「デスクトップ用Webサイト」に切り替えます。

SafariでWebページを開くと、モバイル版のレイアウトで表示される場合があります。パソコン版のレイアウトでWebページを閲覧したい場合は、検索フィールド内に表示されているぁあ→[デスクトップ用Webサイトを表示]の順にタップしましょう。また、ホーム画面で［設定］→[Safari]→[デスクトップ用Webサイトを表示]の順にタップして設定を行えば、すべてのWebページをパソコン版で閲覧できるようになります。

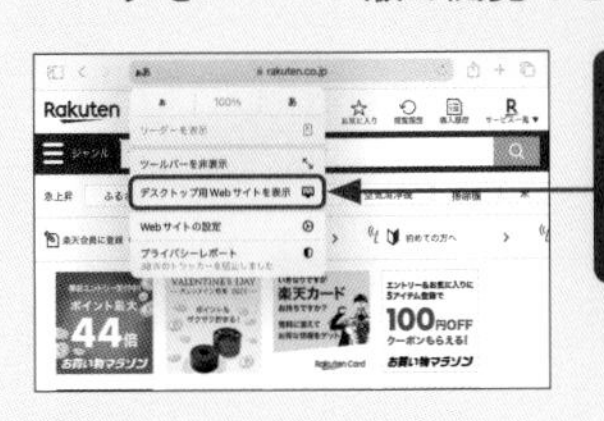

1 ぁあ→［デスクトップ用Webサイトを表示］の順にタップします。

Safari　Pro　Air　iPad (Gen9)　iPad (Gen10)　mini

171 閲覧履歴などを残さずにWebページを見たい！

A プライベートブラウズモードを利用します。

Safariでは、Webページの閲覧履歴や検索履歴、入力情報が保存されないプライベートブラウズモードが利用できます。プライバシーを重視したい内容を扱う場合などに利用するとよいでしょう。
プライベートブラウズモードは、Safariで画面右上の→タブグループ名または［○個のタブ］→［プライベート］→［完了］の順にタップして表示できます。プライベートブラウズモードを終了するには、手順3の画面で［プライベート］→タブグループ名または［○個のタブ］→［完了］の順にタップします。

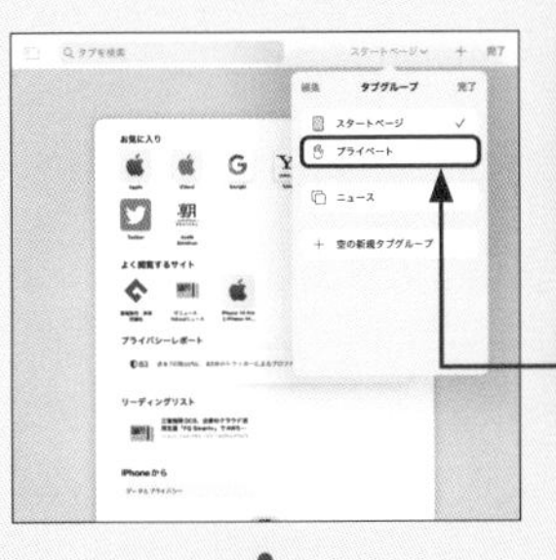

1 画面右上の→タブグループ名または［○個のタブ］の順にタップし、

2 ［プライベート］をタップして、

3 ［完了］をタップします。

4 プライベートブラウズモードが利用できるようになります。

Safari　Pro　Air　iPad (Gen9)　iPad (Gen10)　mini

172 Webページ内の文字を検索したい！

A Webページを開いたまま、検索したい文字を検索フィールドに入力します。

Safariの検索フィールドを利用すると、Webページ内の文字を検索できます。参照したい項目が見つからないときや、知りたい部分だけを閲覧したいときなどに活用しましょう。検索結果は黄色くハイライトで表示されます。検索結果が複数ある場合は、画面左下に表示される∧ ∨をタップすると、前後の検索結果に移動できます。

1 検索フィールドをタップし、

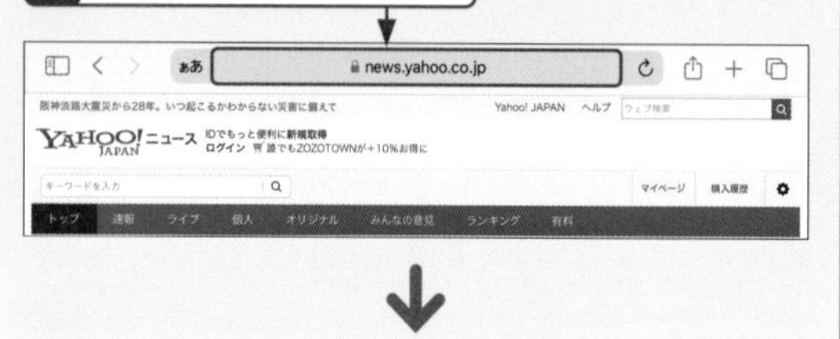

2 探したい文字を入力します。

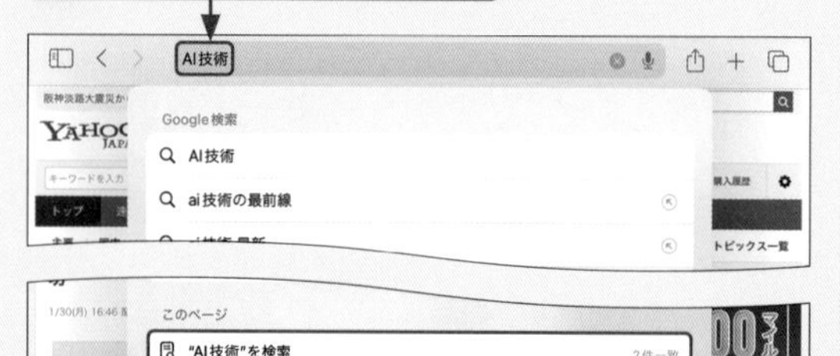

3 「このページ」欄に検索が何件一致したか表示されるので、［"○○"を検索］をタップすると、

4 検索結果が表示されます。

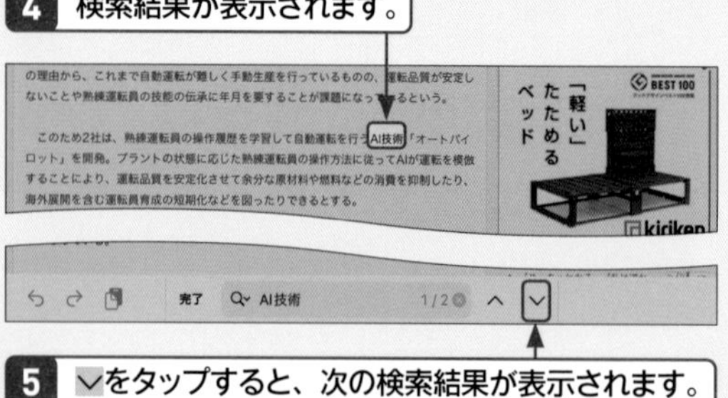

5 ∨をタップすると、次の検索結果が表示されます。

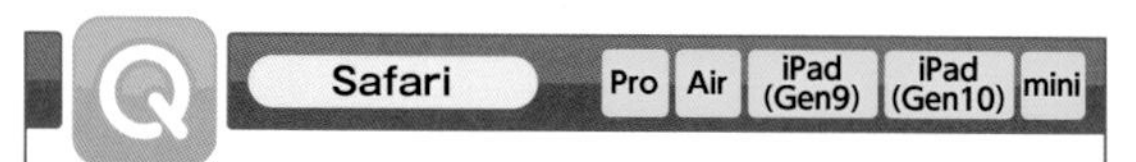

173 インターネットを検索したい！

A 検索フィールドにキーワードを入力します。

Safariでは、検索フィールドにURLを直接入力する（Q.150参照）だけでなく、キーワードを入力することでもWebページの検索ができます。検索フィールドに検索したいキーワードを入力して［開く］、または↵をタップすると、検索エンジン（初期設定ではGoogle）の検索結果が表示されます。

1 検索フィールドをタップし、

2 検索したいキーワードを入力して、

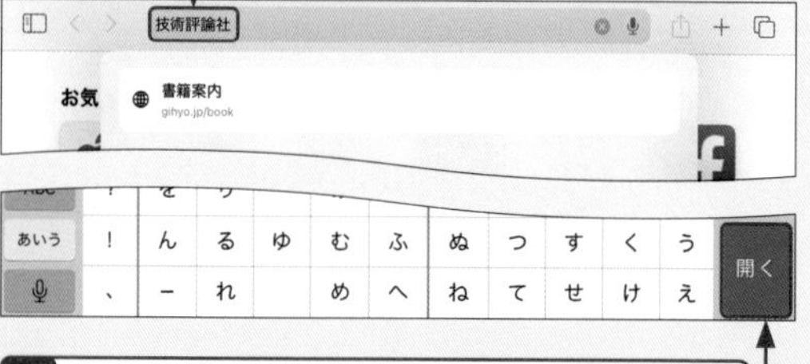

3 キーボードの［開く］、または↵をタップします。

4 検索結果が表示されます。

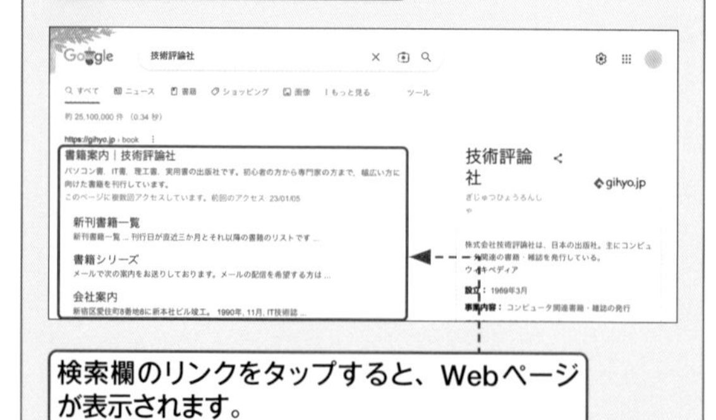

検索欄のリンクをタップすると、Webページが表示されます。

Safari

Pro Air iPad (Gen9) iPad (Gen10) mini

Q 174 Webページ内の単語の意味を調べたい!

A 調べたい単語を選択して[調べる]をタップします。

Webページ中の単語をタッチなどで選択(Q.107参照)して、[調べる]をタップすると、単語の意味を調べられます。わざわざ辞書アプリやWebサイトで調べる必要がないので便利です。事前にホーム画面で[設定]→[一般]→[辞書]の順にタップし、必要な辞書をダウンロードしておきます。辞書を閉じたいときは、辞書の説明画面以外の箇所をタップします。

1 単語を選択して[調べる]をタップすると、

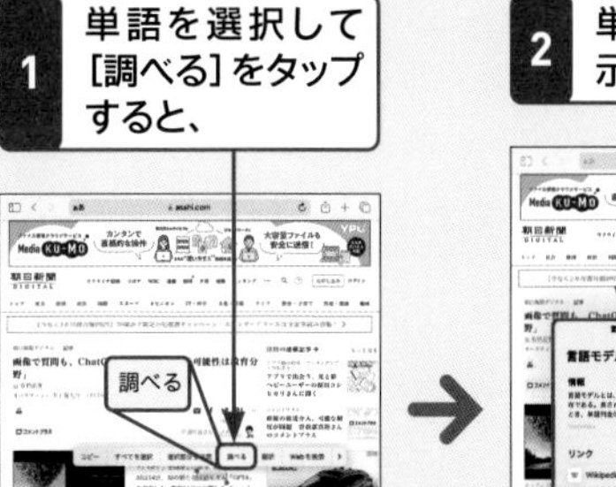

2 単語の意味が表示されます。

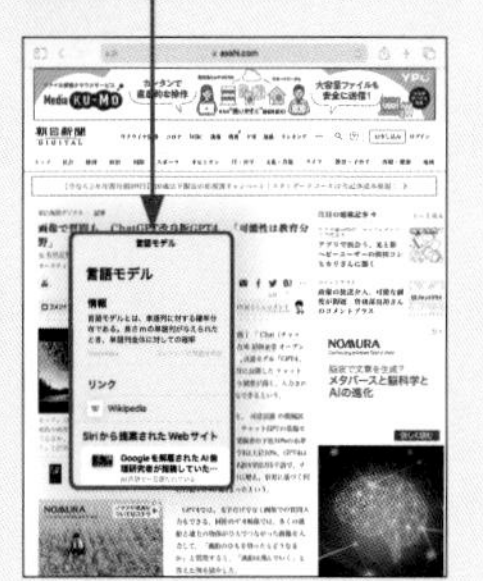

Safari

Pro Air iPad (Gen9) iPad (Gen10) mini

Q 175 検索エンジンを変更したい!

A 「検索エンジン」から変更できます。

検索エンジンは、普段使い慣れているものを利用したほうが便利です。iPadで使用する検索エンジンは、「Google」「Yahoo」「Bing」「DuckDuckGo」「Ecosia」の5種類から選択できます。初期設定ではGoogleに設定されていますが、変更後に検索フィールドを利用すると、指定された検索エンジンで検索されます。

1 ホーム画面で[設定]→[Safari]の順にタップし、[検索エンジン]をタップします。

2 変更したい検索エンジンをタップします。

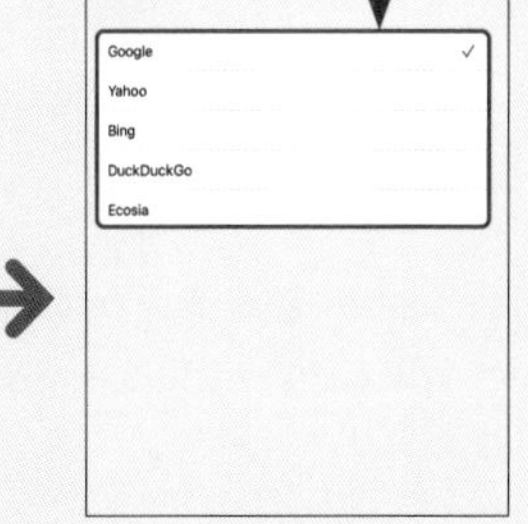

Safari

Pro Air iPad (Gen9) iPad (Gen10) mini

Q 176 別のブラウザを使いたい!

A 別のブラウザをインストールします。

iPadのブラウザは初期状態でインストールされているSafariの利用が基本ですが、別のブラウザアプリをインストールすることも可能です。Q.333を参考に「Google Chrome」「Yahoo! JAPAN」「Microsoft Edge」「Firefox」など、任意のブラウザアプリをインストールしましょう。

1 Q.333を参考にブラウザアプリをインストールし、

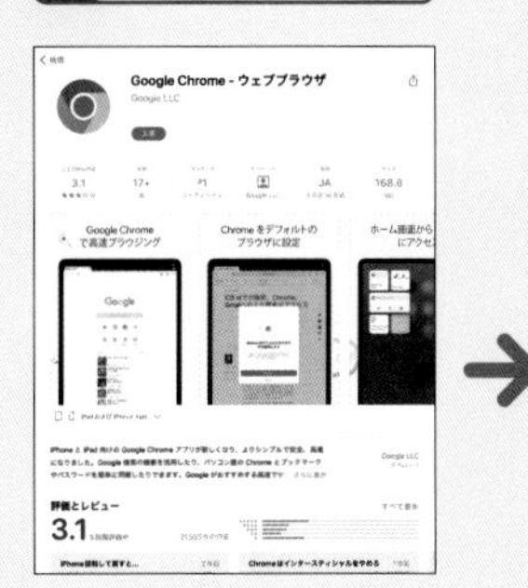

2 ホーム画面でアプリのアイコンをタップしてブラウザを利用します。

ブックマーク　Pro　Air　iPad (Gen9)　iPad (Gen10)　mini

177 Webページをブックマークに登録したい！

A ブックマークに登録したいWebページで をタップします。

閲覧頻度の高いWebページは、ブックマークに登録すると便利です。登録したいWebページを表示し、画面右上の →［ブックマークを追加］→［保存］の順にタップすると、ブックマークに登録できます。初期状態では、「お気に入り」フォルダに保存されます。フォルダを変更する場合は、「場所」のフォルダ名をタップします。

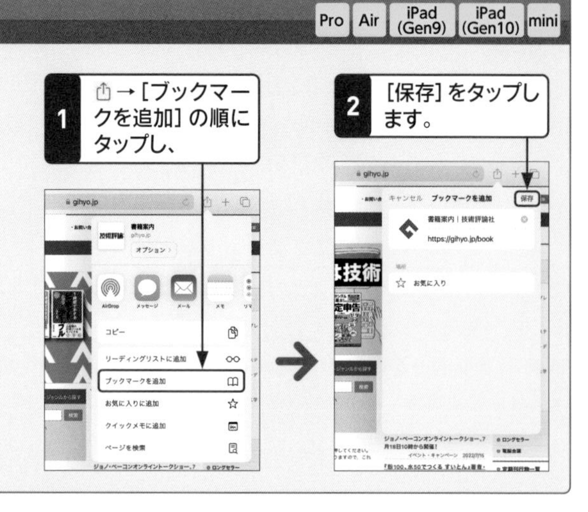

ブックマーク　Pro　Air　iPad (Gen9)　iPad (Gen10)　mini

178 ブックマークに登録したWebページを表示するには？

A をタップします。

画面左上の をタップし、［ブックマーク］→［お気に入り］の順にタップすると、ブックマークに登録したWebページが一覧表示されます。閲覧したいブックマーク名をタップすると、目的のWebページが表示されます。履歴やリーディングリストが表示された場合は、画面左上の［Safari］をタップしてメニューに戻りましょう。

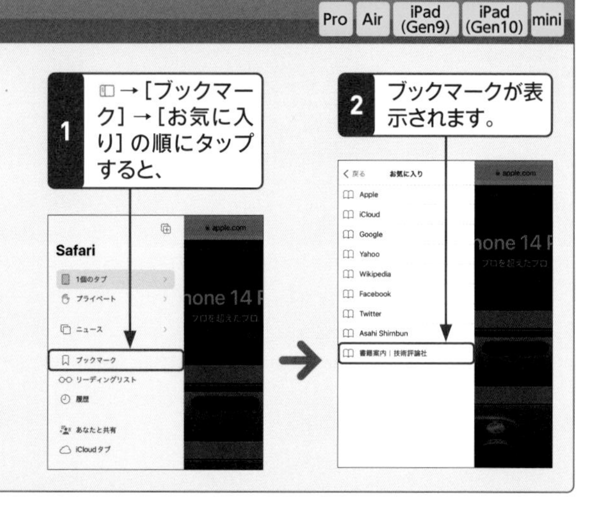

ブックマーク　Pro　Air　iPad (Gen9)　iPad (Gen10)　mini

179 ブックマークを削除したい！

A ブックマークの編集画面から削除できます。

ブックマークに登録したWebページを削除したいときは、ブックマークを表示して画面右下の［編集］をタップし、削除したいWebページ名の →［削除］→［完了］の順にタップします。また、削除したいWebページ名を左方向にスワイプし、［削除］をタップすることでも削除できます。

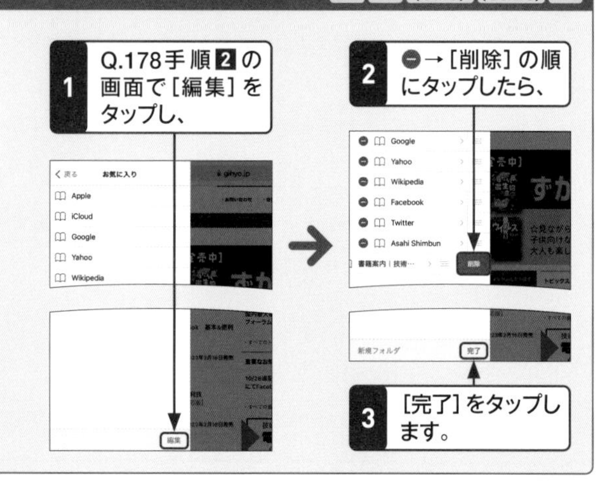

180 お気に入りバーって何？

A ツールバーの下に表示される「お気に入り」のブックマークのことです。

お気に入りバーとは、Safariのツールバーの下部に表示される「お気に入り」のブックマークのことです。お気に入りバーを表示しておけば、ブックマークを開くことなく「お気に入り」に登録したWebページをすばやく閲覧できて便利です。ホーム画面で［設定］→［Safari］の順にタップし、「お気に入りバーを表示」の をタップして にすると、Safariのツールバーの下部にお気に入りバーが表示されるようになります。

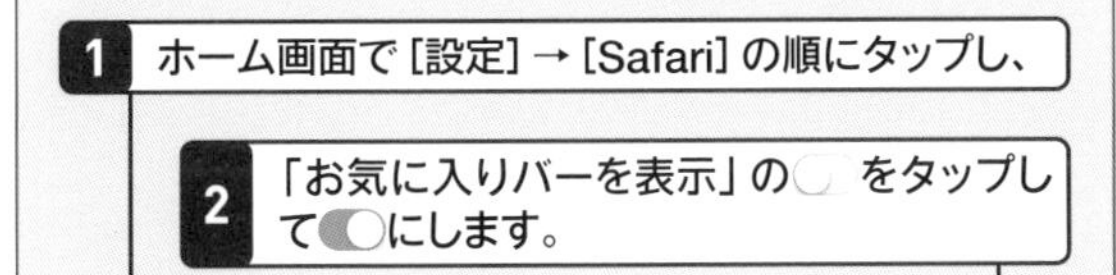

3 Safariを開くと、

4 お気に入りバーが表示されます。

181 よく開くブックマークをかんたんに開きたい！

A ホーム画面にリンクを追加します。

毎日開くようなWebページをブックマークよりもさらにすばやく閲覧したいときは、ホーム画面にリンクを追加しましょう。よく開くWebページを表示し、画面右上の→［ホーム画面に追加］の順にタップします。必要に応じて名前を変更し、［追加］をタップすると、ホーム画面にリンクが追加されます。

1 リンクを作成したいWebページを表示します。

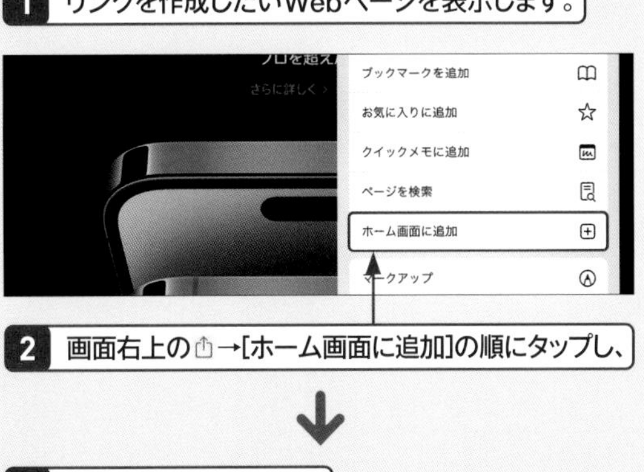

2 画面右上の→［ホーム画面に追加］の順にタップし、

3 ［追加］をタップすると、

4 ホーム画面にリンクのアイコンが追加され、タップするとWebページが開きます。

リーディングリスト　Pro　Air　iPad (Gen9)　iPad (Gen10)　mini

Q 182 リーディングリストを利用したい！

A あとで読みたいWebページを保存できる機能です。

気になるWebページをあとでゆっくり見たい場合は、リーディングリストを利用しましょう。リーディングリストを利用するには、Safariで保存したいWebページを表示し、画面右上の⎙→[リーディングリストに追加]の順にタップしたら、[自動的に保存]（オフラインでも利用したい場合）か［自動的に保存しない］のいずれかをタップします。Safariで画面左上の◫をタップし、[リーディングリスト]をタップすると、リーディングリストに追加したWebページが一覧表示されます。画面左下の［未読のみ表示］をタップすると、まだ見ていないWebページのみを表示できます。

1 画面右上の⎙→［リーディングリストに追加］の順にタップし、

2 「オフライン用のリーディングリスト記事を自動的に保存しますか？」画面で［自動的に保存］か［自動的に保存しない］のいずれかをタップします。

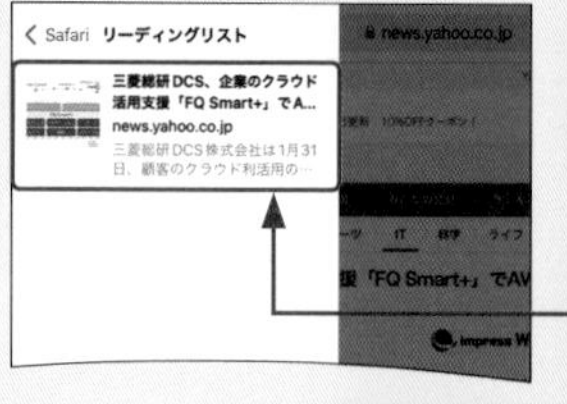

3 ◫→［リーディングリスト］の順にタップすると、

4 リーディングリストが表示されます。

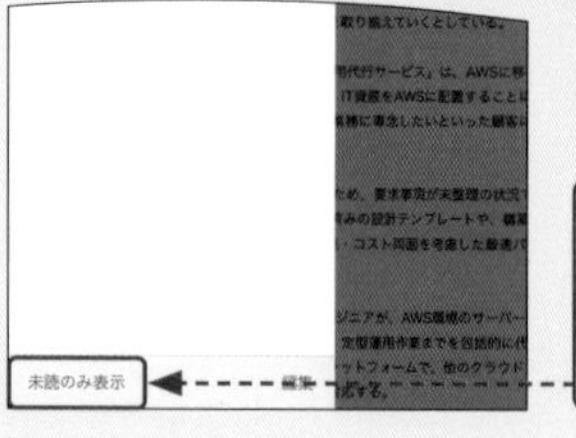

［未読のみ表示］をタップすると、まだ見ていないWebページのみを表示できます。

セキュリティ　Pro　Air　iPad (Gen9)　iPad (Gen10)　mini

Q 183 Cookieって何？

A Webサイトが訪問者の情報を記録するための機能です。

Cookieは、Webサイトの運営側が、サイトに訪れたユーザーの訪問回数や、最後に訪れた日時などの情報を一時的に記録させる機能です。SNSのWebサイトなどでログイン時のアカウントを記憶するときや、ネットショッピングのカート機能などに利用されています。訪問したWebサイトでCookieの利用のポップアップが表示された際には、同意するか拒否するかを選択する必要があります。

なお、WebサイトのCookieの利用については、各Webサイトの「プライバシーポリシー」や「個人情報保護方針」などのページから確認できます。

ショッピングサイトなどでは、アカウントの記録のためにCookieの利用についての同意を求めるポップアップが表示されることがあります。

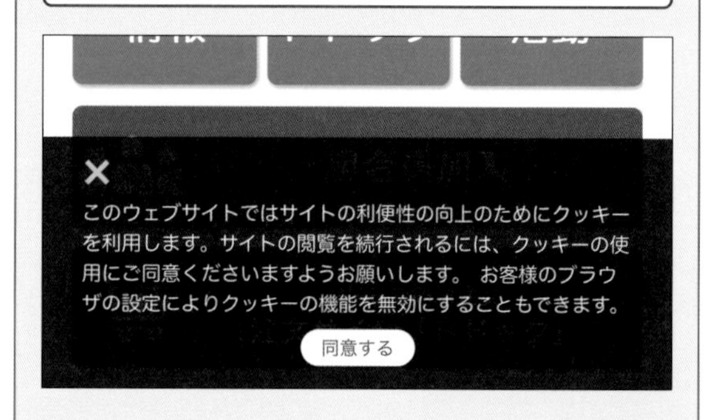

各サイトの「プライバシーポリシー」や「個人情報保護方針」などから、Cookieの利用についての詳細を確認できます。

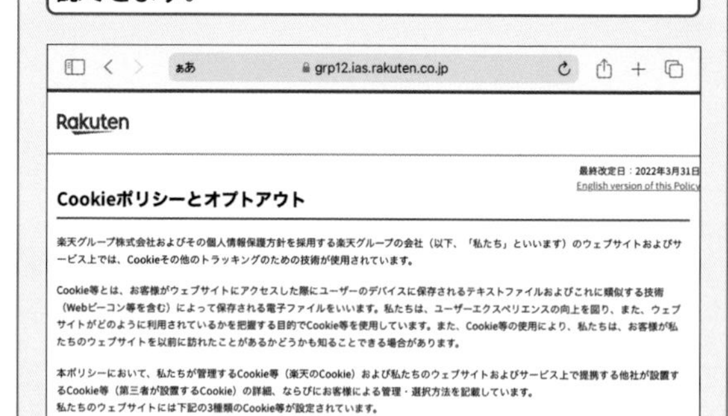

セキュリティ Pro Air iPad (Gen9) iPad (Gen10) mini

Q 184 Cookieをブロックしたい！

A 「すべてのCookieをブロック」を有効にします。

Cookieを拒否するには、ホーム画面で［設定］→［Safari］の順にタップし、「すべてのCookieをブロック」のをタップします。「すべてのCookieをブロックしてもよろしいですか？」画面が表示されるので、［すべてブロックする］をタップしましょう。なお、プライベートブラウズモード（Q.171参照）を利用している場合、Cookieを利用することはできません。

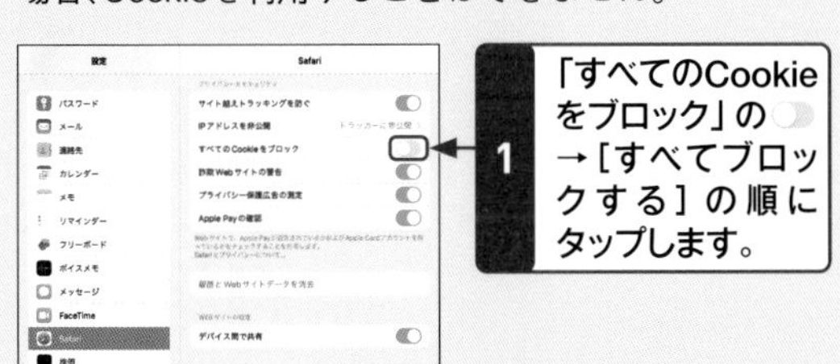

1 「すべてのCookieをブロック」のをタップし→［すべてブロックする］の順にタップします。

セキュリティ Pro Air iPad (Gen9) iPad (Gen10) mini

Q 185 Cookieを削除したい！

A 「履歴とWebサイトデータを消去」から削除します。

Cookieは同じWebページに何度もアクセスするときに便利ですが、ほかの人にiPadを貸す場合などには、セキュリティ面に不安を残します。そのような場合には、Cookieの情報を削除しましょう。ホーム画面で［設定］→［Safari］の順にタップし、［履歴とWebサイトデータを消去］→［消去］の順にタップします。なお、この操作をすると、閲覧や検索の履歴も消去されます。Webページの閲覧履歴だけを削除したい場合は、Q.169を参照して履歴を消去しましょう。

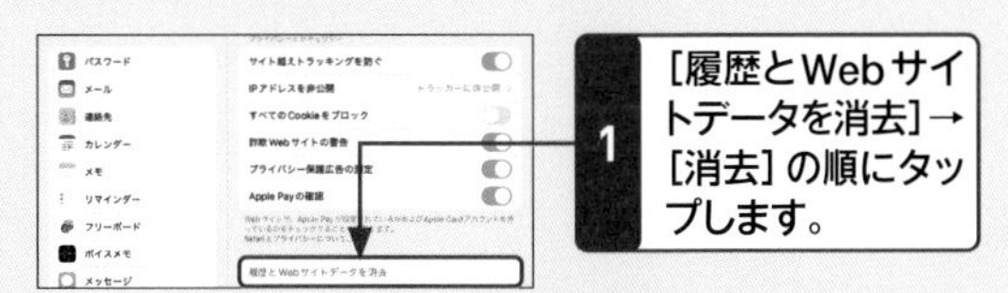

1 ［履歴とWebサイトデータを消去］→［消去］の順にタップします。

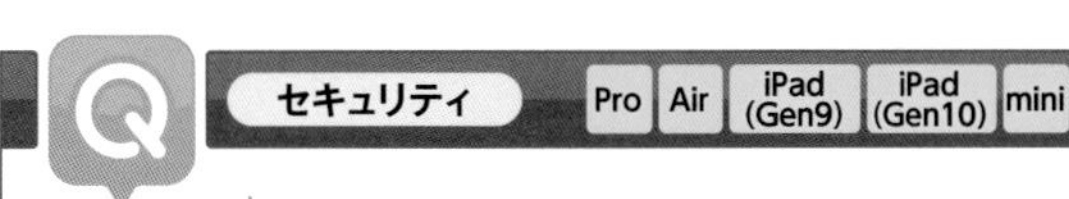

セキュリティ Pro Air iPad (Gen9) iPad (Gen10) mini

Q 186 トラッキングって何？

A 利用者情報の収集のことです。

ゲームなどの広告が表示されるアプリを起動した際、アプリのトラッキングの許可を確認する画面が表示されることがあります。これは、ユーザーの行動を記録したり追跡したりする機能で、利用履歴をもとに広告を表示する際などに利用されます。iPadでは［Appにトラッキングしないように要求］か［許可］のいずれかを選択できます。

広告が表示されるアプリでは、トラッキングの許可を求める画面が表示されます。

セキュリティ Pro Air iPad (Gen9) iPad (Gen10) mini

Q 187 トラッキングをブロックしたい！

A ドラッグしてページを入れ替えます。

利用履歴をもとにした広告を一切表示したくない場合は、トラッキングを拒否することが可能です。ホーム画面で［設定］→［プライバシーとセキュリティ］→［トラッキング］の順にタップし、「Appからのトラッキング要求を許可」のをタップしてにすると、アプリのトラッキングの許可画面を表示しなくなるので、つまりトラッキングを拒否することになります。

1 「Appからのトラッキング要求を許可」のをタップしてにします。

188 広告のポップアップなどを出ないようにしたい！

A ポップアップブロックや機能拡張のコンテンツブロッカーを利用します。

SafariでWebページを表示すると、さまざまな広告やポップアップが表示されます。これらを表示したくないという場合は、iPadの設定の変更やアプリのインストールが必要です。
ポップアップを表示しないようにするには、ホーム画面で［設定］→［Safari］の順にタップし、「ポップアップブロック」の をタップして にします。
広告を表示しないようにするには、Safariの機能拡張を利用します。ホーム画面で［設定］→［Safari］→［機能拡張］→［機能拡張を追加］の順にタップしてApp Storeを開き、任意のコンテンツブロッカーアプリをインストールして必要な設定を行うと、広告が表示されなくなります。

ポップアップをブロックする

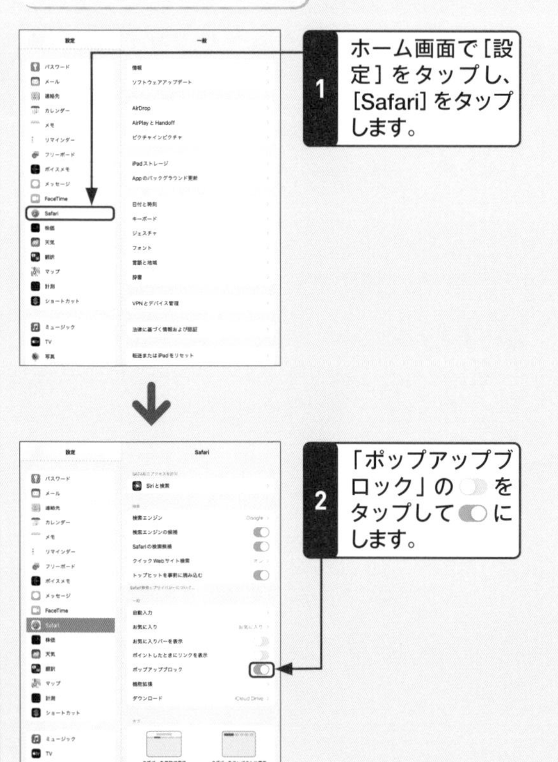

1 ホーム画面で［設定］をタップし、［Safari］をタップします。

2 「ポップアップブロック」の をタップして にします。

広告をブロックする

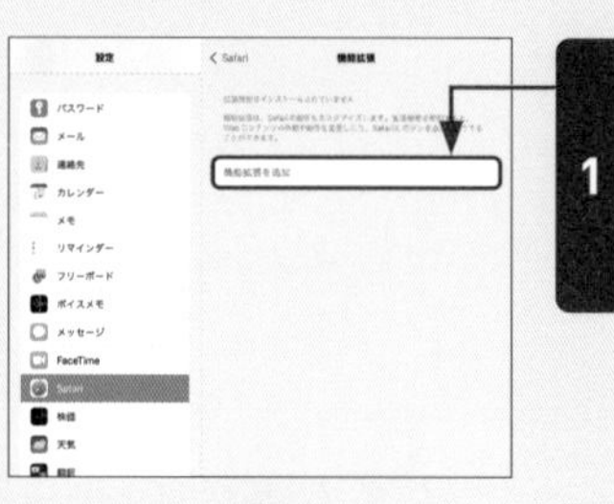

1 「Safari」画面で［機能拡張］をタップし、［機能拡張を追加］をタップします。

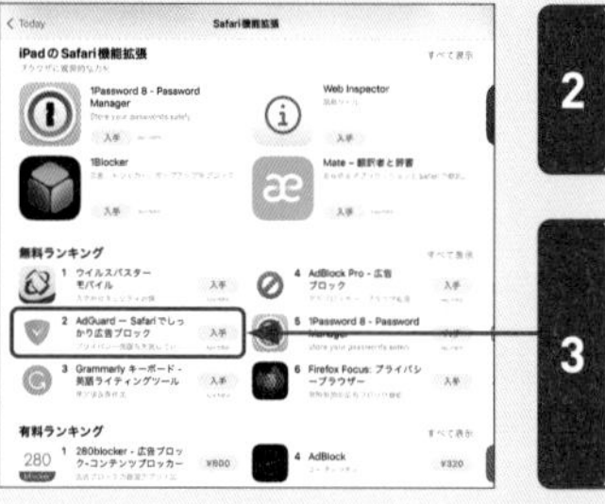

2 App Storeの機能拡張のカテゴリが表示されます。

3 利用したいコンテンツブロッカー（ここでは「AdGuard」）をインストールします。

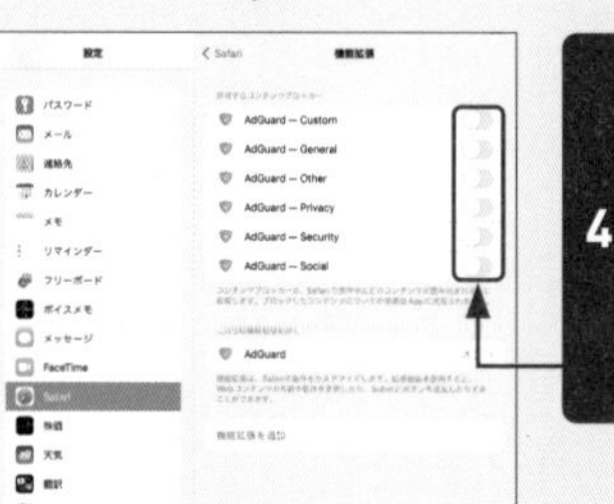

4 インストールが完了したら手順1の画面に戻り、コンテンツブロッカーの項目の をすべてタップして にします。

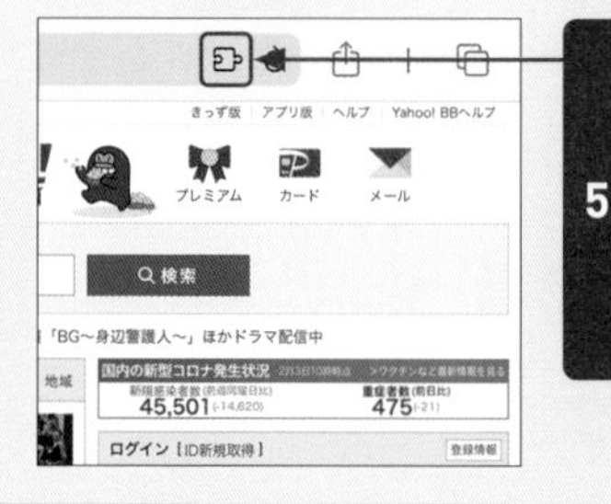

5 Safariを起動すると検索フィールド内にコンテンツブロッカーのアイコンが表示され、広告が表示されなくなります。

第5章

メールと連絡先の「こんなときどうする?」

189 iPadで使えるメールはどんなものがあるの？

A 各種メールサービスやiMessageなどが利用できます。

iPadは、Appleのクラウドサービス「iCloud」のiCloudメールのほか、GmailやYahoo!メールといった有名なWebメールサービス、企業のメールサーバーとしてよく利用されるMicrosoft Exchangeなどにも対応しています。

Wi-Fi + Cellularモデルは、ドコモ、au、ソフトバンクといった携帯電話会社のメールサービスを利用することもできます。ドコモでは「ドコモメール（○○@docomo.ne.jp）」、auでは「auメール（○○@ezweb.ne.jp、○○@au.com）」、ソフトバンクでは「Eメール（i）（○○@i.softbank.jp）」、楽天モバイルでは「楽メール（○○@rakumail.jp）」という名称でメールサービスが提供されています。これらは、「メール」アプリから使用します。

ただし、電話番号でメッセージの送受信ができるSMSは、Wi-Fiモデル、Wi-Fi + Cellularモデルのいずれも利用できません。そのため、SMS認証が必要なサービスは利用できない点に注意が必要です。一方、iPadやiPhoneなどのApple製品同士であれば「iMessage」が「メッセージ」アプリで利用できます。「iMessage」はAppleが提供するメッセージサービスです。

各種メールの比較

	Webメール	携帯電話会社のメールサービス（ドコモ、au、ソフトバンク、楽天モバイル）	iMessage
利用アプリ	「メール」アプリ	「メール」アプリ	「メッセージ」アプリ
送受信容量	メールサービスによって異なる	携帯電話会社によって異なる	―
保存容量	メールサービスによって異なる	携帯電話会社によって異なる	―
期間	メールサービスによって異なる	無期限	―
ファイル添付	○	○	○
メールアドレス	メールサービスによって異なる	携帯電話会社によって異なる	○○@icloud.comなど
使用できるモデル	Wi-Fiモデル WI-FI + Cellularモデル	Wi-Fiモデル（auメールは不可） Wi-Fi + Cellularモデル	Wi-Fiモデル Wi-Fi + Cellularモデル

Webメールや携帯電話会社のメールは、基本的に「メール」アプリで利用できます。GmailやYahoo!メールのメールアドレスを追加することも可能です。

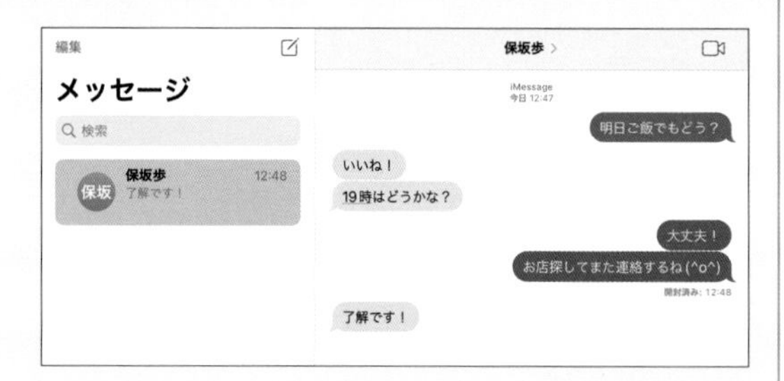

iMessageは「メッセージ」アプリで利用できます。チャット形式で気軽にメッセージをやりとりできるのが特長です。

190 Webメールのアカウントを設定したい!

A 「設定」から追加します。

iPadでは、WebメールやPCメールのアカウントを追加して「メール」アプリから使用することができます。ホーム画面で[設定]→[メール]→[アカウント]→[アカウントを追加]の順にタップします。Webメールを設定する場合は、一覧から該当するメールサービスをタップして選択します。一覧にないWebメールやPCメールを設定したい場合は、Q.191を参照してください。ここでは、Gmailの設定方法を例に挙げて解説します。

1 ホーム画面で[設定]→[メール]→[アカウント]の順にタップし、

2 [アカウントを追加]をタップします。

3 [Google]をタップします。

4 Gmailのアドレスを入力し、

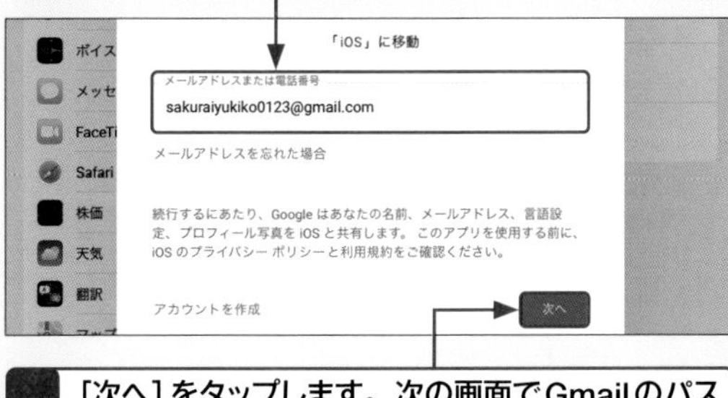

5 [次へ]をタップします。次の画面でGmailのパスワードを入力し、[次へ]をタップします。

6 アプリへの許可を求める画面で[許可]をタップします。

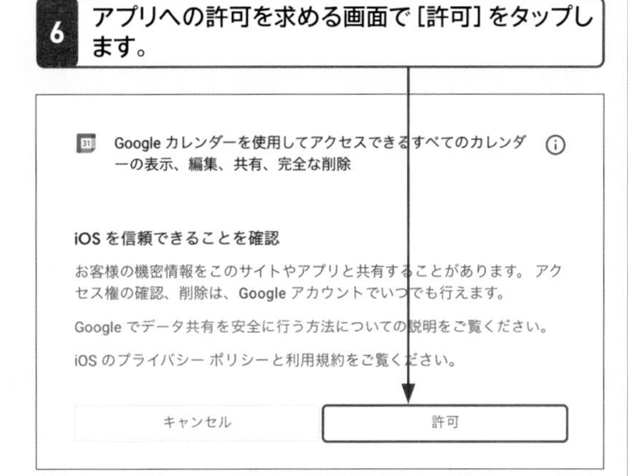

7 「メール」がになっていることを確認し、

8 [保存]をタップします。

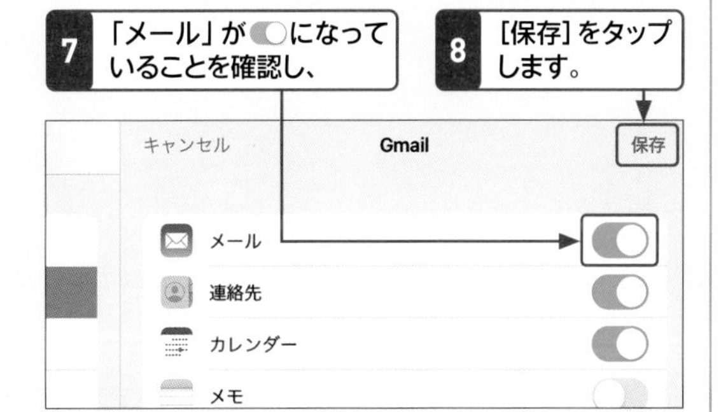

9 Gmailのアカウントが追加されます。

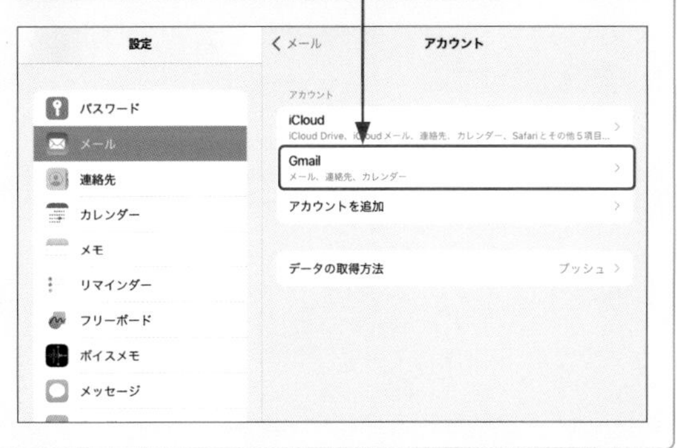

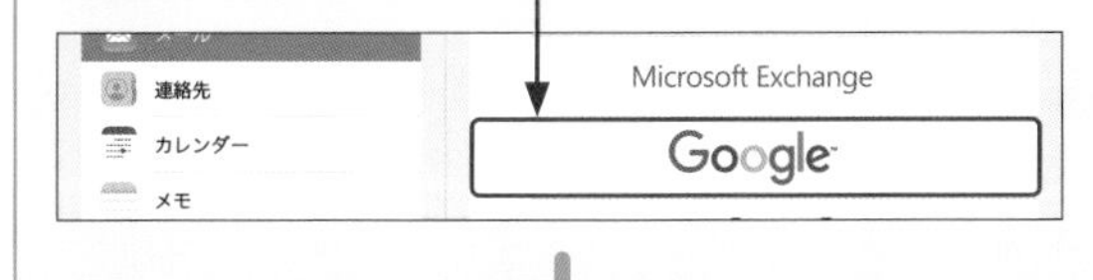

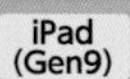

Pro Air iPad (Gen9) iPad (Gen10) mini

191 PCメールのアカウントを設定したい!

A 「設定」から追加します。

iPadの「メール」アプリでは、代表的なメールサービスを、メールアドレスとパスワードを入力するだけで利用できます。それら以外のプロバイダメールといったPCメールのアカウントをiPadに設定する場合は、ホーム画面で[設定]→[メール]→[アカウント]→[アカウントを追加]の順にタップしたあとに、[その他]を選択します。
「その他」のメールアカウントの設定では、メールサーバーなどの情報の入力も必要となります(POPとIMAPに対応)。メールサーバーの設定はプロバイダごとに異なるため、事前に確認しておきましょう。

1 Q.190の手順**3**の画面で[その他]をタップし、

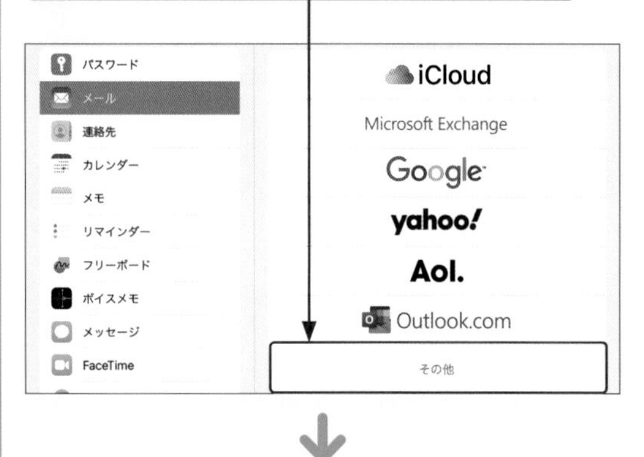

2 [メールアカウントを追加]をタップします。

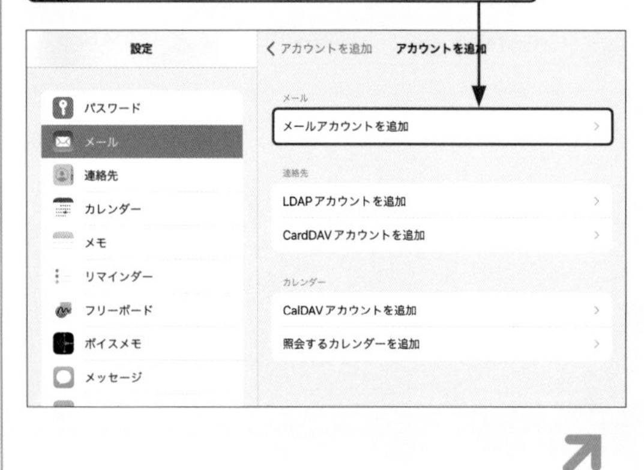

3 「名前」「メール」「パスワード」「説明」を入力し、

4 [次へ]をタップします。

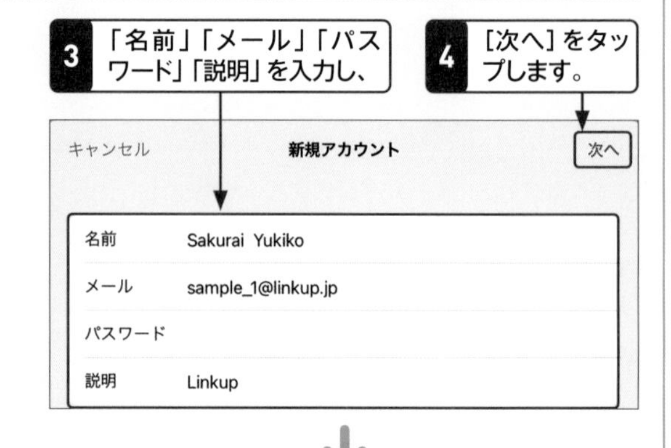

5 [IMAP]または[POP]をタップし、

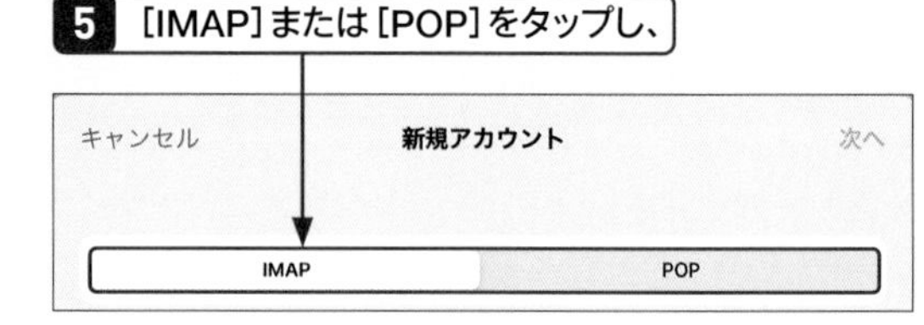

6 「受信メールサーバ」の項目を入力して、

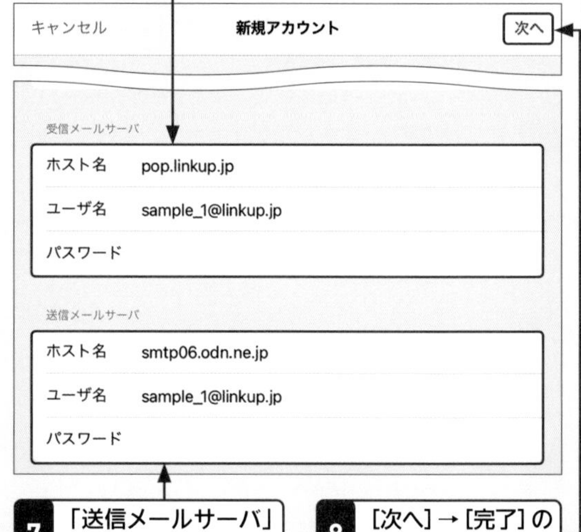

7 「送信メールサーバ」の項目を入力したら、

8 [次へ]→[完了]の順にタップします。

192 受信したメールを読みたい！

A 受信したメールはすべて「受信」メールボックスに保存されています。

iPadで受信したメールは、「メール」アプリの「受信」というメールボックス保存されます。その中で［全受信］をタップすると、「メール」アプリに登録している全メールアカウントの受信メールを確認できます。個別のアカウントごとに受信メールを確認したいときは各メールアカウントの［受信］をタップします。
受信メール一覧で任意のメールをタップすると、そのメールの本文が表示されます。

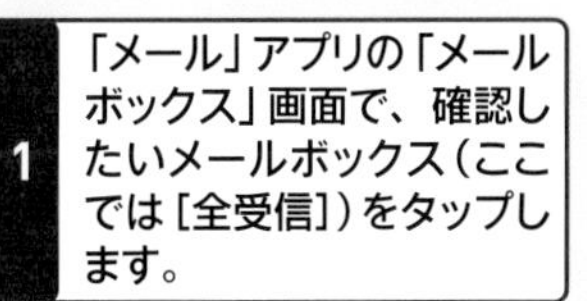

「メールボックス」画面が表示されていない場合は、画面左上の□→＜の順にタップします。

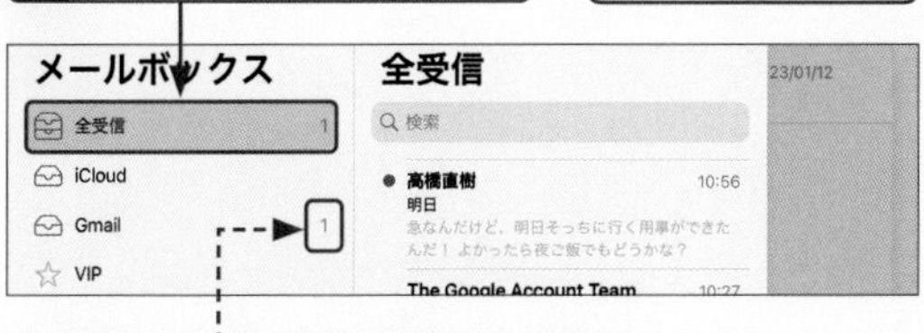

数字は未読メール件数を表しています。

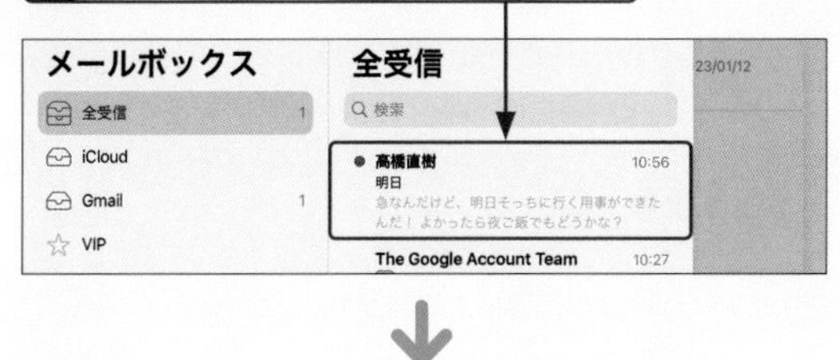

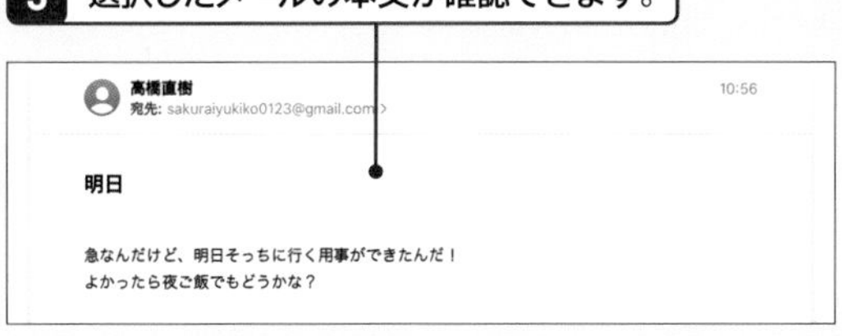

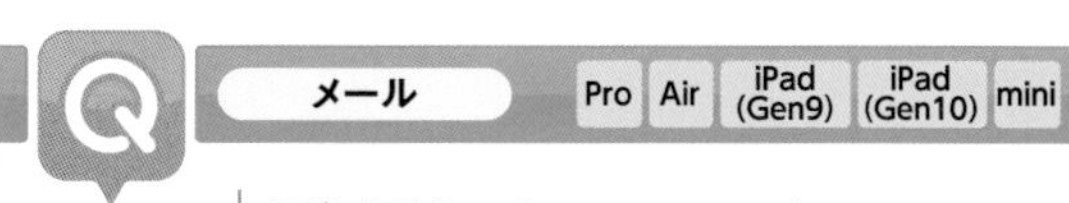

193 受信したメールに返信したい！

A 受信したメールから⟲をタップして返信します。

受信したメールに返信する場合は、返信したいメールを開き、画面上部の⟲をタップすると返信メッセージの入力画面に切り替わります。返信メールは、件名の前に「Re:」が表示され、メール内には前回のメールの日付とユーザー名、アドレス、前回のメールの内容が引用されます。

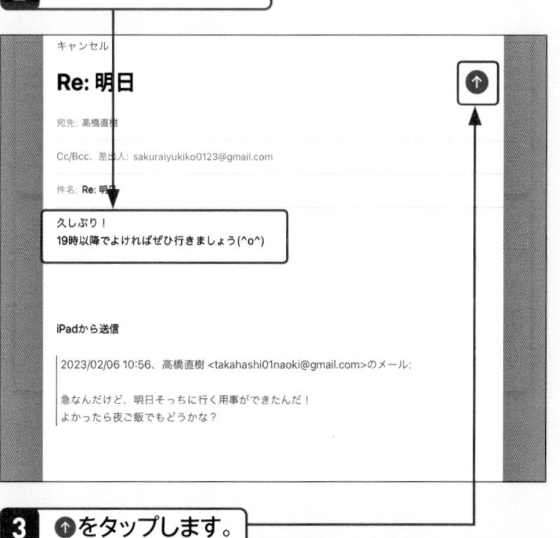

メール

Pro Air iPad (Gen9) iPad (Gen10) mini

194 メールを送りたい！

A 「メール」アプリや「連絡先」アプリからメールを作成できます。

iPadの「メール」アプリでは、複数のアカウントを使って相手へメールを送ることができます。「メール」アプリを起動し、画面右上の☑をタップします。「新規メッセージ」画面が表示されるので、宛先と件名、本文を入力し、⬆をタップすると、メールが送信されます。

メール

Pro Air iPad (Gen9) iPad (Gen10) mini

195 送信したメールを確認したい！

A 「送信済み」メールボックスに保存されています。

送信したメールは、メールのアカウント別に「送信済み」というメールボックスに自動で保存されています。送信したメールを取り消したいときは、この「送信済み」メールボックスから操作します（Q.200参照）。

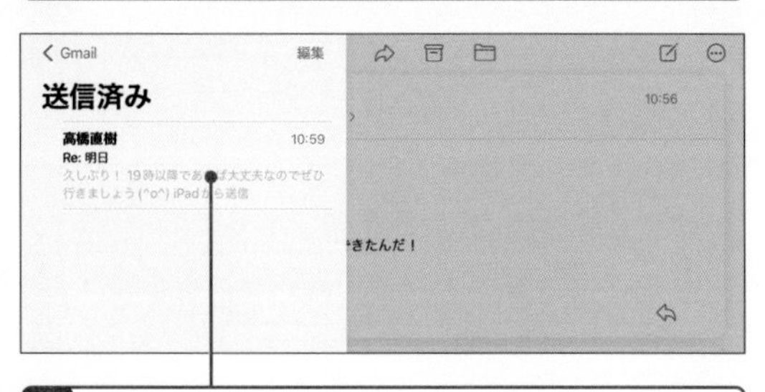

メール

Pro Air iPad (Gen9) iPad (Gen10) mini

196 どのメールアカウントで送信されるの？

A 設定したデフォルトアカウントで送信されます。

メールを送信する際は、デフォルトアカウントで設定したメールアカウントで送信されます（Q.198参照）。メールの作成画面に表示される「差出人」が、メールが送信されるアカウントになります。追加したメールアカウントが複数ある場合、メールアカウントの切り替えも可能です（Q.197参照）。

197 別のアカウントでメールを送信したい！

A [Cc/Bcc、差出人]をタップして変更します。

iPadの「メール」アプリでは、差出人は常にデフォルトアカウントから送信するように設定されています。デフォルトアカウント以外のアカウントでメールを送りたい場合は、メールの作成画面で[Cc/Bcc、差出人:(アカウント名)]→[差出人]の順にタップします。登録してあるメールアカウントが表示されるので、送信元として使用したいアカウントをタップして選択すれば、アカウントが切り替わります。

1 [Cc/Bcc、差出人]をタップします。

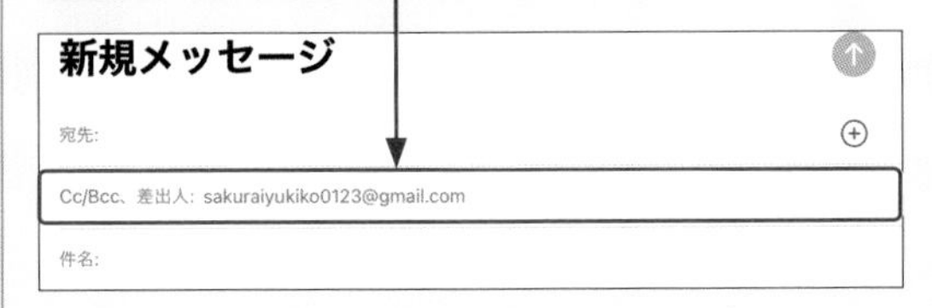

2 [差出人]をタップし、

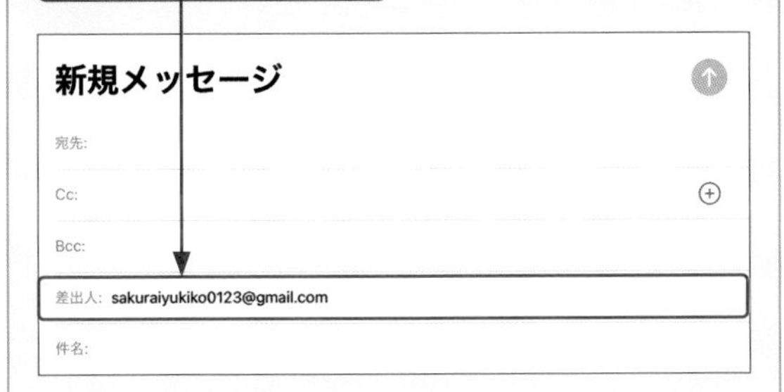

3 切り替えたいアカウントをタップして選択します。

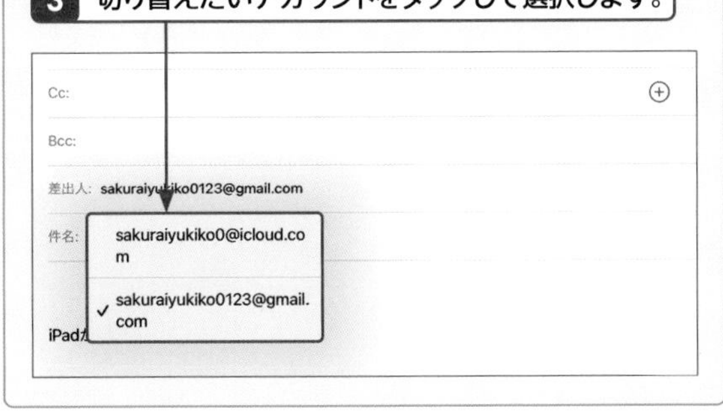

198 デフォルトのアカウントを変更したい！

A 「設定」から変更します。

特定のメールアドレスをデフォルトのアカウントに設定すると、メールの作成画面でそのメールアドレスが自動的に「差出人」に設定されるようになります。デフォルトアカウントを設定するには、ホーム画面で[設定]→[メール]→[デフォルトアカウント]の順にタップし、デフォルトアカウントに設定したいアカウントをタップします。

1 ホーム画面で[設定]→[メール]の順にタップし、

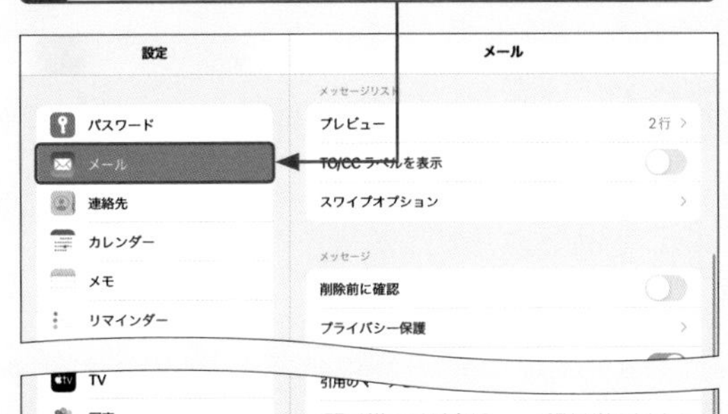

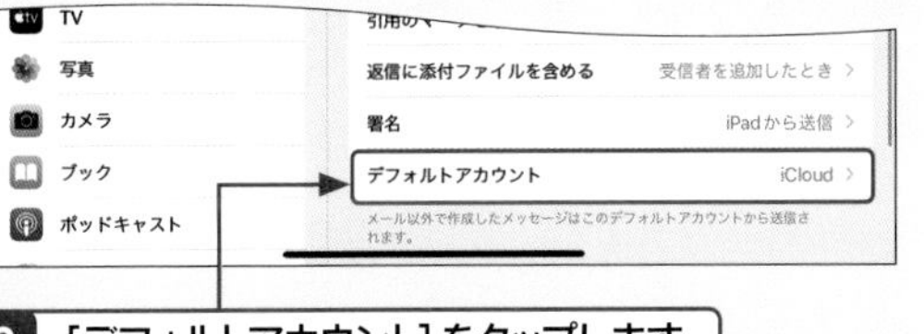

2 [デフォルトアカウント]をタップします。

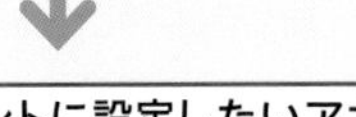

3 デフォルトアカウントに設定したいアカウントをタップします。

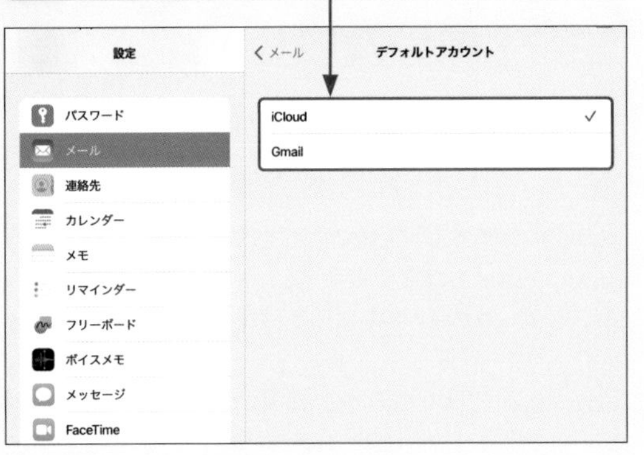

メール

Pro Air iPad (Gen9) iPad (Gen10) mini

199 送信を予約したい!

A ⬆をタッチして予約時間を設定します。

「決まったタイミングでメールを送信したいけれど、その時間にiPadを操作することができない」といった場合には、メールの送信予約をしましょう。メールの作成画面で⬆をタッチし、指定した時間にメールが送信されるよう予約ができます。日時を詳細に指定したいときは、[あとで送信…]をタップします。

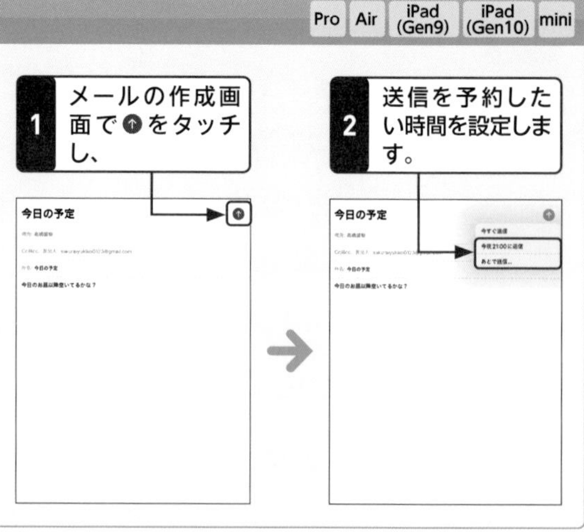

メール

Pro Air iPad (Gen9) iPad (Gen10) mini

200 送信を取り消したい!

A 送信直後に[送信を取り消す]をタップします。

メールの送信したあと、宛先を間違えていたり、ファイルを添付し忘れていたりしたことに気付いた場合、10秒以内であれば送信を取り消すことができます。メールの送信直後に「送信済み」メールボックスを開き、画面下部の[送信を取り消す]をタップすると、送信が取り消され、再度メールの作成画面が表示されます。

1 メールの送信直後に「送信済み」メールボックス画面下部の[送信を取り消す]をタップすると、

2 送信が取り消されてメールの作成画面に戻ります。

メール

Pro Air iPad (Gen9) iPad (Gen10) mini

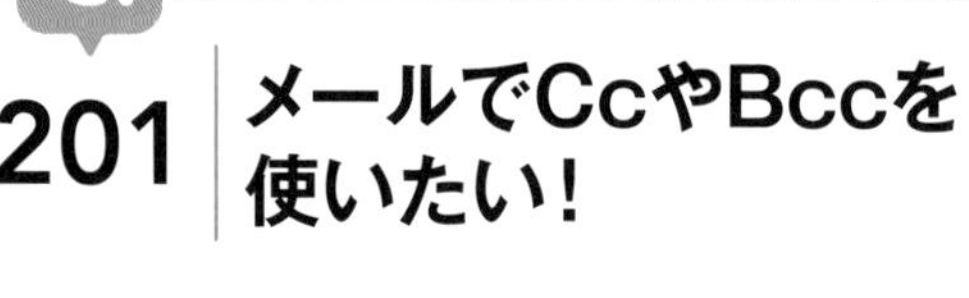

201 メールでCcやBccを使いたい!

A [差出人]をタップするとCcとBcc項目が表示されます。

メールの作成画面で[Cc/Bcc、差出人]をタップすると、CcやBccを設定できます。「Cc」はメインの宛先以外にもメール内容を共有したい場合に使用し、そのほかの送信先全員にメールアドレスが公開されます。「Bcc」は内容は共有したいけれど、送信先それぞれのメールアドレスを公開したくない場合に使用します。

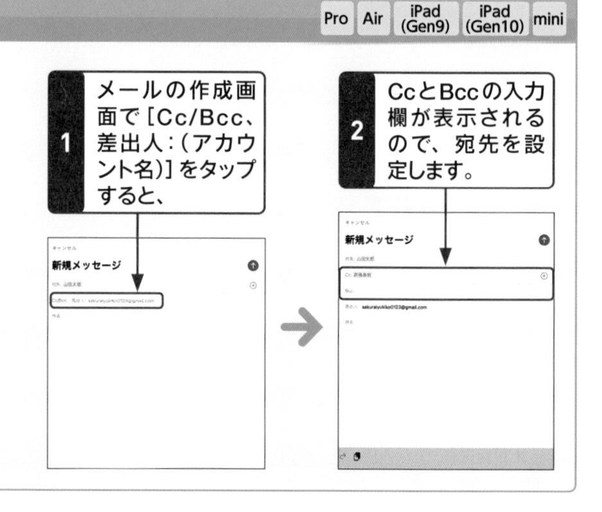

5 メールと連絡先

メール　Pro　Air　iPad (Gen9)　iPad (Gen10)　mini

202 メールで署名を使いたい！

A 「設定」から任意の署名を追加できます。

ホーム画面で［設定］→［メール］→［署名］の順にタップし、署名を入力すれば、メール入力時に自動的に署名が追加されるようになります。本文中に名前や連絡先などを表記しておくと、そのメールが誰から送信されたものかわかるので便利です。

1 ホーム画面で［設定］→［メール］→［署名］の順にタップし、

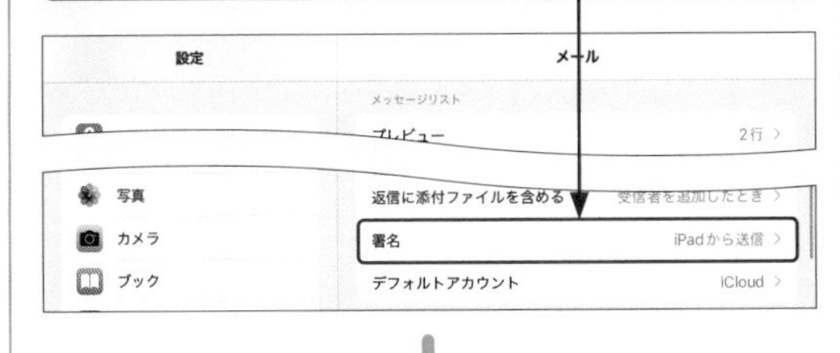

2 すべてのアカウントか、アカウントごとに署名を有効にするかを選択します。

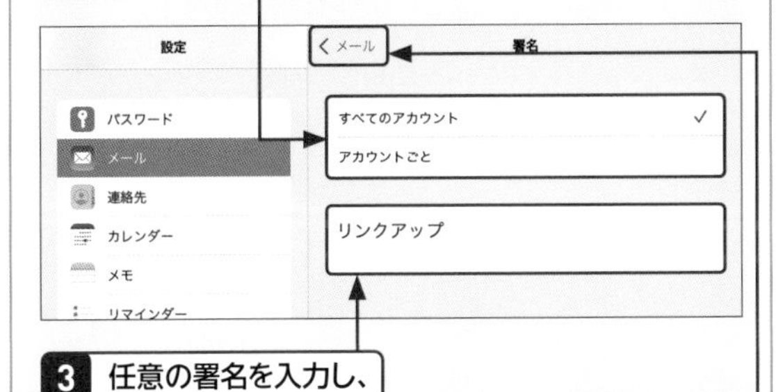

3 任意の署名を入力し、

4 ［メール］をタップすると、署名が追加されます。

本文のテキストフィールドに、設定した署名が表示されます。

メール　Pro　Air　iPad (Gen9)　iPad (Gen10)　mini

203 メールに写真を添付したい！

A 「写真」アプリまたはメールのメニューから写真を選択して添付します。

「写真」アプリで任意の写真を表示し、⇧→［メール］の順にタップします。写真を複数添付したい場合は、「写真」アプリのサムネール一覧画面で［選択］をタップして写真を選択し、⇧→［メール］の順にタップすると、選択した写真がすべてメールに添付されます。

また、メールの作成画面でキーボードの左上の📷→［写真ライブラリ］→［すべての写真］の順にタップし、添付したい写真をタップして［使用］をタップすることでも、写真がメールに添付されます。

「写真」アプリから写真を添付する

1 「写真」アプリで添付したい写真を表示し、画面左上の⇧をタップして、

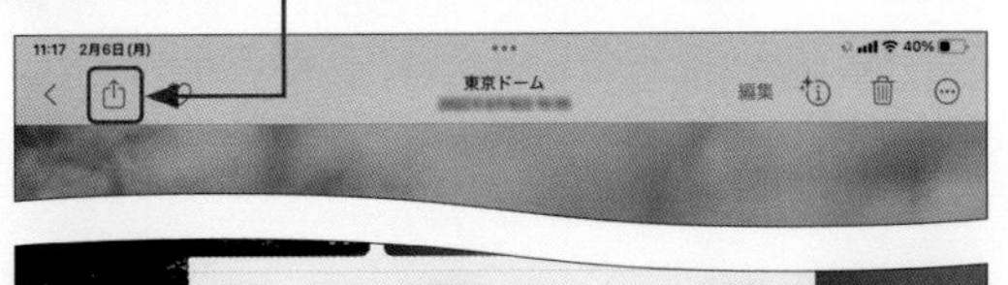

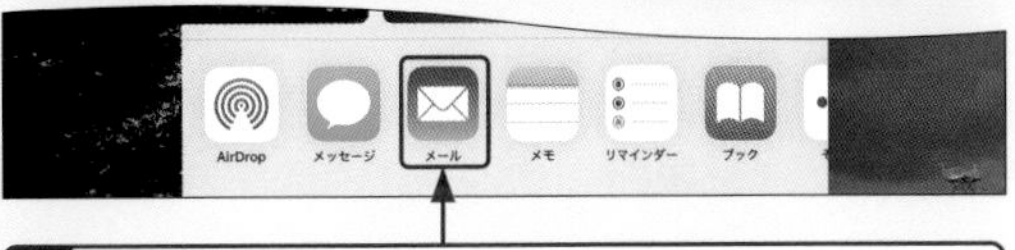

2 ［メール］をタップすると、写真が添付された状態で「新規メッセージ」画面が表示されます。

メール作成画面から写真を添付する

1 メール作成画面でキーボードの左上の📷をタップし、

2 ［写真ライブラリ］→［すべての写真］の順にタップします。

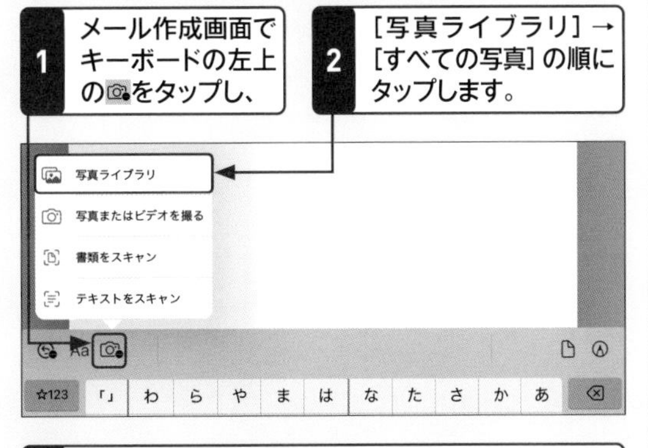

3 添付したい写真をタップし、［使用］をタップすると、写真がメールに添付されます。

メール　Pro　Air　iPad (Gen9)　iPad (Gen10)　mini

Q 204 メールで写真の画像サイズを変更して添付したい！

A 画像サイズが大きい場合は送信前にサイズを変更できます。

メールに添付する写真の画像サイズを変えたい場合は、メールの作成画面で［画像:（ファイルのサイズ）］をタップすると、「画像サイズ」の項目が表示されるので、「小」「中」「大」「実際のサイズ」の4種類から選択できます。メールに添付できるサイズを超えている場合は、「画像サイズ」の項目が自動で表示されます。

1 ［画像：（ファイルのサイズ）］をタップし、変更するサイズを選択します。

メール　Pro　Air　iPad (Gen9)　iPad (Gen10)　mini

Q 205 作成途中のメールを保存したい！

A ［キャンセル］→［下書きを保存］の順にタップして保存します。

入力途中のメールを下書きとして保存したい場合は、［キャンセル］→［下書きを保存］の順にタップすると、作成中のメールが「下書き」というメールボックスに保存されます。下書きは削除（Q.206参照）をしない限り、なくなることはありません。

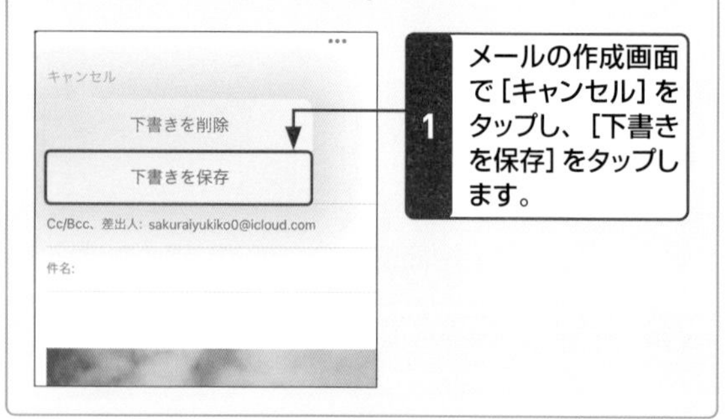

1 メールの作成画面で［キャンセル］をタップし、［下書きを保存］をタップします。

メール　Pro　Air　iPad (Gen9)　iPad (Gen10)　mini

Q 206 下書き保存したメールの続きを作成したい！

A 「下書き」メールボックスから下書きメールの続きを作成します。

下書き保存したメールを編集したい場合は、「メールボックス」画面で下書きを保存しているメールアカウントの［下書き］をタップして、編集したいメールをタップします。下書きしたメールを削除する場合は［編集］をタップし、削除したいメールを選択してから、［ゴミ箱］をタップしましょう。

下書きメールを編集する

1 メールアカウントから［下書き］をタップし、

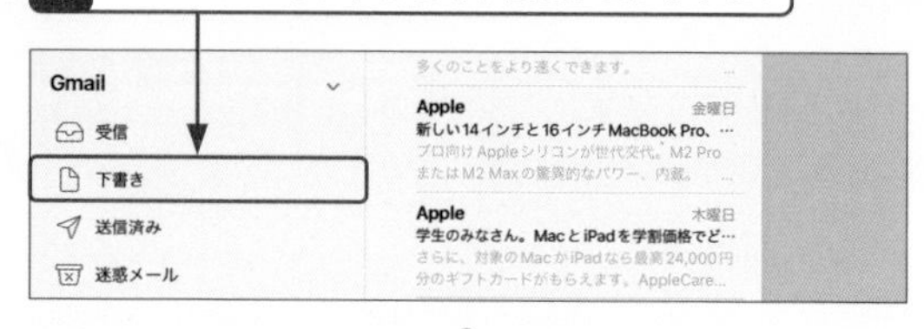

2 編集したいメールを一覧からタップして選択すると、下書きメールの続きが作成できます。

下書きメールを削除する

1 下書きメールを削除したい場合は、上の手順2の画面で［編集］をタップして、

2 削除したいメールをタップしてチェックを付け、

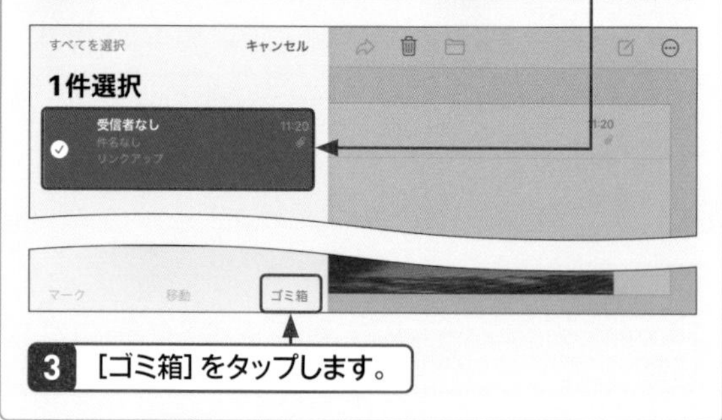

3 ［ゴミ箱］をタップします。

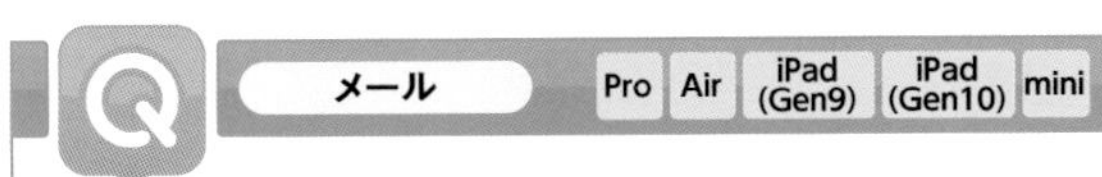

207 メールボックスを作りたい！

A メールの編集メニューからメールボックスを作成します。

iPadの「メール」アプリでは、ユーザーが独自のメールボックスを追加することができます。メールボックスは、メールを管理するためのフォルダの役割を果たします。各メールアカウントには、あらかじめ「送信済み」や「ゴミ箱」などのメールボックスが作成されています。新しいメールボックスを追加したいときは、[編集]→[新規メールボックス]の順にタップします。

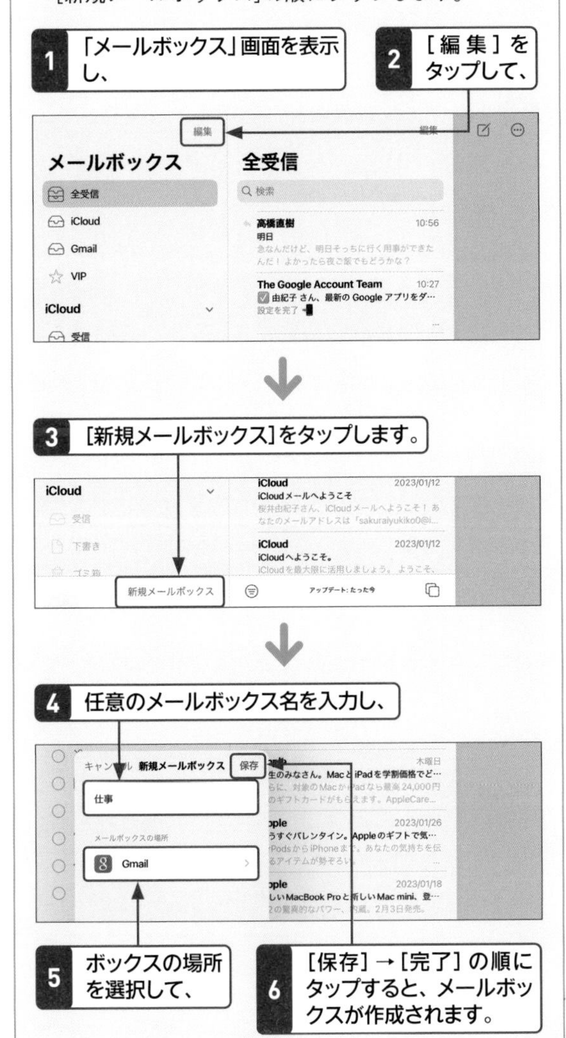

208 メールボックスにメールを移動させたい！

A メールの詳細画面から移動させます。

閲覧中のメールを別のメールボックスに移動したいときは、画面上部の🗀をタップして、移動先のメールボックスをタップします。移動先の候補として表示されるメールボックスには、Q.207で作成したメールボックスも反映されます。

1 移動したいメールをタップし、画面上部の🗀をタップして、

2 移動先のメールボックスをタップします。

3 指定したメールボックスにメールが移動します。

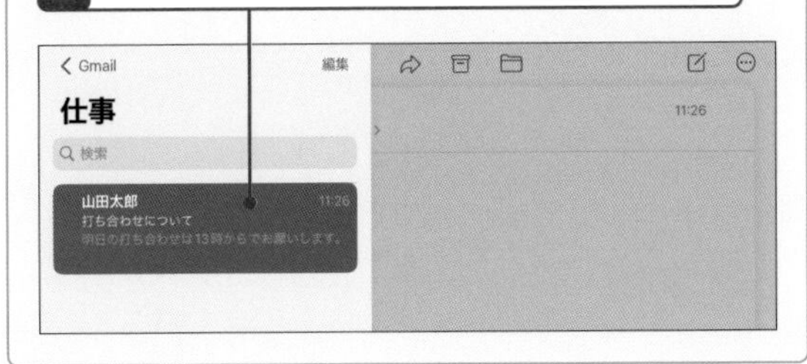

209 不要になったメールアカウントを削除したい！

A 「設定」から削除します。

Q.190、191で紹介したように、iPadでは複数のメールアカウントを登録できます。ただし、多数のアカウントを登録すると、メールが見づらくなってしまいます。アカウント登録数に制限はありませんが、メールの保存件数には制限があるため、使用頻度が低いアカウントや一切使わないアカウントは削除しましょう。

1 ホーム画面で[設定]→[メール]→[アカウント]の順にタップし、

2 削除したいアカウントをタップします。

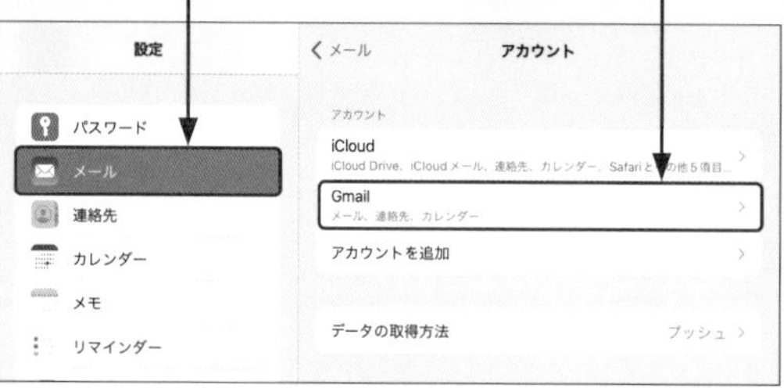

3 ［アカウントを削除］をタップし、

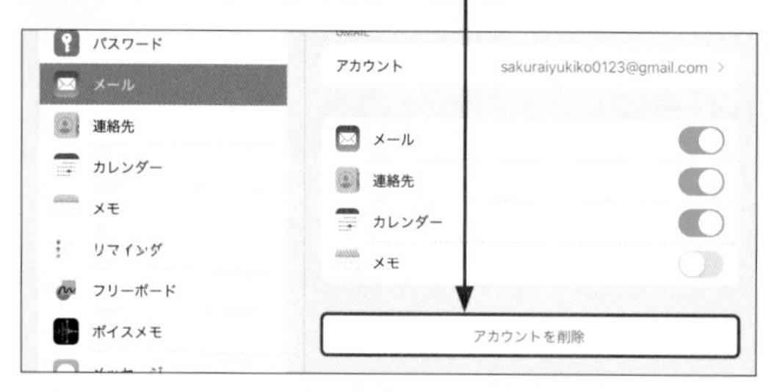

4 ［iPadから削除］をタップすると、設定したアカウントがメールボックスから削除されます。

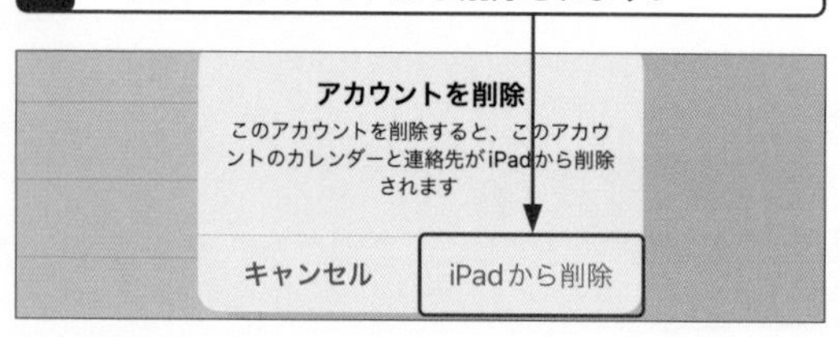

210 VIPリストって何？

A 重要なメールを自動的に仕分けすることができる機能です。

「VIPリスト」は、重要な連絡先を登録する機能です。VIPリストに登録された連絡先から受信したメールは、自動的に「VIP」というメールボックスに表示されるため、重要なメールを見逃す心配もなくなります。VIPリスト内の連絡先には、メールを受信したときの通知の方法を設定でき、ほかの通知よりも優先して適用されます。VIPリストに連絡先を登録すると、「VIP」メールボックスの横にⓘが表示されます。また、受信したメールには★が表示されます。

1 「メールボックス」画面で[VIP]をタップすると、

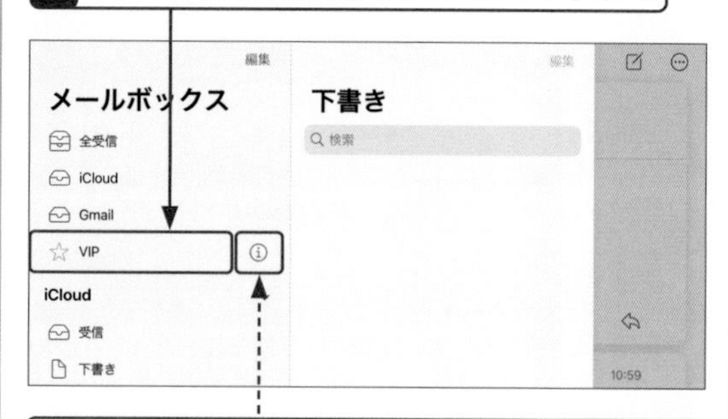

VIPリストに連絡先が追加されていると、ⓘが表示されます。

2 VIPに登録しているユーザーのメールが一覧で表示されます。

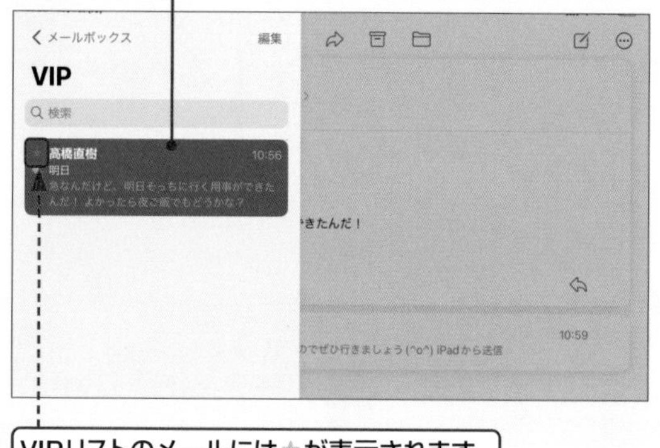

VIPリストのメールには★が表示されます。

211 VIPリストに追加したい!

A [VIPを追加]をタップします。

新しいVIPリストは、「メールボックス」画面の[VIP]をタップし、[VIPを追加]をタップして、連絡先の一覧から追加できます。次回以降の操作では、「VIP」の横に表示されているⓘをタップして追加します。

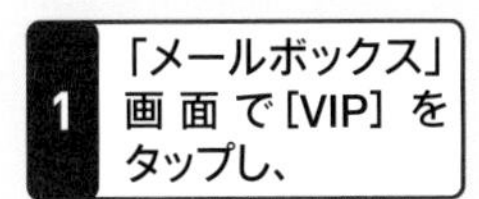

1 「メールボックス」画面で[VIP]をタップし、

次回以降は「VIP」の横に表示されているⓘをタップします。

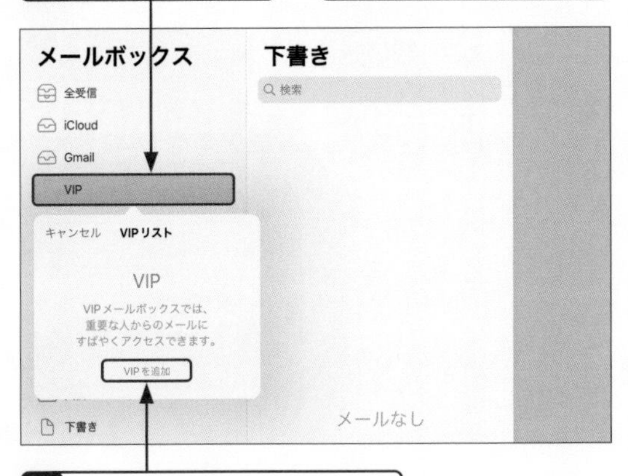

2 [VIPを追加]をタップします。

3 VIPに追加したい連絡先をタップし、

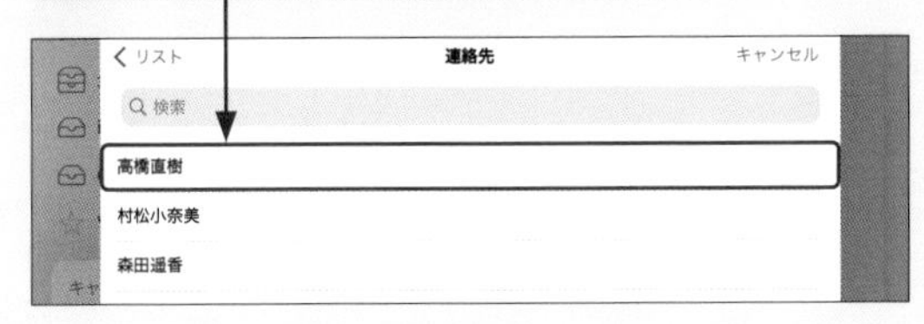

4 [完了]をタップすると、VIPリストに追加されます。

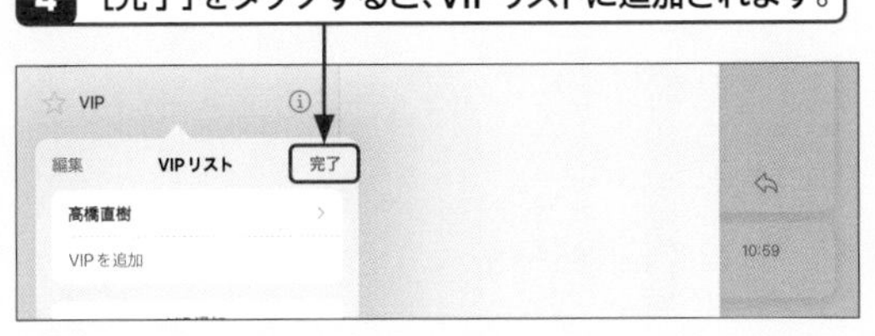

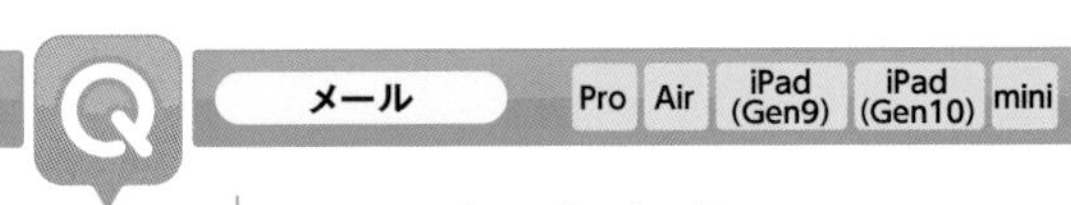

212 VIPリストから連絡先を削除したい!

A VIPリストの編集画面から削除します。

VIPリストに追加した連絡先は、「VIP」メールボックスの横に表示されているⓘをタップし、[編集]をタップした画面から削除することができます。なお、VIPリストから削除しても、その連絡先や受信したメールは削除されることはありません。

1 「VIP」の横に表示されているⓘをタップし、

2 [編集]をタップします。

3 削除したい連絡先の⊖をタップし、

4 [削除]をタップして、

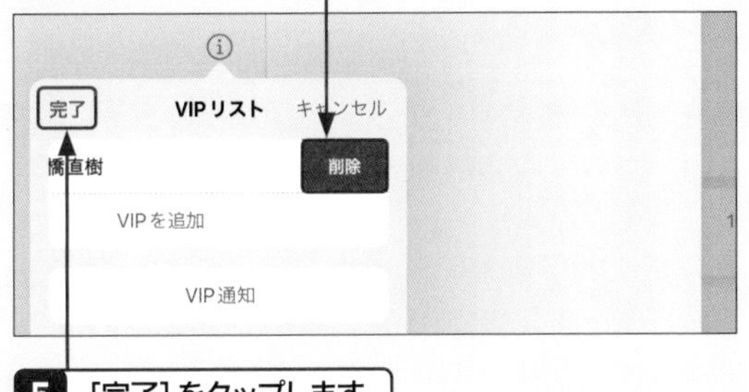

5 [完了]をタップします。

メール

Pro Air iPad (Gen9) iPad (Gen10) mini

Q 213 重要なメールに目印を付けたい！

A メニューから［フラグ付き］をタップします。

とくに重要なメールは、「フラグ」という目印を付けられます。フラグを付けたいメールを表示し、画面右下の⇦→［フラグ］の順にタップすると、選択したメールにフラグが付きます。また、メール一覧で任意のメールを左方向にスワイプして［フラグ］をタップすることでも、フラグを付けられます。

表示したメール画面右下の⇦をタップし、［フラグ］をタップします。

フラグを付けたいメールを左方向にスワイプし、［フラグ］をタップします。

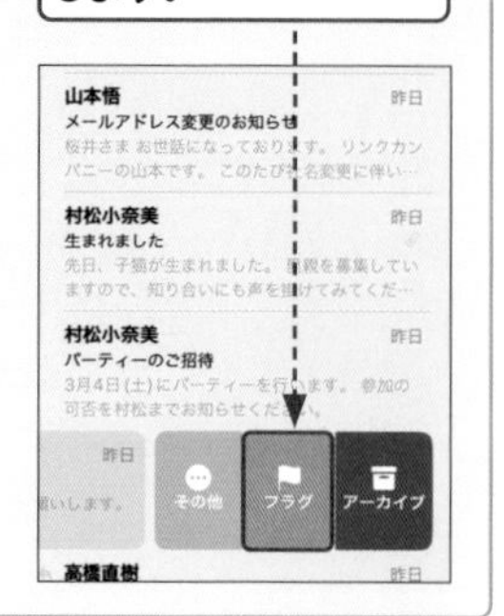

メール

Pro Air iPad (Gen9) iPad (Gen10) mini

Q 214 フラグを付けたメールだけを見たい！

A 「フラグ付き」メールボックスで閲覧できます。

メールにフラグを付けると、「フラグ付き」というメールボックスが自動的に作成されます。メールボックスが作成されない場合は、Q.207手順**3**の画面で「フラグ付き」にチェックを入れましょう。［フラグ付き］をタップすると、フラグを付けたメールだけをまとめて閲覧できます。

1 「メールボックス」画面で［フラグ付き］をタップすると、

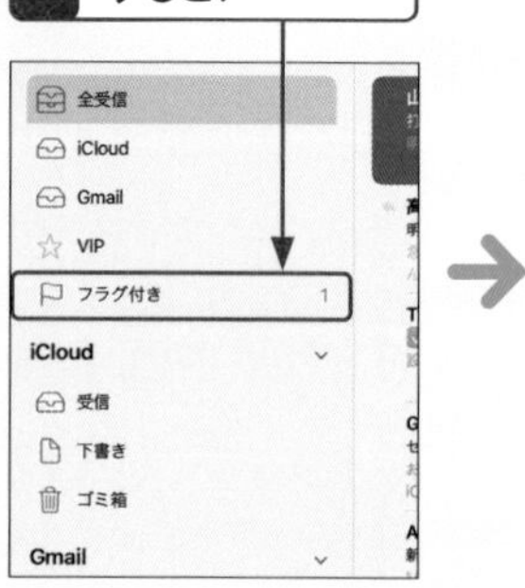

2 フラグを付けたメールだけをまとめて閲覧できます。

メール

Pro Air iPad (Gen9) iPad (Gen10) mini

Q 215 一度開いたメールを未開封の状態にしたい！

A メニューから［未開封にする］をタップします。

一度開封したメールを未開封の状態に戻すには、未開封に戻したいメールを表示し、画面右下の⇦→［未開封にする］の順にタップします。また、メール一覧で任意のメールを右方向にスワイプして［未開封］をタップすることでも、未開封の状態にできます。

表示したメール画面右下の⇦をタップし、［未開封にする］をタップします。

未開封にしたいメールを右方向にスワイプし、［未開封］をタップします。

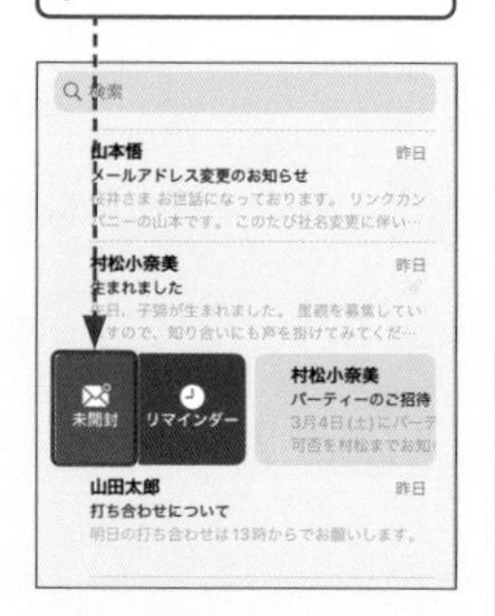

メール

Pro Air iPad (Gen9) iPad (Gen10) mini

216 目的のメールを検索したい！

A 検索フィールドからメールを探します。

目的のメールが見つからないときは、検索フィールドを利用しましょう。アカウントのメール一覧で、画面上部にある検索フィールドに任意のキーワードを入力すると、そのメールボックス内で該当するメールが表示されます。差出人や宛先、件名などからキーワードに該当するメールを検索することができます。

1 検索フィールドに検索したい内容を入力すると、メールを検索できます。

メール

Pro Air iPad (Gen9) iPad (Gen10) mini

217 メールを削除したい！

A 🗑またはメニューから[ゴミ箱]をタップします。

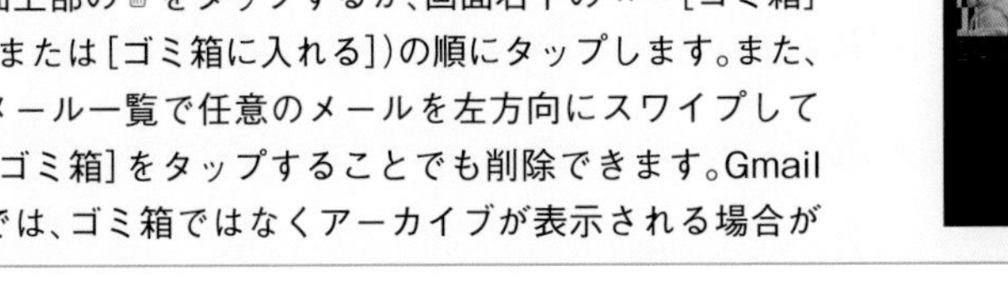

メールを削除するには、削除したいメールを表示し、画面上部の🗑をタップするか、画面右下の↩→[ゴミ箱]（または[ゴミ箱に入れる]）の順にタップします。また、メール一覧で任意のメールを左方向にスワイプして[ゴミ箱]をタップすることでも削除できます。Gmailでは、ゴミ箱ではなくアーカイブが表示される場合があります（Q.219参照）。

メールを表示し、🗑または↩→[ゴミ箱]（[ゴミ箱に入れる]）の順にタップします。

削除したいメールを左方向にスワイプし、[ゴミ箱]をタップします。

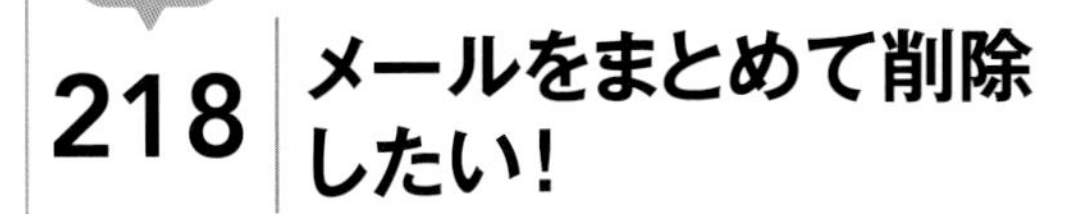

メール

Pro Air iPad (Gen9) iPad (Gen10) mini

218 メールをまとめて削除したい！

A メール一覧の編集メニューを使ってまとめて削除します。

複数のメールをまとめて削除したい場合は、メール一覧で画面右上の[編集]をタップし、削除したいメールをすべてタップして、[ゴミ箱]をタップします。削除したメールは、いったん「ゴミ箱」に格納されます。Gmailでは、ゴミ箱ではなくアーカイブが表示される場合があります（Q.219参照）。

1 メール一覧で画面右上の[編集]をタップし、

2 削除したいメールをタップして選択したら、

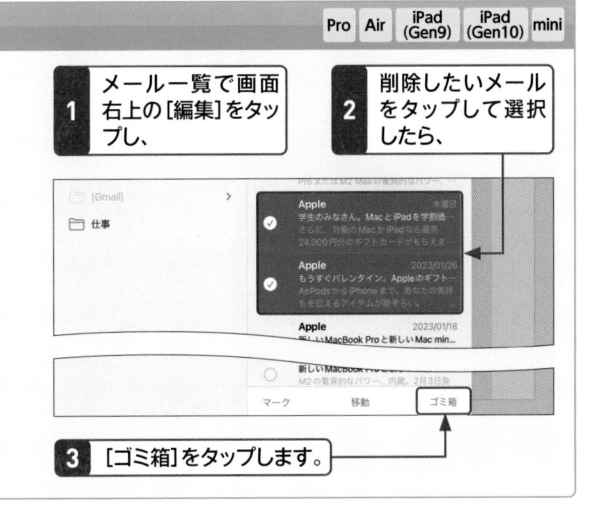

3 [ゴミ箱]をタップします。

メール Pro Air iPad (Gen9) iPad (Gen10) mini

Q 219 ゴミ箱アイコンが表示されない!

A 「設定」から変更します。

Gmailで Q.217を参考にメールを削除しようとしても、「ゴミ箱」ではなく「アーカイブ」が表示される場合があります。メールの画面上部にゴミ箱のアイコンを表示させたり、メールを左方向にスワイプしたときにゴミ箱を表示させたりしたい場合は、設定が必要です。

なお「アーカイブ」とは、チェック済みのメールや、削除すると困るけれど普段は見る必要がないメールなどを、「受信」メールボックス上から見えなくする機能です。メールをアーカイブしたいときは、表示したメールの画面上部の をタップするか、画面右下の →[アーカイブ](または[メッセージをアーカイブ])の順にタップします。Gmailでアーカイブしたメールは削除されず、「アーカイブ」または「すべてのメール」のメールボックスから確認できます(Q.220参照)。

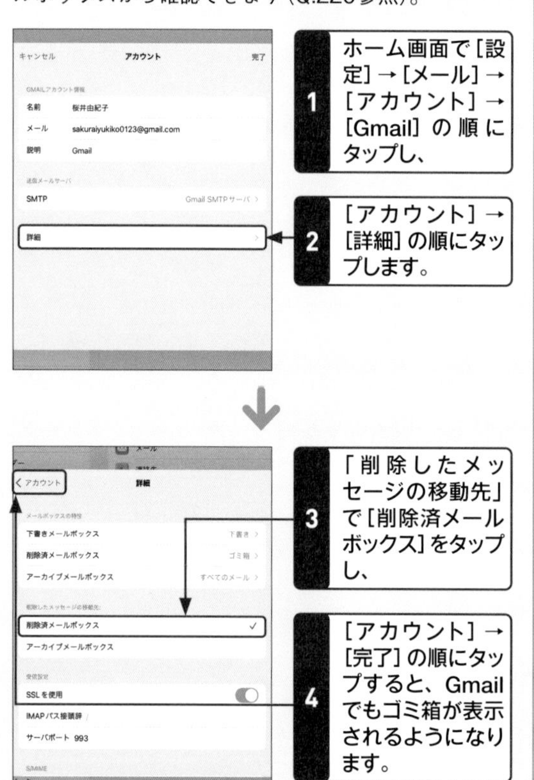

1 ホーム画面で[設定]→[メール]→[アカウント]→[Gmail]の順にタップし、

2 [アカウント]→[詳細]の順にタップします。

3 「削除したメッセージの移動先」で[削除済メールボックス]をタップし、

4 [アカウント]→[完了]の順にタップすると、Gmailでもゴミ箱が表示されるようになります。

メール Pro Air iPad (Gen9) iPad (Gen10) mini

Q 220 アーカイブしたメールを見たい!

A 「すべてのメール」メールボックスから確認できます。

アーカイブされたメールは、「受信」メールボックスには表示されなくなります。アーカイブされたメールを閲覧したいときは、「すべてのメール」というメールボックスから確認することができます。なお、iCloudメールでアーカイブされたメールは、「iCloud」の「アーカイブ」のメールボックスから確認します。

1 「メールボックス」画面で「Gmail」の[すべてのメール]をタップすると、

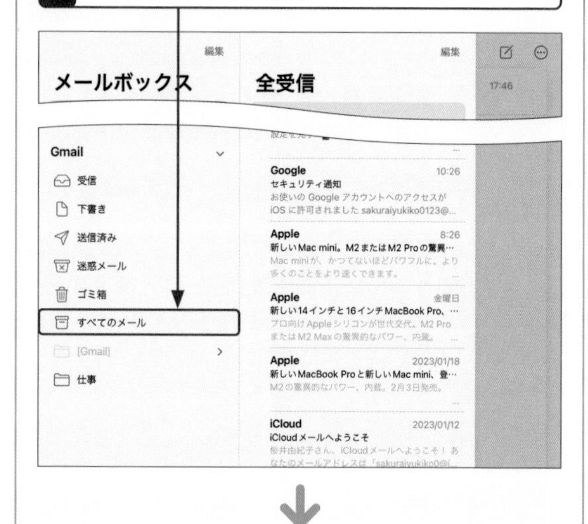

2 アーカイブを含むすべてのメールが表示されます。

メール　Pro Air iPad (Gen9) iPad (Gen10) mini

221 削除したメールをもとに戻せる？

A 「ゴミ箱」内のメールはもとに戻すことが可能です。

Q.217、218の方法で削除したメールは、まだ完全に削除されておらず、「ゴミ箱」というメールボックスに一定期間格納されます。メールをもとに戻したいときは、[ゴミ箱]をタップして[編集]をタップし、もとに戻したいメール→[移動]→移動させたいメールボックスの順にタップします。

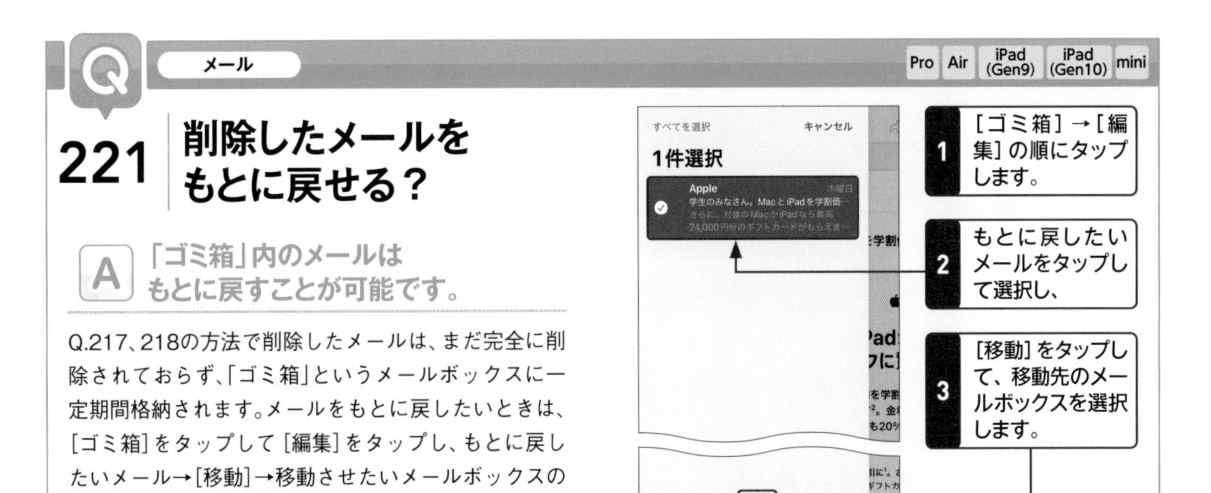

メール　Pro Air iPad (Gen9) iPad (Gen10) mini

222 複数のメールをまとめて既読にしたい！

A メール一覧の編集メニューからまとめて既読にできます。

とくに重要ではないメールは、目を通さずともまとめて既読にすることができます。メール一覧から画面右上の[編集]をタップし、既読にしたい未開封メールをすべてタップしたあと、[マーク]→[開封済みにする]の順にタップするとプレビュー左の●が消え、既読扱いとなります。

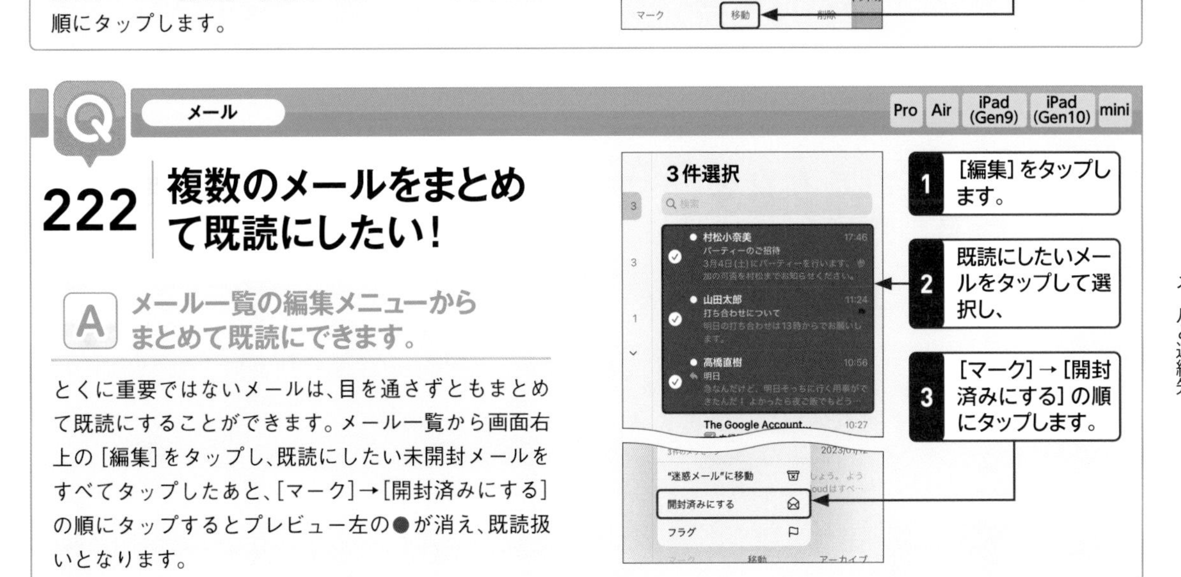

メール　Pro Air iPad (Gen9) iPad (Gen10) mini

223 スレッドでまとめられたメールを読みたい！

A メールを表示するか、⊙をタッチします。

スレッドとは、送受信してやりとりしたメールをひとまとめにする機能です。ホーム画面で[設定]→[メール]の順にタップし、「スレッドにまとめる」の をタップして にすると、メールを開いたときにスレッドでまとめられます。また、メール一覧で ⊙ をタップすることでも、スレッドを確認できます。

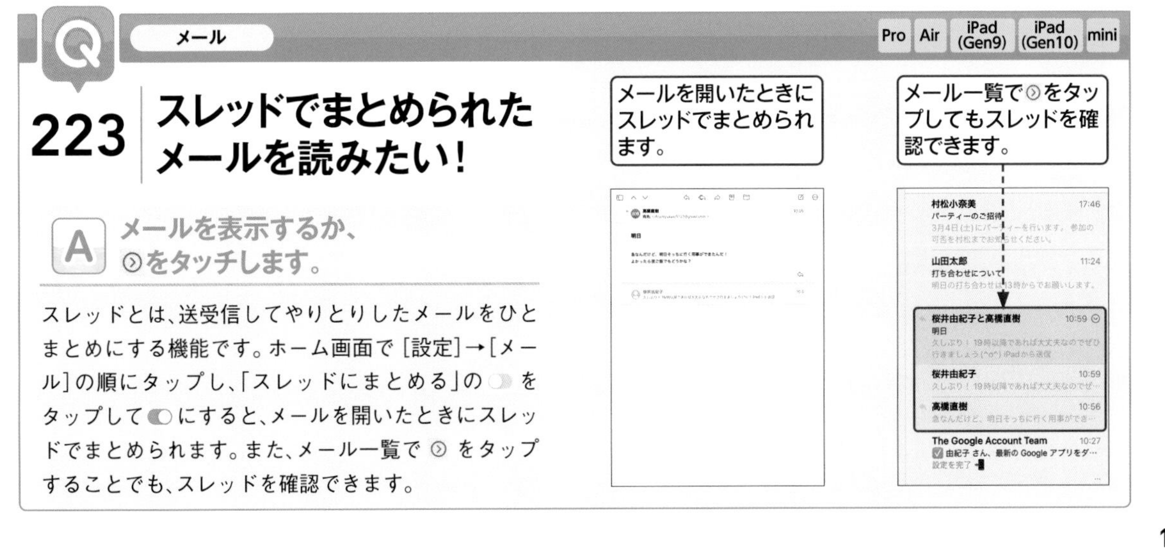

メール　Pro Air iPad (Gen9) iPad (Gen10) mini

224 メールからカレンダーに登録したい！

受信したメール内の日付をタップして登録します。

受信したメール内の日付や時間に下線が表示されていたらタップし、[イベントを作成]をタップすると、「カレンダー」アプリが立ち上がり、イベントを追加する画面が表示されます。イベントの内容を入力して［追加］をタップすると、カレンダーに登録されます。

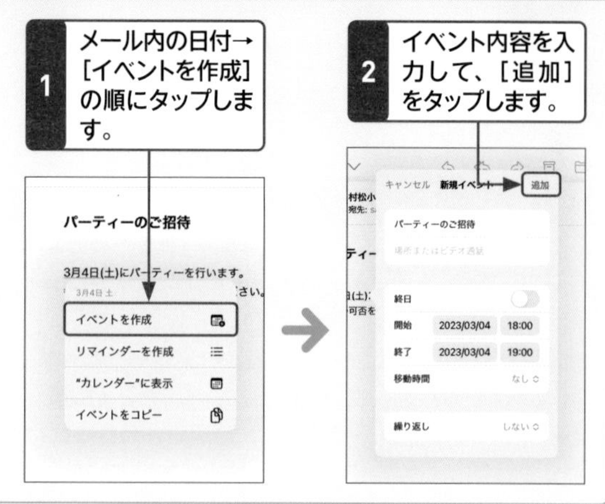

メール　Pro Air iPad (Gen9) iPad (Gen10) mini

225 添付された写真を保存したい！

表示された写真をタッチします。

受信したメールに添付されていた写真は、iPadに随時保存することが可能です。写真が添付されたメールを表示し、写真をタッチするとメニューが表示されるので、[画像を保存]をタップします。また、写真をタップして→[画像を保存]の順にタップしても保存ができます。

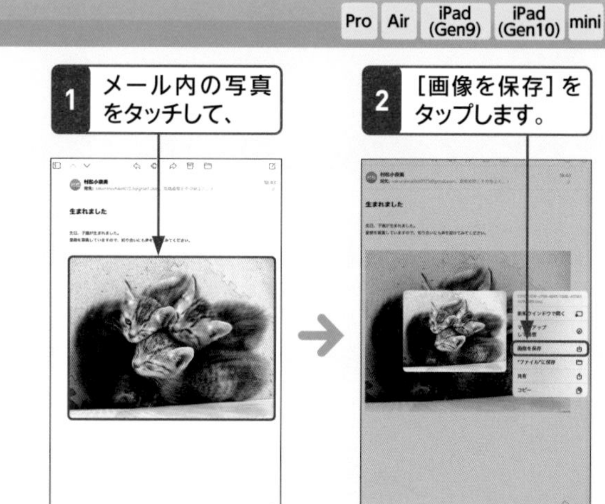

メール　Pro Air iPad (Gen9) iPad (Gen10) mini

226 メールを全員に返信したい！

またはメニューから[全員に返信]をタップします。

受信したメールに複数の宛先が設定されていて、その全員に返信したい場合は、画面上部の をタップするか、画面右下の →[全員に返信]の順にタップします。「宛先」には送信者の名前またはメールアドレス、「Cc」にはそのほかの人の名前またはメールアドレスが追加された状態で返信の画面が表示されます。

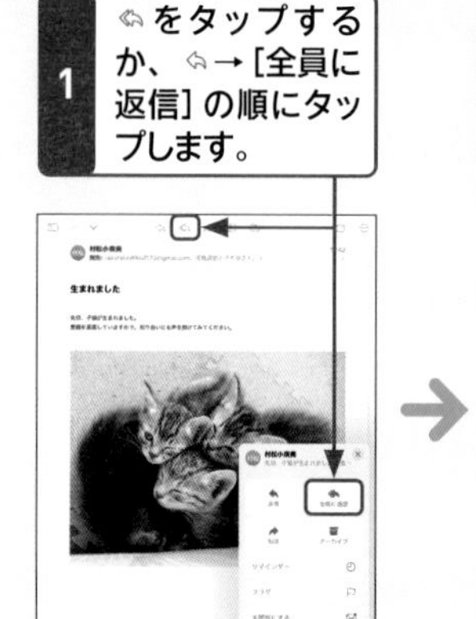

2 「宛先」と「Cc」が設定された状態で返信の画面が表示されます。

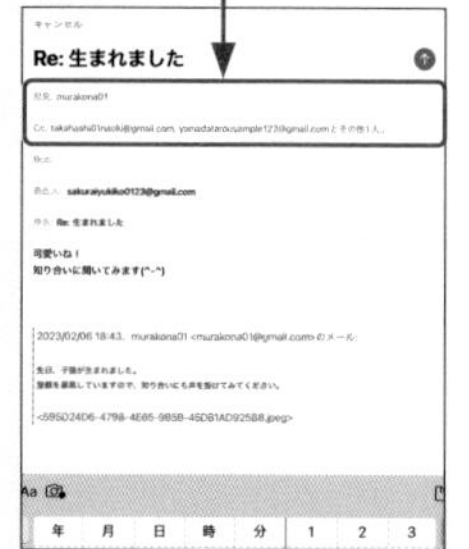

メール

Pro Air iPad (Gen9) iPad (Gen10) mini

227 メールを転送したい！

A ⇨またはメニューから[転送]をタップします。

メールの内容を別のユーザーと共有したい場合は、そのまま転送しましょう。転送したいメールを表示し、画面上部の⇨をタップするか、画面右下の⇦→[転送]の順にタップします。転送メールはタイトルに「Fwd:」が追加され、転送元のメールの日時や宛先、メール内容が引用されて表示されます。

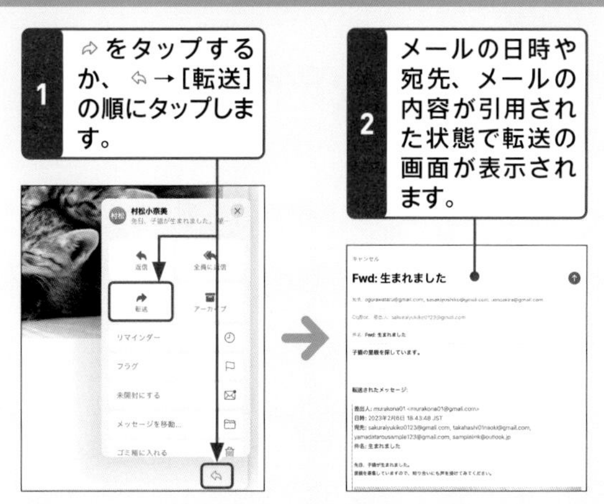

メール

Pro Air iPad (Gen9) iPad (Gen10) mini

228 受信メールから連絡先に登録したい！

A メール内のリンクから登録します。

受信メールの内容にメールアドレスや電話番号が記載されていれば、受信時に自動的にリンクとして青く表示されます。リンクとして表示されたメールアドレスや電話番号をタッチし、[連絡先に追加]をタップすると、「情報」画面が表示されるので、新規または既存の連絡先として登録しましょう。

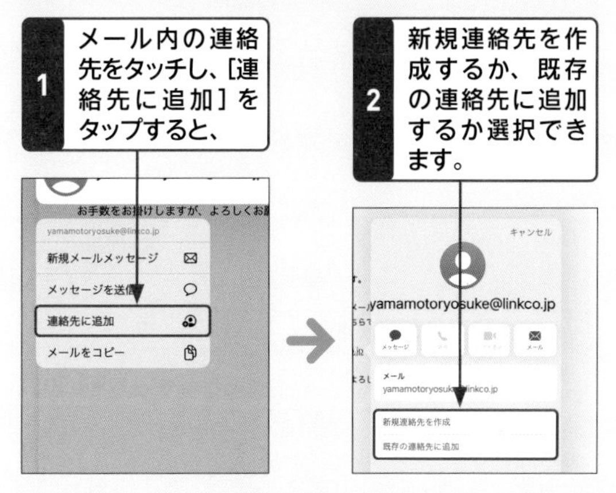

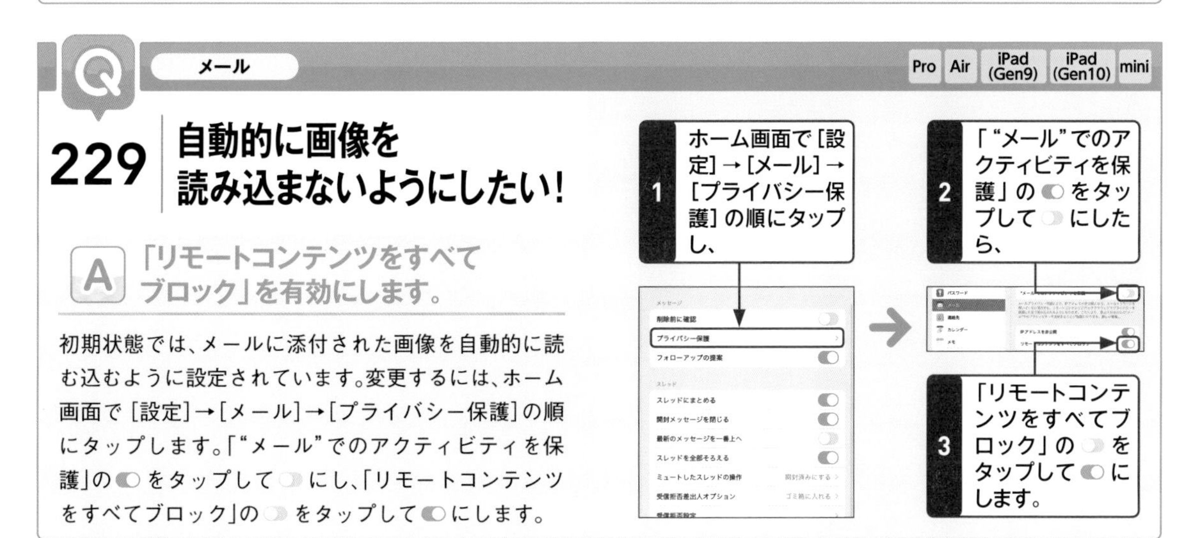

メール

Pro Air iPad (Gen9) iPad (Gen10) mini

229 自動的に画像を読み込まないようにしたい！

A 「リモートコンテンツをすべてブロック」を有効にします。

初期状態では、メールに添付された画像を自動的に読む込むように設定されています。変更するには、ホーム画面で[設定]→[メール]→[プライバシー保護]の順にタップします。「“メール”でのアクティビティを保護」の をタップして にし、「リモートコンテンツをすべてブロック」の をタップして にします。

230 連絡先を作成したい!

A 「連絡先」から登録できます。

iPadでは、メールアドレスや電話番号といった連絡先情報を「連絡先」アプリで管理します。新しい連絡先は、「連絡先」アプリの＋をタップし、必要な情報を入力することで登録できます。追加した連絡先の編集方法はQ.231、連絡先に新しい情報を追加する手順はQ.232を参照しましょう。

1 ホーム画面で［連絡先］をタップし、

2 「連絡先」画面で＋をタップします。

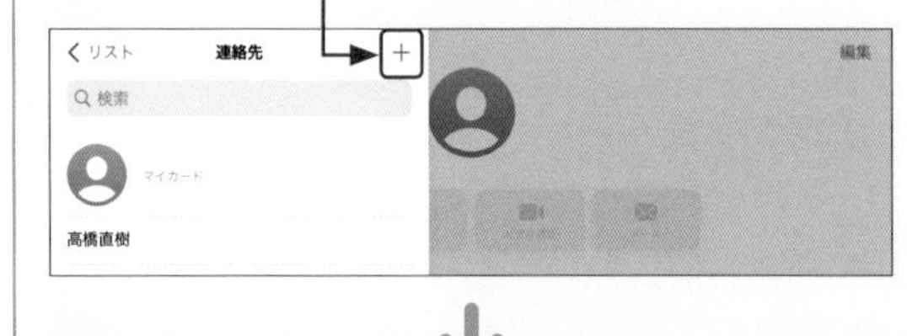

3 相手の名前とフリガナを入力し、

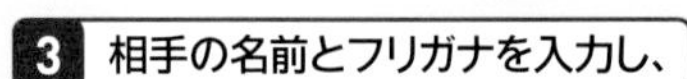

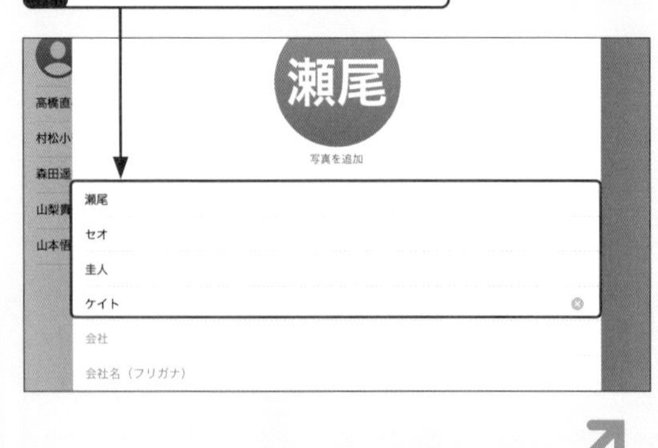

4 電話番号やメールアドレスなどの情報を入力して、

5 ［完了］をタップします。

6 連絡先の登録が完了します。

231 連絡先を編集したい！

A 編集したい連絡先の［編集］をタップします。

登録した連絡先は、作成後も情報を変更したり追加することができます。ホーム画面で［連絡先］をタップし、編集したい連絡先をタップして、画面右上の［編集］をタップします。情報の編集が完了したら、［完了］をタップします。

1 「連絡先」アプリで編集したい連絡先をタップし、

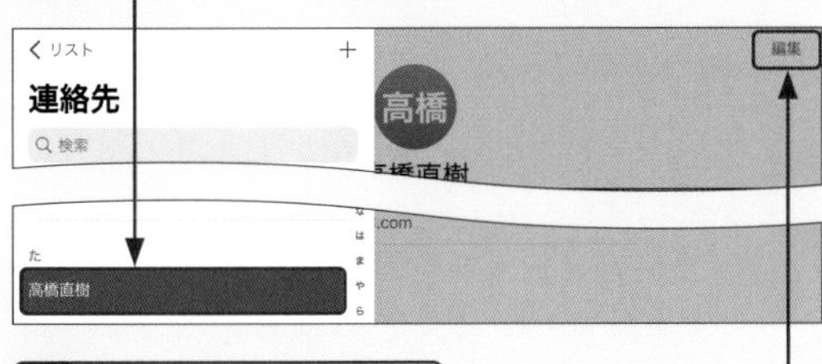

2 ［編集］をタップします。

3 編集したい項目の入力が終わったら、

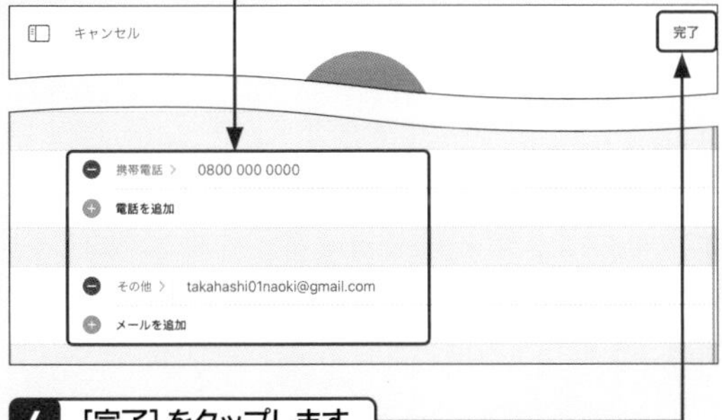

4 ［完了］をタップします。

5 編集内容が更新されます。

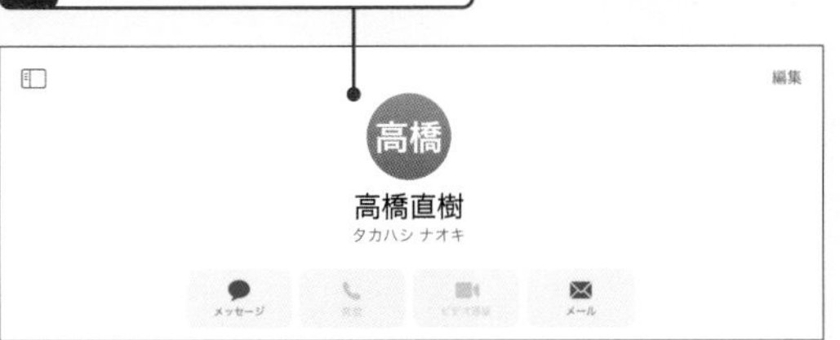

232 連絡先に項目を追加したい！

A ［フィールドを追加］をタップします。

連絡先には、役職や部署、ニックネーム、敬称などの項目を追加できます。編集したい連絡先の［編集］をタップし、［フィールドを追加］をタップして、追加したい項目を選択しましょう。

1 Q.231手順**3**の画面で［フィールドを追加］をタップし、

2 追加したい項目をタップします。

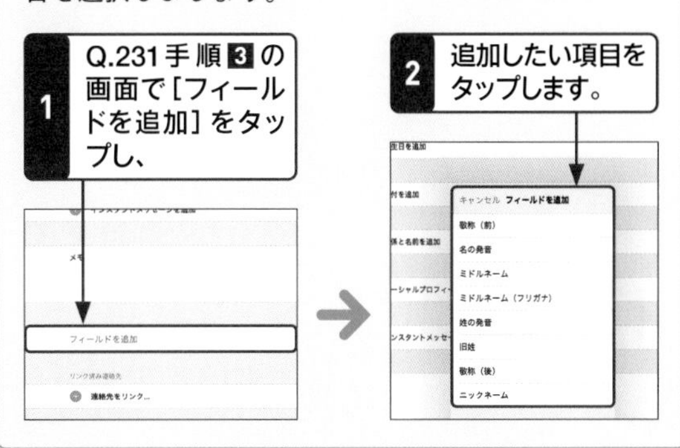

233 連絡先に写真を表示したい！

A ［写真を追加］をタップします。

連絡先に写真を設定すると、FaceTimeでビデオ通話を発信する際などに、その相手の写真が表示されます。写真を設定したい連絡先の［編集］をタップし、［写真を追加］をタップします。📷をタップするとその場で写真を撮影でき、🖼をタップすると保存済みの写真を選択できます。また、写真ではなくアイコンや色を設定することも可能です。

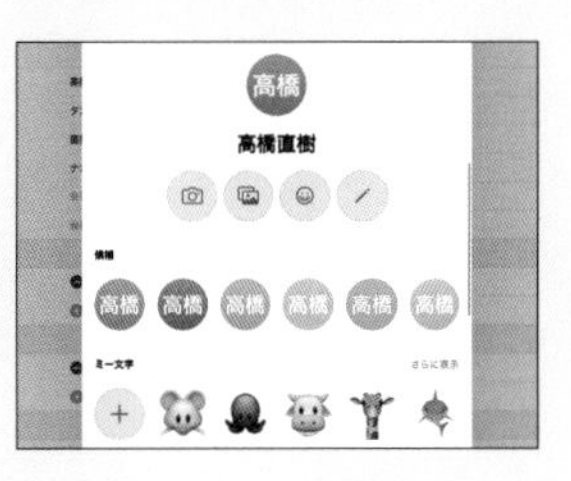

［写真を追加］をタップすると、写真やアイコンを設定できます。

連絡先

Pro Air iPad (Gen9) iPad (Gen10) mini

234 連絡先を検索したい！

A 検索フィールドにキーワードを入力します。

連絡先から目的の相手を探したいときは、「連絡先」画面上部の検索フィールドに名前やメールアドレス、電話番号の一部を入力して探します。登録している情報から検索されるため、名前のフリガナや住所などからでも検索が可能です。

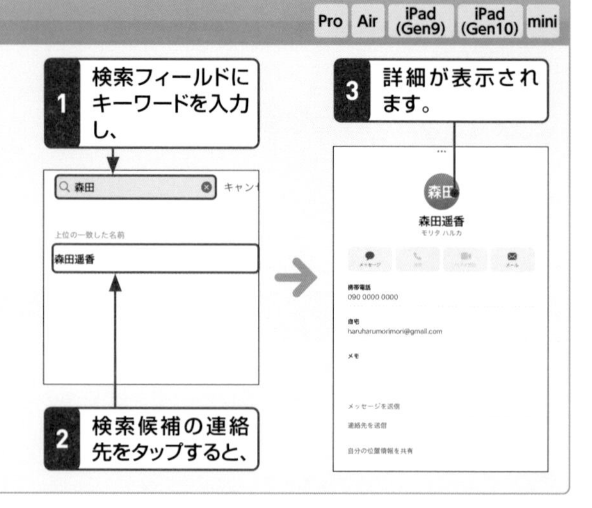

連絡先

Pro Air iPad (Gen9) iPad (Gen10) mini

235 連絡先からメールを作成したい！

A 連絡先の情報をタップします。

連絡先の情報から新しくメールを作成すると、メールアドレスが最初から反映された状態になるため、宛先を入力する手間が省けます。メールを作成したい連絡先をタップし、メールアドレスをタップすると、「宛先」が追加された「新規メッセージ」画面が開きます。

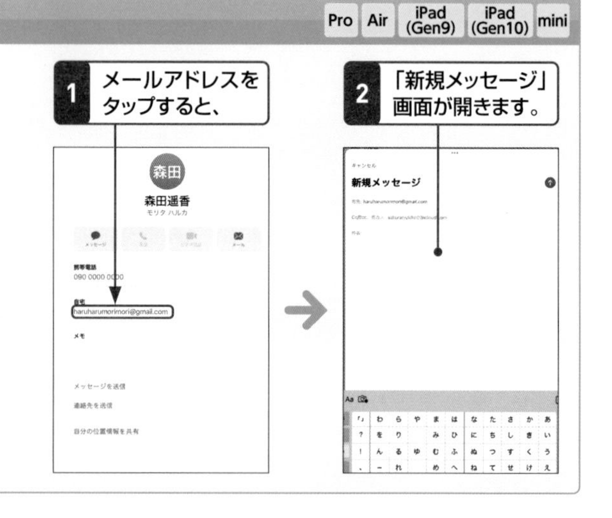

連絡先

Pro Air iPad (Gen9) iPad (Gen10) mini

236 連絡先をメールで送信したい！

A [連絡先を送信]をタップします。

連絡先に登録されている情報は、メールやメッセージ、そのほかのアプリで共有することができます。送信したい連絡先をタップし、[連絡先を送信]→[メール]の順にタップすると、選択した連絡先の情報がvcf形式でメールに添付されます。

1 [連絡先を送信]をタップし、

2 [メール]をタップすると、連絡先情報がメールに添付されます。

メッセージ　Pro Air iPad (Gen9) iPad (Gen10) mini

237 iMessageって何？

A Apple製品同士でやりとりできるメッセージ機能です。

「iMessage」は、Apple IDとして設定したメールアドレスや電話番号でメッセージのやりとりができる機能です。iMessageではテキストのほか、写真や動画、音声などの送受信が可能です。iPadでは、「メッセージ」アプリから利用することができます。メッセージはチャット形式で表示されるため、メールよりも手軽にコミュニケーションを取ることができます。

iMessageは、iPadやiPhoneなどのApple製品との間でメッセージをやりとりできる機能です。

メッセージ　Pro Air iPad (Gen9) iPad (Gen10) mini

238 iMessageを利用したい！

A Apple IDを使用してサインインします。

iMessageを利用するには、事前にホーム画面で［設定］→［メッセージ］の順にタップし、Apple IDにサインインしておきます。すでにiPad自体がApple IDにサインインしている場合は、パスワードを入力せずにサインインができます。

なお、iMessageはWi-FiなどでiPadが通信できる状態にする必要があります。Q.137、138を参考にWi-Fiを接続しておきましょう。

1 ホーム画面で［設定］→［メッセージ］の順にタップします。

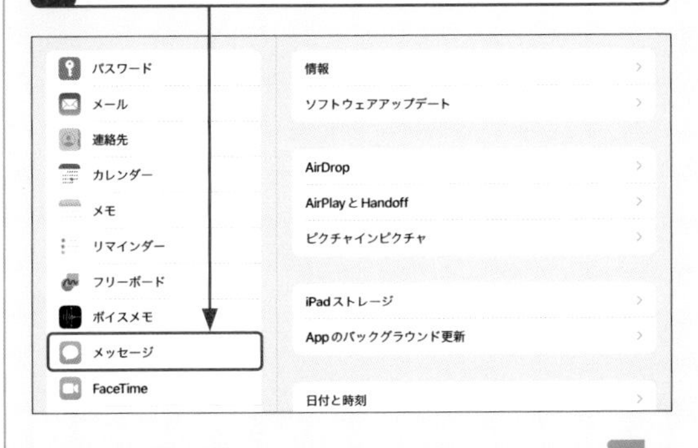

2 Apple IDにサインインすると、

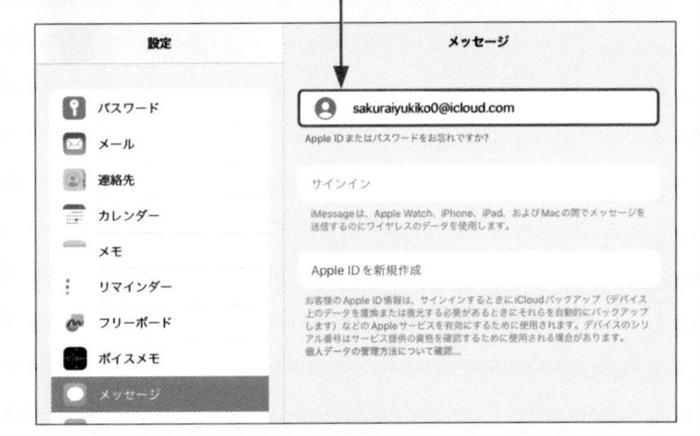

3 登録が完了します。

Q 239 新しいメッセージを送りたい！

A 「メッセージ」アプリを起動してメッセージを作成します。

メッセージを送りたい場合は、「メッセージ」アプリを起動し、☑をタップします。「新規メッセージ」の画面が表示されるので、直接送信先を入力するか、⊕をタップして連絡先から宛先を選択します。テキストフィールドにメッセージを入力して、⬆をタップすると、メッセージが送信されます。

1 「メッセージ」アプリを起動し、画面上部の☑をタップして、

2 ⊕をタップします。

編集
メッセージ
検索
新規メッセージ
新規メッセージ
キャンセル
宛先:

「宛先」に直接送信先のアドレスを入力することも可能です。

3 連絡先からメッセージの送信先を選択し、

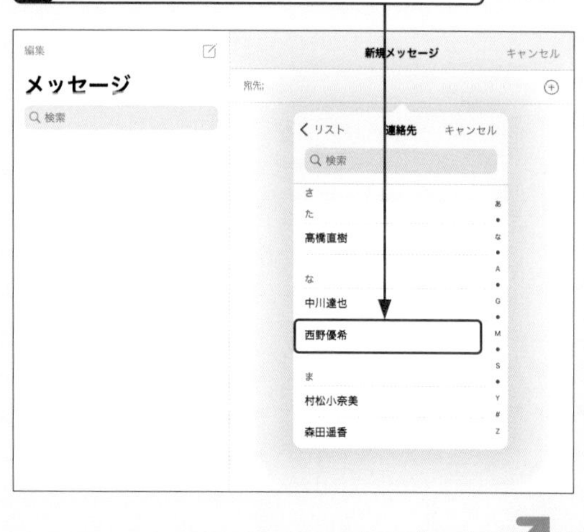

4 メッセージを入力して、

お疲れ様！

5 ⬆をタップします。

A 連絡先一覧から新規メッセージを作成します。

メッセージもメールと同様、「連絡先」アプリからユーザーを選択して新規メッセージを作成することができます。「連絡先」アプリを起動し、メッセージを送信したい連絡先をタップして［メッセージを送信］をタップすれば、宛先が入力された状態で「新規メッセージ」画面が表示されます。

1 「連絡先」アプリを起動し、メッセージを送信したい連絡先をタップして、

2 ［メッセージを送信］をタップすると、「新規メッセージ」画面が表示されます。

240 送信したメッセージを編集したい！

A メニューから編集や取り消しができます。

送信したメッセージは、送信後のメッセージをタッチして表示されるメニューから編集や取り消しをすることができます。ただし、編集は送信後15分以内、取り消しは送信後2分以内に行う必要があります。また、メッセージの編集後は「編集済み」、取り消し後は「○○はメッセージの送信を取り消しました」と双方の画面に表示されるため、相手に気付かれずにメッセージを変更することはできません。

1 任意のメッセージをタッチし、

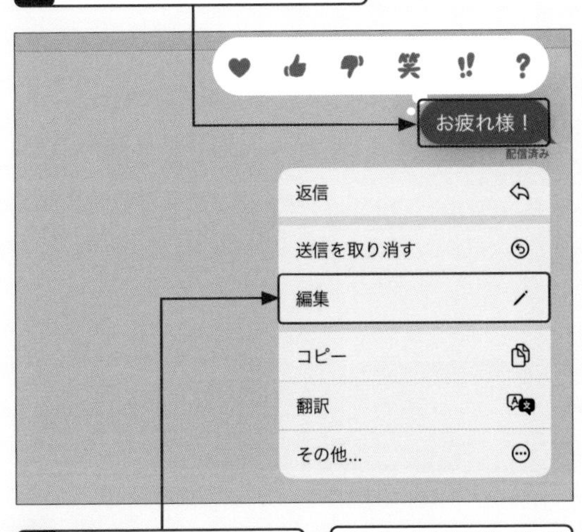

2 [編集] をタップします。

[送信を取り消す] をタップすると、メッセージが取り消されます。

3 メッセージを編集し、

iMessage
今日 10:13
お疲れ様です！

4 ✓をタップします。

メッセージ　Pro　Air　iPad (Gen9)　iPad (Gen10)　mini

241 複数の人に同時にメッセージを送りたい！

A メッセージを送信したい連絡先を複数指定します。

iMessageでは、複数の相手へ同時にメッセージを送信することも可能です。「新規メッセージ」画面で⊕をタップし、宛先を複数追加していきます。一斉送信は人数制限こそありませんが、iMessageはCcやBccがないため、送信先の相手にお互いの電話番号やメールアドレスがわかってしまいます。お互いの連絡先情報を知らない場合は一斉送信をやめるか、事前に許可を取るなどしておきましょう。

1 Q.239手順**1**を参考に「新規メッセージ」画面を表示し、

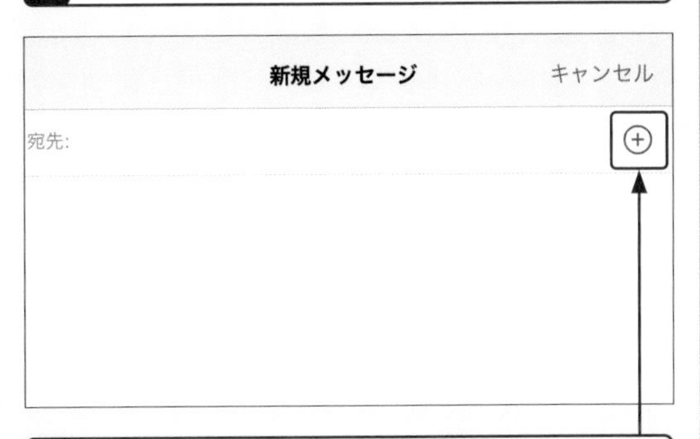

2 ⊕をタップして、メッセージの送信先を選択します。

3 手順**2**を繰り返して連絡先を追加したら、メッセージを入力し、

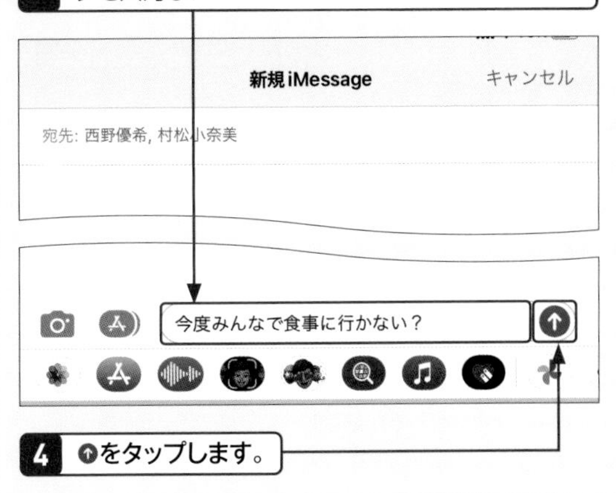

4 ↑をタップします。

メッセージ　Pro　Air　iPad (Gen9)　iPad (Gen10)　mini

Q 242 相手がメッセージを見たかどうか知りたい!

A 「開封証明を送信」を有効にします。

iMessageでは、受け取り(開封)通知機能を設定することができます。ただし、相手がメッセージを開封したかを知るには、送信先の相手にあらかじめ受け取り(開封)通知機能を設定してもらう必要があります。反対に、こちらが受信したメッセージを開封したか相手に通知する設定はこちらが行います。ホーム画面で[設定]→[メッセージ]の順にタップし、「開封証明を送信」の をタップして にしましょう。

1 ホーム画面で[設定]→[メッセージ]の順にタップし、

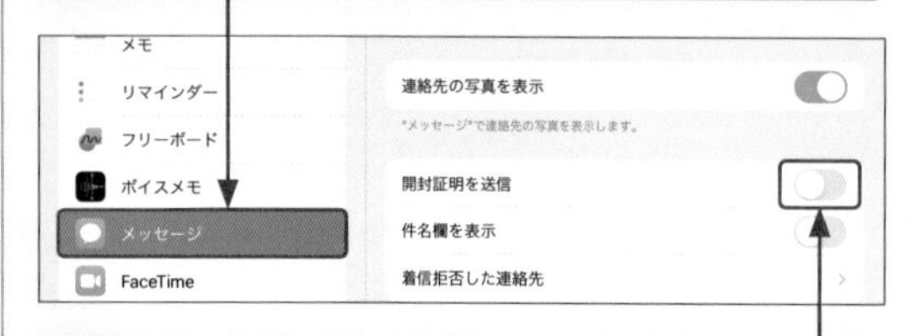

2 「開封証明を送信」の をタップして にします。

3 メッセージを送信すると、メッセージの横に「配信済み」と表示されます。

4 送信先の相手がメッセージを確認すると、「開封済み」に変更され、相手が開封した時間が表示されます。

メッセージ　Pro　Air　iPad (Gen9)　iPad (Gen10)　mini

Q 243 メッセージに写真を添付したい!

A をタップして写真を添付します。

テキストフィールド下部にある をタップすると、iPad内の写真を選択してメッセージに添付できます。また、 をタップすれば、その場で撮影した写真や動画をメッセージに添付することも可能です。

1 をタップし、

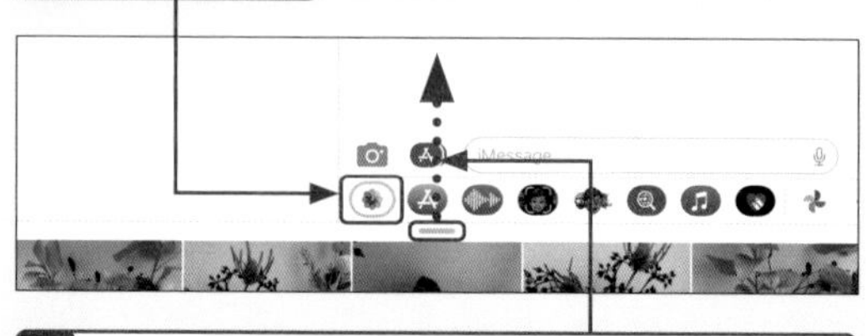

2 画面下部に表示される写真一覧を上方向にスワイプします。

3 添付したい写真をタップして選択し、

4 [追加]をタップします。

5 メッセージに写真が添付されます。任意でメッセージを入力し、

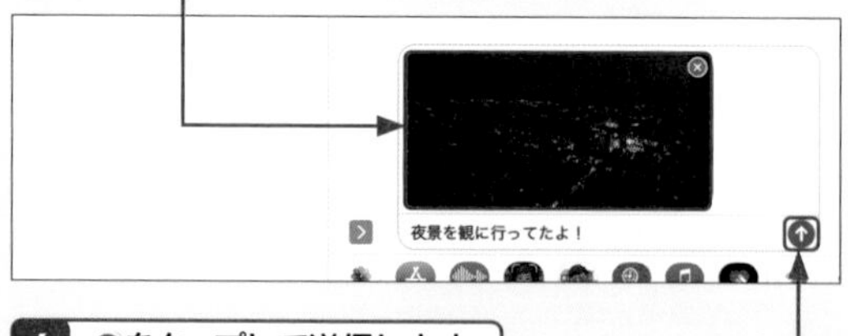

6 をタップして送信します。

メッセージ

Pro Air iPad (Gen9) iPad (Gen10) mini

244 複数の写真や動画をかんたんに送りたい!

A 写真一覧から複数の写真や動画を選択します。

写真や動画は、一度に複数添付することもできます。Q.243を参考に写真一覧を表示し、添付したい写真や動画を連続でタップして選択したら、[追加]をタップします。送信した写真は、2～3枚ならコラージュ、4枚以上は重ねて表示され、写真を左右にスワイプですべての写真を見ることができます。

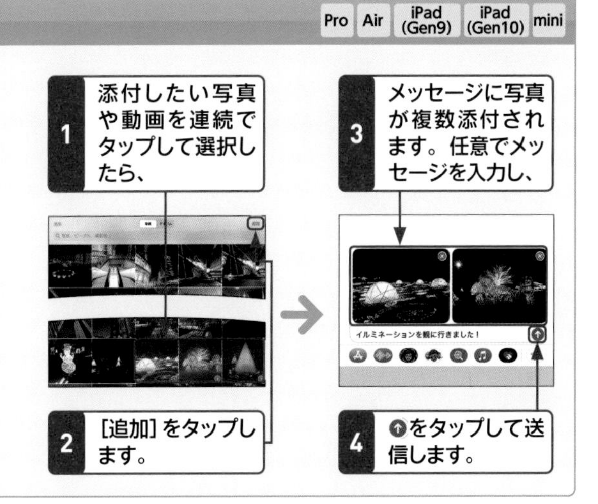

メッセージ

Pro Air iPad (Gen9) iPad (Gen10) mini

245 受信したメッセージを表示したい!

A メッセージの受信一覧から見たい相手をタップします。

「メッセージ」アプリでは、相手ごとに送受信した内容を閲覧できます。受信したメッセージを見たい場合は、メッセージ一覧から任意の相手をタップして詳細を表示します。メッセージのやりとりはメールのようなスレッドではなく、チャット形式で表示されます。

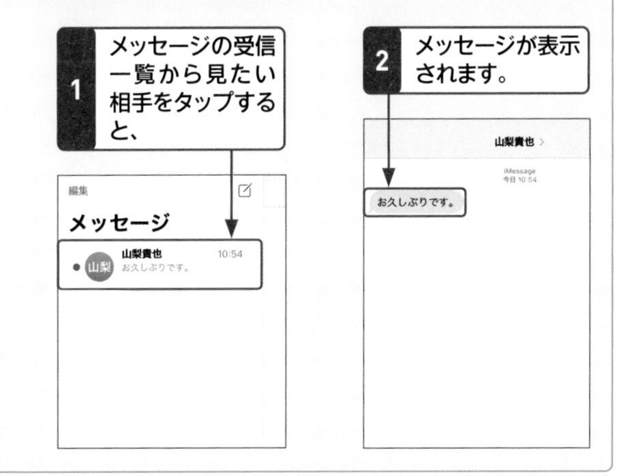

メッセージ

Pro Air iPad (Gen9) iPad (Gen10) mini

246 画面ロック中にメッセージを受信するとどうなる?

A 通知設定をしていればメッセージの受信を通知します。

通知設定をしていれば、ロック中の画面でもメッセージの受信を通知し、内容を表示してくれます。複数のメールを受信しても、一覧でわかりやすく表示されます。ホーム画面で[設定]→[通知]→[メッセージ]の順にタップし、「ロック画面」の○をタップして✔にすれば、設定完了です。

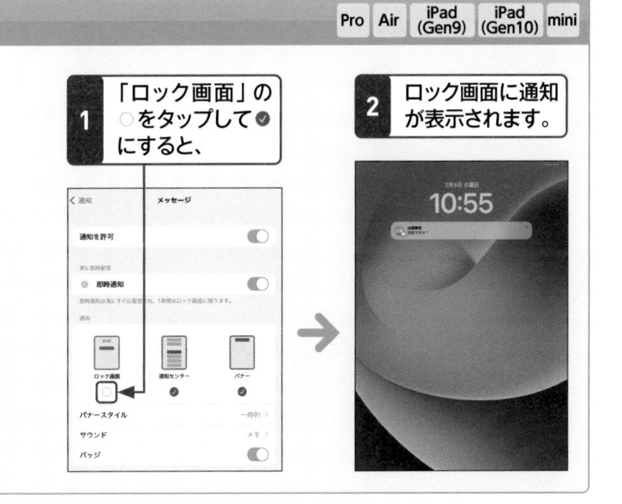

メッセージ　Pro Air iPad (Gen9) iPad (Gen10) mini

247 iMessageで現在地や音声を送りたい！

A 現在地を送る場合は＞、音声を送る場合はをタップします。

iMessageは、写真やビデオだけでなく、現在地や音声を送ることもできます。現在地を送る場合は、画面上部の連絡先名の横に表示されている＞をタップし、[現在地を送信]をタップします。現在地を送るためには、ホーム画面で[設定]→[プライバシーとセキュリティ]→[位置情報サービス]の順にタップし、「位置情報サービス」を有効にしておく必要があります。音声を送る場合は、テキストフィールド下部にあるをタップし、音声を録音します。

現在地を送る

1 連絡先名の横に表示されている＞をタップし、

2 [現在地を送信]をタップします。

位置情報利用の許可を求める画面が表示される場合があります。

3 現在地が送信されます。

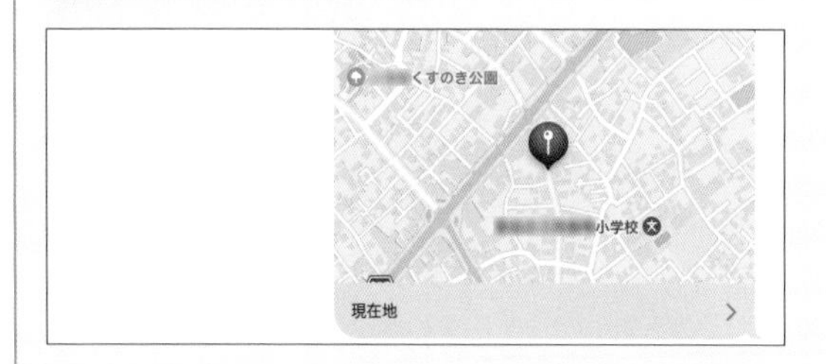

音声を送る

1 をタップします。

2 をタップして音声の録音を開始し、完了したらをタップします。

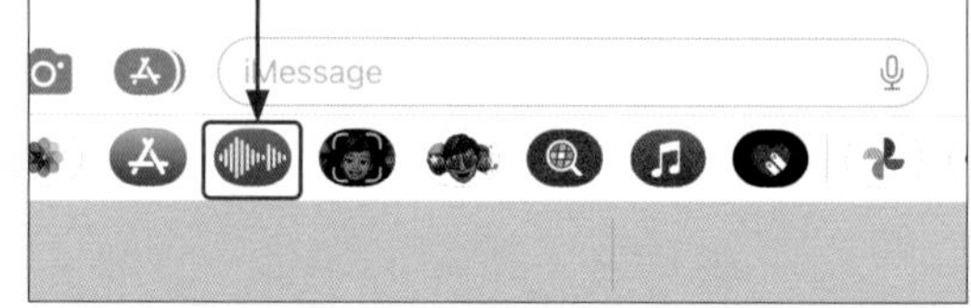

をタッチして音声の録音を開始し、指を離してすぐに送信することもできます。

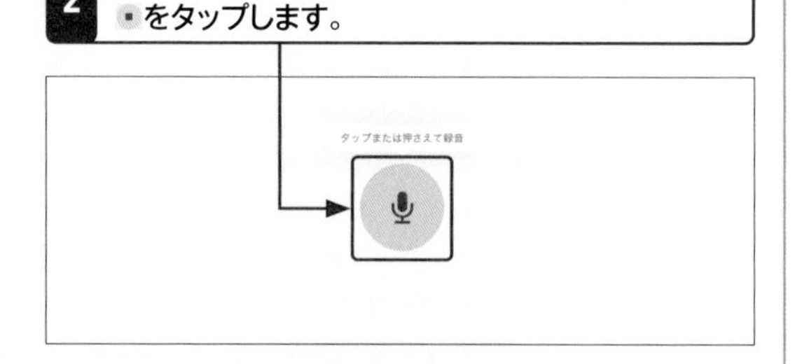

3 をタップすると、録音した音声を送信前に確認することができます。

4 をタップすると、録音した音声を送信できます。

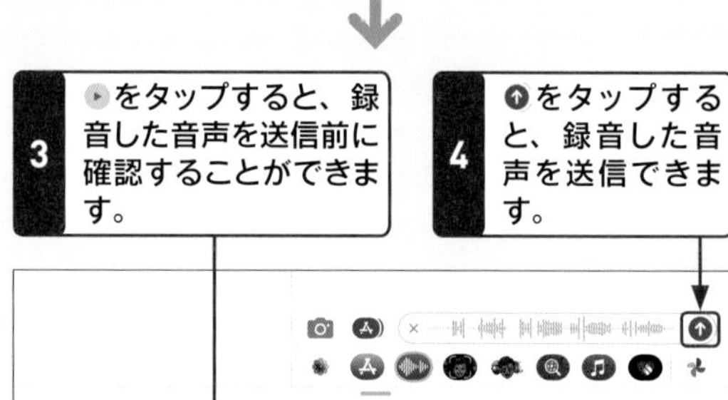

5 メールと連絡先

メッセージ　Pro Air iPad (Gen9) iPad (Gen10) mini

248 メッセージに効果を付けたい！

A ⬆をタッチします。

送信するメッセージには、吹き出しの見た目を変える「吹き出しエフェクト」や、画面にアニメーションを表示する「フルスクリーンエフェクト」といった効果を付けることができます。嬉しい気持ちやお祝いの気持ちなどを視覚的に表現したいときに利用しましょう。

吹き出しエフェクトを付ける

1 送信したいメッセージを入力し、

2 ⬆をタッチします。

3 任意のエフェクトの●をタップし、

4 ⬆をタップします。

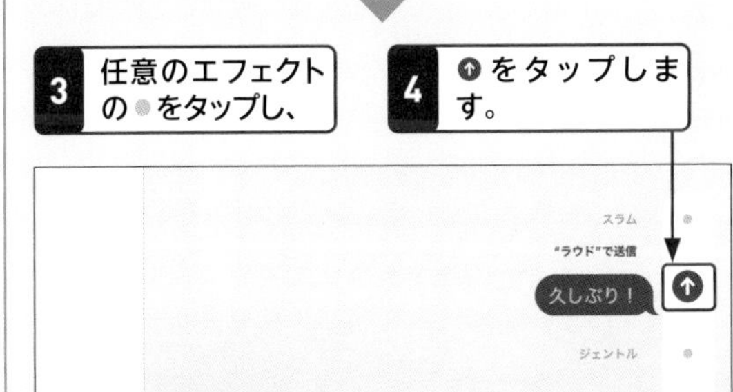

5 エフェクト付きのメッセージが送信されます。

フルスクリーンエフェクトを付ける

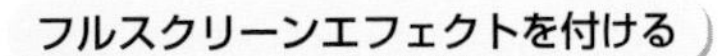

1 送信したいメッセージを入力し、

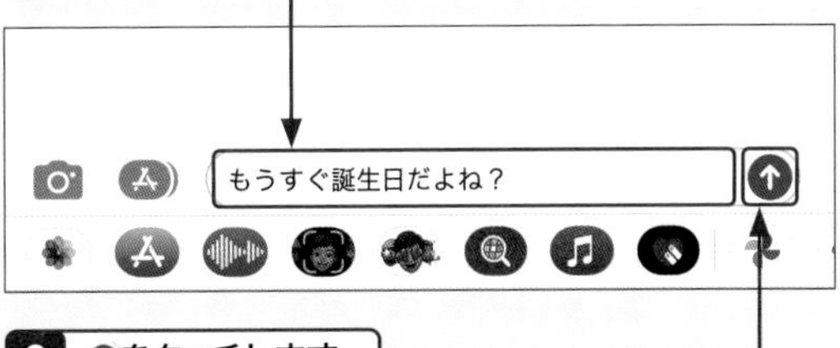

2 ⬆をタッチします。

3 [スクリーン] をタップし、

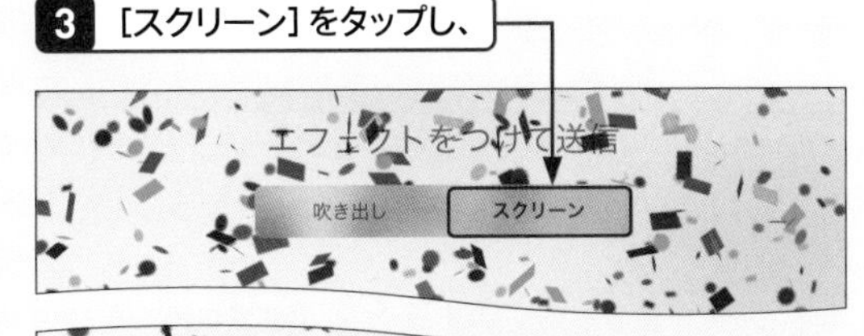

4 画面を左右にスワイプして任意のスクリーンエフェクトを選択したら、

5 ⬆をタップします。

6 スクリーンエフェクト付きのメッセージが送信されます。

Q メッセージ Pro Air iPad (Gen9) iPad (Gen10) mini

249 手書きのメッセージを送りたい！

A をタップして文字を書きます。

テキストフィールドをタップし、キーボードに表示される をタップすると、手書き文字を入力できるようになります。画面をなぞって文字を書き、[完了] をタップしてⓘをタップします。

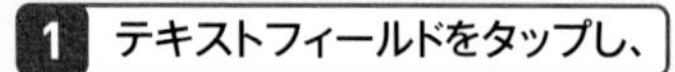

1 テキストフィールドをタップし、

ゆ	む	ふ	ぬ	つ	す	く	う	改行
	め	へ	ね	て	せ	け	え	

2 キーボードの をタップします。

3 画面をなぞって文字を入力し、

4 [完了] をタップします。

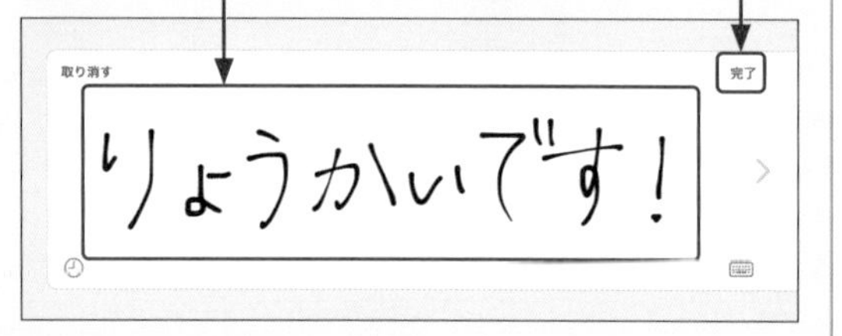

5 メッセージを入力し、

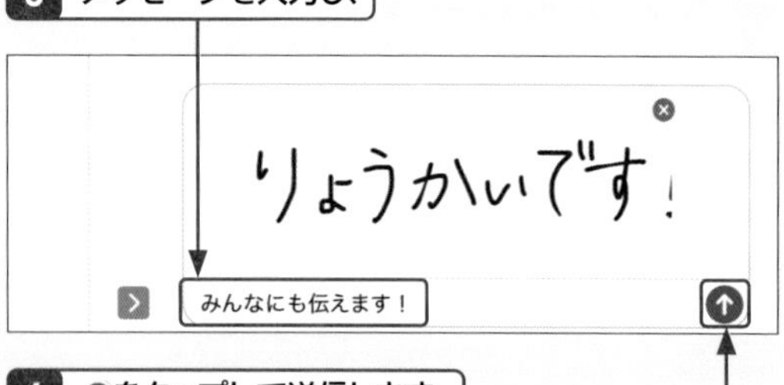

6 ⓘをタップして送信します。

250 メッセージにリアクションを送りたい！

A メッセージをダブルタップまたはタッチします。

メッセージには、リアクションのアイコンを送れる「Tapback」という機能があります。リアクションしたいメッセージをダブルタップまたはタッチすると、メッセージの上部にTapbackが表示されます。任意のアイコンをタップすると、相手にリアクションを送ることができます。送信したTapbackを削除する場合は、再度メッセージをダブルタップまたはタッチし、同じアイコンをタップします。一度送信したアイコンを、ほかのアイコンに変更することも可能です。

1 Tapbackを送りたい受信メッセージをダブルタップまたはタッチします。

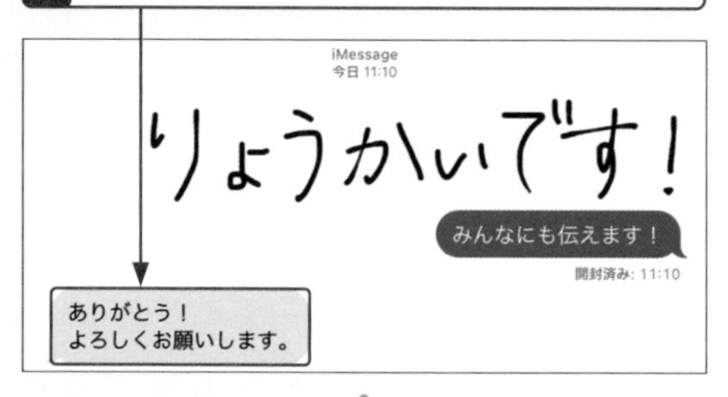

2 表示されるTapbackの中から、送信したいアイコンをタップします。

3 Tapbackが送信されます。

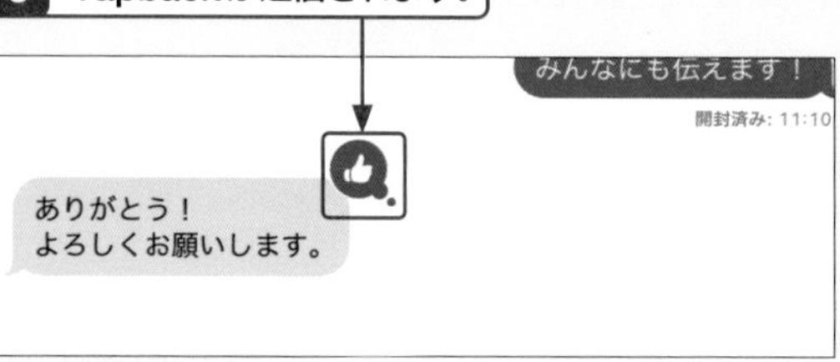

251 アニ文字やミー文字って何？

A キャラクターに表情や音声を反映できる機能です。

「アニ文字」は、自分の表情と声をキャラクターに反映させて、LINEのスタンプのように送信することができるアニメーションメッセージです。テキストフィールド下部の をタップすると表示されるキャラクターを選択すると、カメラに映った自分の顔の動きがリアルに反映されます。 をタップして表情や音声を録画し、 をタップして録画を終了したら、 をタップしてアニ文字を送信します。
また、アニ文字の中には肌色や髪型、顔のパーツなどを細かく設定したキャラクターを作成できる「ミー文字」もあります。アニ文字が既存のキャラクターであるのに対し、ミー文字は自分に似せたキャラクターを作成できることから、より表情や気持ちを伝えやすくなります。一度作成したミー文字はiPad内に保存されるため、以降も同じ設定のキャラクターを利用できます。

アニ文字

アニ文字は、iPadに用意されたキャラクターに表情や音声を付けられるアニメーションメッセージ機能です。

ミー文字

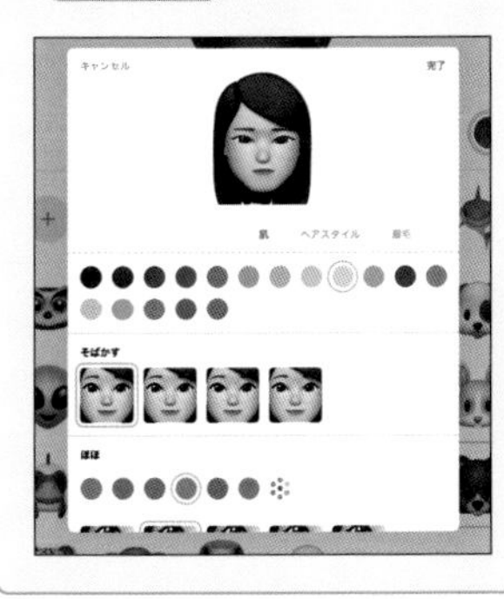

ミー文字はアニ文字の一種で、髪型や顔のパーツを自分に似せたキャラクターを作成して送信できます。

Pro Air iPad (Gen9) iPad (Gen10) mini

252 重要なチャットをすぐ開きたい！

A メッセージをピンで固定します。

メッセージのやりとりをする相手が多くなると、重要なメッセージを探すのに時間がかかってしまいます。そのような場合には、メッセージ一覧の画面上部にメッセージの相手の情報（名前や写真）を固定表示させましょう。固定された情報をタップすると、すぐにメッセージのやりとりを開くことができます。なお、メッセージは最大9件までの固定が可能です。

1 固定したいメッセージをタッチし、

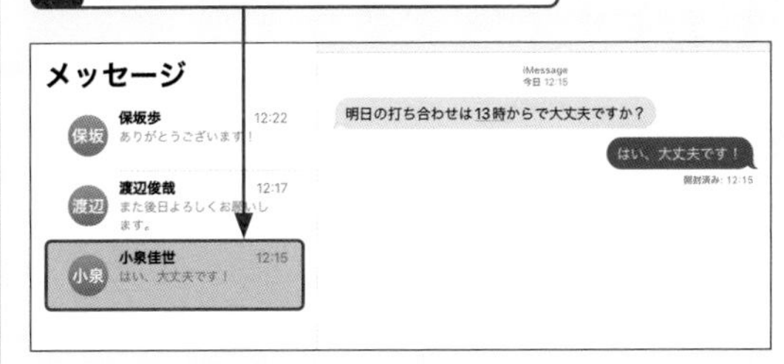

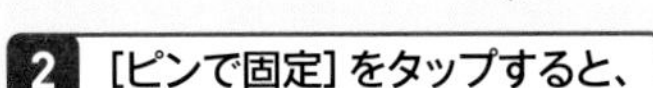

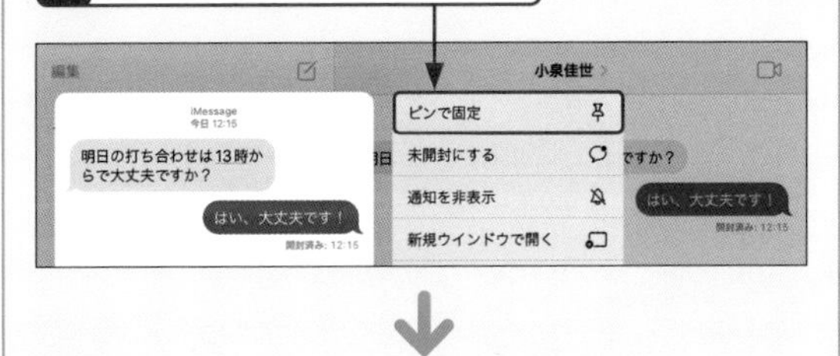

3 指定したメッセージの相手の情報（名前や写真）が、画面上部に固定表示されます。

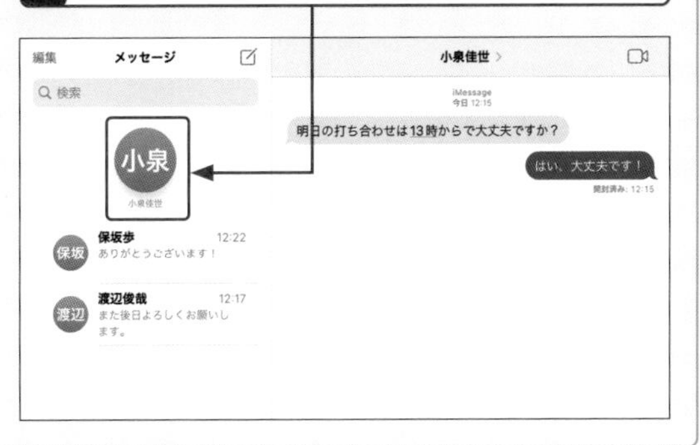

5 メールと連絡先

メッセージ

Pro Air iPad (Gen9) iPad (Gen10) mini

253 メッセージに添付された写真を保存したい!

A ⎙ をタップします。

相手から送られてきた写真を保存するには、メッセージ内の写真の横に表示されている ⎙ をタップし、[写真を保存](初回のみ)をタップします。なお、写真をタッチして [保存] をタップ、または写真をタップして ⎙ をタップすることでも保存できます。

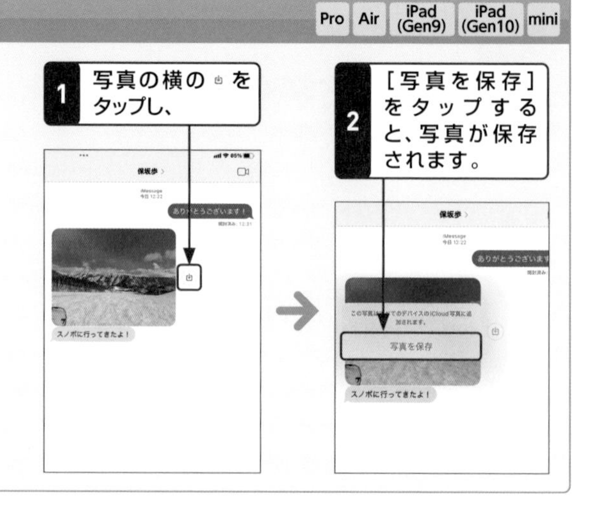

メッセージ

Pro Air iPad (Gen9) iPad (Gen10) mini

254 メッセージに返信したい!

A 受信したメッセージを表示して返信します。

メッセージに返信する場合は、受信したメッセージを表示し、テキストフィールドに返信メッセージを入力したあと、⬆をタップしましょう。また、複数ある中の特定のメッセージに返信したい場合は、返信したいメッセージをタッチして [返信] をタップすると、視覚的にわかりやすく返信ができます。

1 テキストフィールドにメッセージを入力し、

楽しそうだね (^o^)

2 ⬆をタップすると、メッセージに返信できます。

メッセージ

Pro Air iPad (Gen9) iPad (Gen10) mini

255 相手がメッセージを入力中かどうかってわかる?

 iMessageでは、相手がメッセージを入力していると吹き出しが表示されます。

iMessage では、メッセージを入力しているタイミングが相手にもわかります。メッセージをやりとりしている画面上に相手がメッセージを入力中のときだけ吹き出しが表示されます。メッセージを送った直後に相手からメッセージが来てしまう行き違いを、未然に防ぐことができます。

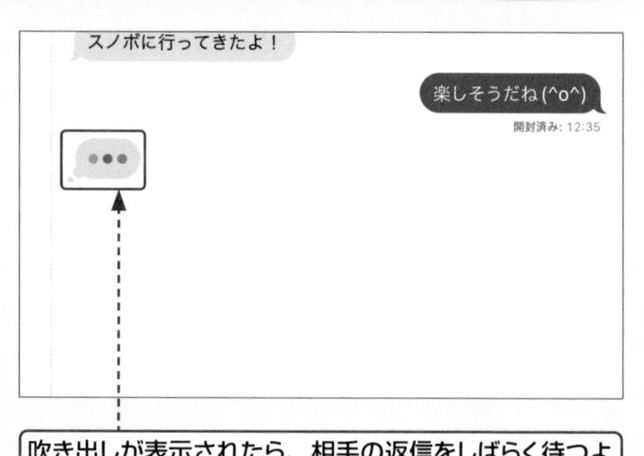

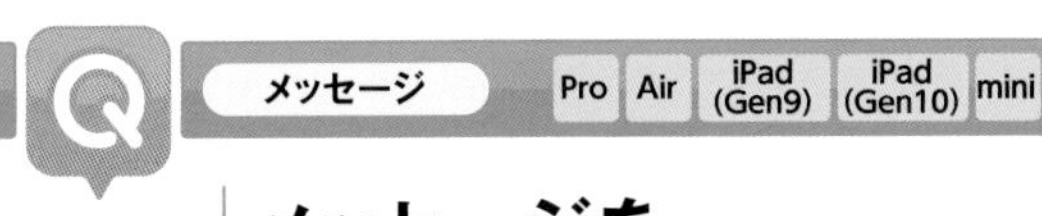

256 メッセージを転送したい!

A メニューから転送します。

メッセージの転送は、メールよりも手軽に行えます。転送したいメッセージをタッチし、[その他]をタップして、⇨をタップします。指定したメッセージが「新規メッセージ」画面のテキストフィールドに反映されるので、宛先を指定して送信します。ただし、返信同様、引用符は付かず原文引用のみになります。

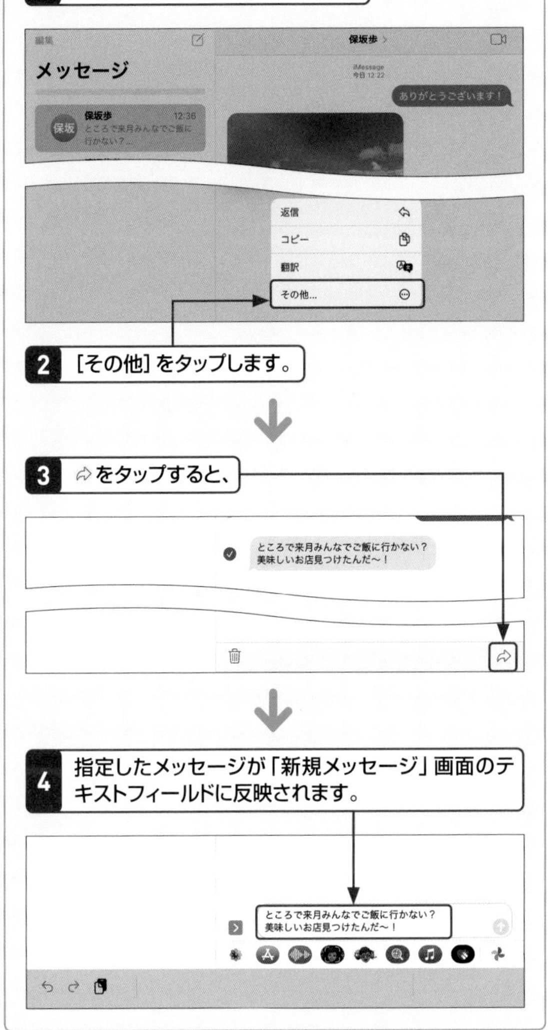

257 メッセージを削除したい!

A メニューから削除します。

メッセージを削除するには、削除したいメッセージをタッチし、[その他]をタップして、🗑→[○件のメッセージを削除]の順にタップします。なお、「メッセージ」アプリには「メール」アプリのように「ゴミ箱」メールボックスがありません。削除したメッセージをもとに戻したい場合は、Q.258を参照してください。

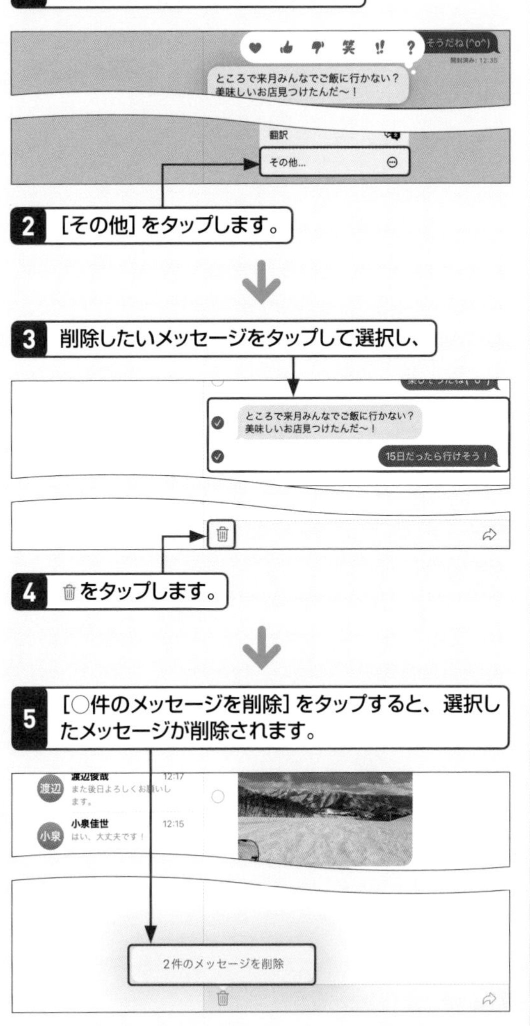

5 メールと連絡先

メッセージ　Pro　Air　iPad (Gen9)　iPad (Gen10)　mini

Q 258 削除したメッセージを復元したい！

A 編集メニューから復元します。

Q.257の手順で削除したメッセージは、削除後30日〜40日以内であれば復元することができます。メッセージを不用意に削除してしまった場合は、編集メニューから復元しましょう。また、一度削除したメッセージをiPadから完全に削除することも可能です。

1 画面左上の［編集］をタップし、

2 ［最近削除した項目を表示］をタップします。

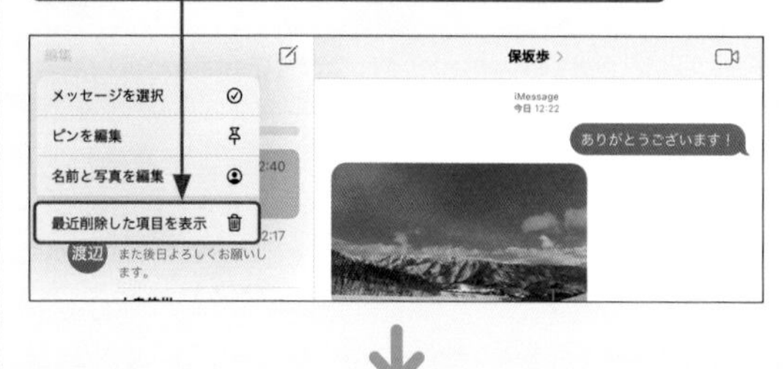

3 復元したいメッセージの○をタップして✔にし、

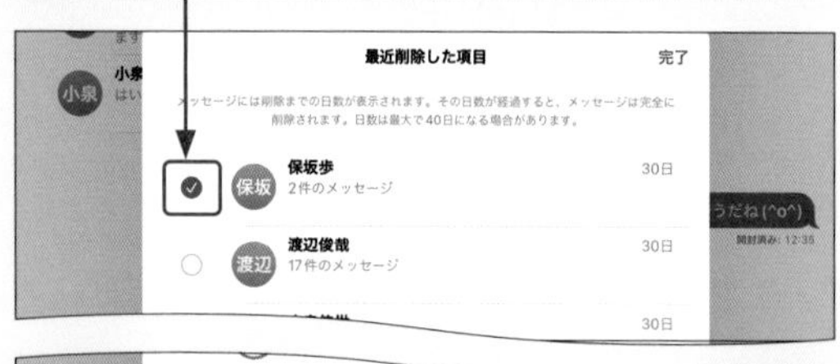

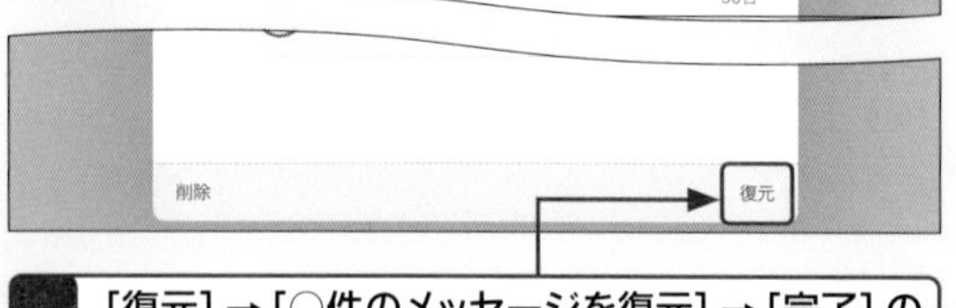

4 ［復元］→［○件のメッセージを復元］→［完了］の順にタップします。

メッセージ　Pro　Air　iPad (Gen9)　iPad (Gen10)　mini

Q 259 メッセージの相手を連絡先に追加したい！

A メッセージをやりとりしている相手を連絡先に追加します。

メッセージもメールと同様に、メッセージを受信した相手の電話番号やメールアドレスを連絡先に追加できます。連絡先に登録したいメッセージを開き、画面上部の連絡先名の横に表示されている > をタップし、［情報］をタップします。新しく連絡先を登録する場合は［新規連絡先を作成］、既存の連絡先に追加する場合は［既存の連絡先に追加］をタップします。

1 連絡先名の横に表示されている > をタップし、

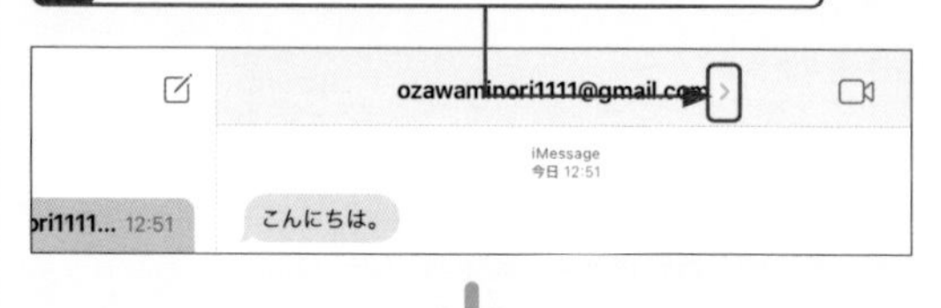

2 ［情報］をタップします。

3 新規連絡先を作成するか、既存の連絡先に追加するか選択できます。

5 メールと連絡先

メッセージ

Pro Air iPad (Gen9) iPad (Gen10) mini

260 メッセージの着信音を変更したい!

「サウンド」から変更します。

ホーム画面で［設定］→［サウンド］の順にタップし、［メッセージ］をタップすると、「着信音」から設定したいサウンドを選択できます。また、サウンドの選択画面上部の「ストア」から［着信音/通知音ストア］をタップすると、「iTunes Store」アプリが起動し、任意のサウンドを購入して着信音に設定することができます。

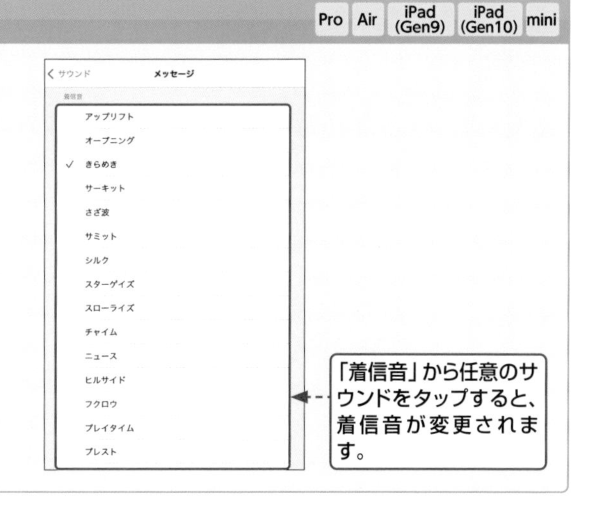

メッセージ

Pro Air iPad (Gen9) iPad (Gen10) mini

261 連絡先別にメッセージの着信音を設定したい!

A 連絡先の「メッセージ」から個別に着信音を設定します。

メッセージの着信音を個別に変更したい場合は、「連絡先」アプリから設定します。「連絡先」アプリで任意の連絡先をタップし、画面右上の［編集］をタップします。「メッセージ」の設定しているサウンドをタップすると、表示されるサウンド一覧から任意の着信音を設定できます。

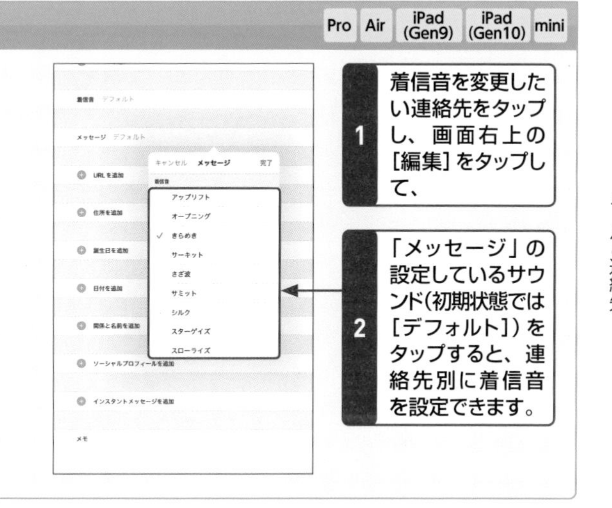

メッセージ

Pro Air iPad (Gen9) iPad (Gen10) mini

262 メッセージを検索したい!

A 検索フィールドにキーワードを入力します。

これまでにやりとりした内容を確認したいときは、検索フィールドを利用しましょう。メッセージ一覧を下方向にスワイプすると、上部に検索フィールドが表示されます。検索フィールドにキーワードを入力すると、該当するメッセージがユーザーごとに表示されます。

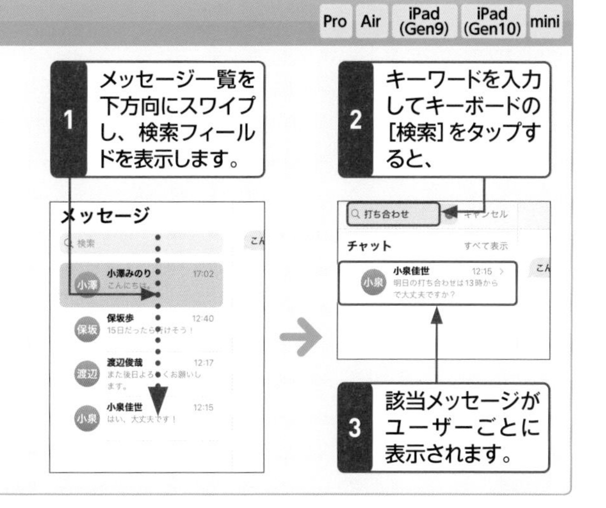

263 iPhoneとメッセージを同期したい！

A iPhoneと同じApple IDでサインインし、iPhone側でiMessageの設定を行います。

同じApple IDで利用している端末同士では、iMessageの送受信を同期できます。iMessageをiPhoneと同期させたい場合は、iPhoneのホーム画面で［設定］→［メッセージ］→［送受信］の順にタップし、［iMessageにApple IDを使用］をタップします。Apple IDとパスワードを入力して［サインイン］をタップすると、同じApple IDでサインインしているiPadの画面に「アカウントにデバイスが追加されました」と表示されるので、［OK］→［はい］の順にタップします。続けてiPhoneで［SMS/MMS転送］をタップし、「iPad（iPad）」（環境によって表示は異なります）の をタップして にすると、iMessageがiPhoneとiPadで同期されるようになります。

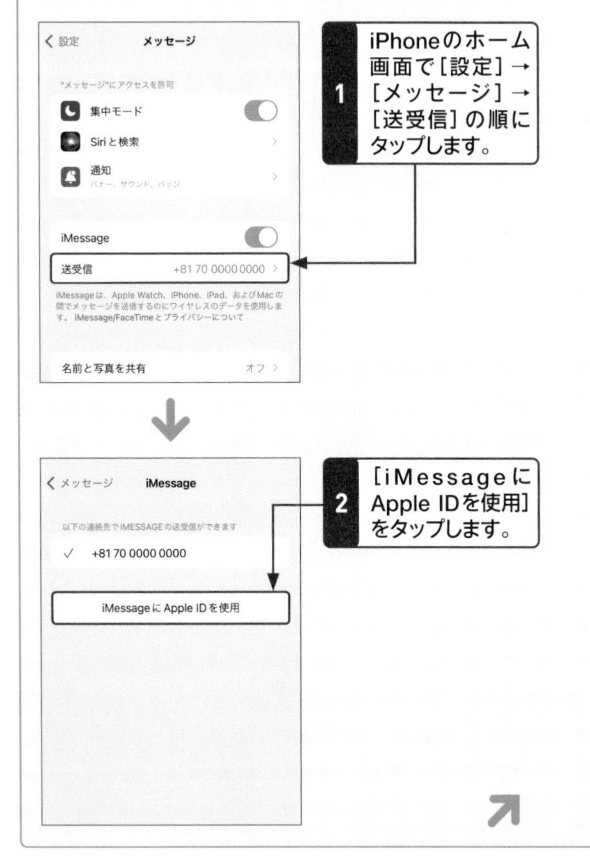

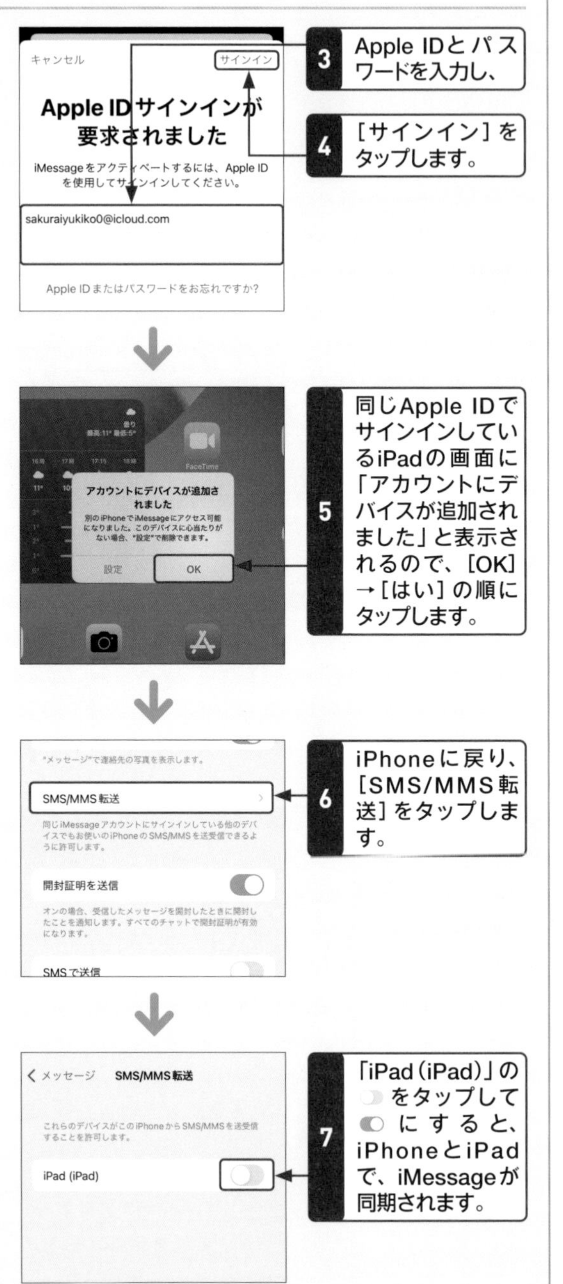

第6章

音楽や写真・動画の「こんなときどうする?」

Q 264 iPadで写真を撮りたい!

A 「カメラ」アプリを起動します。

iPadでの写真撮影は、「カメラ」アプリを使って行います。「カメラ」アプリを起動するには、ホーム画面で[カメラ]をタップします。また、ロック画面のスワイプや、コントロールセンターからの操作でも「カメラ」アプリを起動できます(Q.267参照)。

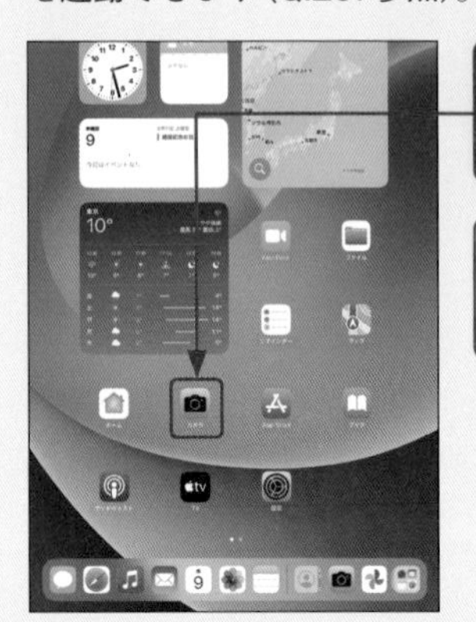

1 ホーム画面で[カメラ]をタップすると、

必要に応じて位置情報の設定を行います(Q.273参照)。

2 カメラが起動します。

3 ◯をタップするか、いずれかの音量ボタンを押すと、写真を撮影できます。

◯をタッチすると、連続撮影ができます。

「カメラ」モードの構成

❶	撮影倍率が表示されます。 1×をタップしたり画面をピンチアウトしたりすると、倍率が変わります(Q.265参照)。
❷	QRコードや文字のスキャナー(Q.271、272参照)、Live Photos(Q.274、275参照)、セルフタイマー(Q.265参照)、フラッシュ(iPad Pro/miniのみ)、カメラの切り替え(Q.266参照)を設定したり起動したりできます。
❸	タップすると通常撮影、タッチすると連続撮影できます。
❹	撮影した写真のサムネールが表示されます(Q.270参照)。
❺	カメラの撮影モードを切り替えます(Q.268参照)。

265 写真撮影の操作を知りたい！

A ピントや露出の調節、ズーム、セルフタイマーなどが利用できます。

iPadのカメラには、撮影のためのさまざまな機能が搭載されています。ここでは、ピントと露出を調整したり固定したりする方法、カメラをズームする方法、セルフタイマーの起動方法を紹介します。

ピントや露出を合わせる／固定する

1 画面上の任意の場所をタップすると、ピントが合います。

2 画面を上下にスワイプすると、露出が調整できます。

3 画面上の任意の場所をタッチすると、

4 ピントが固定されます。

5 上下にスワイプすると、ピントを固定したまま露出を調整できます。

6 画面をタップすると、ピントと露出の固定が解除されます。

ズームする

1 画面をピンチアウトすると、

画面左の をタップすることでも、特定の倍率でズームできます。

2 被写体がズームされます。

セルフタイマーを使う

1 画面右の をタップし、

2 任意の秒数をタップします。

3 をタップすると、指定した秒数のカウントダウン後、写真が撮影されます。

写真撮影 Pro Air iPad (Gen9) iPad (Gen10) mini

266 前面カメラで撮影したい！

A をタップして前面カメラに切り替えます。

iPadには、背面カメラと前面カメラ（インカメラ）の2種類が搭載されています。「カメラ」アプリを起動し、をタップすると、撮影画面が前面カメラに切り替わります。旅行先などで自分と友人を撮影するときなどは、前面カメラを利用するとよいでしょう。

なお、前面カメラは背面カメラとは違ってズームができません。背面カメラで画面左に表示されていたは、前面カメラではとなっており、タップすると撮影範囲を切り替えることができます。また、前面カメラでもピントや露出の固定が可能です。Q.265を参考に調整を行いましょう。

1 「カメラ」アプリを起動し、

2 をタップします。

3 前面カメラに切り替わります。

4 をタップして撮影します。

写真撮影 Pro Air iPad (Gen9) iPad (Gen10) mini

267 カメラをすばやく起動したい！

A ロック画面またはコントロールセンターから起動します。

「カメラ」アプリはホーム画面以外からも起動できます。iPadのロック中は、ロック画面を左方向にスワイプすることで起動できます。アプリの操作中などは、コントロールセンターを表示し（Q.071参照）、カメラのアイコンをタップして起動します。また、カメラのアイコンをタッチすると表示されるカメラモードをタップすると、そのカメラモードの状態で「カメラ」アプリを起動できます。

ロック画面から起動する

ロック画面を左方向にスワイプすると、「カメラ」アプリが起動します。

コントロールセンターから起動する

コントロールセンターを表示し、をタップすると、「カメラ」アプリが起動します。

コントロールセンターでをタッチすると、「カメラ」アプリのカメラモードを選択できます。

268 「カメラ」アプリで利用できる機能を知りたい!

A 6つ(iPad Proは7つ)の撮影モードを利用できます。

iPadでは、画面右に表示されている「写真」を上下にスワイプして、6つ(iPad Proは7つ)のカメラモードを切り替えることができます。「写真」は通常の写真を撮影するモードで、「カメラ」アプリを起動した際はデフォルトで表示されます。「ビデオ」は動画を撮影するモードで、映像と音声が同時に録画できます(Q.277参照)。前面カメラを使用する「ポートレート」は人物の撮影に最適なモード(iPad Proのみ)で、メインの被写体にピントを合わせたまま背景をぼかして撮影できます(Q.269参照)。そのほかに「タイムラプス」「スロー」「スクエア」「パノラマ」のモードが利用できます。撮影対象に合わせて最適なカメラモードを選択しましょう。

タイムラプス

1枚ずつ撮影した写真をつなぎ合わせるモードで、かんたんにコマ撮り動画を作成できます。

スクエア

正方形の形で撮影するモードで、トリミングが不要となるため便利です。

スロー

動画をスローモーションで撮影するモードで、再生時にスローモーション効果を確認できます。

パノラマ

被写体を広範囲で撮影するモードで、景色や建物などを見たまま綺麗に残すことができます。

269 「ポートレート」モードで写真を撮りたい!

A カメラモードを「ポートレート」に切り替えます。

iPad Proで利用できる「ポートレート」モードでは、被写界深度エフェクトを適用し、人物や物などの被写体にピントを合わせたまま前景や背景をぼかすことができます。また、撮影時や撮影後に、ポートレートの照明エフェクトや背景のぼかし度合いを変更することも可能です。なお、iPad Proで利用できるポートレートは前面カメラ（セルフィー）のみです。背面カメラでは利用できないので注意しましょう。

1 「カメラ」アプリを起動し、

2 「写真」を上方向にスワイプします。

3 自動的に前面カメラに切り替わり、ポートレートモードが起動します。

4 画面に黄色い枠が表示されると、背景にぼかしがかかります。

5 画面左を上下にスワイプすると、照明エフェクトを変更できます。

6 をタップすると、ポートレートが撮影されます。

照明エフェクトの種類

名称	効果
自然光	顔にくっきりと焦点が合い、背景にぼかしがかかります。
スタジオ照明	顔が明るく照らされ、写真全体がすっきりとした印象になります。
輪郭強調照明	ハイライトとローライトによる影がかかり、ドラマチックな印象になります。
ステージ照明	画面全体が暗くなり、顔がスポットライトに照らされます。
ステージ照明（モノ）	ステージ照明と同様の効果で、クラシックなモノクロの写真になります。
ハイキー照明（モノ）	背景が白くなり、顔がグレースケールになります。

写真撮影

Pro Air iPad (Gen9) iPad (Gen10) mini

270 撮った写真をすぐ見たい！

A 画面右のサムネールをタップします。

撮影後の写真をその場で確認するには、画面右(縦の場合)のサムネールをタップしましょう。「写真」アプリが起動して写真が拡大表示されるため、出来映えをすぐに確認できます。＜をタップすると、「カメラ」アプリに戻ります。Live Photosで撮影された写真は、動きやサウンドも再生されます(Q.282参照)。

1 写真撮影後、画面右のサムネールをタップすると、

2 「写真」アプリで撮影した写真が表示されます。

写真撮影

Pro Air iPad (Gen9) iPad (Gen10) mini

271 QRコードを読み取りたい！

A コードスキャナーを利用します。

「カメラ」アプリでは、コードスキャナーを利用してすばやくQRコードを読み込むことができます。画面内に収まるようにQRコードを写すとリンクが表示されるので、タップしてWebサイトやアプリ、クーポンなどにアクセスします。また、コントロールセンターを表示し(Q.071参照)、をタップすることでも、コードスキャナーを起動できます。

「カメラ」アプリからQRコードを読み込む

1 「カメラ」アプリを起動し、

2 画面内にQRコードを写します。QRコードを認識しない場合は、QRコードをタップしてピントを合わせます。

3 表示されるリンクをタップします。

4 QRコードのリンク先が表示されます。

コントロールセンターからQRコードを読み込む

1 コントロールセンターを表示し、をタップすると、

2 コードスキャナーが表示されます。

3 QRコードを写すと、自動的にQRコードのリンク先が表示されます。

写真撮影 Pro Air iPad (Gen9) iPad (Gen10) mini

272 文字認識を利用したい!

A カメラで文字を写して をタップします。

「カメラ」アプリでは、文字認識を利用してさまざまな操作を行うことができます。画面内に収まるように文字を写すと黄色い枠が表示されるので、をタップします。認識した文字が大きく表示され、文字に対しての操作を選択できるようになります。また、文字の一部をタップしたり文字範囲を指定したりすることで、特定の文字に対しての操作も可能になります。

1 文字を認識すると黄色の枠で囲まれるので、

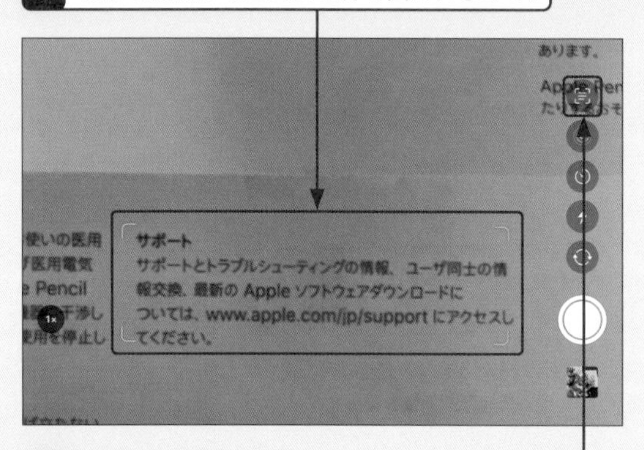

2 をタップします。

3 認識した文字に対しての操作を選択します。

電話番号をタップすると通話や連絡先の作成の項目が表示され、URLをタップするとSafariが起動します。また、文字範囲を指定して操作することも可能です。

写真撮影 Pro Air iPad (Gen9) iPad (Gen10) mini

273 写真に位置情報を付加したい!

A 位置情報の使用を許可します。

iPadでは、撮影した場所の位置情報を写真に付加できます。「カメラ」アプリの初回起動時に「"カメラ"に位置情報の使用を許可しますか？」と表示されるので、[1度だけ許可]または[Appの使用中は許可]をタップすると写真に位置情報が付加されるようになります。なお、[1度だけ許可]をタップすると、次回の起動時にも同じ確認画面が表示されます。

また、ホーム画面で[設定]→[プライバシーとセキュリティ]→[位置情報サービス]→[カメラ]の順にタップし、「位置情報の利用を許可」から位置情報の設定を変更することもできます。Twitter やブログなど、不特定多数の人が見る場所に写真を投稿するときは、設定を「しない」にしておきましょう。

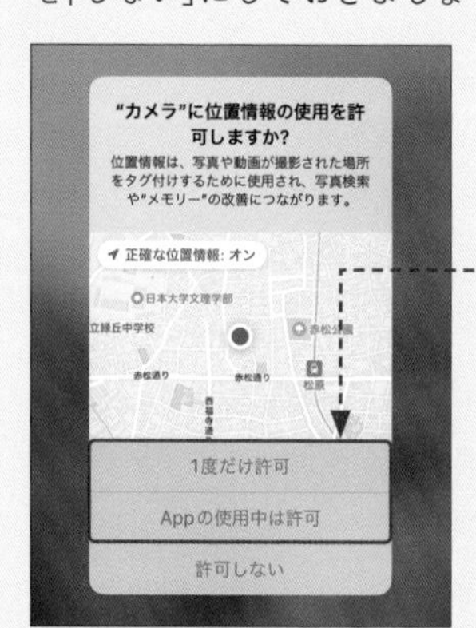

「カメラ」アプリを起動すると、初回のみ「"カメラ"に位置情報の使用を許可しますか？」と表示されます。[1度だけ許可]か[Appの使用中は許可]をタップすると、写真に位置情報が付加されるようになります。

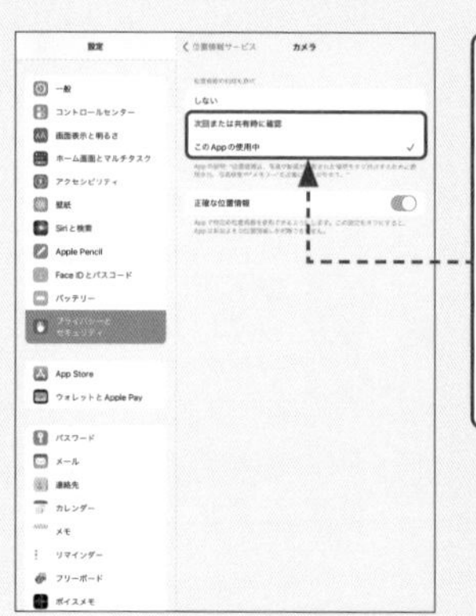

ホーム画面で[設定]→[プライバシーとセキュリティ]→[位置情報サービス]→[カメラ]の順にタップして表示される「位置情報の利用を許可」からでも、位置情報の設定を変更できます。

写真撮影　Pro　Air　iPad (Gen9)　iPad (Gen10)　mini

274 Live Photosって何？

写真を撮影した瞬間の前後を保存する機能です。

Live Photosは、写真を撮影した瞬間の前後1.5秒の映像と音声を保存する機能です。撮影したLive Photosは、あとからキー写真を変更したり、エフェクトを追加したりすることができます。Live Photosの再生方法はQ.282を、編集方法はQ.305を参照してください。

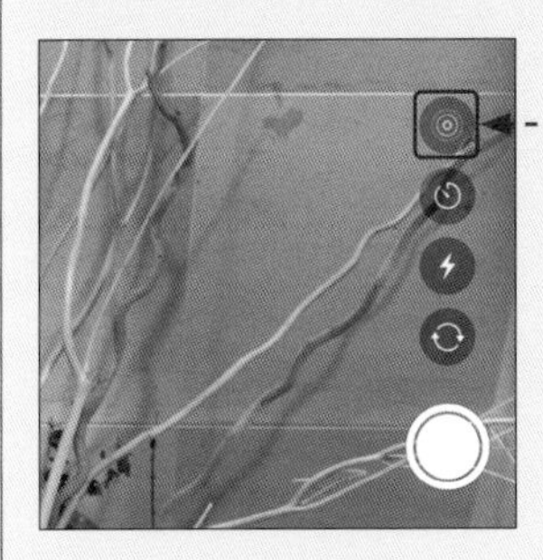

Live Photosがオンになっていると、「カメラ」アプリの画面右に●が表示されます。

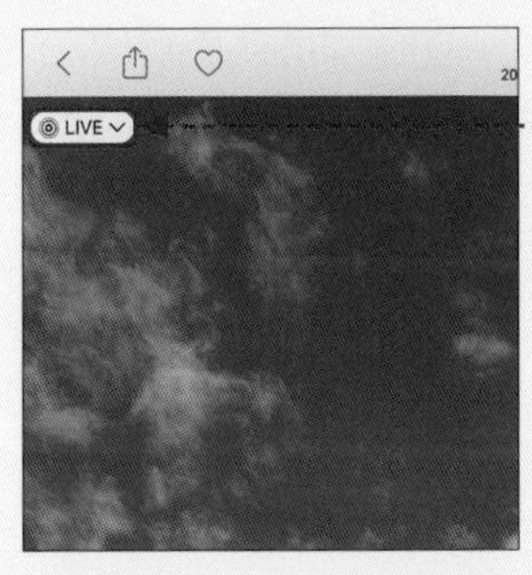

Live Photosで撮影した写真を「写真」アプリで開くと、画面左上に「LIVE」と表示されます（Q.282参照）。

Live Photosは、キー写真を変更したり音声をオフにしたりできます（Q.305参照）。

写真撮影　Pro　Air　iPad (Gen9)　iPad (Gen10)　mini

275 Live Photosを無効にしたい！

「カメラ」または「設定」からオフにします。

Live Photosは、通常の写真よりもファイルサイズが大きく基本的にApple製品以外では再生できません。用途によっては、Live Photosをオフにしておくとよいでしょう。Live Photosのオンとオフは、「カメラ」アプリの画面右にある●をタップして切り替えます。ただし、Live Photosをオフにしても、再度「カメラ」アプリを起動した際には自動的にオンの状態に戻るようになっています。常にオフにしたい場合は、ホーム画面で［設定］→［カメラ］→［設定を保持］の順にタップし、「Live Photos」のをタップしてにしましょう。

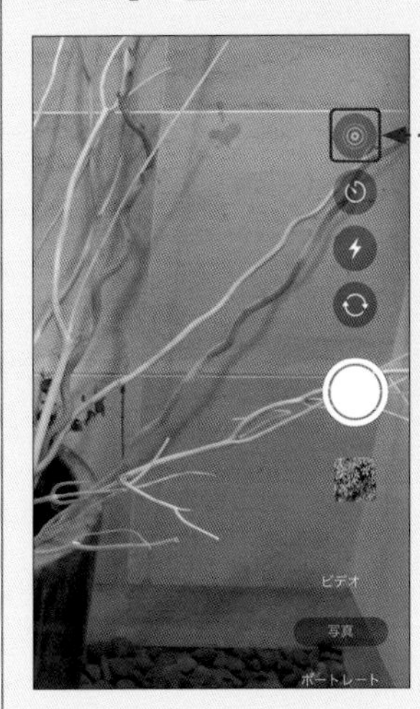

「カメラ」アプリで画面右の●をタップすると、Live Photosのオンとオフを切り替えることができます。

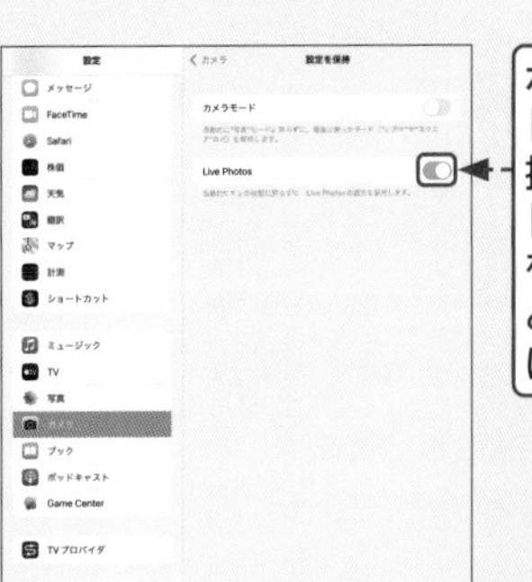

ホーム画面で［設定］→［カメラ］→［設定を保持］の順にタップし、「Live Photos」のをタップしてにすると、Live Photosが常にオフになります。

写真撮影 Pro Air iPad (Gen9) iPad (Gen10) mini

276 「Photo Booth」アプリって何？

エフェクトをかけた写真を撮影できるアプリです。

「Photo Booth」とは、エフェクトをかけた写真を撮影できるアプリです。ホーム画面で[Photo Booth]をタップし、「サーモグラフィー」「ミラー」「X線」「万華鏡」「光のトンネル」「スクイーズ」「渦巻き」「引き延ばし」の8つから任意のエフェクトを選択して写真を撮影します。「Photo Booth」アプリでは、背面カメラと前面カメラの両方を利用できますが、動画は撮影できません。

1 ホーム画面で[Photo Booth]をタップし、

2 任意のエフェクト（ここでは[ミラー]）をタップします。

3 ◎をタップして撮影します。

画面右下の📷をタップすると前面と背面カメラが切り替わり、画面左下の●をタップすると手順2の画面に戻ります。

動画撮影 Pro Air iPad (Gen9) iPad (Gen10) mini

277 動画を撮影したい！

カメラモードを「ビデオ」に切り替えます。

iPadで動画を撮影するときは、「カメラ」アプリを起動し、「写真」を下方向にスワイプしてカメラモードを「ビデオ」に切り替えます。●をタップして録画を開始し、●をタップして録画を終了し保存しましょう。

1 「カメラ」アプリを起動し、

2 「写真」を下方向にスワイプします。

3 ビデオモードに切り替わります。

4 ●をタップするかいずれかの音量ボタンを押すと、録画が開始されます。

5 ●をタップするかいずれかの音量ボタンを押すと、録画が終了します。

動画撮影 Pro Air iPad (Gen9) iPad (Gen10) mini

278 前面カメラでも動画は撮影できる？

A 撮影できます。

動画は前面カメラでも撮影できます。ただし、「写真」と同様に前面カメラではズームは利用できず、◉をタップして撮影範囲を広げることのみ可能です。前面カメラでの動画撮影は、ビデオレターを送るときなどに活用しましょう。

1 「カメラ」アプリを起動し、ビデオモードに切り替えたら、

2 画面右の◉をタップします。

3 前面カメラに切り替わります。

4 ◉をタップすると、録画が開始されます。

5 ◉をタップすると、録画が終了します。

動画撮影 Pro Air iPad (Gen9) iPad (Gen10) mini

279 撮影中にピント位置を変更できる？

A 撮影中でもピントや露出の調整は可能です。

ビデオモードでは、写真モードと同様に、撮影中であっても任意の箇所をタップすることで、ピントの変更や露出の調整ができます。また、タッチしてピントと露出を固定することも可能です。被写体との距離を調整しながら、画面をタップしてピントを合わせましょう。

1 「カメラ」アプリを起動し、ビデオモードに切り替えたら、

2 ◉をタップして録画を開始します。

3 任意の場所をタップすると、ピントが変更されます。

4 任意の場所をタッチすると、ピントと露出が固定されます。

6 音楽や写真・動画

閲覧　Pro Air iPad (Gen9) iPad (Gen10) mini

280 撮った写真や動画を閲覧したい!

A 「写真」アプリを起動します。

iPadで撮影した写真や動画は、「写真」アプリから閲覧できます。ホーム画面で［写真］をタップすると、撮影した写真や動画が表示されます。「写真」アプリでは写真の補正や動画のトリミングなど、さまざまな編集を行えます（Q.295～306参照）。目的の写真や動画を見つけられない場合は、「写真」アプリのサイドバーを表示し（Q.283参照）、各カテゴリの項目から確認できます。

1 ホーム画面で写真の「写真」アプリのアイコンをタップします。

2 「写真」アプリが起動し、撮影した写真や動画のサムネールが一覧で表示されます（「ライブラリ」の「すべての写真」の場合）。

3 任意のサムネールをタップすると、

4 写真が表示されます。

5 画面左上の く をタップすると、

6 サムネール一覧に戻ります。

7 動画を表示する場合は、右下に秒数、分数のあるサムネールをタップします。

8 動画が表示され、自動で再生されます。

9 画面左上の Ⅱ をタップすると、

10 動画を一時停止できます。

閲覧 Pro Air iPad (Gen9) iPad (Gen10) mini

Q 281 写真を拡大して見たい!

A ピンチアウトまたはダブルタップで拡大できます。

写真を拡大して見たい場合は、「写真」アプリで写真を表示し、画面をピンチアウトまたはダブルタップします。拡大した写真はドラッグすることで表示範囲を変更できます。写真をもとの表示サイズに戻すには、画面をピンチインまたはダブルタップします。また、動画でも同様の操作で拡大ができます。

1 拡大したい写真をピンチアウトまたはダブルタップすると、

2 写真が拡大されます。

3 画面をドラッグすると、

4 拡大したまま表示範囲を移動できます。

閲覧 Pro Air iPad (Gen9) iPad (Gen10) mini

Q 282 Live Photosで撮った写真を見たい!

A 画面をタッチして再生します。

Live Photosがオンの状態で撮影した写真は、「写真」アプリで該当の写真をタッチすることで再生できます。なお、Live Photosで撮影した写真を表示すると、画面左上に「LIVE」と表示されます。目的の写真を見つけられない場合は、「写真」アプリのサイドバーを表示し(Q.283参照)、[Live Photos]をタップすると、Live Photosで撮影した写真のみを確認できます。

1 「Live Photos」がオンの状態で撮影した写真を表示し、画面をタッチします。

「Live Photos」がオンの状態で撮影した写真には、画面左上に「LIVE」と表示されます。

2 写真を撮影した瞬間の前後1.5秒の映像と音声が再生されます。

3 指を離すと、最初の画面に戻ります。

283 「写真」アプリでカテゴリ別に写真を表示したい！

A サイドバーのカテゴリから任意の項目をタップします。

「写真」アプリを起動すると、「ライブラリ」の「すべての写真」画面で撮影したすべての写真や動画が表示されます。「ライブラリ」は基本的にデフォルトで表示される画面で、上部の［年別］［月別］［日別］をタップすることで、撮影された期間ごとに写真や動画のサムネールを閲覧できます。
画面左上の□をタップするとサイドバーが開き、「写真」「その他」「メディアタイプ」「共有アルバム」「マイアルバム」などのカテゴリが表示され、ここからカテゴリ別に写真や動画を閲覧することができます。たとえば動画のみの閲覧したい場合は「メディアタイプ」の［ビデオ］をタップし、ポートレートモードで撮影した写真のみを閲覧したい場合は［ポートレート］をタップします。目的の写真や動画をすばやく見つけたいときに活用しましょう。

ライブラリ

「写真」アプリの基本となる画面が「ライブラリ」で、全期間のすべてのカテゴリの写真や動画が表示されます。画面上部の［年別］［月別］［日別］をタップすると、期間ごとに写真や動画を表示できます。

画面左上の□をタップすると、サイドバーが表示され、カテゴリを選択できます。

カテゴリ別に写真や動画を表示する

サイドバーでは「写真」「その他」「メディアタイプ」「共有アルバム」「マイアルバム」といったカテゴリが表示されます。

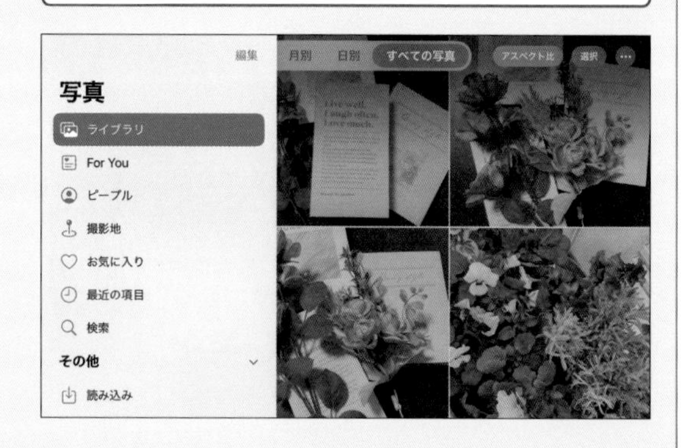

サイドバーの任意のカテゴリの項目をタップすると、その項目の写真や動画が表示されます。

閲覧　Pro　Air　iPad (Gen9)　iPad (Gen10)　mini

284 「For You」内の「メモリー」って何？

A 写真の思い出をまとめたコレクションムービーです。

「写真」アプリのサイドバーで［For You］をタップすると、「メモリー」「おすすめの写真」「共有された写真」などが表示されます。メモリーは、ライブラリから人物、場所、イベントなどがピックアップされ、音楽が付けられてムービーのように視聴できるコレクションです。オリジナルのメモリーを作成することも可能です。

1 ［For You］をタップし、「メモリー」欄の［すべて表示］をタップします。

2 任意のサムネールをタップすると、メモリーの再生が始まります。

閲覧　Pro　Air　iPad (Gen9)　iPad (Gen10)　mini

285 「ピープル」って何？

A 写真から検出された人物をまとめたアルバムです。

「写真」アプリのサイドバーで［ピープル］をタップすると、写真が人物ごとに区分けされて表示されます。人物の顔が認識されると自動的に「ピープル」内に整理されるため、特定の人物の写真を探したいときに便利です。また、「ピープル」で検出された人物に名前を追加すると、名前から写真を検索できるようになります。

1 ［ピープル］をタップすると、

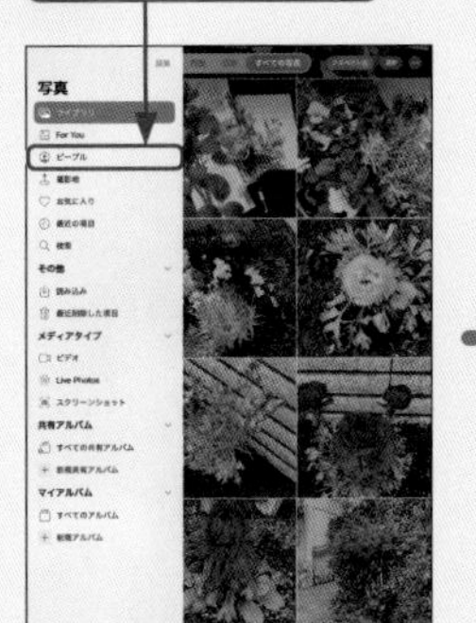

2 検出された人物のアルバムが表示されます。

閲覧　Pro　Air　iPad (Gen9)　iPad (Gen10)　mini

286 写真の情報を見たい！

A ⓘをタップするか、画面を上方向にスワイプしします。

撮影した写真や動画には、撮影日時や場所、ファイルサイズなどの情報が付加されています。情報を確認するには、「写真」アプリで任意の写真や動画を表示し、画面右上のⓘをタップするか、画面を上方向に軽くスワイプします。表示される情報にはキャプションを追加したり、日時や場所を調整したりできます。

1 画面右上のⓘをタップ、または画面を上方向に軽くスワイプすると、

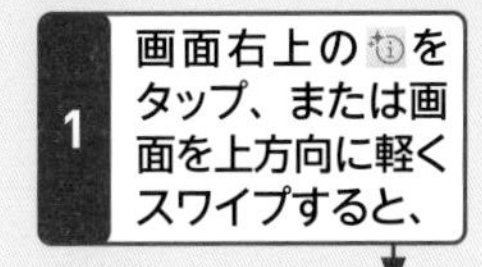

2 写真の情報が表示されます。

閲覧

Pro Air iPad (Gen9) iPad (Gen10) mini

287 写真を削除したい！

A 🗑をタップします。

保存した写真を削除する場合は、「写真」アプリで削除したい写真を表示し、画面右上の🗑をタップして、[写真を削除]をタップします。撮影に失敗した写真を消去したいときなどに利用しましょう。なお、削除した写真は復元することもできます（Q.289参照）。

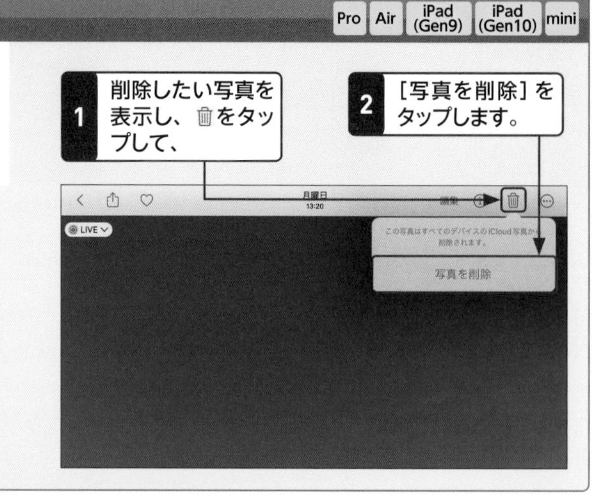

閲覧

Pro Air iPad (Gen9) iPad (Gen10) mini

288 写真をまとめて削除したい！

A 写真を一覧表示した状態で削除します。

「写真」アプリで「ライブラリ」の「すべての写真」など、写真一覧を表示し、画面右上の[選択]をタップします。削除したい写真をタップしてチェックを付け、🗑→[○個の項目を削除]の順にタップすれば、一度に多くの写真を削除できます。なお、写真をスワイプしてまとめて選択することもできます。[キャンセル]をタップすれば、削除を中止できます。

1 写真一覧を表示した状態で[選択]をタップし、

2 削除したい写真にチェックを付け、🗑→[○個の項目を削除] の順にタップします。

閲覧

Pro Air iPad (Gen9) iPad (Gen10) mini

289 重複している写真をまとめたい！

A 写真を結合します。

重複する写真や動画が検出されると、「写真」アプリのサイドバーに「重複項目」が表示されます。重複する写真や動画は保存領域を圧迫してしまうため、1つにまとめて整理しましょう。写真や動画を結合すると、もっとも高品質なバージョンと重複項目のすべての関連データがまとめられ、その1枚が保持されます。

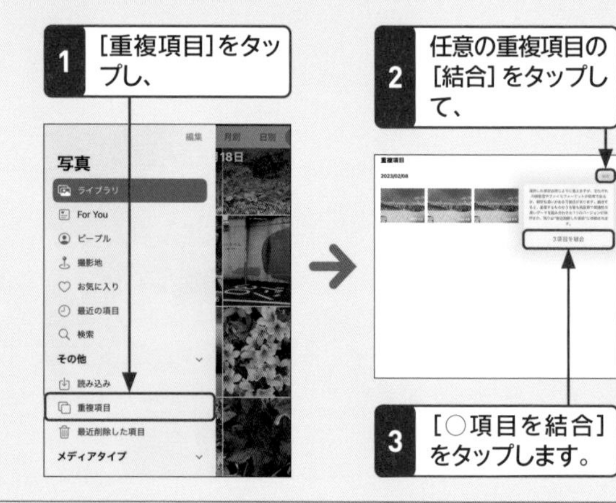

290 「写真」アプリから写真をメールで送りたい！

A ⇧をタップします。

Q.203では、「メール」アプリから写真をメールに添付する方法を説明しました。ここでは、「写真」アプリから写真をメールに添付する方法を説明します。
「写真」アプリを起動し、添付したい写真を表示して、画面左上の⇧をタップします。複数の写真を添付したい場合は、写真一覧で画面右上の［選択］をタップし、写真のサムネールにチェックを付けて、⇧をタップします。共有先の候補から［メール］をタップすると、写真が添付された状態で「新規メッセージ」画面が表示されます。そのあとは宛先や件名、本文を入力して送信しましょう。

特定の写真を添付する

1 「写真」アプリを起動し、メールに添付したい写真を表示します。

2 画面左上の⇧をタップし、

3 共有先の候補が表示されたら、［メール］をタップします。

ここでサムネールをタップしてチェックを追加することでも、複数の写真を添付できます。

4 写真が添付された状態で「新規メッセージ」画面が表示されます。

写真一覧から複数の写真を添付する

1 「写真」アプリを起動し、画面右上の［選択］をタップします。

2 メールに添付したい写真のサムネールにチェックを付けて、

3 画面左下の⇧をタップします。

4 共有先の候補から［メール］をタップすると、

5 写真が添付された状態で「新規メッセージ」画面が表示されます。

閲覧　Pro　Air　iPad (Gen9)　iPad (Gen10)　mini

Q 291 特定の写真を非表示にしたい！

A オプションメニューから［非表示］をタップします。

「写真」アプリでは、任意の写真を非表示に設定することで、「非表示」アルバムに隠すことができます。非表示にしたい写真を表示し、画面右上の⋯→［非表示］→［写真を非表示］の順にタップしましょう。非表示にした写真は、「写真」アルバムはもちろん、「写真」アプリのウィジェット（Q.067参照）にも表示されなくなります。

1 非表示にしたい写真を表示し、

2 画面右上の⋯をタップします。

3 ［非表示］をタップし、

4 ［写真を非表示］をタップすると、写真が非表示になります。

閲覧　Pro　Air　iPad (Gen9)　iPad (Gen10)　mini

Q 292 非表示にした写真を確認したい！

A 「非表示」アルバムを表示します。

非表示にした写真は、「写真」アプリの「非表示」アルバムから確認できます。「写真」アプリのサイドバーで［非表示］をタップし、iPadにパスコードを設定している場合はパスワードをすると、非表示にした写真が表示されます。写真を再表示したい場合は、写真をタップして表示し、画面右上の⋯→［非表示を解除］の順にタップします。

「非表示」アルバムそのものを「写真」アプリに表示したくない場合は、ホーム画面で［設定］→［写真］の順にタップし、「非表示アルバムを表示」のをタップしてにしましょう。

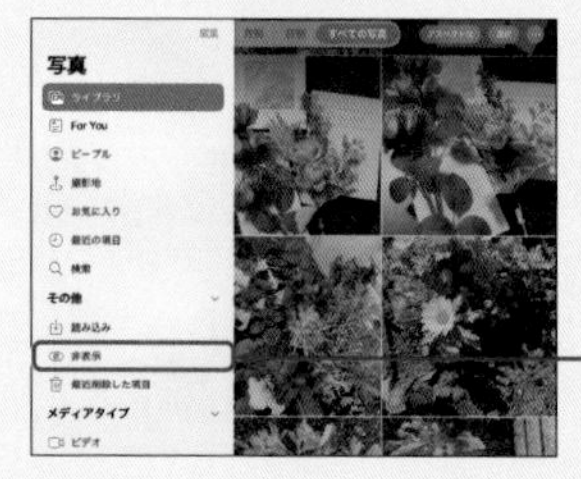

1 サイドバーで［非表示］をタップすると、

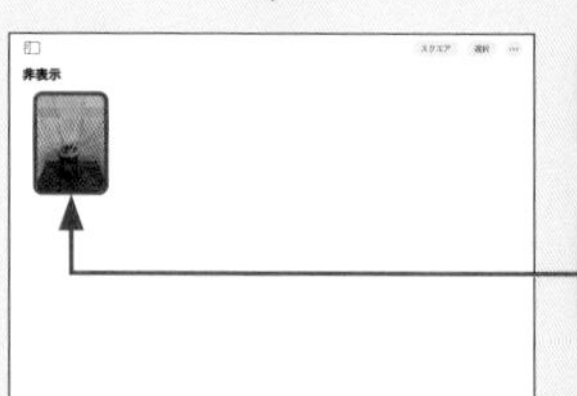

2 非表示にした写真が表示されます。

3 再表示したい写真をタップします。

4 画面右上の⋯をタップし、

5 ［非表示を解除］をタップすると、写真が再表示されます。

293 パソコンの写真をiPadで見たい！

A iTunesやiCloudを利用してパソコンの写真を閲覧します。

パソコンの写真をiPadで見たいときは、iTunesやiCloudを利用します。iTunesはQ.019を参考に、iCloud for Windowsは「https://www.microsoft.com/store/apps/9PKTQ5699M62」にアクセスしてあらかじめダウンロードしておきましょう。

iTunesを利用する場合は、パソコンの写真を自動的にアップロードしないよう事前にiPadの「iCloud写真」を無効にし（Q.511参照）、付属のUSB-C充電ケーブル、またはLightning-USB-Cケーブルを使ってiPadをパソコンに接続（必要に応じて変換アダプタを使用）します。パソコンでiTunesを起動し、□→［写真］の順にクリックします。「写真のコピー元」からパソコン内の任意のフォルダを選択し、転送したいフォルダ名にチェックを付けたら、［適用］をクリックして同期します。

iCloudを利用する場合は、iPadをパソコンに接続する必要はありません。パソコンで「iCloud」を起動し、「写真」にチェックを付け、「iCloud写真」にチェックを付けたら、［終了］→［適用］の順にクリックします。エクスプローラーに「iCloud写真」が表示されるようになるので、パソコンに保存している任意の写真を「iCloud写真」フォルダにドラッグ＆ドロップします。

iTunesやiCloud以外にも、Googleフォトを利用して写真を見る方法もあります。iPadで「Googleフォト」アプリをインストールし、パソコンで利用しているGoogleアカウントと同じアカウントにログインすれば、パソコンのGoogleフォトにアップロードされている写真をiPadで閲覧することができます。

iTunesから写真を保存する

1 iPadをパソコンに接続し、iTunesで□→［写真］の順にクリックします。

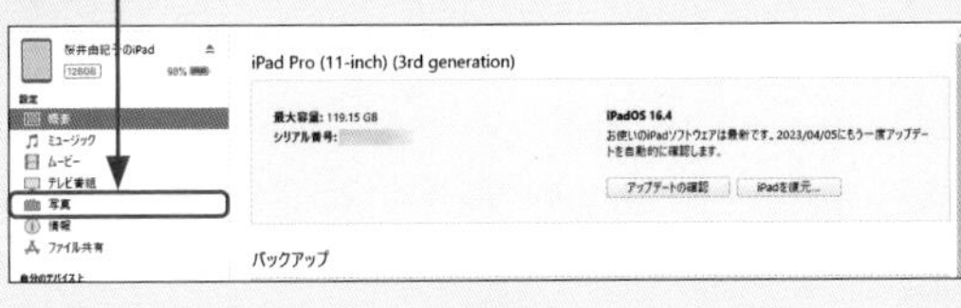

2 「写真のコピー元」から任意のフォルダを選択し、

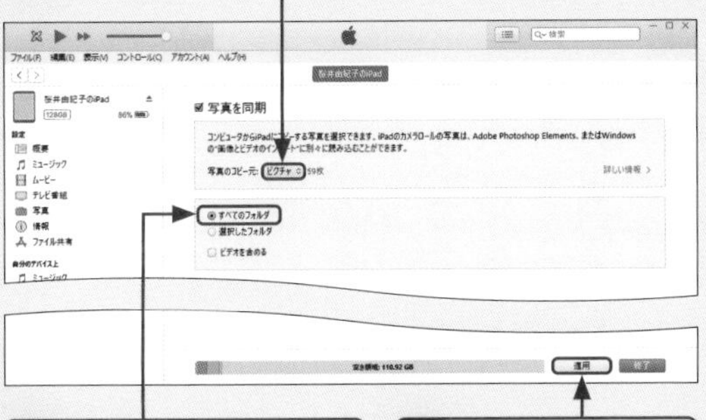

3 転送したいフォルダ名にチェックを付け、

4 ［適用］をクリックします。

iCloudから写真を保存する

1 「iCloud」で「写真」にチェックを付け、

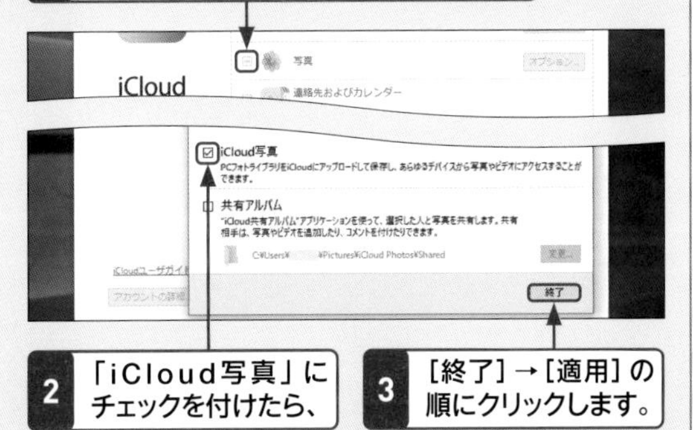

2 「iCloud写真」にチェックを付けたら、

3 ［終了］→［適用］の順にクリックします。

4 「iCloud写真」フォルダに任意の写真をドラッグ＆ドロップします。

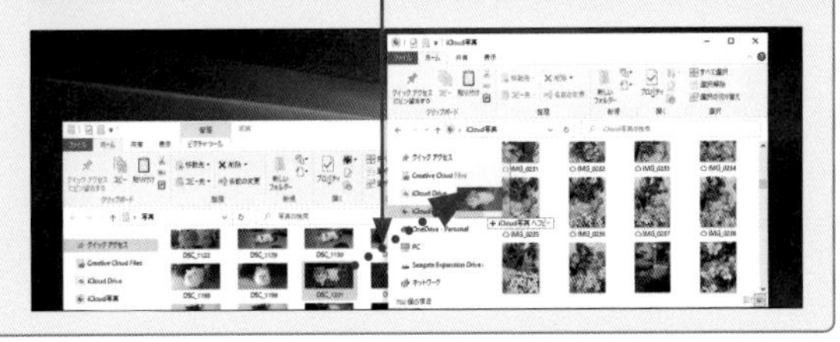

294 iPadで撮影した写真をパソコンに保存したい！

A USB接続をしてiPadからパソコンにコピーします。

パソコンの写真をiPadで閲覧・保存できるように(Q.293参照)、iPadで撮影した写真や動画をパソコンに保存することも可能です。ここではWindowsパソコンでの操作方法を説明します。
付属のUSB-C充電ケーブル、またはLightning-USB-Cケーブルを使ってiPadをパソコンに接続(必要に応じて変換アダプタを使用)します。エクスプローラーを表示し、[PC]→[Apple iPad]の順にクリックし、[Internal Storage]→[DCIM]の順にダブルクリックします。任意のフォルダをダブルクリックして開くと、iPadで撮影したデータが一覧で表示されます。任意の写真や動画をデスクトップや任意のフォルダにドラッグすると、パソコンへの保存が完了します。

1 iPadをパソコンに接続し、エクスプローラーを表示して、「PC」の[Apple iPad]をクリックします。

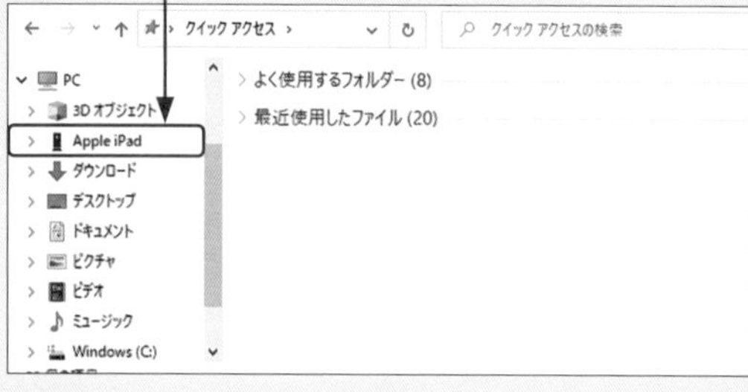

2 [Internal Storage]→[DCIM]の順にダブルクリックし、

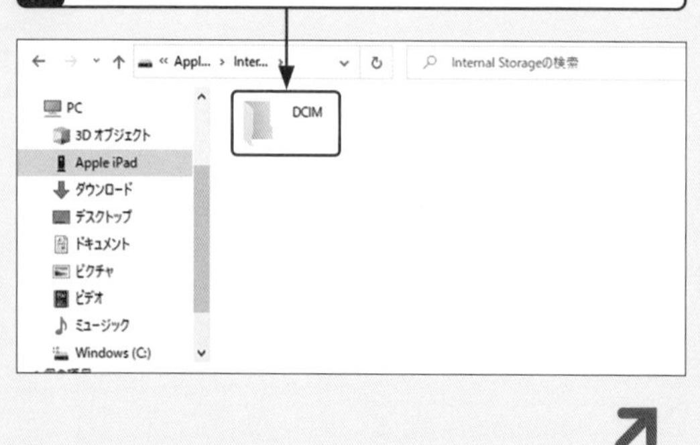

3 任意のフォルダをダブルクリックすると、

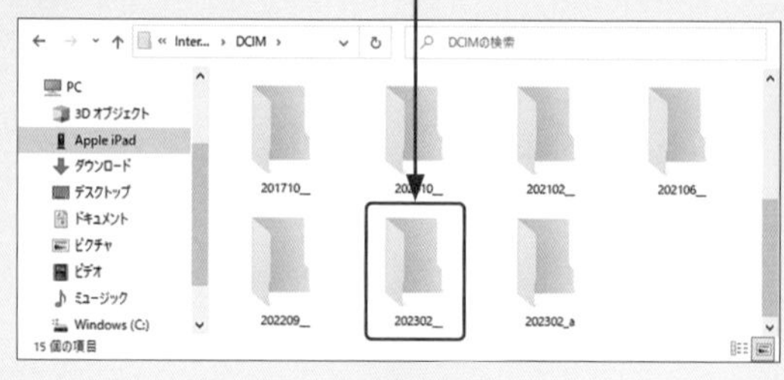

4 フォルダ内のデータが表示されます。

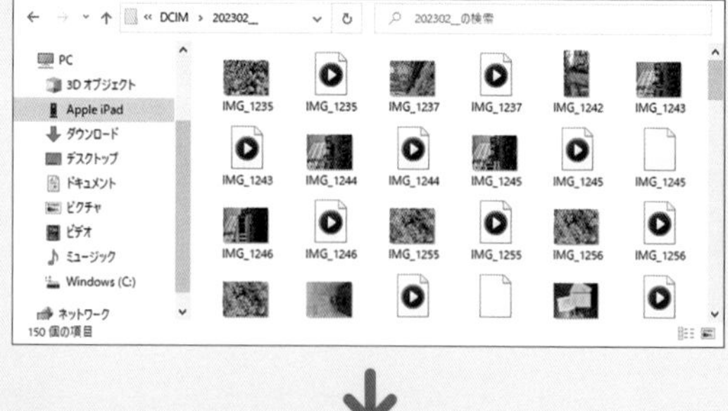

5 任意の写真や動画をデスクトップや任意のフォルダにドラッグすると、

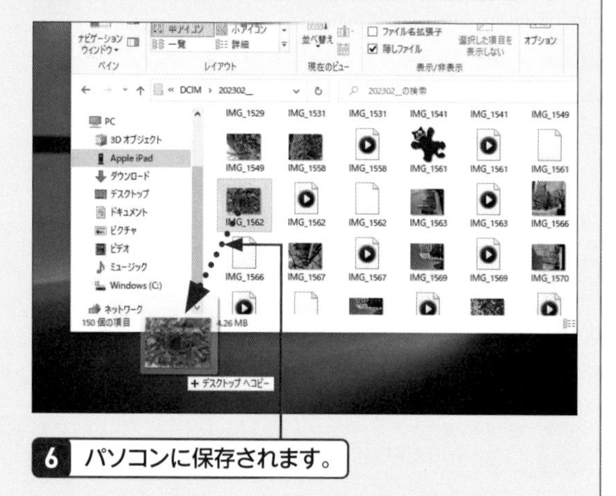

6 パソコンに保存されます。

295 写真を編集したい!

A [編集]をタップします。

iPadで撮影した写真や動画は、「写真」アプリの機能で編集することができます。明るさや色味の調整、トリミング、回転、フィルタの適用、手書き文字やテキストの追加など、さまざまな編集機能が用意されているので、細かい調整で好みの雰囲気の写真に仕上げてみましょう。

編集画面を表示する

1 編集したい写真を表示し、

2 画面右上の[編集]をタップします。

3 編集画面が表示されます。

4 編集が完了したら、画面右上の☑をタップします。

調整

手順3で画面左のをタップすると、露出、コントラスト、彩度などを調整できます。

フィルタ

手順3で画面左のをタップすると、写真にフィルタを追加できます。

トリミング／回転

手順3で画面左のをタップすると、写真のトリミングや回転、傾きなどを調整できます。

マークアップ

手順3で画面右上のⒶをタップすると、指やペンで文字や絵を描いたり、テキストを追加したりできます。

編集　Pro　Air　iPad (Gen9)　iPad (Gen10)　mini

Q 296 編集前の写真を確認したい!

A 写真をタップします。

写真の編集中にもとの写真と比較したいときは、編集画面で写真をタップしましょう。「オリジナル」または「○○のオリジナル」と表示され、数秒間もとの写真を確認できます。なお、途中で編集のやり直しやキャンセルをしたり（Q.297参照）、すべての編集をリセットしたりすることも可能です（Q.298参照）。

1 編集画面で写真をタップすると、

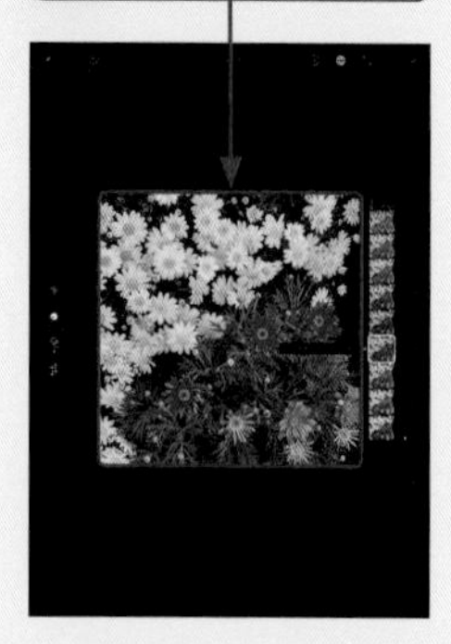

2 「オリジナル」と表示され、編集前の写真を数秒確認できます。

編集　Pro　Air　iPad (Gen9)　iPad (Gen10)　mini

Q 297 編集をキャンセルしたい!

A ⟲でやり直し、☒でキャンセルできます。

写真の編集中に1つ前の状態に戻したいときは、画面左上の⟲をタップします。⟳をタップすると、やり直しを取り消して1つ前の操作の状態に進むことができます。すべての操作をキャンセルしたいときは、画面左上の☒をタップし、[変更内容を破棄]をタップします。

操作をやり直す場合は、⟲をタップします。

編集をすべてキャンセルする場合は、☒→[変更内容を破棄]の順にタップします。

編集　Pro　Air　iPad (Gen9)　iPad (Gen10)　mini

Q 298 編集後の写真をもとに戻したい!

A [オリジナルに戻す]をタップします。

編集後の写真は、もとの写真を上書きする形で「写真」アプリに保存されます。編集後の写真をもとの状態に戻すには、画面右上の[編集]→[元に戻す]→[オリジナルに戻す]の順にタップします。フィルタやトリミングなどの複数の機能を使っている場合、すべての編集内容がもとに戻ってしまうので注意しましょう。

1 画面右上の[編集]をタップし、

2 [元に戻す]→[オリジナルに戻す]の順にタップします。

編集

Pro Air iPad (Gen9) iPad (Gen10) mini

299 写真をかんたんに補正したい！

A 「自動」調整を利用します。

編集画面を表示し、「調整」の■(自動)をタップすると、自動でコントラストや明るさが補正されます。写真に合わせた補正をしてくれるので、手動でうまく補正ができないときに利用してみましょう。また、自動で補正された状態の写真に、さらにエフェクトを追加したりトリミングをしたりすることも可能です。

1 編集画面を表示し、画面右の■(自動)をタップすると、

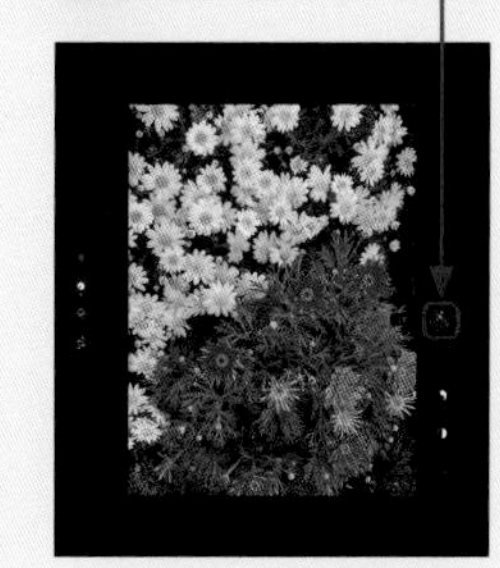

2 写真が自動で補正されます。

編集

Pro Air iPad (Gen9) iPad (Gen10) mini

300 ポートレートモードの写真を編集したい！

A 画面をタッチして再生します。

ポートレートモードで写真を撮影する際、照明効果や被写界深度を調整できますが、あとからそれらを変更したり調整したりすることも可能です。ポートレート写真には、画面左上に「ポートレート」と表示されます。目的の写真を見つけられない場合は、「写真」アプリのサイドバーを表示し（Q.283参照）、[ポートレート]をタップすると、ポートレートモードで撮影した写真のみを確認できます。

1 ポートレートモードで撮影した写真を表示し、画面右上の[編集]をタップします。

ポートレートモードで撮影した写真には、画面左上に「ポートレート」と表示されます。

2 画面右の効果アイコンを上下にスワイプすると、照明エフェクトを変更できます。

3 画面右のスライダーを上下にドラッグすると、被写界深度（背景のぼかし度合い）を調整できます。

編集

Pro　Air　iPad (Gen9)　iPad (Gen10)　mini

301 被写体を切り抜きたい！

A 切り抜きたい対象物をタッチします。

「写真」アプリでは、写真の背景から対象物を抜き出し、切り抜き画像として保存したりほかのアプリに貼り付けたりすることができます。「写真」アプリで写真を表示し、抜き出したい対象物をタッチすると輪郭が光り、自動で切り抜きが行われます。指を離すと切り抜きに対するメニューが表示されるので、任意の操作を行いましょう。

なお、対象物がブレていたり、背景と同化していたりすると、うまく抜き出せない場合があります。また、抜き出す範囲を手動で調整することはできません。

1 任意の写真を表示し、抜き出したい対象物をタッチします。

2 抜き出しが完了すると、対象物の輪郭が光ります。そのまま指を離さずにドラッグすると、対象物を抜き出していることが確認できます。

3 指を離すと表示されるメニューから、切り抜きに対する操作を選択します。ここでは［共有…］をタップします。

［コピー］をタップすると、メモやメールなどに貼り付けることができます。

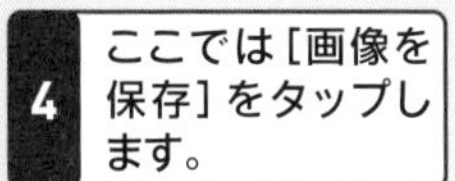

4 ここでは［画像を保存］をタップします。

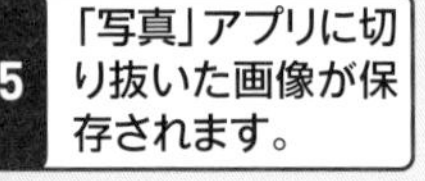

5 「写真」アプリに切り抜いた画像が保存されます。

302 写真や動画内の文字を利用したい！

A 写真内の文字をタッチします。

「写真」アプリでは、写真や動画内に写っている文字を認識し、その文字に対するさまざまな操作を行うことができます。「写真」アプリで写真や動画を表示し、文字部分をタッチすると、文字の選択範囲を調整できます。写真や動画内の複数の文字をハイライト表示する場合は、文字部分をタッチする前に画面右下のをタップします。指を離すと文字に対するメニューが表示されるので、任意の操作を行いましょう。
主に利用できる操作は、コピー、調べる、翻訳、Web検索、ユーザー辞書登録、共有などです。また、電話番号を認識するとそのまま電話をかけたり、メールアドレスを認識するとメールの作成画面を立ち上げたりなど、認識する文字によって適切な操作メニューが表示される場合もあります。

1 任意の写真や動画を表示（動画の場合は文字が映るシーンで一時停止）し、文字部分をタッチします。

写真や動画内の複数の文字をハイライト表示する場合は、画面右下のをタップします。

2 文字の範囲をドラッグし、表示されるメニューから文字の操作を選択します。

3 手順2の画面で［調べる］をタップすると、単語の意味を調べられます。

4 手順2の画面で［Webで検索］をタップすると、Safariが表示されます。

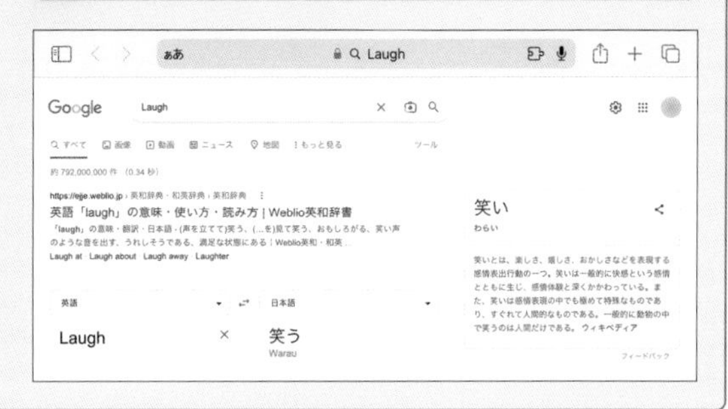

編集 Pro Air iPad (Gen9) iPad (Gen10) mini

303 写真の位置情報を削除したい！

A 「位置情報なし」に設定します。

写真や動画に付与されている位置情報を削除したいときは、Q.286を参考に「情報」画面を表示し、位置情報の[調整]→[位置情報なし]の順にタップします。また、「位置情報を調整」画面から位置情報を別の場所に変更することも可能です。位置情報をもとに戻したい場合は、[位置情報を追加…]または[調整]をタップし、[元に戻す]をタップします。

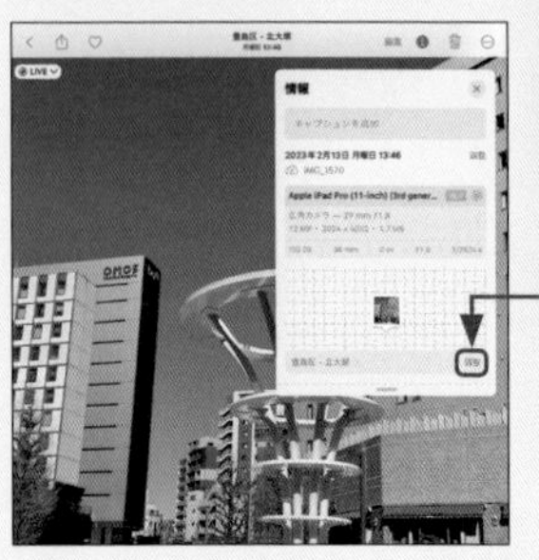

1 Q.286を参考に写真や動画の情報を表示し、

2 位置情報の[調整]をタップします。

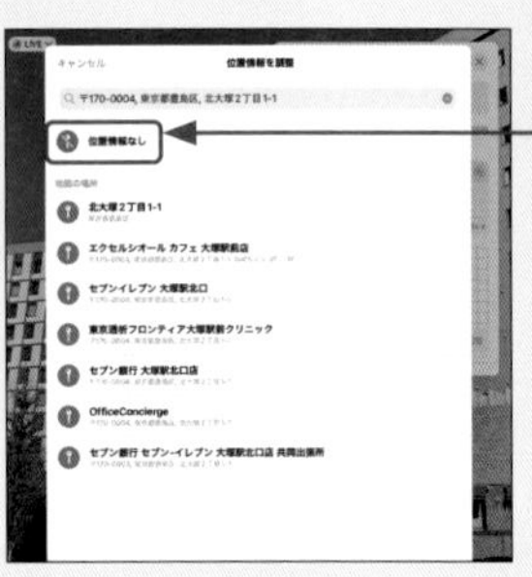

3 [位置情報なし]をタップします。

4 位置情報が削除されます。

編集 Pro Air iPad (Gen9) iPad (Gen10) mini

304 写真の位置情報を共有するときだけ削除したい！

A 「オプション」から削除します。

iPadではプライバシー保護のための機能として、共有時のみ写真や動画に付与されている位置情報を削除することもできます。メールなどで写真や動画を共有する際には、あらかじめ位置情報を削除するようにしましょう。「写真」アプリで共有したい写真や動画を表示し、をタップして、[オプション]をタップします。「位置情報」のをタップしてにし、[完了]をタップすると、位置情報が削除された状態で共有することができます。

1 共有したい写真や動画を表示し、画面左上のをタップして、

2 [オプション]をタップします。

3 「位置情報」のをタップしてにし、

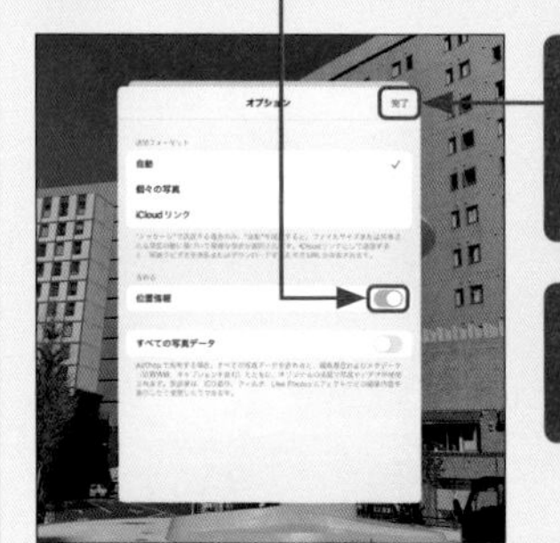

4 [完了]をタップすると、位置情報が共有時にのみ削除されます。

5 任意のアプリを選択して共有します。

305 Live Photosで撮った写真を編集したい！

A Live Photosの編集画面から操作します。

Live Photosで撮影した写真は、キー写真を変更したり、音声のオン／オフを設定したりできます。キー写真とは、「写真」アプリでのサムネールやLive Photosを表示した際に最初に表示される写真のことで、コマ送り写真の中から任意のタイミングのシーンを選択します。キー写真を変更しても、Live Photosの再生時には影響ありません。また、Live Photosでは映像とともに音声も保存されますが、音声をオフに設定することで、Live Photosを表示した際に音声が流れなくなります。

1 Live Photosで撮影した写真を表示し、画面右上の［編集］をタップします。

2 画面左の◎をタップすると、

3 Live Photosの編集画面が表示されます。

4 編集が完了したら、画面右上の☑をタップします。

キー写真を変更する

1 画面下部のコマ送り写真からキー写真に設定したいシーンをタップし、

2 ［キー写真に設定］をタップします。

音声をオフにする

1 画面左上の🔊をタップして🔇にすると、音声がオフになります。

Q 306 動画を編集したい！

A 動画の編集画面から操作します。

動画も写真と同様に、エフェクトの追加やトリミングなど、さまざまな編集が行えます。ここでは、動画の長さを調整する方法を説明します。

「写真」アプリで編集したい動画を表示し、画面右上の[編集]をタップすると、編集画面に切り替わります。編集画面下部にあるサムネール枠の両端をドラッグし、指を離すと枠の色が黄色に変わります。動画は黄色の枠内の部分だけが残り、枠外の部分はカットされます。編集が完了したら、画面右上の☑をタップし、[ビデオを新規クリップとして保存]をタップして、編集した動画を新しく保存します。この際[ビデオを保存]をタップすると、編集した動画が編集前の動画に上書きされます。

1 編集したい動画を表示し、画面右上の[編集]をタップします。

2 サムネール枠の端の⟨⟩を左右にドラッグし、動画の長さを調整します。

3 指を離すと枠の色が黄色に変わります。

4 ▶をタップして動画を再生し、調整範囲を確認します。

5 編集が完了したら、画面右上の☑をタップし、

6 [ビデオを新規クリップとして保存]をタップして保存します。編集前の動画に上書き保存する場合は、[ビデオを保存]をタップします。

307 音楽CDをiPadに取り込みたい!

A iTunesに曲を保存したあとiPadに同期させます。

iTunesを活用すれば、市販されているCDの曲をiPadに転送することができます。iTunesを起動したあと、パソコンにCDを挿入しましょう。確認画面の［はい］または画面右上の［読み込み］をクリックすると、「ミュージック」に曲が保存されます。
iTunesを起動したまま、付属のUSB-C充電ケーブル、またはLightning-USB-Cケーブルを使ってiPadをパソコンに接続（必要に応じて変換アダプタを使用）し、画面右上のをクリックして、［ミュージック］をクリックします。［ミュージックを同期］をクリックし、任意の同期条件とアルバムにチェックを付けて、［適用］をクリックすれば完了です。iPadに取り込んだ曲は、「ミュージック」アプリから再生することができます（Q.310参照）。

1 iTunes起動後にCDを挿入し、確認画面の［はい］または画面右上の［読み込み］をクリックして、曲を取り込みます。

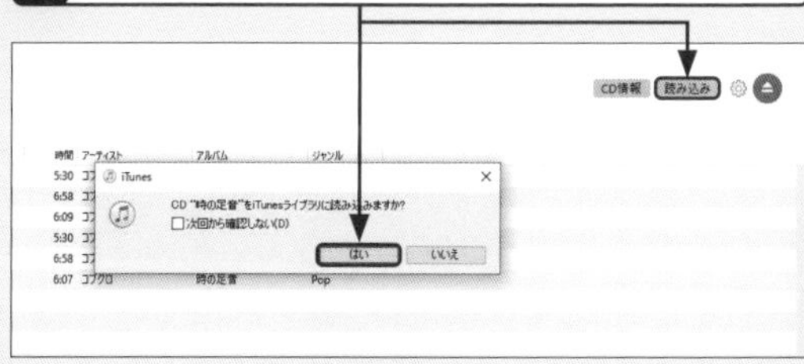

2 iPadをパソコンに接続し、□をクリックします。

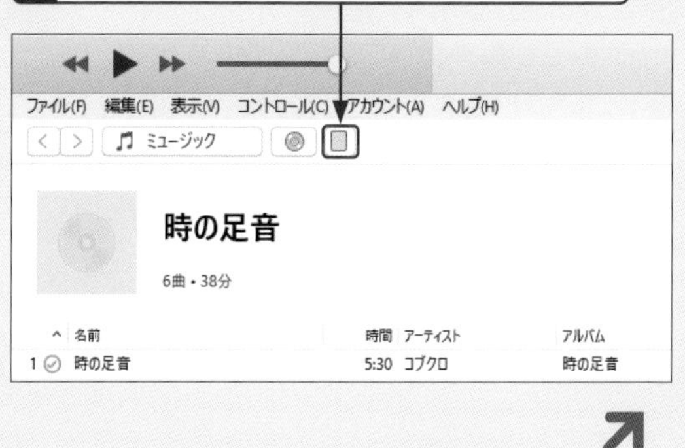

3 ［ミュージック］をクリックし、

4 「ミュージックを同期」にチェックを付けます。

5 任意の同期条件にチェックを付け、

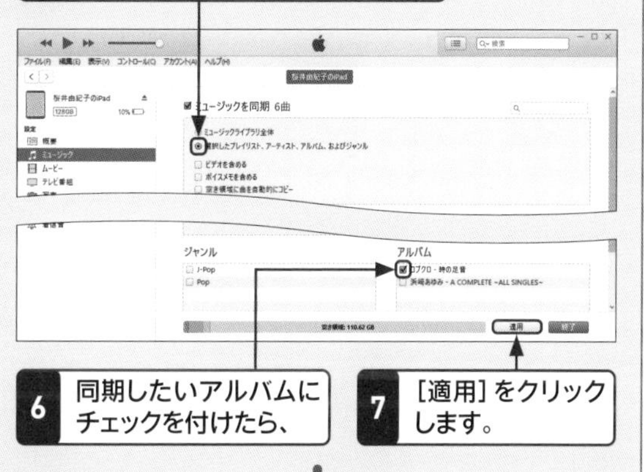

6 同期したいアルバムにチェックを付けたら、

7 ［適用］をクリックします。

8 iPadで「ミュージック」アプリの「ライブラリ」から［最近追加した項目］をタップすると、

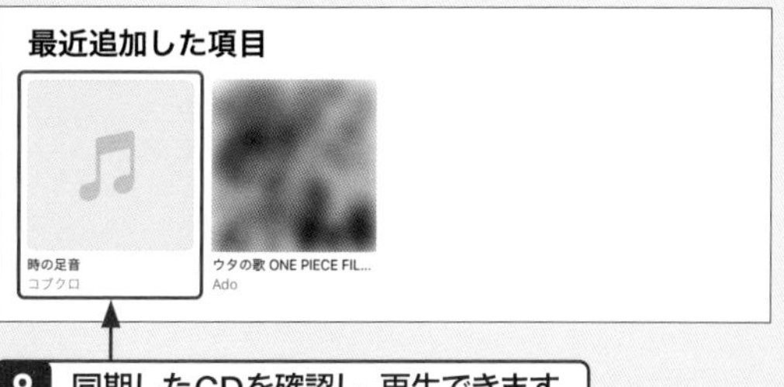

9 同期したCDを確認し、再生できます。

Q 308 iTunes Storeで曲名やアーティストで検索したい!

音楽 Pro Air iPad (Gen9) iPad (Gen10) mini

A 検索フィールドを利用します。

ホーム画面で［iTunes Store］をタップし、初回起動時のみ［続ける］をタップすると、「ミュージック」画面が表示されます。画面右上の検索フィールドにキーワードを入力して検索すると、曲やアーティストを探すことができます。なお、iTunes Storeでは楽曲だけではなく、iPadで使用する着信音などを購入することもでき、検索結果にはそれらの候補も含まれます。

1 ホーム画面で［iTunes Store］をタップし、

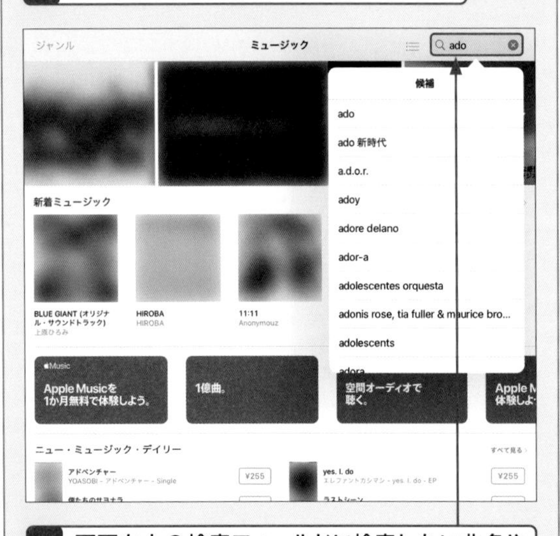

2 画面右上の検索フィールドに検索したい曲名やアーティスト名を入力して、キーボードの［検索］またはをタップします。

3 該当する曲やアルバム、着信音が表示されます。

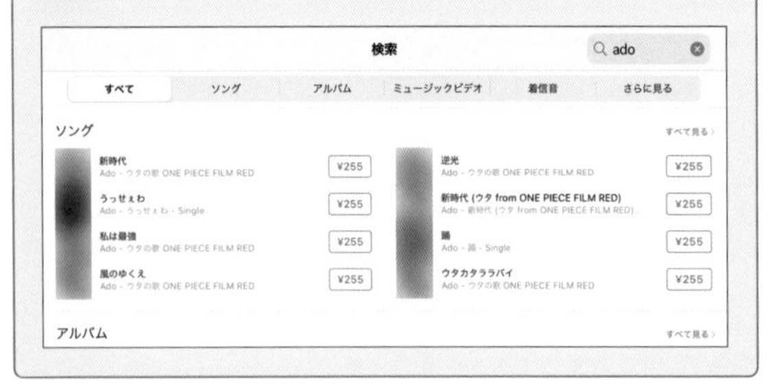

Q 309 iTunes Storeで曲を購入したい!

音楽 Pro Air iPad (Gen9) iPad (Gen10) mini

A 曲の料金をタップします。

iTunesで曲を購入するときは、Q.308を参考に曲を検索し、任意の曲やアルバムなどをタップします。曲目の右側に表示されている料金（［¥○○］）をタップし、［購入］をタップします。Apple IDのパスワードを入力し、［サインイン］をタップすると、曲の購入が完了し、ダウンロードが開始されます。
なお、サインインしているApple IDで初めてiTunes Storeを利用する場合、アカウント情報の確認を求められます。画面の指示に従って操作を進め、再度支払い手続きを行いましょう。

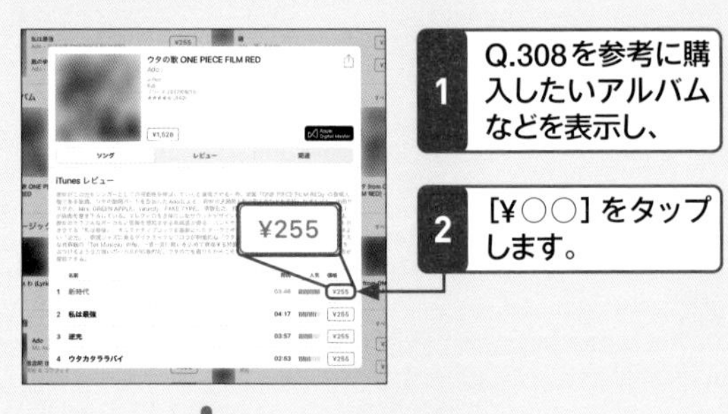

1 Q.308を参考に購入したいアルバムなどを表示し、

2 ［¥○○］をタップします。

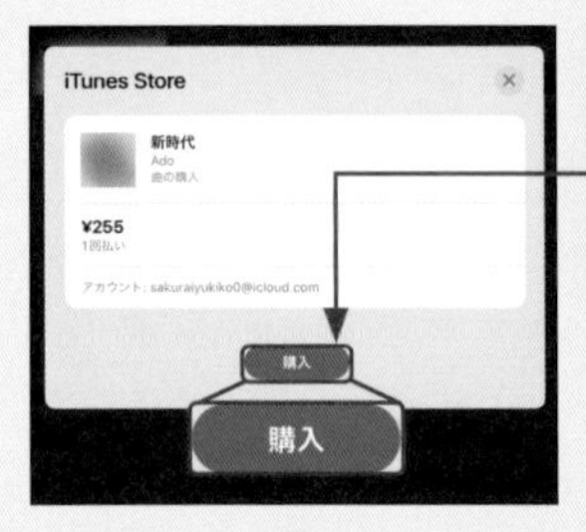

3 ［購入］をタップし、Apple IDのパスワードを入力してサインインすると、

4 購入が完了します。

310 購入した音楽を再生したい！

A 「ミュージック」アプリを利用して再生します。

iTunes Storeで購入した音楽は、「ミュージック」アプリで再生できます。ホーム画面で「ミュージック」アプリのアイコンをタップすると、「今すぐ聴く」画面が表示されます。画面左上の◫をタップしてサイドバーを表示し、「ライブラリ」から任意の項目をタップします。再生したい音楽のサムネールをタップし、[再生]をタップすると、画面下部にミニプレイヤーが表示され、音楽が再生されます。ミニプレイヤーを上方向にスワイプすると、プレイヤーが大きく表示され、音楽の再生や停止、早送りや巻き戻し、音量の調節、シャッフルやリピートなどといった操作が行えるようになります。

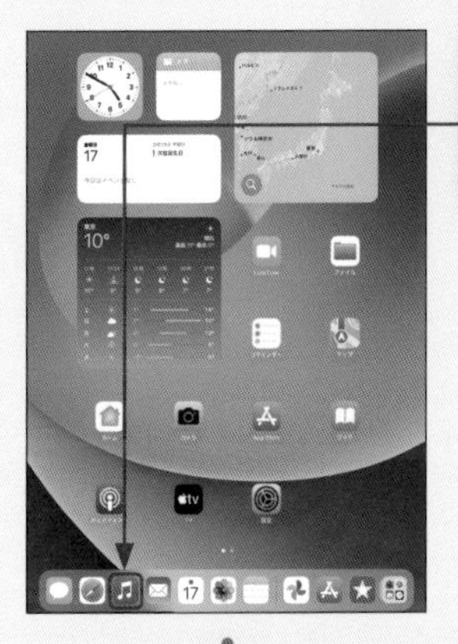

1 ホーム画面で「ミュージック」アプリのアイコンをタップします。

2 画面左上の◫をタップしてサイドバーを表示し、

3 「ライブラリ」から任意の項目（ここでは[アルバム]）をタップします。

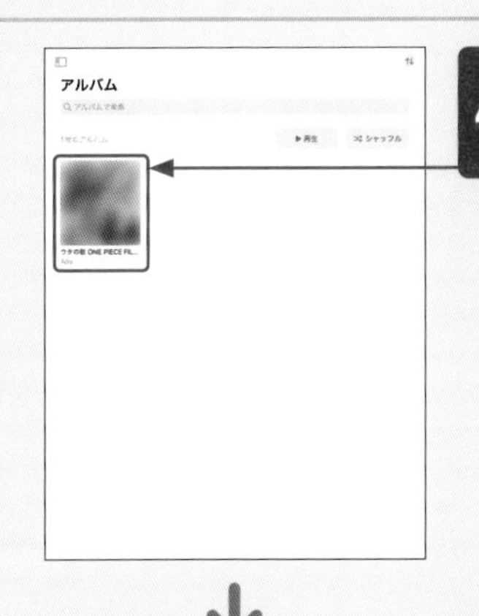

4 再生したい音楽のサムネールをタップします。

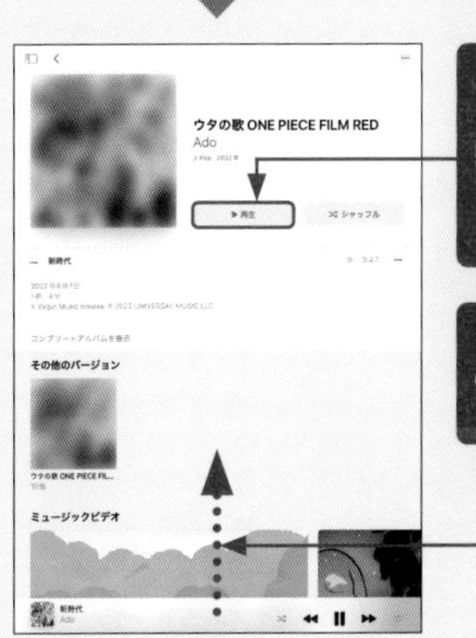

5 [再生]をタップすると、画面下部にミニプレイヤーが表示され、音楽が再生されます。

6 ミニプレイヤーを上方向にスワイプすると、

7 プレイヤーが大きく表示されます。

この画面から音楽の再生や停止、早送りや巻き戻し、音量調節、シャッフルやリピートなどの操作が行えます。

音楽  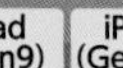 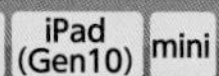

311 音楽の再生・停止をかんたんにしたい!

A コントロールセンターから操作できます。

「ミュージック」アプリの利用中、音楽を一時停止したり再生したりなどの操作をかんたんに行いたいときは、コントロールセンターが便利です。Q.071を参考にコントロールセンターを表示すると、右上に配置されているミニプレイヤーから音楽の操作を行えます。

1 Q.071を参考にコントロールセンターを表示すると、

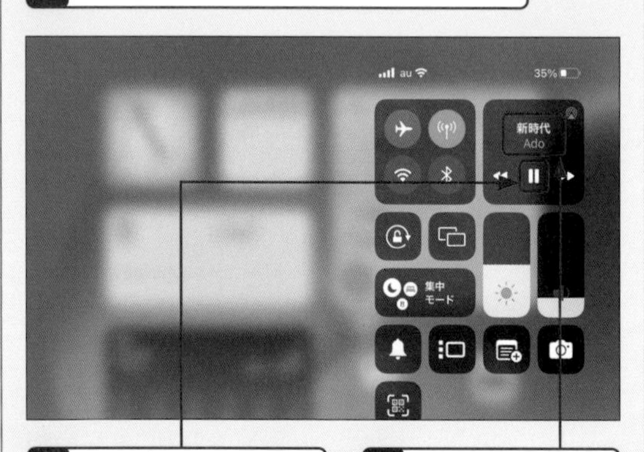

2 ミニプレイヤーで再生や停止などのかんたんな操作を行えます。

3 ミニプレイヤー内の曲名をタップすると、

4 プレイヤーが大きく表示され、操作できる項目が増えます。

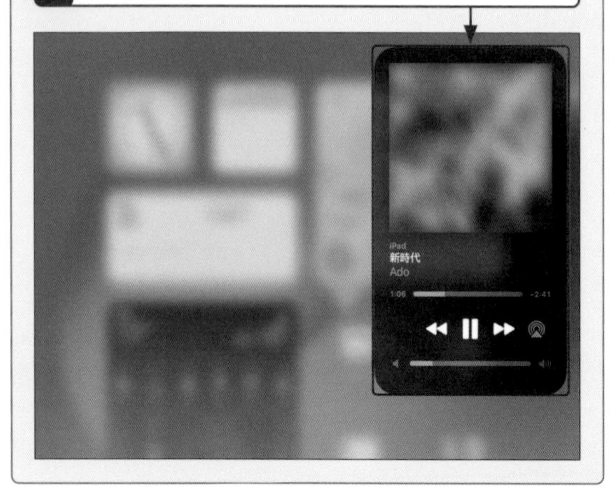

音楽 Pro Air iPad (Gen9) iPad (Gen10) mini

312 Geniusって何？

A おすすめの曲やアルバムなどを表示してくれるiTunesの機能です。

「Genius」は、iTunesに用意されている機能の1つです。これまでにiTunes Storeで購入したアイテムや、「ミュージック」アプリに転送した曲をもとに、おすすめのアイテムを表示してくれます。利用するには、パソコンでの設定が必要となります（Q.313参照）。

1 Genius機能を設定したパソコンにiPadを接続します。

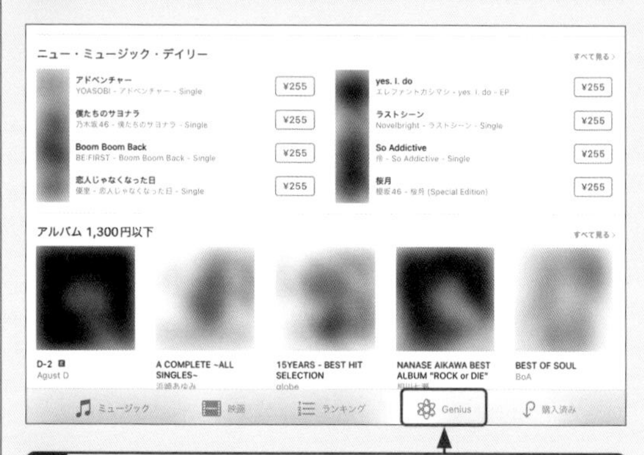

2 iPadで「iTunes Store」アプリを起動し、画面下部の［Genius］タップします。

3 これまでに購入したアイテムをもとに、おすすめのアイテムが表示されます。

音楽 Pro Air iPad (Gen9) iPad (Gen10) mini

313 Geniusプレイリストを有効にしたい!

A パソコンのiTunesで[Geniusをオン]をクリックして設定します。

Geniusの設定はパソコンから行います。付属のUSB-C充電ケーブル、またはLightning-USB-Cケーブルを使ってiPadをパソコンに接続(必要に応じて変換アダプタを使用)し、iTunesを起動します。画面左上の[ファイル]→[ライブラリ]→[Geniusをオン]の順にクリックし、[Genius機能をオンにする]をクリックすると、Genius機能が有効になります。そのあと画面左上の▢→[ミュージック]の順にクリックし、「ミュージックを同期」にチェックを付けて[適用]をクリックすると、iPadでGeniusを利用できるようになります。

1 iPadをパソコンに接続し、画面右上の[ファイル]をクリックします。

2 [ライブラリ]をクリックし、

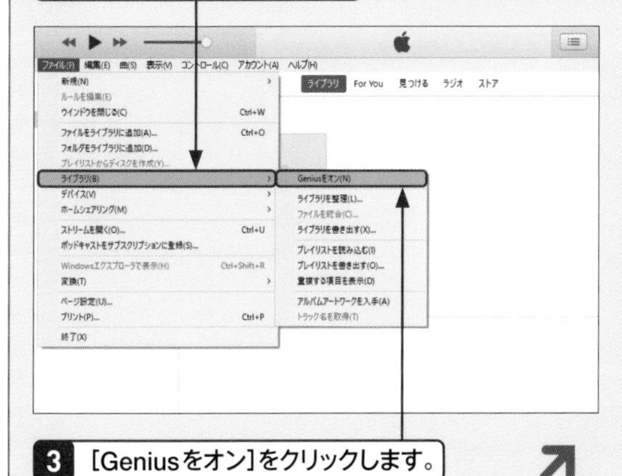

3 [Geniusをオン]をクリックします。

4 [Genius機能をオンにする]をクリックします。

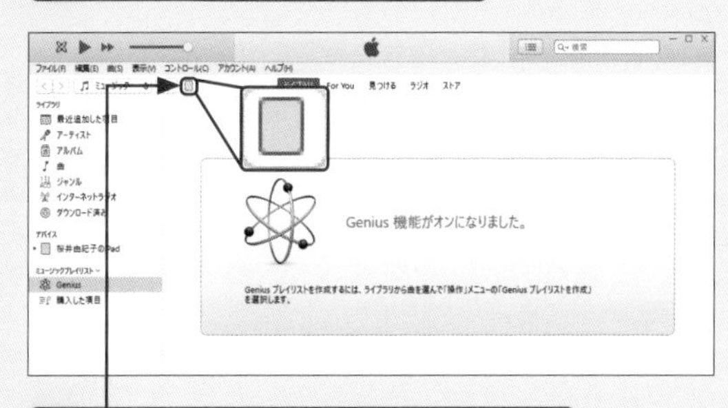

5 Genius機能が有効になります。

6 ▢→[ミュージック]の順にクリックし、

7 「ミュージックを同期」にチェックを付けて、

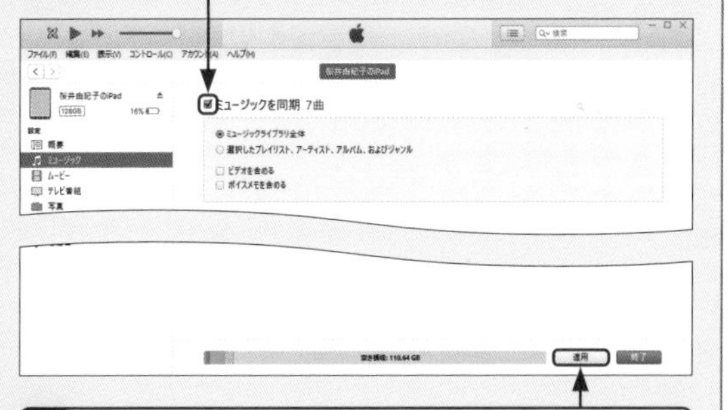

8 [適用]をクリックすると、iPadでGeniusが利用できるようになります。

音楽　Pro　Air　iPad (Gen9)　iPad (Gen10)　mini

Q 314 ランダム再生やリピート再生は使えないの？

A ⤮や🔁をタップします。

「ミュージック」アプリでは、同じ曲を聴き続けたり、曲順をランダムで再生したりすることができます。Q.310を参考にプレイヤーを表示し、⤮をタップすると曲をランダムに再生でき、🔁をタップすると再生中の曲をリピートできます。

曲をランダムに再生するときは、⤮をタップします。

曲をリピート再生するときは、🔁をタップします。

新時代
Ado

音楽　Pro　Air　iPad (Gen9)　iPad (Gen10)　mini

Q 315 曲を検索したい！

A 検索フィールドを利用します。

購入済みの曲を検索するには、「ミュージック」アプリの検索フィールドを利用しましょう。サイドバーを表示し、[検索]をタップします。画面上部の検索フィールドにキーワードを入力して、[ライブラリ]をタップすると、ライブラリ内の検索結果が表示されます。

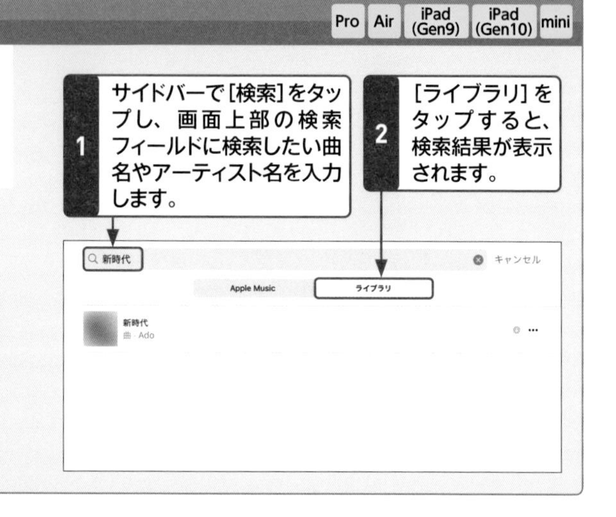

音楽　Pro　Air　iPad (Gen9)　iPad (Gen10)　mini

Q 316 曲をアーティスト順に表示したい！

A [並べ替え]をタップします。

目的の曲を探しやすくするためには、並べ替えをしましょう。サイドバーを表示し、[曲]をタップして、画面右上の⇅をタップします。[アーティスト順]をタップすると、曲がアーティスト順に並べ替えられます。また、サイドバーで[アルバム]をタップしても、同様の並べ替えを行えます。

1 サイドバーで[曲]または[アルバム]をタップし、画面右上の⇅をタップします。

2 [アーティスト順]をタップすると、アーティスト順に並べ替えができます。

音楽 Pro Air iPad (Gen9) iPad (Gen10) mini

Q 317 音楽を聞きながらWebページが見たい！

A 音楽の再生中にDockを表示します。

音楽を聴きながらWebページを閲覧したいときは、再生画面でDockを表示し（Q.055参照）、[Safari]のアイコンをタップします。「ミュージック」アプリの音楽は、別のアプリを使用しても基本的には停止しません。ただし、アラームや音が鳴るゲームアプリを起動した場合は、自動的に停止します。

1 音楽再生中に画面下端から上方向に軽くスワイプし、

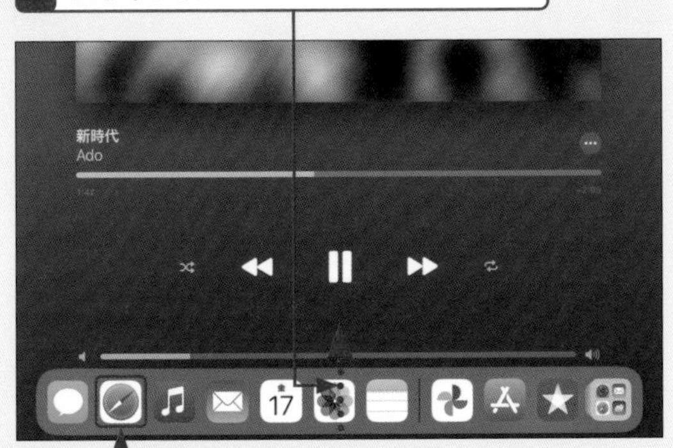

2 Dockの[Safari]のアイコンをタップすると、

3 音楽を再生したままSafariでWebページを閲覧できます。

音楽 Pro Air iPad (Gen9) iPad (Gen10) mini

Q 318 ロックを解除せずに再生中の曲を操作できる？

A 可能です。音楽再生中に、ロック画面を表示しましょう。

「ミュージック」アプリは、iPad本体がロック中でもある程度の操作が可能です。音楽を再生したままスリープモードになっている状態で、トップボタンを押してロック画面を表示します。ロック画面に再生中の曲と操作パネルが表示されます。パネル下部のバーを左右にドラッグすれば、曲の音量を調整できます。⏸をタップすると音楽が停止し、▶をタップすると再生されます。⏩をタップすると次の曲が再生され、⏪を1回タップすると再生中の曲が頭出しされ、2回連続でタップすると前の曲が再生されます。曲の再生時間を調整したいときは、パネル上部のバーを左右にドラッグします。

1 スリープモードで音楽を再生中に、トップボタンを押してロック画面を表示すると、再生中の曲と操作パネルが表示されます。

2 各アイコンで、停止や早送りなどの操作ができます。

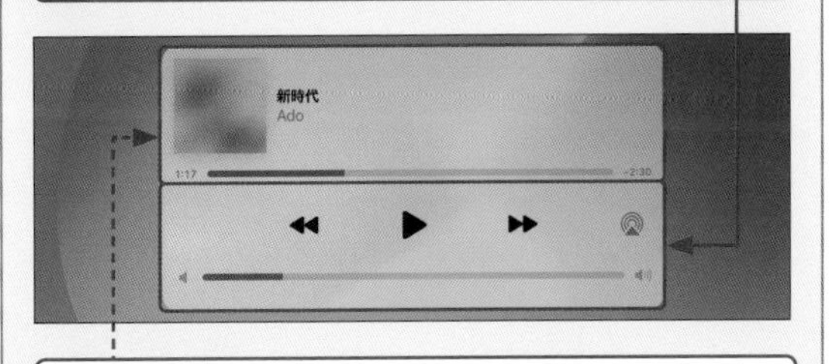

操作パネルをタップすると、Q.310手順7のプレイヤーが表示されます。

映画

Pro Air iPad (Gen9) iPad (Gen10) mini

319 iTunes Storeで映画をレンタルしたい！

A 映画のレンタル料金をタップします。

iTunes Storeでは、映画をレンタルすることも可能です。「iTunes Store」アプリを起動し、画面下部の［映画］をタップします。レンタルしたい映画を選択し、［¥○○レンタル］→［レンタル］の順にタップして、Apple IDのパスワードを入力しましょう。ダウンロードした映画は、ダウンロード完了画面の▶をタップするか、ホーム画面で［TV］をタップすることで、「Apple TV」アプリから閲覧できます。映画のレンタル期間は30日間で、期限を過ぎると自動的に削除されます。

1 「iTunes Store」アプリを起動し、画面下部の［映画］をタップします。

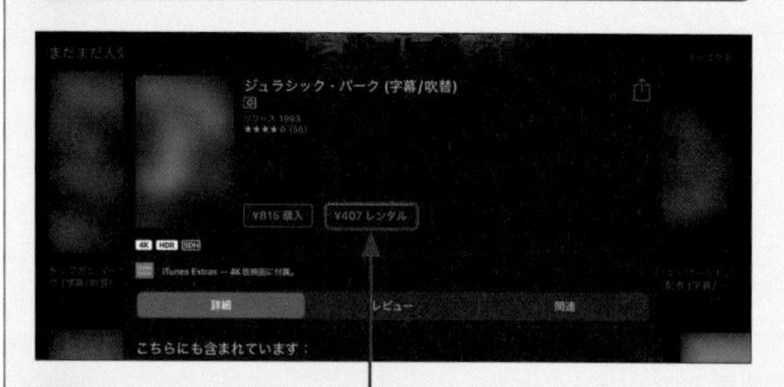

2 レンタルしたい映画を選択し、［¥○○レンタル］をタップします。

3 ［レンタル］をタップし、Apple IDのパスワードを入力して、［サインイン］をタップします。

4 ダウンロードが完了したら、▶をタップするか、ホーム画面で［TV］をタップして視聴します。

Apple Gift Card

Pro Air iPad (Gen9) iPad (Gen10) mini

320 Apple Gift Cardって何？

A Apple関連の支払いに利用できるプリペイドカードです。

Apple Gift Cardは、iTunes Store、App Store、Apple Musicなどでコンテンツや端末を購入する際に利用できるプリペイドカードです。Apple Gift Cardには、コンビニエンスストアやドラッグストアなどの実店舗で購入できるカードタイプと、オンラインショップで購入できるコードタイプの2種類があります。

Apple Gift Cardのカードタイプには、記載された金額分を購入するもの（3,000円～）と、希望分の金額を購入するもの（1,000円～）があります。利用するには、カードの裏面に記載されている16桁のコードをApple IDに登録します（Q.321参照）。

Q 321 Apple Gift Cardをかんたんに登録したい！

A Apple Gift Cardに記載されたコードをカメラで読み取ります。

Apple Gift Cardを利用するには、購入したカードの裏面に記載されている16桁のコードを、Apple IDに登録する必要があります。ここでは、App Storeでコードを登録する方法を説明します。なお、支払い方法はQ.331を参照してください。

ホーム画面で［App Store］をタップして「App Store」アプリを起動し、画面右上の㋐→［ギフトカードまたはコードを使う］の順にタップします。［カメラで読み取る］をタップするとカメラが起動するので、カードの裏面に記載されているコードを写します。コードが読み取られると画面が切り替わり、Apple IDのパスワードを入力して［サインイン］をタップすると、コードの登録が完了します。

1 「App Store」アプリを起動し、画面右上の㋐をタップして、

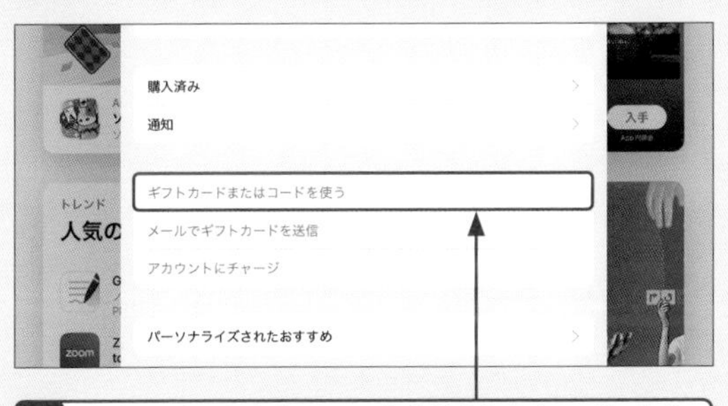

2 ［ギフトカードまたはコードを使う］をタップします。

3 ［カメラで読み取る］をタップすると、

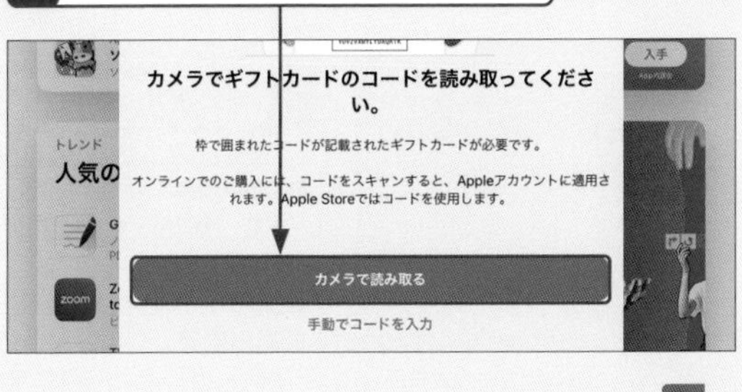

4 カメラが起動します。コード部分にカメラを寄せると、コードが読み取られます。

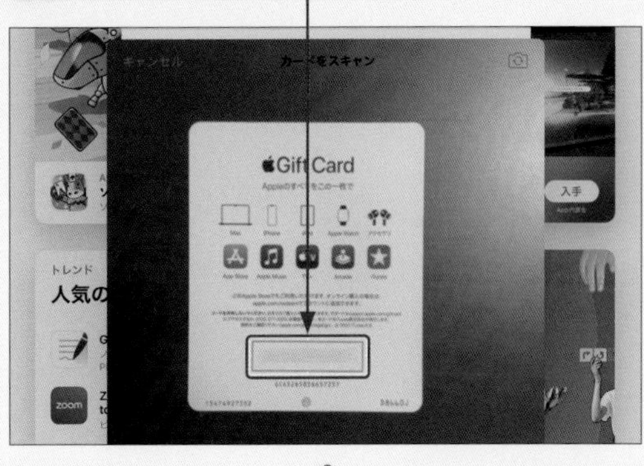

5 Apple IDのパスワードを入力し、

6 ［サインイン］をタップすると、

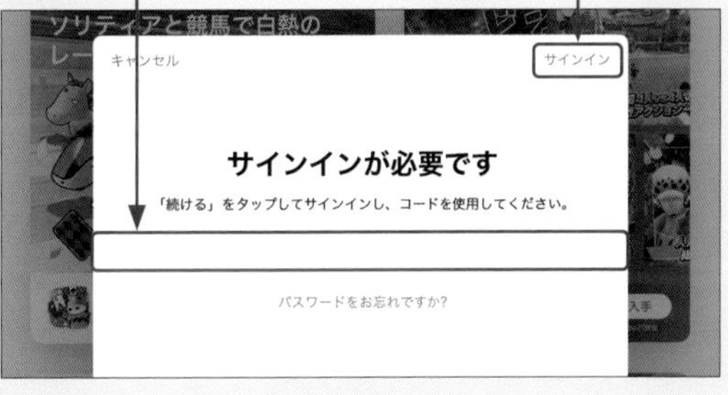

7 コードの登録が完了し、カードの金額がチャージされます。

322 Apple Musicを利用したい！

A 「ミュージック」アプリの「今すぐ聴く」から利用できます。

Apple Musicは、月額料金を支払うことで1億曲の音楽が聴き放題になる音楽ストリーミングサービスです。ストリーミング再生だけでなく、iPadにダウンロードしてオフラインで聴いたり、プレイリストに追加したりすることもできます。2023年3月時点では、1ヶ月間無料でサービスを利用できるトライアルキャンペーンが実施されています。Apple Musicを利用するには、「ミュージック」アプリで画面左上のをタップしてサイドバーを表示し、「今すぐ聴く」画面を表示します。Apple Musicの［無料で体験する］をタップし、サブスクリプションに登録します。

なお、Apple IDに支払い情報が登録されていない場合、サブスクリプションは利用できません。事前にQ.026を参照して、支払い情報を登録しておきましょう。

1 「ミュージック」アプリで「今すぐ聴く」画面を表示し、

2 Apple Musicの［無料で体験する］をタップします。

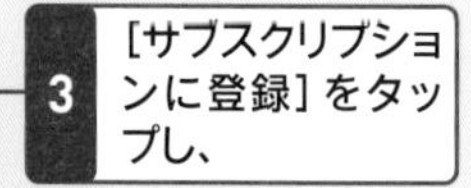

3 ［サブスクリプションに登録］をタップし、

4 次の画面でApple IDのパスワードを入力して、［サインイン］をタップします。

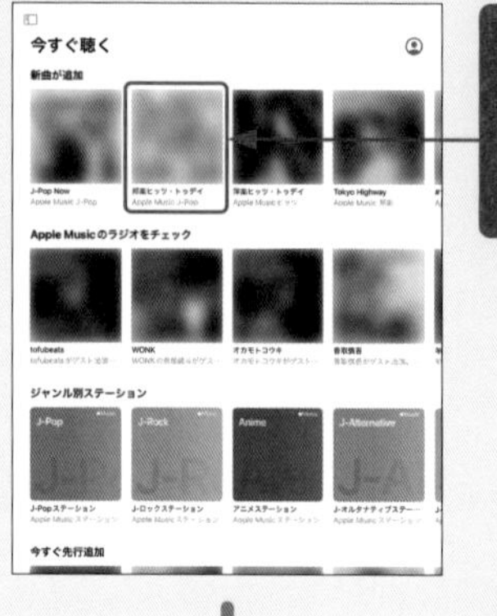

5 Apple Musicの登録が完了します。再生したい音楽のサムネールをタップし、

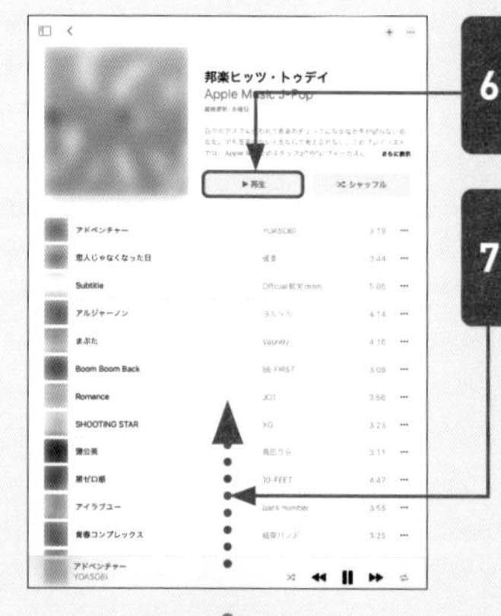

6 ［再生］をタップすると、音楽が再生されます。

7 ミニプレイヤーを上方向にスワイプすると、

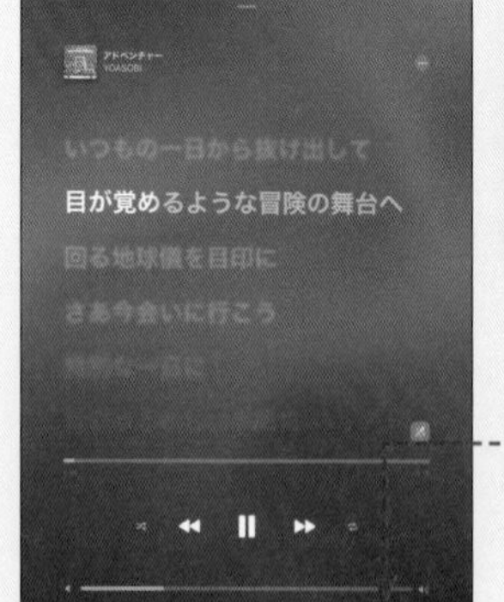

8 プレイヤーが大きく表示されます。また、Apple Musicの音楽では曲に合わせて歌詞が表示されます。

歌詞が表示されない場合は、画面右下のをタップします。なお、歌詞が表示されない曲もあります。

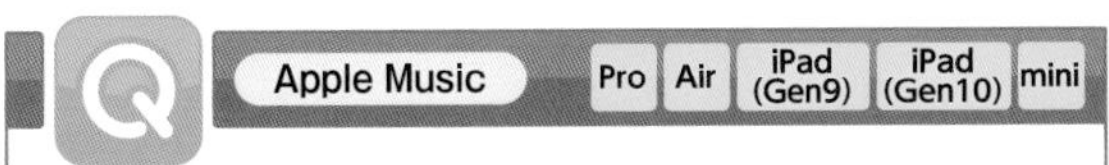

323 Apple Music Singって何？

A Apple Musicのカラオケ機能です。

「Apple Music Sing」とは、Apple Musicの音楽でボーカルの音量のみを調整し、歌詞を見ながら一緒に歌うことができる機能です。Q.322を参考に再生中の音楽のプレイヤーを表示し、をタップしてバーを上下にドラッグすると、ボーカルの音量が調整され、Apple Music Singが利用できるようになります。なお、Apple Music Sing非対応の曲もあります。

2 を上下にドラッグすると、

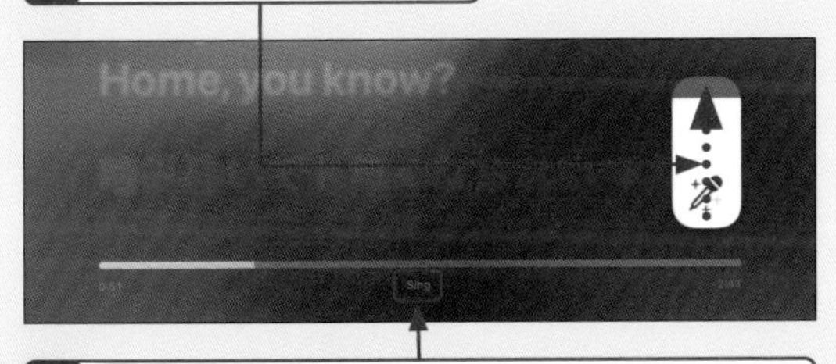

3 ボーカルの音量が調整され、Apple Music Singが利用できるようになります。

4 をタップするとApple Music Singが終了し、ボーカルの音量が通常に戻ります。

324 Apple Musicを退会したい！

A からトライアルをキャンセルします。

Apple Musicを退会するには、「サブスクリプションの管理」からトライアルをキャンセルする必要があります。「ミュージック」アプリの「今すぐ聴く」画面を表示し、右上のをタップします。[サブスクリプションの管理]をタップすると、現在利用中の登録内容が表示されます。1ヶ月間の無料トライアルが終了すると、自動的に月額料金が発生する契約に切り替わります。無料トライアルから更新されたくない場合は、[無料トライアルをキャンセルする]→[確認]の順にタップします。

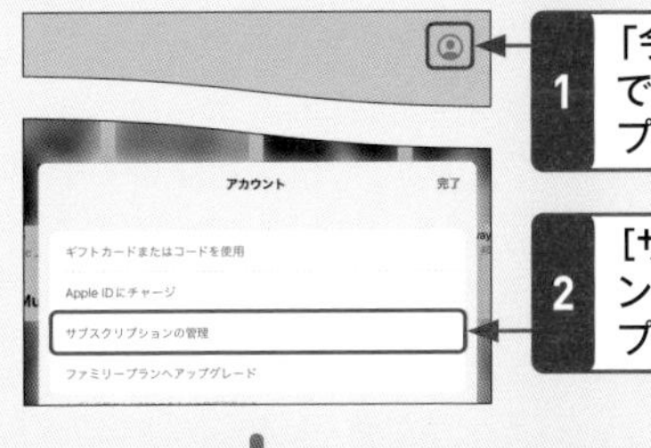

1 「今すぐ聴く」画面で右上のをタップし、

2 [サブスクリプションの管理]をタップします。

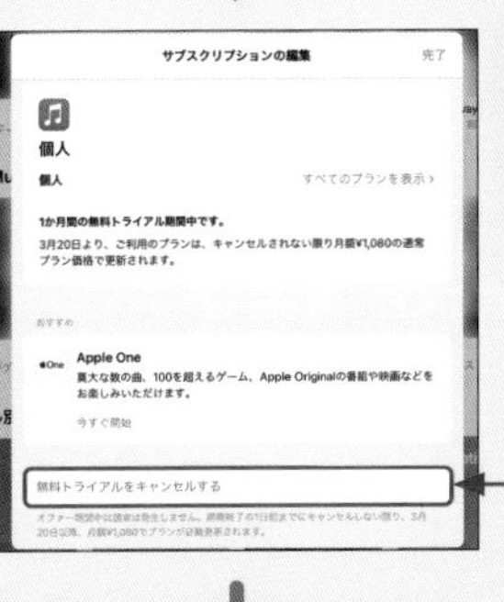

3 [無料トライアルをキャンセルする]をタップし、

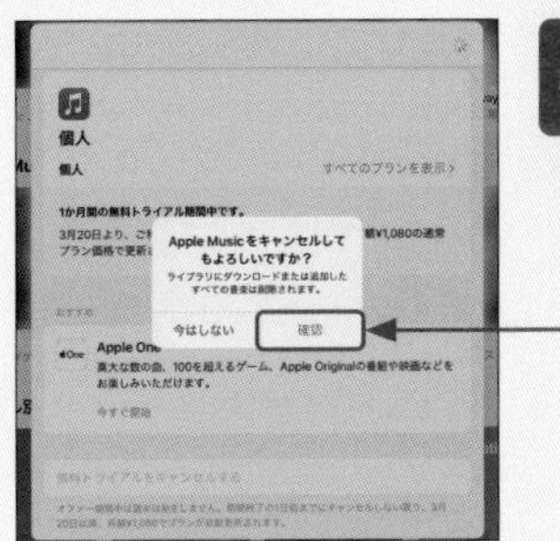

4 [確認]をタップします。

Q 便利技 Pro Air iPad (Gen9) iPad (Gen10) mini

325 ポッドキャストって何？

A インターネットラジオなどを公開するための技術です。

ポッドキャストとは、インターネット上で音声や動画を公開する方法の1つで、インターネットラジオなどの番組を、iPadやパソコンに転送し聴取することができます。iPadでポッドキャストを利用するには、ホーム画面で［ポッドキャスト］→［続ける］の順にタップします。画面左上の□をタップしてサイドバーを表示し、［見つける］をタップして、任意の番組→聴きたいエピソードの順にタップします。［再生］をタップするとエピソードが再生され、↓をタップすると、エピソードがダウンロードされます。
エピソードを聴くには「ポッドキャスト」アプリのプレイヤーを利用しますが、操作は「ミュージック」アプリのプレイヤーとほぼ変わりありません。

1 「ポッドキャスト」アプリで「見つける」画面を表示し、任意の番組をタップします。

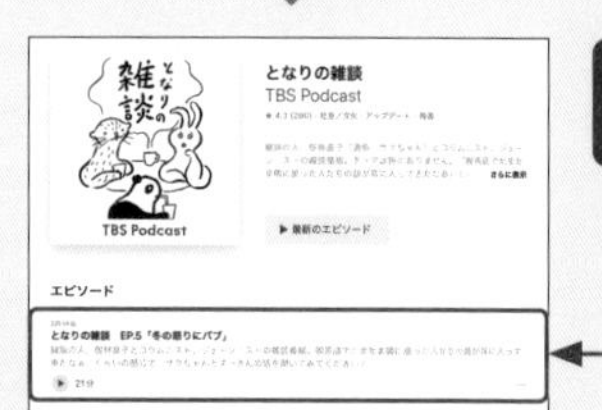

2 聴きたいエピソードをタップし、

3 ［再生］をタップすると、エピソードが再生されます。

画面右上の↓をタップすると、エピソードがダウンロードされ、オフラインでも聴くことができます。

Q 便利技 Pro Air iPad (Gen9) iPad (Gen10) mini

326 オーディオブックって何？

A iTunesで購入できる音声ファイルの一種です。

オーディオブックとは、書籍の内容を録音した音声ファイルのことです。オーディオブックは、「ブック」アプリから購入する必要があります。ホーム画面で［ブック］→［はじめよう］の順にタップし、必要であれば通知を設定します。画面左上の□をタップしてサイドバーを表示し、［ブックストア］をタップします。画面右上の［セクションを見つける］をタップし、［オーディオブック］をタップして、読みたい（聴きたい）コンテンツを選択します。［購入｜￥○○］→［購入］の順にタップし、Apple IDのパスワードを入力して［サインイン］をタップすると、購入が完了します。
購入したオーディオブックを読む（聴く）には「ブック」アプリのプレイヤーを利用しますが、操作は「ミュージック」アプリのプレイヤーとほぼ変わりありません。

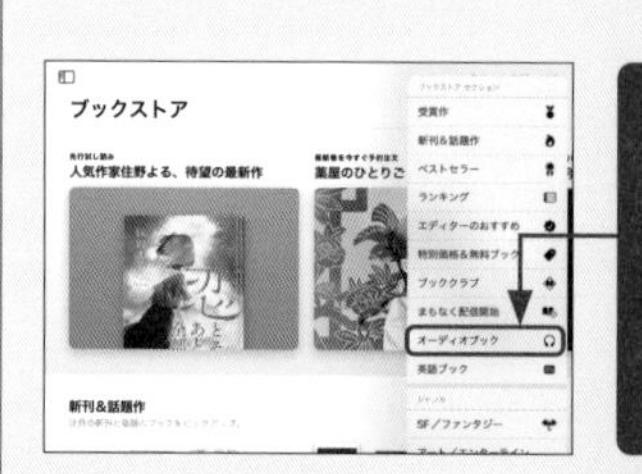

1 「ブック」アプリで「ブックストア」画面を表示し、［セクションを見つける］→［オーディオブック］の順にタップします。

2 新刊やランキング、ベストセラーなどから任意のオーディオブックを選択します。

3 ［購入｜￥○○］→［購入］の順にタップし、Apple IDのパスワードを入力して［サインイン］をタップすると、購入が完了します。

第7章

アプリの「こんなときどうする?」

アプリ　Pro　Air　iPad (Gen9)　iPad (Gen10)　mini

Q 327 アプリはどこで探せばいいの？

A App Storeでアプリを検索したり購入したりすることができます。

iPadでは、世界中の開発者が作ったアプリをインストールすることで、さまざまな機能を追加できます。アプリはiPadの「App Store」アプリを使って、App Storeサービスからダウンロードおよびインストールを行います。App Storeについての詳細は、Q.328で説明しています。App Storeでおすすめのアプリの説明を閲覧したり、キーワードでアプリを検索したりして、利用したいアプリをインストールしましょう。

1 iPadのホーム画面で［App Store］をタップします。

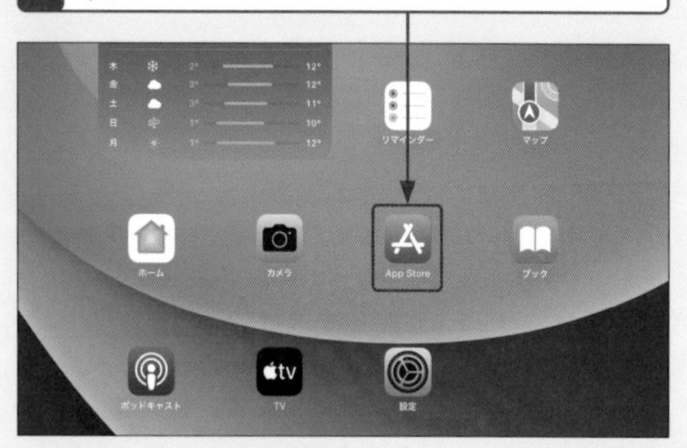

初回起動時は、位置情報利用の許可を求める画面が表示される場合があります。

2 「App Store」アプリが起動します。

アプリ　Pro　Air　iPad (Gen9)　iPad (Gen10)　mini

Q 328 App Storeって何？

A アプリを検索、インストールするためのサービスです。

iPadでは、「App Store」アプリを使ってアプリを検索してインストールすることができます。App Storeは、その日の特集記事やおすすめアプリが紹介される「Today」、さまざまなゲームアプリを探せる「ゲーム」、有料・無料・カテゴリ別などのアプリランキングを閲覧できる「App」、サブスクリプション登録が必要なApple Arcadeのゲームを探せる「Arcade」、キーワード入力でアプリを検索できる「検索」という5つのメニューから構成されています。いずれも、画面下部のメニューをタップして表示を切り替えることができます。

1 ホーム画面で［App Store］をタップし、「App Store」アプリを起動します。

2 はじめは「Today」画面が表示されます。［App］をタップすると、

3 アプリのランキングなどが表示されます。

4 ほかのメニューも同様にタップすることで、画面を切り替えることができます。

アプリ　Pro　Air　iPad (Gen9)　iPad (Gen10)　mini

329 アプリにはどんな種類があるの？

A 有料と無料、幅広いカテゴリのアプリがあります。

App Storeで扱われているアプリは、有料と無料に大別されます。有料アプリには金額、無料アプリには「入手」と表示されています。さらに、アプリはエンターテインメント、教育、仕事効率化、写真／ビデオ、ソーシャルネットワーキングなど、バラエティに富んだカテゴリに分類されます。各アプリの詳細画面では、「カテゴリ」が表示されています。

カテゴリの表示場所

並んでいるアプリのアイコンをタップすると、カテゴリのほか、さまざまな情報を確認することができます。

有料アプリと無料アプリの違い

アプリの有料／無料は料金欄で確認できます。

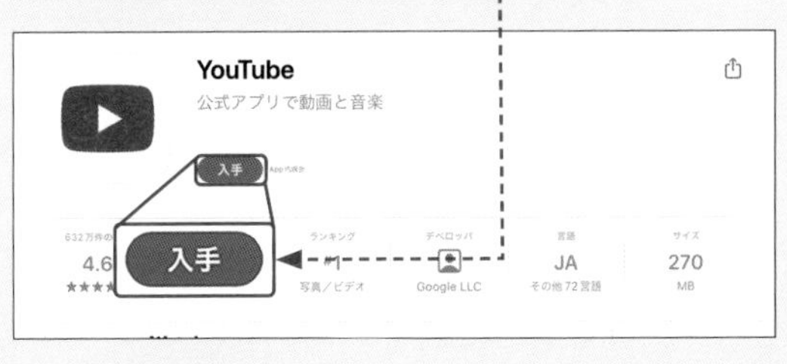

アプリ　Pro　Air　iPad (Gen9)　iPad (Gen10)　mini

330 アプリのインストールに必要なものは？

A 有料アプリの場合はクレジットカード情報などが必要です。

アプリのインストールには、Apple ID（Q.023参照）が必要となります。あらかじめ「App Store」アプリの画面右上の㋐をタップし、Apple IDとパスワードを入力してサインインしておきましょう。また、すでにサインインしている場合でも、インストール時にはApple IDのパスワードの入力が必要です。

有料アプリをインストールする場合は、Apple IDにクレジットカード情報を設定する必要があります（Q.026参照）。クレジットカード以外では、Apple Gift Card（Q.320参照）を利用してアプリを購入することも可能です。アプリのインストール方法については、Q.333を参照しましょう。

App Storeのアカウントにサインインする

1 画面右上の㋐をタップし、Apple IDとパスワードを入力して、

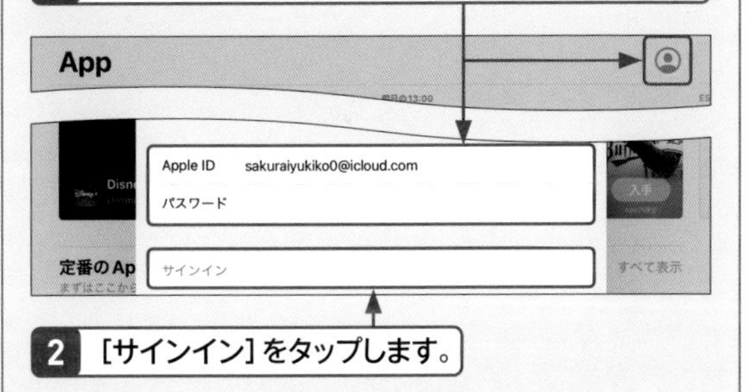

2 ［サインイン］をタップします。

インストール時

1 アプリのインストール時は［インストール］をタップし、Apple IDのパスワードを入力して、

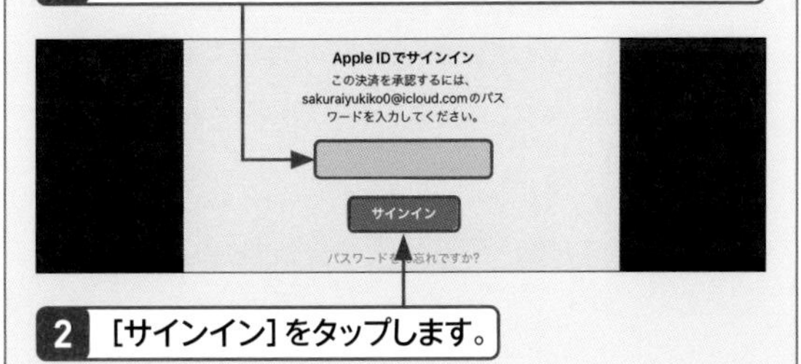

2 ［サインイン］をタップします。

アプリ　Pro　Air　iPad (Gen9)　iPad (Gen10)　mini

331 有料アプリの支払い方法は？

A クレジットカードやApple Gift Cardを使うことができます。

有料アプリの支払いは、通常Apple ID作成時などに入力したクレジットカードを利用します（Q.026参照）。支払い情報にクレジットカード情報を「なし」に設定している場合は、Apple Gift Card（Q.320参照）を購入してアプリの料金を支払うことができます。

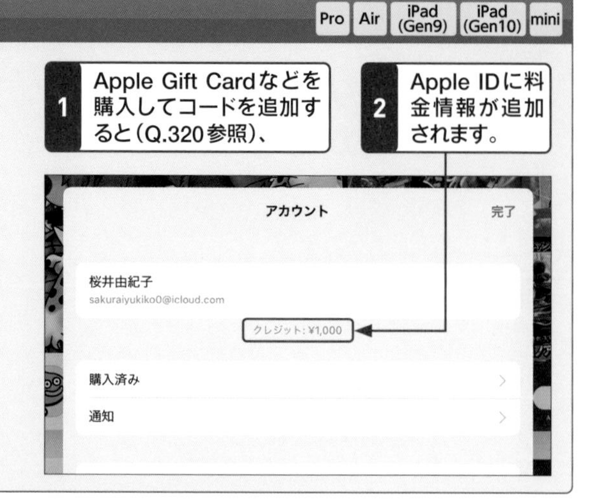

アプリ　Pro　Air　iPad (Gen9)　iPad (Gen10)　mini

332 App Store以外からアプリをインストールできる？

A App Store以外からアプリをインストールすることはできません。

基本的に、iPadのアプリはApp Store以外からインストールすることはできません。これは、iPadを安全に使用するための対策でもあります。また、以前はiTunesからApp Storeにアクセスしてアプリをインストールし、iPadに転送できましたが、最新版のiTunesではできなくなっています。

2023年3月現在、iTunesから音楽や映画の購入はできますが、アプリのインストールはできません。

アプリ　Pro　Air　iPad (Gen9)　iPad (Gen10)　mini

333 iPadにアプリをインストールしたい！

A アプリの料金欄をタップします。

iPadにアプリをインストールする場合は、まずインストールしたいアプリを表示します。アプリの詳細画面から［入手］または［¥○○］をタップし、［インストール］または［購入］をタップします。Apple IDのパスワードを入力し、［サインイン］をタップすると、アプリをインストールできます。

1 インストールしたいアプリの詳細画面を表示し、［入手］または［¥○○］をタップします。

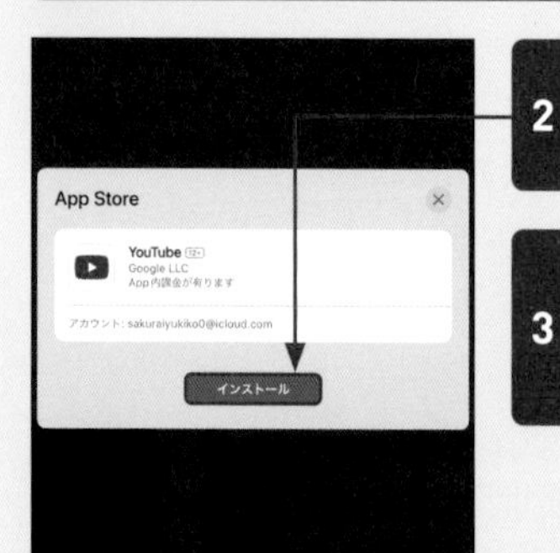

2 ［インストール］または［購入］をタップし、

3 Apple IDのパスワードを入力して、［サインイン］をタップします。

アプリ　Pro　Air　iPad (Gen9)　iPad (Gen10)　mini

334 App Storeで目的のアプリが見つからない！

A キーワード検索を試してみましょう。

App Storeのカテゴリやランキングで目的のアプリが見つからないという場合は、キーワード検索を試してみましょう。画面下部の［検索］をタップし、任意のキーワードを入力して検索します。また、検索結果の画面左上の［フィルタ］をタップすると、価格やカテゴリを絞って検索することも可能です。

キーワードで検索する

1 画面下部の［検索］をタップし、

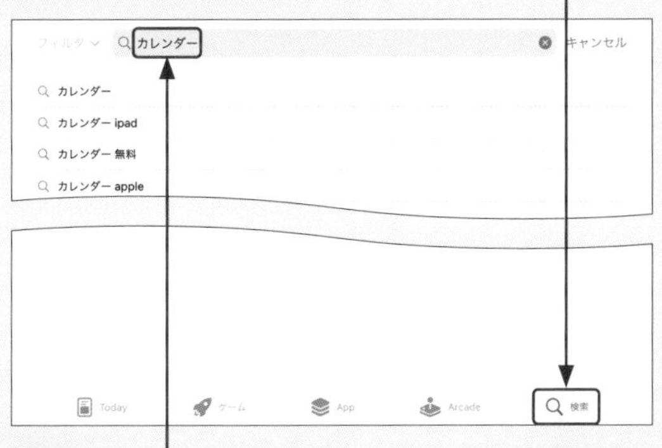

2 検索フィールドに任意のキーワードを入力して、キーボードの［検索］、またはをタップします。

3 検索結果が表示されます。

［フィルタ］をタップすると、絞り込み検索ができます。

アプリ　Pro　Air　iPad (Gen9)　iPad (Gen10)　mini

335 アプリの評判を確認したい！

A アプリの詳細から評判やレビューを参照することができます。

App Storeで公開されているアプリには、インストールしたユーザーからの5段階評価の点数やレビューが複数書き込まれています。アプリをインストールするかどうかの参考になるので、インストールする前に必ず確認しておきましょう。検索結果などで目的のアプリをタップし、アプリの詳細画面を開くと、アプリのタイトル下に5段階の平均評価が表示されます。
レビューを参照したい場合は、「評価とレビュー」の［すべて表示］をタップします。評価の詳細が表示され、スワイプするとユーザーのレビューを閲覧できます。

1 アプリの詳細画面を表示し、「評価とレビュー」の［すべて表示］をタップすると、

2 評価の詳細とレビューが表示されます。

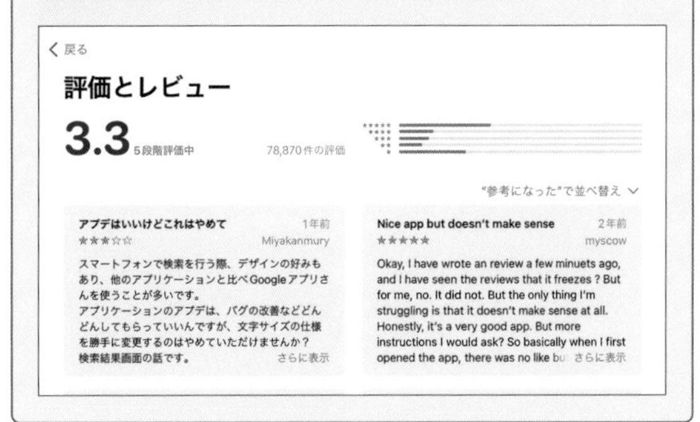

アプリ　Pro　Air　iPad (Gen9)　iPad (Gen10)　mini

Q 336 アプリを削除したい!

A ホーム画面からアプリを削除できます。

iPadからアプリを削除(アンインストール)したい場合は、ホーム画面で何もない場所をタッチし、削除したいアプリのアイコンの左上に表示される⊖をタップします。[Appを削除]→[削除]の順にタップし、画面右上の[完了]をタップすると、削除が完了します。また、削除したいアプリのアイコンをタッチし、[Appを削除]→[Appを削除]→[削除]の順にタップすることでも削除できます。

1 ホーム画面で何もない場所をタッチし、

2 削除したいアプリのアイコンの⊖をタップします。

3 [Appを削除]→[削除]の順にタップすると、アプリが削除されます。

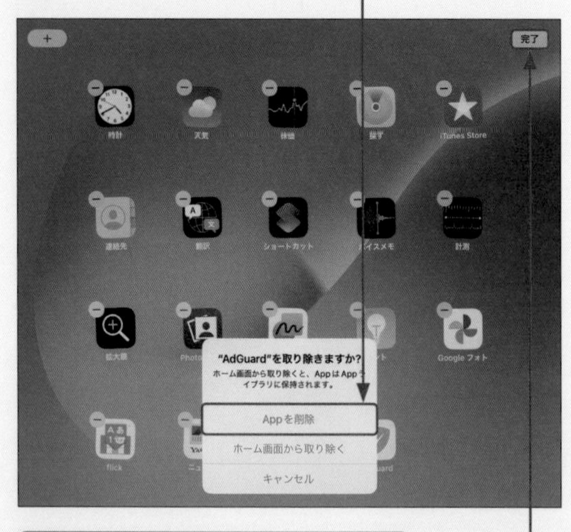

4 画面右上の[完了]をタップします。

アプリ　Pro　Air　iPad (Gen9)　iPad (Gen10)　mini

Q 337 アプリを間違って削除してしまった!

A 削除したアプリは再インストールできます。

もし間違えてアプリを削除(アンインストール)してしまっても、再度インストールすることができます。ホーム画面で[App Store]をタップし、画面右上の◎→[購入済み]→[自分が購入したApp]の順にタップすると、これまでに購入したアプリが一覧表示されます。[このiPad上にない]をタップすると、購入後に削除されたアプリが表示されるので、⬇をタップして再インストールしましょう。なお、有料アプリも同じApple IDであれば再インストール時に料金は発生しません。

1 「App Store」アプリを起動し、画面右上の◎をタップして、

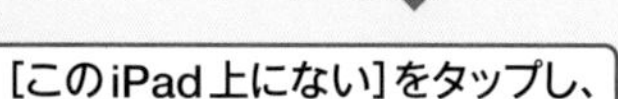

2 [購入済み]→[自分が購入したApp]の順にタップします。

3 [このiPad上にない]をタップし、

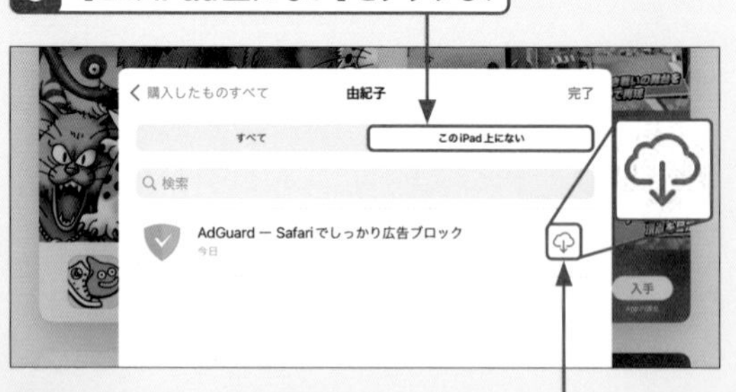

4 削除してしまったアプリの⬇をタップすると、再インストールが始まります。

338 アップデートがあると表示されるんだけど……?

A アップデートしたアプリをダウンロードしましょう。

インストールしたアプリにアップデート情報がある場合は、「App Store」アプリの画面右上の㊂にバッジが表示されます（自動アップデートではない場合）。㊂をタップすると、「利用可能なアップデート」からアップデート情報があるアプリを確認できます。アプリをアップデートするには、[すべてをアップデート]またはアプリごとに[アップデート]をタップします。

1 「App Store」アプリを起動し、画面右上の㊂をタップすると、

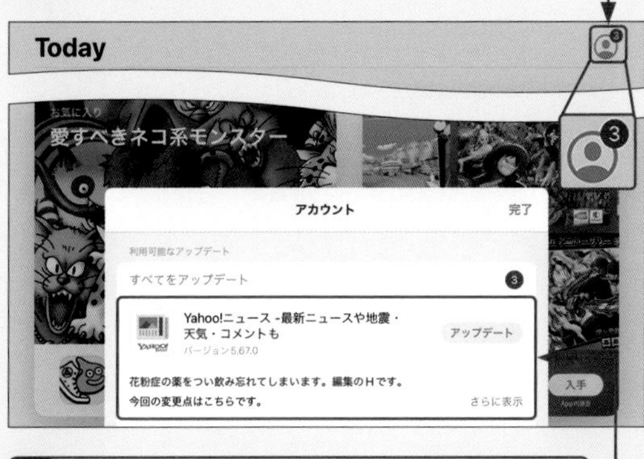

2 アップデート情報があるアプリを確認できます。

3 アップデートしたいアプリをタップし、

4 [アップデート]をタップすると、アップデートが開始されます。

339 アプリの自動アップデートを止めたい！

A 「Appのアップデート」をオフにします。

インストールしたアプリの自動アップデートがオンになっていると、1つずつアプリを手動でアップデートする必要はなくなりますが、アップデートを様子見したい場合や、意図しないデータ通信を防ぎたい場合もあります。アプリを自動でアップデートしたくないときは、ホーム画面で［設定］→［App Store］の順にタップし、「自動ダウンロード」から「Appのアップデート」のをタップしてにしましょう。

1 ホーム画面で[設定]→[App Store]の順にタップし、

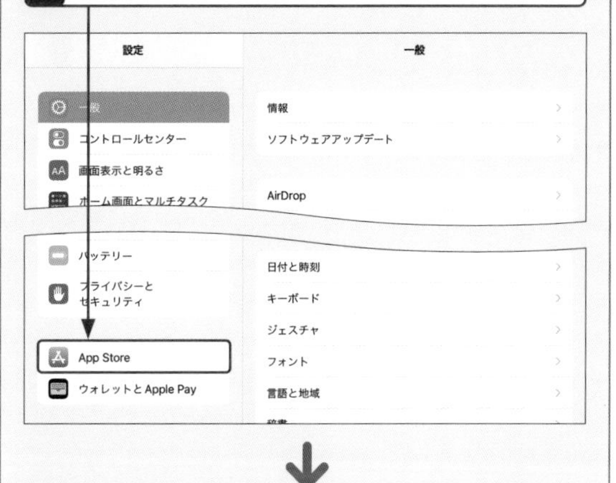

2 「自動ダウンロード」から「Appのアップデート」のをタップしてにすると、アプリの自動アップデートがオフになります。

Q 340 アプリはiPadごとに購入しなきゃいけないの？

A 同じApple IDを使えば、端末ごとに購入する必要はありません。

iPadで購入したアプリを、別のiPadやiPhoneなどのApple製品の端末で利用したい場合は、アプリを購入したときと同じApple IDを使用します。Apple IDが同じであれば、端末ごとに改めてアプリを購入する必要はなく、ほかの端末で購入したアプリをiPadにダウンロードして利用することができます。アカウントの切り替え方法は、Q.341を参照しましょう。App Storeで[購入済み]をタップすると、これまでに購入したアプリが一覧表示されます（Q.337参照）。

なお、iPhoneで購入したアプリを、iPadにもインストールすることは可能です。ただしiPadに対応していないアプリの場合、表示される画面サイズが合わなかったり、動作不安定になったりすることがあります。iPad用とiPhone用がそれぞれリリースされているアプリもあるため、インストール前に確認しておきましょう。

1 別のiPadなどで「App Store」アプリを起動し、画面右上の◎をタップして、アプリを購入したときのApple IDでサインインします。

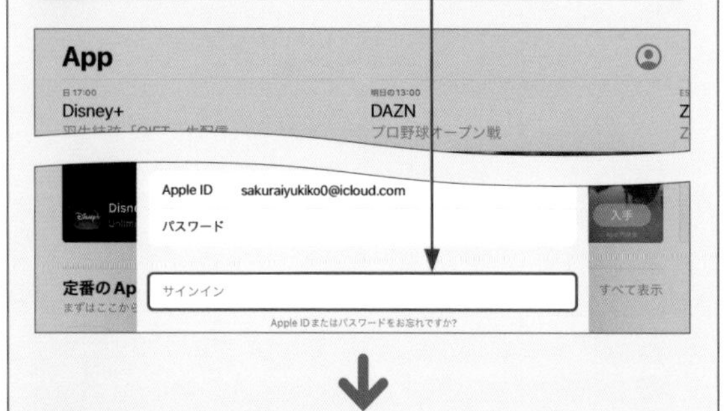

2 購入したアプリを表示し、☁をタップすると、インストールが開始されます。

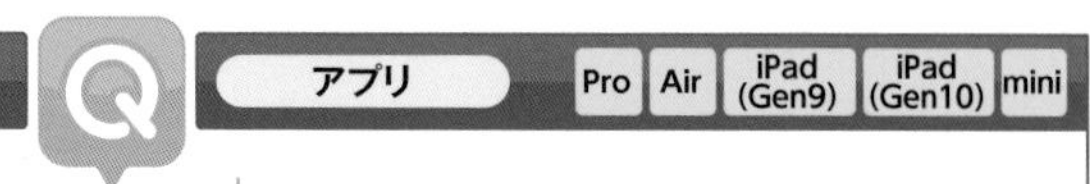

Q 341 利用しているアカウントを切り替えたい！

A 「アカウント」画面から切り替えます。

App Storeで利用しているアカウントを切り替えるには、「App Store」アプリを起動し、画面右上の◎をタップして、[サインアウト]をタップします。そのあと、別のアカウントのApple IDとパスワードを入力して[サインイン]をタップすれば、別のアカウントに切り替えることができます。

1 「App Store」アプリを起動し、画面右上の◎をタップして、

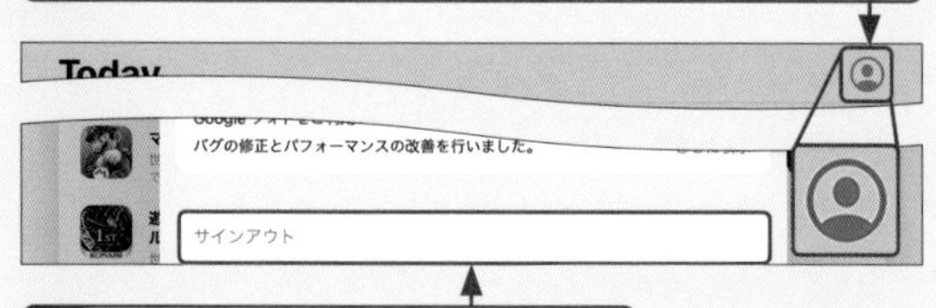

2 [サインアウト]をタップします。

3 別のApple IDとパスワードを入力し、

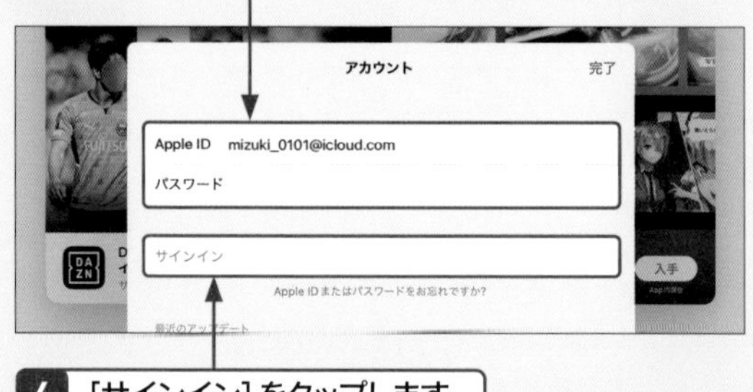

4 [サインイン]をタップします。

5 別のアカウントに切り替わります。

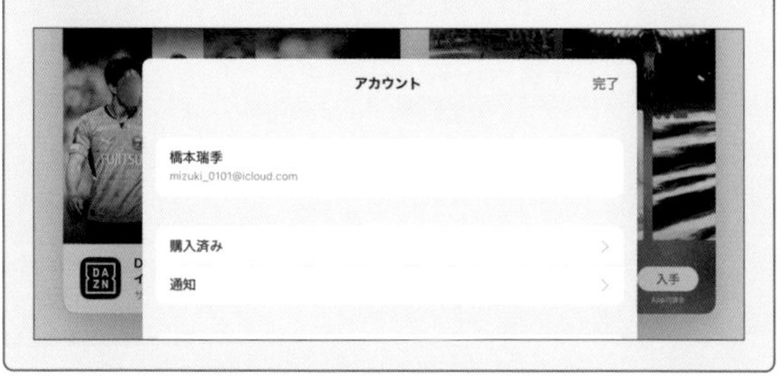

アプリ　Pro　Air　iPad (Gen9)　iPad (Gen10)　mini

342 アプリの利用時間を確認したい！

A 「スクリーンタイム」機能を利用します。

iPadには、iPadやアプリの利用時間を把握できる「スクリーンタイム」機能があります。スクリーンタイムを利用するには、スクリーンタイムをオンにする必要があります。ホーム画面で［設定］→［スクリーンタイム］の順にタップし、［スクリーンタイムをオンにする］をタップしましょう。スクリーンタイムをオンにして数日経過すると、日々のiPadの利用情報が蓄積されていき、「1日の平均」「よく使われたもの」「持ち上げ」「通知」が確認できるようになります。

1 ホーム画面で［設定］→［スクリーンタイム］の順にタップし、

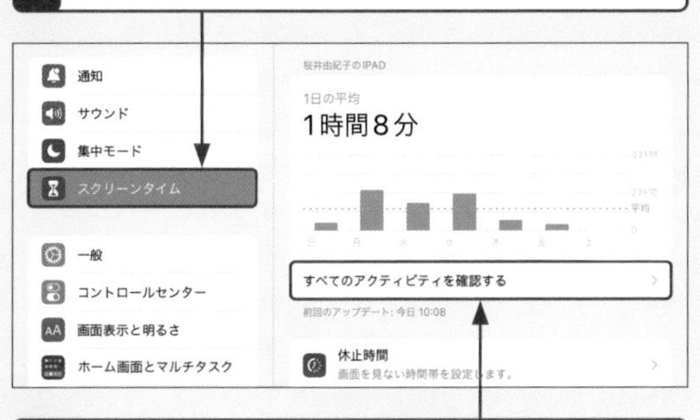

2 ［すべてのアクティビティを確認する］をタップします。

3 「○○のiPad」画面が表示され、「よく使われたもの」からアプリの利用時間を確認できます。

4 ［カテゴリを表示］をタップすると、アプリがカテゴリごとにまとめられた表示になります。

アプリ　Pro　Air　iPad (Gen9)　iPad (Gen10)　mini

343 アプリの利用時間を制限したい！

A ［制限を追加］をタップします。

スクリーンタイムでは、アプリの使い過ぎを防止するために、特定のアプリの利用時間を制限することができます。ホーム画面で［設定］→［スクリーンタイム］→［すべてのアクティビティを確認する］の順にタップし、「よく使われたもの」から制限を設けたいアプリをタップして、［制限を追加］をタップすると、制限時間を設定できます。また、「よく使われたアプリ」の右にある［カテゴリを表示］をタップすると、「クリエイティビティ」や「エンターテイメント」など、アプリのカテゴリごとに制限を設けることが可能です。なお、設定した制限時間の5分前になると、通知が表示されます。

1 Q.342手順3の画面で制限を設けたいアプリをタップし、

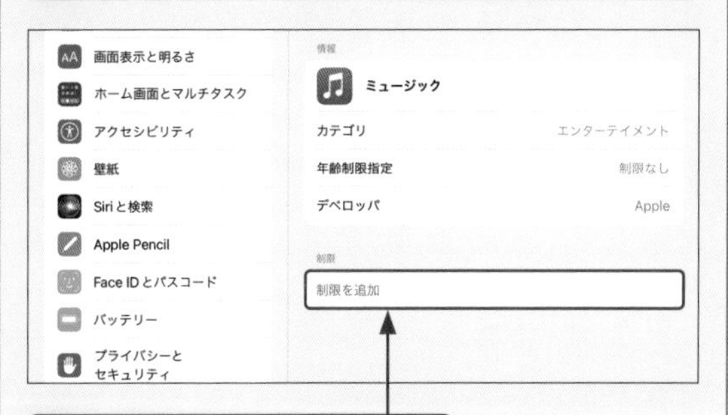

2 ［制限を追加］をタップします。

3 数字をスワイプして1日に利用する時間を設定し、

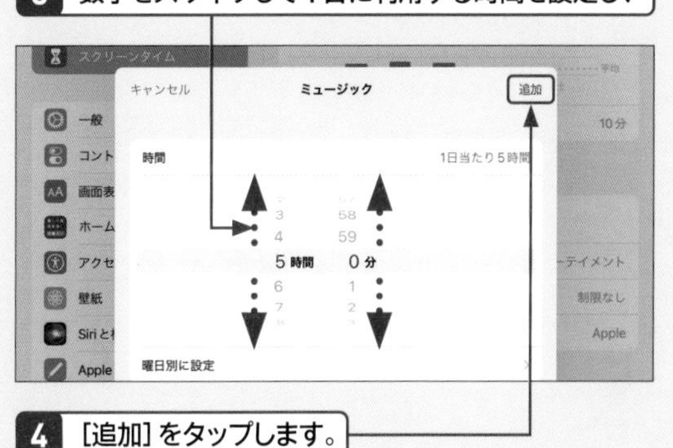

4 ［追加］をタップします。

Q アプリ Pro Air iPad (Gen9) iPad (Gen10) mini

344 標準のアプリを変更したい!

A ブラウザとメールのアプリを変更することができます。

iPadでは、デフォルトで起動するブラウザとメールのアプリを変更することができます。ここでは例として、デフォルトのブラウザをSafariからGoogle Chromeに変更する方法を説明します。デフォルトに設定したいアプリ(ここでは「Chrome」アプリ)をあらかじめインストールしておき、ホーム画面で[設定]→[Chrome]の順にタップします。[デフォルトのブラウザApp]をタップし、[Chrome]をタップします。変更後、Web サイトのリンクなどをタップした際に、設定したアプリでWebページが表示されます。

1 あらかじめデフォルトに設定したいアプリ(ここでは「Chrome」アプリ)をインストールしておき、

2 ホーム画面で[設定]→[Chrome]の順にタップして、

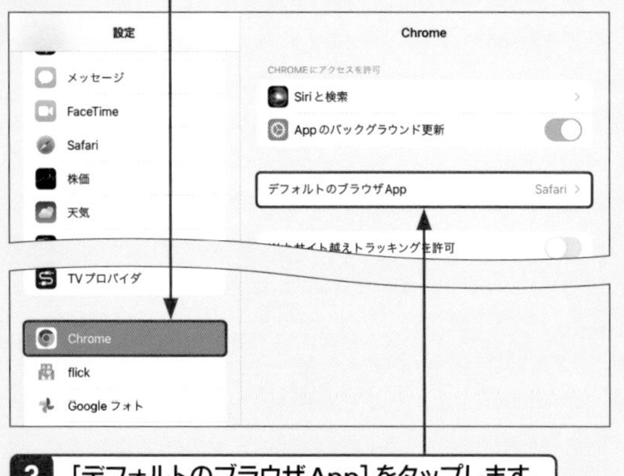

3 [デフォルトのブラウザApp]をタップします。

4 [Chrome]をタップします。

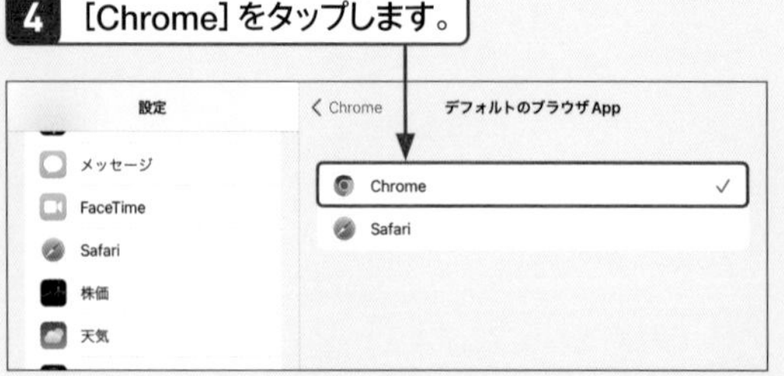

Q リマインダー Pro Air iPad (Gen9) iPad (Gen10) mini

345 リマインダーって何?

A タスクを登録して予定を管理できます。

「リマインダー」とは、リスト形式でタスク(やるべきこと)を管理して、必要に応じて指定した日時や場所で通知できる機能です。やるべきことをリストで確認できるので、日々のスケジュールや予定の管理に役立ちます。ホーム画面で[リマインダー]をタップし、初回起動時のみ[続ける]をタップします。画面左の[リマインダー]をタップし、入力フィールドをタップしたあと、タスク名を入力して[完了]をタップすると、タスクを登録することができます。

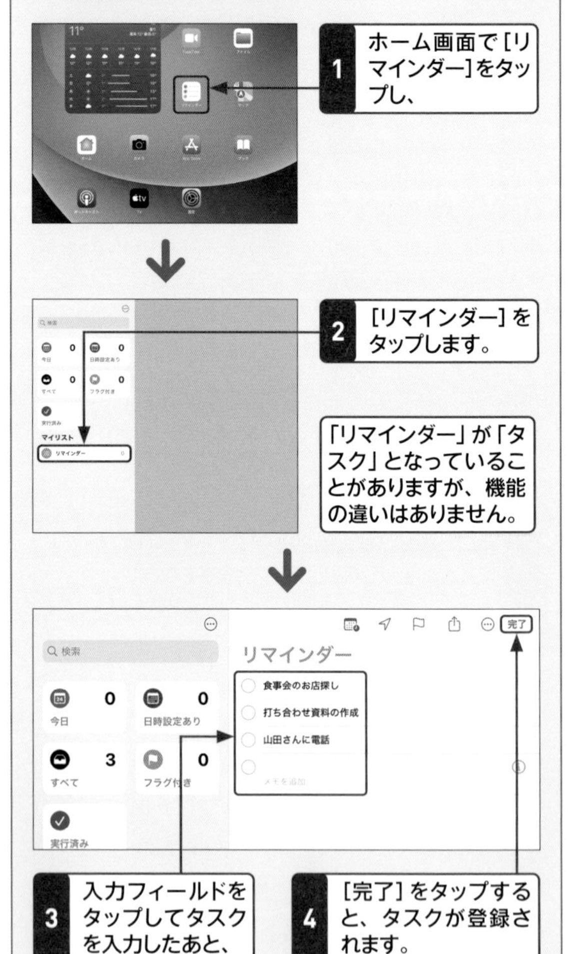

7 アプリ

リマインダー　Pro Air iPad (Gen9) iPad (Gen10) mini

Q 346 タスクの期限を設定したい！

A 登録したタスクをタップして「日付」と「時刻」を編集します。

登録したタスクに期限（通知日）を設定したい場合は、登録したタスクをタップし、ⓘをタップして、「詳細」画面を表示します。「日付」や「時刻」の◯をタップして◯にし、指定の日時を設定すると、その日時に通知が表示されるようになります。

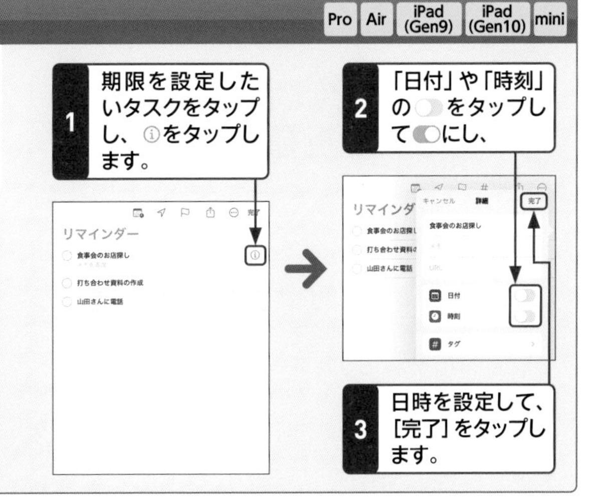

リマインダー　Pro Air iPad (Gen9) iPad (Gen10) mini

Q 347 タスクに優先順位を設定したい！

A 「詳細」画面で設定します。

タスクに優先順位やメモを設定したい場合は、Q.346を参考に「詳細」画面を表示します。[優先順位]をタップすると、「低」「中」「高」の3段階から優先順位を設定できます。また、メモを追加したい場合は、タスクをタップして[メモを追加]をタップするか、「詳細」画面の[メモ]をタップします。

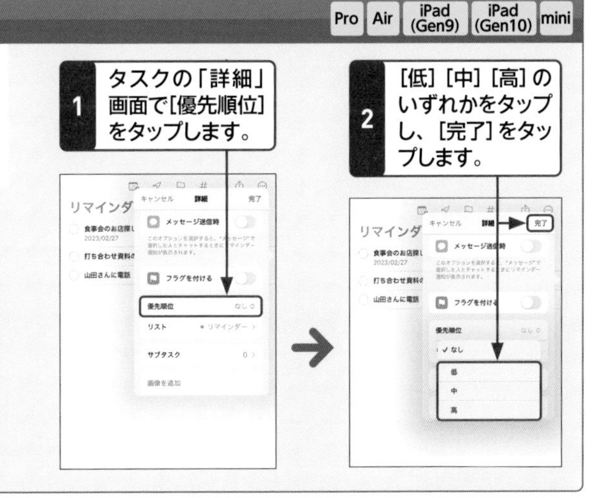

リマインダー　Pro Air iPad (Gen9) iPad (Gen10) mini

Q 348 タスクが完了したらどうすればいいの？

A タスク名の左にある◯をタップします。

タスク名の左にある◯をタップするとタスクが完了したことになります。タスクを完了させると、リスト名の横の数字が完了させたタスクの数だけ減ります。完了したタスクを確認したい場合は、[実行済み]をタップします。

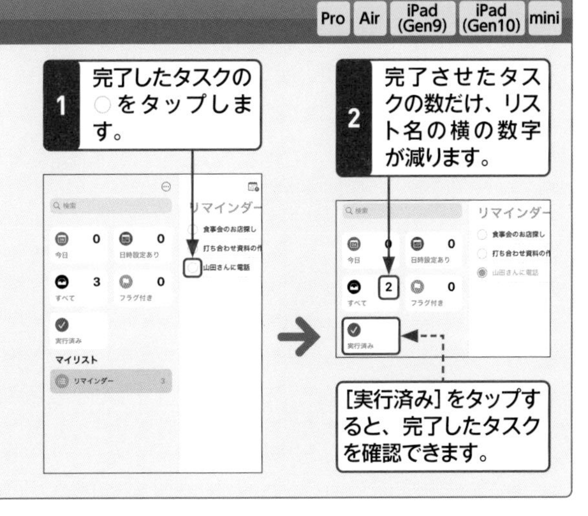

7 アプリ

リマインダー Pro Air iPad (Gen9) iPad (Gen10) mini

349 期限を設定したタスクを確認したい!

A [日時設定あり]をタップします。

「リマインダー」アプリを起動し、画面左の[日時設定あり]をタップすると、期限を設定したタスクが日別に一覧表示されます。各タスクをタップし、「詳細」画面を開いて編集したり(Q.346参照)、タスクを完了させることもできます(Q.348参照)。

1 [日時設定あり]をタップすると、

2 期限を設定したタスクが表示されます。

3 タスク名をタップすると、タスクの編集を行えます。

リマインダー Pro Air iPad (Gen9) iPad (Gen10) mini

350 終わったタスクを削除したい!

A 「実行済み」から削除します。

完了したタスクを削除する場合は、画面左の[実行済み]をタップし、削除したいタスクを左方向にスワイプして、[削除]をタップします。また、完了していないタスクを削除したい場合は、任意のリストをタップし、削除したいタスクを左方向にスワイプして、[削除]をタップするか、[消去]をタップして、消去期間を選択します。

1 [実行済み]をタップすると、完了したタスクが表示されます。

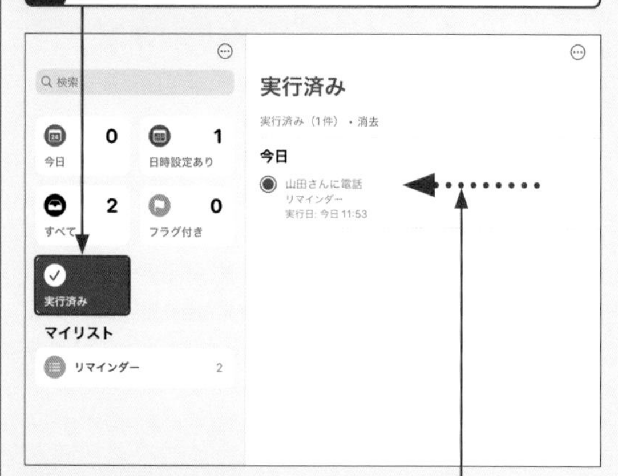

2 削除したタスクを左方向にスワイプし、

3 [削除]をタップすると、タスクが削除されます。

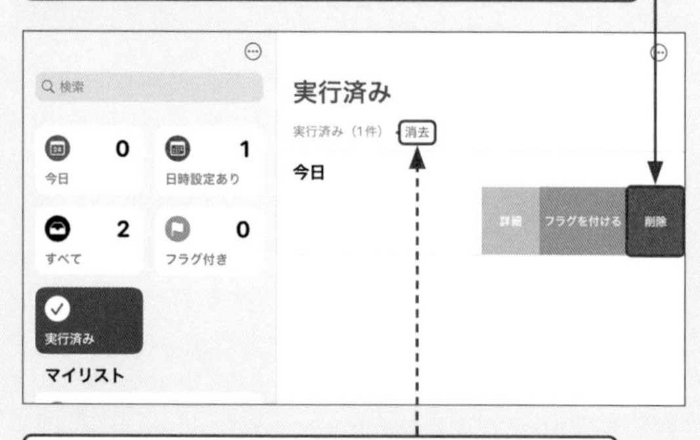

[消去]をタップすると、消去期間を選択できます。

リマインダー Pro Air iPad (Gen9) iPad (Gen10) mini

351 リマインダーにリストを追加したい！

A [リストを追加]をタップして追加します。

「リマインダー」アプリを起動し、画面左下の[リストを追加]をタップすると、新規リストを作成できます。任意のリスト名やカラー、アイコンなどを設定し、[完了]をタップします。

画面左下の[リストを追加]をタップすると、リストを作成できます。

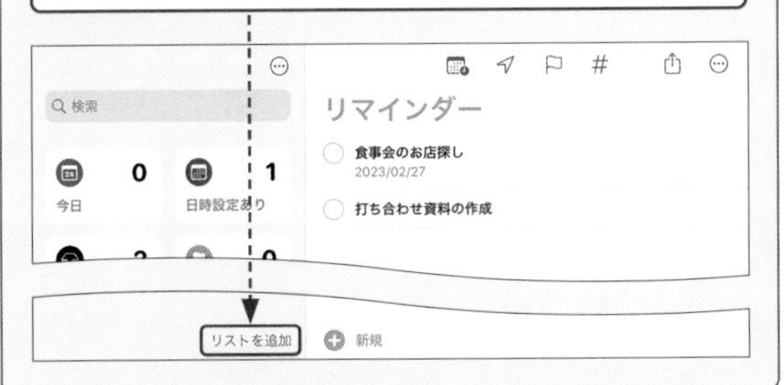

リマインダー Pro Air iPad (Gen9) iPad (Gen10) mini

352 タスクを別のリストに移動したい！

A 「詳細」画面で[リスト]をタップします。

登録済みのタスクを別のリストに移動するには、Q.346を参考にタスクの「詳細」画面を表示します。[リスト]をタップし、移動したいリスト名をタップすると、タスクが移動されます。

[リスト]をタップし、移動したいリスト名をタップして、タスクを移動します。

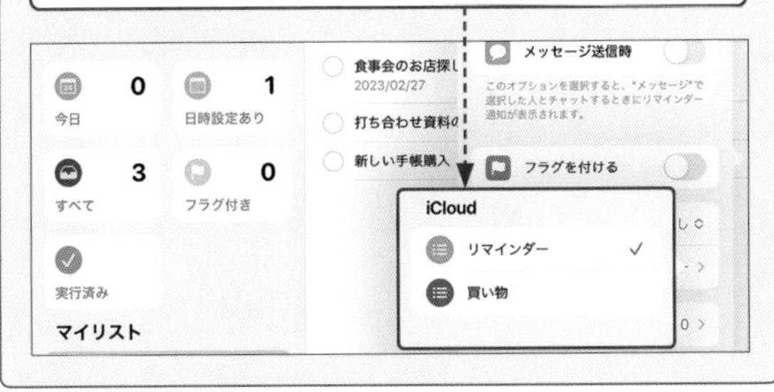

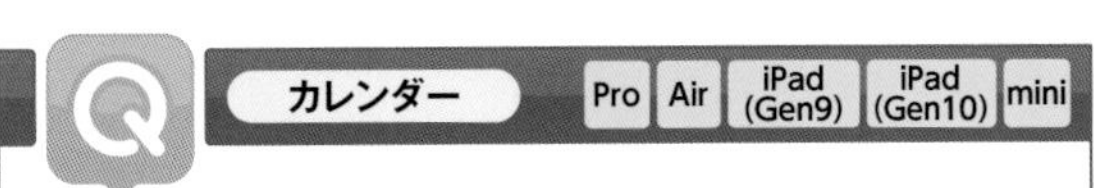

カレンダー Pro Air iPad (Gen9) iPad (Gen10) mini

353 カレンダーに予定を作成したい！

A ＋をタップして予定を作成します。

カレンダーに新規予定を追加するには、ホーム画面で「カレンダー」アプリのアイコンをタップし、初回起動時のみ[続ける]をタップして、＋をタップします。「タイトル」にイベント名、「場所またはビデオ通話」にイベントに関連した場所などを入力し、日時を設定後、[追加]をタップすると、新規予定としてカレンダーに追加されます。

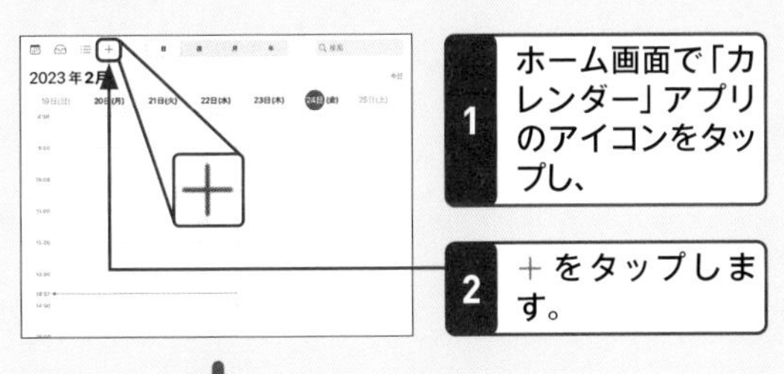

1 ホーム画面で「カレンダー」アプリのアイコンをタップし、

2 ＋をタップします。

3 タイトル、場所、日時などを入力して、

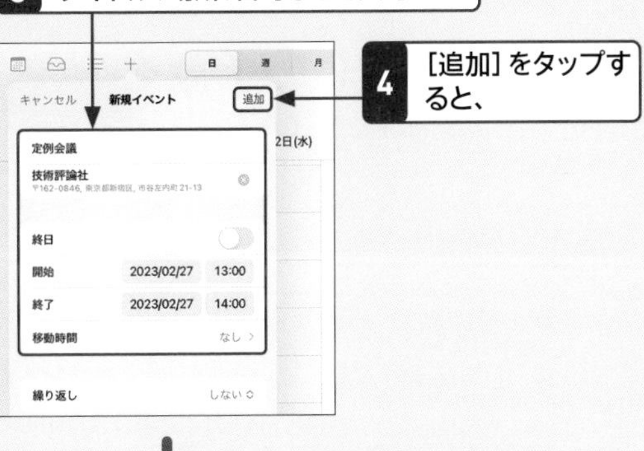

4 [追加]をタップすると、

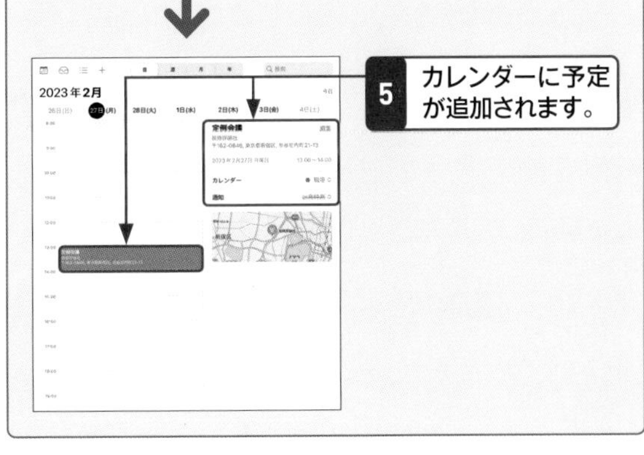

5 カレンダーに予定が追加されます。

7 アプリ

カレンダー　Pro　Air　iPad (Gen9)　iPad (Gen10)　mini

Q 354 カレンダーに終日イベントを作成したい！

A 「終日」を有効にします。

イベントを終日イベントとして設定したい場合は、イベント作成時に、「新規イベント」画面で「終日」の をタップして にします。

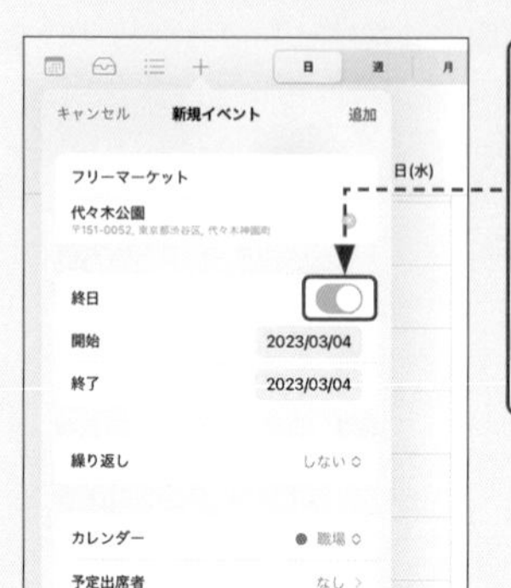

イベント作成時に、「終日」の をタップして にすると、終日イベントが作成できます。既存のイベントに設定する場合は、イベントをタップし、[編集]をタップします。

カレンダー　Pro　Air　iPad (Gen9)　iPad (Gen10)　mini

Q 355 繰り返しの予定を設定したい！

A [繰り返し]をタップします。

一定のサイクルで繰り返すようにイベントを設定したい場合は、イベント作成時に、「新規イベント」画面で[繰り返し]をタップし、[毎日][毎週][隔週][毎月][毎年]のいずれかをタップします。

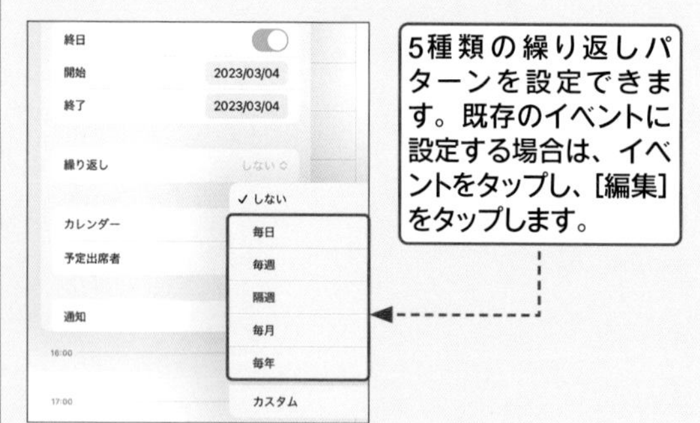

カレンダー　Pro　Air　iPad (Gen9)　iPad (Gen10)　mini

Q 356 イベントの出席者に出席依頼を送信したい！

A 「予定出席者」を設定します。

カレンダーにイベントを新規作成すると、出席予定者を登録して通知を送信できるようになります。イベント作成時に、「新規イベント」画面で［予定出席者］をタップします。「宛先」に「連絡先」に登録済みのメールアドレスを入力するか、⊕をタップして連絡先から任意の相手を選択し、[完了]をタップします。イベントの追加が完了すると、出席依頼が送信されます。

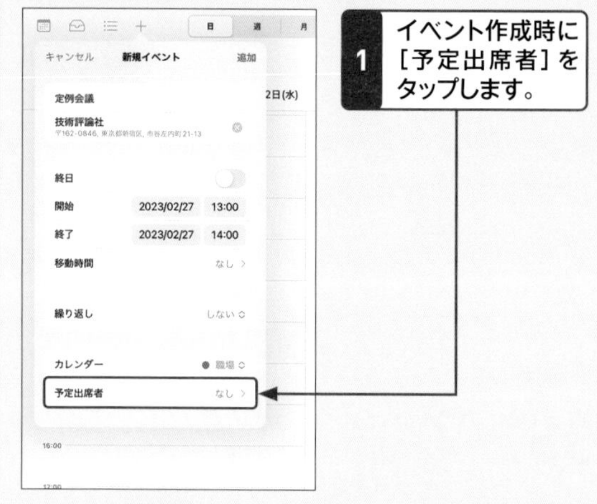

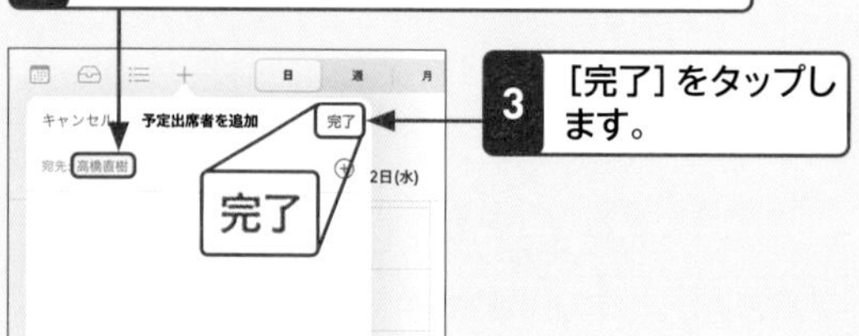

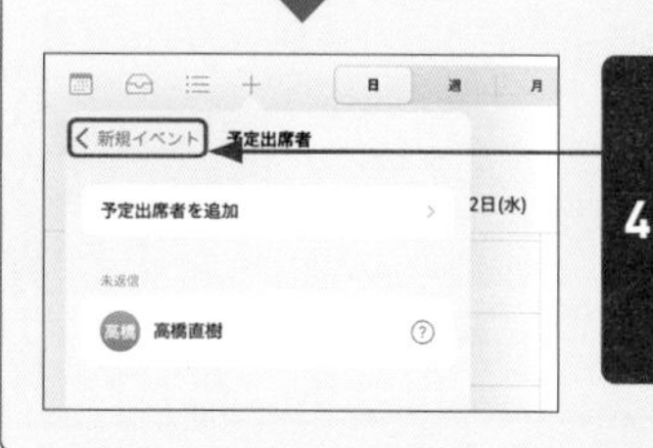

4 [新規イベント]をタップし、[追加]をタップしてイベントを追加すると、出席依頼が送信されます。

7 アプリ

カレンダー　Pro Air iPad (Gen9) iPad (Gen10) mini

357 出席依頼がきたらどうする？

A 出席依頼の詳細から出席するかどうか選択します。

予定出席者を登録すると、相手にイベント出席依頼の通知が送信されます。もし自分に届いた場合は、「カレンダー」アプリの⊡をタップし、「新規」から届いた出席依頼をタップして詳細を確認したら、[出席][仮承諾][欠席]のいずれかをタップして返信しましょう。どのイベントに返信したかは、[返信済み]をタップすると確認できます。

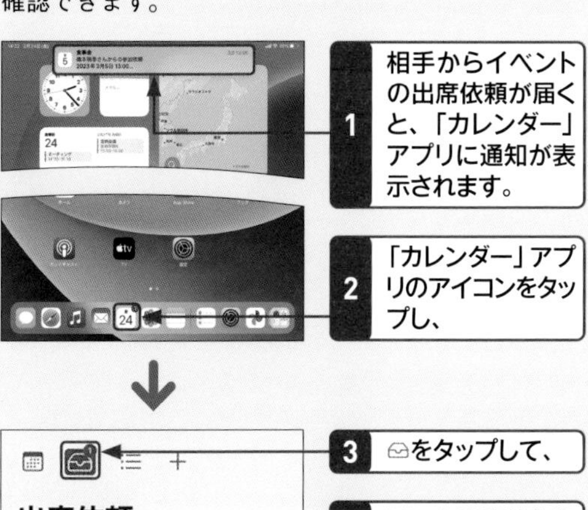

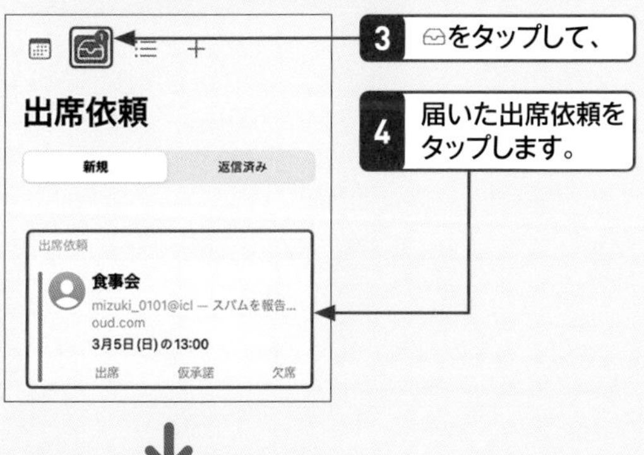

5 イベントの内容を確認し、[出席][仮承諾][欠席]のいずれかをタップします。

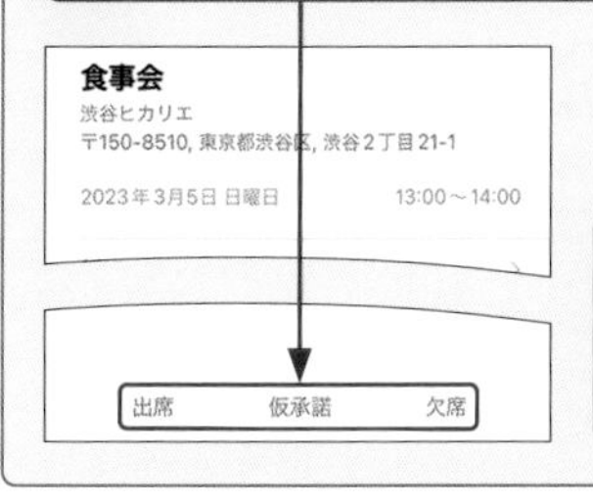

手順3の画面で[返信済み]をタップすると、返信したイベントを一覧で確認できます。

カレンダー　Pro Air iPad (Gen9) iPad (Gen10) mini

358 作成した予定を編集したい！

A イベントの[編集]をタップします。

一度作成したカレンダーをあとから編集したい場合は、カレンダー上のイベントをタップして、[編集]をタップします。編集後に[完了]をタップすると、変更内容がカレンダーに反映されます。

1 イベントをタップして、[編集]をタップします。

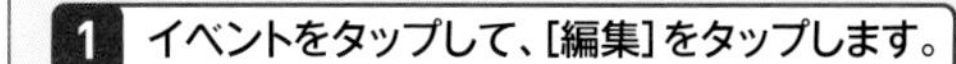

2 編集が完了したら、[完了]をタップします。

7 アプリ

カレンダー　Pro　Air　iPad (Gen9)　iPad (Gen10)　mini

359 予定の通知を設定したい！

A 「通知」から設定します。

予定の通知を設定したい場合は、イベント作成時に「新規イベント」画面（既存のイベントに設定する場合は「編集」画面）で［通知］をタップします。［イベントの予定時刻］［5分前］［10分前］［15分前］［30分前］［1時間前］［2時間前］［1日前］［2日前］［1週間前］のいずれかをタップして、通知を設定します。なお、このイベント通知はイベント出席者にも送信されるようになっています。

1 「新規イベント」画面で［通知］をタップし、

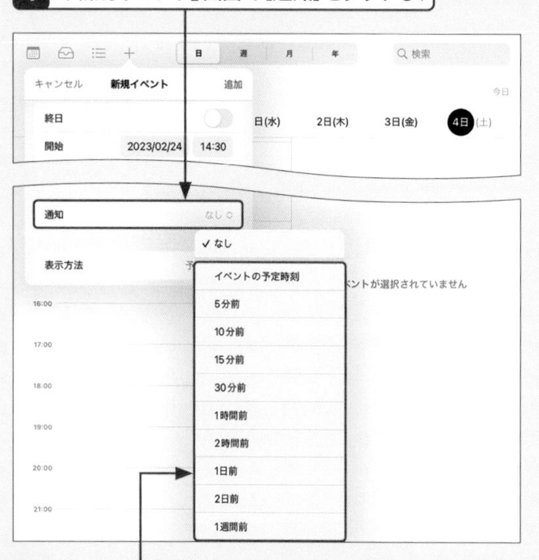

2 任意の通知のタイミングを選択して、予定を追加します。

3 設定した時間にイベント通知が送信され、通知が表示されます。

カレンダー　Pro　Air　iPad (Gen9)　iPad (Gen10)　mini

360 カレンダー表示を切り替えたい！

A 画面上部のメニューから表示を切り替えます。

カレンダーの表示は、「日」「週」「月」「年」の4種類が用意されており、初期状態では「日」表示に設定されています。「カレンダー」アプリの画面上部から［日］［週］［月］［年］のいずれかをタップすると、表示を変更することができます。

1 画面上部の［年］をタップすると、

2 カレンダーが「年」表示になります。

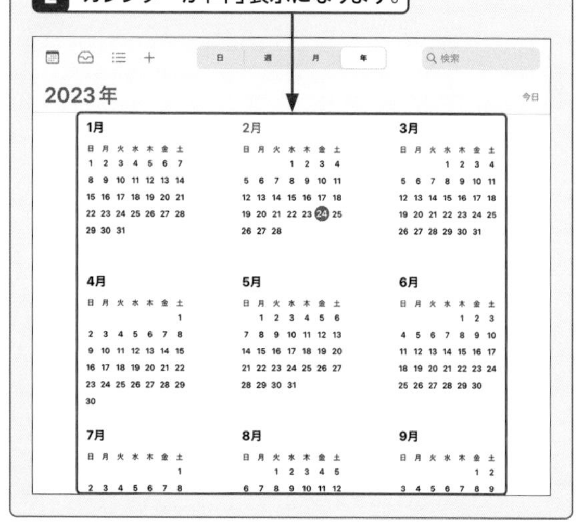

7 アプリ

カレンダー　Pro　Air　iPad (Gen9)　iPad (Gen10)　mini

Q 361 オリジナルの祝日は設定できる？

A オリジナルの祝日を設定することはできません。

iPadのカレンダーでは日本の祝日が標準で表示されますが、オリジナルの祝日を設定することはできません。しかし、終日のイベントを作成し、「繰り返し」や「通知」、「メモ」など、詳細を設定することで祝日風にアレンジすることはできます。

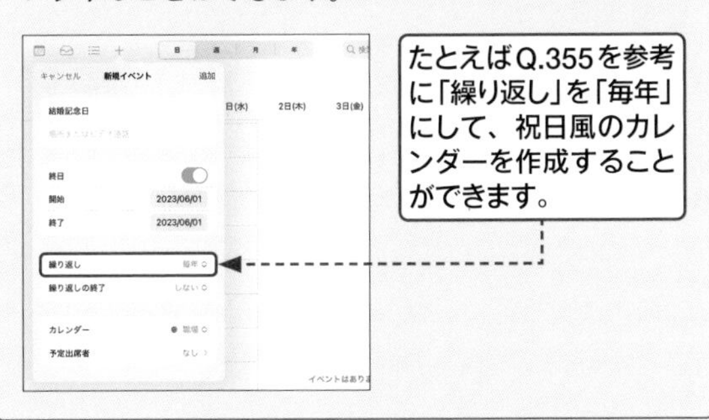

たとえばQ.355を参考に「繰り返し」を「毎年」にして、祝日風のカレンダーを作成することができます。

カレンダー　Pro　Air　iPad (Gen9)　iPad (Gen10)　mini

Q 362 新しいカレンダーを追加したい！

A 「カレンダー」画面から新しいカレンダーを追加できます。

iPadのカレンダーは、用途に応じたカレンダーを新たに作成することができます。「カレンダー」アプリの画面左上から▦をタップし、[カレンダーを追加]をタップして、カレンダーの名前や色を設定しましょう。

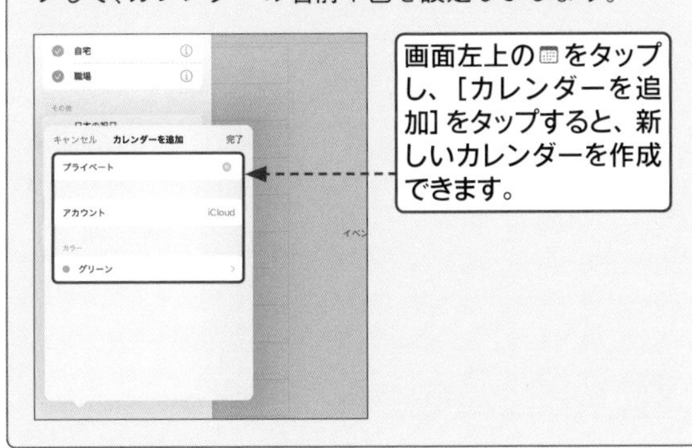

画面左上の▦をタップし、[カレンダーを追加]をタップすると、新しいカレンダーを作成できます。

カレンダー　Pro　Air　iPad (Gen9)　iPad (Gen10)　mini

Q 363 Googleカレンダーを同期したい！

A Gmailアカウントから同期させることができます。

Gmailアカウントを利用すれば、Googleカレンダーと iPadのカレンダーを同期できます。予定作成時にGoogleのカレンダーを指定すると、iPadから予定の作成もできます。ホーム画面で[設定]→[カレンダー]→[アカウント]→[Gmail]の順にタップします。Gmailアカウントのサービス一覧から「カレンダー」の◯をタップして◯にすると、カレンダーにGmailアカウントが追加され、同期できるようになります。

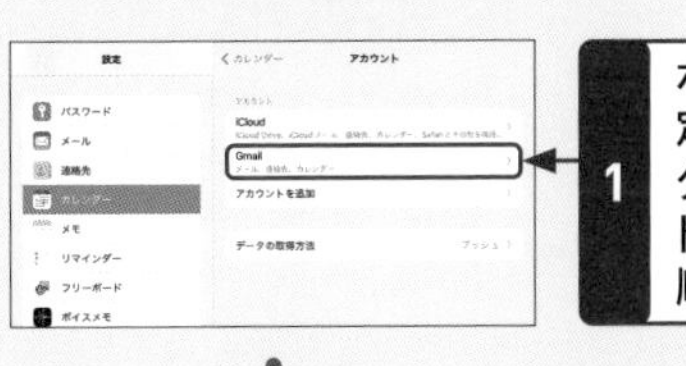

1 ホーム画面で[設定]→[カレンダー]→[アカウント]→[Gmail]の順にタップし、

2 「カレンダー」の◯をタップして◯にします。

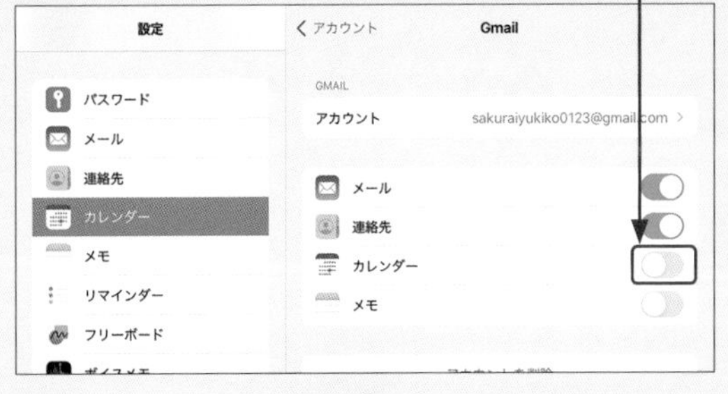

3 「カレンダー」アプリを起動し、▦をタップすると、

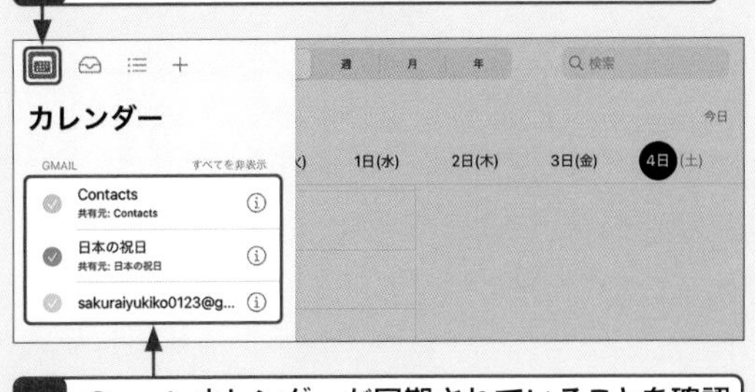

4 Googleカレンダーが同期されていることを確認できます。

カレンダー　Pro　Air　iPad (Gen9)　iPad (Gen10)　mini

364 カレンダーの色を変更したい！

A 「カレンダーを編集」画面から変更します。

カレンダーの色を変更したい場合は、画面左上の▤をタップし、色を変更したいカレンダーの ⓘ をタップします。「カラー」欄をタップして変更したい色を選択し、[戻る]→[完了]の順にタップすれば、色が変更できます。

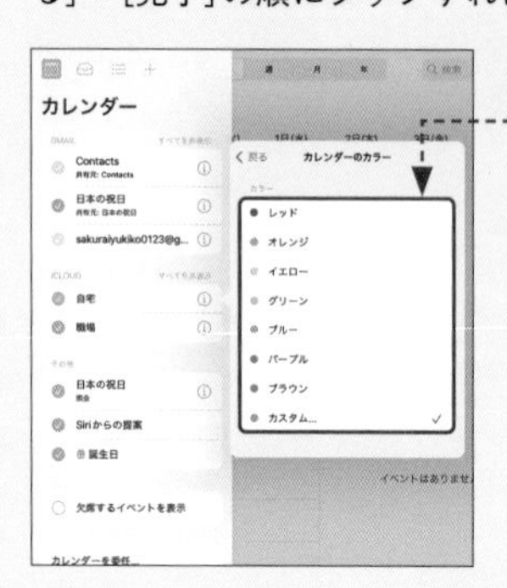

画面左上の▤→任意のカレンダーの ⓘ の順にタップし、「カラー」欄から変更したい色をタップします。

カレンダー　Pro　Air　iPad (Gen9)　iPad (Gen10)　mini

365 友人の誕生日だけをカレンダーに表示したい！

A 誕生日だけを表示するように設定します。

「連絡先」にユーザーの誕生日を設定していれば、カレンダーに表示することができます。カレンダーに友人の誕生日だけを表示させたい場合は、画面左上の▤をタップし、ほかのカレンダーを非表示にして、「誕生日」だけにチェックが付いている状態にします。

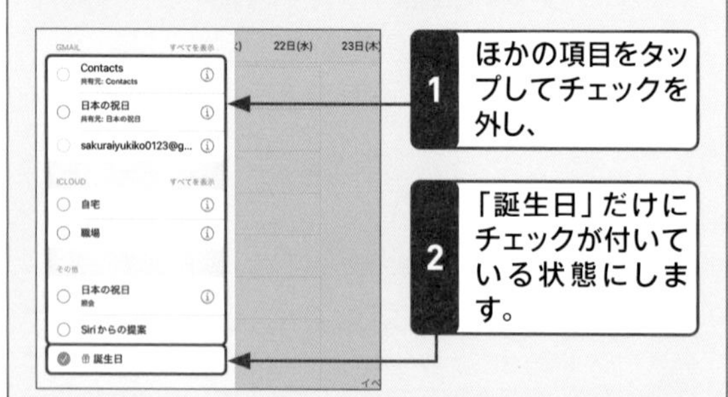

カレンダー　Pro　Air　iPad (Gen9)　iPad (Gen10)　mini

366 カレンダーを削除したい！

A 「カレンダーを編集」画面から削除します。

作成したカレンダーを削除したい場合は、画面左上の▤をタップし、削除したいカレンダーの ⓘ をタップします。[カレンダーを削除]→[カレンダーを削除]の順にタップすると、カレンダーが削除されます。

1 画面左上の▤をタップし、

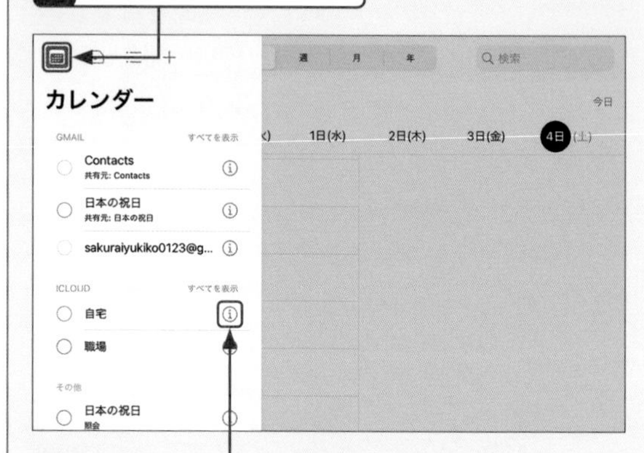

2 削除したいカレンダーの ⓘ をタップします。

3 [カレンダーを削除]をタップし、

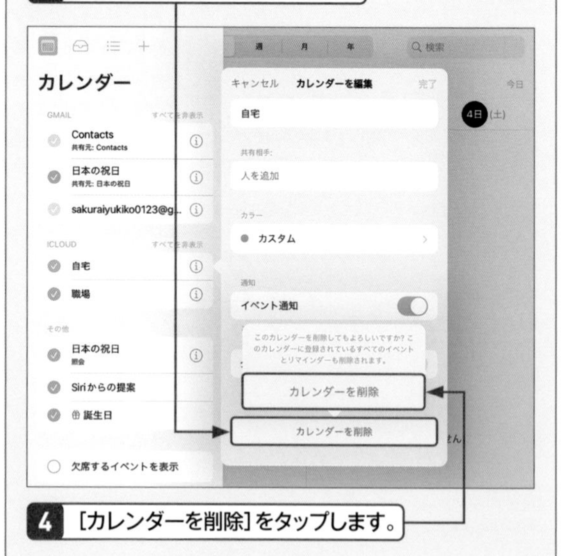

4 [カレンダーを削除]をタップします。

367 カレンダーを削除するとどうなる？

A 登録されているすべてのイベントとリマインダーが削除されます。

Q.366の手順でカレンダーを削除すると、そのカレンダーに登録されていたすべてのリマインダーとイベントが消去されます。Gmailアカウントで「カレンダー」アプリとGoogleカレンダーを同期させている場合も設定が反映され、やはりリマインダーとイベントは消去されてしまいます。
そのため「カレンダー」アプリのカレンダーは、一度削除すると基本的に復元することはできません。もしカレンダーを削除する場合は、大事なイベントを登録していなかったか、よく確認してから行うようにしましょう。

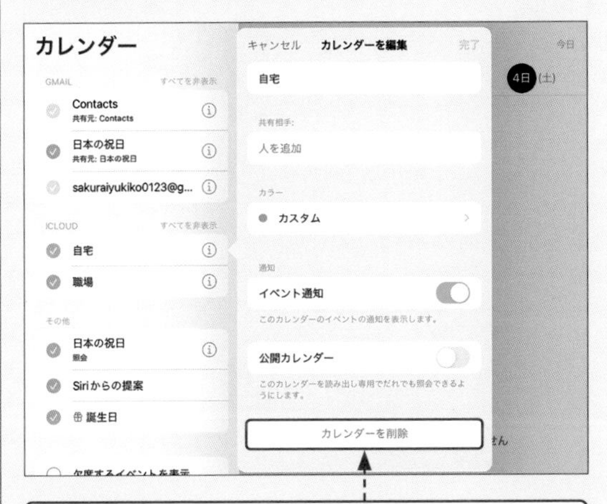

一度削除するともとに戻すことはできないので注意しましょう。

Googleカレンダーと同期している場合、カレンダーを削除すると、Googleカレンダーにも削除が反映されます。

368 マップで現在位置を確認したい！

A をタップします。

「マップ」アプリでは、位置情報を利用して自分の現在地をすばやく表示することができます。ホーム画面で［マップ］をタップし、初回起動時のみ［続ける］をタップします。位置情報の使用許可を求める画面が表示されたら、［1度だけ許可］［Appの使用中は許可］のどちらかをタップします。画面右上のをタップすれば、現在位置の周辺地図が表示されます。地図上の現在位置は、●で確認することができます。場所を移動すれば、その位置に従って、マップ上の●も移動します。

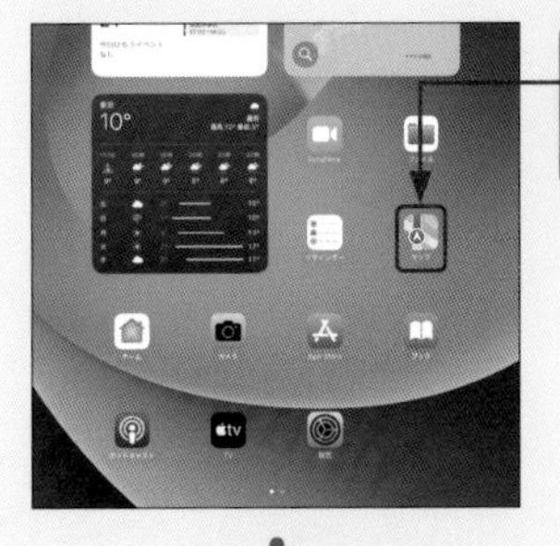

1 ホーム画面で［マップ］をタップし、

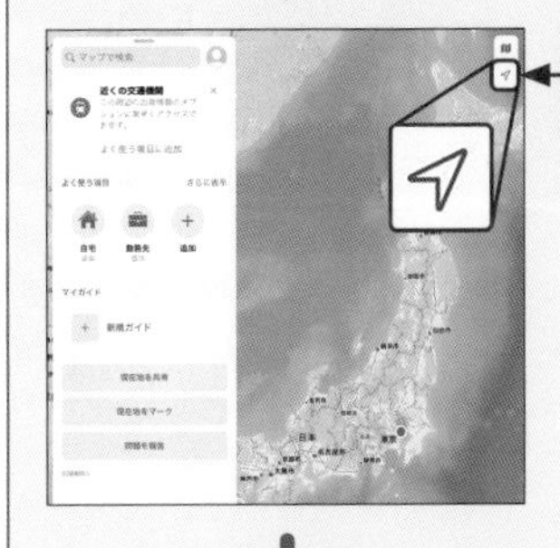

2 をタップします。

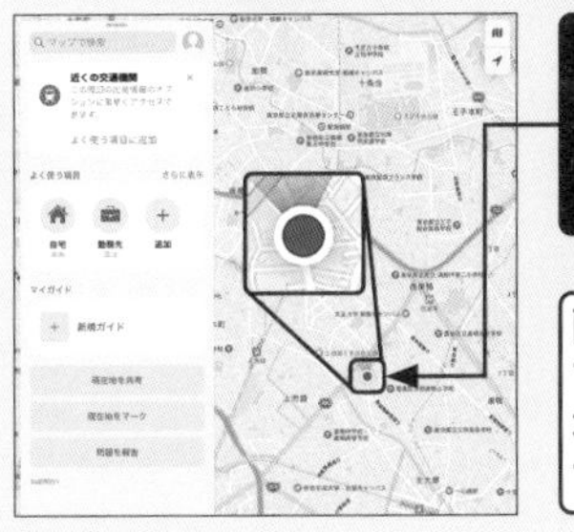

3 現在位置の周辺地図が表示され、自分がいる場所に●が表示されます。

画面をドラッグすると、マップの表示を上下左右に移動させることができます。

Q マップ Pro Air iPad (Gen9) iPad (Gen10) mini

369 マップで目的地をすばやく表示したい！

A 目的地の名称や住所を入力して検索します。

「マップ」アプリを起動し、画面左上の検索フィールドをタップします。検索したい目的地の名称や住所を入力してキーボードの［検索］、またはをタップすれば、目的地と情報が表示されます。情報の詳細を確認する方法は、Q.371を参照してください。

1 画面左上の検索フィールドをタップし、

2 目的地の名称や住所を入力して、キーボードの［検索］、またはをタップします。

3 目的地が表示されます。

Q マップ Pro Air iPad (Gen9) iPad (Gen10) mini

370 目的地の周りの風景を確認したい！

A 「Look Around」機能を利用します。

「マップ」アプリでは、「Look Around」という風景を360度パノラマ写真で確認できる機能が実装されています。マップの地図画面左下に、またはLook Aroundのプレビューが表示されている場所に限り、Look Aroundを利用できます。、またはLook Aroundのプレビューをタップし、画面右上に表示されるLook Aroundのをタップすると、Look Aroundが全画面表示になります。画面を任意の方向にドラッグすると、角度や位置を変えながら風景を確認できます。事前に目的地の周りの風景を把握しておきたいときなどに便利です。

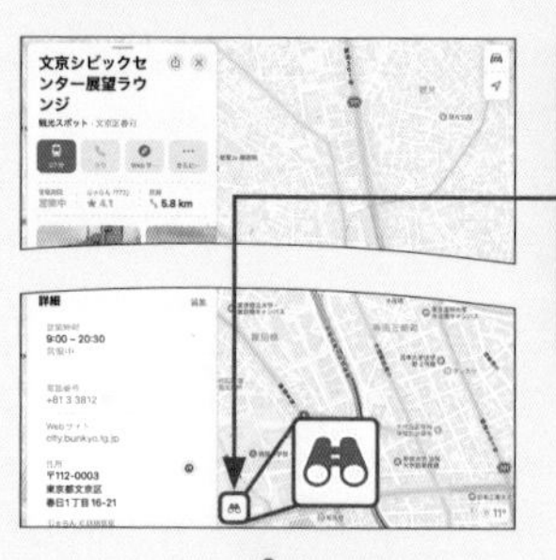

1 マップの地図画面左下に表示される、またはLook Aroundのプレビューをタップします。

2 画面右上のをタップすると、

3 パノラマ写真が表示され、Look Aroundが利用できるようになります。

4 画面をドラッグすると、角度や位置を変更できます。

マップ

Pro Air iPad (Gen9) iPad (Gen10) mini

371 建物の情報を調べたい!

A 目的地の情報を確認します。

Q.369を参考に目的地を検索して表示すると、画面左にその場所の情報が表示されます。ここでは経路(Q.374参照)のほか、Webサイトや口コミ、営業時間や電話番号など、さまざまな情報をまとめて確認できます。なお、表示される情報の項目は目的地によって異なります。

目的地を検索すると、画面左に情報が表示されます。経路やWebサイト、口コミなどのさまざまな情報を確認できます。

マップ

Pro Air iPad (Gen9) iPad (Gen10) mini

372 マップの表示方法を変更したい!

A マップの種類を変更します。

マップ画面右上の をタップすると地図の表示方法を変更することができます。表示方法は「マップ」「交通機関」「航空写真」から選択でき、各項目をタップして表示を変更することができます。「航空写真」でマップ画面の[3D]をタップすると、地図が斜め上から見た3D画像で表示されます。

1 画面右上の をタップし、

2 表示したい地図の種類をタップして、×をタップすると、

3 地図の表示が変わります。

マップ

Pro Air iPad (Gen9) iPad (Gen10) mini

373 マップを3Dで表示したい!

A 地図画面を2本指でドラッグします。

地図画面を表示中に、2本指で上方向にドラッグすると、地図が2Dから3Dに切り替わり、立体的な地図を表示することができます。3D表示中に2本指で下方向にドラッグするか、画面右の[2D]をタップすると、2Dに戻ります。

1 地図画面を2本指で上方向にドラッグすると、

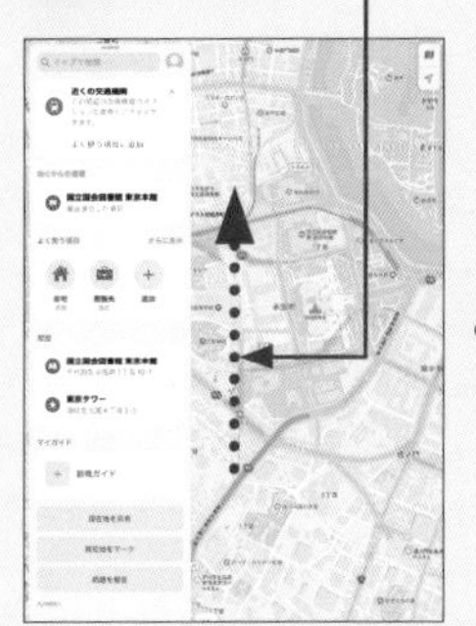

2 3D表示に切り替わります。

マップ　Pro　Air　iPad (Gen9)　iPad (Gen10)　mini

Q 374 マップでルート検索をしたい！

A 経路検索メニューを利用します。

目的地を検索して、画面左に表示される情報から時間（経路）をタップすると、現在位置からの経路を検索することができます。出発地点は変更することができるので、現在位置以外からの経路検索も可能です。

1 Q.369を参考に目的地を検索し、

2 画面左に表示される時間（経路）をタップします。

3 到着地点までの経路が地図上に表示されます。

4 実行したい経路の［出発］をタップします。

5 ルートガイドが実行されます。

マップ　Pro　Air　iPad (Gen9)　iPad (Gen10)　mini

Q 375 移動手段を変更したい！

A 経路検索メニューで移動手段を選びます。

Q.374の手順3の画面で移動手段（ここでは［交通機関］）をタップすると、移動手段を「車」「徒歩」「交通機関」「自転車」のいずれかを選択できます。また、目的地によっては「配車サービス」が表示される場合もあります。［交通機関］をタップした場合、電車や飛行機などの公共交通機関を利用したルートの候補が表示されます。

1 Q.374手順3の画面で移動手段（ここでは［交通機関］）をタップし、

2 任意の移動手段（ここでは［車］）をタップします。

3 選択した移動手段を利用したルートの候補が表示されます。

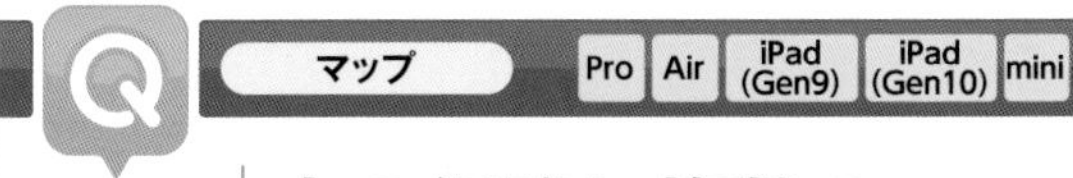

376 車の経路に複数の経由地を追加したい！

A ［経由地を追加］をタップして経由地を追加します。

車の経路に複数の経由地を追加したいときは、Q.375手順3の画面で［経由地を追加］をタップします。入力フィールドに追加したい経由地を検索してタップし、［経由地を追加］をタップすると、追加した経由地を含めたルートの候補が表示されます。▤をドラッグすると、経由地の順番を変更できます。

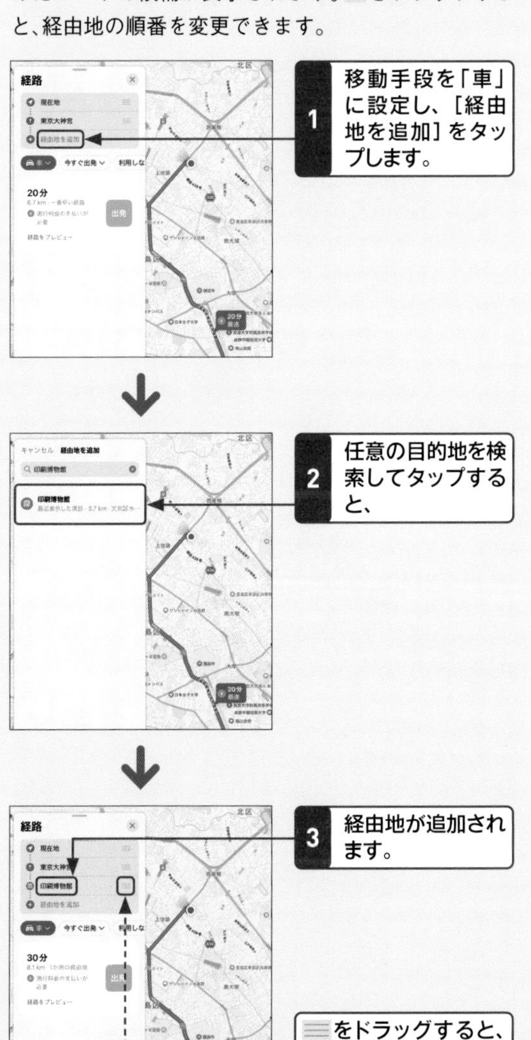

377 経路の詳細を表示したい！

A 経路一覧画面で［経路をプレビュー］をタップします。

経路検索（Q.374参照）後に各候補の［経路をプレビュー］をタップすると、目印ごとに通過ポイントなどの詳細が確認できます。詳細は、経路案内の実行後でも確認可能です。

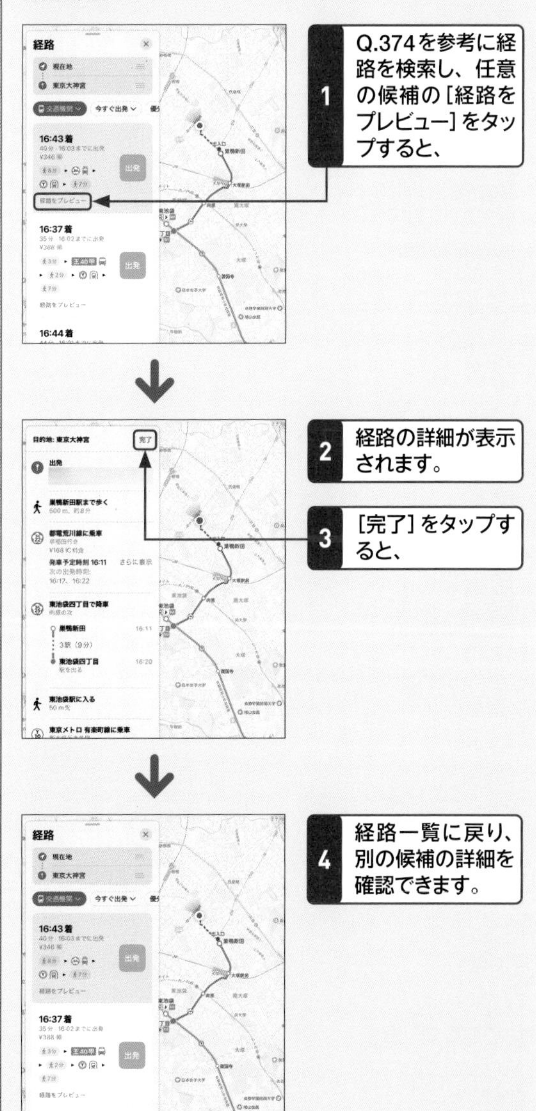

マップ　Pro　Air　iPad (Gen9)　iPad (Gen10)　mini

Q 378 よく行く場所をマップに登録したい！

A 「よく使う項目」に登録します。

よく行く場所をマップの「よく使う項目」に登録しておくと、すぐに目的地を検索できるようになります。「よく使う項目」に登録するには、まず目的地を検索し（Q.369参照）、画面左の情報の…→［よく使う項目に追加］の順にタップします。

1 Q.369を参考に目的地を検索するか、地図上で建物名などをタップして、画面左の情報から…をタップします。

2 ［よく使う項目に追加］をタップします。

3 目的地が「よく使う項目」に登録されました。

ファイル　Pro　Air　iPad (Gen9)　iPad (Gen10)　mini

Q 379 iPad内のファイルを確認したい！

A 「ファイル」アプリを利用します。

「ファイル」アプリでは、iPad内に保存されているファイルも、iCloud Driveなどのクラウド上に保存されているファイルも、まとめて管理することができます。容量の大きなファイルを削除したり、iCloud Driveに移動したり、フォルダを作って整理したりすることも可能です。

1 ホーム画面で［ファイル］をタップします。

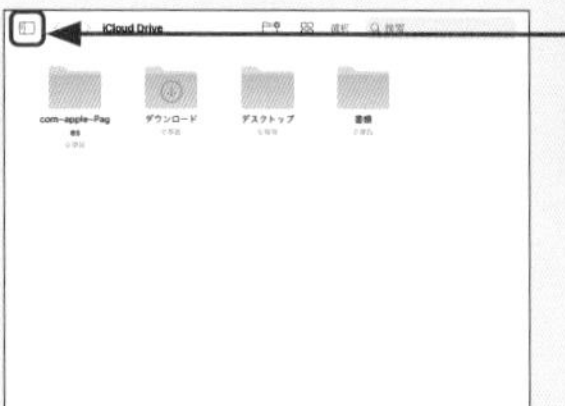

2 画面左上の□をタップしてサイドバーを表示し、

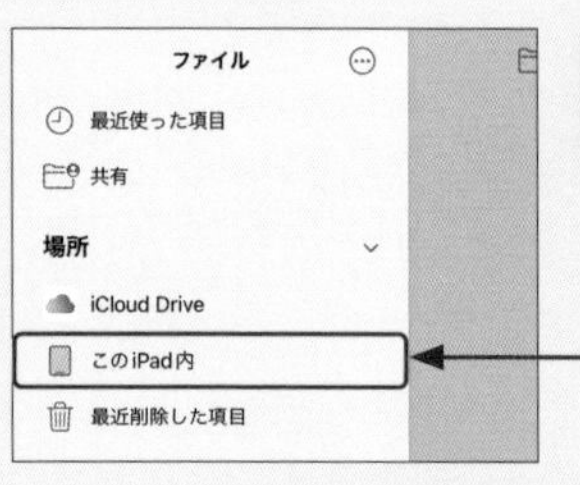

3 ［このiPad内］をタップすると、

4 iPadに保存されているファイルが表示されます。

380 ファイルを整理したい!

A フォルダを作成してファイルを移動できます。

iPadの「ファイル」アプリでは、写真や書類などのさまざまなデータを保存・閲覧することができます。「ファイル」アプリ内にデータが増えてきたら、管理しやすいようカテゴリごとにファイルを作成することをおすすめします。
任意の「場所」を表示し、画面上部のをタップして、新規フォルダに名前を付けます。移動したいファイルをタッチして［移動］をタップし、作成したフォルダをタップして［移動］をタップすると、ファイルの移動が完了します。

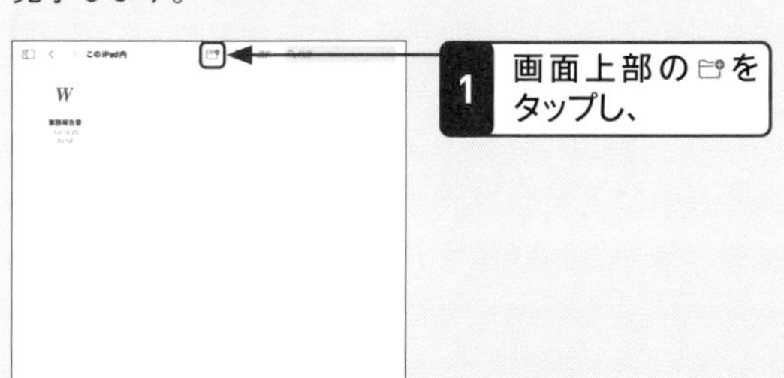

1 画面上部のをタップし、

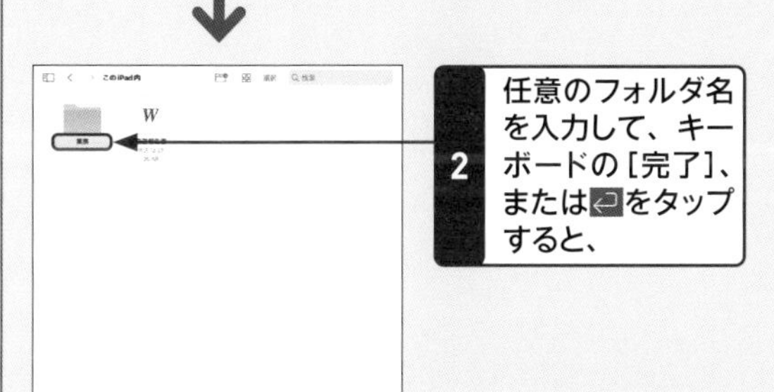

2 任意のフォルダ名を入力して、キーボードの［完了］、またはをタップすると、

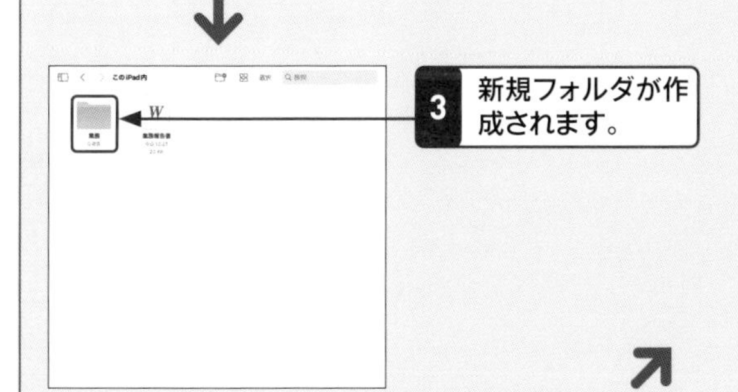

3 新規フォルダが作成されます。

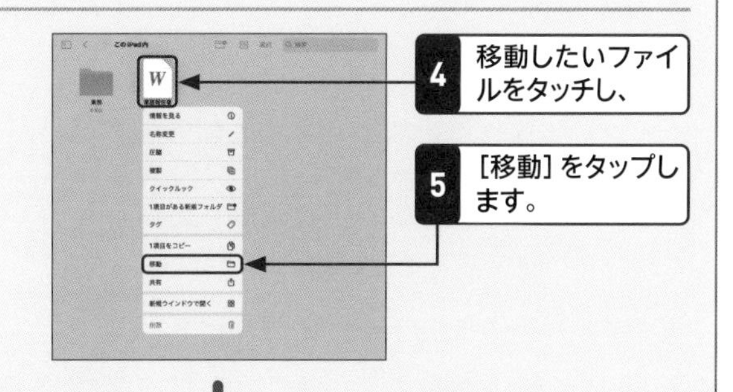

4 移動したいファイルをタッチし、

5 ［移動］をタップします。

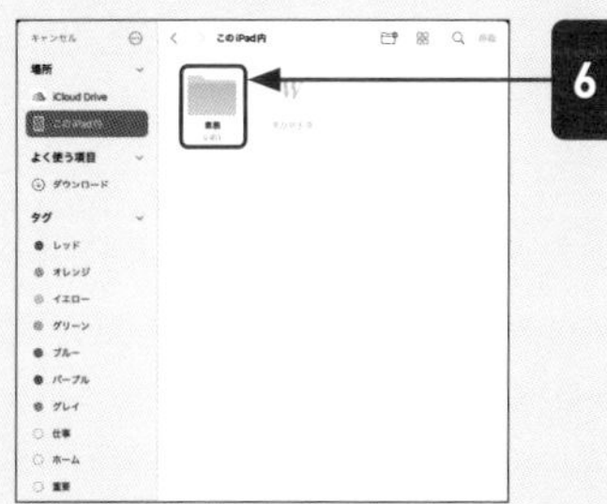

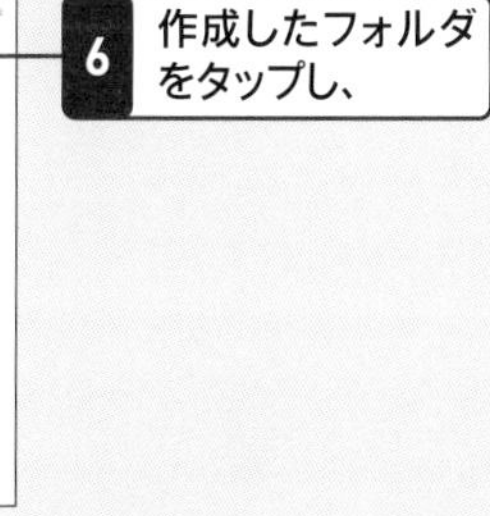

6 作成したフォルダをタップし、

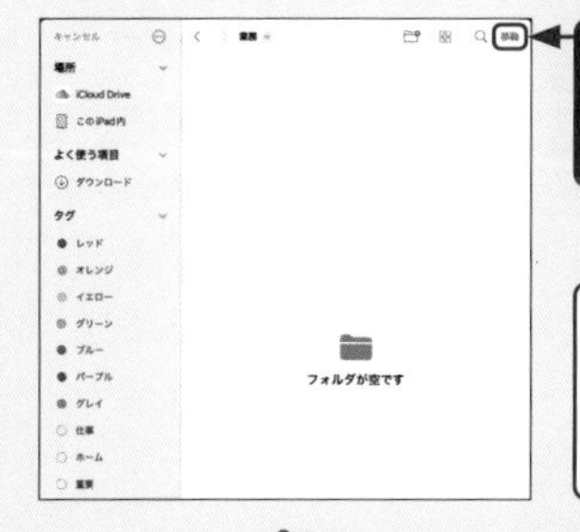

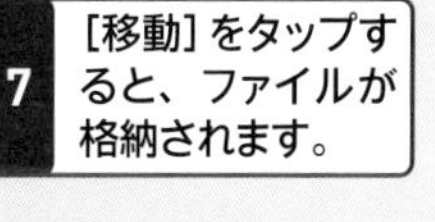

7 ［移動］をタップすると、ファイルが格納されます。

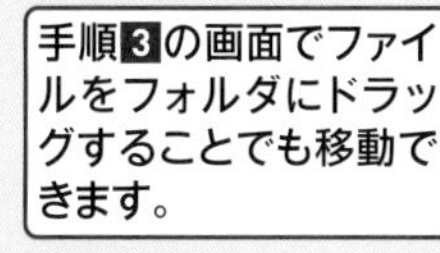

手順3の画面でファイルをフォルダにドラッグすることでも移動できます。

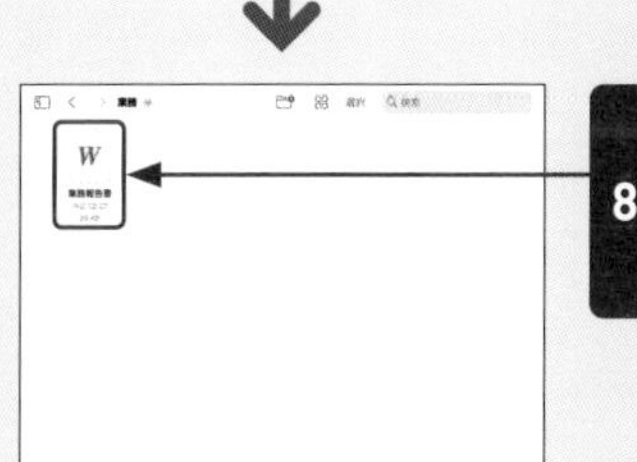

8 移動先のフォルダを開くと、ファイルを確認できます。

381 iCloudやDropboxのファイルを管理したい！

A ファイルを開いて閲覧したり、フォルダにまとめて整理したりすることができます。

「ファイル」アプリでは、iCloud Drive（Q.516参照）やDropbox、Boxなど、クラウドサービス上に保存されているファイルを管理することもできます。ファイルをダウンロードしてiPadから閲覧したり、フォルダを作成して関連したファイルをまとめたりと、ファイルを効率的に管理することができ便利です。

iCloud Drive のファイルを管理する

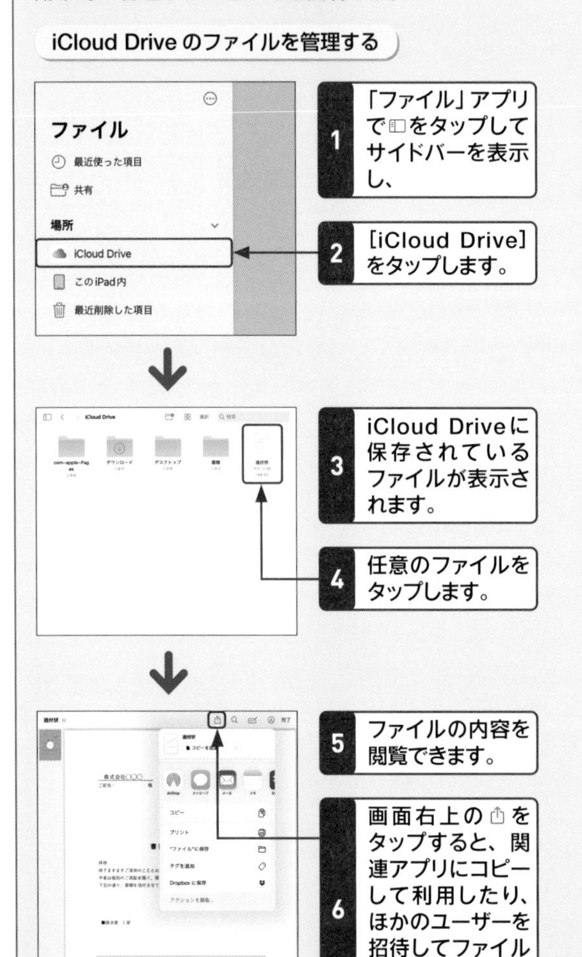

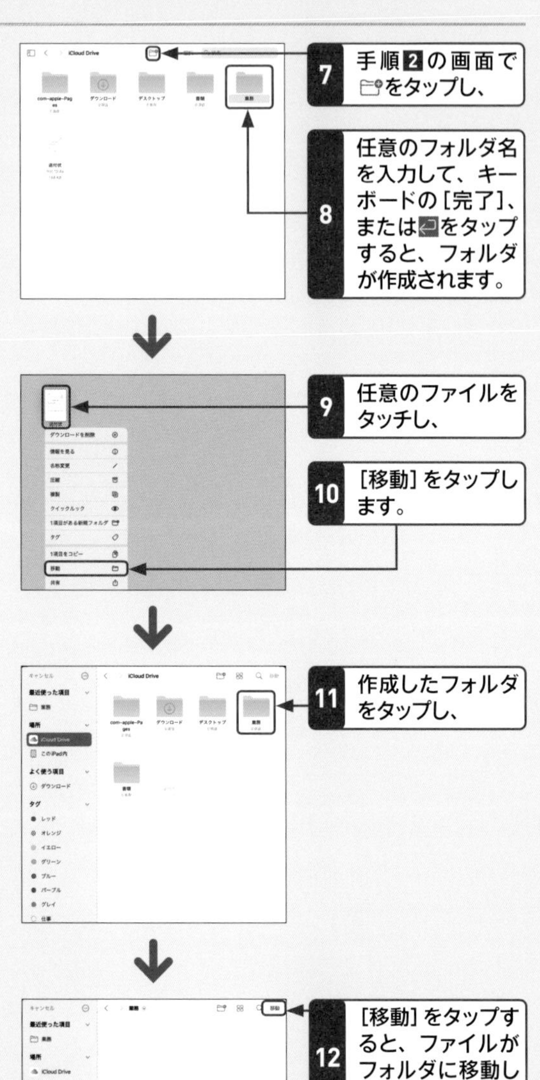

手順9の画面でファイルをフォルダにドラッグすることでも移動できます。

Dropbox のファイルを管理する

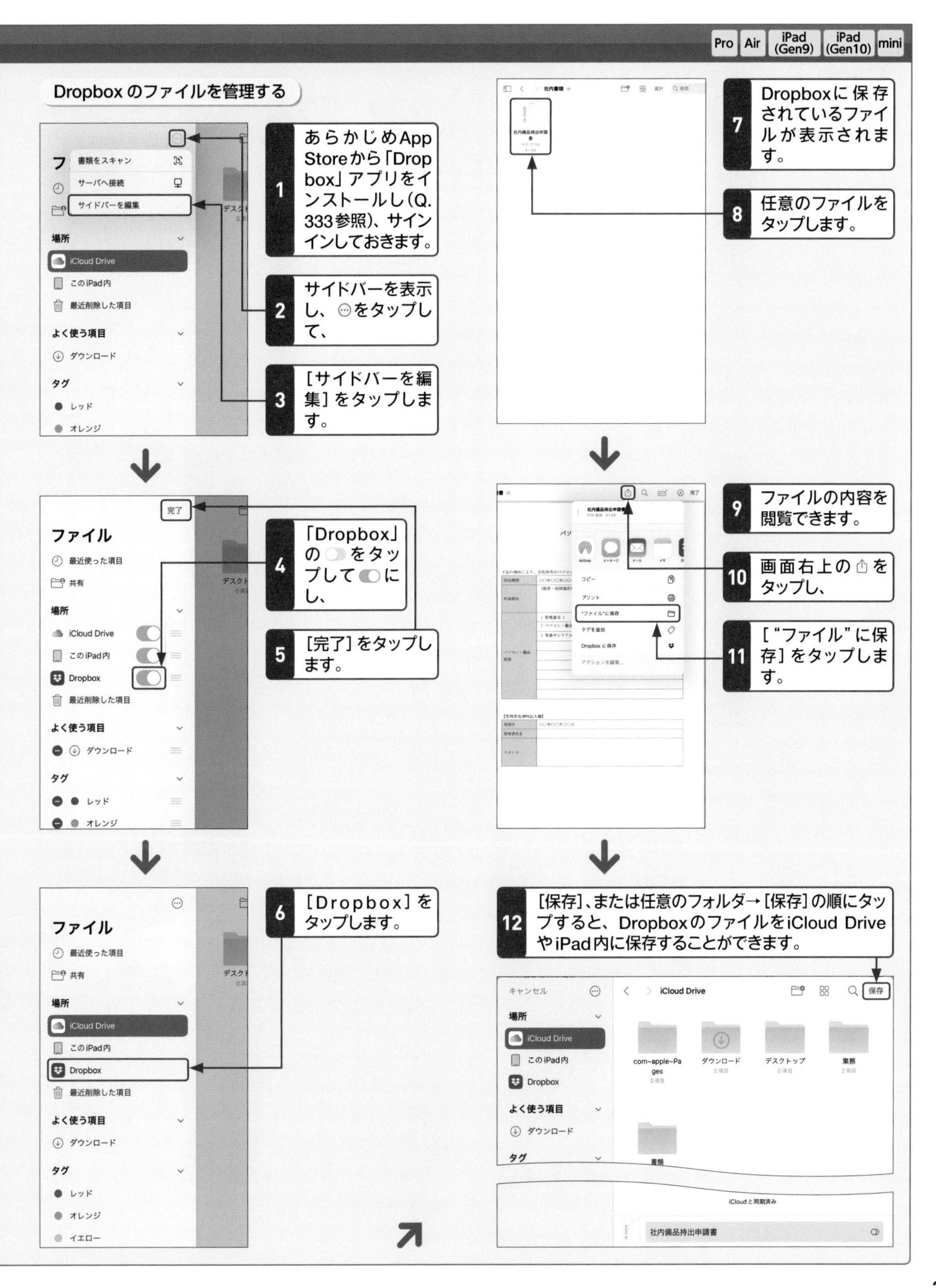

ファイル　Pro　Air　iPad (Gen9)　iPad (Gen10)　mini

382 ファイルを圧縮したい！

A ファイルメニューから［圧縮］をタップします。

「ファイル」アプリで管理しているファイルの使用容量を軽減したり、メールで送信したりしたいときは、ファイルを圧縮しましょう。任意のファイルをタッチし、［圧縮］をタップすると、ファイルが圧縮されます。なお、もとのファイルは変更されず保持されます。
複数のファイルを1つのフォルダにまとめて圧縮したいときは、画面上部の［選択］をタップし、圧縮したいファイルをタップしてチェックを付けたら、画面右下の［その他］→［圧縮］の順にタップします。

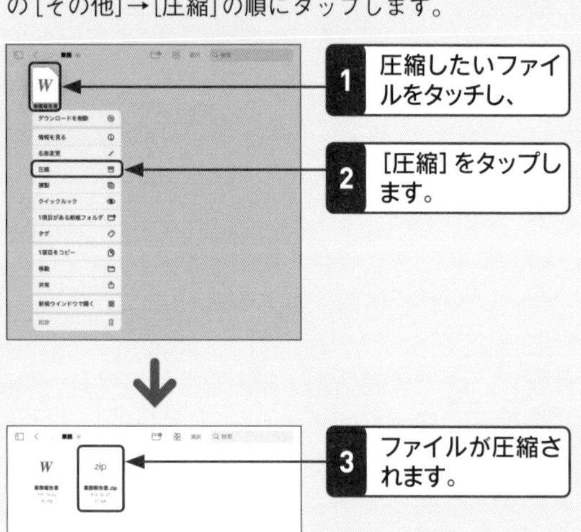

1 圧縮したいファイルをタッチし、

2 ［圧縮］をタップします。

3 ファイルが圧縮されます。

4 手順3の画面で圧縮したファイルをタッチし、［クイックルック］をタップして、［内容をプレビュー］をタップすると、ファイルの内容を確認できます。

ファイル　Pro　Air　iPad (Gen9)　iPad (Gen10)　mini

383 サーバー内のファイルを見たい！

A ［サーバに接続］をタップします。

「ファイル」アプリでは、SMBサーバーに接続して直接パソコンのファイルをiPadから閲覧したり、iPadにファイルをコピーしたりすることができます。サイドバーで⊙→［サーバへ接続］の順にタップし、画面の指示に従って情報を入力していくと、サーバに接続されます。以降はサイドバーの「共有」からいつでもサーバにアクセスすることができるようになります。

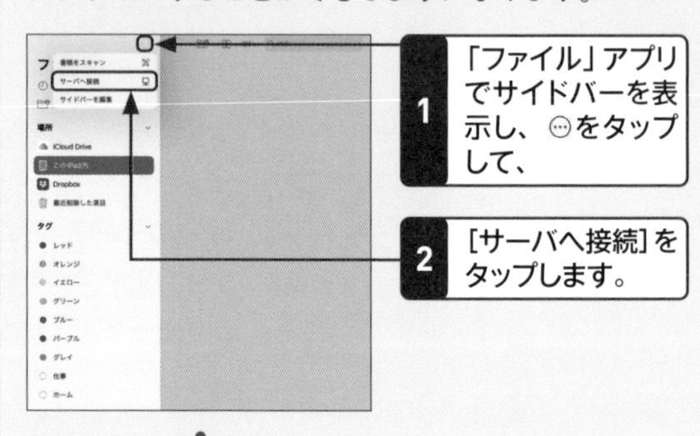

1 「ファイル」アプリでサイドバーを表示し、⊙をタップして、

2 ［サーバへ接続］をタップします。

3 「サーバ」に「smb://」に続く文字列（IPv4アドレスなど）を入力し、

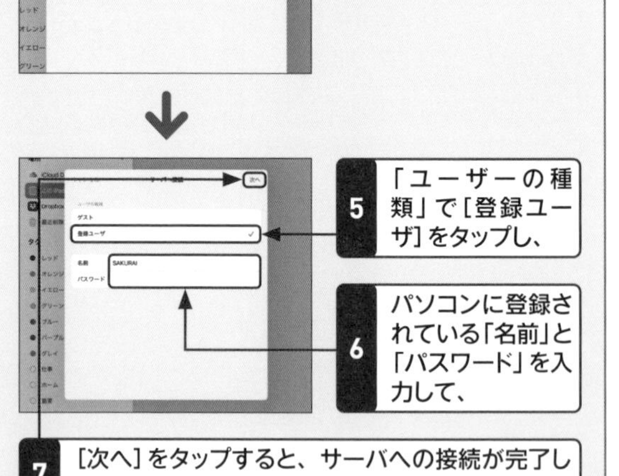

4 ［接続］をタップします。

5 「ユーザーの種類」で［登録ユーザ］をタップし、

6 パソコンに登録されている「名前」と「パスワード」を入力して、

7 ［次へ］をタップすると、サーバへの接続が完了します。

384 iPadで電子書籍を読みたい!

A 「ブック」アプリや「Kindle」アプリを利用します。

iPadでは、小説や漫画、文学やエッセイなど、さまざまな書籍の電子版を読むことができます。iPadで電子書籍を読む場合、初期状態でインストールされている「ブック」アプリか、Amazonの電子書籍サービスの「Kindle」アプリを利用します。

「ブック」アプリでは、まずQ.326を参考に書籍を購入します。画面左上の□をタップし、サイドバーの「ライブラリ」から［すべて］をタップして、購入した書籍を選択します。画面を左右にスワイプすることで、書籍のページをめくることができます。

「Kindle」アプリでは、事前にAmazonの「Kindleストア」からKindle版の書籍を購入する必要があります。書籍の購入後、インストールした「Kindle」アプリの「ライブラリ」から購入した書籍を選択します。「ブック」アプリと同様に、画面を左右にスワイプすることで、書籍のページをめくることができます。

「ブック」アプリ

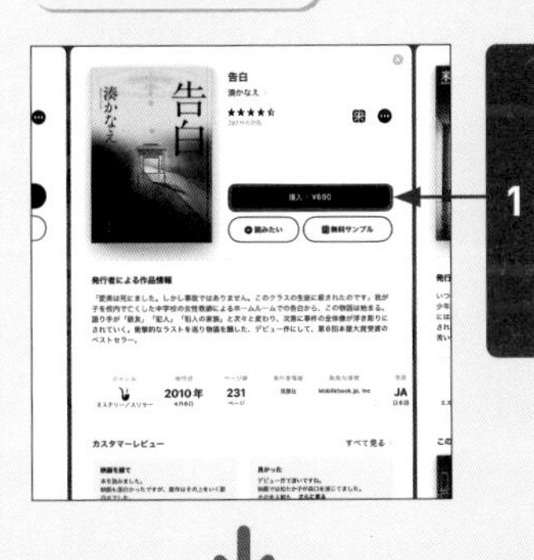

1 「ブック」アプリを起動し、サイドバーの「ブックストア」「マンガストア」「検索」などから読みたい書籍を購入します。

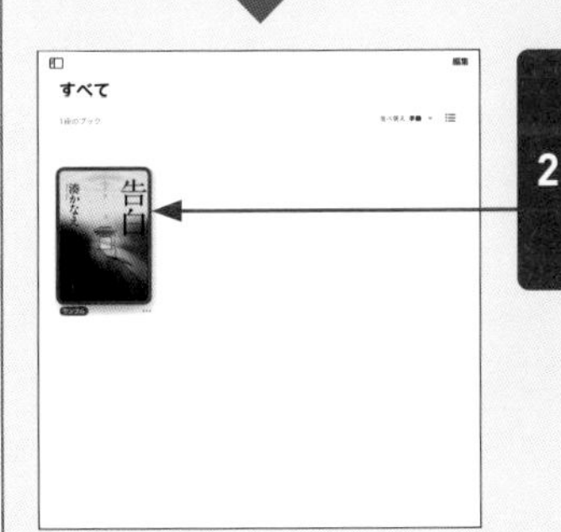

2 サイドバーの「ライブラリ」から［すべて］をタップし、購入した書籍をタップすると、

3 書籍の内容が表示されます。

「kindle」アプリ

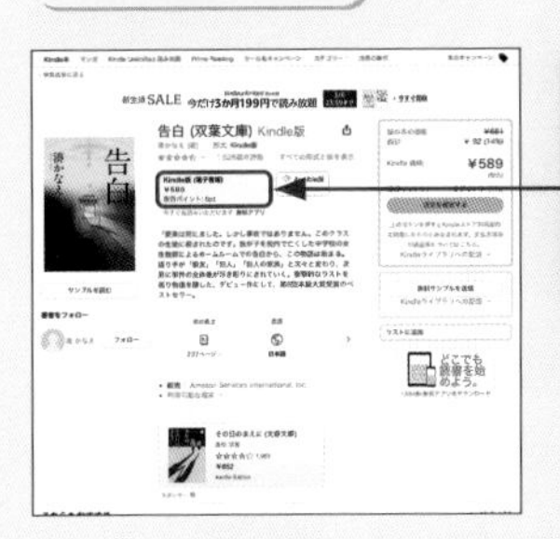

1 あらかじめAmazonの「Kindleストア」から書籍のKindle版を購入します。

2 「Kindle」アプリを起動し、画面下部の［ライブラリ］をタップして、購入した書籍をタップすると、

3 書籍の内容が表示されます。

Apple Pay　Pro　Air　iPad (Gen9)　iPad (Gen10)　mini

Q 385 Apple Payって何？

A iPadでさまざまな支払いができる機能です。

「Apple Pay」は、クレジットカードなどのカード情報をiPadに登録することで、iPadからアプリ内や Safari の Web上での料金の支払いを可能にする機能です。クレジットカードの登録は、カメラを使うことでかんたんに行えます。

Apple Payに対応したカードや利用方法はAppleのWebサイト(http://www.apple.com/jp/apple-pay/)で確認できます。

Q.386の設定を行うと、インターネット上での買い物やアプリ内での支払いにApple Payを利用することができます。

Apple Pay　Pro　Air　iPad (Gen9)　iPad (Gen10)　mini

Q 386 iPadでApple Payを利用したい！

A クレジットカードの登録が必要です。

iPadでApple Payを利用するには、クレジットカードまたはプリペイドカードの登録が必要です。iPadのカメラでカードを写して、かんたんに登録することができます。ホーム画面で［設定］→［ウォレットとApple Pay］→［カードを追加］の順にタップし、画面の指示に従って登録しましょう。なお、Apple Payの利用には事前にパスコードまたは生体認証の登録が必要です（Q.468、471、472参照）。

1 ホーム画面で［設定］→［ウォレットとApple Pay］の順にタップし、

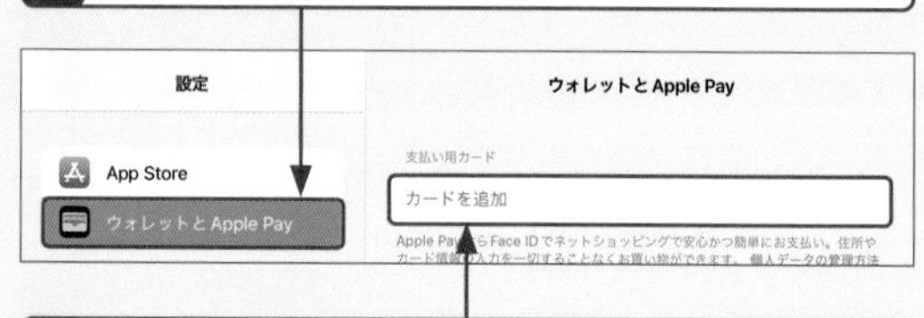

2 ［カードを追加］→［クレジットカードなど］→［続ける］の順にタップします。

3 カメラが起動するので、カードを枠内に写します。

4 自動で読み取られた情報を確認し、問題がなければ［次へ］をタップして、画面の指示に従って設定を行いましょう。

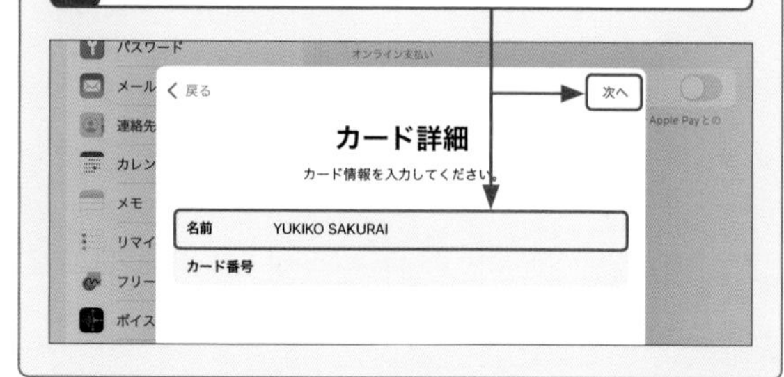

7 アプリ

時計 Pro Air iPad (Gen9) iPad (Gen10) mini

Q 387 iPadでアラームは設定できる？

A 「時計」アプリの「アラーム」を利用します。

アラームの設定には、「時計」アプリの「アラーム」機能を使用します。ホーム画面で［時計］をタップし、画面下部の［アラーム］をタップします。画面右上の＋をタップし、任意の時間やサウンドなどを設定して、［保存］をタップします。設定した時間にアラームが鳴ったら、［停止］または［スヌーズ］をタップします。一度追加したアラームは、◯をタップして設定を切り替えられます。

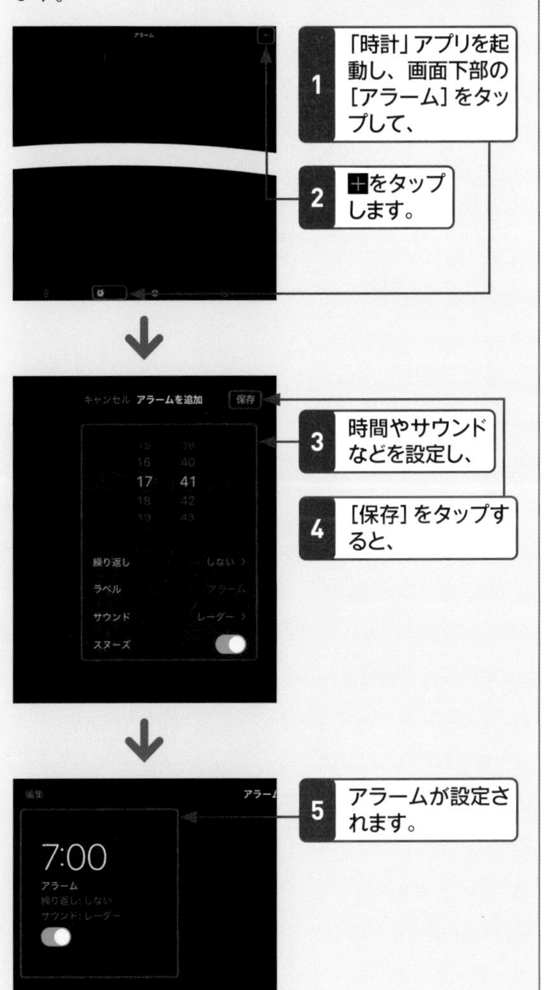

Q 388 タイマー機能は利用できる？

A 「時計」アプリの「タイマー」を利用します。

タイマーの設定には、「時計」アプリの「タイマー」機能を利用します。ホーム画面で［時計］をタップし、画面下部の［タイマー］をタップします。任意の時間とタイマー終了時のサウンドを設定し、［開始］をタップすると、タイマーが開始されます。設定した時間にタイマーが鳴ったら、［終了］または［一時停止］（ほかのアプリを起動中の場合はバナー通知、ロック画面の場合は［停止］）をタップします。

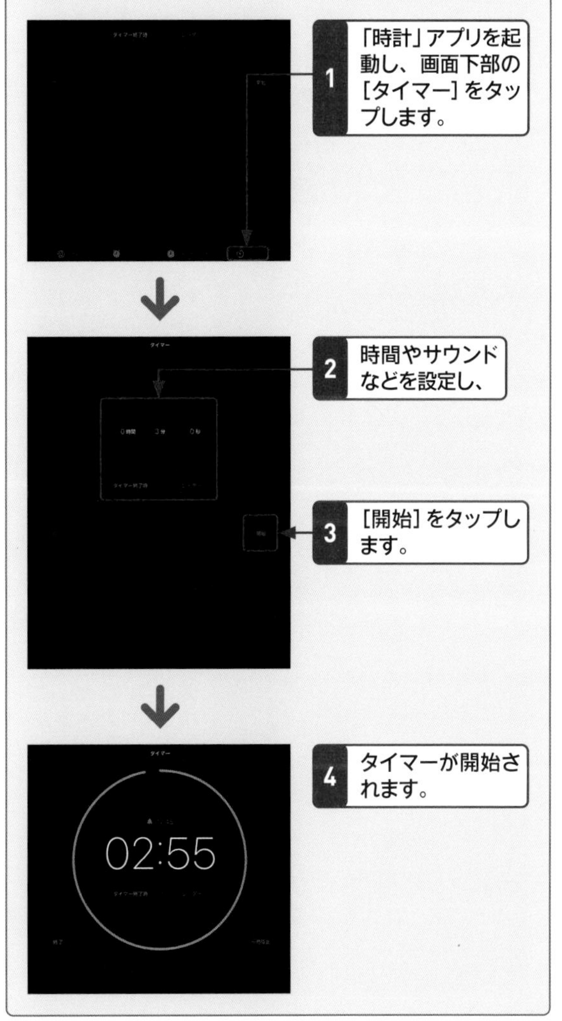

7 アプリ

計測 Pro Air iPad (Gen9) iPad (Gen10) mini

389 家具の寸法を測りたい!

A 「計測」アプリを利用します。

iPadの「計測」アプリを利用すると、近くにある物体や家具などをかんたんに計測できます。四角形の物体の寸法は自動的に検出されますが、大きな家具などは手動で開始点と終了点を設定して計測することもできます。ここでは手動での計測方法を説明します。
「計測」アプリを起動するとカメラが表示されるので、計測を開始したい点と画面中央のドットを合わせ、をタップします。iPadを終了点に向かってゆっくり動かしてをタップすると、計測した長さが表示されます。なお、計測結果はあくまで概算値です。

1 ホーム画面で[計測]をタップします。

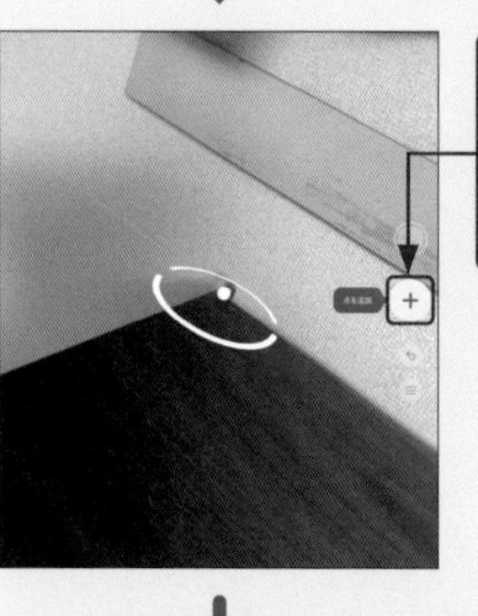

2 計測したい家具の開始点と画面中央のドットを合わせ、⊕をタップします。

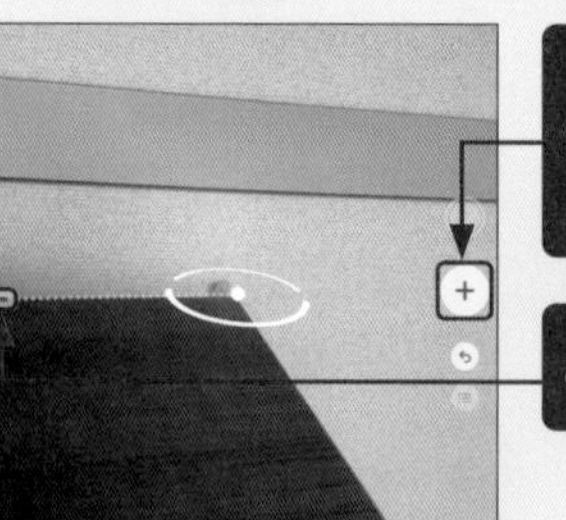

3 終了点に向かってゆっくりカメラを動かして⊕をタップすると、

4 計測結果が表示されます。

翻訳 Pro Air iPad (Gen9) iPad (Gen10) mini

390 翻訳機能を使いたい!

A 「翻訳」アプリを利用します。

iPadの「翻訳」アプリを利用すると、音声入力で任意の言語にリアルタイム翻訳ができます。ホーム画面で[翻訳]をタップし、初回起動時のみ[続ける]をタップします。翻訳元の言語と翻訳先の言語を選択し、翻訳したい言葉を音声入力すると、設定した言語に翻訳されます。

1 ホーム画面で[翻訳]をタップします。

2 ⌵をタップして翻訳元の言語(ここでは「日本語」)と翻訳先の言語(ここでは「英語(アメリカ)」)を設定します。

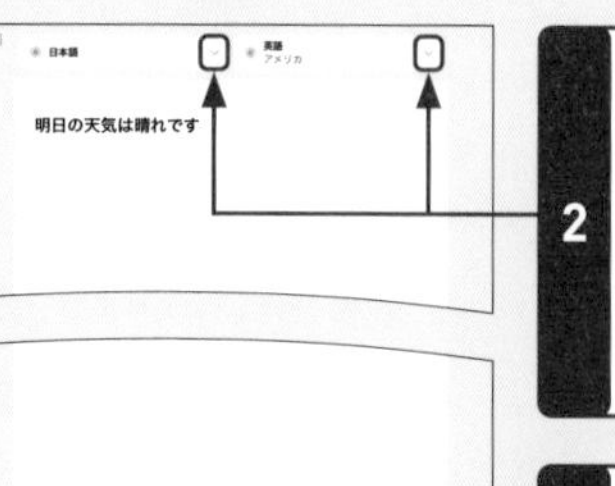

3 🎙をタップして翻訳したい言葉を音声入力すると、

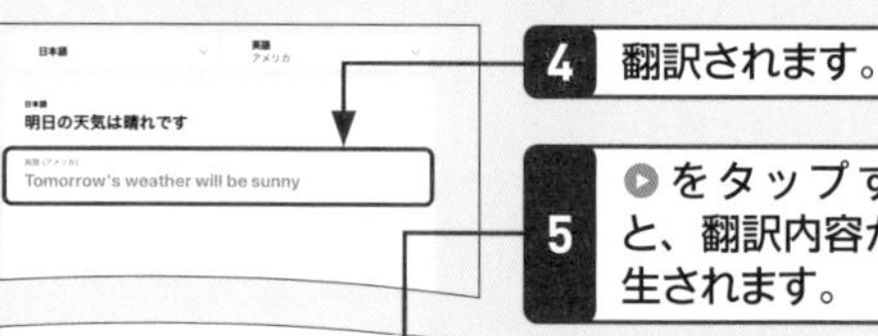

4 翻訳されます。

5 ▶をタップすると、翻訳内容が再生されます。

Q 翻訳 Pro Air iPad (Gen9) iPad (Gen10) mini

391 オフラインでも翻訳を使いたい！

A 使用する言語をダウンロードします。

翻訳に使用する言語をあらかじめダウンロードしておくと、電波の届かない場所でも「翻訳」アプリが利用できます。言語の∨→[言語を管理]の順にタップし、任意の言語の⊕をタップしてダウンロードします。「設定」アプリで[翻訳]をタップし、「オンデバイスモード」の◯をタップして◯にすると、オフラインで翻訳ができるようになります。なお、オフラインでの翻訳は、オンラインでの翻訳ほど正確ではない場合があります。

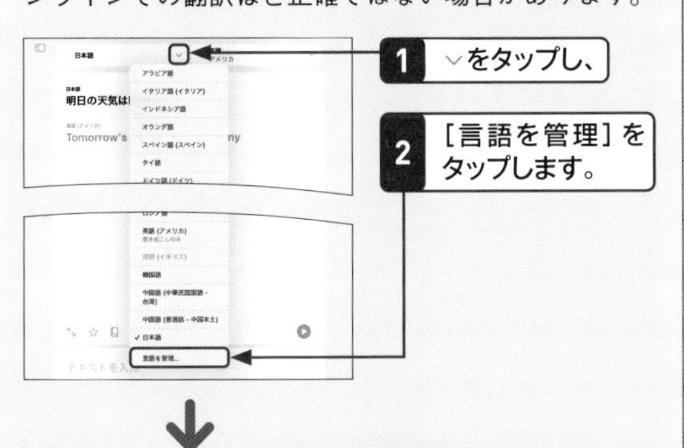

1 ∨をタップし、

2 [言語を管理]をタップします。

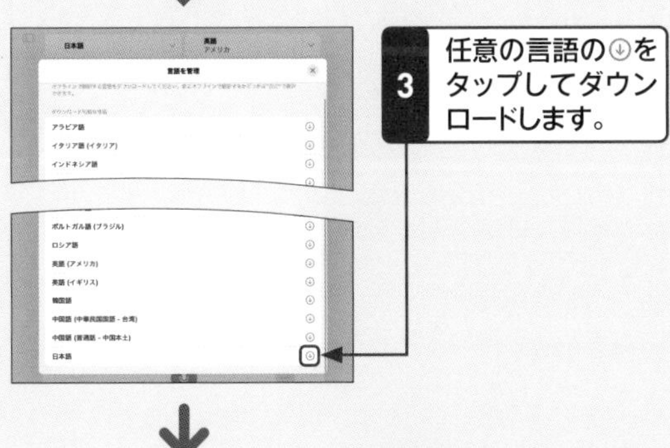

3 任意の言語の⊕をタップしてダウンロードします。

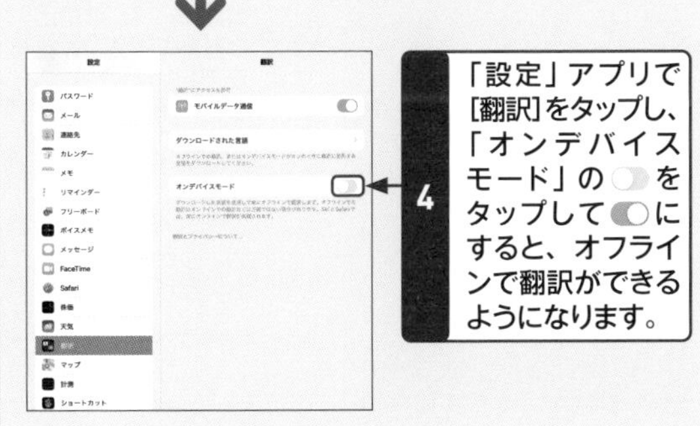

4 「設定」アプリで[翻訳]をタップし、「オンデバイスモード」の◯をタップして◯にすると、オフラインで翻訳ができるようになります。

Q 天気 Pro Air iPad (Gen9) iPad (Gen10) mini

392 天気予報を確認したい！

A 「天気」アプリを利用します。

iPadの「天気」アプリを利用すると、さまざまな地域の天気情報をリアルタイムで確認できます。「天気」アプリを起動し、位置情報の使用許可を求める画面が表示されたら、[1度だけ許可][Appの使用中は許可]のどちらかをタップします。位置情報を設定すると、現在地の天気や、今後の天気予報を確認できます。

1 ホーム画面で[天気]をタップします。

2 位置情報の使用許可を求める画面が表示されたら、[1度だけ許可][Appの使用中は許可]のどちらかをタップします。

3 現在地の天気や、今後の天気予報が表示されます。

7 アプリ

天気 Pro Air iPad (Gen9) iPad (Gen10) mini

Q 393 より詳しい天気情報を見たい！

A 各項目をタップします。

Q.392を参考に天気を表示し、画面を上方向にスワイプすると、「10日間天気予報」「降水量」「空気質」「UV指数」「日の出／日の入」「風」「体感温度」「湿度」「視程」「気圧」といった項目を確認できます。より詳細な情報を知りたい場合は、任意の項目をタップします。

1 Q.392を参考に天気を表示し、

2 画面を上方向にスワイプすると、

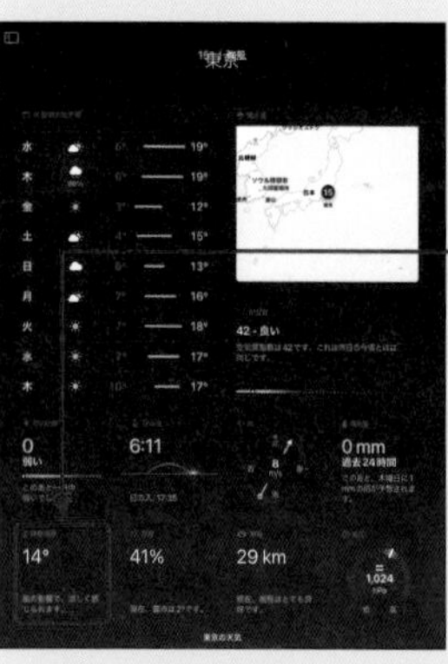

3 詳細の天気情報が表示されます。

4 任意の項目（ここでは［体感温度］）をタップすると、

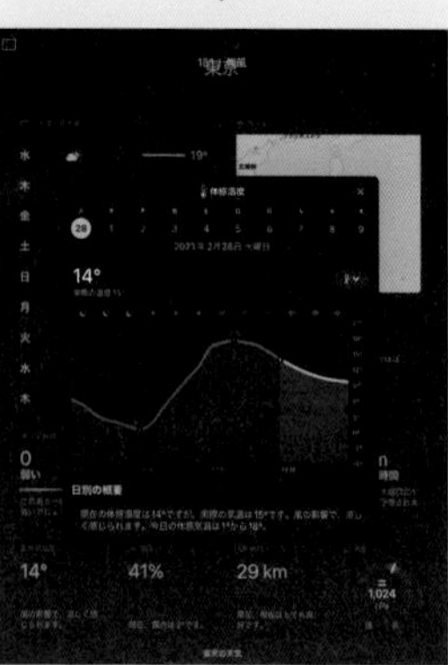

5 項目ごとの天気情報を確認できます。

天気 Pro Air iPad (Gen9) iPad (Gen10) mini

Q 394 別の地域を登録したい！

A 地域を検索して登録します。

現在地以外の天気を常に確認できるようにしたい場合は、画面左上の□をタップしてサイドバーを表示し、画面上部の入力フィールドに任意の地域を入力して検索します。検索結果をタップすると、その地域の天気が表示されます。［追加］をタップすると、サイドバーに地域が登録されます。

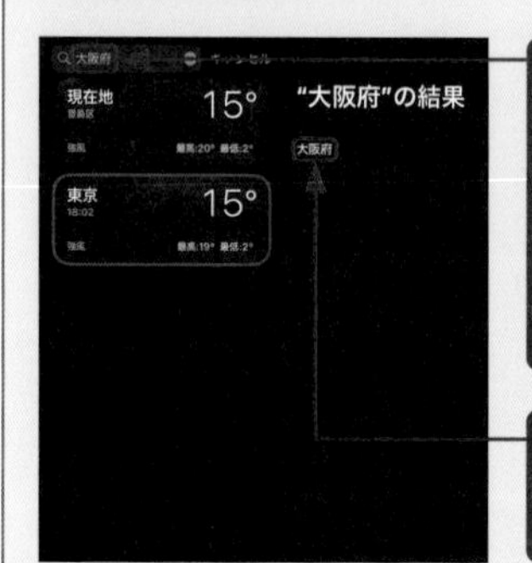

1 サイドバーを表示し、入力フィールドに任意の地域を入力して、キーボードの［検索］、または⏎をタップします。

2 検索結果から登録したい地域をタップします。

3 選択した地域の天気が表示されるので、［追加］をタップします。

4 サイドバーに地域が登録されます。

FaceTime

Pro / Air / iPad (Gen9) / iPad (Gen10) / mini

395 FaceTimeでビデオ通話をしたい!

A 「FaceTime」で新規FaceTimeを作成します。

「FaceTime」は、Appleが無料で提供している音声・ビデオ通話サービスです。「FaceTime」アプリを利用し、iPadやiPhone、Androidスマホやパソコン(Q.407参照)との通話が可能です。FaceTimeの利用には、事前に設定が必要です。ホーム画面で[設定]→[FaceTime]の順にタップし、「FaceTime」のをタップしてにします。Apple IDにサインインしている場合は、自動でApple IDが設定されます。
ホーム画面で[FaceTime]をタップし、初回起動時のみ[続ける]をタップすると、FaceTimeが起動します。[新規FaceTime]をタップし、ビデオ通話をしたい相手を設定して、[FaceTime]をタップすると、相手を呼び出す画面が表示されます。相手が応答すると、ビデオ通話が開始されます。

1 ホーム画面で[FaceTime]をタップします。

2 [新規FaceTime]をタップし、

3 「宛先」に「連絡先」に登録した通話相手の名前や電話番号、メールアドレスの一部を入力し、

4 表示される候補をタップします。

⊕をタップすると、「連絡先」から宛先を選択できます。

5 [FaceTime]をタップします。

6 呼び出し中の画面が表示され、相手が応答すると、通話が開始されます。

通話を終了するときは、をタップします。

7 アプリ

FaceTime Pro Air iPad (Gen9) iPad (Gen10) mini

396 FaceTimeは1対1でしか使えないの？

A 複数人と音声・ビデオ通話ができます。

FaceTimeでは1対1だけでなく、最大32人とのグループ通話ができます。Q.395手順2の画面で［新規FaceTime］をタップして「宛先」に通話相手全員の連絡先を追加するか、［リンクを作成］をタップして通話相手全員にFaceTimeのリンクを送信することで（Q.407参照）、複数人との通話が利用できるようになります。

宛先で相手を複数追加する

1 「宛先」に通話相手を複数追加し、

2 ［FaceTime］をタップします。

3 呼び出し中の画面が表示され、相手が応答すると、通話が開始されます。

リンクで相手を複数追加する

1 ［リンクを作成］をタップし、任意のアプリで通話相手全員にリンクを共有します。

FaceTimeのリンクから通話を開始して参加者を許可する方法は、Q.407を参照してください。

FaceTime Pro Air iPad (Gen9) iPad (Gen10) mini

397 連絡先からFaceTimeのビデオ通話を発信したい！

A 連絡先を表示して ■ をタップします。

相手とビデオ通話する際、Q.395の方法のほかに、連絡先からビデオ通話を発信する方法もあります。「連絡先」アプリで通話したい相手の連絡先を表示し、「FaceTime」の ■ をタップすると、電話番号やメールアドレスなどから、ビデオ通話を発信できます。

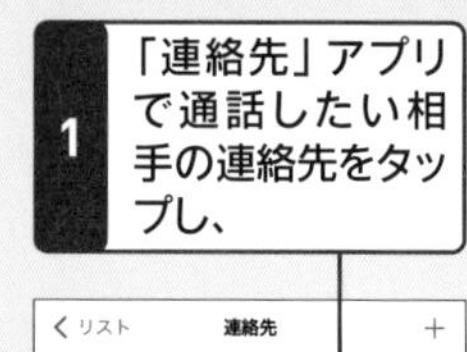

1 「連絡先」アプリで通話したい相手の連絡先をタップし、

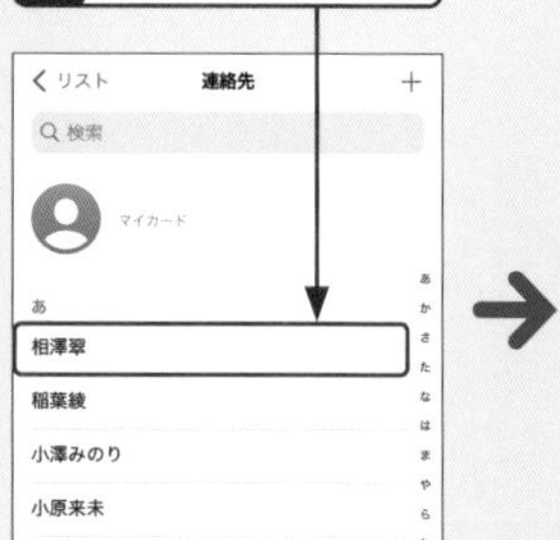

2 「FaceTime」の ■ をタップすると、ビデオ通話を発信できます。

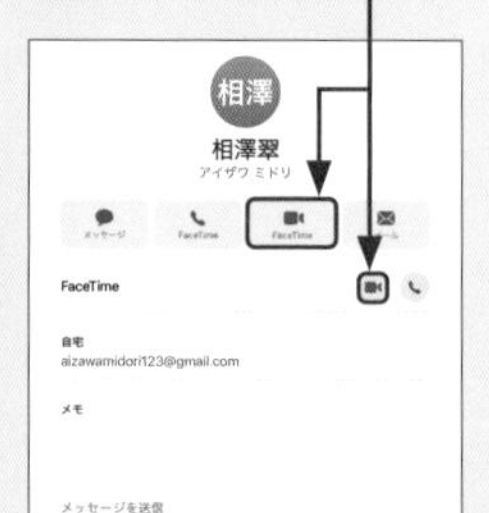

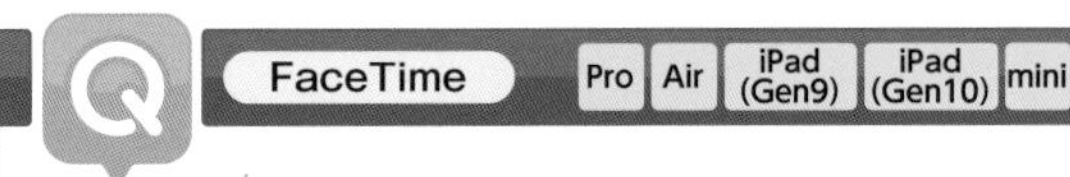

398 ビデオ通話中にほかのアプリを利用したい！

A ビデオ通話中に画面下部を上方向にスワイプします。

FaceTimeのビデオ通話中に画面下部を上方向にスワイプすると、ホーム画面が表示され、ほかのアプリを利用することができます。このとき、相手の画面には「一時停止中」と表示されます。ほかのアプリを利用しながらFaceTimeの操作をしたい場合は、画面右上に表示されている をタップし、マイクやカメラの操作をします。通話画面に戻りたい場合は、右下または右上に表示されている相手の画面をタップします。

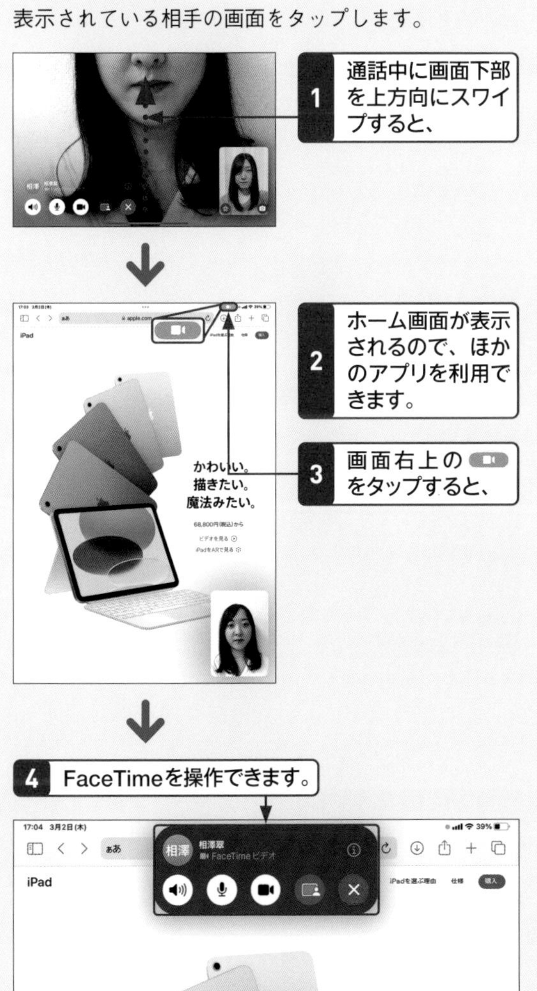

399 かかってきたビデオ通話に応答したい！

A を右方向にスライド、または をタップします。

ビデオ通話を着信した際、iPadがロック中の場合は、 を右方向にスライドすると、FaceTimeの通話画面が表示されます。iPadを使用中の場合は、画面上部に着信を示す画面が表示されるので、 をタップすると、FaceTimeの通話画面が表示されます。

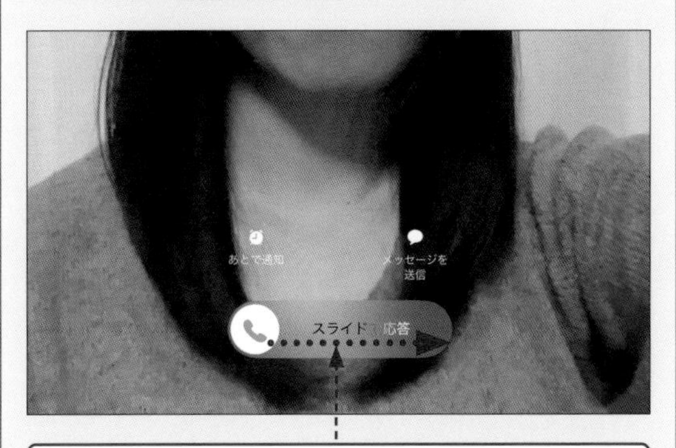

iPadのロック中に着信がある場合、 を右方向にスライドして応答します。

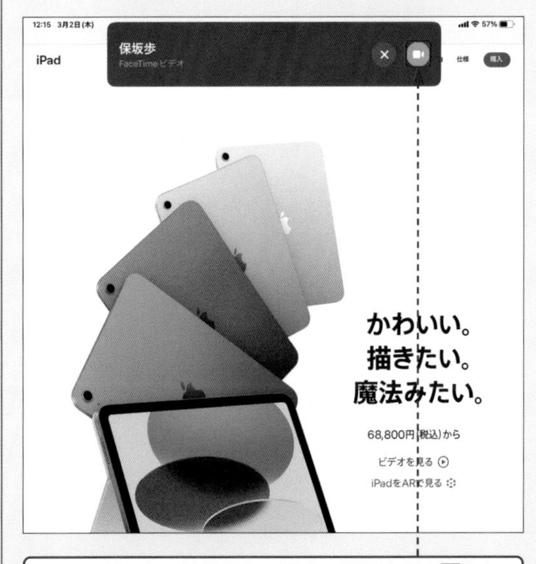

iPadの利用中に着信がある場合、画面上部の をタップします。

FaceTime　Pro　Air　iPad (Gen9)　iPad (Gen10)　mini

Q 400 自分の画像の位置を変えたい！

A 画面をドラッグして位置を変更します。

FaceTimeのビデオ通話中、自分が映った画面が表示されます。初期状態では画面右下に配置されていますが、画面をドラッグすることで、四隅の好きな場所に移動することができます。また、画面をタップすると少しだけ拡大でき、■をタップするともとのサイズに戻ります。
なお、自分の画面の位置を変更しても、相手側の画面には影響はありません。また、自分の画面を全画面にしたり、相手と自分の画面の位置を入れ替えたりすることはできません。

1 通話中に右下に表示されている自分の画面をタッチし、

2 四隅の好きな位置にドラッグして移動できます。

自分の画面をタップすると拡大されます。

FaceTime　Pro　Air　iPad (Gen9)　iPad (Gen10)　mini

Q 401 背景をボカしたい！

A ■をタップします。

FaceTimeのビデオ通話中に自分の画面に映り込む背景を相手に見せたくない場合は、背景にぼかし（ポートレートモード）を適用しましょう。通話中に自分の画面をタップし、左上の■をタップすると、背景にぼかしがかかります。また、通話中にコントロールセンターを表示し（Q.071参照）、[エフェクト]→[ポートレート]の順にタップすることでも、背景にぼかしをかけることができます。

通話中の画面から設定する

1 通話中に自分の画面をタップし、

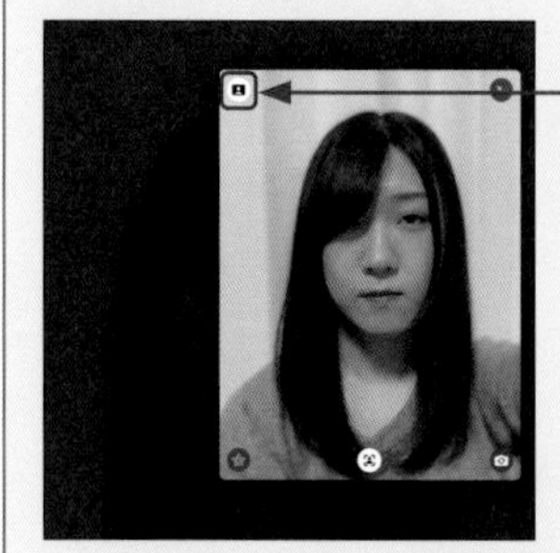

2 ■をタップすると、背景にぼかしがかかります。

コントロールセンターから設定する

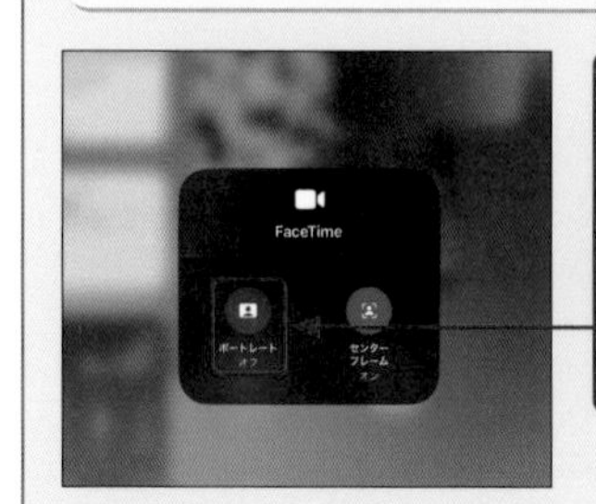

1 コントロールセンターを表示し、[エフェクト]→[ポートレート]の順にタップすると、背景にぼかしがかかります。

FaceTime Pro Air iPad (Gen9) iPad (Gen10) mini

402 FaceTimeの不在着信を確認したい！

A FaceTimeの履歴から不在着信を確認できます。

FaceTimeで不在着信があった場合、通知が表示されます。ホーム画面から「FaceTime」アプリを起動すると、「FaceTime」画面に不在着信の相手が赤く表示されます。詳細を確認したいときは、ⓘをタップします。ロック画面から不在着信の通知をタップすると、相手にすぐ通話をかけ直すことができます。

FaceTimeの不在着信は、相手の名前が赤く表示されます。

FaceTime Pro Air iPad (Gen9) iPad (Gen10) mini

403 FaceTimeを使いたくない！

A FaceTimeを無効にしておきましょう。

ホーム画面で［設定］→［FaceTime］の順にタップし、「FaceTime」のをタップしてにすると、FaceTimeが無効になります。以降、自分宛にビデオ通話が発信されても、相手の端末の画面に「接続できません」というメッセージが表示され、着信を受け付けなくなります。

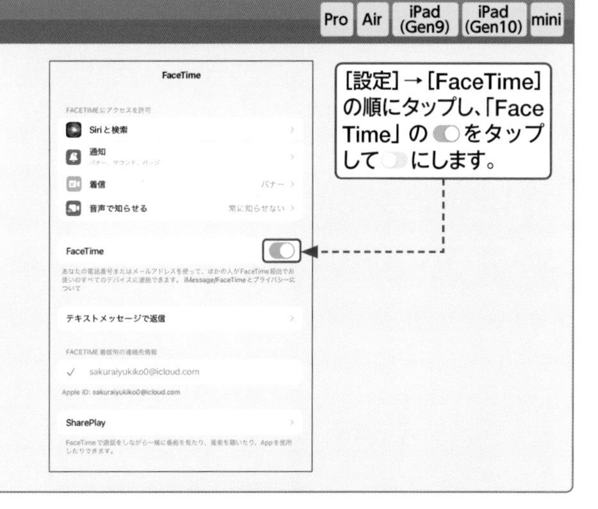

［設定］→［FaceTime］の順にタップし、「FaceTime」のをタップしてにします。

FaceTime Pro Air iPad (Gen9) iPad (Gen10) mini

404 FaceTimeで音声通話したい！

A をタップします。

FaceTimeでは、音声のみの通話も可能です。Q.395手順5の画面でをタップすると、ビデオ通話ではなく音声通話を発信できます。また、Q.397手順2の画面でをタップすることでも、「連絡先」アプリから音声通話の発信が可能です。

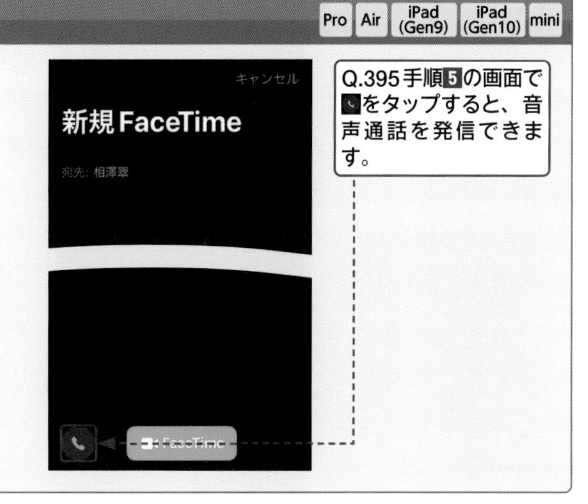

Q.395手順5の画面でをタップすると、音声通話を発信できます。

FaceTime　Pro　Air　iPad (Gen9)　iPad (Gen10)　mini

Q 405 FaceTimeの機能を教えて！

A 会話を楽しむための さまざまな機能があります。

FaceTimeでは、自分のマイクやカメラをオフにしたり、エフェクトを追加したり、マイクで周囲の音を除去したりなど、会話を楽しむためのさまざまな機能を利用できます。

マイクのオン／オフ

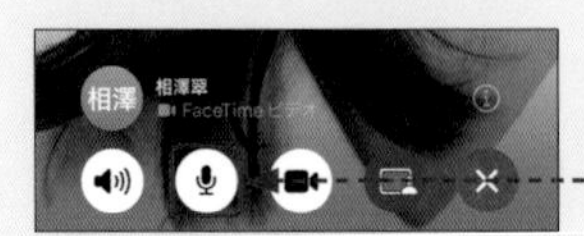

をタップすると、マイクのオン／オフを切り替えられます。

カメラのオン／オフ

をタップすると、カメラのオン／オフを切り替えられます。

エフェクト

をタップすると、自分の顔にステッカーやフィルタを追加できます。

マイクモード

通話中にコントロールセンターで［マイクモード］→［声を分離］の順にタップすると、周囲の音を遮断し、自分の声が相手にはっきり聞こえるようになります。

FaceTime　Pro　Air　iPad (Gen9)　iPad (Gen10)　mini

Q 406 FaceTimeの相手と一緒にビデオを見たい！

A 「SharePlay」機能を利用します。

FaceTimeでは、「SharePlay」という機能を利用して、通話中に相手と一緒に映画や動画などのコンテンツを見ることができます。通話画面でをタップし、「SharePlayのApp」から任意のアプリをタップすると、再生されるコンテンツを相手と共有しながら通話することができます。また、をタップして［画面を共有］をタップし、自分側の画面を相手も見れるようにすれば、「写真」アプリや「YouTube」アプリの動画を共有することも可能です。

1 通話中にをタップし、

2 任意のアプリ（ここでは［TV］）をタップします。

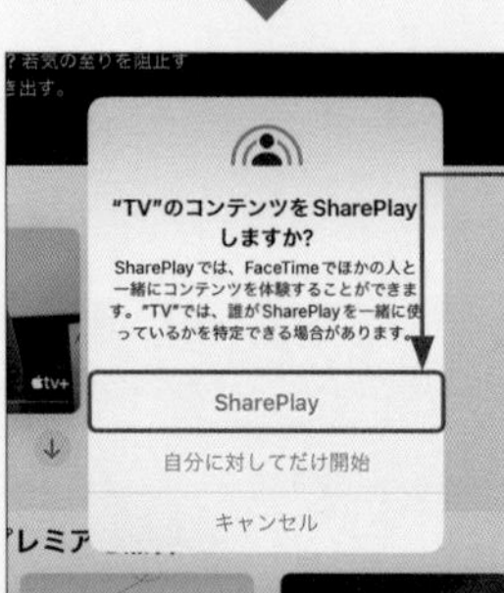

3 ［SharePlay］をタップし、視聴したいコンテンツをタップします。

このとき、通話相手側にSharePlayへの参加を確認する画面が表示されます。

4 SharePlayが開始され、相手と通話をしながらコンテンツを視聴できます。

FaceTime　Pro Air iPad (Gen9) iPad (Gen10) mini

407 AndroidスマホやWindowsパソコンと通話したい!

A FaceTimeのリンクを共有します。

FaceTimeは、通話用のリンクを作成して共有することで、Androidスマホやパソコンのユーザーとの通話もできるようになります。Q.395手順2の画面で[リンクを作成]をタップし、任意のアプリを選択して、通話相手全員にリンクを共有します。リンクを受信したユーザーはリンクをタップ(クリック)し、通話に参加する名前を入力して[続ける]をタップ(クリック)したら、[参加]をタップ(クリック)します。リンクの作成者は「FaceTime」画面で[FaceTimeリンク]をタップするか、「参加をリクエストした人がいます」という内容のFaceTimeの通知をタップし、[参加]をタップします。通話画面の🛈をタップすると、待機中のユーザーが表示されるので、通話に参加させたいユーザーの✓をタップして、[完了]をタップします。

1 [リンクを作成]をタップし、

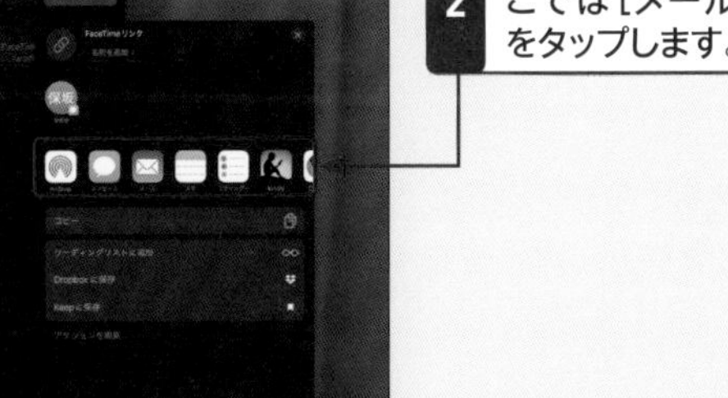

2 任意のアプリ(ここでは[メール])をタップします。

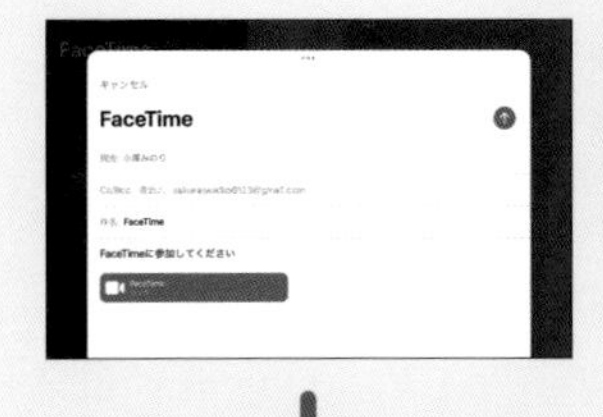

3 通話をしたい相手にリンクを共有します。

4 リンク共有後、「FaceTime」画面の[FaceTimeリンク]をタップします。

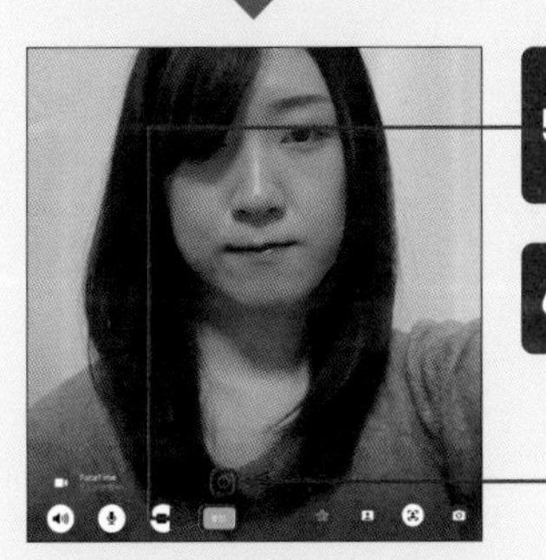

5 [参加]をタップし、通話を開始したら、

6 🛈をタップします。

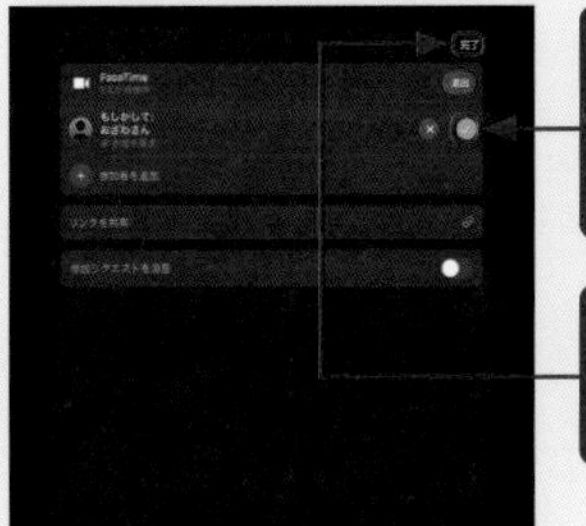

7 待機中のユーザーから、通話に参加させたい相手の✓をタップし、

8 [完了]をタップすると、相手が通話に参加できます。

メモ Pro Air iPad (Gen9) iPad (Gen10) mini

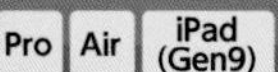

Q 408 新しいメモを追加したい!

A ☑をタップして新規メモを追加します。

新規メモを追加したい場合は、ホーム画面で「メモ」アプリのアイコンをタップし、初回起動時のみ［続ける］をタップします。画面右側をタップしてサイドバーを閉じ、☑をタップすると、テキストを入力できるようになります。テキストを入力すると、メモは自動保存されます。追加した最新のメモは、サイドバーの一番上に表示されます。

1 ホーム画面で「メモ」アプリのアイコンをタップし、

2 サイドバーを閉じて☑をタップします。

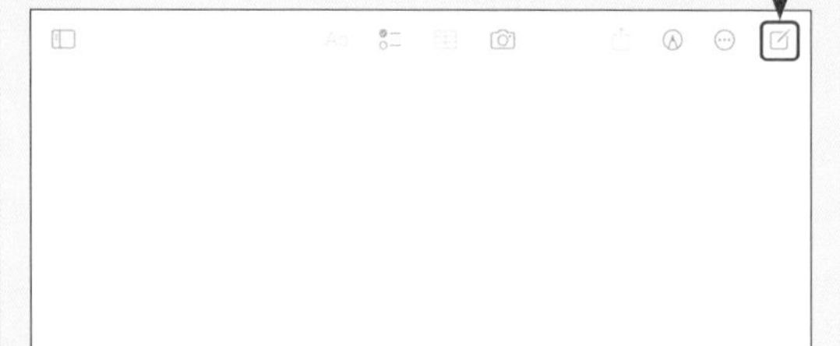

3 メモの内容となるテキストを入力します。

メモ Pro Air iPad (Gen9) iPad (Gen10) mini

Q 409 メモを編集したい!

A サイドバーから編集したいメモをタップして編集します。

保存したメモを編集したい場合は、メモの作成画面で左上の◫をタップしてサイドバーを表示し、「メモ」画面の一覧から編集したいメモをタップします。編集を加えた場合も、メモはその場で自動保存されます。

1 メモの作成画面で左上の◫をタップし、

2 サイドバーの「メモ」画面で編集したいメモをタップすると、

3 メモが編集できます。

編集を加えると、メモは自動保存されます。

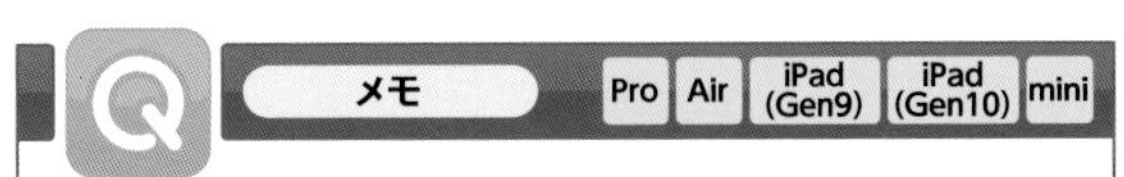

410 手書きメモを利用したい!

A Ⓐをタップします。

メモの作成画面で右上のⒶをタップすると、画面をなぞって手書き文字を入力することができます。画面下部のペンをタップするとペンの種類を変更でき、色をタップするとペンの色を変更できます。

1 メモの作成画面で右上のⒶをタップします。

2 画面下部からペンの種類や色を選択し、

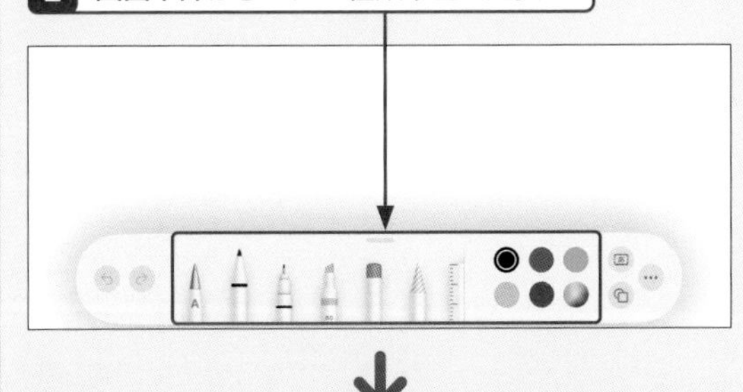

3 画面をなぞって文字を書くことができます。

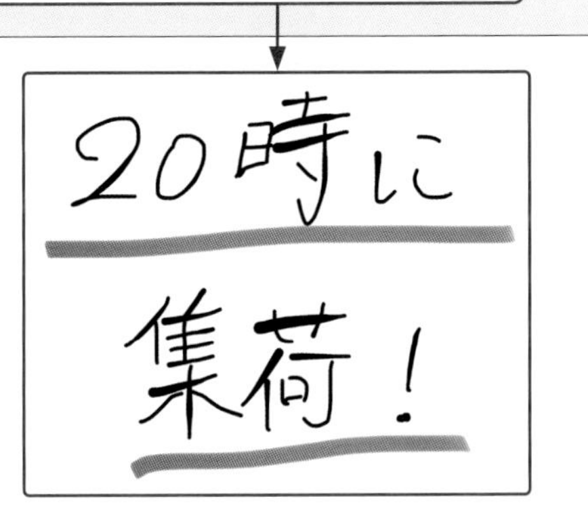

411 メモを削除したい!

A メモの作成画面またはサイドバーから削除します。

メモを削除したい場合は、削除したいメモの作成画面で右上の⊙をタップし、[削除]をタップします。または サイドバーを表示し、「メモ」画面で削除したいメモを左方向にスワイプして、🗑をタップします。削除したメモは、「フォルダ」画面(Q.416参照)の「最近削除した項目」に移動します。

メモの作成画面から削除する

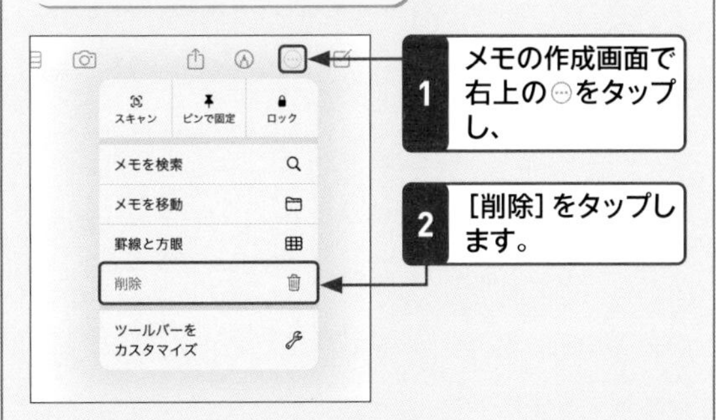

1 メモの作成画面で右上の⊙をタップし、

2 [削除]をタップします。

「メモ」画面から削除する

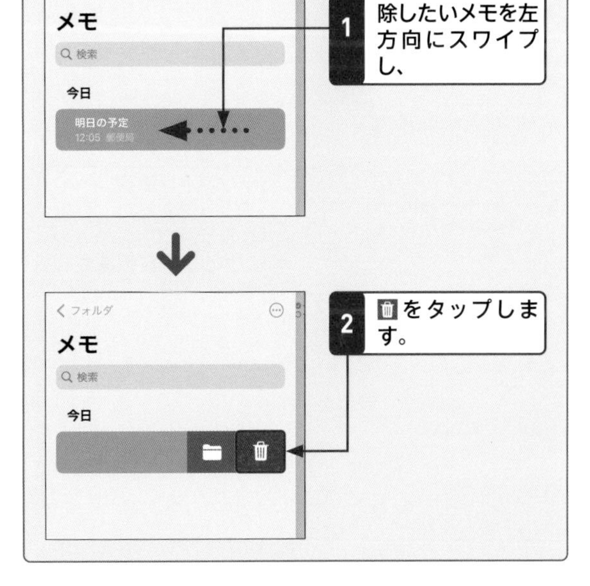

1 「メモ」画面で削除したいメモを左方向にスワイプし、

2 🗑をタップします。

メモ　Pro Air iPad (Gen9) iPad (Gen10) mini

412 メモで使える機能を知りたい！

A メモの内容を見やすく整理するためのさまざまな機能があります。

「メモ」アプリでは、メモの作成画面の上部にある各アイコンをタップすることで、メモの内容を見やすく整理するためのさまざまな編集が行えます。Aaではテキストの大きさやデザイン、配置などの変更、☰ではチェックボックスの追加、⊞では表の追加、📷では写真や動画、書類の埋め込みなどができます。また、作成したメモは⬆からほかのアプリで共有でき、iCloudでメモをほかのユーザーと共有すると、メモの共同編集も可能になります。

書式の変更

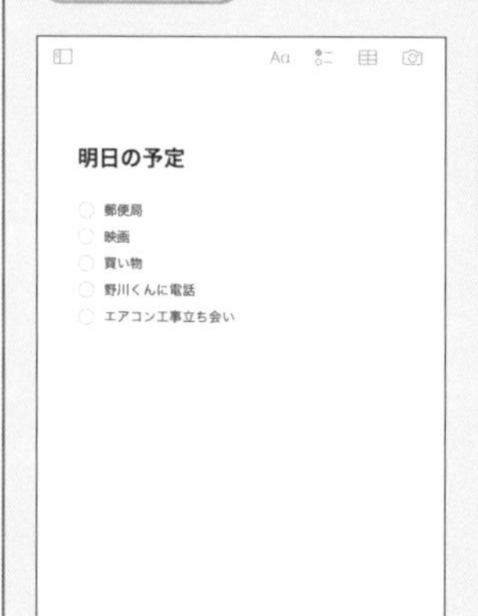

テキストを選択し、Aaをタップして任意の書式をタップすると、選択したテキストの書式が変更されます。

チェックボックス

テキストを選択し、☰をタップすると、選択したテキストにチェックボックスが追加されます。

動画の埋め込み

📷→［写真またはビデオを選択］の順にタップし、任意の動画を選択すると、メモに動画を埋め込むことができます。

タグの作成

「#」に続けてタグにしたい言葉を入力し、改行またはスペースを入れると、タグが作成されます。タグは1つのメモに複数挿入可能で、タグでメモを検索したり、タグごとのフォルダを作成したりできます。

共有

⬆→任意のアプリの順にタップすると、メモの内容を共有できます。

メモ　Pro　Air　iPad (Gen9)　iPad (Gen10)　mini

Q 413 書類をスキャンして保存したい！

A ［書類をスキャン］をタップします。

「メモ」アプリでは、書類をカメラで撮影してスキャンし、そのままメモに保存することができます。メモの作成画面で右上の→［書類をスキャン］の順にタップし、書類をカメラに写すと、自動でスキャンされます。スキャンした書類は、保存範囲を手動で調整することも可能です。

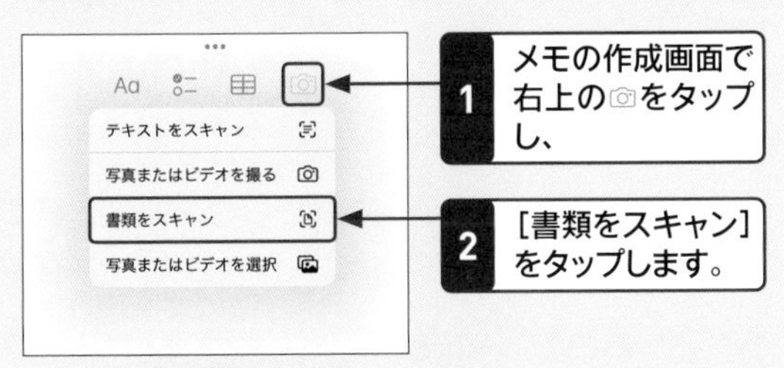

1 メモの作成画面で右上の◎をタップし、

2 ［書類をスキャン］をタップします。

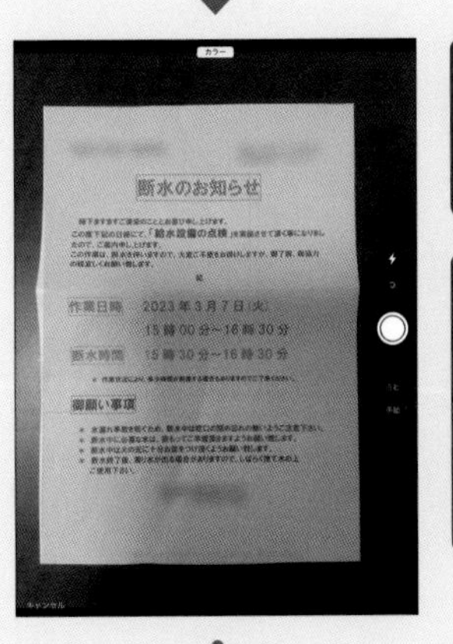

3 カメラが起動します。書類をカメラに写すと、自動で撮影されます。

4 画面下部に表示される書類のサムネールをタップし、任意の編集をして［完了］をタップしたら、［保存］をタップします。

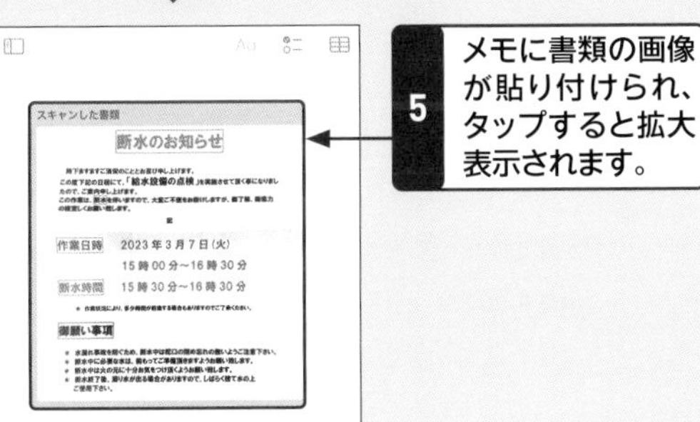

5 メモに書類の画像が貼り付けられ、タップすると拡大表示されます。

メモ　Pro　Air　iPad (Gen9)　iPad (Gen10)　mini

Q 414 メモを検索したい！

A 検索フィールドを利用します。

メモを検索したい場合は、検索フィールドを利用しましょう。サイドバーを表示し、「メモ」画面を下方向にスワイプすると、検索フィールドが表示されます。検索したいキーワードを入力すると、該当するメモが一覧で表示されます。

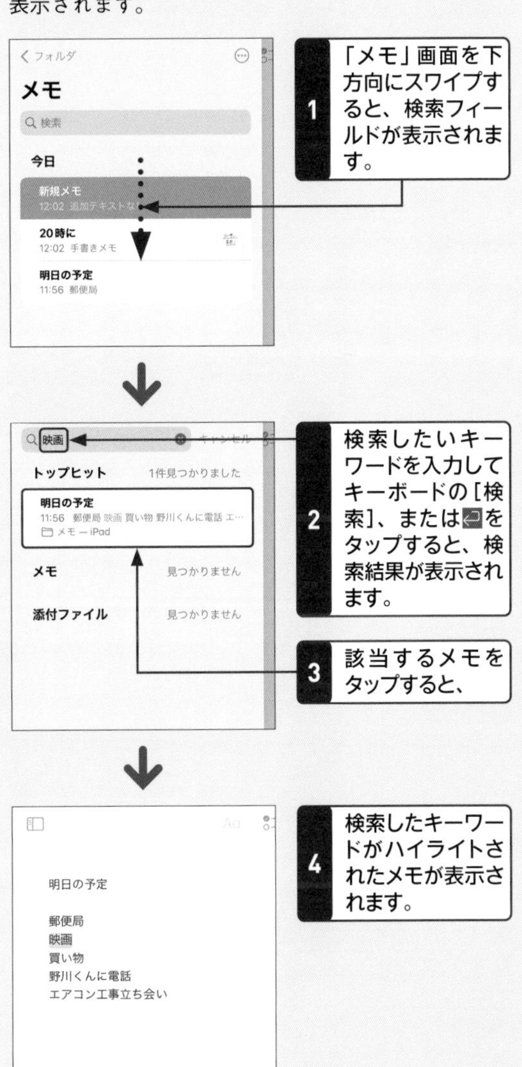

1 「メモ」画面を下方向にスワイプすると、検索フィールドが表示されます。

2 検索したいキーワードを入力してキーボードの［検索］、または⏎をタップすると、検索結果が表示されます。

3 該当するメモをタップすると、

4 検索したキーワードがハイライトされたメモが表示されます。

Q メモ Pro Air iPad (Gen9) iPad (Gen10) mini

415 すぐにメモを取りたい!

A 「クイックメモ」を利用します。

iPadには、すばやくメモをとることができる「クイックメモ」機能があります。クイックメモの起動には、画面右下隅を上方向にスワイプする方法、ほかのアプリを起動中に⍐→[クイックメモに追加]の順にタップする方法、コントロールセンター(Q.071参照)で▣をタップする方法の3つがあります。クイックメモを起動したらメモの内容を入力し、[完了]をタップします。

ジェスチャーで起動する

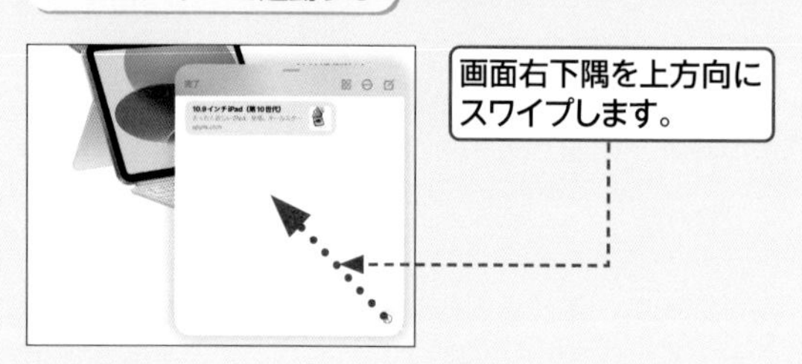

画面右下隅を上方向にスワイプします。

「共有」から起動する

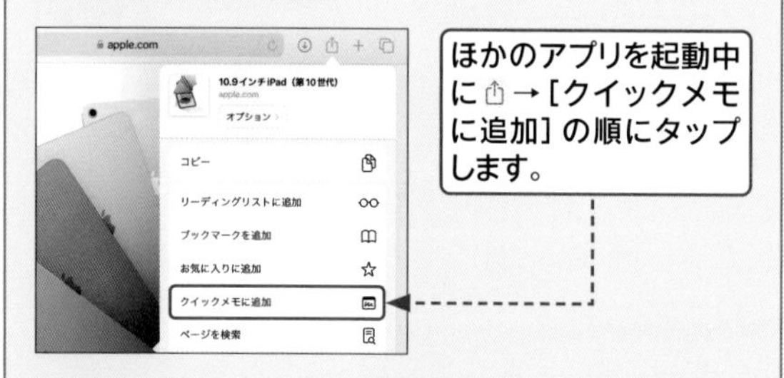

ほかのアプリを起動中に⍐→[クイックメモに追加]の順にタップします。

コントロールセンターから起動する

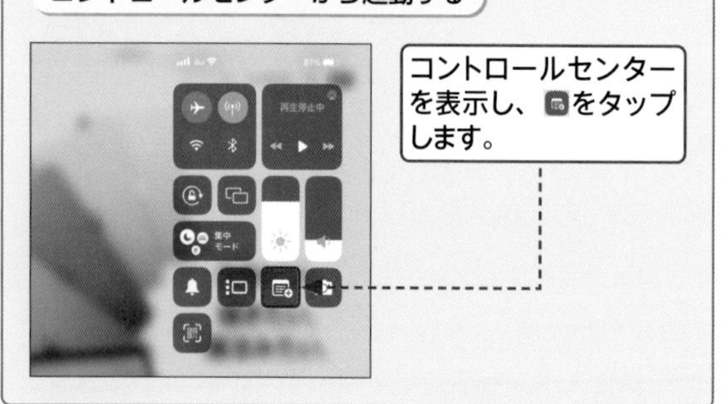

コントロールセンターを表示し、▣をタップします。

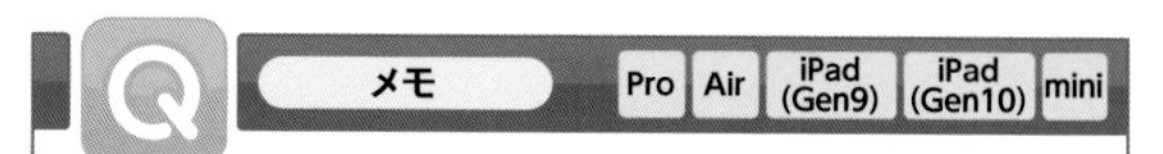

416 クイックメモだけすぐに見たい!

A 「フォルダ」画面から[クイックメモ]をタップします。

「メモ」アプリでサイドバーを表示し、画面左上の[フォルダ]をタップして、[クイックメモ]をタップすると、クイックメモで保存したメモが表示されます。また、ジェスチャー起動で表示されるクイックメモの⊞をタップすることでも、クイックメモで保存したメモをすばやく表示できます。

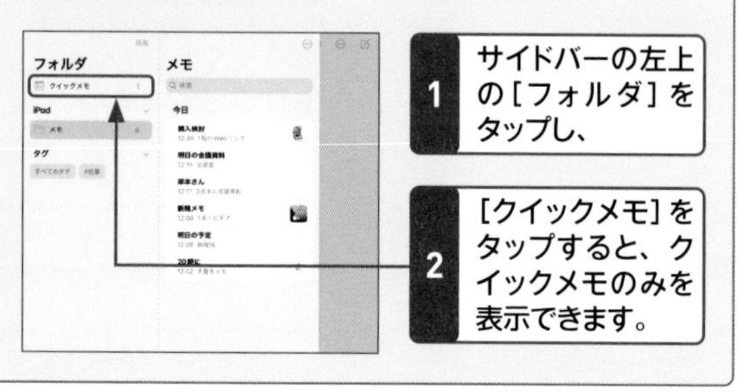

1 サイドバーの左上の[フォルダ]をタップし、

2 [クイックメモ]をタップすると、クイックメモのみを表示できます。

Q メモ Pro Air iPad (Gen9) iPad (Gen10) mini

417 クイックメモのジェスチャー起動をオフにしたい!

A 「設定」から設定します。

クイックメモのジェスチャーをオフにしたい場合は、「設定」アプリからジェスチャーの許可をオフにする必要があります。ホーム画面で[設定]をタップし、[メモ]をタップして「クイックメモ」の[隅のジェスチャ]をタップします。「指で隅からスワイプを許可」の◉をタップして○にすると、画面右下をスワイプしてもクイックメモが表示されなくなります。

「指で隅からスワイプを許可」の◉をタップして○にします。

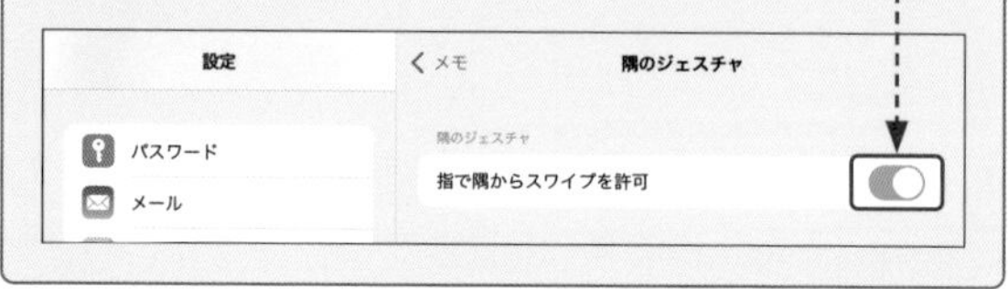

7 アプリ

ボイスメモ Pro Air iPad (Gen9) iPad (Gen10) mini

418 ボイスレコーダーを使いたい！

A 「ボイスメモ」アプリを利用します。

「ボイスメモ」アプリを利用すると、メモやアイデア、会話などを音声でかんたんに録音できます。内蔵マイクはもちろん、対応しているヘッドセットや外部マイクでも録音が可能です。ホーム画面で［ボイスメモ］をタップし、初回起動時は［続ける］をタップして、位置情報の使用許可を求める画面が表示されたらいずれかの項目をタップします。●をタップして録音を開始したらiPadに話しかけ、［完了］をタップして録音を終了します。

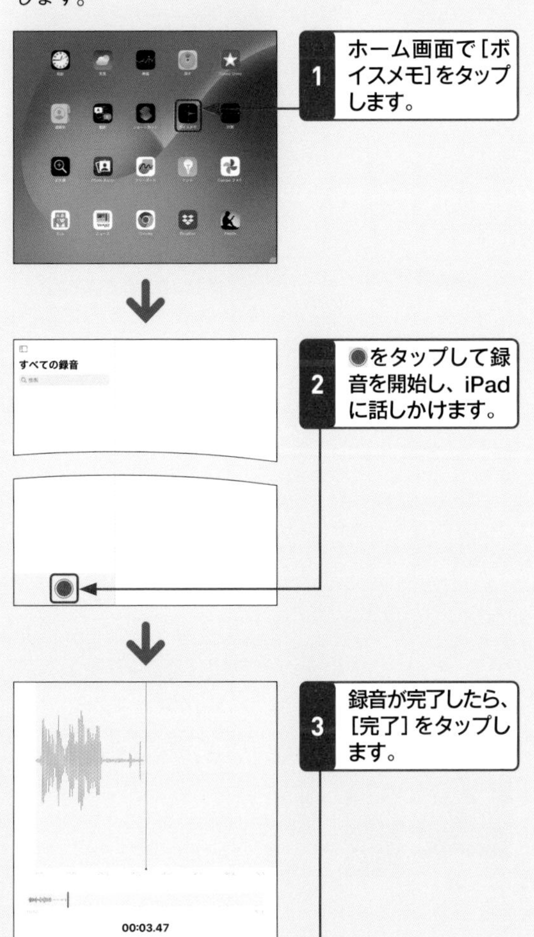

419 録音した音声を再生したい！

A 「すべての録音」画面から再生します。

「ボイスメモ」アプリで録音した音声を再生するには、「すべての録音」から再生したい音声をタップし、▶をタップします。また、録音した音声の［編集］をタップすると、速度の変更や無音の削除、トリミングなどの編集を行えます。

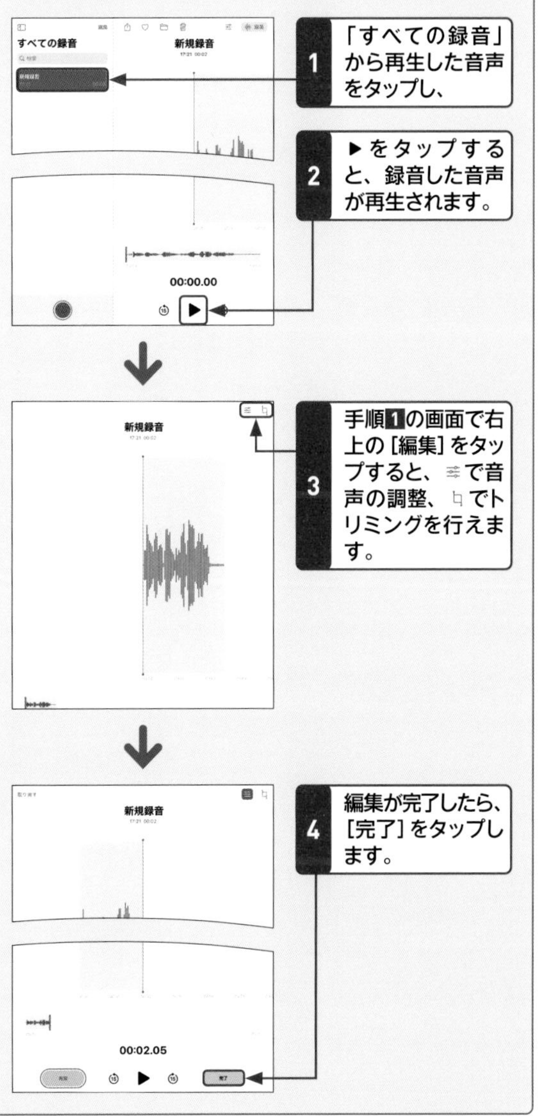

7 アプリ

420 フリーボードってどんなことができるの？

A 書き込み、付せんや図形、テキストやメディアの追加などができます。

「フリーボード」アプリは、画面上のボードに指やペンで自由に書き込みができるホワイトボードアプリです。無限にあるボードの範囲に、ページやレイアウトなどの制限を気にすることなく、テキストやイラスト、図形や写真などを自由に配置できます。
プライベートでは個人的なメモを書き留めたり、ビジネスでは言語化しにくいアイデアを視覚的に整理したりなど、さまざまな活用方法があります。また作成したボードは、ほかのユーザーと共有して一緒に作業することも可能です（Q.422参照）。

描画

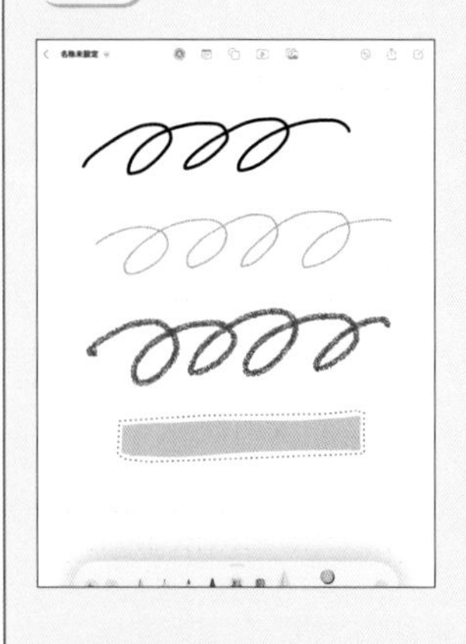

Ⓐをタップすると、ペンの種類や太さを選択して手書きの描写ができます。

付せんの追加

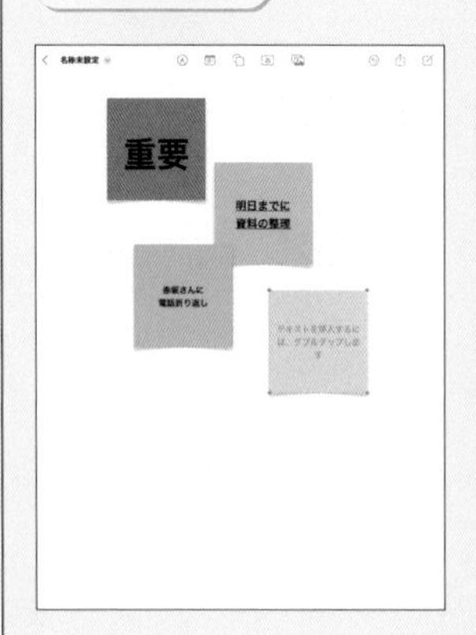

▤をタップすると、テキストの入力が可能な付せんを追加できます。

図形や線の追加

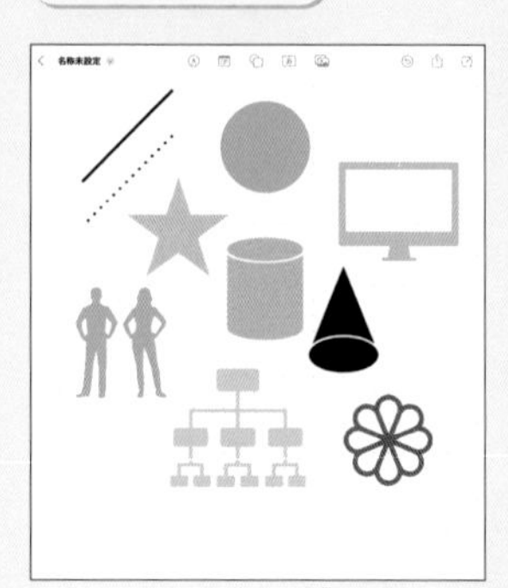

⧉をタップすると、16種類のカテゴリから線や図形を追加できます。

テキストの追加

Ⓐをタップすると、テキストボックスが表示され、さまざまなフォントや大きさのテキストを追加できます。

メディアの埋め込み

▨をタップすると、写真や動画、PDF、リンクなどのさまざまなメディアを追加できます。

フリーボード Pro Air iPad (Gen9) iPad (Gen10) mini

Q 421 フリーボードを使いたい！

A 「フリーボード」アプリを利用します。

フリーボードを利用するには、ホーム画面で［フリーボード］をタップし、初回起動時のみ［続ける］をタップします。初期状態では新規のボード画面が表示されますが、以降は をタップして別のボードを追加していきます。作成したボードの数が増えてきたら、ボードの名前を変更したり、ボード一覧を整理したりしましょう。フリーボードは画面上部の5つのアイコン（Q.420参照）からさまざまな機能を利用でき、書き込みは自動的に保存されます。

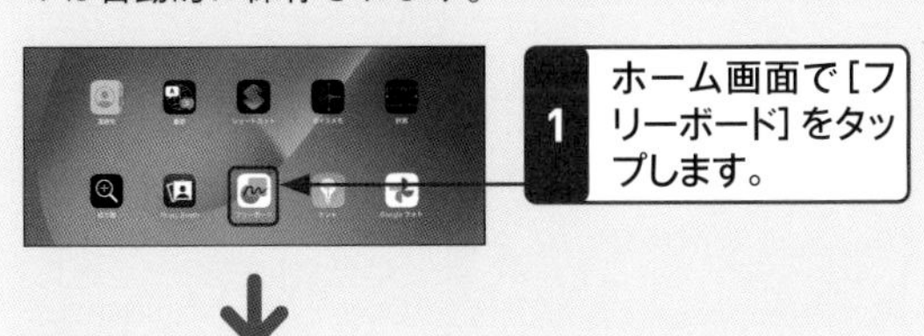

1 ホーム画面で［フリーボード］をタップします。

2 新規のフリーボード画面が表示されます。

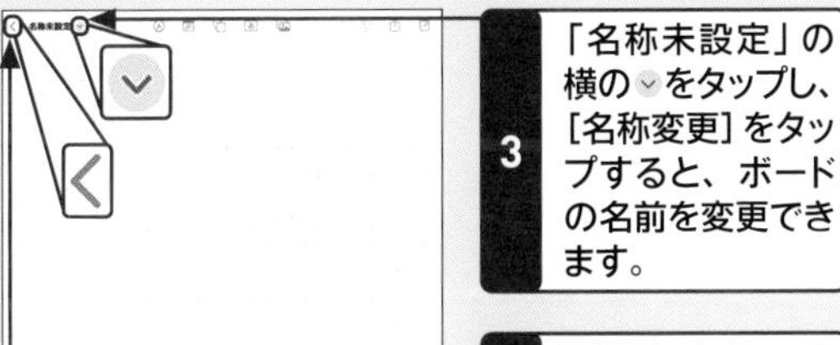

3 「名称未設定」の横の をタップし、［名称変更］をタップすると、ボードの名前を変更できます。

4 画面左上の く をタップすると、

5 作成したボードの一覧が表示されます。

フリーボード Pro Air iPad (Gen9) iPad (Gen10) mini

Q 422 フリーボードで共同作業がしたい！

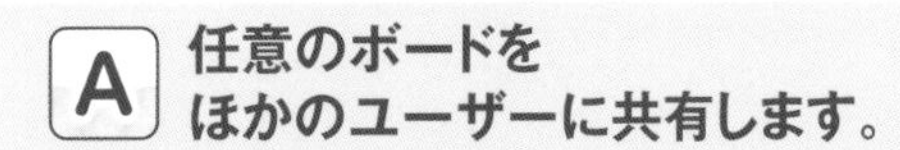

A 任意のボードをほかのユーザーに共有します。

「フリーボード」アプリでは、任意のボードにほかのユーザーを招待し、最大100人とリアルタイムで共同作業をすることができます。また、アプリに組み込まれたFaceTimeを利用し、ほかのユーザーと通話をしながら作業することも可能です。変更内容はiCloudに保存されるため、ボードにアクセスしたメンバーは常に最新バージョンのボードを表示できます。

共同作業を開始するには、任意のボードの画面右上の をタップしてリンクを共有します。招待したユーザーがボードに参加して編集を行うと、作業状況がリアルタイムで反映されます。

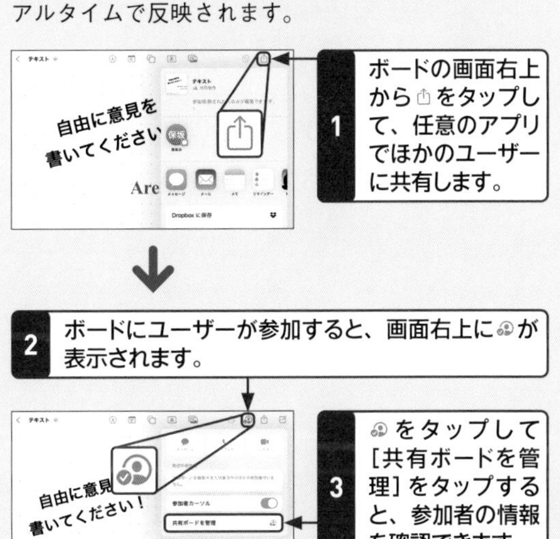

1 ボードの画面右上から をタップして、任意のアプリでほかのユーザーに共有します。

2 ボードにユーザーが参加すると、画面右上に が表示されます。

3 をタップして［共有ボードを管理］をタップすると、参加者の情報を確認できます。

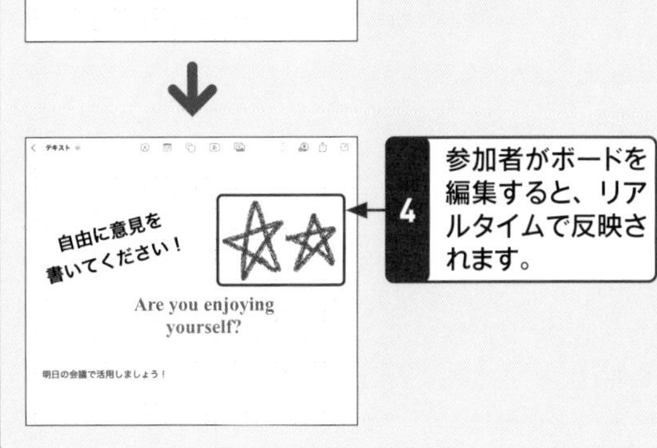

4 参加者がボードを編集すると、リアルタイムで反映されます。

Siri　Pro　Air　iPad (Gen9)　iPad (Gen10)　mini

423　Siriってどんなことができるの？

音声でアプリを起動したり、iPadと会話したりすることができます。

Siriを使えば、音声でアプリを起動したり、メッセージを送ったりすることも可能です。Siriを有効にしていない場合は、ホーム画面で［設定］→［Siriと検索］の順にタップし、「トップボタンを押してSiriを使用」の→［Siriを有効にする］の順にタップします。任意の声を選択したら、［完了］をタップします。

本体のトップボタンを長押しすると、Siriが起動します。iPadに向かって話しかけると、さまざまな操作を行ってくれます。

Siri　Pro　Air　iPad (Gen9)　iPad (Gen10)　mini

424　近くのレストランをSiriで探したい！

Siriに「レストラン検索」と話しかけます。

Siriに「レストラン検索」と話しかければ、現在地近くのレストランを検索することができます。「近くのレストラン」でも同じようにレストランの検索が行えます。ただし、地域によっては検索ができない場合もあります。

Siriを起動して「レストラン検索」と話しかけると、検索結果が表示されます。なお、利用には位置情報サービスをオンにする必要があります。

Siri　Pro　Air　iPad (Gen9)　iPad (Gen10)　mini

425　Siriでメッセージを送信したい！

Siriに「○○にメッセージ」と話しかけます。

Siriを使ってメッセージを送信するには、Siriを起動して「○○にメッセージ」と話しかけます。「連絡先」の候補が表示された場合は任意のものを選択し、送信したいメッセージ内容をSiriに話しかけ、［送信］をタップ（またはSiriの言葉に返答）すると、送信が完了します。

Siriを起動して「○○にメッセージ」と話しかけ、投稿したい内容を話しかけたら、［送信］をタップします。

426 話しかけるだけでSiriを起動したい！

A 「"Hey Siri"を聞き取る」を有効にします。

話しかけるだけでSiriを起動したい場合は、ホーム画面で［設定］→［Siriと検索］の順にタップし、「"Hey Siri"を聞き取る」の→［続ける］の順にタップします。画面の指示に従って5つの言葉をiPadに向かって話しかけ、［完了］をタップします。以降は「Hey Siri」（ヘイ シリ）とiPadに話しかけるだけでSiriを起動できるようになります。

1 ホーム画面で［設定］→［Siriと検索］の順にタップし、

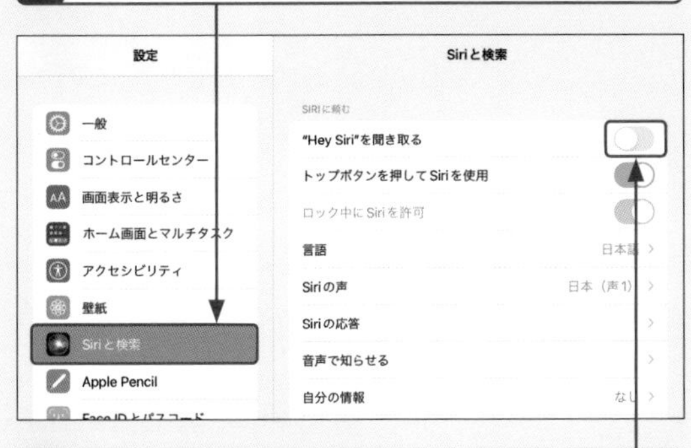

2 「"Hey Siri"を聞き取る」の →［続ける］の順にタップします。

3 画面の指示に従って5つの言葉をiPadに向かって話しかけ、

4 ［完了］をタップすると、「Hey Siri」が有効になります。

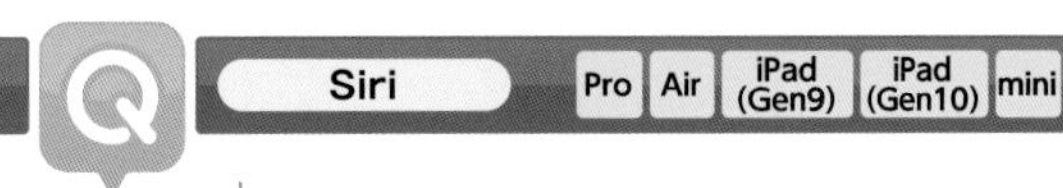

427 Siriの音声を変更したい！

A 「Siriの声」から変更します。

Siriの音声を変更するには、ホーム画面で［設定］→［Siriと検索］→［Siriの声］の順にタップし、変更したいSiriの声を選択します。声を変更しても、Siriが話す内容に変わりはありません。

［Siriの声］をタップし、任意の声を選択します。

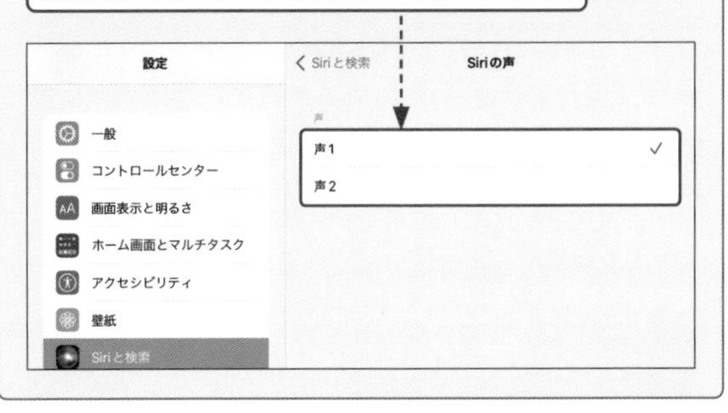

Siri　Pro　Air　iPad (Gen9)　iPad (Gen10)　mini

428 音声入力の履歴を削除したい！

A 「Siriと音声入力の履歴」から削除します。

Siriを利用すると、話しかけた内容などのデータが保存され、Appleのサーバーに送信されます。Siriの履歴を削除したい場合は、ホーム画面で［設定］→［Siriと検索］→［Siriと音声入力の履歴］の順にタップし、［Siriと音声入力の履歴を削除］→［Siriと音声入力の履歴を削除］の順にタップします。

［Siriと音声入力の履歴を削除］→［Siriと音声入力の履歴を削除］の順にタップします。

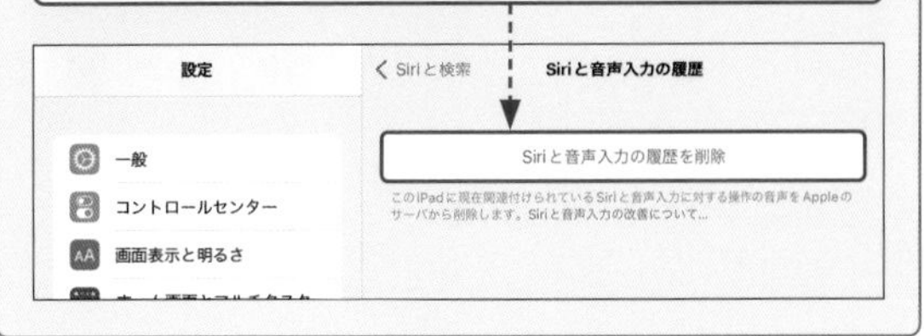

AirDrop Pro Air iPad (Gen9) iPad (Gen10) mini

Q 429 AirDropでできることは？

A Wi-FiやBluetoothを介して写真、ビデオ、連絡先などを共有できます。

AirDropは、写真、ビデオ、連絡先などを、AirDropに対応している付近のiPadやiPhoneとワイヤレスで共有する機能です。コントロールセンター（Q.071参照）を開き、「機内モード」「モバイルデータ通信」「Wi-Fi」「Bluetooth」のグループをタッチして［AirDrop］をタップし、共有先を［連絡先のみ］または［すべての人（10分間のみ）］をタップします。以降はコンテンツ別に共有方法を実行すると、周囲にいる共有可能な端末が自動的に表示されます。共有先の相手が［受け入れる］をタップすると、コンテンツが共有されます。

共有範囲を設定する

1 コントロールセンターを表示し、「機内モード」「モバイルデータ通信」「Wi-Fi」「Bluetooth」のグループをタッチして、

2 ［AirDrop］をタップします。

3 ［連絡先のみ］または［すべての人（10分間のみ）］をタップすると、AirDropが利用可能になります。

AirDrop Pro Air iPad (Gen9) iPad (Gen10) mini

Q 430 AirDropで写真を送信したい！

A 共有先から［AirDrop］をタップします。

AirDropを利用すると、近くにいる相手とかんたんに写真を共有することができます。写真を送信するときは、「写真」アプリで送信したい写真を表示し、画面左上の⎙をタップして、［AirDrop］をタップします。写真を受信するときは「AirDrop」画面が表示されるので、［受け入れる］をタップします。

データを送信する

1 「写真」アプリで送信したい写真を表示し、画面左上の⎙をタップします。

2 ［AirDrop］をタップし、写真を送信します。

データを受信する

1 「AirDrop」画面で［受け入れる］をタップすると、写真を受信できます。

その他　Pro　Air　iPad (Gen9)　iPad (Gen10)　mini

431 電卓はないの？

A 電卓や計算機のアプリをダウンロードします。

iPhoneでは「計算機」アプリが標準でインストールされていますが、iPadにはそのようなアプリが用意されていません。iPadでもiPhoneと同じような「計算機」アプリを利用したい場合は、サードパーティ製のアプリをインストールする必要があります。「App Store」アプリから電卓や計算機のアプリをインストールしましょう。

1 Q.333を参考に「App Store」アプリで任意の電卓や計算機のアプリをインストールします。

2 インストールしたアプリを起動すると、電卓を利用できます。

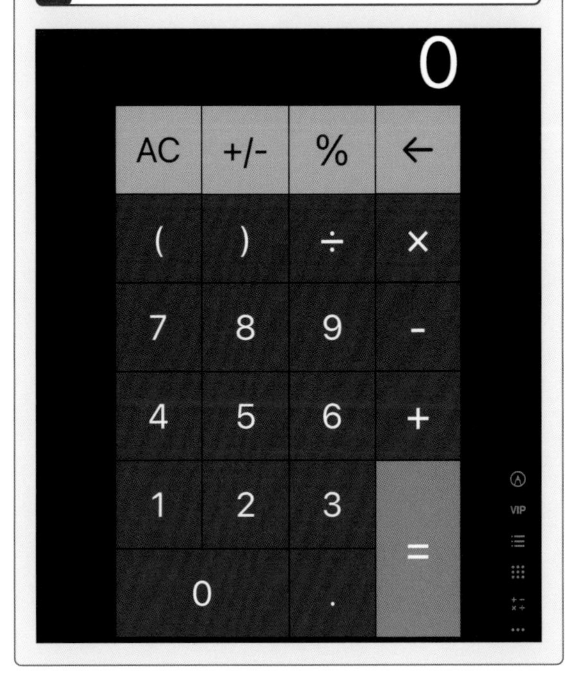

その他　Pro　Air　iPad (Gen9)　iPad (Gen10)　mini

432 iPadでLINEは使えないの？

A 「LINE」アプリをインストールすれば利用できます。

Q.333を参考にApp Storeから「LINE」アプリをインストールすれば、iPadでもLINEの利用が可能になります。既存のアカウントを利用することも、新規アカウントを作成することもできますが、新規でアカウントを作成する場合、すでにLINEで使用している電話番号で登録してしまうと、既存のアカウントが削除されてしまうので注意しましょう。

スマートフォンで登録済みのアカウントを利用する場合は、あらかじめスマートフォン側でメールアドレスの登録とログイン許可を行う必要があります。

iPadで「LINE」アプリを起動し、登録したメールアドレスとパスワードを入力して［ログイン］をタップしましょう。iPadに表示された認証番号をスマートフォン側で入力すれば、ログインできます。

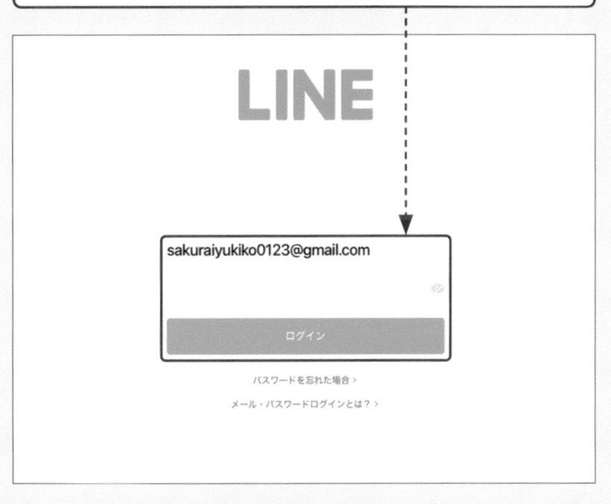

433 iPadでWordやExcelのファイルを利用したい!

iWorksのアプリやMicrosoft Officeのアプリを利用します。

iPadでは、ビジネスシーンで活躍する「iWork」というApple製品向けのオフィスアプリを利用できます。iWorksにはワープロ用アプリの「Pages」、表計算用アプリの「Numbers」、プレゼンテーション用アプリ「Keynote」などが含まれています。iWorksの各アプリにはさまざまなテンプレートやデザインツールが用意されており、ビジネス用の資料作成が苦手な人でも、かんたんに作業を進めることができます。

そして、iWorksの各アプリは「Microsoft Office」のアプリとの互換性があります。たとえば「Pages」アプリで作成した文書を「Word」アプリのフォーマットに変換して表示したり、反対に「Word」アプリで作成した文書を「Pages」アプリのフォーマットに変換して表示することも可能です。iPadでもOfficeアプリを利用することはできますが、Apple製の端末ではiWorksアプリのほうがスムーズな作業を行えるでしょう。

Pages

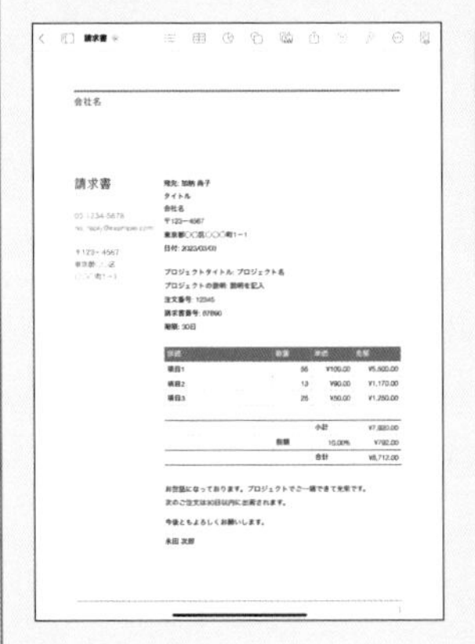

「Pages」は、請求書や送付状、レポートや履歴書、ポスターやチラシなどを作成できるワープロ用アプリです。

Keynote

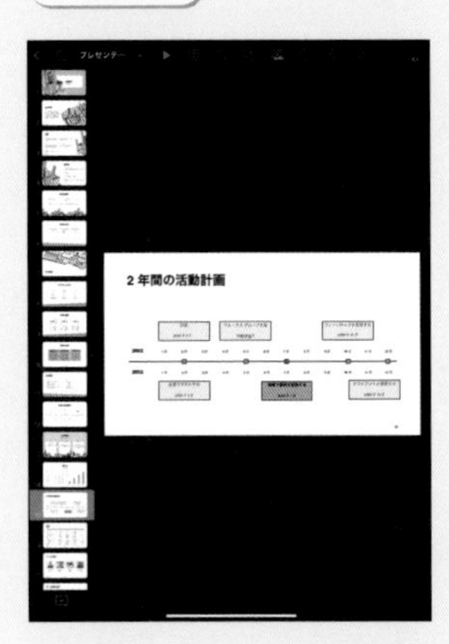

「Keynote」は、さまざまなグラフィックやテキストを使用したスライドを作成できるプレゼンテーション用アプリです。

Numbers

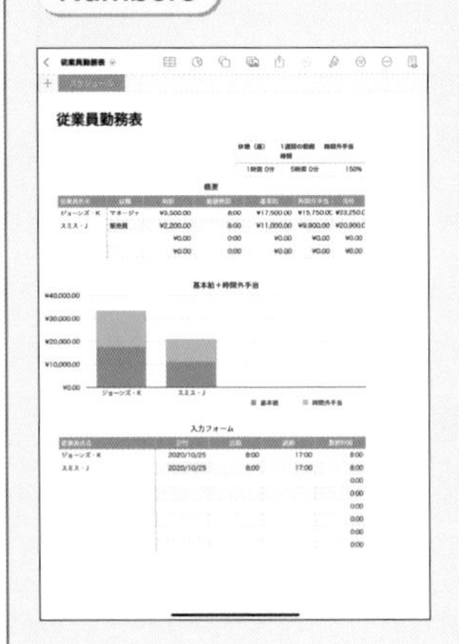

「Numbers」は、表やグラフなどのスプレッドシートを作成できる表計算用アプリです。

Office アプリ

「Word」「Excel」「PowerPoint」などといったOfficeアプリは、iPad用がリリースされています。

第8章

使いこなしの「こんなときどうする?」

スクリーンショット　Pro　Air　iPad (Gen9)　iPad (Gen10)　mini

434 スクリーンショットを撮影したい！

A トップボタンと音量ボタンを同時に押します。

iPadに表示されているWebページをそのまま画像として保存したいときは、iPad本体のトップボタンと音量ボタンの上下どちらかを同時に押すことで、スクリーンショットを撮影できます。また、スクロールしないと全画面を表示できないような長いWebページ、書類、メールなどのスクリーンショットの撮影も可能です（Q.435参照）。
なお、スクリーンショット機能はさまざまなアプリで利用できますが、パスワードの入力画面や映画の再生画面などは、セキュリティや著作権の保護のために撮影できない場合があります。

1 スクリーンショットを撮影したい画面を表示し、本体のトップボタンと音量ボタンの上下どちらかを同時に押します。

2 スクリーンショットが撮影され、画面左下にサムネールが表示されます。

スクリーンショット　Pro　Air　iPad (Gen9)　iPad (Gen10)　mini

435 撮影したスクリーンショットを編集したい！

A 画面左下のサムネールをタップして編集します。

Q.434を参考にスクリーンショットを撮影すると、自動的に「写真」アプリに保存されます。スクリーンショットの撮影後に画面左下に表示されるサムネールをタップすると、スクリーンショットをすぐに確認でき、ここからトリミングや描画などの編集、共有や文字認識などの操作を行えます。また、画面上部の［フルスクリーン］をタップすると、長いWebページ、書類、メールなどの全画面をPDFとして保存することも可能です。画面左上の［完了］をタップすると、保存先や削除を選択できます。もちろん「写真」アプリからも通常の写真と同じように、編集、削除、共有などの操作が行えます。

1 Q.434手順**2**で画面左下のサムネールをタップすると、撮影したスクリーンショットが表示されます。

2 四隅をドラッグしてトリミングしたり、

3 ペンの種類や色を選択して描画したりなどの操作ができます。

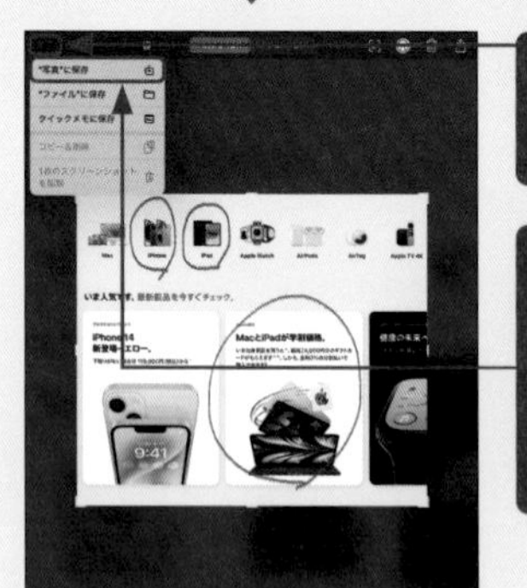

4 編集が完了したら［完了］をタップし、

5 保存先を選択します。［"写真"に保存］をタップすると、「写真」アプリに保存されます。

8 使いこなし

436 iPadのマルチタスク機能を知りたい!

A Split View、Slide Over、ステージマネージャなどを利用できます。

iPadでは、複数のアプリを同時に操作するさまざまなマルチタスク機能を利用できます。ここでは、2つのアプリを並べて表示できる「Split View」(Q.440〜442参照)、アプリの上に別のアプリを重ねて表示できる「Slide Over」(Q.443〜447参照)、パソコンのように各アプリの画面サイズを変更して操作できる「ステージマネージャ」(Q.448〜451参照)を紹介します。

各機能の利用方法

Split ViewとSplit Overを利用するには、アプリ画面上部の…をタップして、表示される項目の中から任意の機能を選択します。ステージマネージャを利用するには、事前の設定が必要です。

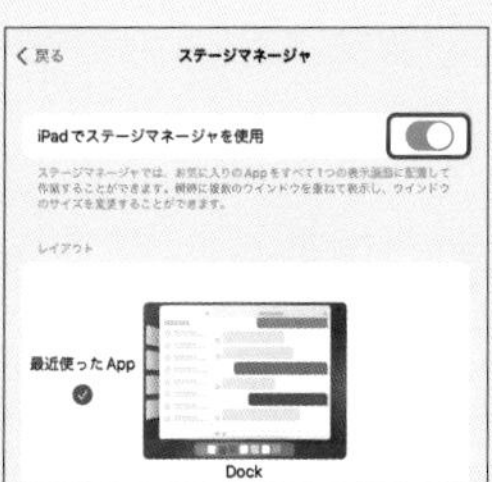

Split View

2つのアプリを左右に並べて表示できる機能です。

2つのアプリの間に表示される分割線をドラッグすることで、それぞれの画面サイズを変更できます。

Slide Over

起動中のアプリの画面の上に、もう1つのアプリを小さい画面で表示できる機能です。

Slide Overを使用したまま、さらにほかのアプリを追加することも可能です。

ステージマネージャ

複数のアプリの画面を重ねて表示したり、画面サイズを自由に変更したりできる機能です。

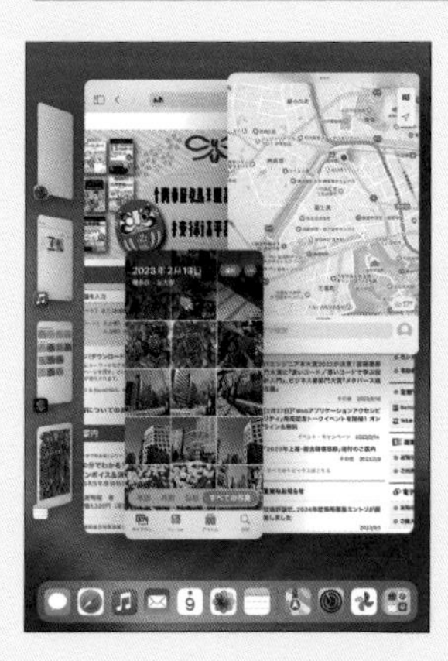

画面中央にアクティブな画面、画面左側に最近使用したアプリ、画面下部にDockが表示されます。

マルチタスク　Pro　Air　iPad (Gen9)　iPad (Gen10)　mini

Q 437 マルチタスクでできることが知りたい！

A 作業効率が上がるさまざまな使い方ができます。

Split ViewやSlide Overは、たとえば「Safari」アプリと「メール」アプリを同時に開いたり、Safariの画面を2つ開いて情報を比較したりなど、作業効率の向上に適した機能です。また、2つのアプリをまたぐ操作も可能で、「写真」アプリから任意の写真を「メモ」アプリや「メール」アプリにドラッグ＆ドロップして貼り付けることもできます。

対応アプリでは、2つの画面を表示して情報を比較したり、異なる操作を同時に進めたりすることができます。

「写真」アプリの写真や動画を「メモ」アプリや「メール」アプリにドラッグすると、ドラッグ先のアプリに貼り付けることができます。

ジェスチャー　Pro　Air　iPad (Gen9)　iPad (Gen10)　mini

Q 438 操作に便利なジェスチャーを知りたい！

A 3本の指を使って操作します。

iPadでは、3本の指を使って画面に触れることで、さまざまな操作を行えます。ここでは、文字の入力時に便利なジェスチャーを説明します。

コピー／カット

任意のテキストを選択し、3本の指でピンチインすると、テキストがコピーされます。3本の指で2回ピンチインすると、テキストがカットされます。

ペースト

3本の指でピンチアウトすると、コピーまたはカットしたテキストがペーストされます。

ペースト

東京タワーは、東京都港区芝公園にある総合電波塔の愛称である。正式名称は日本電波塔。
1958年12月23日竣工。東京のシンボル・観光名所として知られる。

取り消し／やり直し

3本の指で左方向にスワイプすると、直前の操作が取り消されます。3本の指で右方向にスワイプすると、取り消した操作をやり直せます。

取り消す

東京タワーは、東京都港区芝公園にある総合電波塔の愛称である。正式名称は日本電波塔。
1958年12月23日竣工。東京のシンボル・観光名所として知られる。

ピクチャインピクチャ　Pro　Air　iPad (Gen9)　iPad (Gen10)　mini

Q 439 ビデオ視聴やFaceTimeを使いながらほかのアプリを利用したい!

A 「ピクチャインピクチャ」機能を利用します。

映画や番組の視聴、ミュージックビデオの再生、FaceTimeのビデオ通話などをしながらほかのアプリを同時に利用したい場合、Split ViewやSlide Overでも操作は可能ですが、「ピクチャインピクチャ」機能を利用するとよいでしょう。ピクチャインピクチャに対応しているアプリで再生画面や通話画面を表示し、をタップ、または画面を上方向にスワイプすると、画面が縮小し左下に表示されます。Dockやホーム画面で任意のアプリを起動すると、縮小された再生画面の背面でほかのアプリを操作できます。

ピクチャインピクチャで縮小表示された画面は、再生画面の場合は再生や一時停止、巻き戻しや早送り、通話画面の場合はカメラやマイクのオン／オフ、通話の終了などといった操作が可能です。また、画面はピンチで拡大／縮小したり、四隅の好きな位置に配置したりできます。

ピクチャインピクチャを有効にする

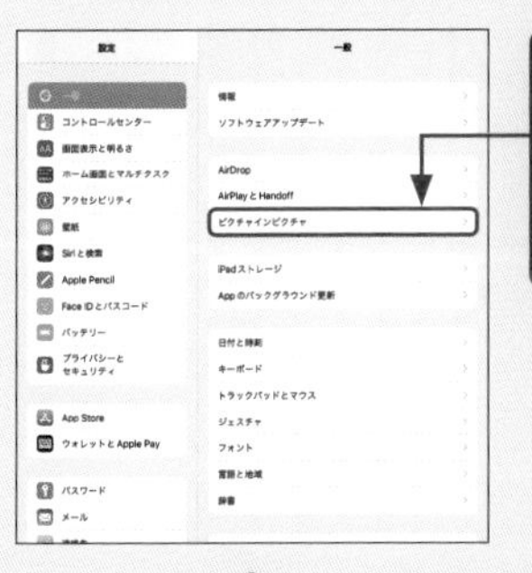

1 ホーム画面で［設定］→［一般］→［ピクチャインピクチャ］の順にタップし、

2 「自動的に開始」のをタップしてにします。

ピクチャインピクチャを利用する

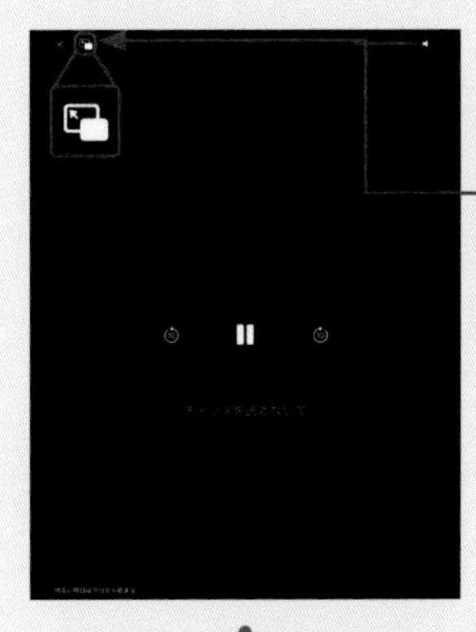

1 任意のアプリ（ここでは「TV」アプリ）の再生画面や通話画面で、をタップまたは画面を上方向にスワイプします。

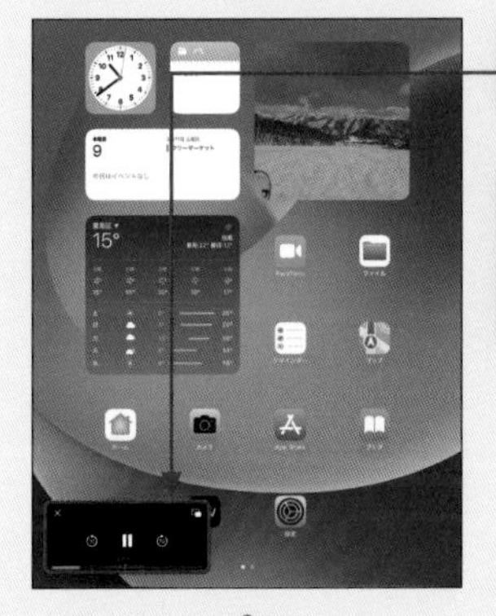

2 画面が縮小されます。

3 ホーム画面やDockから任意のアプリを起動すると、

4 縮小画面された画面の背景でほかのアプリを利用できます。

5 をタップするともとの再生画面や通話画面に戻り、☒をタップすると画面が閉じます。

Split View

Pro Air iPad (Gen9) iPad (Gen10) mini

440 Split Viewを使いたい!

A [Split View]をタップします。

Split Viewを利用するには、起動中のアプリ画面上部から···→[Split View]の順にタップします。起動中のアプリ画面が脇に移動し、ホーム画面やDockから2つ目のアプリを起動します。

1 アプリ画面上部から···→[Split View]の順にタップすると、

2 ホーム画面やDockから別のアプリを起動できます。

Split View

  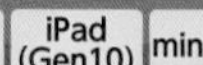

Pro Air iPad (Gen9) iPad (Gen10) mini

441 Split Viewの操作を知りたい!

A 左右の画面の入れ替えや表示範囲の変更などができます。

Split Viewで表示する2つの画面は、左右を入れ替えたり、別のアプリに差し替えたり、表示範囲を変更したりできます。

左右の画面を入れ替る

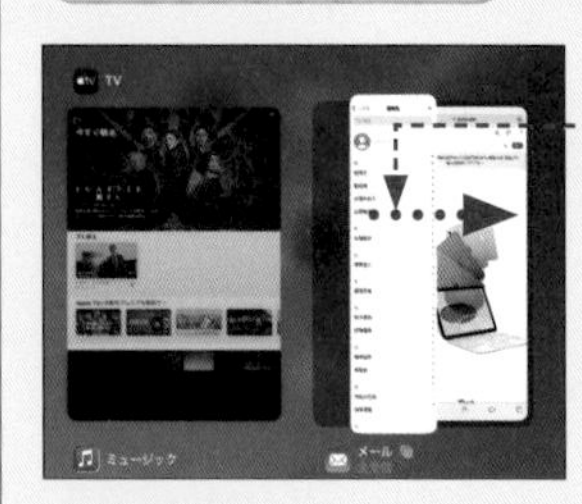

画面下端から上方向にスワイプして中央で止め、Appスイッチャーを表示し、Split Viewの左右どちらかの画面をタッチしたままドラッグして入れ替えます。

画面上部の···を水平方向にドラッグすることでも、左右の画面を入れ替えられます。

別のアプリに差し替える

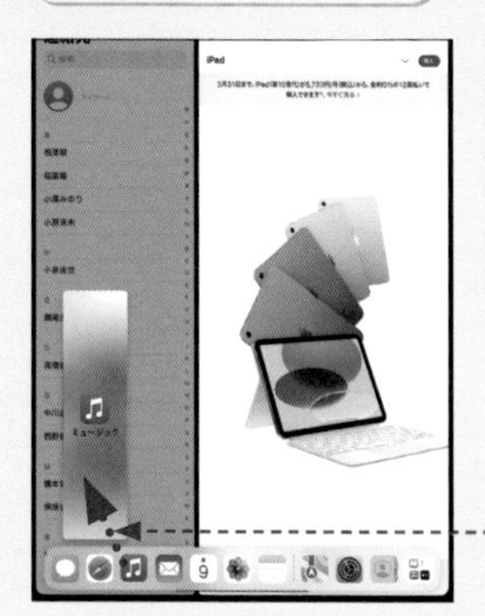

画面下部を上方向に小さくスワイプしてDockを表示し、差し替えたいアプリのアイコンを左右どちらかの画面にドラッグします。

画面の表示範囲を変更する

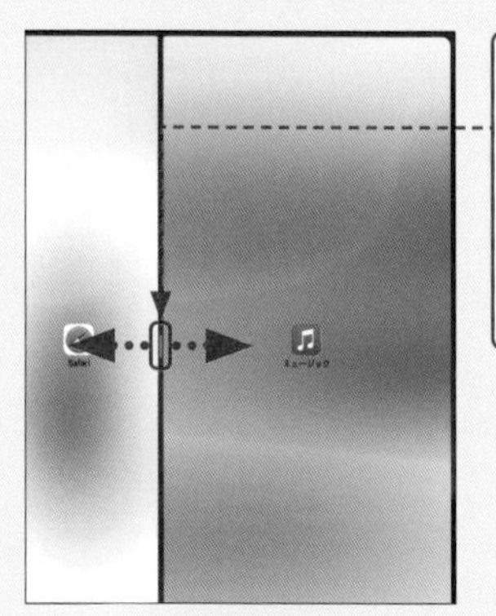

画面中央の分割線を左右にドラッグすると、表示範囲を変更できます。端までドラッグすると、Split Viewを終了することができます。

442 SafariでリンクをSplit Viewで表示したい!

リンクをタッチして画面の端にドラッグします。

Safariで任意のリンクをタッチし、画面の左右どちらかの端にドラッグします。指を離すと、リンク先のWebページがSplit Viewで表示されます。このとき、リンク先を画面の端の手前までドラッグした場合は、Slide Overで表示されます。

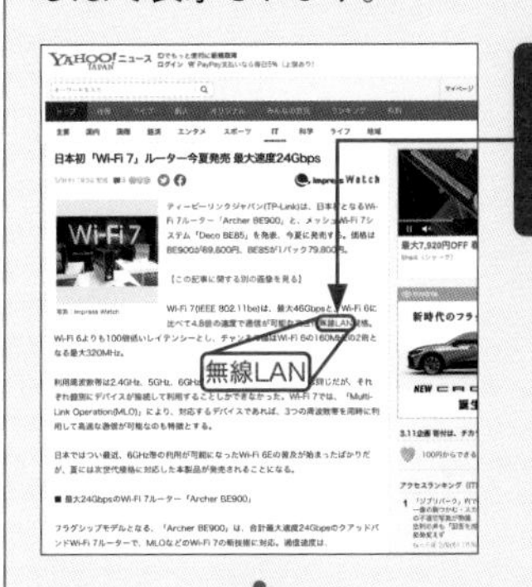

1 Safariで表示しているWebページにあるリンク先をタッチし、

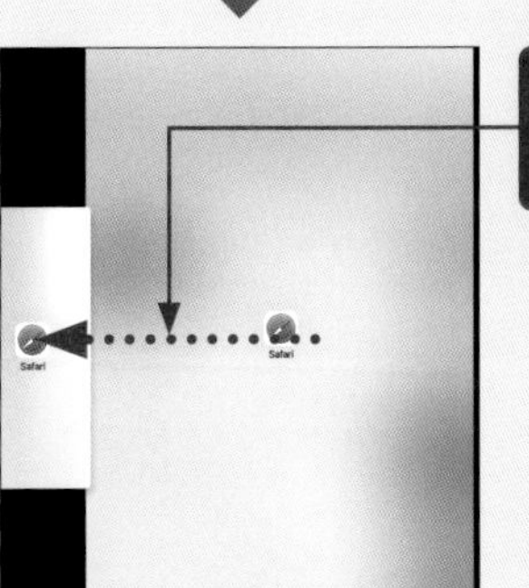

2 画面の端までドラッグして指を離すと、

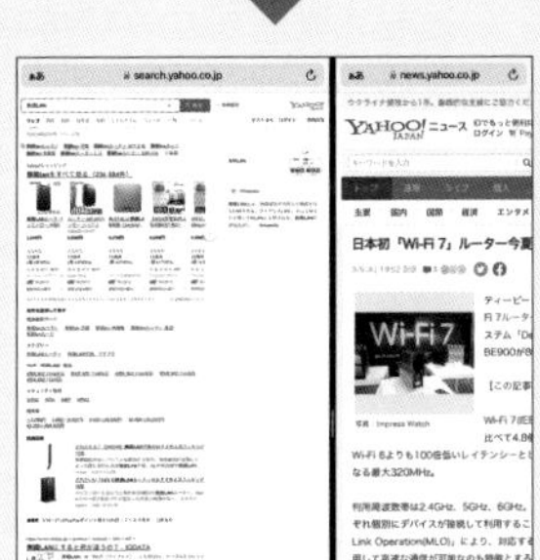

3 リンク先のWebページがSplit Viewで表示されます。

443 Slide Overを使いたい!

[Slide Over]をタップします。

Slide Overを利用するには、起動中のアプリ画面上部から…→[Slide Over]の順にタップします。起動中のアプリ画面が脇に移動し、ホーム画面やDockから2つ目のアプリを起動します。また、起動中のアプリ画面でDockを表示し、2つ目に起動したいアプリのアイコンを画面上にドラッグすることでも、Slide Overを利用できます。

1 アプリ画面上部から…→[Slide Over]の順にタップすると、

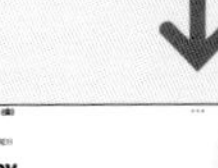

2 ホーム画面やDockから別のアプリを起動できます。

3 任意のアプリを起動すると、はじめに表示していた画面が前面に表示されます。

起動中のアプリ画面でDockを表示し、任意のアプリのアイコンを画面上にドラッグしてもSlide Overを利用できます。

Slide Over | Pro | Air | iPad (Gen9) | iPad (Gen10) | mini

444 Slide Overのウインドウを操作したい!

A 左右の移動や表示の切り替えができます。

Slide Overの前面の画面は、左右に移動したり、表示/非表示にしたりできます。なお、前面と背面のアプリを入れ替えることはできません。

画面を移動する

1 Slide Overの画面の…をドラッグすると、左右に移動できます。

画面の表示/非表示を切り替える

1 Slide Overの画面下部を上方向にスワイプすると、

2 画面が非表示になります。

3 再表示する場合は、Slide Overがあった側の端から、中央方向にスワイプします。

Slide Over | Pro | Air | iPad (Gen9) | iPad (Gen10) | mini

445 Slide Overにアプリを追加したい!

A Dockからアプリのアイコンをドラッグします。

Slide Overの画面には、複数のアプリを追加することができます。追加したアプリは、画面下部を左右にスワイプすることでほかのアプリに切り替えられます。

1 Dockを表示し、追加したいアプリのアイコンをSlide Overの画面にドラッグします。

2 アプリが追加されます。

3 Slide Overの画面下部を左右にスワイプすると、

4 Slide Overのアプリを切り替えることができます。

Slide Over | Pro | Air | iPad (Gen9) | iPad (Gen10) | mini

446 Slide Overのアプリを確認したい!

A Appスイッチャーから確認します。

Slide Overで起動中のアプリも、通常のアプリと同じようにAppスイッチャー（起動中のアプリ一覧）から確認できます。また、この画面からSlide Overのアプリの順番を並べ替えることも可能です。

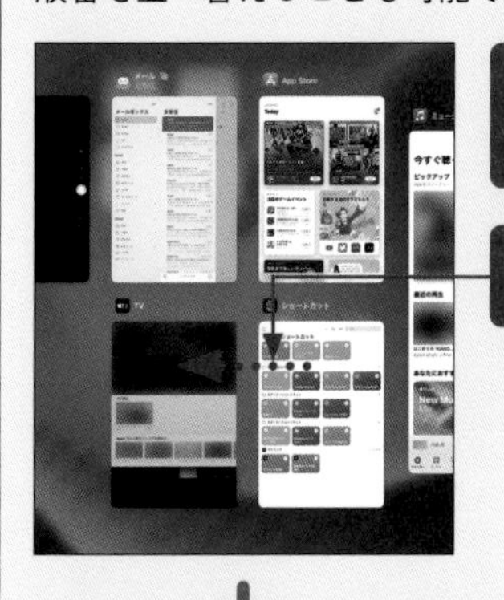

1 Slide Over利用中にアプリ一覧を表示し、

2 画面を左方向にスワイプします。

3 Slide Overで起動中のアプリが右側にまとめて表示されるので、左右にスワイプして確認します。

4 任意のアプリを上方向にスワイプすると、アプリを終了します。

Slide Over | Pro | Air | iPad (Gen9) | iPad (Gen10) | mini

447 Split ViewとSlide Overを一緒に使いたい!

A Split Viewでアプリのアイコンを画面中央にドラッグします。

Split ViewとSlide Overは同時に使うことができます。まずはSplit Viewを表示し、Dockのアプリのアイコンを画面中央の分割線上にドラッグすると、そのアプリがSlide Overで表示されます。

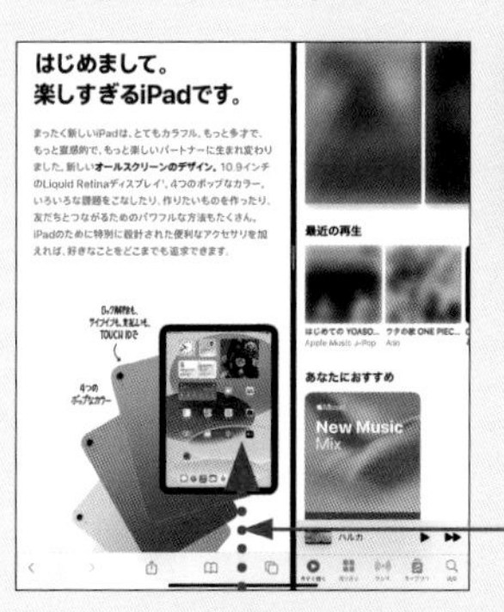

1 Split Viewの状態で画面下部を上方向に小さくスワイプし、

2 DockからSlide Overで表示したいアプリのアイコンを画面中央の分割線上にドラッグすると、

3 Slide Overで表示されます。

8 使いこなし

448 ステージマネージャを使いたい！

A 「ステージマネージャ」を有効にします。

「ステージマネージャ」とは、作業が行いやすくなるように起動中のアプリの画面を管理できる機能です。通常、iPadでアプリを起動すると画面いっぱいにアプリが表示されますが、ステージマネージャを利用すると、パソコンのように起動中のアプリの画面サイズを変更したり、アプリを追加して重ねたり、アプリをグループ化したりできます（Q.450参照）。また、iPadがMacなどの外部ディスプレイに接続されている場合、ステージマネージャを使ってiPadと外部ディスプレイの間でアプリの画面をドラッグして配置することも可能です。ステージマネージャを利用するには、「設定」アプリまたはコントロールセンターから有効にする必要があります。なお、ステージマネージャが有効なときは、Split ViewとSlide Overは利用できません。

ステージマネージャを有効にする

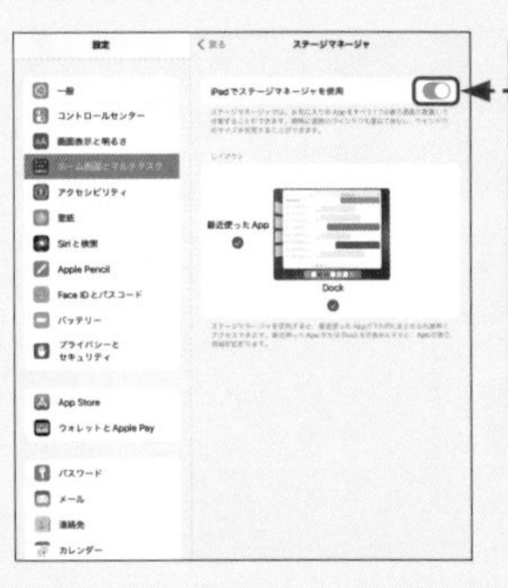

ホーム画面で［設定］→［ホーム画面とマルチタスク］→［ステージマネージャ］の順にタップし、「iPadでステージマネージャを使用」のをタップしてにします。

コントロールセンターを表示し、をタップしてにします。

ステージマネージャを利用する

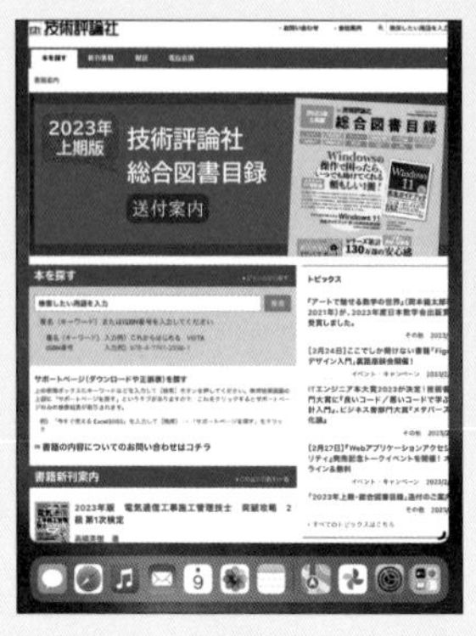

1 ステージマネージャを有効にした状態で任意のアプリを起動すると、アクティブな画面が中央に表示されます。

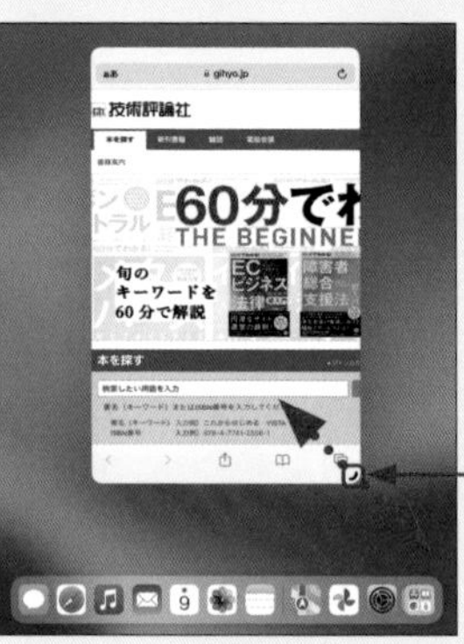

2 画面右下のハンドルをドラッグすると、画面サイズを変更できます。

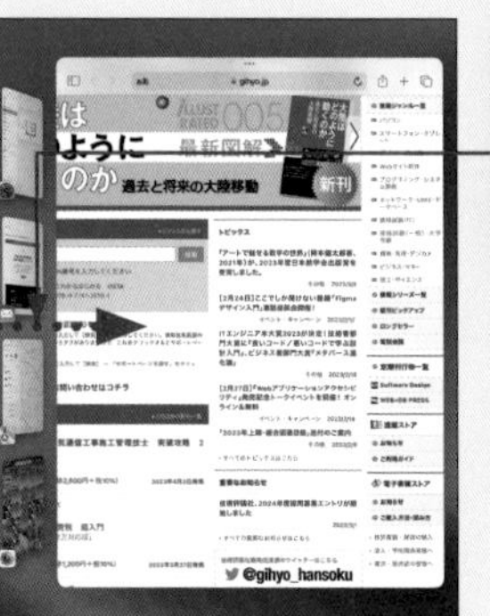

3 画面左端を右方向にスワイプすると、最近使ったアプリが表示されます。

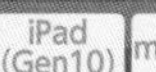

449 ステージマネージャでアプリを切り替えたい！

A Dockや最近使ったアプリから切り替えます。

ステージマネージャを有効にすると、画面下部にDockが常に表示されるようになります。表示しているアプリを別のアプリに切り替える場合は、Dockに表示されているアイコンをタップします。Dockに表示されているアプリ以外のアプリに切り替えたい場合は、Dockの右端に表示されている「Appライブラリ」アイコンをタップすると、「Appライブラリ」画面が表示されるので、この画面で切り替えたいアプリをタップします。

また、ステージマネージャでアプリの画面を表示中に左端から中央方向にスワイプすると、最近使ったアプリが表示されるので、ここで任意のアプリをタップすることでも切り替えることができます。なお、画面下端から上方向にスワイプするとホーム画面が、画面下端から上方向にスワイプして中央で止めることでAppスイッチャーを表示することができるので、ここから切り替えることもできます。

Dockから切り替える

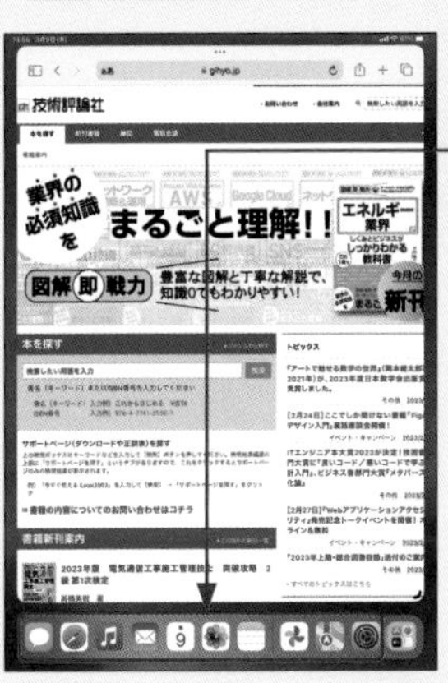

1 アプリ表示中にDockのアプリのアイコンをタップすると、アプリが切り替わります。

2 手順1の画面でAppライブラリのアイコンをタップすると、「Appライブラリ」画面が表示されるので、すべてのアプリに切り替えができます。

最近使ったアプリから切り替える

1 アプリ表示中に画面左端から中央方向にスワイプします。

2 最近使ったアプリが表示されるので、切り替えたいアプリをタップします。

ステージマネージャ　Pro Air iPad (Gen9) iPad (Gen10) mini

450 ステージマネージャで複数のアプリを表示したい!

A ウインドウをグループ化します。

ステージマネージャでは、最大4つまでのアプリ画面をグループ化して同時に表示できます。同じアプリの画面を4つ表示することも可能です。なお、5つ目の画面を表示しようとすると、自動的に最初に起動したアプリ画面が閉じます。
複数のアプリ画面を表示してグループ化するには、アプリの画面を表示した状態で、Dockや最近使ったアプリから任意のアプリアイコンをタッチして、画面中央にドラッグします。また、アプリ画面上部の･･･をタップして、[別のウインドウを追加]をタップすると、Appスイッチャーが表示されるので、ここで任意のアプリアイコンをタップすることでも可能です。
グループ化したアプリは、最近使ったアプリやAppスイッチャーでもグループ化して表示され、タップすることで、グループ化した画面を復元することができます。複数の画面を表示している場合、最前面の画面のアプリに対して操作をすることができます。グループ化したほかのアプリに切り替える場合は、アプリ画面の大きさや位置を調整して背面の切り替えたいアプリ画面が見える状態にし、切り替えたいアプリ画面をタップします。

最近使ったアプリやDockからグループ化する

1 最近使ったアプリから任意のアプリをタッチし、中央のアプリ画面にドラッグ&ドロップすると、

2 ドラッグしたアプリ画面が最前面に表示され、アプリがグループ化されます。

上部のアイコンからグループ化する

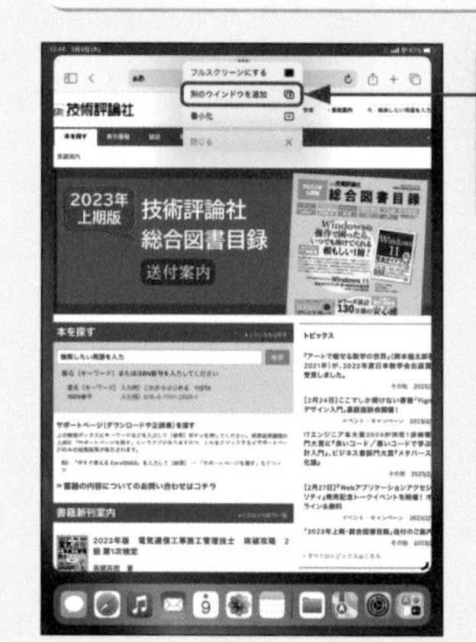

1 画面上部の･･･をタップし、[別のウインドウを追加]をタップします。

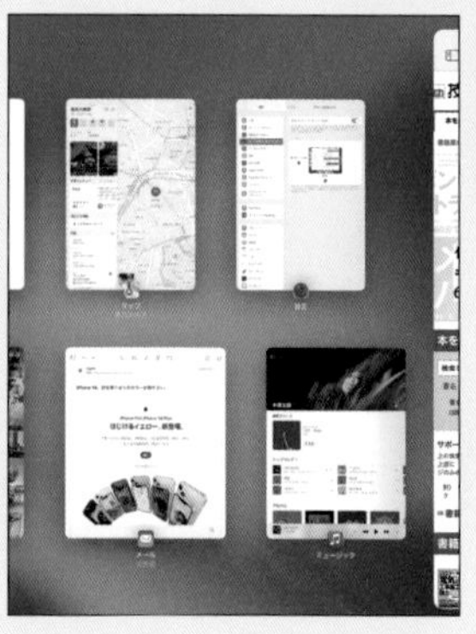

2 Appスイッチャーが表示されるので、任意のアプリをタップします。

ステージマネージャ 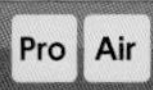 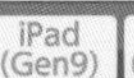 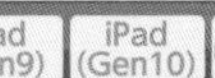

451 ステージマネージャを広い画面で使いたい！

A レイアウトを変更、または拡大表示に設定します。

ステージマネージャを広い画面で利用するには、最近起動したアプリとDockを非表示にしましょう。ホーム画面で［設定］→［ホーム画面とマルチタスク］→［ステージマネージャ］の順にタップし、「レイアウト」から「最近使ったApp」と「Dock」の をタップします。また、iPadの画面自体に拡大表示を設定することも可能です。ホーム画面で［設定］→［画面表示と明るさ］→［拡大表示］の順にタップし、「スペースを拡大」の をタップしたら、［完了］→［"スペースを拡大"を使用］→［完了］の順にタップします。

レイアウトを変更する

「最近使ったApp」と「Dock」の をタップして にすると、ステージマネージャで最近使用したアプリとDockが非表示になります。なお、この設定が有効でもスワイプ操作で表示可能です。

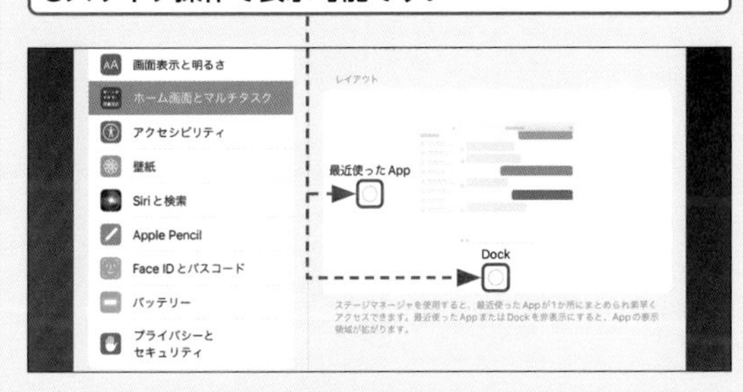

拡大表示を設定する

「スペースを拡大」の をタップして にし、［完了］→［"スペースを拡大"を使用］→［完了］の順にタップすると、ステージマネージャで表示されるアプリ画面のピクセル密度が上がり、表示範囲が広くなります。

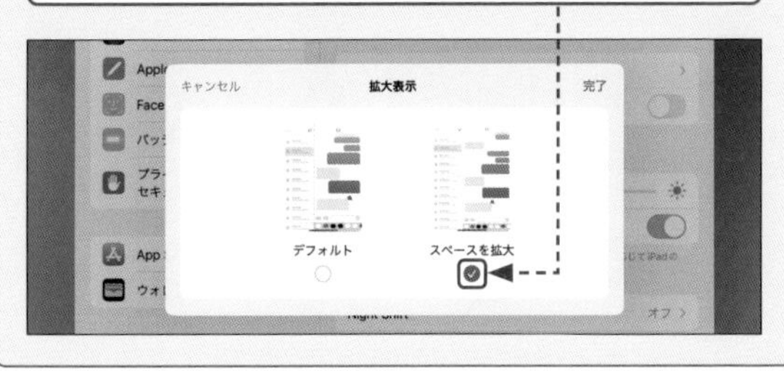

リファレンスモード   

452 正確な色表示にしたい！

 「リファレンスモード」を有効にします。

写真や動画の編集、イラストの着色では、画面の正確な色再現が重要です。iPad Proの12.9インチ（第5、6世代）では、「リファレンスモード」を有効にすることで、画面に表示される色を正確に調整することができます。また、「補正を微調整」からは任意の数値を入力して画面の色を調整することも可能です。なお、リファレンスモードを有効にすると、バッテリーの駆動時間に影響を与える場合があるので注意しましょう。

1 ホーム画面で［設定］→［画面表示と明るさ］の順にタップし、

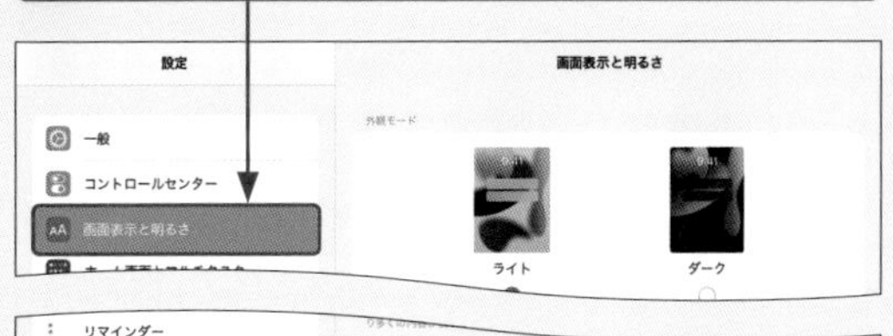

2 「リファレンスモード」の をタップして にします。

3 画面の色を細かく調整したい場合は手順**2**で［補正を微調整］をタップし、「測定値」と「目標値」の各数値を入力して、

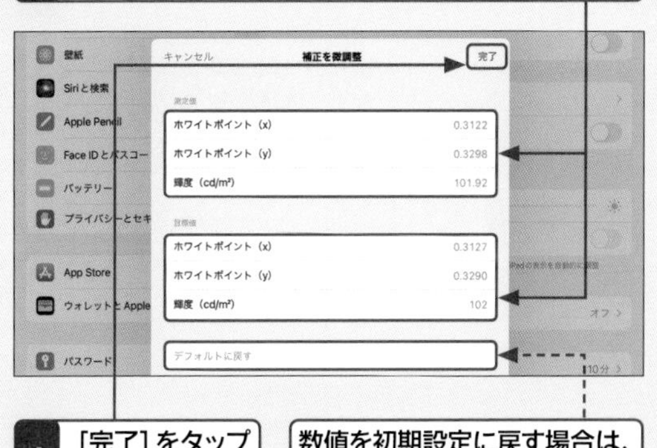

4 ［完了］をタップします。

数値を初期設定に戻す場合は、［デフォルトに戻す］をタップします。

8 使いこなし

ショートカット Pro Air iPad (Gen9) iPad (Gen10) mini

Q 453 ショートカットって何？

A 複数の設定や操作を自動で行ってくれる機能です。

「ショートカット」とは、指定した複数の設定や操作を自動で行ってくれる機能です。「ショートカット」アプリですでに用意されているショートカットを追加して使用したり（Q.454参照）、オリジナルのショートカットを作成したりすることができます（Q.455参照）。ショートカットの作成や実行は、手動はもちろんSiriからの操作も可能です。
iPadを使い込むことで、よく使うアプリや操作のデータからショートカットが提案されるようになるので、どのようなショートカットを作成すればよいのかわからない場合は、提案を参考にしてみましょう。また、よく使うショートカットはウィジェットに登録することも可能できます。

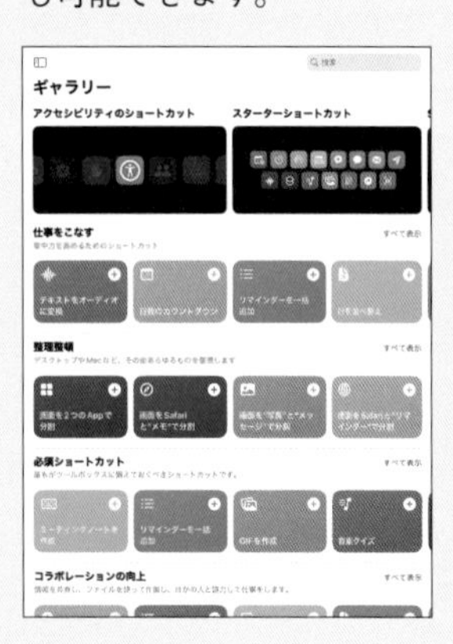

「ギャラリー」画面では、使用頻度の高いショートカットが多数用意されています。

作成したショートカットは「すべてのショートカット」画面から実行できます。

ショートカット Pro Air iPad (Gen9) iPad (Gen10) mini

Q 454 ショートカットを利用したい！

A 「ギャラリー」からショートカットを作成します。

ホーム画面で［ショートカット］をタップし、初回起動時のみ［続ける］をタップします。画面左上の□をタップしてサイドバーを表示し、［ギャラリー］をタップすると、iPadで用意されているショートカットのサンプルを閲覧できます。使用頻度の高い操作のショートカットが多数あるので、ここからすぐに利用したいショートカットの作成が可能です。

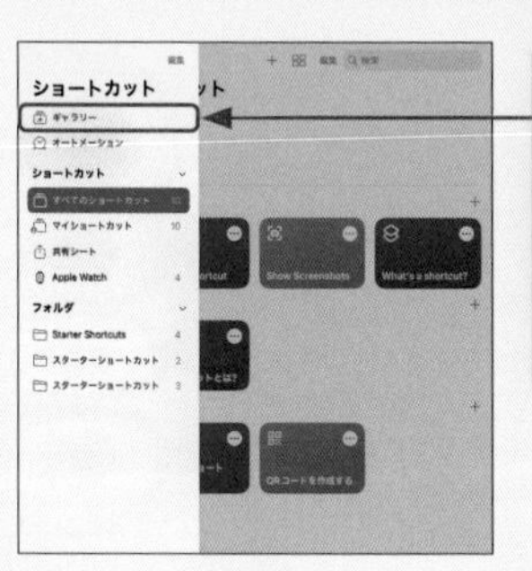

1 ホーム画面で［ショートカット］→□の順にタップしてサイドバーを表示し、［ギャラリー］をタップします。

2 一覧から設定したいショートカット（ここでは［トップニュースをブラウズ］）をタップし、

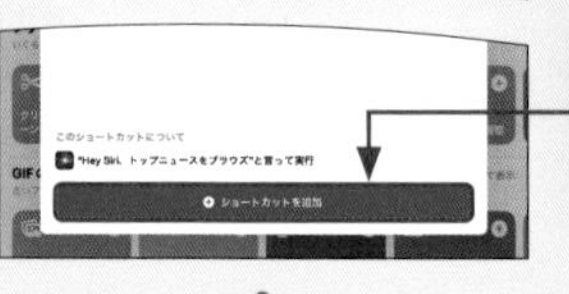

3 ［ショートカットを追加］をタップします。

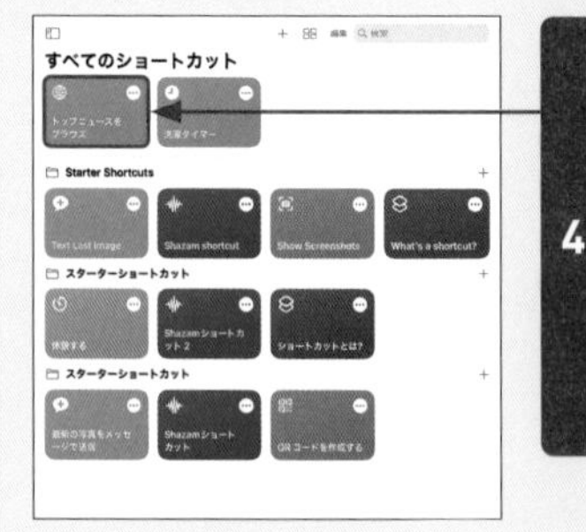

4 サイドバーで［すべてのショートカット］をタップすると、追加したショートカットを確認できます。タップすると、ショートカットが実行されます。

455 オリジナルのショートカットを利用したい！

A ＋をタップしてアプリやアクションを選択します。

「ギャラリー」にない自分のオリジナルのショートカットを利用したい場合は、「すべてのショートカット」画面右上の＋をタップします。画面右側のメニューの「カテゴリ」や「App」からアプリやアクションを細かく追加し、自分が使いやすいショートカットを作成しましょう。
ここでは例として、「メール」アプリで決まった宛先と内容のメールを送信するアクションのショートカットを作成します。追加できるアクションはアプリによって異なります。

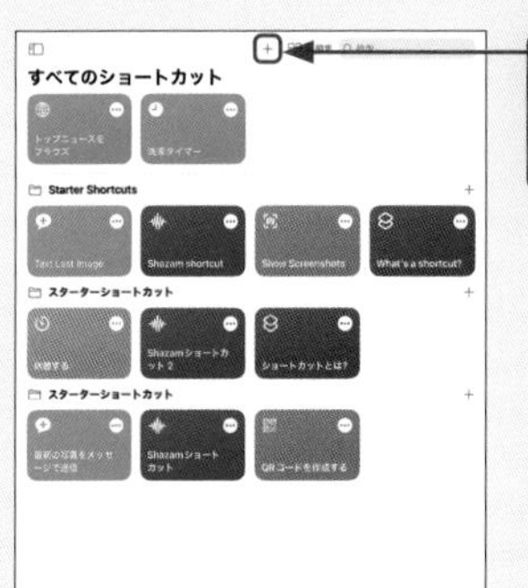

1 「すべてのショートカット」画面で＋をタップします。

2 画面右に「カテゴリ」のアクションが表示されます。「次のアクションの提案」や「お使いのAppからの提案」は、よく使うアプリや操作に基づいて提案されます。

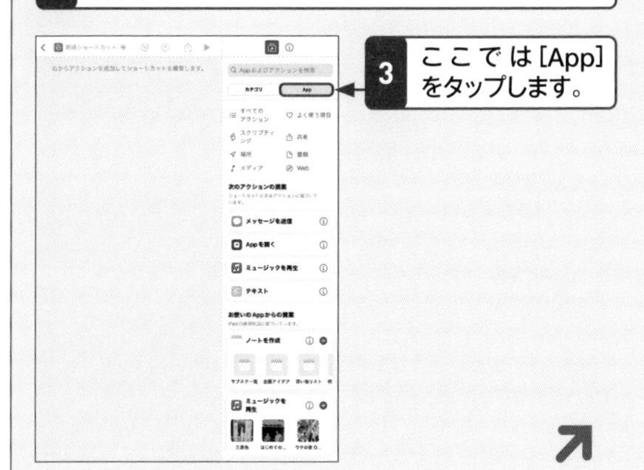

3 ここでは［App］をタップします。

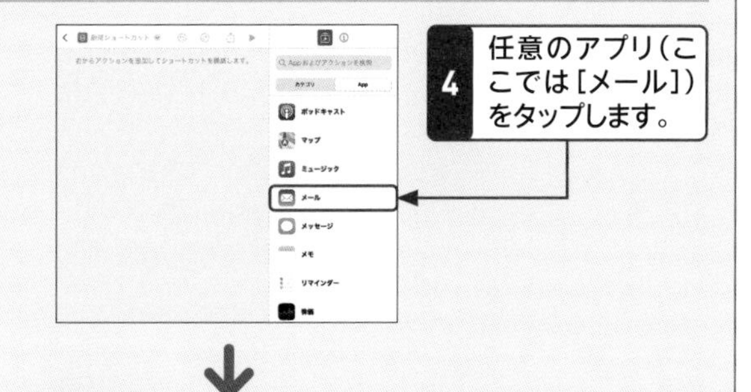

4 任意のアプリ（ここでは［メール］）をタップします。

5 追加したいアクション（ここでは「メールを送信」）のⓘをタップし、

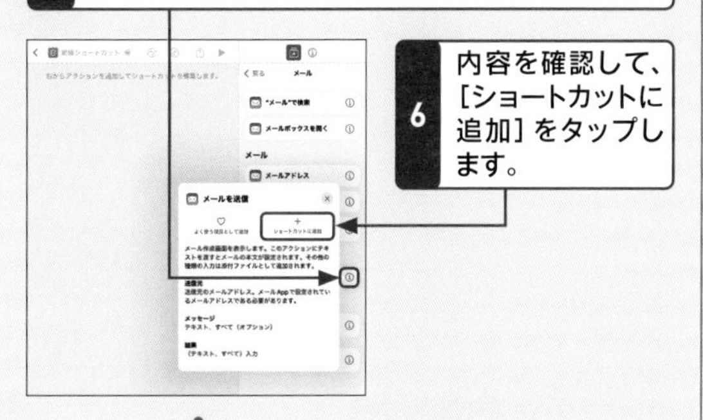

6 内容を確認して、［ショートカットに追加］をタップします。

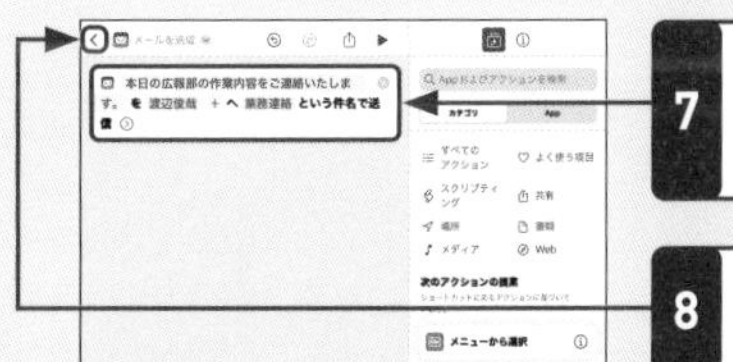

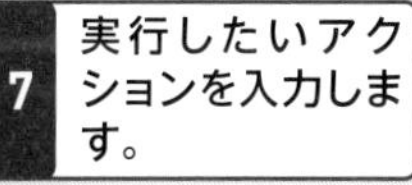

7 実行したいアクションを入力します。

8 画面左上の＜をタップすると、

9 追加したショートカットを確認できます。タップすると、ショートカットが実行されます。

Spotlight　Pro　Air　iPad (Gen9)　iPad (Gen10)　mini

Q 456 アプリや情報をかんたんに検索したい!

A 「Spotlight」機能を利用します。

ホーム画面を中央部から下方向へスワイプすると表示される「Spotlight」という画面は、iPadに搭載された検索機能です。iPad本体にインストールされているアプリや、Web上の情報などをすばやく検索できます。利用履歴から判断されたSiriによる検索候補も提示され、キーワードを入力するほど検索結果を絞り込めます。

Spotlight を利用する

1 ホーム画面を中央部から下方向へスワイプすると、

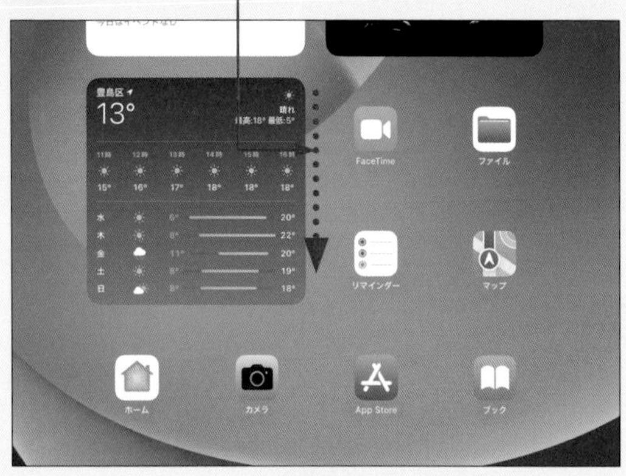

2 Spotlightが表示されます。

3 検索フィールドにキーワードを入力すると、

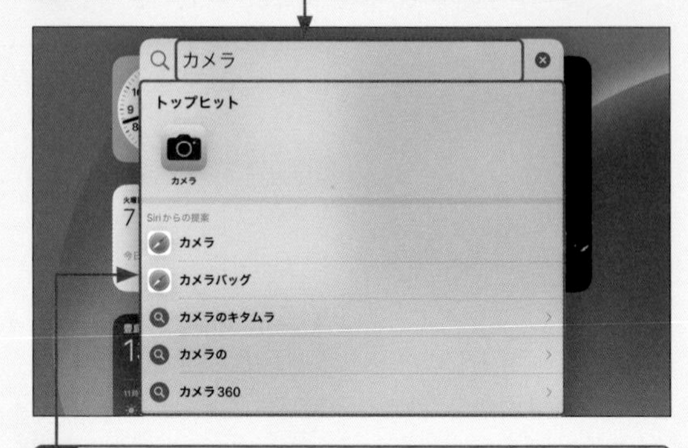

4 リアルタイムでさまざまな検索結果が表示されます。

5 任意の検索結果をタップすると、アプリやWebページなどが表示されます。

Spotlight の検索対象

Spotlightでは、アプリ、Siriからの提案、App Store、写真、ファイル、メール、Siriから提案されたWebサイト、マップなど、さまざまな項目が検索の対象になります。

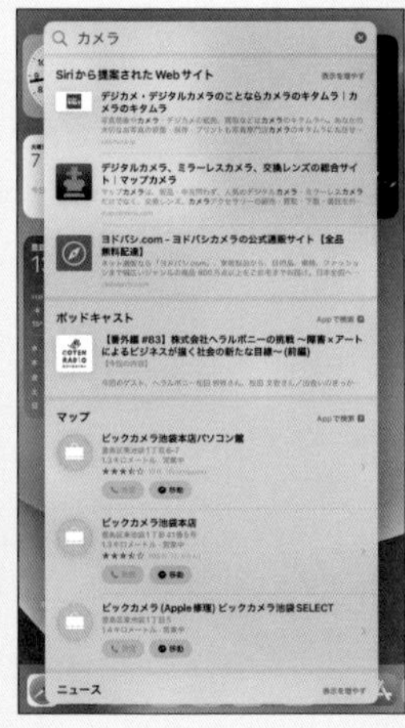

457 「Siriからの提案」を表示したくない！

A 「提案を表示」をオフにします。

Spotlightの「Siriからの提案」、検索結果の「Siriからの提案」と「Siriから提案されたWebサイト」は、非表示にすることができます。ホーム画面で［設定］→［Siriと検索］の順にタップし、「検索する前」から「提案を表示」のをタップしてにします。また、検索結果に表示させたくないアプリがある場合は、「Siriと検索」画面下部から任意のアプリをタップし、「検索中」から「検索でAppを表示」のをタップしてにします。

1 ホーム画面で［設定］→［Siriと検索］の順にタップし、

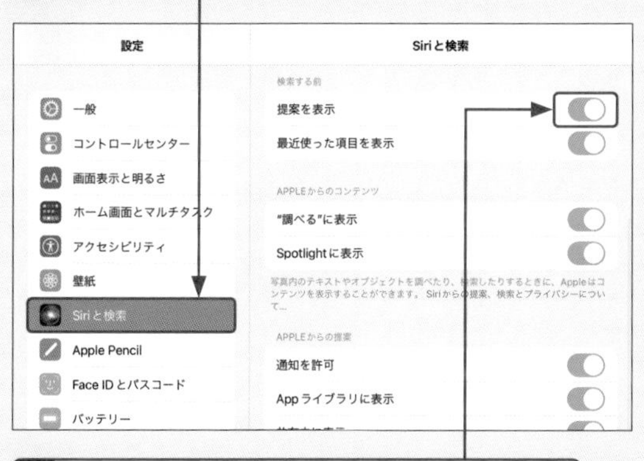

2 「提案を表示」のをタップしてにします。

3 Spotlightを表示すると、「Siriからの提案」が非表示になっていることを確認できます。

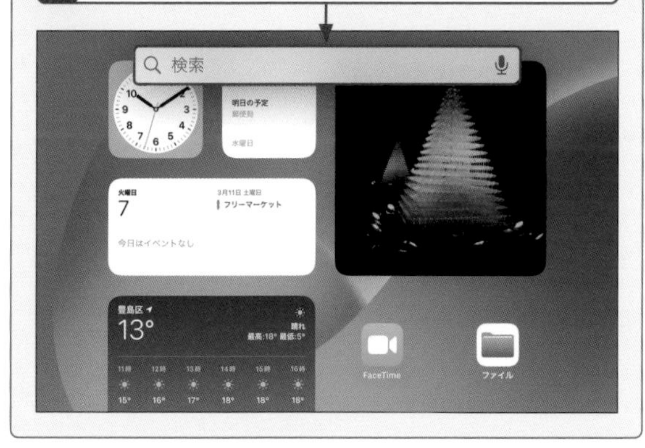

設定 Pro Air iPad (Gen9) iPad (Gen10) mini

458 バッテリーの使用状況を確認したい！

A 「バッテリー」から確認します。

iPadではフル充電後、電源を入れたままで最大で9〜10時間利用できます（機種やモデルによって異なります）。もしiPadの使用時間を正確に知りたい場合は、ホーム画面で［設定］をタップし、［バッテリー］をタップしましょう。最後の充電から、どれだけiPadを使用しているかを確認できます。

1 ホーム画面で［設定］をタップし、

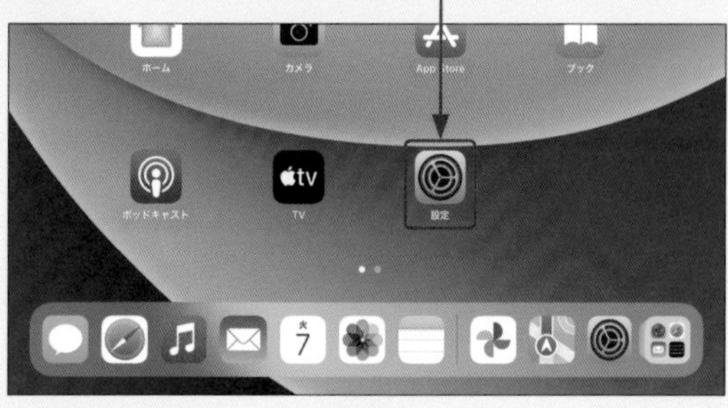

2 ［バッテリー］をタップします。

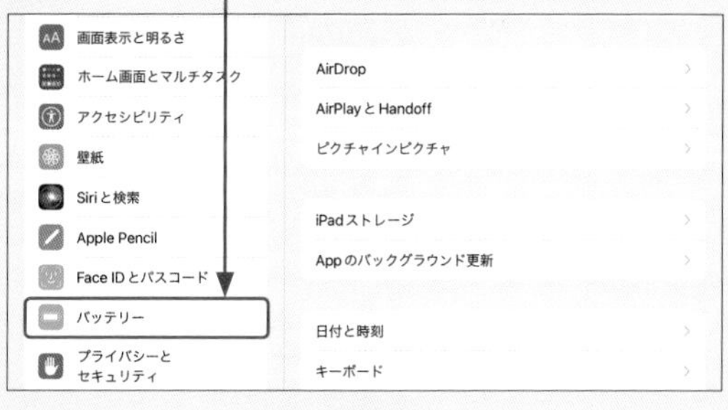

3 「バッテリー残量」からiPadの使用時間を確認できます。

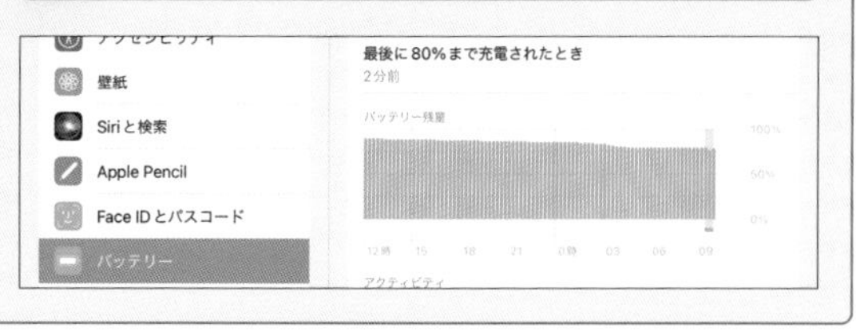

設定 Pro Air iPad (Gen9) iPad (Gen10) mini

Q 459 デバイス名って何？

A 所有しているiPadの名前です。

iPadには識別しやすいように名前を付けられます。デバイス名は、ホーム画面で［設定］→［一般］→［情報］の順にタップするか、iPadをパソコンに接続しiTunesを起動させて確認することができます。初期状態では「○○（ユーザー名）のiPad」と設定されています。

1 ホーム画面で［設定］をタップし、

2 ［一般］をタップして、

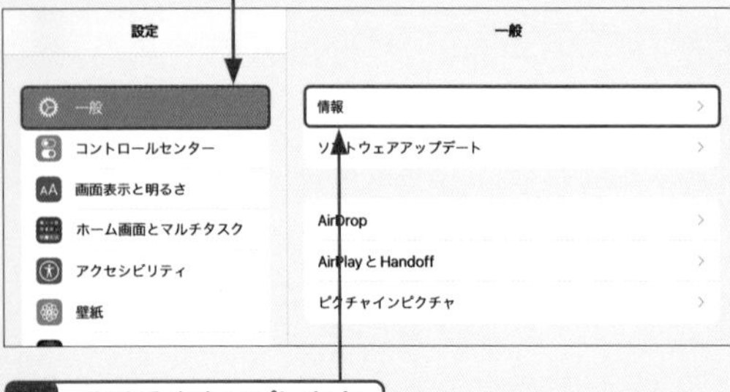

3 ［情報］をタップします。

4 「名前」にデバイス名が表示されます。

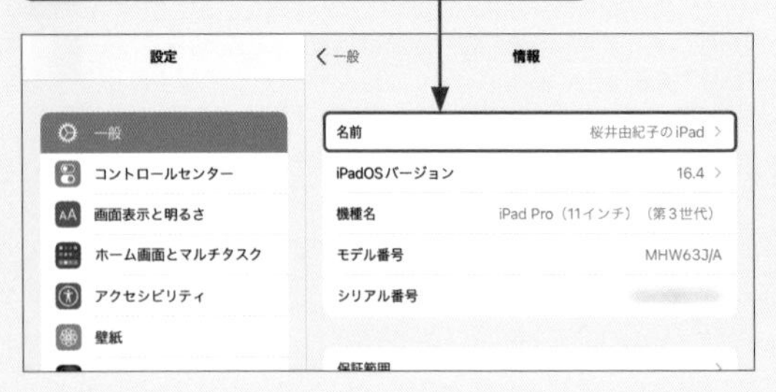

設定 Pro Air iPad (Gen9) iPad (Gen10) mini

Q 460 デバイス名を変更したい！

A デバイス名を表示して変更します。

iPadのデバイス名は任意で変更できます。ホーム画面で［設定］→［一般］→［情報］→［名前］の順にタップし、デバイス名をタップします。「名前」が編集できるようになるので、新しいデバイス名を入力し、画面左上の［情報］をタップします。パソコンから変更する場合は、iTunesの「概要」画面のiPadのデバイス名をクリックしましょう。

iPad で変更する

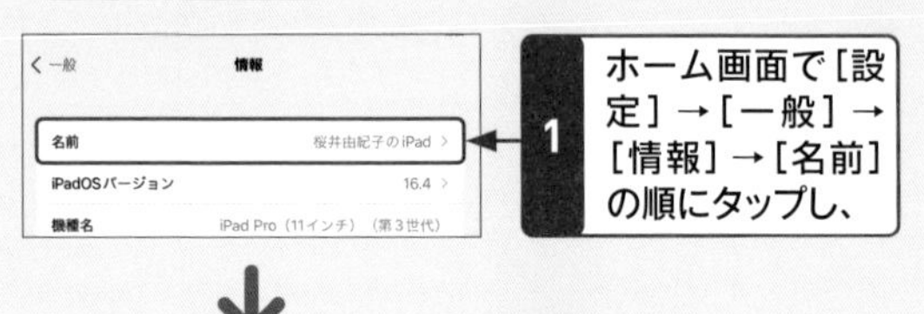

1 ホーム画面で［設定］→［一般］→［情報］→［名前］の順にタップし、

2 任意のデバイス名を入力し、［情報］をタップします。

パソコンで変更する

1 iPadをパソコンに接続してiTunesを起動し、「概要」画面のiPadのデバイス名をクリックして、

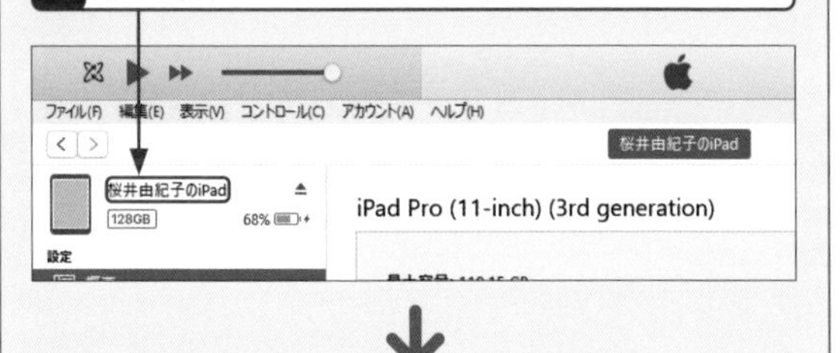

2 任意のデバイス名を入力します。

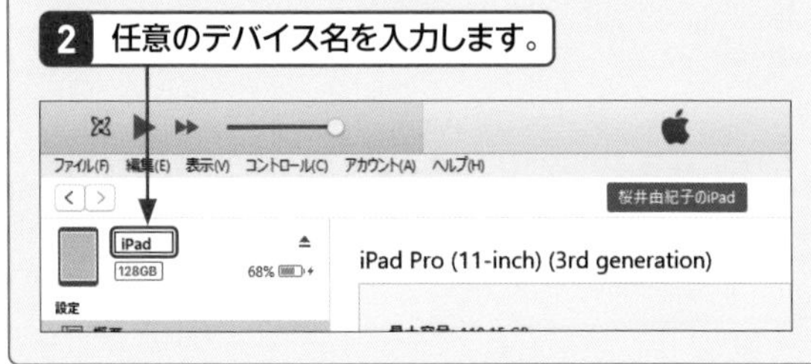

設定　Pro　Air　iPad (Gen9)　iPad (Gen10)　mini

461 アクセシビリティって何？

A すべての人がサービスや商品を使えるようにするための機能です。

「アクセシビリティ」とは、すべての人が年齢や身体的条件に関係なく、サービスや商品を十分に活用できる、という概念のことです。iPadにも、アクセシビリティを取り入れた機能が複数用意されています。主な機能は下記の表を参照してください。

iPadの主なアクセシビリティ機能

視覚サポート	
VoiceOver	画面上の項目を読み上げます。
ズーム	3本指ダブルタップで画面を拡大表示します。
ポイントしたテキストの拡大	画面上の項目の拡大バージョンを別ウインドウに表示します。
画面表示とテキストサイズ	画面やテキストの設定をカスタマイズして見やすくします。
動作	一部の画面の動きを止めるか減らします。
読み上げコンテンツ	VoiceOverをオフにしていても、選択したテキストまたは画面全体を読み上げたり、入力時にテキストの修正と候補を読み上げたりします。
バリアフリー音声ガイド	バリアフリー音声ガイドが含まれているコンテンツの場合、説明を再生します。

身体機能および操作	
タッチ	ジェスチャーに対するタッチスクリーンの反応を調整します。
Face IDと注視	Face IDを搭載したiPadで、目を開けた状態で画面を見たときのみロックが解除されます。
音声コントロール	声だけでiPadを操作します。

聴覚サポート	
ヒアリングデバイス	「Made For iPad（MFi）」補聴器またはサウンドプロセッサを使用します。
サウンド認識	特定のサウンドを認識したときに通知を送信します。
オーディオ／ビジュアル	ソフトなサウンドを増幅したり、自分の聴覚に合わせて特定の周波数を調整したりします。

設定　Pro　Air　iPad (Gen9)　iPad (Gen10)　mini

462 画面の項目を読み上げてほしい！

A 「VoiceOver」を利用します。

iPadでは、アクセシビリティ機能の1つとして「VoiceOver」が搭載されています。ホーム画面で［設定］→［アクセシビリティ］→［VoiceOver］の順にタップし、「VoiceOver」の をタップして、警告画面で［OK］をダブルタップします。設定後、指で触れた項目やメニューが自動で読み上げられるようになります。

1 ホーム画面で［設定］→［アクセシビリティ］→［VoiceOver］の順にタップし、

2 「VoiceOver」の  をタップして、［OK］をダブルタップします。

3 指で触れた項目やテキストが読み上げられるようになります。

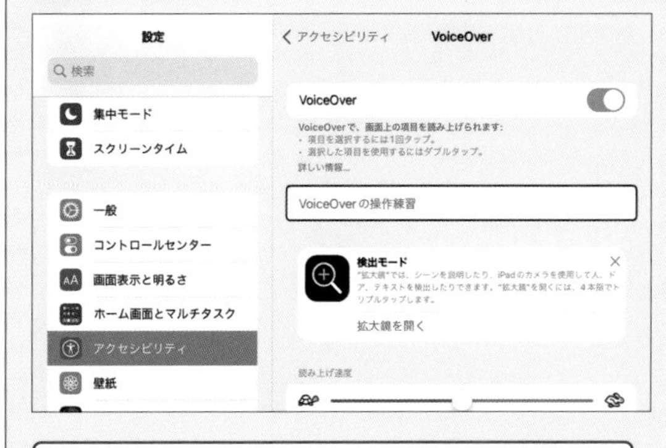

ボタン操作などは、ダブルタップする必要があります。

設定 Pro Air iPad (Gen9) iPad (Gen10) mini

463 画面表示を拡大したい!

A 「ズーム機能」を利用します。

画面が見づらい場合は、アクセシビリティ機能の「ズーム」を利用しましょう。ホーム画面で[設定]→[アクセシビリティ]→[ズーム]の順にタップし、「ズーム機能」の をタップして にします。3本指でのダブルタップで拡大、3本指でのドラッグで移動、3本指でダブルタップ→ドラッグの順で拡大倍率を変更できます。また、Q.066を参考にアプリごとの表示設定も可能です。

1 ホーム画面で[設定]→[アクセシビリティ]→[ズーム]の順にタップし、

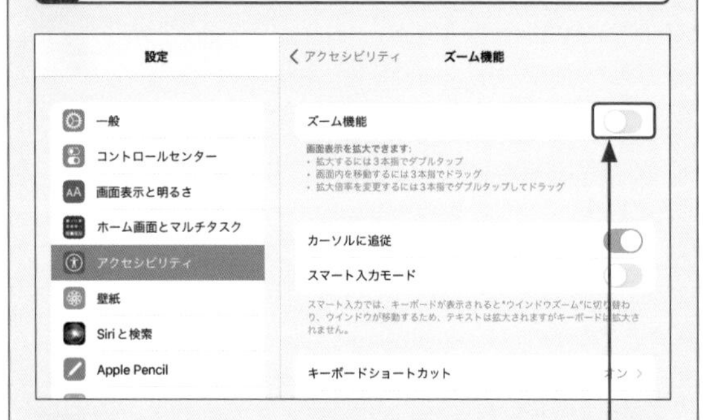

2 「ズーム機能」の をタップして にします。

3 ズーム機能が利用できるようになります。

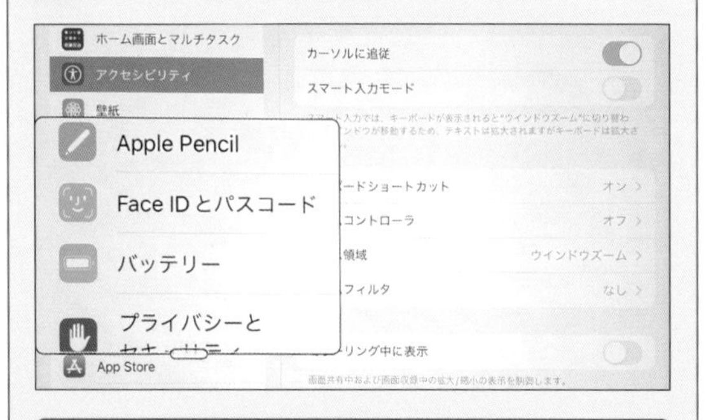

3本指でのダブルタップで拡大、3本指でのドラッグで移動できます。また、3本指でダブルタップし、ドラッグすると拡大倍率を変更できます。

設定 Pro Air iPad (Gen9) iPad (Gen10) mini

464 選択した文章を読み上げてほしい!

A 「読み上げコンテンツ」を利用します。

文面が読みにくい場合は、アクセシビリティ機能の「読み上げコンテンツ」を利用しましょう。ホーム画面で[設定]→[アクセシビリティ]→[読み上げコンテンツ]の順にタップし、「選択項目の読み上げ」の をタップして にします。以降、Safariやメールなどの文章を選択し、[読み上げ]をタップすると、選択した文章が読み上げられます。

1 ホーム画面で[設定]→[アクセシビリティ]→[読み上げコンテンツ]の順にタップし、

2 「選択項目の読み上げ」の をタップして にします。

3 任意のアプリで文章を選択し、

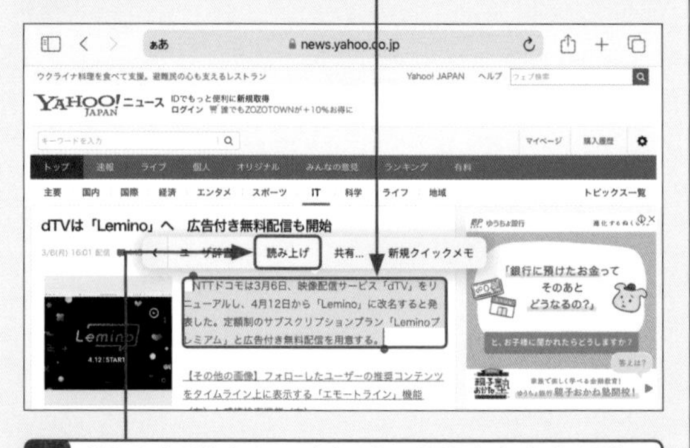

4 [読み上げ]をタップすると、選択した文章が読み上げられます。

465 自動ロックの時間を変更したい！

A 2分、5分、10分、15分の中から選択して変更できます。

iPadは、何も操作しないまま数分（初期状態では2分）が経過すると画面表示が消え、ロックがかかって操作できなくなります。たとえばメールの返信内容を検討している間などに自動ロックがかかってしまうと、わざわざロックを解除しなければなりません。そうした手間を省きたいときはスリープモードに切り替わるまでの時間を変更しましょう。
スリープモードになるまでの時間は、「2分」「5分」「10分」「15分」から設定できます。

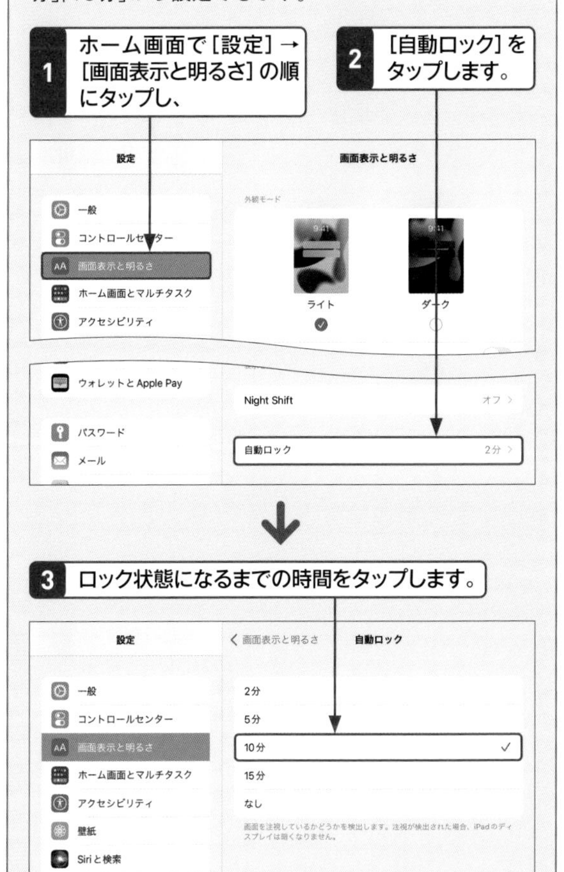

466 スリープモードにならないようにしたい！

A 「自動ロック」を無効にします。

iPadは、何も操作しないまま数分（初期状態では2分）が経過すると、自動でロックがかかる設定になっていますが、自動ロックを無効にすることもできます。自動ロックが無効になると、iPadの画面が常に表示されている状態になります。
ただし、画面を表示する時間が長くなるほど、電池の消耗は早まってしまいます。トップボタンを押すことでもスリープモードに切り替えられるので、時間設定と使い分けましょう。

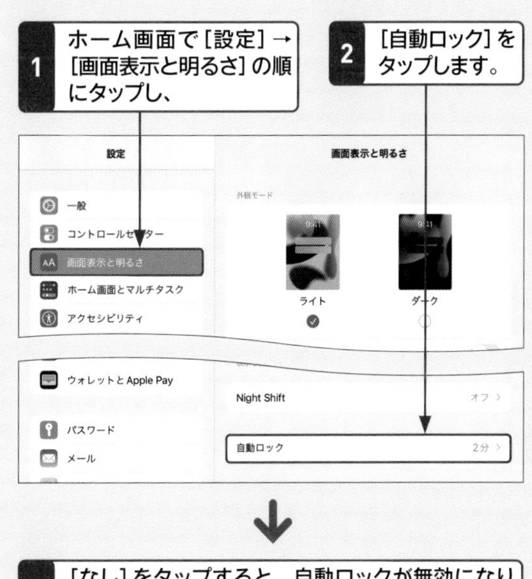

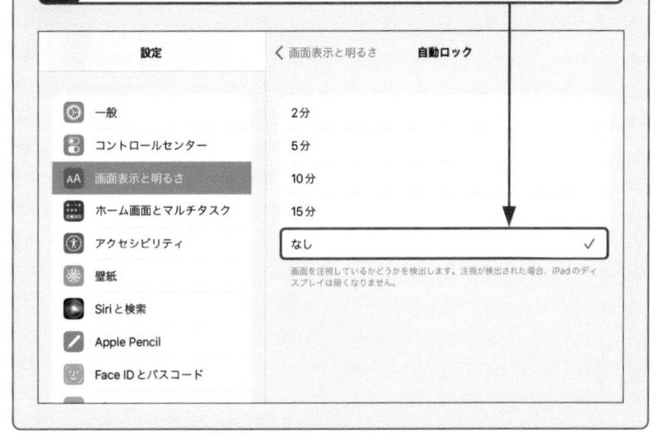

設定　Pro　Air　iPad (Gen9)　iPad (Gen10)　mini

467 重要ではない通知をオフにしたい！

A 「集中モード」を利用します。

iPadには、気を散らす通知などをできるだけ減らして作業に集中できるようにする「集中モード」という機能があります。ホーム画面で［設定］→［集中モード］の順にタップすると、「パーソナル」「仕事」「ゲーム」「フィットネス」などといった、特定のアクティビティに特化した集中モードを設定でき、通知をオフにすることができます。また、一部の連絡先やアプリからのみ通知を許可する設定も可能です。

すべての通知をすばやくオフにしたい場合は、コントロールセンター（Q.071参照）から「おやすみモード」をオンに設定します。「おやすみモード」でも、「集中モード」画面からすべての通知を一時的にオフにするか、特定の通知だけを許可するかを設定できます。

「集中モード」を設定する

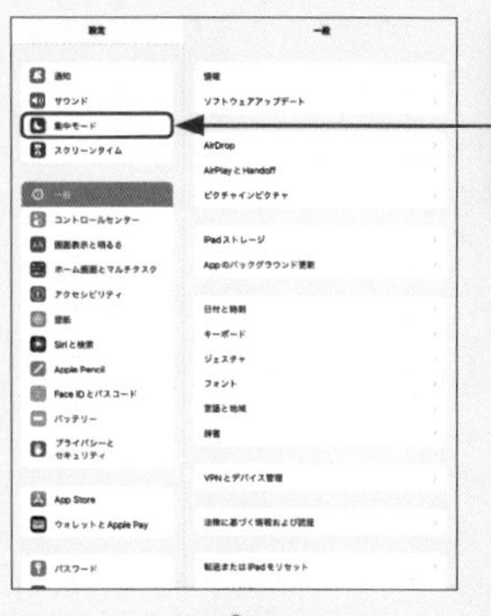

1 ホーム画面で［設定］→［集中モード］の順にタップし、

2 「集中モード」を設定したいアクティビティ（ここでは［パーソナル］）をタップして、

3 初回設定時のみ［集中モードをカスタマイズ］をタップします。

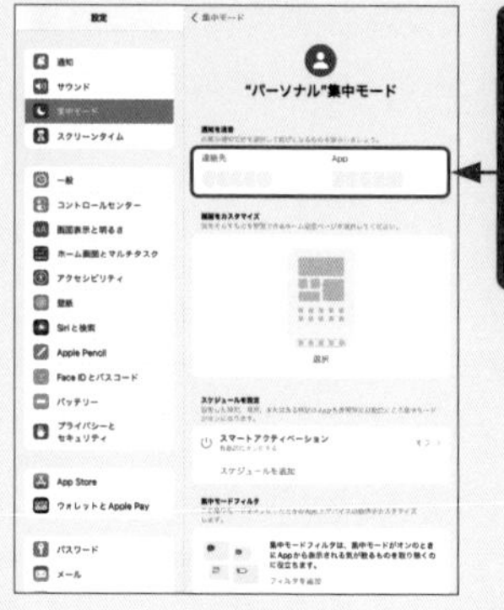

4 「通知を消音」から「連絡先」と「App」の必要な通知（または「通知を知らせない」）を選択します。

5 そのほかに通知オプションやスケジュールなどを設定すると、「集中モード」が利用できるようになります。

「おやすみモード」をオンにする

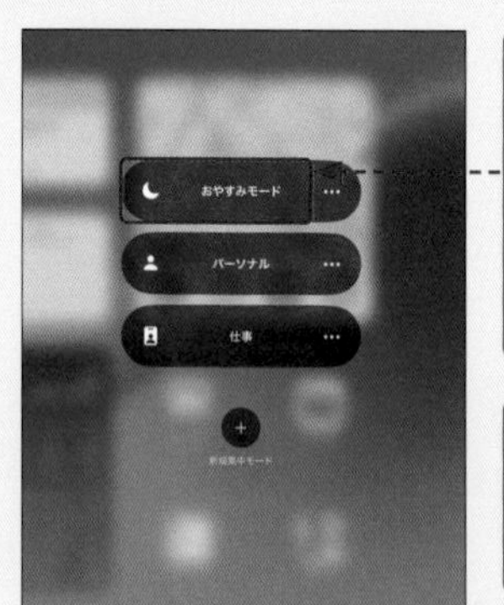

コントロールセンターを表示し、［集中モード］→［おやすみモード］の順にタップ、もしくは🌙をタップすると、すべての通知がオフになります。

ほかの「集中モード」を有効にしたい場合は、アクティビティ名をタップします。

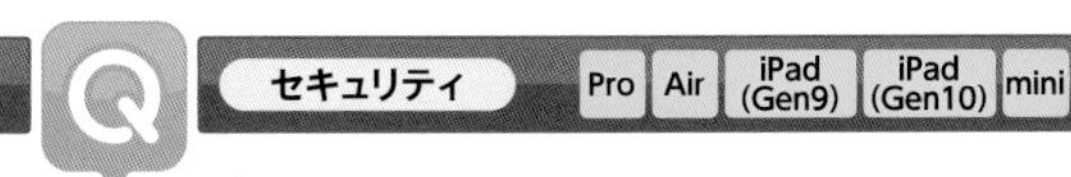

468 iPadにパスコードを設定したい！

A 「パスコードをオンにする」から設定します。

iPadには、ロックを解除するためのパスコードを設定できます。ホーム画面で［設定］→［Face IDとパスコード］の順にタップし、［パスコードをオンにする］をタップして、設定したい6桁の番号を2回入力します。パスコードを変更したい場合は、「Face IDとパスコード」画面で［パスコードを変更］をタップします。

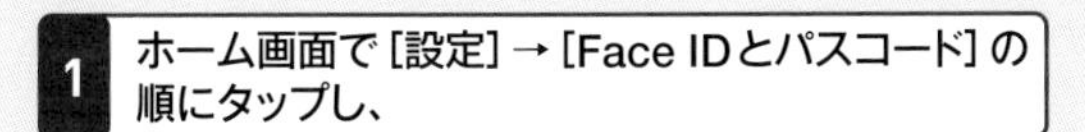

2 ［パスコードをオンにする］をタップして、

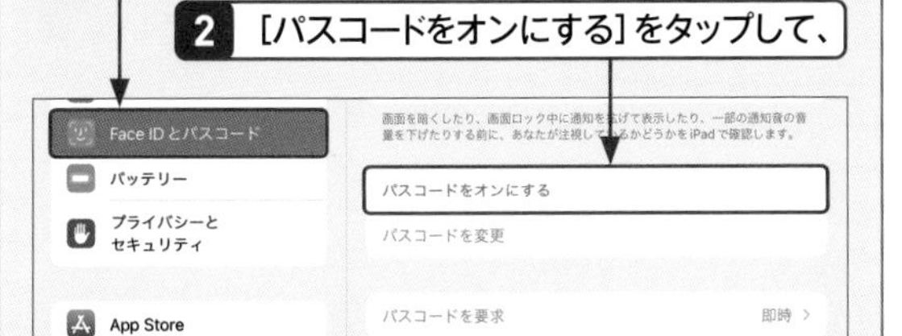

3 6桁の番号を2回入力します。

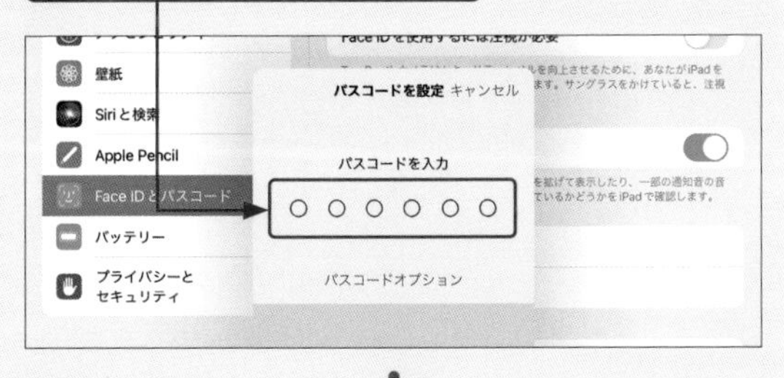

4 Apple IDのパスワードを入力し、

5 ［サインイン］をタップすると、パスコードが設定されます。

セキュリティ　Pro　Air　iPad (Gen9)　iPad (Gen10)　mini

469 もっと強力なパスコードにしたい！

A 「パスコードオプション」を利用します。

Q.468手順**3**の画面で［パスコードオプション］→［カスタムの英数字コード］の順にタップすると、6桁の数字ではなく、英数字を組み合わせた複雑なパスコードを設定することができます。

［パスコードオプション］→［カスタムの英数字コード］の順にタップすると、英数字、記号や特殊文字などを組み合わせた、より複雑なパスコードを設定できます。

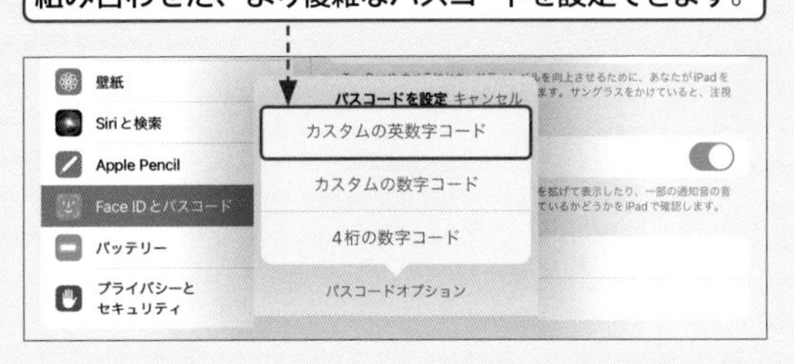

セキュリティ　Pro　Air　iPad (Gen9)　iPad (Gen10)　mini

470 パスコードの設定を変更したい！

A 「パスコードを要求」から設定します。

一度パスコードを入力したら、一定時間の間は入力しなくてよいように設定することもできます。「Face IDとパスコード」画面で［パスコードを要求］をタップし、任意の時間をタップします。初期状態では「即時」、それ以外は「1分後」「5分後」「15分後」「1時間後」「4時間後」から設定できますが、セキュリティ対策としては短い時間を選択するとよいでしょう。なお、生体認証を設定している場合は、「即時」しか設定できません。

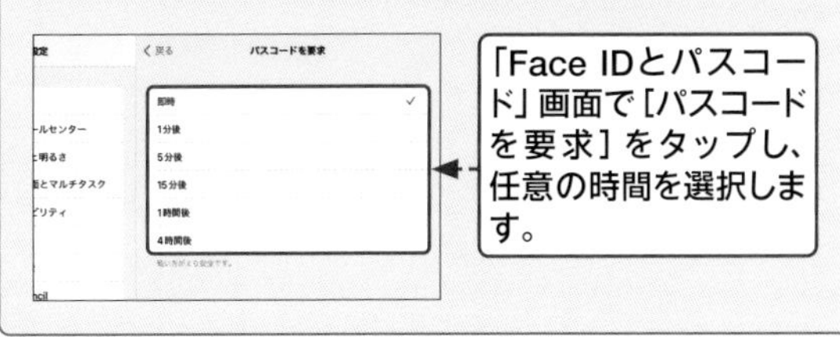

「Face IDとパスコード」画面で［パスコードを要求］をタップし、任意の時間を選択します。

8 使いこなし

セキュリティ

471 顔でロックを解除したい!

A 「Face ID」を設定します。

「Face ID」は、iPadの顔認証機能です。なお、Face IDは、iPad Proの11インチ(全世代)、12.9インチ(第3世代以降)のみで利用可能で、事前にパスコードを設定しておく必要があります(Q.468参照)。「設定」アプリから登録すれば、iPadの前面カメラに顔を向けるだけでロック解除やアプリのインストール時のパスワード入力を省略することができます。

1 ホーム画面で[設定]→[Face IDとパスコード]の順にタップし、パスコードを入力して、

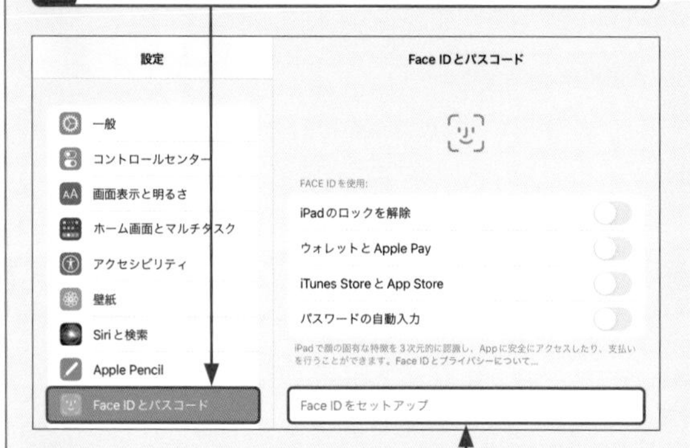

2 [Face IDをセットアップ]をタップします。

3 [開始]をタップします。

4 枠内に自分の顔を写します。

5 ゆっくりと顔を動かして円を描きます。

6 1回目のスキャンが完了したら、[続ける]をタップします。

8 使いこなし

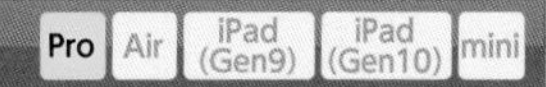

7 手順5と同様に、再度ゆっくりと顔を動かして円を描きます。

8 2回目のスキャンが完了したら、

9 ［完了］をタップします。

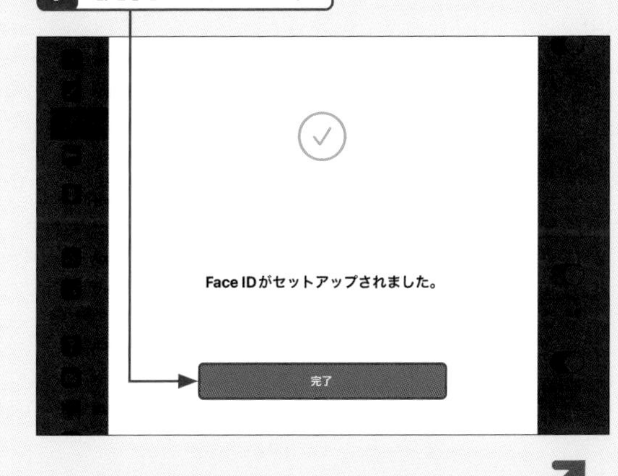

10 Face IDが設定されます。

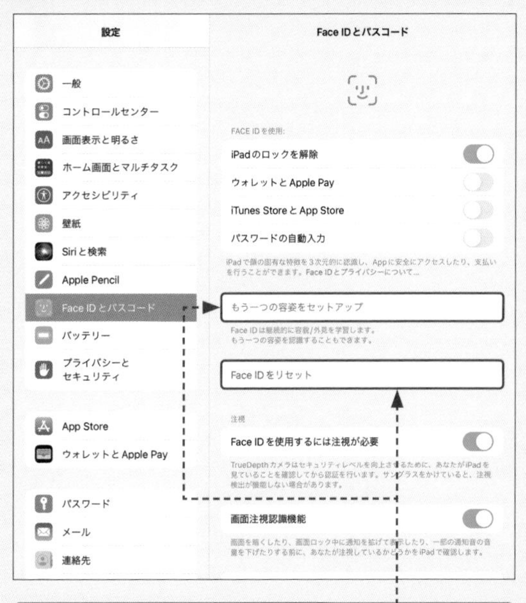

［もう一つの容姿をセットアップ］をタップすると別の容姿を追加でき、［Face IDをリセット］をタップすると登録した顔を削除できます。

11 以降は顔を前面カメラに写すことで、ロックを解除したりアプリをインストールしたりできます。

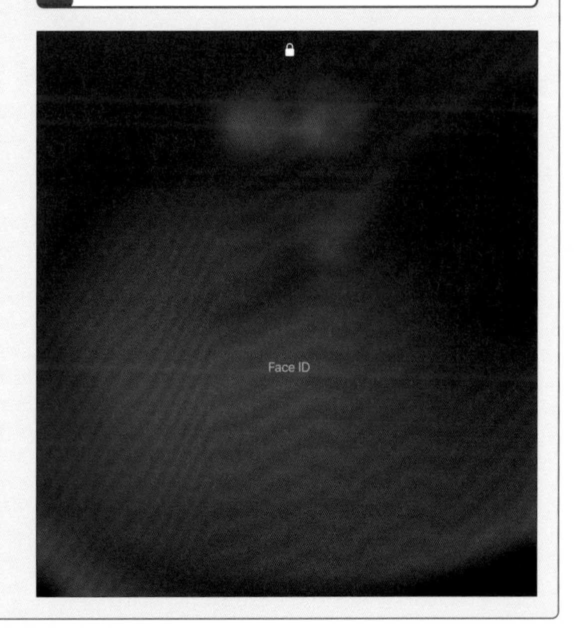

Pro Air iPad (Gen9) iPad (Gen10) mini

472 指紋でロックを解除したい!

A 「Touch ID」を設定します。

「Touch ID」は、iPad Pro以外で利用できるiPadの指紋認証機能です。事前にパスコードを設定しておく必要があります(Q.468参照)。「設定」アプリから登録すれば、ホームボタンのある機種はホームボタン、それ以外はトップボタンを指で触るだけでロック解除やアプリのインストール時のパスワード入力を省略することができます。

1 ホーム画面で[設定]→[Touch IDとパスコード]の順にタップし、パスコードを入力して、

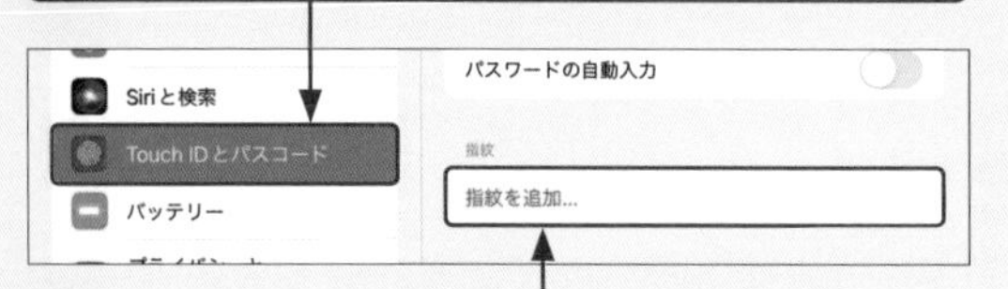

2 [指紋を追加…]をタップします。

3 いずれかの指をホームボタンかトップボタンに置き、画面の指示に従って指をタッチする、離すを繰り返します。

4 続けて「グリップを調整」画面が表示されたら[続ける]をタップし、ホームボタンかトップボタンを触り続けます。

5 「完了」画面が表示されたら[続ける]をタップし、

6 Apple IDのパスワードを入力して、[サインイン]をタップします。

7 Touch IDが設定されます。

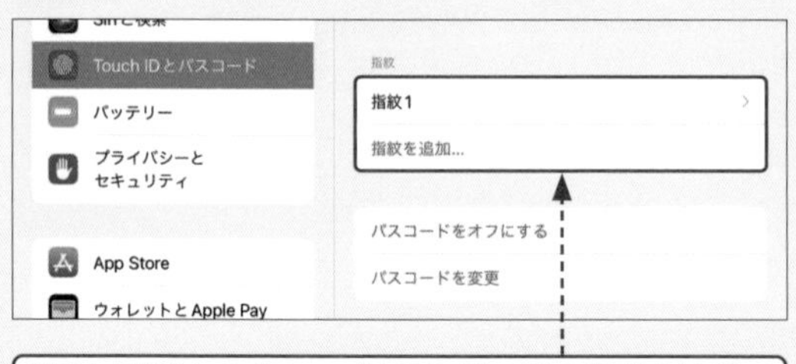

[指紋を追加…]をタップすると別の指の指紋を追加でき、[指紋1]→[指紋を削除]の順にタップすると登録した指紋を削除できます。

8 以降はホームボタンかトップボタンをタッチすることで、ロックを解除したりアプリをインストールしたりできます。

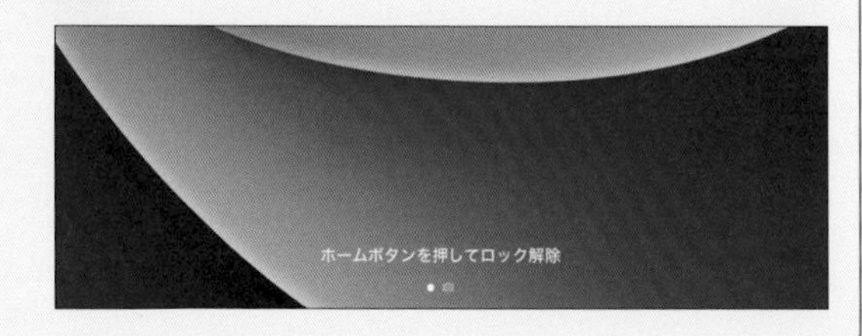

セキュリティ

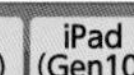
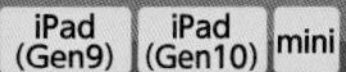

Pro Air iPad (Gen9) iPad (Gen10) mini

473 Face IDやTouch IDはロック解除以外に使えないの？

A コンテンツの支払いやパスワードの入力の際にも利用できます。

Face IDやTouch IDはロック解除だけでなく、Apple Payでの支払い、iTunes StoreやApp Storeでの支払い、Apple IDのパスワード入力のシーンなどでも利用できます。ここでは、Face IDでアプリをインストールする方法を説明します。

Face IDでアプリをインストールできるよう設定する

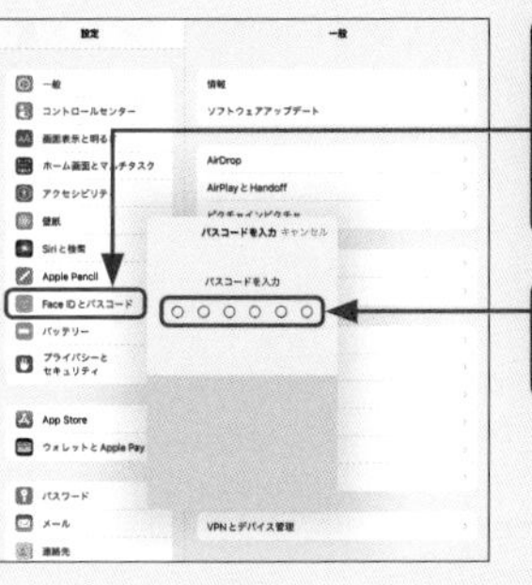

1 ホーム画面で［設定］→［Face IDとパスコード］の順にタップし、

2 パスコードを入力します。

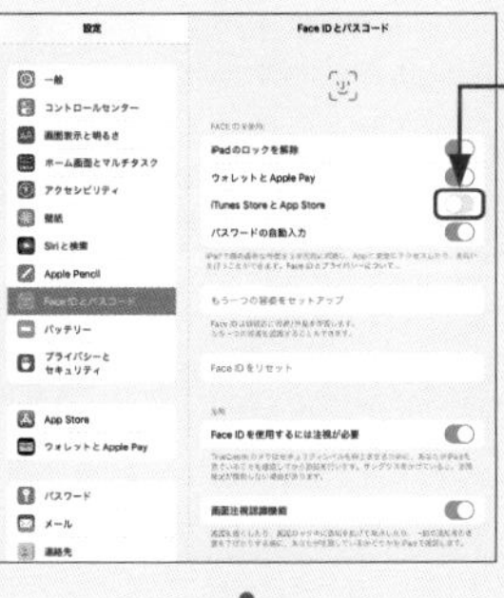

3 「FACE IDを使用」から「iTunes StoreとApp Store」の ◯ をタップし、

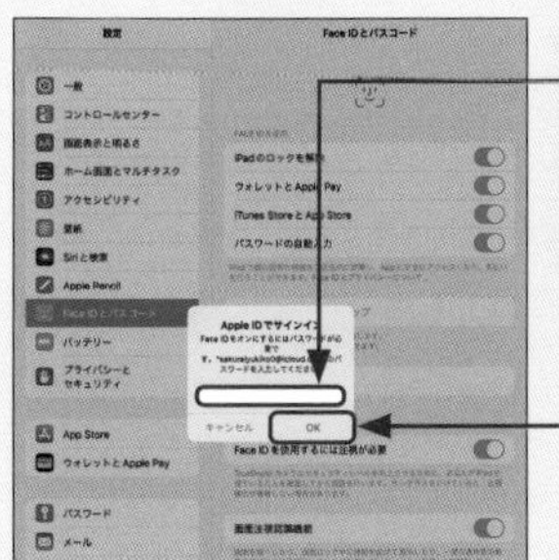

4 Apple IDのパスワードを入力し、

5 ［OK］をタップします。

Face IDでアプリをインストールする

1 App Storeで任意のアプリを表示し、［入手］をタップします。

2 トップボタンをすばやく2回押します。

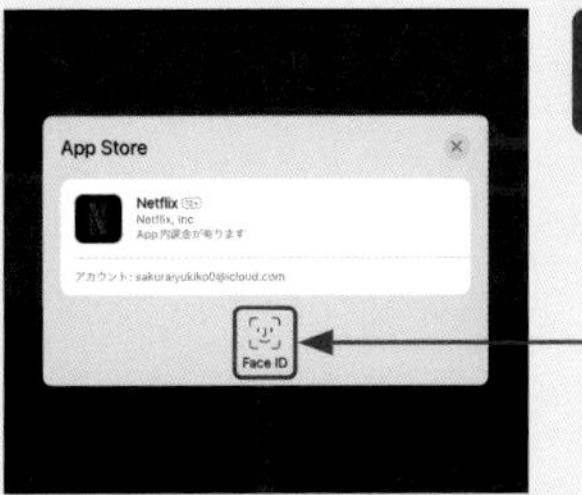

3 iPadに顔を向けると、

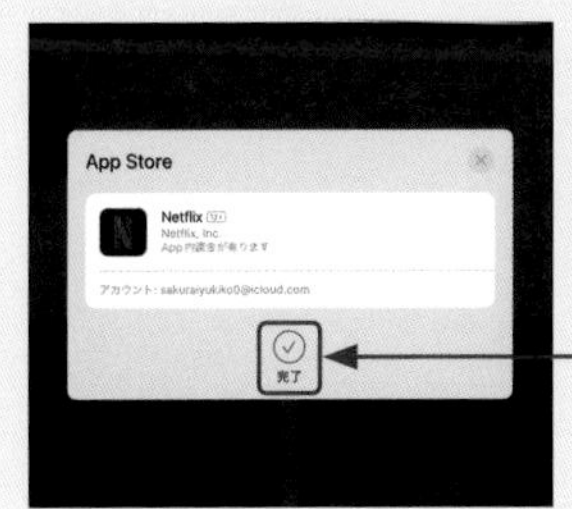

4 認証が完了し、アプリのインストールが開始されます。

セキュリティ　Pro　Air　iPad (Gen9)　iPad (Gen10)　mini

474 機能制限を強化したい!

A 「スクリーンタイムパスコード」を設定します。

Q.343では、アプリの利用時間の制限を設定する方法を説明しました。このほかにも、子どもがiPadを使用する際などに「スクリーンタイムパスコード」を設定することで、スクリーンタイムの設定を厳重に管理したり、制限時間の延長を許可したりできます。また、スクリーンタイムをオンにする際（Q.342参照）、［これは子供用のiPadです］をタップすると、年齢や使用できるアプリなどを設定することも可能です。

1 ホーム画面で［設定］→［スクリーンタイム］→［スクリーンタイムパスコードを使用］の順にタップし、

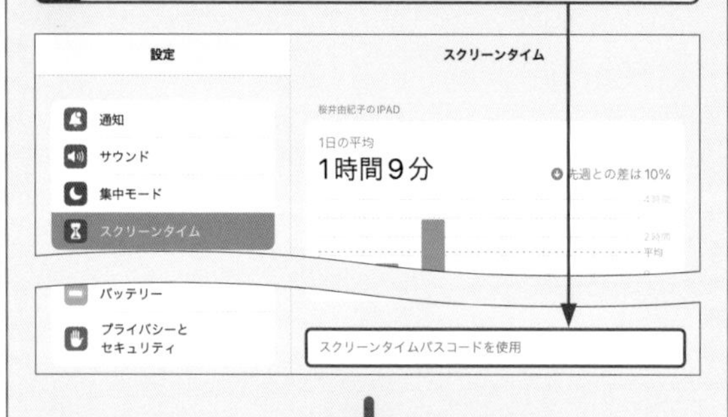

2 任意の4桁の数字を2回入力します。

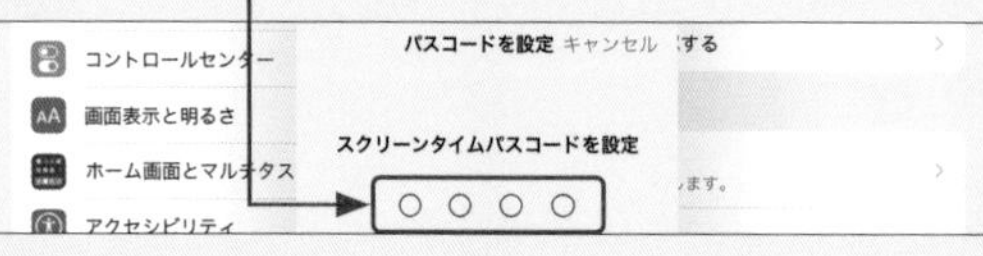

3 「スクリーンタイムパスコードの復旧」画面でApple IDとパスワードを入力し、

4 ［OK］をタップします。

セキュリティ　Pro　Air　iPad (Gen9)　iPad (Gen10)　mini

475 右上に表示される点は何？

A カメラやマイクの使用を示すインジケーターです。

iPadではプライバシー保護のための機能として、アプリがカメラやマイクにアクセスしていることを一目で確認できるようになっています。カメラやマイクを使用するアプリがあると、画面右上にカメラやマイクの使用を示すインジケーターが表示されます。
カメラ単体、またはカメラとマイクの両方を使用するアプリを起動している場合は緑のインジケーター、マイクを使用するアプリを起動している場合はオレンジのインジケーターが表示されます。また、アプリがカメラやマイクを使用中の場合、コントロールセンターを表示すると（Q.071参照）、そのアプリが上部に表示され、タップすると使用中の権限を確認できます。

カメラ単体、またはカメラとマイクの両方を使用するアプリを起動している際には、緑のインジケーターが表示されます。

マイクを使用するアプリを起動している際には、オレンジのインジケーターが表示されます。

476 正確な位置情報を知らせたくない！

A 「位置情報サービス」や「正確な位置情報」をオフにします。

iPadの位置情報を無効にしたい場合は、ホーム画面で[設定]→[プライバシーとセキュリティ]→[位置情報サービス]の順にタップし、「位置情報サービス」のをタップして[オフにする]をタップします。
また、アプリごとに位置情報を利用するかの設定を行うことも可能です。「探す」アプリはオンに、「カメラ」アプリはオフにするなど、アプリの用途に合わせてオン／オフを設定しましょう。ただし、アプリごとに位置情報の許可を設定していても、前述の「位置情報サービス」がオフになっている場合、位置情報を利用できないので注意しましょう。
一部のアプリでは、「正確な位置情報」をオフにすることで、おおよその位置情報だけが共有できるようになります。「位置情報サービス」画面で任意のアプリをタップし、「正確な位置情報」のをタップしてにしましょう。

「位置情報サービス」をオフにする

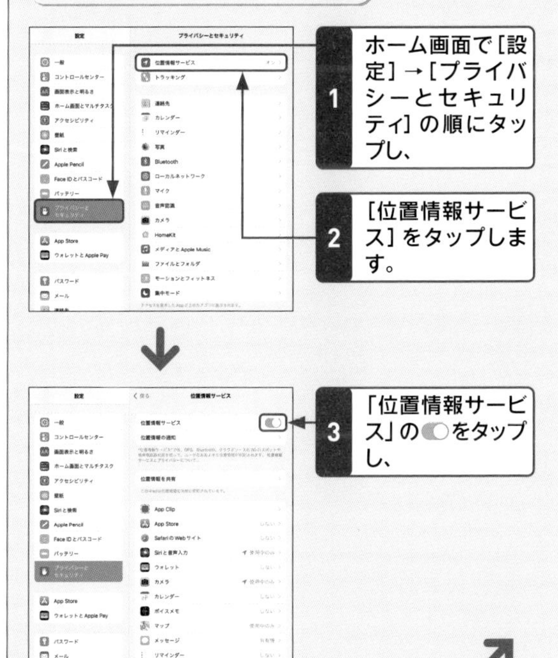

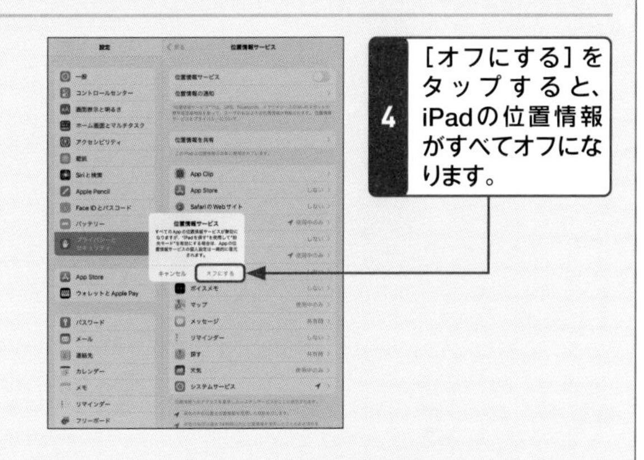

「正確な位置情報」をオフにする

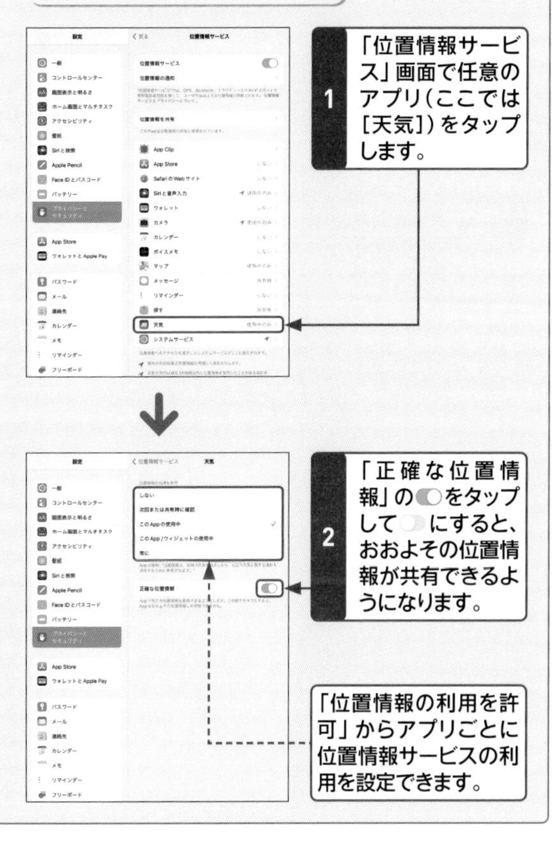

477 アプリが利用する機能を確認したい!

A 「プライバシーとセキュリティ」の各アプリから確認します。

「カメラ」アプリや「写真」アプリなど、一部のアプリでは起動した際にほかのアプリへのアクセス許可を求められることがあります。アクセスを許可しなかった場合、そのアプリの機能が制限されてしまう場合があります。すべての機能を正常に利用するには、各アプリのアクセス許可を確認しましょう。
ホーム画面で[設定]→[プライバシーとセキュリティ]の順にタップし、任意のアプリをタップすると、アクセスが許可されているアプリを確認できます。

1 ホーム画面で[設定]をタップし、

2 [プライバシーとセキュリティ]をタップして、

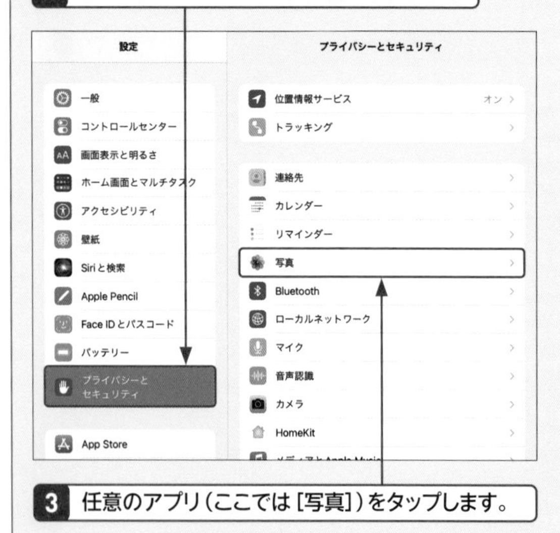

3 任意のアプリ(ここでは[写真])をタップします。

4 「Googleフォト」アプリのアクセスが許可されていることを確認できます。[Googleフォト]をタップします。

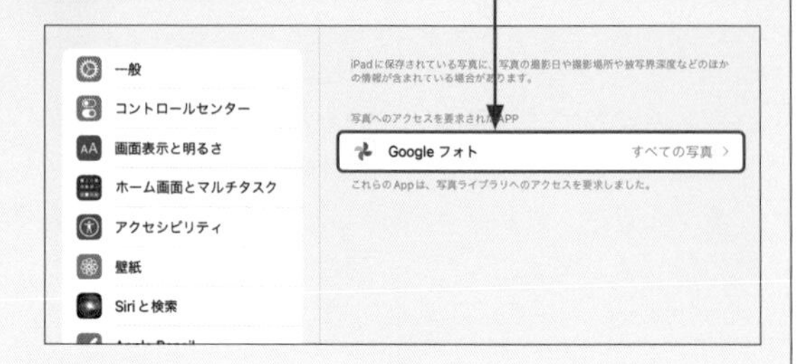

5 許可範囲を選択して変更できます。

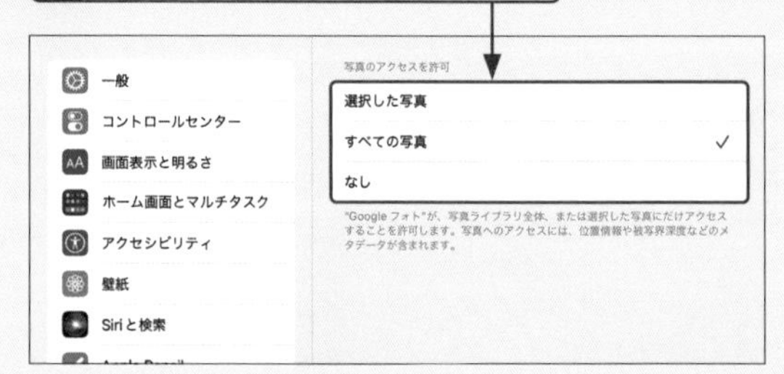

ホーム画面で[設定]→任意のアプリ→アクセスが許可されたアプリの順にタップすることでも、確認が可能です。

6 手順3で許可範囲の設定が不要なアプリをタップした場合は、以下の画面が表示されます。各アプリの◯/◯をタップして切り替えることで、アクセス許可を変更できます。

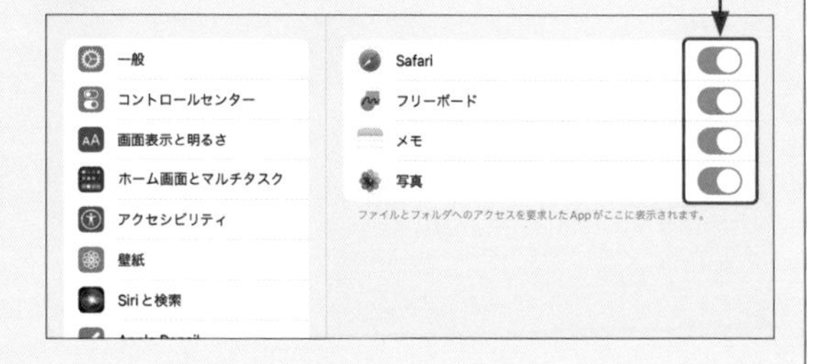

セキュリティ　Pro　Air　iPad (Gen9)　iPad (Gen10)　mini

Q 478 パスキーって何？

A パスワードを入力せずにサインインする方法です。

「パスキー」とは、Webサイトやアプリにサインインする際にパスワードを入力せず、Face ID（Q.471参照）やTouch ID（Q.472参照）でサインインする方法のことです。パスキーを利用するには、ホーム画面で［設定］→名前→［iCloud］→［パスワードとキーチェーン］の順にタップし、「このiPadを同期」の をタップして にします。パスキーに対応しているWebサイトやアプリでサインインの操作を進めると、パスキーに関する確認画面が表示されるので、［続ける］をタップし、Face IDやTouch IDでサインインします。

1 ホーム画面で［設定］→名前→［iCloud］→［パスワードとキーチェーン］の順にタップし、

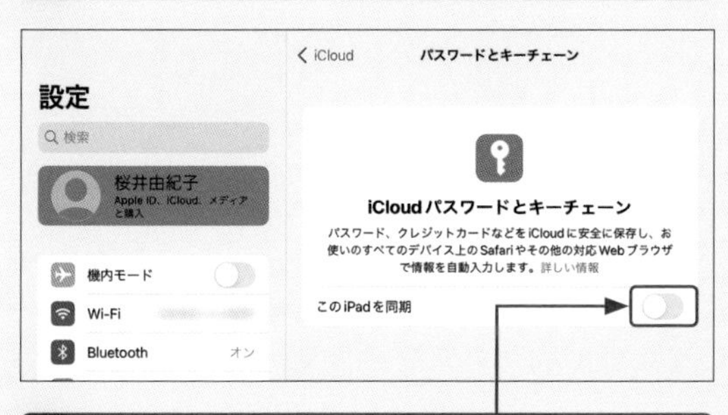

2 「このiPadを同期」の をタップして にします。

3 パスキーに対応しているWebサイトやアプリでサインインする際、パスキーに関する確認画面が表示されたら、［続ける］をタップし、

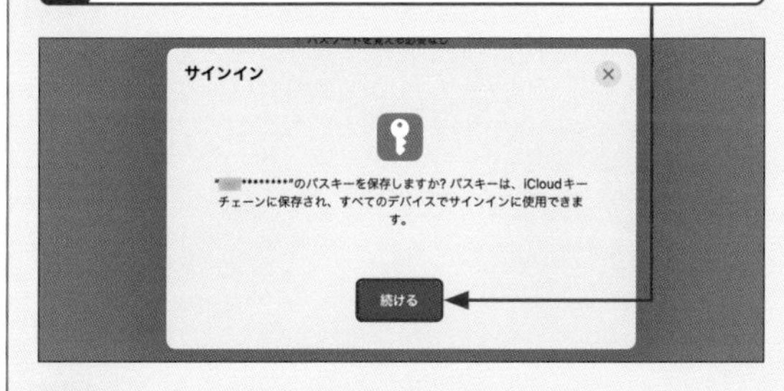

4 Face IDやTouch IDでサインインします。

セキュリティ　Pro　Air　iPad (Gen9)　iPad (Gen10)　mini

Q 479 2ファクタ認証って何？

A セキュリティを強化する機能です。

「2ファクタ認証」を利用すると、Apple IDへのサインイン時にメールアドレスとパスワードのほかに、確認コードの入力が必要になり、セキュリティが向上します。確認コードは設定時に登録した電話番号（SMSを受け取れるもの）や、そのApple IDを利用しているほかの端末で受信できます。

なお、2023年3月時点では、Apple IDを作成する際に確認コードを受信した電話番号が、自動的に2ファクタ認証の電話番号として登録されます（Q.023参照）。電話番号は変更することも可能です（Q.480参照）。

Apple IDを作成する際に確認コードを受け取るために使用した電話番号が、2ファクタ認証の電話番号として登録されます。

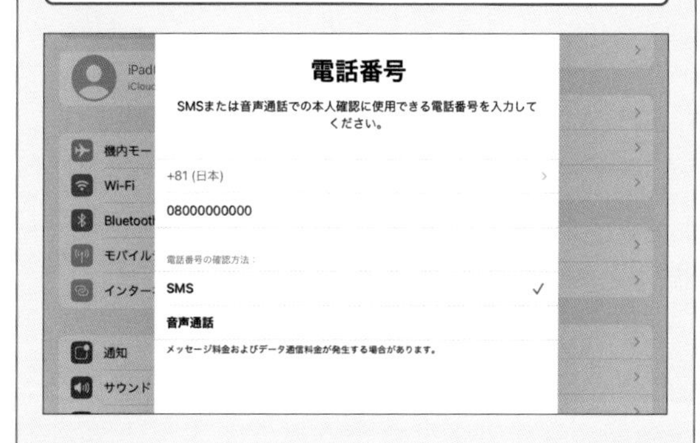

以降、Apple IDにサインインする際は、2ファクタ認証の電話番号で受信した確認コードをiPadで入力します。

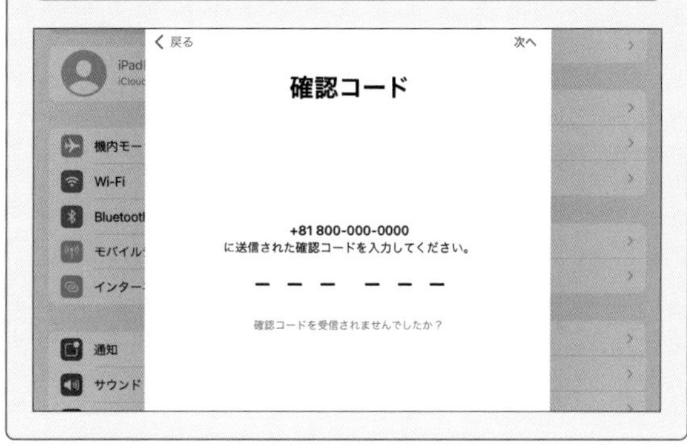

セキュリティ

Pro　Air　iPad (Gen9)　iPad (Gen10)　mini

Q 480 2ファクタ認証の電話番号を変更したい！

A 信頼できる電話番号を追加します。

Q.479で説明したように、Apple IDを作成すると、確認コードを受信したSMSなどの電話番号が、自動的に2ファクタ認証の電話番号として登録されます。2ファクタ認証に登録された電話番号を変更したい場合は、一度別の電話番号を入力し、もとの電話番号を削除します。なお、電話番号を複数登録したままにすることも可能で、確認コードの送信画面から確認コードを受信する電話番号を選択することができます。

1 ホーム画面で［設定］→名前→［パスワードとセキュリティ］の順にタップし、

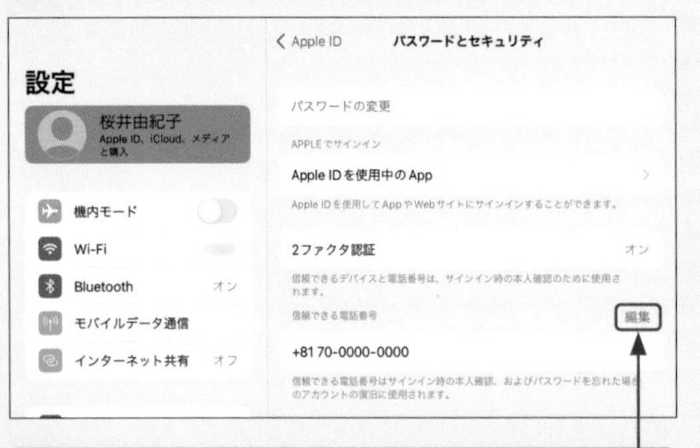

2 「信頼できる電話番号」の［編集］をタップします。

3 ［信頼できる電話番号を追加］をタップし、

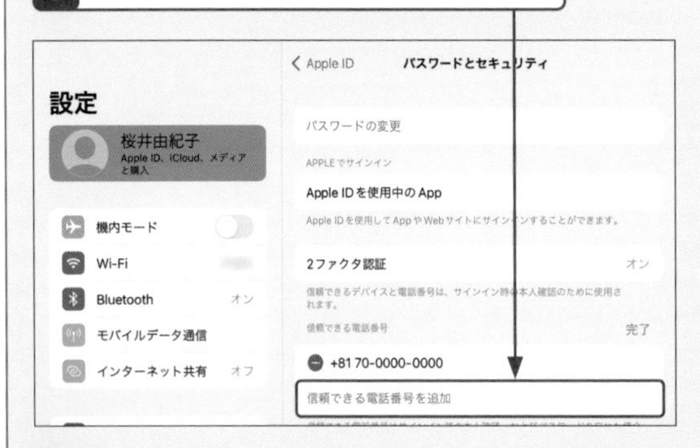

4 登録済みの電話番号に届いた確認コードを入力します。

5 追加したい電話番号を入力し、

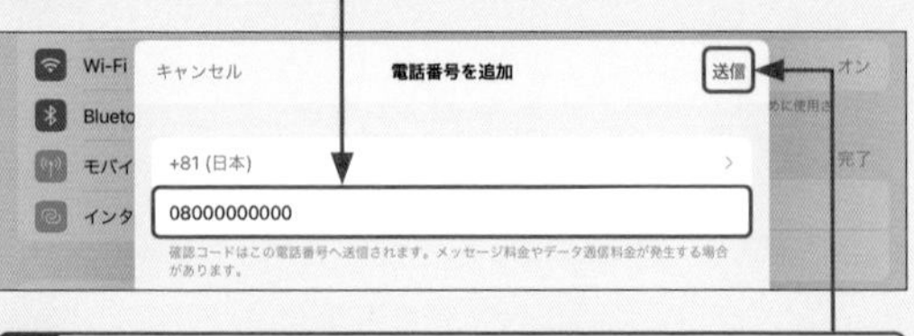

6 ［送信］をタップしたら、手順5で入力した電話番号に届いた確認コードを入力します。

7 「信頼できる電話番号」に新しい電話番号が追加されます。［編集］をタップし、

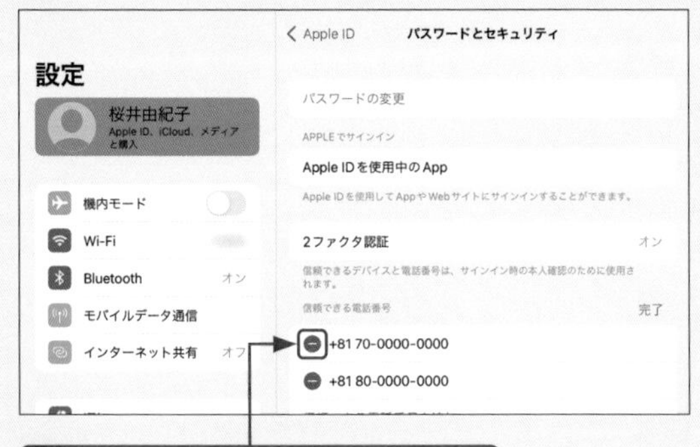

8 もとの電話番号の⊖をタップして、

9 ［削除］→［削除］の順にタップします。

481 iPadをリセットしたい!

A 「転送またはiPadをリセット」からリセットします。

iPadをリセットしたいときは、ホーム画面で［設定］→［一般］→［転送またはiPadをリセット］の順にタップします。リセットの項目は、通常の「リセット」と出荷時の状態に戻す「すべてのコンテンツと設定を消去」があります。

［リセット］をタップすると、「すべての設定」や「ネットワーク」、「ホーム画面のレイアウト」など、あらゆる項目の設定をリセットできます。この方法では、iPadに保存されている写真や連絡先は削除されません。［すべてのコンテンツと設定を消去］をタップすると、iPadのすべてのデータや設定が削除（初期化）されます。再度iPadを利用する場合は、初期設定が必要です。

iPadの設定をリセットする

1 ホーム画面で［設定］→［一般］→［転送またはiPadをリセット］の順にタップし、

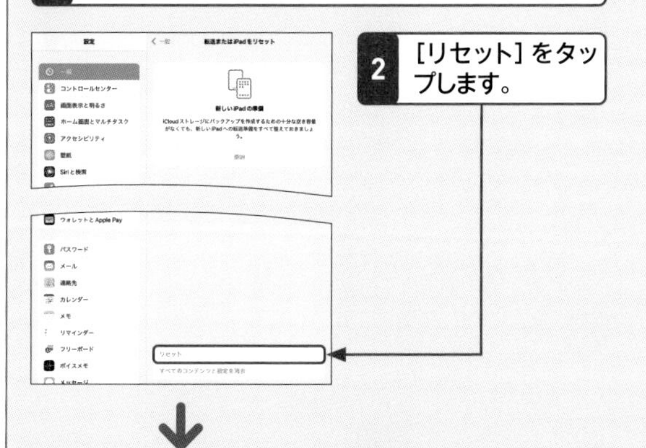

2 ［リセット］をタップします。

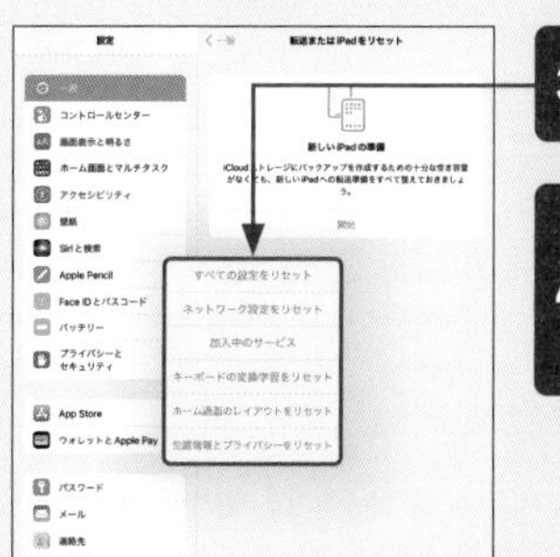

3 リセットしたい項目をタップし、

4 ［リセット］をタップすると、選択した項目がリセットされます。

iPadを出荷時の状態に戻す

1 ホーム画面で［設定］→［一般］→［転送またはiPadをリセット］の順にタップし、

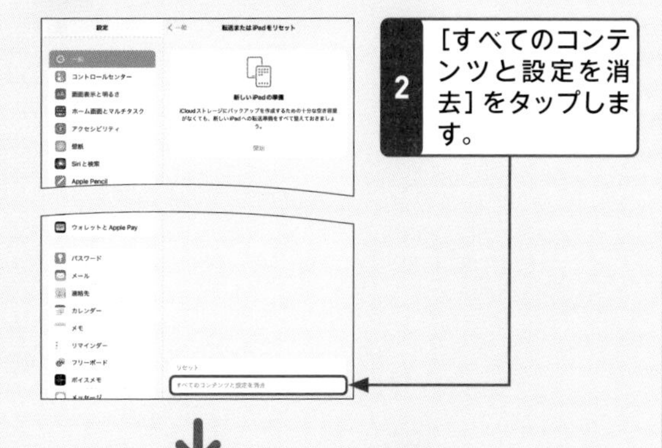

2 ［すべてのコンテンツと設定を消去］をタップします。

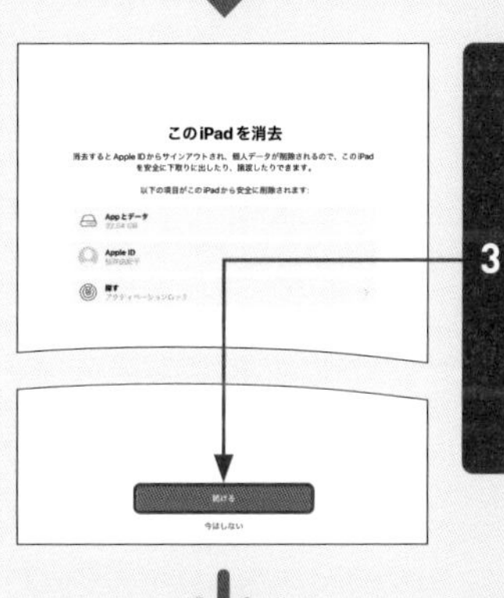

3 「このiPadを消去」画面で［続ける］をタップすると、iCloudにデータがアップロードされます。Apple IDのパスワードを入力して［オフにする］をタップしたら、

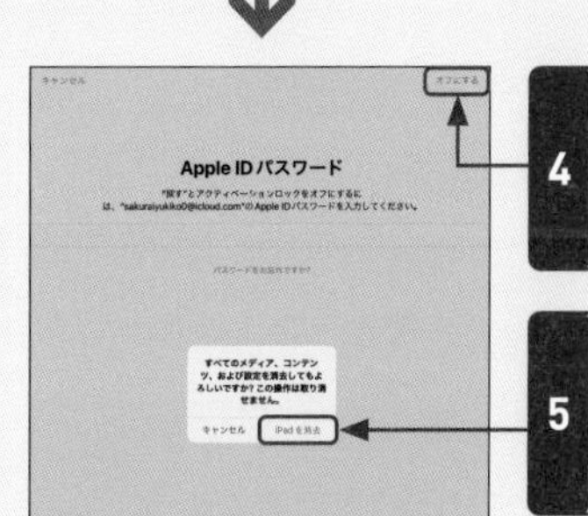

4 Apple IDのパスワードを入力して［オフにする］をタップし、

5 ［iPadを消去］をタップすると、iPadが初期化されます。

482 Bluetoothって何？

A コードレスで周辺機器とiPadを連携できる通信規格です。

「Bluetooth」とは、通信規格の一種です。設定すればケーブルでつながなくても、さまざまな周辺機器を接続できるようになります。iPadにもBluetooth機能が搭載されており、たとえばBluetooth対応のワイヤレスヘッドセットで音楽を聴くことが可能です。ただし利用するには、接続する周辺機器もBluetoothに対応している必要があります。さらにiPadと機器が一定の範囲内にないと、接続が切れてしまうので注意しましょう。

Bluetoothで接続した機器は、ワイヤレスで利用できます。

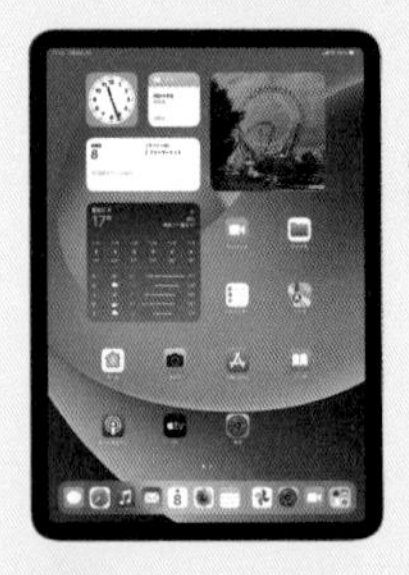

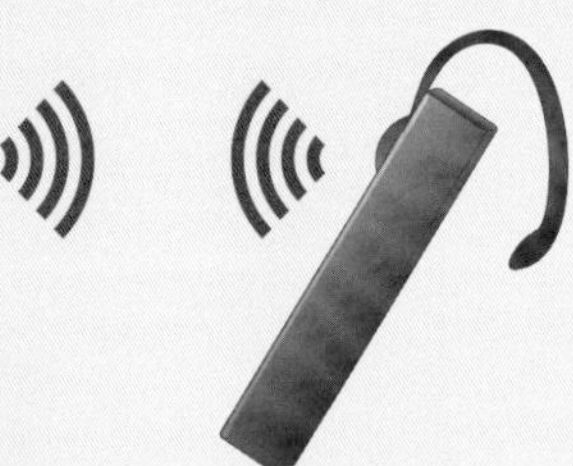

1 Bluetoothを利用する場合は、Q.483の接続を行ったうえでコントロールセンターを表示し（Q.071参照）、をタップします。

2 Bluetoothがオンになります。一時的にBluetoothをオフにするには、をタップします。

Pro Air iPad (Gen9) iPad (Gen10) mini

483 Bluetoothの周辺機器を使いたい！

A Bluetoothをオンに切り替え、端末のペアリングを行います。

Bluetooth対応の周辺機器を接続する場合は、ペアリングが必要です。ホーム画面で［設定］→［Bluetooth］の順にタップし、「Bluetooth」のをタップしてにします。接続したい機器の電源をオンにし、iPadの「デバイス」に表示される機器名をタップすると、自動で接続が完了します。

1 ホーム画面で［設定］→［Bluetooth］の順にタップし、

2 「Bluetooth」のをタップしてにします。

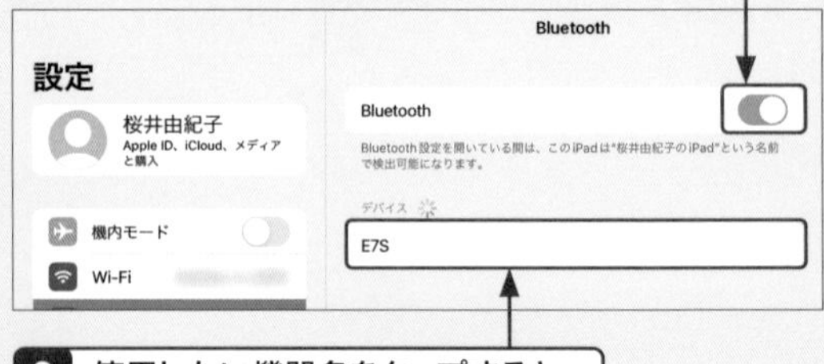

3 使用したい機器名をタップすると、

4 接続が完了し、Bluetoothが利用可能になります。

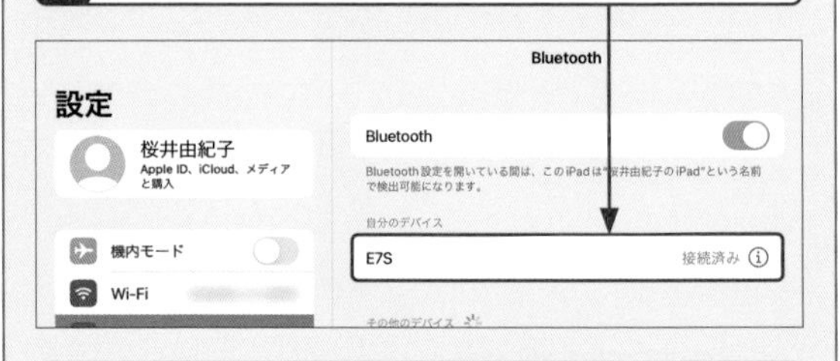

機器の種類によって必要な作業は異なります。詳しくは各機器のマニュアルを参照しましょう。

484 Bluetoothの接続を解除したい!

A [このデバイスの登録を解除]をタップします。

Bluetoothの接続を解除したい場合は、ホーム画面で[設定]→[Bluetooth]の順にタップし、接続を解除したい機器名のⓘをタップして、[このデバイスの登録を解除]→[デバイスの登録を解除]の順にタップします。解除した機器に再度接続したい場合は、改めてペアリングが必要です。Bluetoothによる通信自体を停止したい場合は、「Bluetooth」のをタップしてにするか、コントロールセンターからオフにします(Q.482参照)。

1 ホーム画面で[設定]→[Bluetooth]の順にタップし、

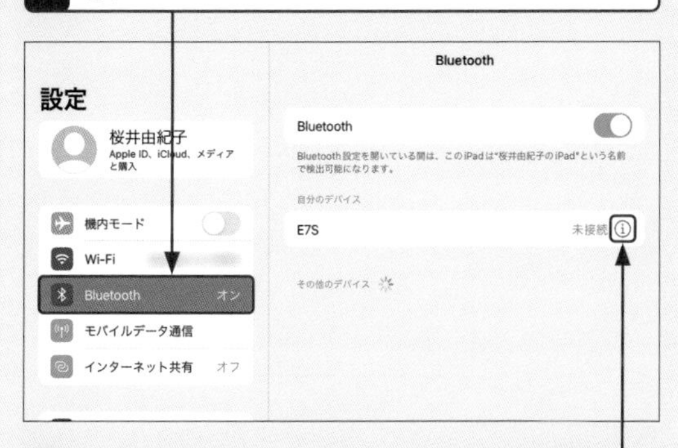

2 接続を解除したい機器名のⓘをタップします。

3 [このデバイスの登録を解除]をタップし、

4 [デバイスの登録を解除]をタップします。

485 iPadのデータをプリンタなしで印刷したい!

A ネットプリントアプリを利用します。

写真や文書などを印刷したいときに家庭用のプリンタがない場合は、コンビニのネットプリントアプリを利用しましょう。本書では、セブンイレブンの「かんたんnetprint」アプリや「netprint」アプリの利用をおすすめします。「かんたんnetprint」アプリはユーザー登録が不要ですぐに利用でき、「netprint」アプリはユーザー登録をすることで、印刷の有効期限が7日間になります。ここでは「かんたんnetprint」アプリの操作方法を説明します。アプリをインストールし、起動して初期設定を済ませたら、アプリに印刷したい写真や文書を登録します。登録が完了したら、セブンイレブンのマルチコピー機でQRコードをかざす、またはプリント予約番号を入力して印刷します。

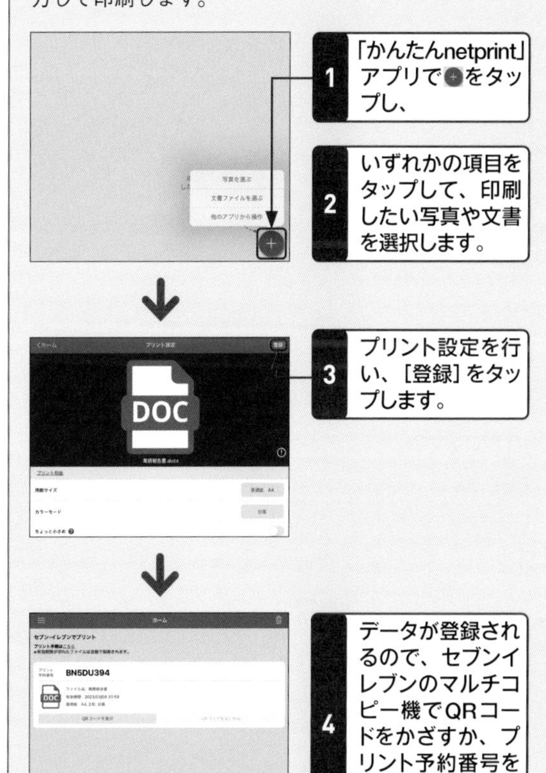

周辺機器　Pro　Air　iPad (Gen9)　iPad (Gen10)　mini

Q 486 カバー開閉時にロックを解除したくない！

A 「ロック/ロック解除」を無効にします。

「iPad Smart Cover」などといった別売りアクセサリのカバーを使用すると、カバーの開閉時に自動的にiPadをロックしたり、ロックを解除したりすることができます。パスコードやFace IDを登録している場合は、パスコードの入力やFace ID認証が必要です。
カバーの開閉でロックやロック解除をしたくない場合は、ホーム画面で［設定］→［画面表示と明るさ］の順にタップし、「ロック/ロック解除」の をタップして にします。なお、「ロック/ロック解除」の項目は、カバーを使用していないと表示されません。

1 ホーム画面で［設定］をタップし、

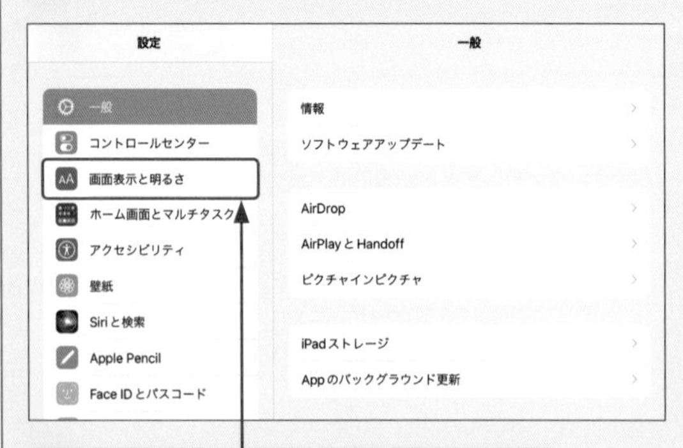

2 ［画面表示と明るさ］の順にタップします。

3 「ロック/ロック解除」の をタップして にします。

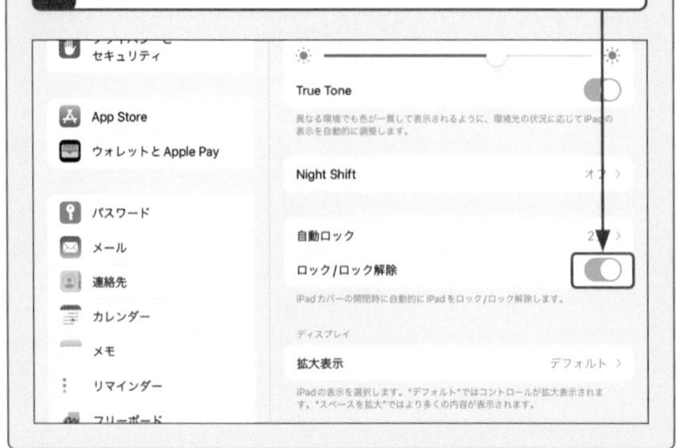

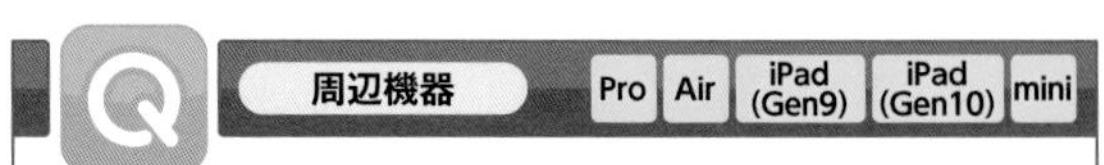

周辺機器　Pro　Air　iPad (Gen9)　iPad (Gen10)　mini

Q 487 iPadでUSBメモリは使えないの？

A アダプタで接続することで利用できます。

別売りアクセサリのカメラアダプタや変換アダプタを利用すれば、iPadでもUSBメモリや外付けドライブ、SDカードなどのファイルを閲覧することができます。iPadと外部デバイスを接続すると、「ファイル」アプリの「場所」にデバイス名が表示されます。なお、フォーマットによってはiPadで認識できない場合もあります。

1 カメラアダプタや変換アダプタを利用してiPadに外部デバイスを接続します。

2 「ファイル」アプリを起動し、サイドバーの「場所」に表示されるデバイス名をタップすると、

3 外部デバイスのファイルが表示されます。

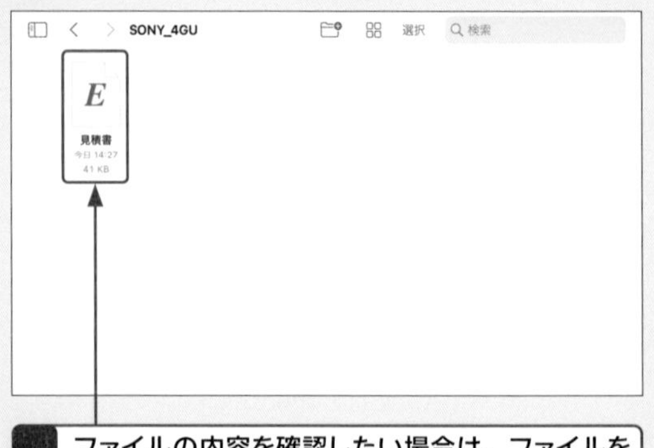

4 ファイルの内容を確認したい場合は、ファイルをタップします。

488 Apple Pencilで何ができるの？

A 描写や一部の操作、入力などができます。

iPadでの作業をより正確に、快適に行うためのタッチペンが「Apple Pencil」です。AppleのWebサイトから購入することができ、2023年3月時点では、第1世代のApple Pencilと第2世代のApple Pencilが販売されており、iPadの種類によって対応する世代が決まっています。。

Apple Pencilを使えば、紙にペンで書くのと同じ感覚でiPad上に文字や絵を描くことができます。対応しているアプリでは、Apple Pencilを傾けて書くことで線の濃さを調節したり、筆圧によって線の太さをコントロールしたり、手書きの文字をテキストに変換したりすることも可能です（Q.489参照）。手書きのメモを作成することはもちろん、手書きのメッセージを書いて家族や友人に送ったり、資料を送る際に注釈を加えたりと、プライベートからビジネスシーンまで、活用方法はさまざまです。また、Apple Pencilでクイックメモを作成したり、スクリーンショットを撮影したりすることも可能です。

Apple PencilをiPadに接続する方法は、世代によって異なります。第1世代は、Apple Pencilのキャップを外してiPadのLightningコネクタに差し込んでペアリングします。第2世代は、Apple Pencilの平面部をiPadの磁気コネクタに取り付けてペアリングします。本書では、第2世代のApple Pencilを使用して説明します。

Apple Pencilでできること

紙と同じような感覚で、文字や絵を描くことができます。

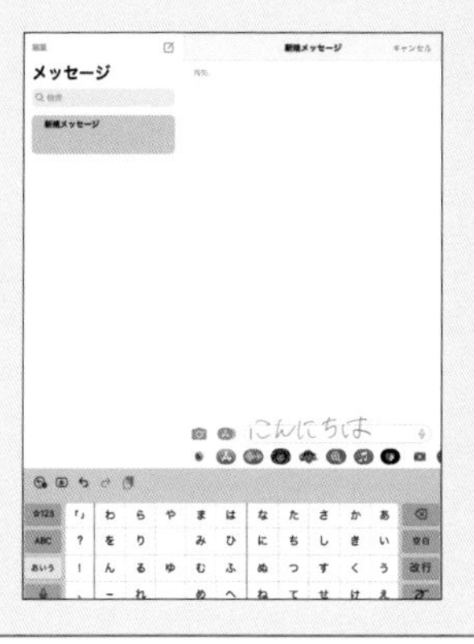

クイックメモを作成したり、スクリーンショットを撮影したり、文字を入力したりできます（Q.489参照）。

Apple PencilをiPadに接続する

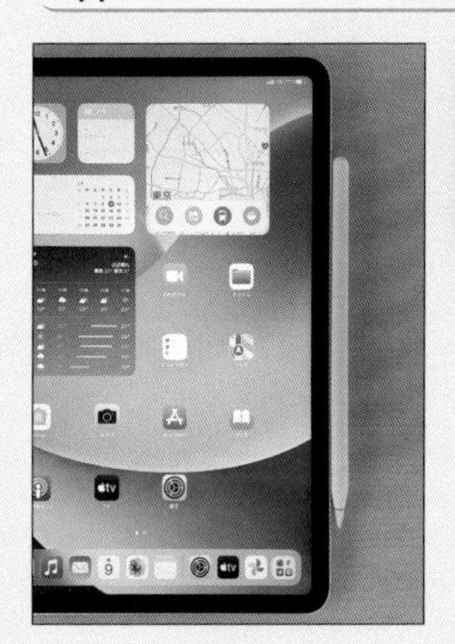

1 iPadの右側部の磁気コネクタに、Apple Pencil（第2世代）の平面部を取り付けます。

2 初回接続時のみ［続ける］をタップすると、

3 Apple Pencilが接続されます。

Q 周辺機器 Pro Air iPad (Gen9) iPad (Gen10) mini

489 Apple Pencilで入力したい！

A 「スクリブル」機能を利用します。

Apple Pencilでは、手書きの文字をテキストに変換して入力する「スクリブル」という機能が利用できます。ホーム画面で［設定］→［Apple Pencil］の順にタップし、「スクリブル」の をタップして にすると、「メッセージ」アプリやSafariの入力フィールドに文字を書き込めるようになります。文字は入力フィールドからはみ出しても問題なく自動でテキストに変換されます。書き込んだ文字を削除したい場合は、Apple Pencilで該当箇所をこすります。

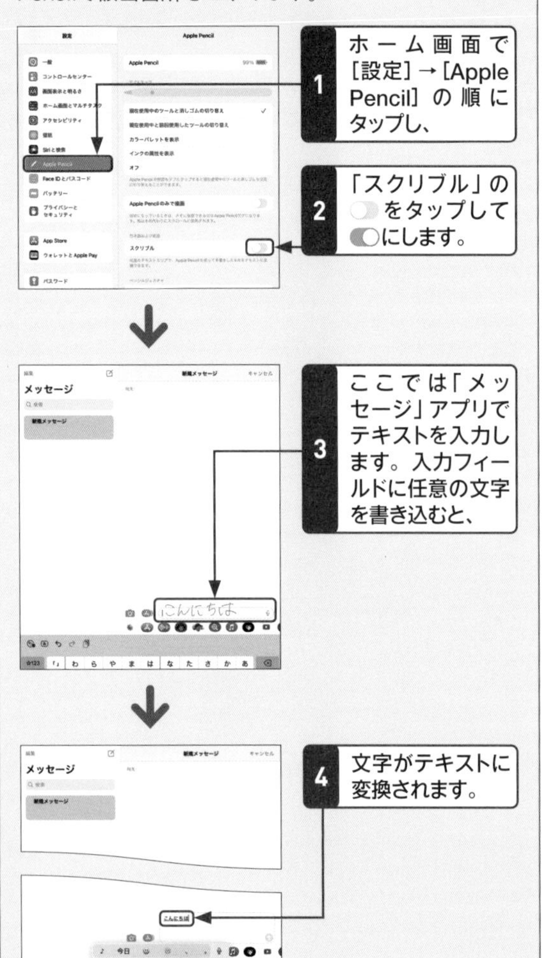

Q 周辺機器 Pro Air iPad (Gen9) iPad (Gen10) mini

490 Apple Pencilを充電したい！

A 第1世代は本体に差し込み、第2世代は本体に取り付けます。

Apple Pencilの第1世代と第2世代では、充電方法が異なります。第1世代はApple Pencilのキャップを外して、iPadのLightningコネクタ、またはUSB-C-Apple Pencilアダプタを使ってiPadのUSB-Cコネクタに差し込みます。第2世代はApple Pencilの平面部を、iPadの右側部の磁気コネクタに取り付けます。Apple Pencilの充電状況は、「今日の表示」のウィジェットから確認できます（Q.067参照）。

第1世代

Apple Pencilのキャップを外し、iPadのLightningコネクタ、またはUSB-C-Apple Pencilアダプタを使ってiPadのUSB-Cコネクタに差し込みます。

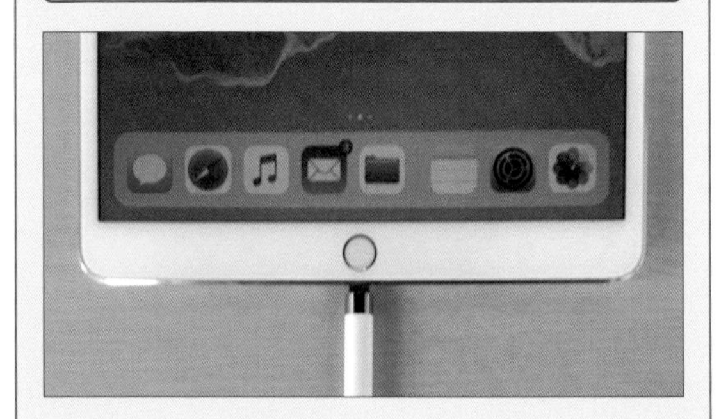

第2世代

iPadの右側部の磁気コネクタに、Apple Pencilの平面部を取り付けます。

周辺機器 Pro Air iPad (Gen9) iPad (Gen10) mini

491 Smart Kyeboardと Magic Keyboardの違いは?

A 対応機種や構造などが異なります。

マグネットで端末に取り付けられるiPad専用キーボードの「Keyboard」には、「Magic Keyboard」「Magic Keyboard Folio」「Smart Keyboard」「Smart Keyboard Folio」の4種類があります。それぞれ対応機種や大きさ、キーボードの構造、価格などが異なるため、使用しているiPadの機種を確認して購入しましょう。

Keyboard	特徴	対応機種
Magic Keyboard	キーボード、トラックパッド、USB-Cポートを搭載。フローティングカンチレバーにより、角度の調整が可能。	・iPad Pro 12.9インチ（第3～6世代） ・iPad Pro 11インチ（第1～4世代） ・iPadAir（第4、5世代）
Magic Keyboard Folio	キーボード、トラックパッド、ファンクションキーを搭載。取り外せるキーボードと、iPadを守るバックパネルの2つのパーツに分かれたデザインにより、角度の調整が可能。	・iPad 10.9インチ（第10世代）
Smart Keyboard	スリムで頑丈なカバーが特徴。iPadを使用する際はキーボード、使用しない際はカバー、または折りたたむことでスタンドとしての利用が可能。	・iPad（第7～9世代） ・iPad Pro 10.5インチ ・iPadAir（第3世代）
Smart Keyboard Folio	4種類のKeyboardの中でもっとも軽量。iPadを使用する際はキーボード、使用しない際はカバー、または折りたたむことでスタンドとしての利用が可能。	・iPad Pro 12.9インチ（第3～6世代） ・iPad Pro 11インチ（第1～4世代） ・iPadAir（第4、5世代）

周辺機器 Pro Air iPad (Gen9) iPad (Gen10) mini

492 Keyboardのトラックパッドの操作を知りたい!

A 指の本数や動きで操作します。

iPadのKeyboardでは、指の本数や動きを変えてトラックパッドを触ることで、直感的にiPadを操作できます。トラックパッドを使用すると、iPadの画面にカーソルが表示されます。トラックパッドの基本的なジェスチャーは以下の通りです。

目的	操作
クリック	1本指で押す。
タッチ	1本指で押さえたままにする。
スクロール	2本指で上下左右にスワイプする。
ドラッグ	項目をクリックして押さえたままにしてスワイプする。
スリープを解除	トラックパッドをクリックする。
Dockを表示	1本指で画面の下部までスワイプする。

コントロールセンターを表示	ステータスバーの右上のアイコンをクリックする。
Appスイッチャーを表示	3本指で上方向にスワイプして止める。
アプリを終了	Appスイッチャーを表示して終了したいアプリを2本指で上方向にスワイプする。
ホーム画面に移動	Dockを表示して再度画面下部までスワイプする。
通知センターを表示	ステータスバーの左上のアイコンをクリックする。

493 iPadをMacと一緒に使いたい!

A 「ユニバーサルコントロール」を有効にします。

「ユニバーサルコントロール」を有効にすると、Macのキーボード、マウス、トラックパッドを使って、近くにあるiPadやほかの端末を行き来しながら操作できるようになります。たとえばMacとiPadを接続すると、各端末ではそれぞれの画面を表示しながら、マウスやキーボードから手を離さずに1つのポインタで入力や移動などのシームレスな作業が行えます。

ユニバーサルコントロールを利用するには、各端末でユニバーサルコントロールのオン、Handoffのオン、同じApple IDでのログイン、Wi-FiとBluetoothのオン、インターネット共有のオフなどの設定が必要です。なお、MacやiPadの古い機種は、ユニバーサルコントロールに対応していないものもあります。

ユニバーサルコントロールを有効にする

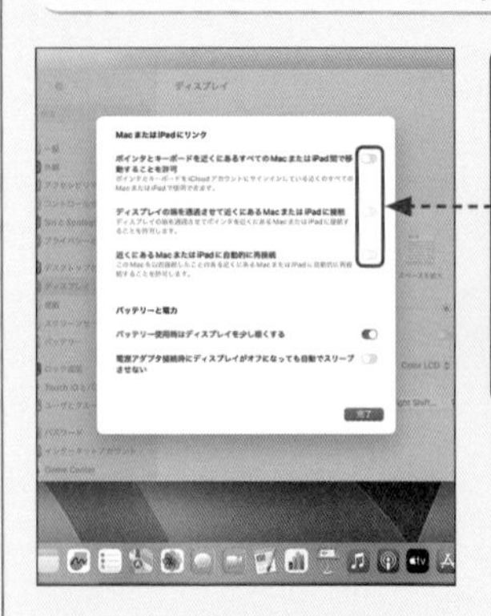

Macでは、 →[システム設定]→[ディスプレイ]→[詳細設定]の順にクリックし、「MacまたはiPadにリンク」のすべての項目の をクリックして にします。

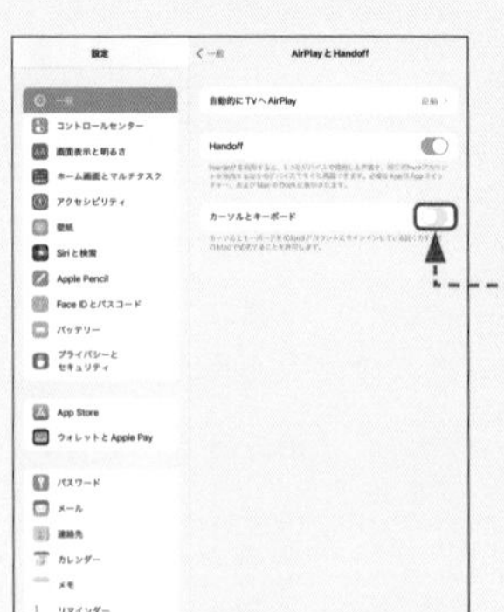

iPadでは、[設定]→[一般]→[AirPlayとHandoff]の順にタップし、「カーソルとキーボード」の をタップして にします。

iPadとMacを接続する

1 iPadとMacのロックやスリープを解除した状態で、互いに近付けます。

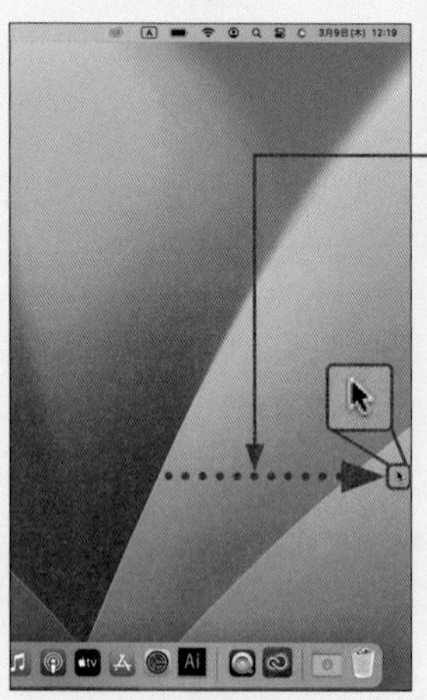

2 マウスまたはトラックパッドを使い、Macのポインタを iPadが置かれている方向に移動します。

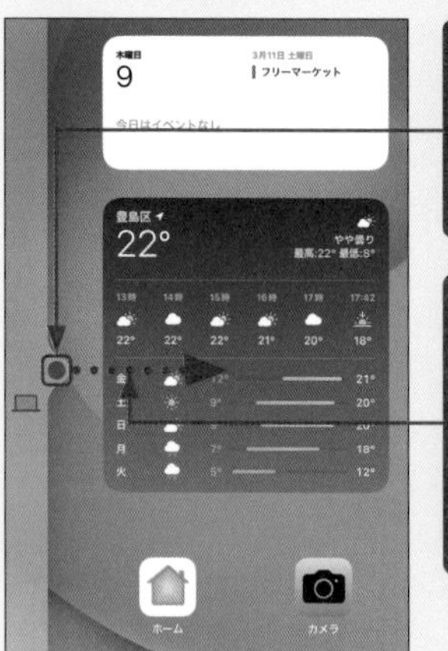

3 Macのポインタが画面の端を通り過ぎると、iPadの画面にポインタが現れます。

4 ポインタをそのまま画面の中まで押し進めると、接続が完了し、MacとiPadを一緒に使えるようになります。

494 iPadをMacのサブディスプレイにしたい！

A 「Sidecar」機能を利用します。

「Sidecar」機能を利用すると、Macの画面を拡張またはミラーリングするサブディスプレイとしてiPadを活用できます。ユニバーサルコントロール（Q.493参照）がMacとiPadの両方の端末を行き来しながら操作するのに対し、SidecarはMacの画面をiPadに拡張することが目的です。

Sidecarを利用するには、各端末でHandoffのオン、同じApple IDでのログイン、Wi-FiとBluetoothのオン、インターネット共有のオフなどの設定が必要です。また、Sidecarはワイヤレスでも利用できますが、iPadとMacをUSB-C-充電ケーブルで直接つないで接続することも可能です。なお、MacやiPadの古い機種は、Sidecarに対応していないものもあります。

Macの画面をiPadに拡張する

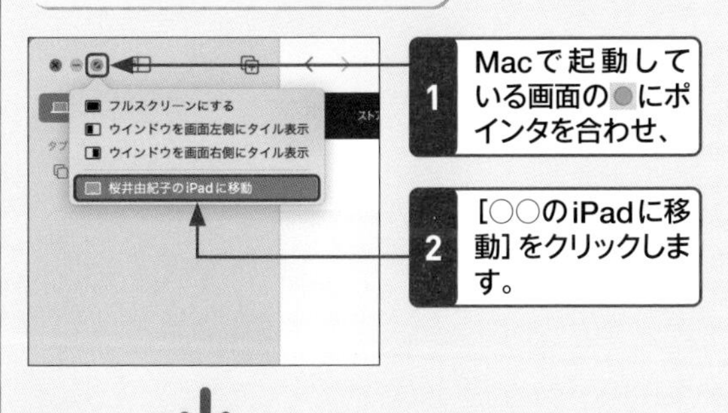

3 Macの画面がiPadに表示されます。

iPadのサイドバーを操作する

Macの画面を拡張したiPadの画面には、左側または右側にはサイドバーが表示されます。サイドバーのアイコンをタップすることで、キーボードを使用せず指やApple Pencilでの操作が可能です。

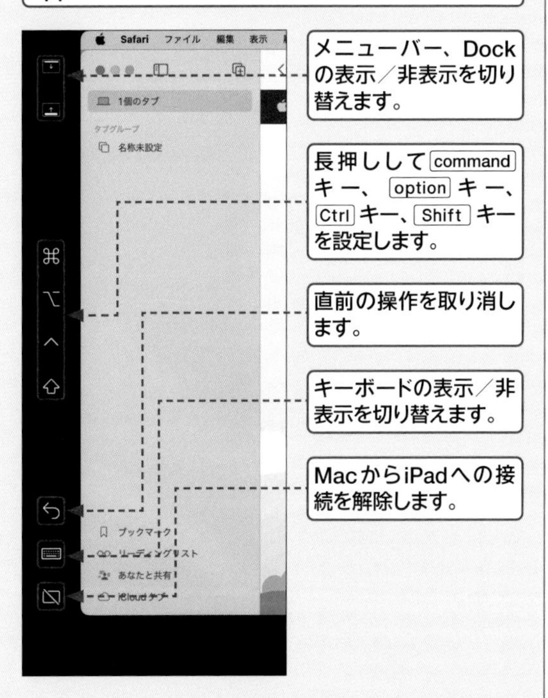

ジェスチャーで操作する

目的	操作
スクロール	2本指で上下左右にスワイプする。
コピー	3本指でピンチインする。
カット	3本指で2回ピンチインする。
ペースト	3本指でピンチアウトする。
取り消し	3本指で左にスワイプ、または3本指でダブルタップする。
やり直し	3本指で右にスワイプする。

周辺機器　Pro　Air　iPad (Gen9)　iPad (Gen10)　mini

Q 495 iPadの画面をテレビに表示したい！

A ミラーリングやAirPlay、HDMIケーブルを利用します。

iPadの画面をテレビやモニターに映したい場合、接続方法としては有線接続と無線接続があります。有線接続では、iPadとテレビをHDMIケーブルで接続します。iPad側はUSB-C端子しかないため、USB-CとHDMIの変換コネクタが必要です。有線で接続すると、iPadの画面がそのままテレビに表示されます。無線接続では、テレビ側に「Apple TV」「Chromecast」「Amazon Fire TV Stick」などの中継機器を接続、またはこれらに対応したスマートテレビが必要で、かつiPadとテレビ側が同じWi-Fiネットワークに接続されている必要があります。

無線接続で、iPadの画面すべてをパソコンやモニターに映す際は、iPadでコントロールセンターを表示し（Q.071参照）、をタップして、対応デバイスをタップしてミラーリングします。

iPadの「TV」アプリの映像や「ミュージック」アプリの音楽をパソコンやモニターで再生する際、その映像や音楽の再生画面を表示し、またはをタップして、対応デバイスをタップしてミラーリングします。

iPad の画面をミラーリングする

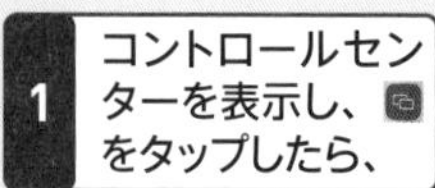

1 コントロールセンターを表示し、をタップしたら、

2 表示される対応デバイスをタップしてミラーリングします。

映像や音楽をミラーリング再生する

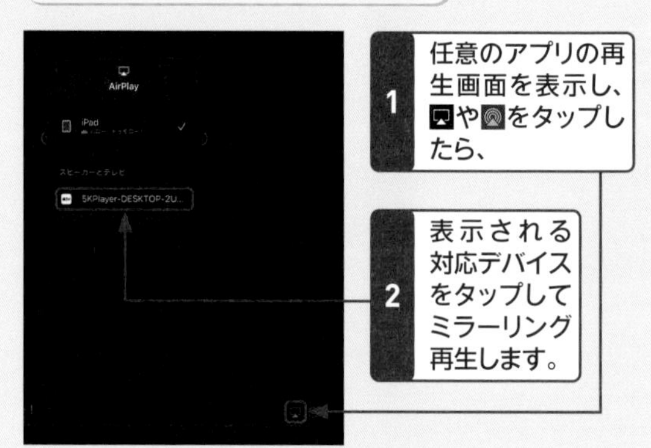

1 任意のアプリの再生画面を表示し、やをタップしたら、

2 表示される対応デバイスをタップしてミラーリング再生します。

HDMI ケーブルで接続して表示する

1 別売りアクセサリの「USB-C Digital AV Multiportアダプタ」やHDMIケーブルを使用し、テレビやパソコンに直接iPadを接続して、iPadの画面を表示します。

周辺機器 Pro Air iPad (Gen9) iPad (Gen10) mini

496 iPadでほかのiPadやiPhoneを充電したい!

A iPadと充電したい端末をつなぎます。

iPadやiPhone、そのほかの端末をすぐに充電したいというときにコンセントが付近にない場合は、iPadとその端末をつなぎ、iPadのバッテリーをほかの端末に分け合うことができます。USB-Cコネクタ搭載機種のiPadやiPhoneでは、USB-C充電ケーブルで直接つなぎ充電ができます。iPad同士の場合、先に接続したほうの端末から給電されます。

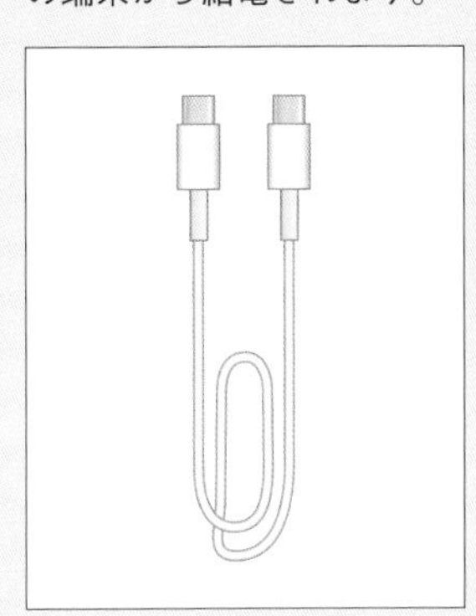

1 USB-C充電ケーブルを用意し、iPadと充電したい端末(ここではAndroidスマホ)を接続します。

2 iPadからの給電が開始されます。

修理/機種変更 Pro Air iPad (Gen9) iPad (Gen10) mini

497 iPadを修理に出したい!

A Apple Storeへ持ち込みましょう。

もしiPadが故障したら、Apple Storeへ持ち込むとよいでしょう。すべてのiPadには、製品購入後1年間の製品限定保証と90日間のテクニカルサポートがついています(「AppleCare+」に加入している場合は保証とサポートが延長されます)。Apleの公式Webサイトでは、修理サービスに関する情報や、Apple Store以外の持ち込み修理が可能な正規サービスプロバイダの場所などを調べることができます。

Apple公式Webサイトの「iPadの修理サービス」(https://support.apple.com/ja-jp/ipad/repair/)では、修理サービスに関する情報を調べられます。

現在地周辺の正規サービスプロバイダを検索することも可能です。

修理／機種変更　Pro　Air　iPad (Gen9)　iPad (Gen10)　mini

498 iPadのバッテリーは交換できないの？

A 交換を依頼できます。

iPadのバッテリーは消耗品で、充電を繰り返すうちに使用できる時間が短くなります。バッテリーの消耗が早いと感じたら、Apple StoreやiPadの修理サービスなどに依頼して、バッテリーを交換してもらいましょう。なお、通常使用によるバッテリーの劣化は、Appleの製品保証の対象外です。

1 「iPadの修理サービス」(https://support.apple.com/ja-jp/ipad/repair) にアクセスし、

2 [お手続きはこちらから] をタップします。

3 トピックから [修理と物理的な損傷] → [バッテリーサービス] の順にタップし、

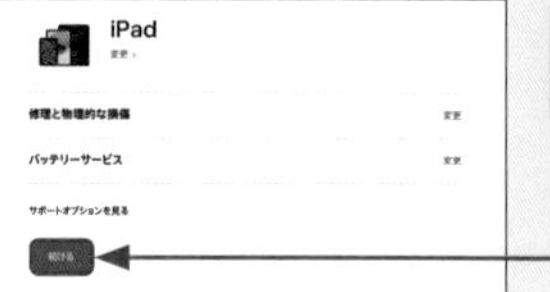

4 [続ける] をタップします。

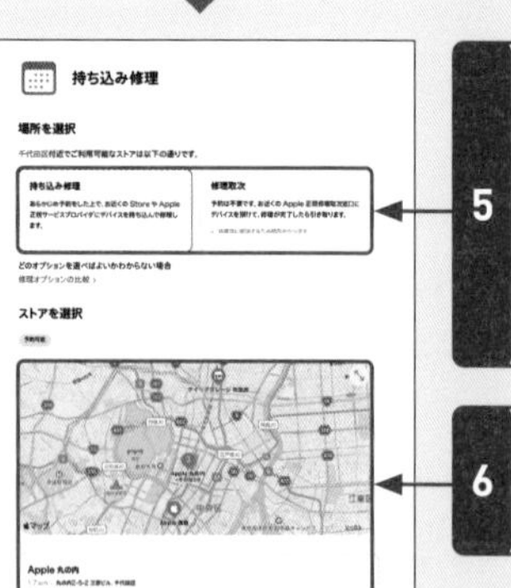

5 「持ち込み修理」の [ストアを検索] をタップし、デバイスを選択して、[持ち込み修理] または [修理取次] をタップしたら、

6 任意の店舗を選択して持ち込み予約をしましょう。

修理／機種変更　Pro　Air　iPad (Gen9)　iPad (Gen10)　mini

499 iPadを捨てるにはどうしたらいいの？

A 全データを消去し、Appleのリサイクルプログラムを利用します。

不要になったiPadは、Apple Storeへ持ち込む（または宅配送付する）ことで、「リサイクルプログラム」で無料回収してもらえます。また、下取りプログラムの「Apple Trade In」を利用すれば、iPadの下取り額分をApple Gift Cardで受け取ることもできます。ゴミとして廃棄することも可能ですが、その場合は各自治体の既定に沿った処分を行います。いずれの場合も、必ずiPadをリセットしてから捨てるようにしましょう（Q.481参照）。

iPad を下取りに出す

1 Apple製品のリサイクルプログラムから「https://www.apple.com/jp/trade-in/」にアクセスし、

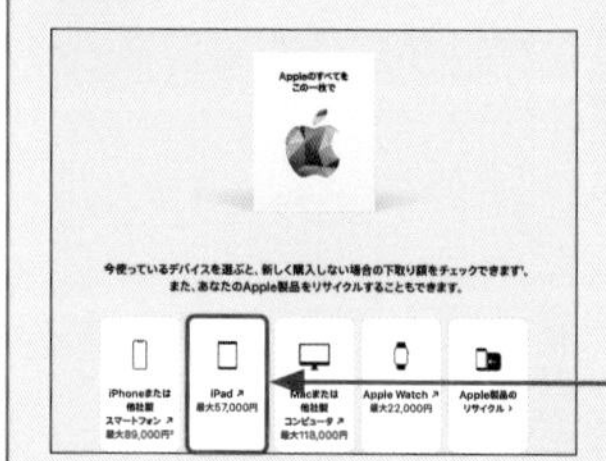

2 [iPad] をタップします。

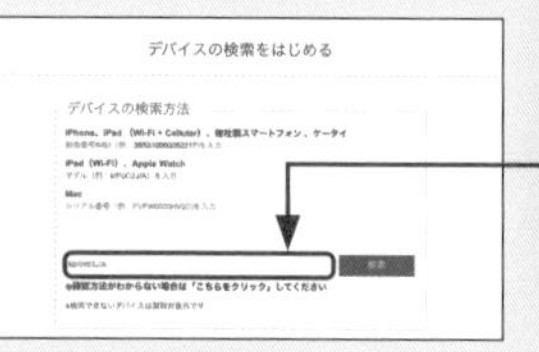

3 下取りに出したいiPadのIMEI番号やモデル番号を入力し、端末を検索して登録します。

4 iPadの状態に関する項目に回答し、画面の指示に従って下取りの手続きを進めます。

第9章

iCloudの「こんなときどうする?」

Q iCloud Pro Air iPad (Gen9) iPad (Gen10) mini

500 iCloudって何？

A Appleのクラウドサービスです。

iCloudとは、Appleが提供するクラウドサービスのことです。MacやiPad、iPhoneなどに対応しており、各端末で写真や連絡先、アプリなどのデータをインターネットを通して保存し、共有することができます。Windows用iCloudというソフトウェアをインストールすればWindowsでも利用することができます。iPadで撮影した写真をすぐに自宅のパソコンで見ることができたり（Q.508参照）、iPadを紛失したときに位置情報サービスを利用してiPadを探したり（Q.517参照）、遠隔操作することもできます。iPadをほかのiPadやiPhoneと同期させるときも、パソコンを経由する必要がないのでとても便利です。

なお、iCloudは5GBまで無料で利用することができますが、有料プランのiCloud+では、月額130円で50GB、月額400円で200GB、月額1,300円で2TBまでの追加容量と、専用の機能を利用できます。

iCloudのしくみ

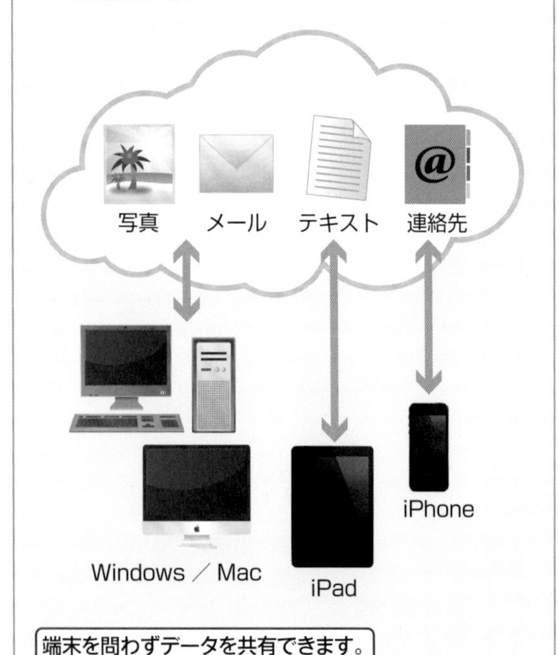

端末を問わずデータを共有できます。

Q iCloud Pro Air iPad (Gen9) iPad (Gen10) mini

501 iCloudを使いたい！

A Apple IDを取得後、iCloudが利用できるようになります。

iCloudは、Q.023を参考にApple IDを作成すると誰でも利用できるようになります。ホーム画面で［設定］→名前→［iCloud］の順にタップして、利用できる機能を確認しましょう。Apple IDを作成した端末とは別の端末にサインインする場合は、ホーム画面で［設定］→［iPadにサインイン］の順にタップします。Apple IDとパスワードを入力し、画面の指示に従って電話番号認証を進めると、「iCloudと結合しますか？」画面が表示されるので、［結合］をタップします。なお、このときiCloudサービスの利用規約が表示されたり、下記の画面と一部表示が異なる場合があります。

1 Apple IDを作成した端末とは別の端末にサインインする場合、ホーム画面で［設定］→［iPadにサインイン］の順にタップし、

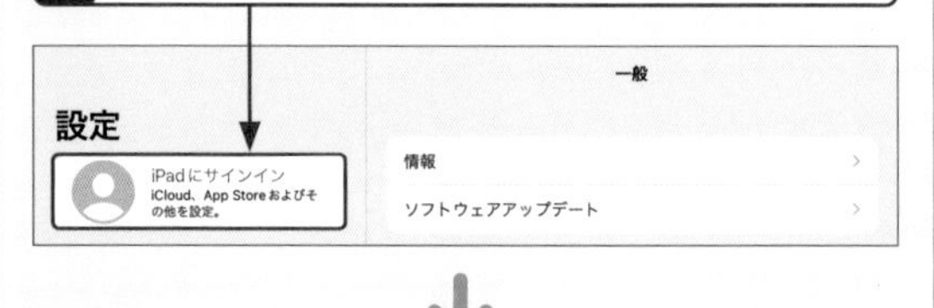

2 Apple IDとパスワードを入力し、

3 ［次へ］をタップして、画面の指示に従って電話番号認証を進めます。

4 「iCloudと結合しますか？画面が表示されるので、［結合］をタップします。

iCloud　Pro　Air　iPad (Gen9)　iPad (Gen10)　mini

502 必要な項目だけを同期したい！

A iCloudの設定完了後は、必要な項目だけを同期できます。

iCloudを利用してiCloud写真（Q.508参照）は共有したいけれど、カレンダーやメールは同期したくないというように、iCloudをiPadに設定したとしても、必ずしもすべての機能が必要というわけではありません。このような場合は、必要な項目だけを選択して同期することも可能です。ホーム画面で［設定］→名前→［iCloud］の順にタップし、各種サービスをタップすれば、オン／オフを切り替えられます。それぞれの機能を理解したうえで、必要な項目だけを同期させましょう。

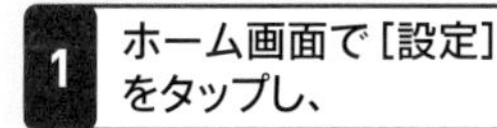

1 ホーム画面で［設定］をタップし、

2 名前をタップして、

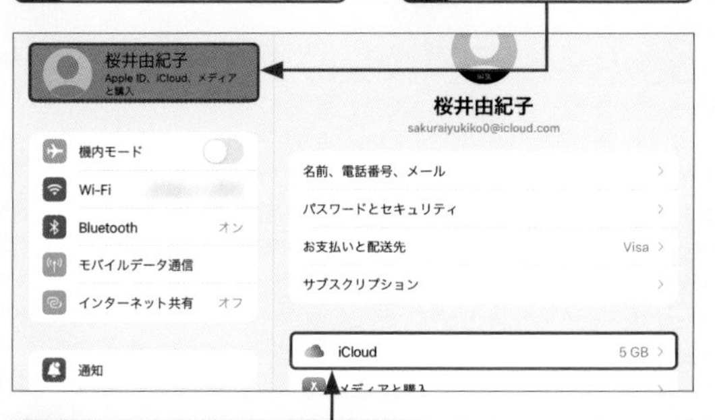

3 ［iCloud］をタップします。

4 表示された一覧から、各種サービスをタップしてオン／オフを切り替えます。

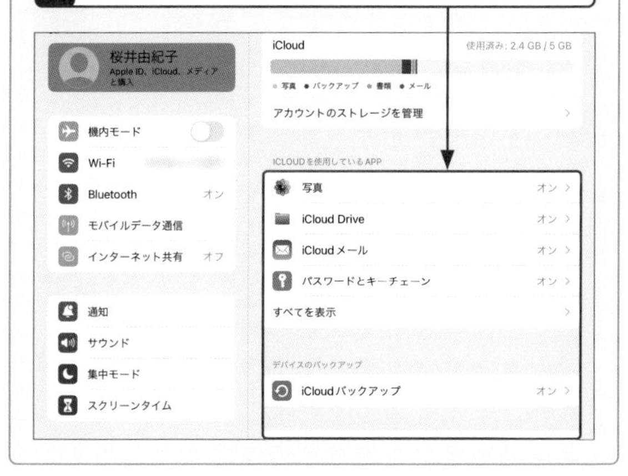

iCloud　Pro　Air　iPad (Gen9)　iPad (Gen10)　mini

503 iCloudの容量を増やしたい！

A 有料でストレージ容量を追加することができます。

iCloudの容量は、iCloud+の有料プランに加入することで追加できます。ホーム画面で［設定］→名前→［iCloud］→［アカウントのストレージを管理］→［ストレージプランを変更］の順にタップしたあと、任意の有料プランをタップして［購入する］をタップしましょう。プランは50GB（月額130円）、200GB（月額400円）、2TB（月額1,300円）の3種類があり、いつでも変更できます。

1 ホーム画面で［設定］→名前の順にタップし、

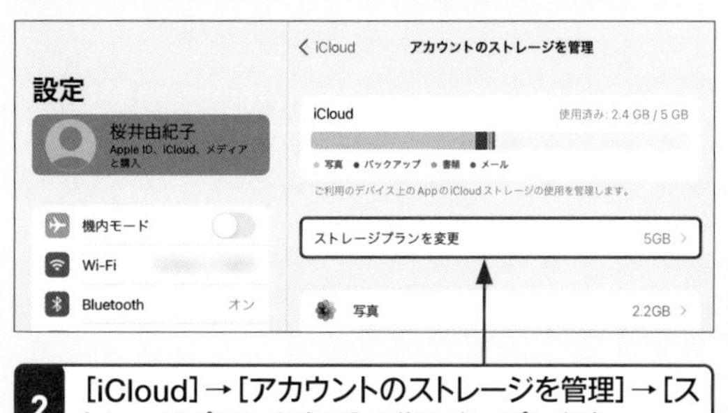

2 ［iCloud］→［アカウントのストレージを管理］→［ストレージプランを変更］の順にタップします。

3 任意のプランをタップし、

4 ［iCloud＋にアップグレード］→［サブスクリプションに登録］の順にタップします。

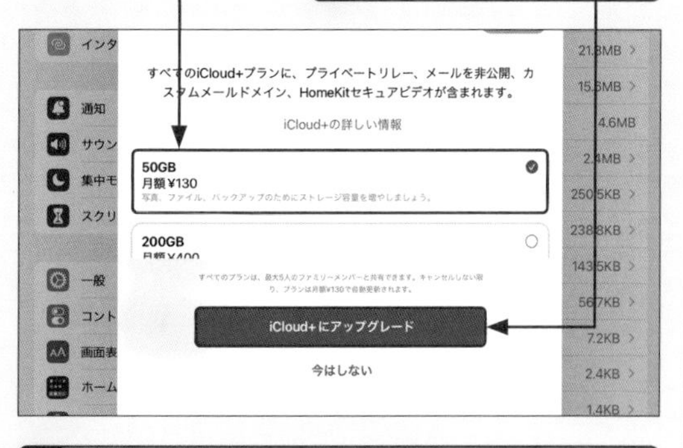

5 Apple IDのパスワードを入力し、［OK］をタップすると、ストレージの容量が追加されます。

Q iCloudアカウント Pro Air iPad (Gen9) iPad (Gen10) mini

504 設定したiCloudアカウントは変更できないの？

いったんサインアウトして、別のアカウントでサインインしましょう。

iPadに設定したiCloudアカウントを変更したい場合は、一度iCloudからサインアウトして、改めて別のアカウントでサインインします。サインアウトを行う際、iCloudで同期しているデータをiPadから削除するかを確認されます。新しいiCloudアカウントのデータをそのままiPadに適用させたいときは、古いiCloudのデータは削除しておくとよいでしょう。

コントロールセンター
画面表示と明るさ
ホーム画面とマルチタスク
アクセシビリティ
DESKTOP-2UA5DP8
Windows
サインアウト

[設定]→名前→[サインアウト]の順にタップし、画面の指示に従ってサインアウトを進めます。

Q iCloudアカウント Pro Air iPad (Gen9) iPad (Gen10) mini

505 支払い情報を変更するにはどうしたらいい？

[お支払いと配送先]の設定メニューから支払情報を変更できます。

ホーム画面から[設定]→名前→[お支払いと配送先]→[お支払い方法を追加]の順にタップし、Apple IDのパスワードを入力してサインインすれば、新しい支払い情報を入力できるようになります。

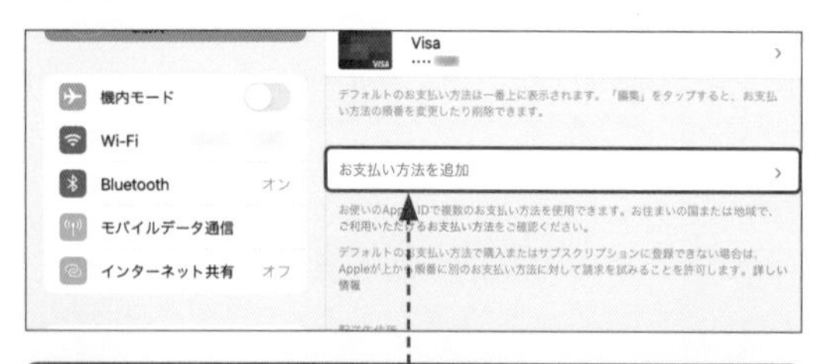

[設定]→名前→[お支払いと配送先]→[お支払い方法を追加]の順にタップすると、新しい支払い情報を設定できます。

Q iCloudメール Pro Air iPad (Gen9) iPad (Gen10) mini

506 iCloudメールを使いたい！

「設定」からiCloudメールを作成します。

iCloudメールとは、iCloudが提供するメールサービスです。利用時のドメインは「@icloud.com」となります。Apple IDの作成時にメールアドレスを作成している場合はすぐに利用できますが、作成していない場合はメールアカウントを取得する必要があります。ホーム画面で[設定]→名前→[iCloud]→[iCloudメール]の順にタップし、「このiPadで使用」の をタップします。[作成]をタップし、「@icloud.com」の前の部分に任意のメールアドレスを入力して、[次へ]→[完了]の順にタップすると、iCloudメールの設定が完了します。

1 ホーム画面で[設定]→名前→[iCloud]→[iCloudメール]の順にタップし、

2 「このiPadで使用」の をタップして、

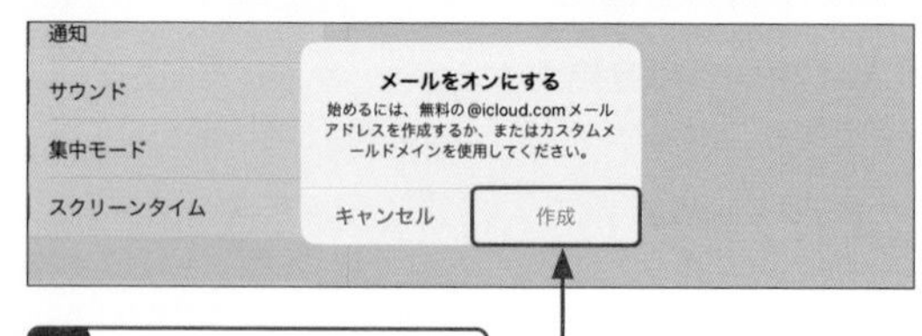

3 [作成]をタップします。

4 任意のメールアドレスを入力し、

5 [次へ]をタップして、

6 [完了]をタップします。

新しいiCloudメールアドレス メールアドレス確認
完了
新規メールアドレス
sakuraiyukikoo@icloud.com
作成後は、iCloudメールアドレスを変更することはできません。

iCloudメール　Pro Air iPad (Gen9) iPad (Gen10) mini

507 iCloudメールを整理したい！

A メールボックスを作成します。

iCloudメールを整理したい場合は、「メール」アプリの「メールボックス」画面で［編集］→［新規メールボックス］の順にタップします。任意のメールボックス名を入力し、ボックスの場所を選択して［保存］→［完了］の順にタップすると、メールボックスが作成されます。「受信」画面で［編集］をタップし、任意のメールを移動させましょう。

メールボックスを作成する

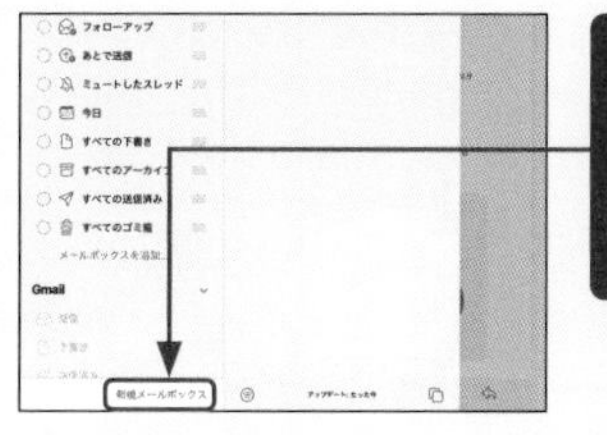

1 「メールボックス」画面を表示し、［編集］→［新規メールボックス］の順にタップします。

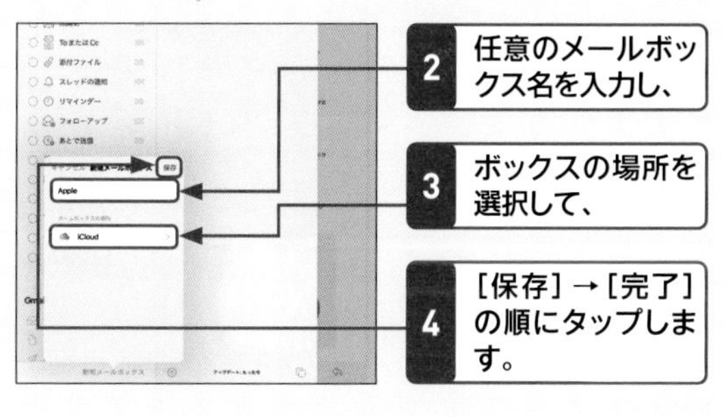

2 任意のメールボックス名を入力し、

3 ボックスの場所を選択して、

4 ［保存］→［完了］の順にタップします。

メールを移動する

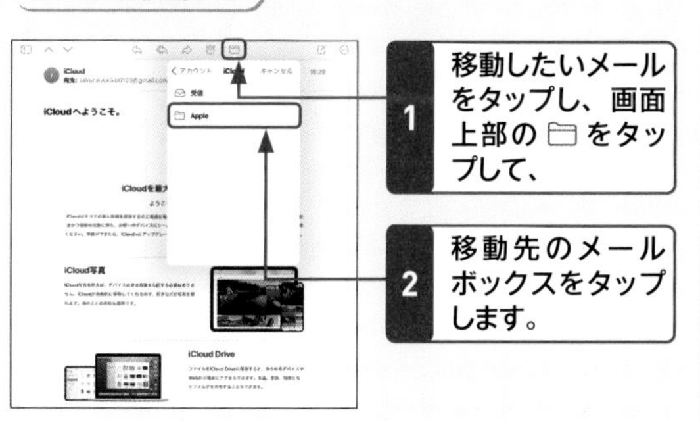

1 移動したいメールをタップし、画面上部の 🗀 をタップして、

2 移動先のメールボックスをタップします。

iCloud写真　Pro Air iPad (Gen9) iPad (Gen10) mini

508 iCloud写真って何？

A 写真や動画をiCloudに自動保存する機能です。

iCloud写真とは、iPadで撮影した写真や動画を自動的にiCloudにアップロードして保存する機能です。保存された写真や動画は、同じApple IDでサインインしたiCloud写真が有効なiPhoneやMacなどの端末からも閲覧、ダウンロードできます。初期設定では有効になっており、iCloudストレージの容量（無料プランでは5GB）がいっぱいになるまで保存できます。

写真や動画はオリジナルの形式、解像度のまま保存され、スローモーション、タイムラプス、Live Photosなどで撮影した場合もそのまま保存されます。少しでもiPadのストレージを節約したい場合は、「iPadのストレージを最適化」を有効にすると、iCloudにはオリジナルのものが保存され、iPadには省スペース化された写真や動画が保存されるようになります（Q.510参照）。なお、iCloudに保存されたオリジナルの写真や動画はいつでもダウンロードすることができます。

iCloud写真が有効な端末で写真や動画を編集、削除すると、iCloud写真が有効なほかの端末にも編集、削除が反映されます。削除した場合、「写真」アプリの「最近削除した項目」フォルダから30日以内であれば復元することができます。

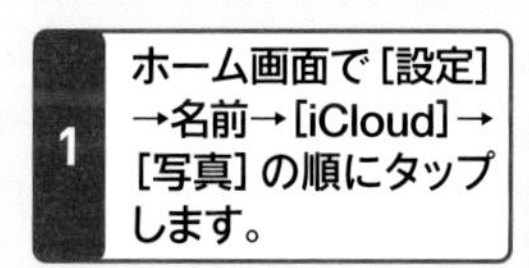

1 ホーム画面で［設定］→名前→［iCloud］→［写真］の順にタップします。

2 「このiPadを同期」が ⬤ の場合は、iCloud写真が有効です。

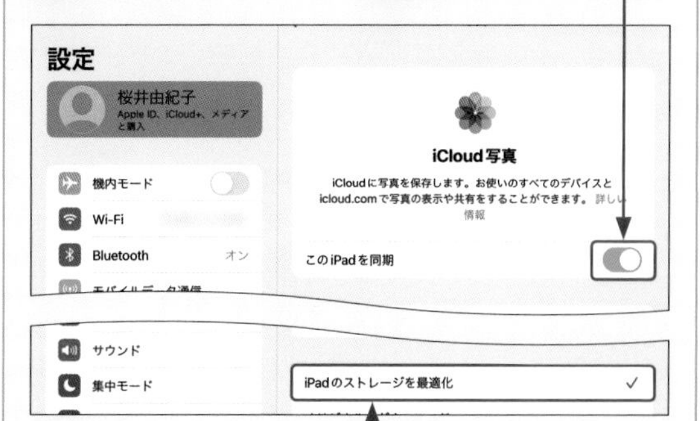

3 「iPadのストレージを最適化」にチェックが入っていると、ストレージの最適化が有効です。

Q iCloud写真 Pro Air iPad (Gen9) iPad (Gen10) mini

509 iCloud写真とマイフォトストリームの違いは？

A iCloudの容量の消費、写真の保存枚数、保存期間などが異なります。

マイフォトストリームとは、iCloudの容量を消費することなく、iPadで撮影した写真をクラウド上に自動保存できる機能です。最近作成したApple IDでは利用できませんが、以前からマイフォトストリームを利用している古いApple IDで利用できます。動画の保存はできません。
iCloud写真とマイフォトストリームとでは保存枚数や期間などが異なり、さらにマイフォトストリームの場合、iPhoneからマイフォトストリームに保存された写真をダウンロードすると、オリジナルのものよりも多少解像度が抑えられたものが取り込まれます。iCloud写真とマイフォトストリームは、目的に応じて使い分けましょう。

iCloud 写真とマイフォトストリームの違い

保存枚数	iCloud写真	マイフォトストリーム
保存枚数	無制限（iCloudの容量内）	1,000枚（古いものから削除される）
保存期間	無期限	30日以内
編集内容	ほかの端末にも反映	ほかの端末には反映されない

マイフォトストリームを利用する

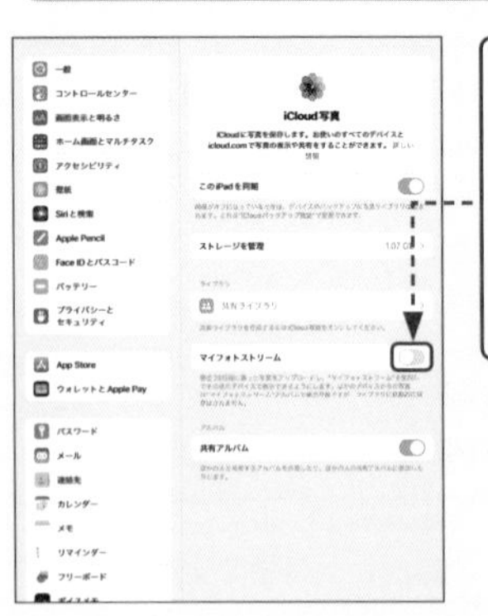

古いApple IDでiCloudにサインインし、Q.510手順**2**が ◯ の場合、「マイフォトストリーム」の項目が表示され、有効／無効の設定ができます。

Q iCloud写真 Pro Air iPad (Gen9) iPad (Gen10) mini

510 iCloud写真を有効にすると写真をダウンロードするけど？

A ほかの端末で撮影した写真が同期され、自動ダウンロードされます。

iPadにサインインしているApple IDでほかの端末にサインインし、どちらもiCloud写真が有効の場合、それぞれで撮影した写真や動画が同期されます。その際、「設定」アプリでiCloud写真の「オリジナルをダウンロード」を有効にしていると、「写真」アプリにはiCloud写真に保存されているオリジナルの写真や動画すべてが自動的にダウンロードされます。これによりiPadのストレージ容量も消費されるので、なるべく節約したいという場合には「オリジナルをダウンロード」ではなく、「iPadのストレージを最適化」を有効にしましょう。
「iPadのストレージを最適化」を有効にすると、iPadのストレージの空き容量が少なくなったときに、「写真」アプリ内のオリジナルの写真や動画は削除され、低解像度のサムネールの表示に置き換わります。なお、削除された写真や動画はiCloud写真に保存されているので、必要に応じてダウンロードすることができます。

「iPad のストレージを最適化」を有効にする

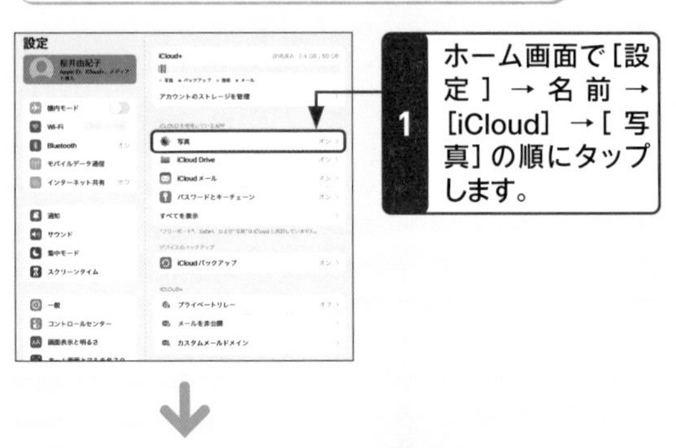

1 ホーム画面で［設定］→名前→［iCloud］→［写真］の順にタップします。

2 「このiPadを同期」が ◯ になっているのを確認し、

3 ［iPadのストレージを最適化］をタップしてチェックを入れます。

iCloud写真 Pro Air iPad (Gen9) iPad (Gen10) mini

511 iCloud写真を無効にしたい!

A iCloud写真を無効にします。

iCloud写真は撮影した写真や動画が自動的にiCloudへ保存されるのは便利ですが、そのたびにiCloudのストレージを消費し、空き容量が段々と少なくなってしまいます。「iCloud+で追加料金を払いたくない」「iPadのストレージのみに写真や動画を保存したい」というときは、iCloud写真を無効化しましょう。

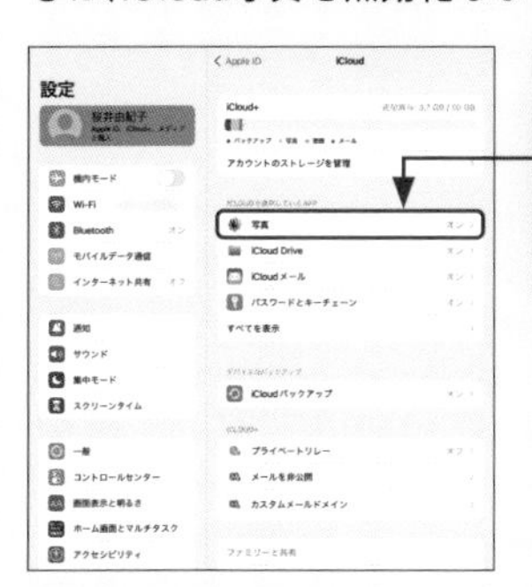

1 ホーム画面で[設定]→名前→[iCloud]→[写真]の順にタップします。

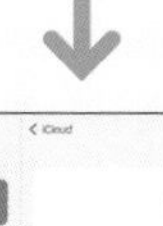

2 「このiPadを同期」の をタップし、

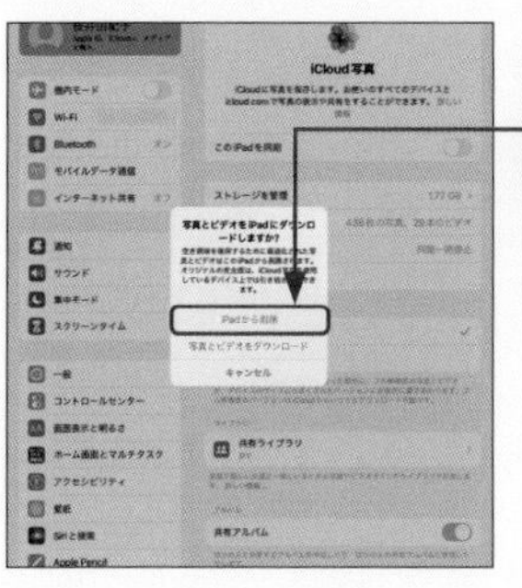

3 [iPadから削除]→[iPadから削除]の順にタップします。

iCloud写真 Pro Air iPad (Gen9) iPad (Gen10) mini

512 iCloud写真で写真を共有したい!

A 共有アルバムを作成します。

家族や友人と写真を気軽に共有するには、iCloud写真の共有アルバムを利用すると便利です。共有アルバムを作成して相手と共有すると、アルバム内の写真を相手も閲覧できるようになります。

共有アルバムを作成する

1 「写真」アプリを起動し、をタップしてサイドバーを表示したら、すべての共有アルバム]をタップします。

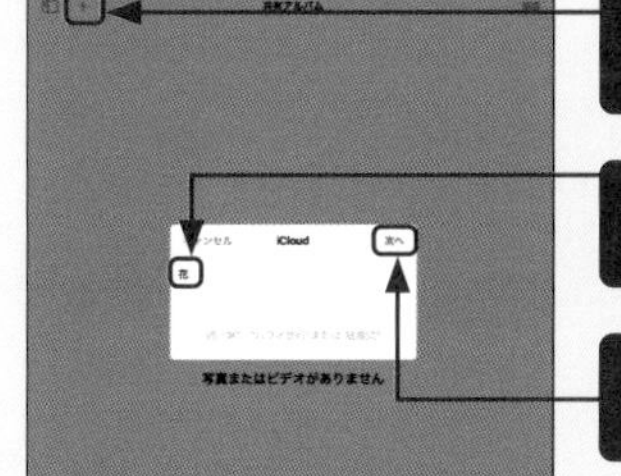

2 画面左上の＋をタップし、

3 アルバム名を入力して、

4 [次へ]をタップします。

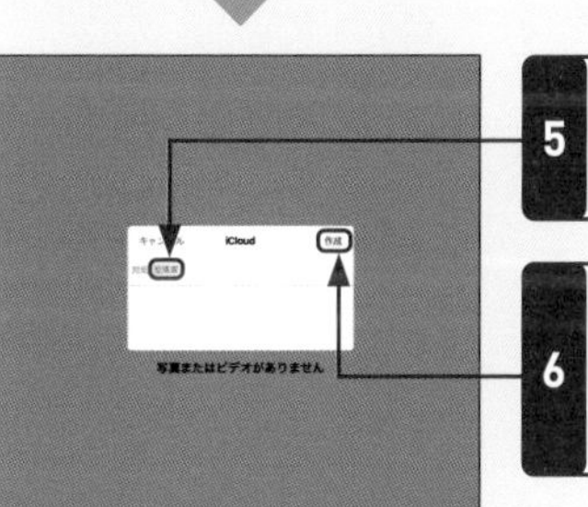

5 写真を共有したい相手の連絡先を入力し、

6 [作成]をタップすると、共有アルバムが作成されます。

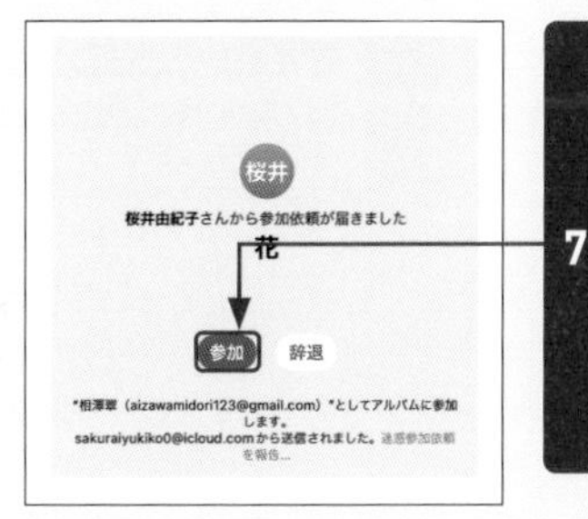

7 共有先の相手にはこのようなメッセージが届くので、[参加]をタップすると、今後アルバムに追加した写真を相手も閲覧できるようになります。

513 iPadを家族で使いたい！

A ファミリー共有を設定します。

ファミリー共有とは、家族間で写真やアプリ、音楽、iCloudストレージなどを共有できる機能です。たとえば親が有料の音楽を購入すると、子供のiPadやiPhoneでもその音楽を聴けるようになります。ただ利用するにはいくつかの条件があり、まずiCloudにサインインした状態で、[設定]→名前→[ファミリー共有]の順にタップします。また、管理者は事前に支払い用のカード番号をiPadに登録しておく必要があります。Q.026を参照し、設定を行いましょう。

家族を追加する

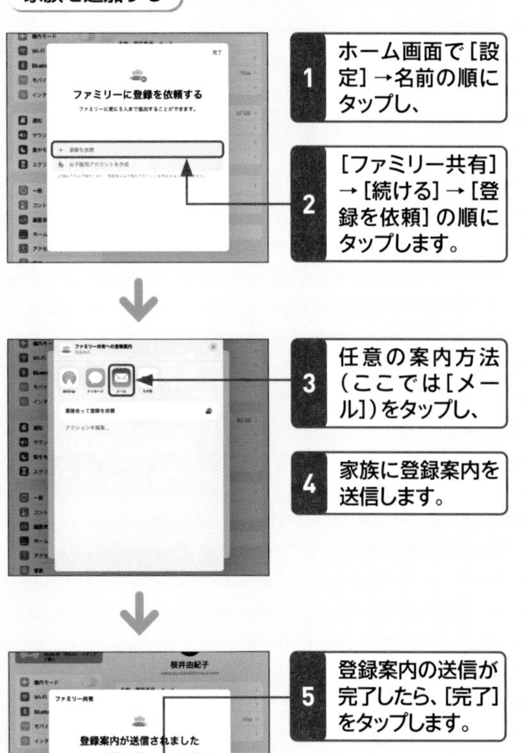

1 ホーム画面で[設定]→名前の順にタップし、

2 [ファミリー共有]→[続ける]→[登録を依頼]の順にタップします。

3 任意の案内方法(ここでは[メール])をタップし、

4 家族に登録案内を送信します。

5 登録案内の送信が完了したら、[完了]をタップします。

共有案内を承認する

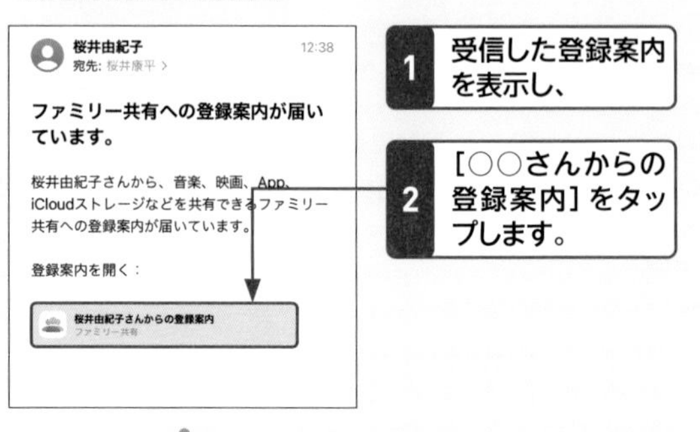

1 受信した登録案内を表示し、

2 [○○さんからの登録案内]をタップします。

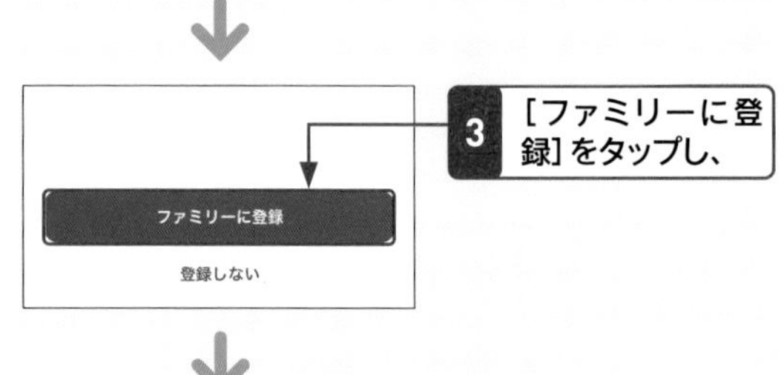

3 [ファミリーに登録]をタップし、

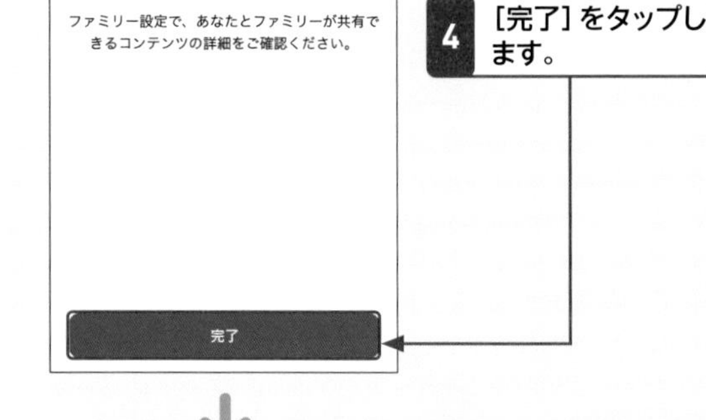

4 [完了]をタップします。

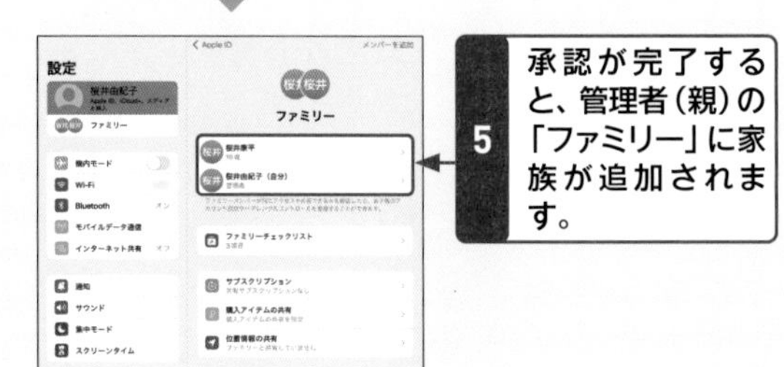

5 承認が完了すると、管理者(親)の「ファミリー」に家族が追加されます。

ファミリー共有 Pro Air iPad (Gen9) iPad (Gen10) mini

514 お互いの現在地を知りたい！

A 「探す」機能で確認します。

ファミリー共有では、お互いの現在地を常時確認できるようにすることも可能です。ホーム画面で［設定］→名前→［ファミリー共有］→［位置情報の共有］→［位置情報を共有］の順にタップすると、自動で家族の位置情報が有効になります（個別設定も可能）。
「探す」アプリを利用すると、お互いの現在地を確認することができます。なお、あらかじめリクエストを送信するか、相手側の端末でも位置情報の共有を設定する必要があります。

設定を有効にする

1 ホーム画面で［設定］→名前→［ファミリー共有］→［位置情報の共有］→［位置情報を共有］の順にタップすると、

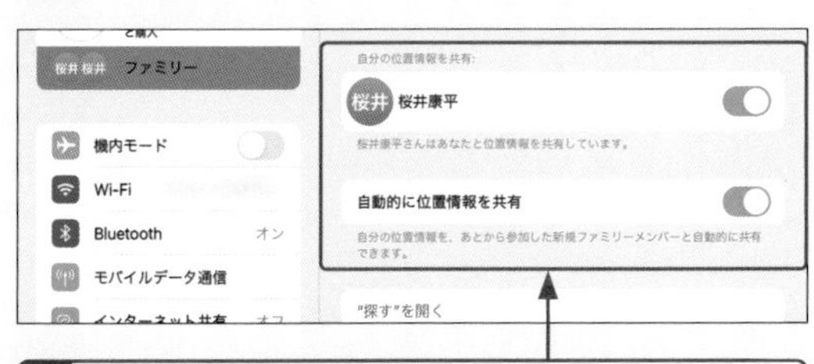

2 家族の位置情報の共有が有効になります。管理者側、共有側の両方で同様の設定を行います。

お互いの現在地を確認する

1 ホーム画面で［探す］をタップします。

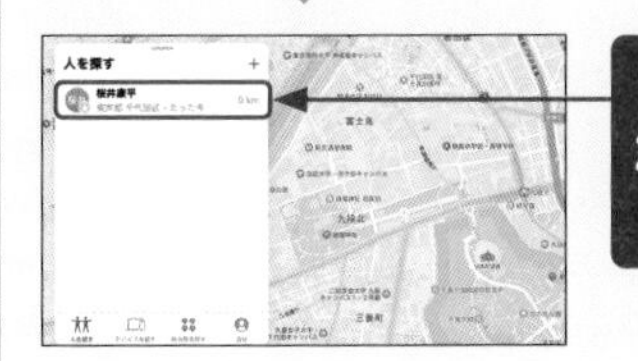

2 画面左下の「人を探す」から家族の位置情報を確認できます。

ファミリー共有 Pro Air iPad (Gen9) iPad (Gen10) mini

515 未成年のコンテンツ購入を承認制にしたい！

A 「承認と購入のリクエスト」を有効にします。

ファミリー共有を利用するとき、子供が無制限にアプリをインストールしたり音楽を購入したりするのを止めたいという場合もあるでしょう。ホーム画面で［設定］→名前→［ファミリー共有］→子供の名前の順にタップし、［購入］→［「承認と購入のリクエスト」を有効にする］の順にタップすると、子供がコンテンツを購入しようとした際に、管理者（親）のiPadに通知が表示されるようになります。この通知から子供のコンテンツ購入を承認したり、拒否いたりすることができます。

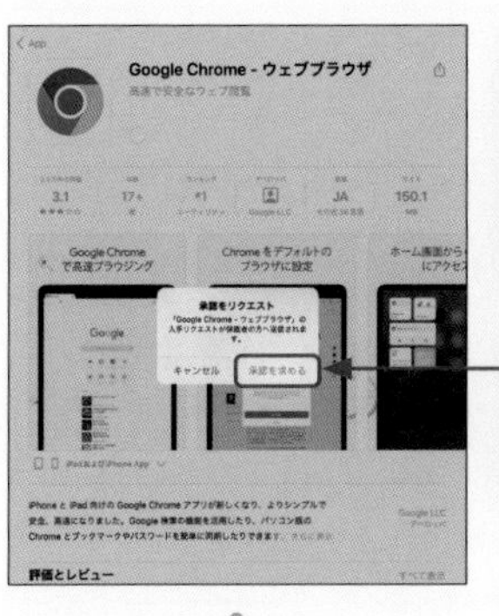

1 子供がアプリなどをインストールしようとすると、左のような確認画面が表示されます。

2 ［承認を求める］をタップすると、承認リクエストが送信されます。

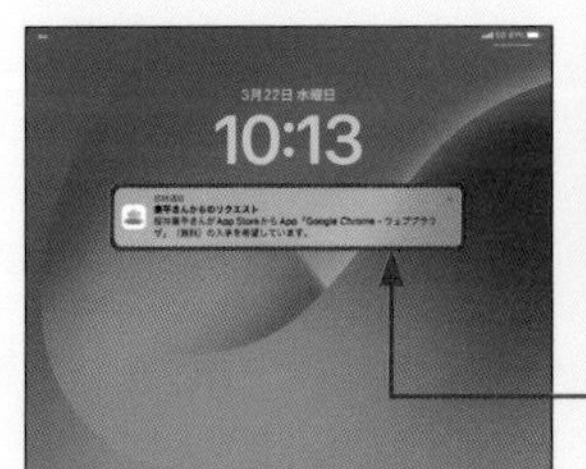

3 承認リクエストが送信されると、管理者（親）のiPadに通知が表示されます。

4 通知をタップし、

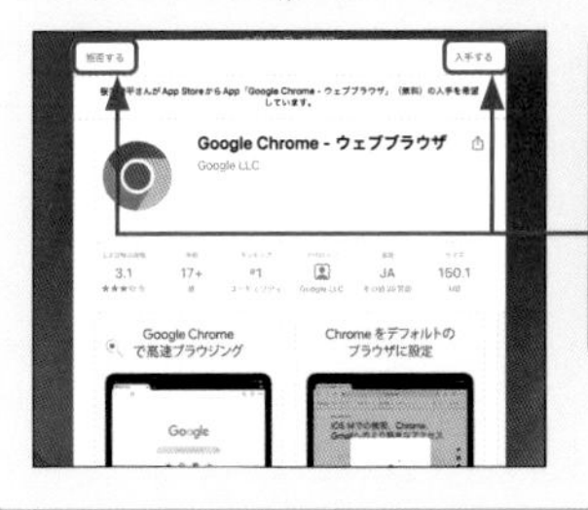

5 ［拒否する］または［入手する］のどちらかをタップして、インストールや購入の可否を決定します。

Pro Air iPad (Gen9) iPad (Gen10) mini

516 iCloud Driveで何ができるの？

A iPadとパソコンなどほかの端末でさまざまなファイルを共有できます。

iCloud Driveは、PagesやKeynote、NumbersといったAppleのアプリのほか、ExcelやWord、PowerPoint、画像ファイル、PDFなどさまざまなファイルを保存することができます。iCloud.comにアクセスし、重要なファイルはiCloud Driveに保存しておくとよいでしょう。iCloud Driveに保存したファイルを閲覧したいときは、「ファイル」アプリを利用します（Q.379参照）。

パソコンからファイルをアップロードする

1 パソコンのブラウザでiCloud.com（https://www.icloud.com）にアクセスし、

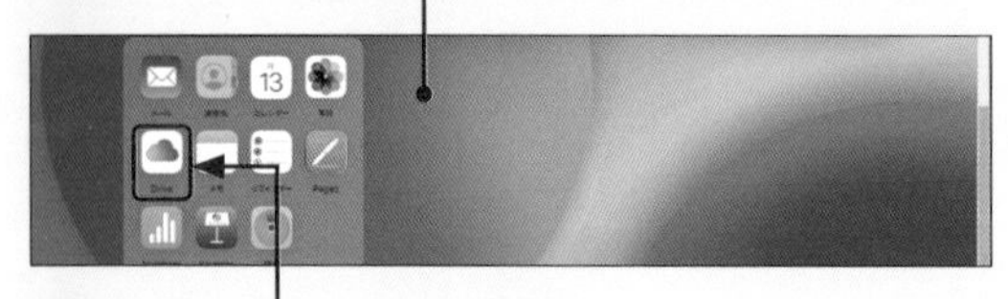

2 ［Drive］をクリックします。

3 iCloud Driveの任意のフォルダにファイルをドラッグ&ドロップします。

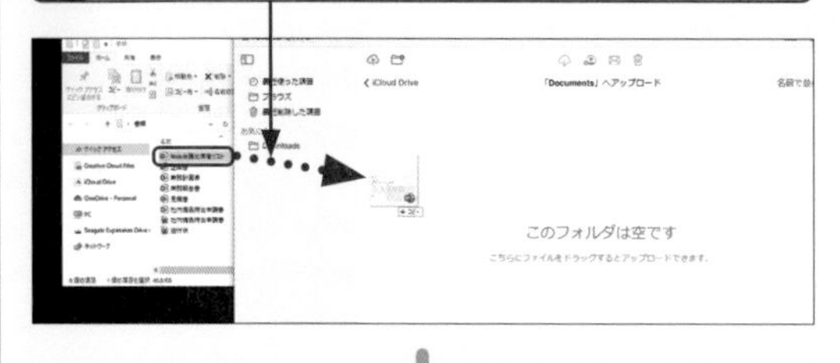

4 iCloud Driveにファイルが保存されます。

iCloud Driveのファイルを閲覧する

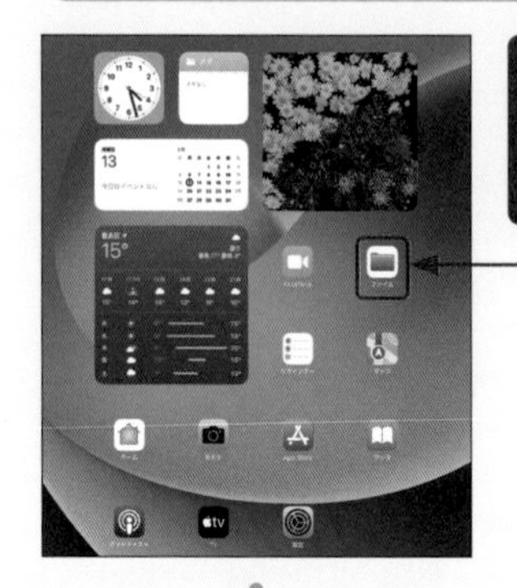

1 iPadのホーム画面で「ファイル」アプリのアイコンをタップし、

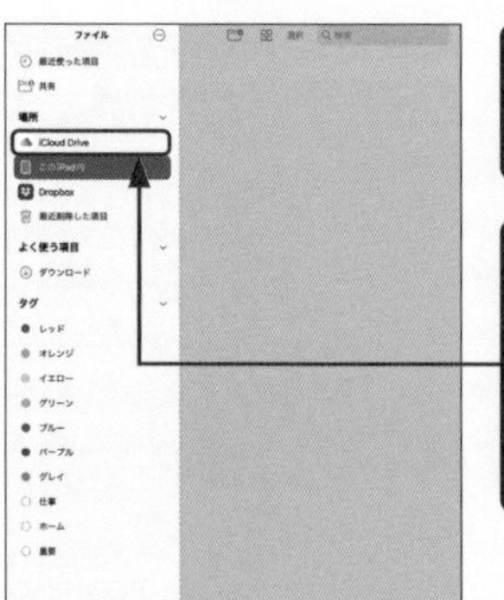

2 をタップしてサイドバーを表示したら、

3 「場所」から［iCloud Drive］をタップし、ファイルを保存したフォルダを開きます。

4 iCloud Driveに保存したファイルが表示されます。ファイルをタップすると、中身を閲覧できます。

探す

Pro Air iPad (Gen9) iPad (Gen10) mini

517 失くしたiPadを探したい！

iCloud.comの「探す」機能を使います。

iCloudでは、紛失したiPadの現在位置などを表示する「探す」機能を利用することができます。この機能を利用するには、ホーム画面で［設定］→名前→［探す］の順にタップして、「iPadを探す」を有効にしている必要があります。iPadを探すには、パソコンのブラウザでiCloud.comにサインインし、［探す］をクリックすると、iPadのGPSと連動してiPadのある場所が地図に表示されます。iCloud.com上からiPadをロック（Q.519参照）、またはiPadのデータを消去することもできます。

探す

Pro Air iPad (Gen9) iPad (Gen10) mini

518 失くしたiPadで音を鳴らしたい！

iCloud.comから実行できます。

iCloud.comでは、失くしたiPadにリモートで警告音を鳴らすこともできます。Q.517の方法でiCloud.com上からiPadの位置を確認し、ⓘをクリックして、［サウンド再生］をクリックすると、iPadから警告音が鳴り、発見してもらいやすくなります。Q.519のロック方法と併用するとよいでしょう。

［サウンド再生］をクリックすると、iPadから警告音が鳴ります。

探す

Pro Air iPad (Gen9) iPad (Gen10) mini

519 失くしたiPadにロックをかけたい！

iCloud.comからリモート操作ができます。

iCloud.comでは、リモート操作でiPadにロックをかけることができます。Q.517の方法でiCloud.comでiPadの位置を確認したら、ⓘをクリックして、［紛失モード］をクリックします。その際ロックをかけると同時に、連絡先の電話番号とメッセージがiPadに表示され、見つけた人から連絡が届きやすくなります。

iPadの紛失
このiPadは持ち主が紛失したものです。見つけた方はご連絡をお願いします。
0800 000 0000

紛失モードに設定すると、iPadにメッセージと電話番号を表示させられます。iPadが見つかったときは、紛失モード設定時に指定したパスコードを入力すると、紛失モードを解除できます。

探す　Pro　Air　iPad (Gen9)　iPad (Gen10)　mini

520 iPadのバッテリーが切れたら探せないの？

A “探す”ネットワークを有効にすると、現在地の確認ができます。

「iPadを探す」機能は、iPadがインターネットに接続されていない状態でも利用できます。ホーム画面で［設定］→名前→［探す］→［iPadを探す］の順にタップし、「iPadを探す」がになっているのを確認（になっていない場合はをタップ）します。「最後の位置情報を送信」を有効にすると、バッテリーが切れる少し前にiPadの位置情報が自動でAppleのサーバへ送信され、iPadのバッテリー残量がなくなって電源がオフになる寸前に、iPadがどこにあったかを知ることができます。また、「“探す”ネットワーク」を有効にすると、オフラインのiPadを探すことができ、バッテリーが切れていたり（最大24時間）、データが消去されたりしたiPadでも探せます。

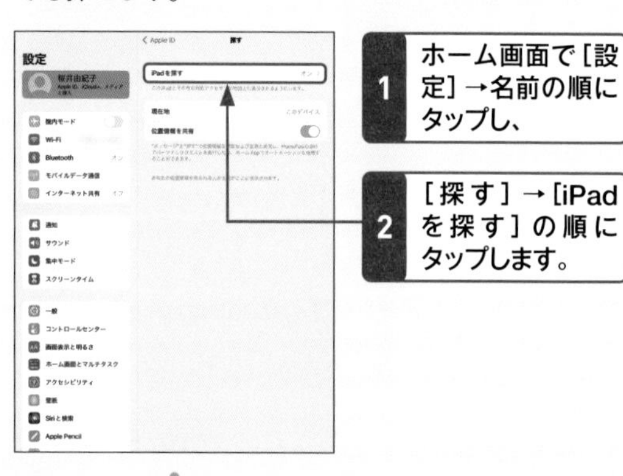

3 「iPadを探す」がになっているのを確認し、

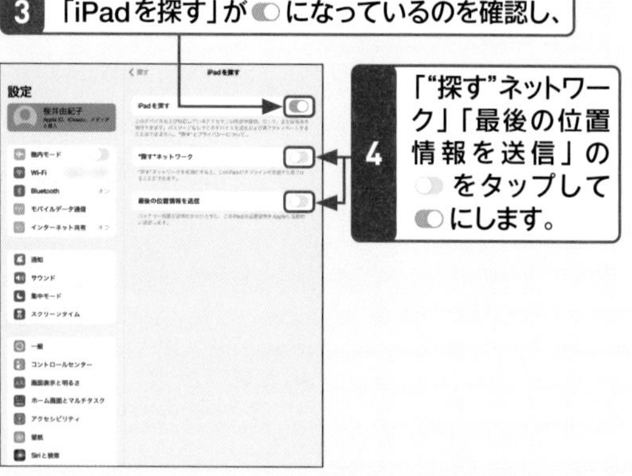

バックアップ　Pro　Air　iPad (Gen9)　iPad (Gen10)　mini

521 iCloudにバックアップできるデータは？

A iPadの設定やホーム画面とアプリの位置などをが保存されます。

iCloudのストレージ容量に、iPadのデータをバックアップして保存しておくことができます。バックアップできるデータは、iPadの設定、ホーム画面とアプリの配置、アプリのデータ（アプリ自体はバックアップ対象外）、写真や動画、iMessageやSMS·MMSメッセージ、iTunes Store、App Store、「ミュージック」アプリや「ブック」アプリといったAppleサービスからの購入履歴、着信音、Apple Watchのデータなどです。
なお、すでにiCloudに保存されているデータ（iCloud写真、メール、ブックマーク、カレンダー、連絡先、メモなど）はバックアップの対象にはなりません。
iCloudにデータのバックアップを作成しておくことで、新しいiPadに機種変更したときや、万一iPadが故障したときや紛失したときに、これまでのデータを復元することができます。

iCloud にバックアップできるデータ

·iPadの設定
·ホーム画面とアプリの配置
·アプリのデータ
· 写真や動画
·iMessageやSMS·MMSメッセージ
·Appleサービスからの購入履歴
·着信音
· Apple Watchのデータ　　など

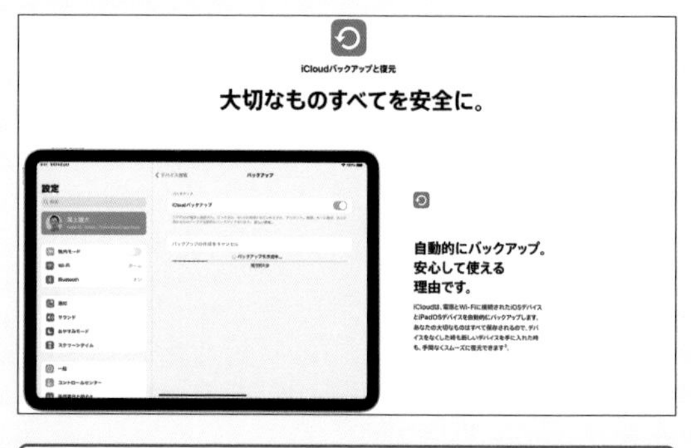

ほかのiPadに今まで利用していたデータを復元することができます。

Pro Air iPad (Gen9) iPad (Gen10) mini

522 バックアップを作成したい!

A 「iCloudバックアップ」を有効にすると、自動バックアップが設定されます。

iCloudにiPadのデータをバックアップするには、ホーム画面で[設定]→名前→[iCloud]→[iCloudバックアップ]の順にタップして「バックアップ」画面を表示し、「このiPadをバックアップ」の をタップして にてオンにします。バックアップはiPadがWi-Fiと電源に接続され、かつロック中のときに自動的に行われます。以降、24時間経過後、上記条件時にバックアップが行われるようになります。なお「バックアップ」画面には、最後にバックアップをした日時が表示されます。
手動でバックアップしたい場合は、「バックアップ」画面で[今すぐバックアップを作成]をタップします。手動でのバックアップを途中でやめたいときは、[バックアップの作成をキャンセル]をタップしましょう。

iCloud バックアップを有効にする

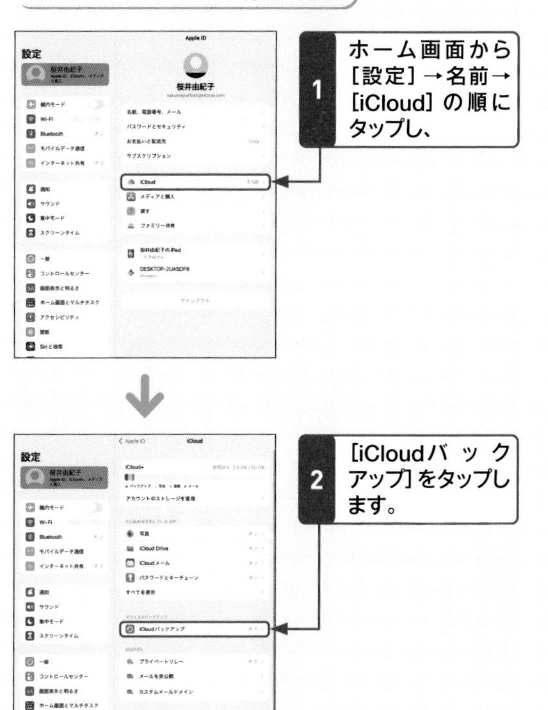

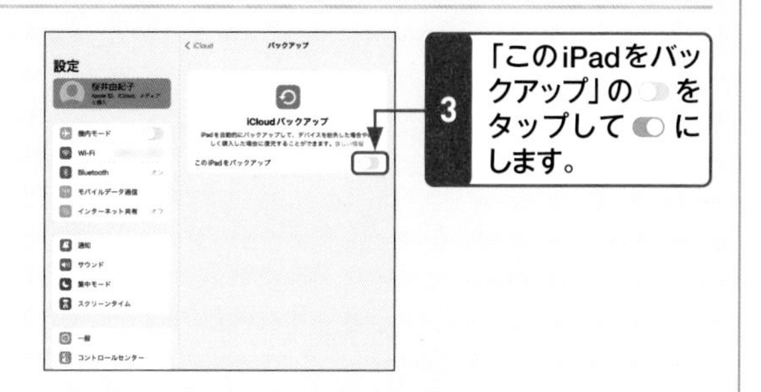

iCloud バックアップを作成する

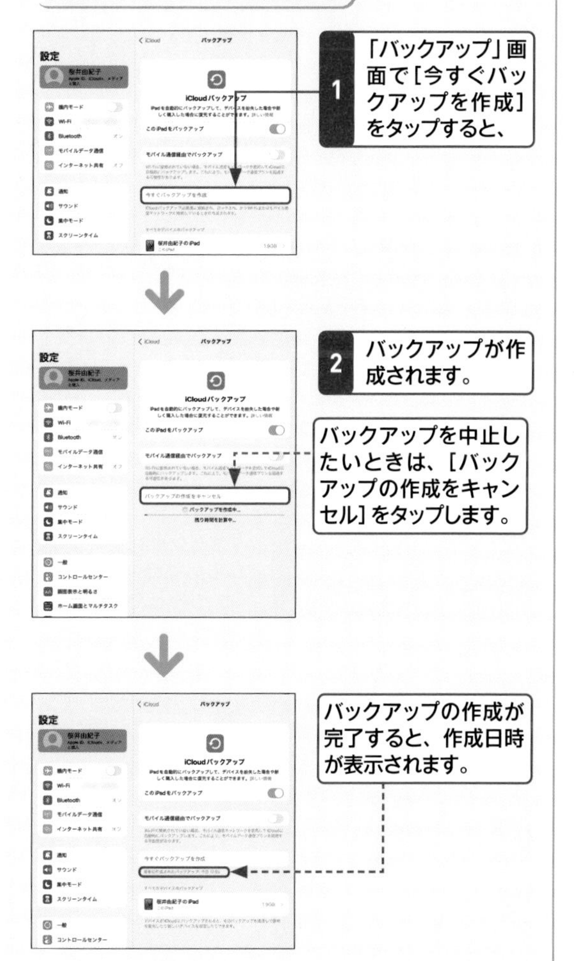

523 バックアップから復元したい!

A バックアップをiCloudから復元させます。

iCloud にバックアップを作成しておくと (Q.522参照)、iPadをリセットしたり、ほかのiPadに機種変更したりする際にデータを復元できます。初期設定画面(アクティベーション)で[iCloudバックアップから復元]タップし、Apple IDとパスワードを入力後に、利用規約に同意して、バックアップデータを選択します。バックアップから復元することで、iPadの設定やアプリのインストールなどの手間が省けます。

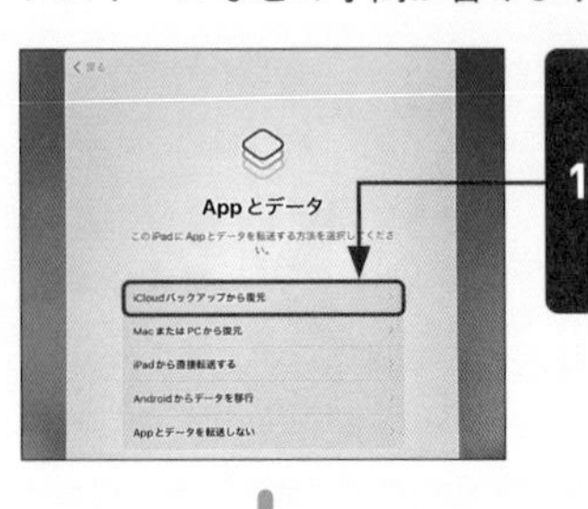

1 Q.017手順 7 の画面で、[iCloudバックアップから復元]をタップします。

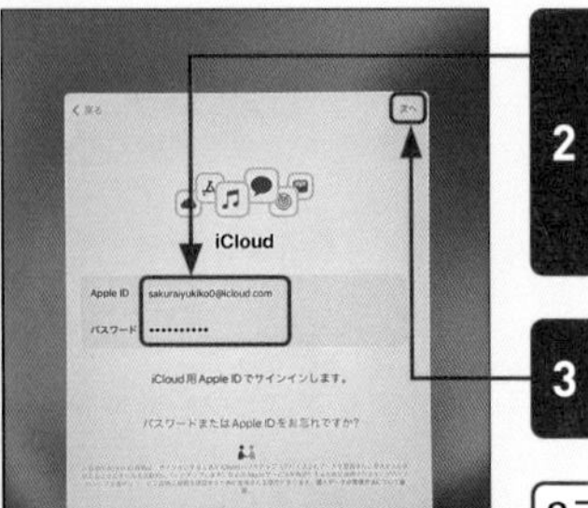

2 iCloudにバックアップしているアカウントのApple IDとパスワードを入力し、

3 [次へ]をタップします。

2ファクタ認証を設定している場合は、確認コードを入力します。

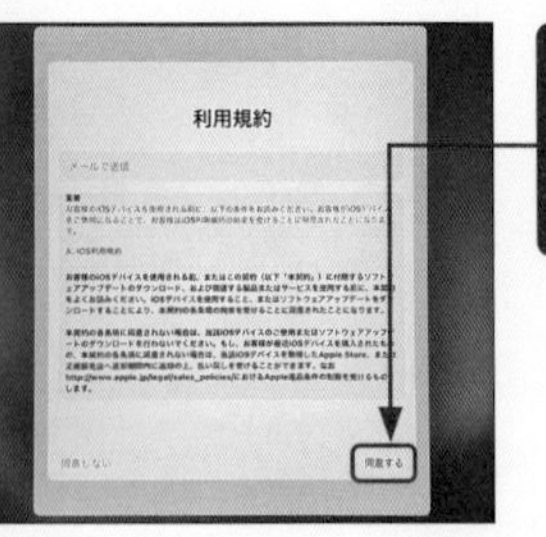

4 利用規約を確認し、問題がなければ[同意する]をタップします。

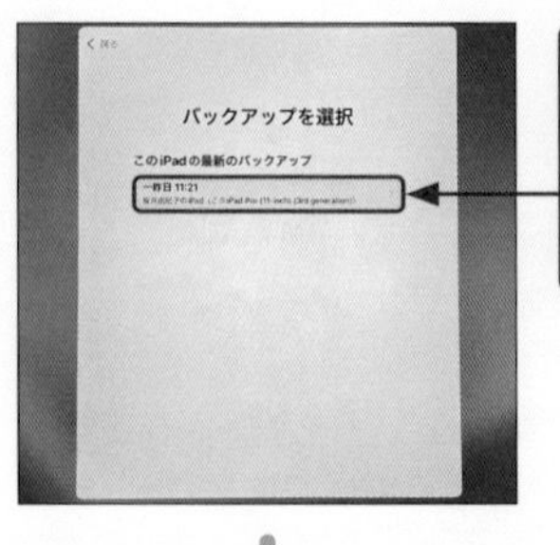

5 「バックアップを選択」画面で、復元したいバックアップをタップします。

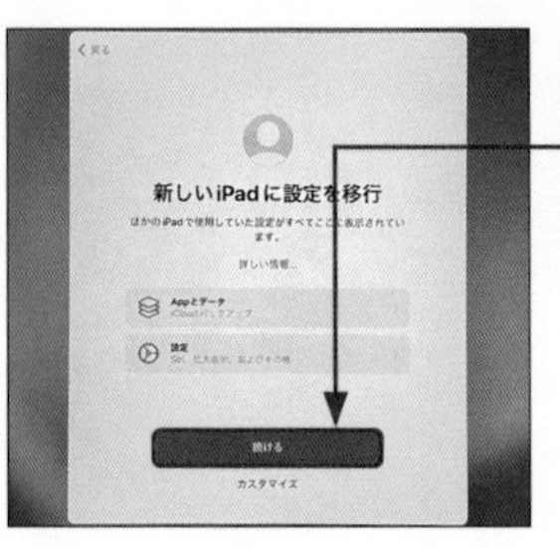

6 「新しいiPadに設定を移行」画面で、[続ける]をタップします。

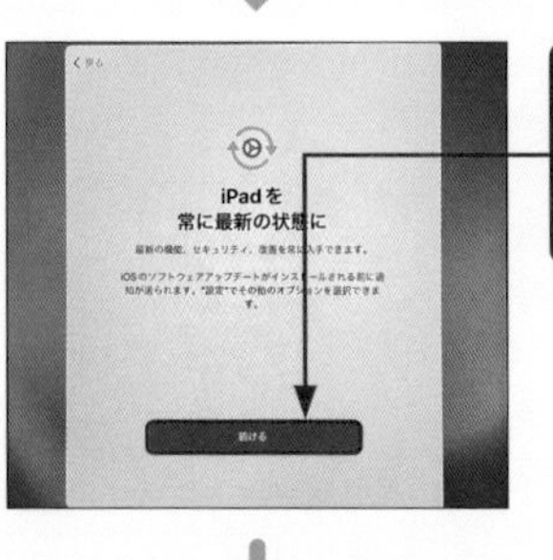

7 「iPadを常に最新の状態に」画面で、[続ける]をタップします。

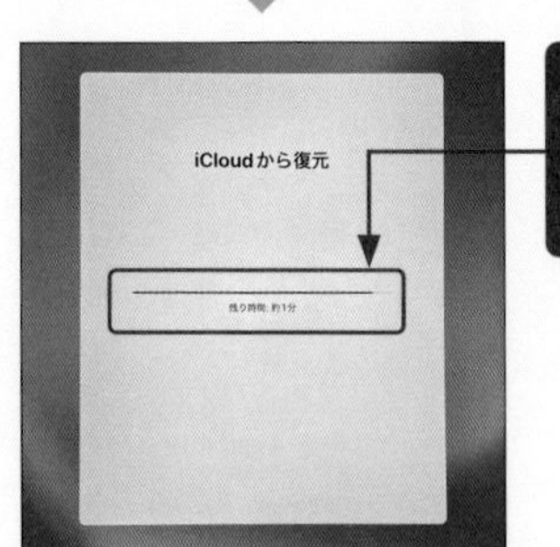

8 iCloudにバックアップしているデータの復元が始まります。

バックアップ　Pro　Air　iPad (Gen9)　iPad (Gen10)　mini

Q 524 バックアップを削除したい！

A iCloudの設定メニューからバックアップを削除します。

iCloud に保存したバックアップを削除するには、ホーム画面で［設定］→名前→［iCloud］→［アカウントのストレージを管理］→［バックアップ］→使用しているiPadの順にタップし、［バックアップを削除してオフにする］→［オフにする］の順にタップします。また、個別にアプリのバックアップをオフにして、iCloudからバックアップデータを削除することも可能です。

1 ホーム画面で［設定］→名前→［iCloud］→［アカウントのストレージを管理］→［バックアップ］の順にタップします。

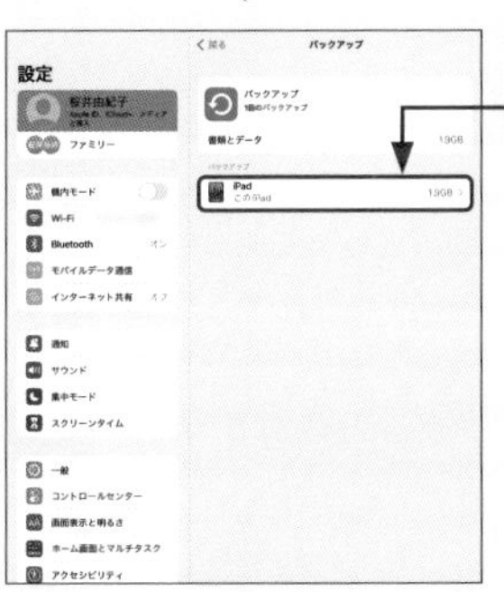

2 使用しているiPadをタップし、

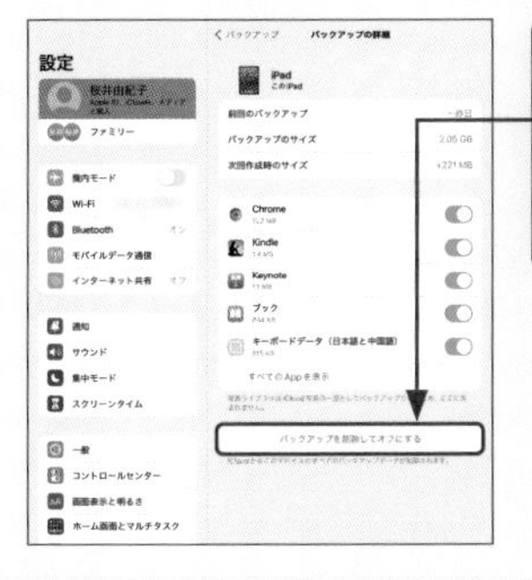

3 ［バックアップを削除してオフにする］→［オフにする］の順にタップします。

バックアップ　Pro　Air　iPad (Gen9)　iPad (Gen10)　mini

Q 525 機種変更時にバックアップしたい！

A 一時的にiCloudストレージの容量を超えてバックアップできます。

新しいiPadへの機種変更の際に、利用できるiCloudストレージの容量を超えたバックアップが一時的にできます。このバックアップを利用するには、今まで利用していたiPadのOSを最新のバージョンへアップデートし、ホーム画面で［設定］→［一般］→［転送またはiPadをリセット］の順にタップして、「新しいiPadの準備」の［開始］をタップします。iCloudストレージの容量が足りない場合は画面に「Appとデータを移行するための追加のiCloudストレージ」と表示されるので、［続ける］をタップすると、バックアップが始まります。一時的なバックアップは21日間保存され、以降はバックアップが削除されます。新しいiPadが21日以内に手元に届かない場合に限り、ホーム画面の［設定］→［一般］→［転送またはiPadをリセット］→［バックアップの期限の延長］の順にタップすることで、さらに21日間保存が延長されます。なお、新しいiPadではQ.523を参考にバックアップから復元しましょう。

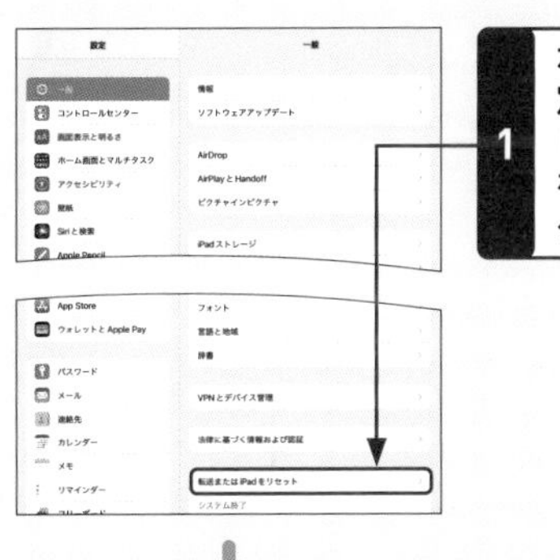

1 ホーム画面で［設定］→［一般］→［転送またはiPadをリセット］の順にタップします。

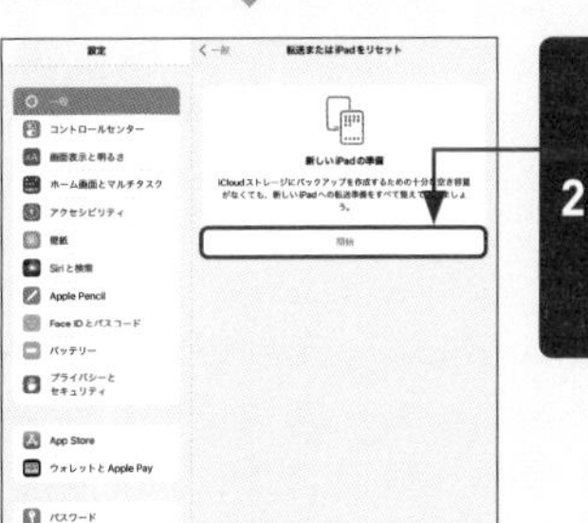

2 「新しいiPadの準備」の［開始］→［続ける］の順にタップし、画面の指示に従って操作を進めます。

数字・アルファベット

あ行

か行

さ行

た行

な・は行

ま行

や・ら行

お問い合わせについて

本書に関するご質問については、本書に記載されている内容に関するもののみとさせていただきます。本書の内容と関係のないご質問につきましては、一切お答えできませんので、あらかじめご了承ください。また、電話でのご質問は受け付けておりませんので、必ずFAXか書面にて下記までお送りください。
なお、ご質問の際には、必ず以下の項目を明記していただきますようお願いいたします。

1　お名前
2　返信先の住所またはFAX番号
3　書名（今すぐ使えるかんたん　iPad完全ガイドブック　困った解決＆便利技［iPadOS 16対応版］）
4　本書の該当ページ
5　ご使用のOSのバージョン
6　ご質問内容

なお、お送りいただいたご質問には、できる限り迅速にお答えできるよう努力いたしておりますが、場合によってはお答えするまでに時間がかかることがあります。また、回答の期日をご指定なさっても、ご希望にお応えできるとは限りません。あらかじめご了承くださいますよう、お願いいたします。

問い合わせ先

〒162-0846
東京都新宿区市谷左内町21-13
株式会社技術評論社　書籍編集部
「今すぐ使えるかんたん　iPad完全ガイドブック
困った解決＆便利技［iPadOS 16対応版］」質問係
FAX番号　03-3513-6167
URL：https://book.gihyo.jp/116

■お問い合わせの例

FAX

1 お名前
技術　太郎
2 返信先の住所またはFAX番号
03-XXXX-XXXX
3 書名
今すぐ使えるかんたん
iPad完全ガイドブック
困った解決＆便利技
［iPadOS 16対応版］
4 本書の該当ページ
65ページ、Q.068
5 ご使用のOSのバージョン
iPadOS 16.4
6 ご質問内容
手順3の画面が
表示されない

質問の際にお送り頂いた個人情報は、質問の回答に関わる作業にのみ利用します。回答が済み次第、情報は速やかに破棄させて頂きます。

今すぐ使えるかんたん
iPad　完全ガイドブック
困った解決＆便利技［iPadOS 16対応版］

2023年5月12日　初版　第1刷発行

著　者●リンクアップ
発行者●片岡　巌
発行所●株式会社 技術評論社
東京都新宿区市谷左内町21-13
電話　03-3513-6150　販売促進部
03-3513-6160　書籍編集部
カバーデザイン●志岐デザイン事務所（岡崎　善保）
本文デザイン／DTP●リンクアップ
編集●リンクアップ
担当●宮崎　主哉
製本／印刷●大日本印刷株式会社

定価はカバーに表示してあります。

ISBN978-4-297-13441-9 C3055
Printed in Japan